Springer-Lehrbuch

Walter Felscher

Berechenbarkeit

Rekursive und Programmierbare Funktionen

Springer-Verlag
Berlin Heidelberg New York
London Paris Tokyo
Hong Kong Barcelona
Budapest

Dr. Walter Felscher
o. Prof. am Wilhelm-Schickard-Institut für Informatik
der Universität Tübingen
Auf der Morgenstelle 10
D-72076 Tübingen

CR-Klassifikation (1991): F.4.1, F.1.1, F.1.3

ISBN-13: 978-3-540-56354-9   e-ISBN-13: 978-3-642-78019-6
DOI: 10.1007/978-3-642-78019-6

Die Deutsche Bibliothek – CIP-Einheitsaufnahme
Felscher, Walter: Berechenbarkeit: rekursive und programmierbare Funktionen / Walter Felscher. –
Berlin; Heidelberg; New York; London; Paris; Tokyo; Hong Kong; Barcelona; Budapest: Springer,
1993 (Springer-Lehrbuch)

45/3140 – 5 4 3 2 1 0 – Gedruckt auf säurefreiem Papier

Vorwort

Die Theorie der Berechenbarkeit handelt von arithmetischen Funktionen f
und von *Berechnungsvorschriften,* welche solche Funktionen beschreiben.
Als Berechnungsvorschriften hat man dabei zunächst Rekursionsregeln
betrachtet, die den Wert f(n+1) an der Stelle n+1 aus dem Wert f(n)
bestimmen. Ein Beispiel ist die Vorschrift

$$f(0) = 0 \quad , \quad f(n+1) = 2^{f(n)} \; ,$$

welche eine Funktion beschreibt, die an der Stelle 6 bereits 19729 Dezimalstellen hat. Natürlich wäre es ein aussichtloses Unterfangen, wollte man
den Wert dieser Funktion an der Stelle 7 berechnen. Die Beschreibung
einer Funktion durch eine Berechnungsvorschrift besagt also nicht etwa,
daß sich ihre Werte auch faktisch berechnen liessen, denn ein Rechner,
der das ausführen sollte, würde unbeschränkt großen Speicherplatz und
unbegrenzt viele Zeit dafür benötigen.

Eine zweite Art von Berechnungsvorschriften sind die *Programme,* wie
sie in den Programmiersprachen für Rechenmaschinen auftreten. Funktionen, die auf diese Art *programmierbar* sind, erweisen sich als dieselben wie
die, welche durch geeignete Rekursionsvorschriften beschrieben werden.
Historisch war es so, daß, bereits Jahre vor der Entwicklung elektronischer
Rechenmaschinen und ihrer Programmiersprachen, *Maschinenmodelle* als
Berechnungsvorschriften konzipiert wurden, von denen sich zeigte, daß
auch sie dieselben Funktionen beschreiben. Da die Übersetzung zwischen
Maschinenmodellen (sogenannten TURING–Maschinen und den sie verein-
fachenden Registermaschinen von SHEPHERDSON–STURGIS) und Programmen in der Lehrbuchliteratur oft und vorzüglich dargestellt worden ist,
habe ich Maschinenmodelle in diesem Buche nicht behandelt.

Eine dritte Art von Berechnungvorschriften sind *Kalküle,* welche, mit
graphischen Symbolen *0, 1, 2, …* und Funktionssymbolen *f, g, …* operie-
rend, eine Funktion f mit Funktionswerten f(n) = k dadurch beschreiben,
daß die Zuweisung *f(n) → k* im Formalismus des Kalküls hergeleitet werden kann. Die Beschreibung von Funktionen durch solche *Termersetzungs-
kalküle,* hier die HERBRAND–GÖDEL–KLEENEschen *Gleichungskalküle,* wird
in den letzten Kapiteln dieses Buches besprochen.

Dem studentischen Leser empfehle ich, sich nun der inhaltlichen Einleitung zuzuwenden, in der die vorausgesetzten Hilfsmittel besprochen werden. Alsdann sollte er mit den Kapiteln 1 bis 3 und den ersten Abschnitten des Kapitels 4 beginnen, danach aber diejenigen Kapitel aufblättern,
deren Themen seine Neugier erwecken. Die Schemata im Anschluß an das
Inhaltsverzeichnis zeigen an, von welchen vorangehenden die einzelnen
Kapitel abhängen, so daß etwa zum Verständnis des Kapitels 10 über Pro-

gramme keineswegs alle Kapitel des Teils I nötig sind. Außerdem findet sich am Ende des Buches ein Index der Symbole und Definitionen, der lehrt, wohin man zurückblättern muß, um deren Erklärung zu finden. Im Übrigen setzt die Lektüre des Buches keine inhaltlichen Vorkenntnisse aus der Mathematik oder der Informatik voraus; lediglich eine gewisse Vertrautheit mit der mathematischen Argumentationsweise mag von Vorteil sein. Wer die Möglichkeit dazu hat, der sollte auch versuchen, einige der besprochenen Funktionen auf einem Rechner zu programmieren.

Der Kenner des Gebiets wird sich aus dem Inhaltsverzeichnis einen Überblick über das Gebotene verschaffen. Mancherlei Dinge sind auf neue Art dargestellt und, wie ich hoffe, vereinfacht worden: zum Beispiel die generischen Folgen von Skalierungsfunktionen für die Schleifenhierarchie im Kapitel 16, die einfache Zurückführung der Skalierungsfunktionen von R.W.RITCHIE auf diejenigen von GRZEGORCZYK im Kapitel 18, die Dualität zwischen Funktionen- und Relationenklassen in den Kapiteln 22 und 23. Methodisch habe ich ferner Wert auf die syntaktische Behandlung von Programmtransformationen und Kalkülen gelegt.

Bisher noch nicht in der Lehrbuchliteratur behandelt wurde das Resultat der unpublizierten Dissertation von H.MÜLLER 1974, besagend, daß die mit höchstens zweifach geschachtelten times-Schleifen programmierbaren Funktionen genau die mit höchstens zweifach geschachtelten primitiven Rekursionen zu definierenden sind. Es findet sich als Theorem 15.2, nach arithmetischen Vorbereitungen im Abschnitt 4.4 und, als Hauptsache, der Entwicklung der MÜLLERschen Berechnungsfunktion im Abschnitt 10.6; den Hinweis auf die MÜLLERsche Arbeit verdanke ich Herrn H.SCHWICH-TENBERG.

Während der Niederschrift dieses Buches hatte ich das Vergnügen, mit meinem Kollegen LEV GORDEEV zahlreiche Gespräche über die behandelten Gegenstände zu führen; mehrere seiner Anregungen sind in den Text eingeflossen.

Tübingen, im März 1993

Walter Felscher

Inhaltsverzeichnis

Einleitung 1
  Appendix 6

Teil I   Rekursive Funktionen 9

Kapitel 1   Terminologie und grundlegende Konstruktionen 11
  1. Funktionen und Folgen 11
  2. Superposition 13
  3. Fundamentale Konstruktionen 16
  4. Übersetzungsregeln 20
  5. Appendix: Lokale Superposition 22

Kapitel 2   Simple Funktionen 25
  Schemata und Funktionale 32

Kapitel 3   Elementare Funktionen 37

Kapitel 4   Primitiv rekursive Funktionen 44
  1. Die Klassen $\mathbf{FP}_m$ 46
  2. Historie und Wertverlaufsrekursion 52
  3. Simultane Rekursion 54
  4. Appendix: EXP(0,x) liegt in $\mathbf{FP}_2$ .. 56

Kapitel 5   Beschränkte Rekursion 63
  1. G-beschränkte Klassen 66
  2. Kennzeichnung elementar abgeschlossener Klassen 73

Kapitel 6   Die Funktion von PETER 76

Kapitel 7   Universalfunktionen für $\mathbf{FPT}$ 87

Kapitel 8   Rekursion und Iteration 96
  Explizite Reduktionsverfahren 99

Kapitel 9   Grundbegriffe über μ-rekursive und partiell μ-rekursive
            Funktionen 105
  1. μ-rekursive Funktionen 105
  2. Schemata, Funktionale und Berechnungen 106
  3. Partiell μ-rekursive Funktionen 109
  4. Terminanten 113

Supplement 1   Ein Gleichungskalkül für primitiv rekursive
               Funktionen 116

Supplement 2   Rekursion mit Substitution der Parameter 122

Supplement 3   Geschachtelte Rekursion 125

Supplement 4   Mehrfache Rekursion   132

Supplement 5   Geschachtelte 2–fache Rekursion   137

Supplement 6   Iteration 1–stelliger Funktionen   145

Teil II   Programmierbare Funktionen   155

Kapitel 10   Die Sprache PLA   157
  1. Syntax von PLA   157
  2. Semantik von PLA   159
  3. Berechnungen mit PLA   160
  4. Die von einem Programm programmierte Funktion und
     ihre T–Darstellung   161
  5. Die Komponenten der Berechnungsfunktionen liegen in FP_3 165
  6. Eine Berechnungsfunktion in FP_2 168

Kapitel 11   Spracherweiterungen   181
  Appendix: Weiteres über Erweiterungen mit
     Operationsanweisungen   187

Kapitel 12   PLA–programmierbare Funktionen   193

Kapitel 13   Die Sprache PLR und die primitiv rekursiven Funktionen   197
  PLR^S–Programme   203

Kapitel 14   Die Schleifenhierarchie   206
  Die Programmierung der Berechnungsfunktion   210

Kapitel 15 $FLR_2 = FEF = FP_2$ und Konsequenzen daraus   219
  Elementare Zeitfunktionen für elementare Funktionen   224

Kapitel 16   Zeitfunktionen und Skalierungsfunktionen der
  Schleifenhierarchie   228

Kapitel 17   Kennzeichnungen der Schleifenhierarchie durch
  beschränkte Iterationen und Rekursionen   237

Kapitel 18   Die GRZEGORCZYK–Hierarchie   242

Kapitel 19 VLR_1 251
  Entscheidbarkeitsfragen   258

Supplement 7   Die Elimination von GOTOs   262
  1. Zur Geometrie der P–Folgen   263
  2. Das Verhältnis zweier Stellen   265
  3. Voranschreitende GOTOs   267
  4. Zurückspringende GOTOs   272

Teil III   Rekursive und partiell rekursive Funktionen   277

Kapitel 20 Die Funktionenklasse **F(R)** einer Klasse **R** von Relationen 282
  1. Entr'acte: Zwei Fakten aus der Zahlentheorie   284
  2. Die Kodierung endlicher Folgen durch die Gödelsche
    β-Funktion   286
  3. Klassen **R** mit primitiv rekursiv abgeschlossenem **F(R)**   288

Kapitel 21 Die Struktur der rekursiv aufzählbaren Relationen   293
  1. Beschränkte arithmetische Relationen   294
  2. Projektionen   300
  3. P-abgeschlossene Klassen und ihr Kern   303
  4. Rekursiv aufzählbare Relationen   306

Kapitel 22 Rekursive Funktionen und rekursive Relationen   308
  1. Rekursiv abgeschlossene Klassen   309
  2. Abgeschlossenheit unter Minimierungen   312

Kapitel 23 Partiell rekursive Funktionen   318

Kapitel 24 Eine Universalfunktion für **PRF**   327
  Totale Funktionen   337
  Appendix: Geschachtelte mehrfache Rekursion   338
  Terme   342

Kapitel 25 Unentscheidbarkeiten   346

Kapitel 26 Uniformisierung   356
  1. Uniformisierungen und universelle Folgen   356
  2. Fixpunktsatz und Rekursionstheorem   365
  3. Isomorphiesätze   368

Kapitel 27 Die Arithmetisierung von Programmen   376
  1. Arithmetische Kodierung   377
  2. Arithmetisierung der Syntax von PLA   380
  3. Arithmetisierung von PLA-Berechnungen   383
  4. Universalität und Uniformisierung   391

Kapitel 28 Der Gleichungskalkül von Herbrand-Gödel-Kleene . . .   394
  1. Der Gleichungskalkül   396
  2. Abhängigkeit von Funktionssymbolen   398
  3. Definierbarkeit von Funktionen   400
  4. Partiell μ-rekursive Funktionen sind gleichungsdefinierbar . . .   402
  5. Durch Gleichungssysteme erzeugte Funktionale   410
  6. Beispiele, insbesondere vom Nutzen partieller Funktionen . . .   414

Kapitel 29   Lösungen von Gleichungssystemen 420
   1. Die Operatoren $A_{G,f,\varphi}$ und ihre Fixpunkte 420
   2. Beispiele 423
   3. Fixpunkte sind gleichungsdefiniert 426
   4. Sukzessive Approximation von Lösungen 429
   5. Semantische Lösungen von Gleichungsmengen 430
   6. Bedingungen für die Auswertbarkeit von Termen 433
   7. Syntaktische Lösungen sind semantische Lösungen 436

Kapitel 30   Die Arithmetisierung des Gleichungskalküls 438
   1. Die Arithmetisierung von Bäumen 439
   2. Die Arithmetisierung von Termen 440
   3. Die Arithmetisierung von Deduktionen 442
   4. Uniformisierung und Universalfunktionen 446
   5. Appendix: Weiteres über Kodierungen 452
      g-adische Kodierung 452
      Kodierung durch Paarungsfunktionen 457
      Vertikale Kodierung 459

Literatur 465

Index der Begriffe und Namen 468

Index der Symbole 476

Schemata

der Abhängigkeiten der einzelnen Kapitel voneinander

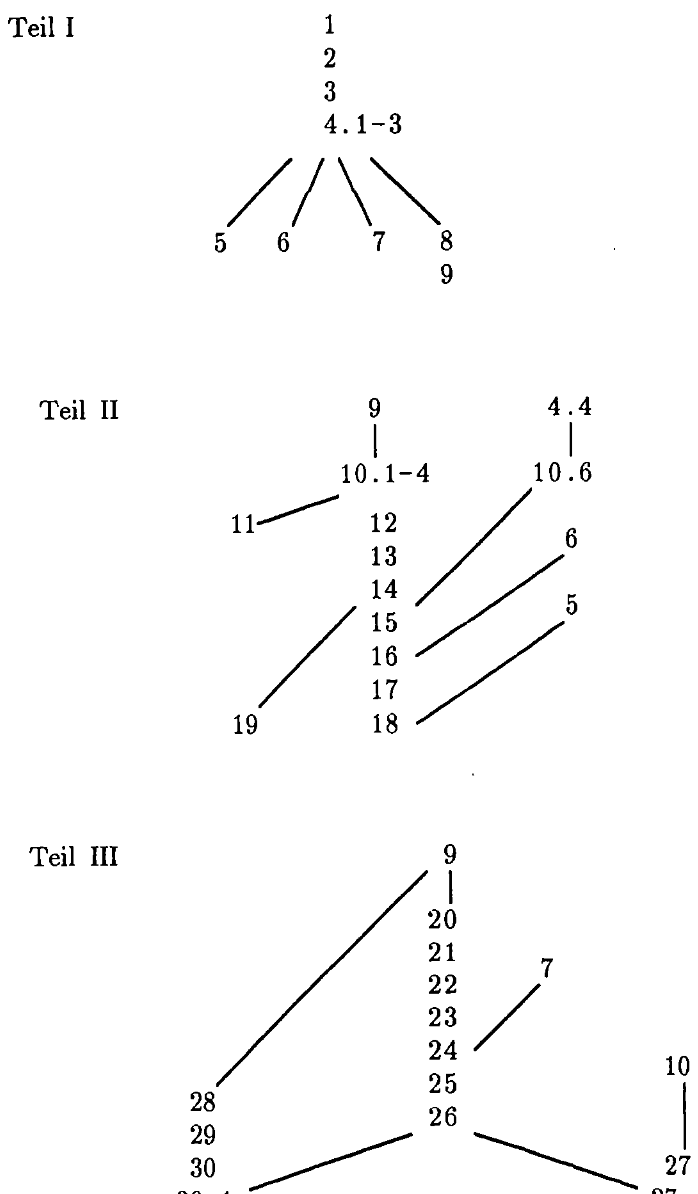

Abschnitte mit den Überschriften *Appendix* und *Supplement* können bei einer ersten Lektüre überschlagen werden.

Einleitung

Was die natürlichen Zahlen 0,1,2,... *sind*, darüber kann man verschiedener Ansicht sein. *Wie man mit ihnen umgeht*, das zu wissen darf ich vom Leser voraussetzen. Überlegt man einen Moment, so wird man bemerken, daß man bei Mitteilungen über dieses Umgehen nicht jene *Zahlen selbst* (sollte es sie denn geben), sondern *Zeichen* für sie mitteilt – das freilich unter stillschweigendem Gebrauch von *Isomorphien*, die den Effekt haben, daß Zeichen wie 3, *3* und III oder 12, *12* und XII dieselbe Zahl bezeichnen sollen. Überdies verwendet man, wie schon in der Schulalgebra an Beispielen wie

$$(1) \qquad (n+m) \cdot (n+m) = n^2 + 2nm + m^2$$

geübt, zur Mitteilung von Zahlen auch *Buchstaben*, Lettern irgendeines Alphabets. Dieser Gebrauch von Buchstaben ist wesentlich bei der Formulierung des zentralen *Beweisprinzips* für Behauptungen über natürliche Zahlen, des Prinzips der *vollständigen Induktion*:

> Es sei B eine Aussage über natürliche Zahlen, in welcher ein Buchstabe n verwendet wird, weshalb ich sie fortan als B(n) schreibe.
>
> *Induktionsanfang*: Es sei bewiesen B(0).
>
> *Induktionsschema*: Es sei aus der Aussage B(n) als Hypothese eine Herleitung von B(n+1) konstruiert.
>
> Dann *gelte als bewiesen* die Behauptung
>
> für alle (natürlichen Zahlen) n: B(n) .

[Dabei ist im Induktionsanfang B(0) die Behauptung, welche aus B(n) entsteht, indem man n dort durch das Zeichen 0 für die Null ersetzt, und im Induktionsschema B(n+1) die Aussage, welche aus B(n) entsteht, indem man n dort durch den Term n+1 ersetzt. Die Konstruktion der Herleitung von B(n+1) aus der Hypothese B(n) wird also in der Regel Buchstabenrechnungen und Termumformungen verwenden, wie sie gleichfalls jedem aus der Schulalgebra geläufig sind.]

Es ist wichtig, sich klarzumachen, daß dieses Induktionsprinzip eine *Konvention* ist, durch welche *definiert* wird, wann eine Behauptung "für alle n ..." (auch) *als bewiesen gelten* soll. (Der Zusatz "auch" steht hier deshalb, weil viele Behauptungen "für alle n ... " ja auch ohne Induktion bewiesen werden können: zum Beispiel die Behauptung, daß (1) für alle n und alle m gelte). Die Vorstellung, man könne das Induktionsprinzip *verifizieren*, indem man B(n) an Hand des Induktionsschemas für jedes n nachprüft (also von 1000 auf 1001, von 1001 auf 1002 und so weiter schließt) gehört in die *science fiction*, denn selbst eine Maschine, welche in jeder Sekunde 10^{10} solcher Verifikationen vornehmen könnte, würde in 300 Jahren nicht bis 10^{20} gelangen (weil $60 \cdot 60 \cdot 24 \cdot 366 \cdot 300 = 9486720000$ kleiner als 10^{10} ist). Es ist gerade der Gebrauch der *schematischen Buchstabenrechnung* im Induktionsschema, welcher an die Stelle schrankenlos vieler Verifikationsschritte tritt.

Neben dem Prinzip der vollständigen Induktion werde ich auch dasjenige der *Ordnungsinduktion* verwenden:

Es sei B(n) eine Aussage über natürliche Zahlen, und es sei als *Induktionsschema* aus der Aussage

für alle m: wenn m < n , so B(m)

als Hypothese eine Herleitung von B(n) konstruiert. Dann *gelte als bewiesen* die Behauptung

für alle (natürlichen Zahlen) n: B(n) .

Die Ordnungsinduktion läßt sich auf die vollständige Induktion zurückführen, wie ich das im Appendix dieser Einleitung skizzieren werde.

Während das Sprechen über *Zahlen* die Grundlage alles Folgenden ist, wird das Sprechen über *Mengen*, das ich mir ebenfalls erlauben will, eine reine Äußerlichkeit bleiben und nur der Bequemlichkeit und Kürze wegen geschehen, welche es bisweilen beim Formulieren erlaubt: wenn immer von einer Menge H von Zahlen die Rede ist, wird sie durch eine explizit genannte Eigenschaft η definiert sein, weshalb statt von den *Zahlen in* H ebensogut von den *Zahlen mit der Eigenschaft* η gesprochen werden kann. Im Besonderen braucht man nicht zu wissen, *was* eine Menge *ist*, und schon gar nicht braucht man die *Mengenlehre* und ihre Axiome.

Neben den Zahlen bilden die Funktionen eine *zweite* Art von Grundobjekten des Sprechens in diesem Buche. *Funktionen*, etwa von einem Argument, entstehen aus Rechenvorschriften V(x), welche angeben, wie zu jeder Zahl x (aus einem bestimmten *Definitionsbereich*) ein Wert V(x) bestimmt werden soll. Ebenso wie Zahlen aber nicht Ziffernfolgen, sondern nur deren *Isomorphietypen* sind, sind Funktionen nicht Rechenvorschriften, sondern *deren* Isomorphietypen: Ich sage, daß zwei Rechenvorschriften V(x) und W(x) *dieselbe* Funktion bestimmen, wenn sie dieselben Definitionsbereiche haben (also die Eigenschaft η, welche den Definitionsbereich von V(x) beschreibt, auf dieselben Zahlen zutrifft wie die Eigenschaft ϑ, welche den Definitionsbereich von W(x) beschreibt) und wenn für alle x aus diesem gemeinsamen Definitionsbereich die Werte V(x) und W(x) die nämlichen sind. Man drückt diese Verhältnisse auch kurz dadurch aus, daß man sagt, Funktionen seien die *Wertverläufe* von Rechenvorschriften.

Damit stellt sich die Frage, was denn genau unter jenen Rechenvorschriften zu verstehen sei, welche zur Bestimmung von Funktionen dienen.

Vor 200 Jahren, bei Leibniz, Euler und Lagrange, waren das Vorschriften, welche die Berechnung rationaler Terme (Quotienten von Polynomen) verlangten (unter Umständen in Fallunterscheidungen aufgegliedert), ferner Algorithmen zur Bestimmung von Grenzwerten unendlicher Reihen und Folgen, deren Koeffizienten Bildungsgesetzen genügten, welche solche Terme verwendeten, und schließlich Verfahren zur Bestimmung nur implizit, nämlich als Lösungen von Gleichungen gegebener Funktionen. Nichts anderes geschieht, wenn wir heute Berechnungsvorschriften als *Programme* erklären, welche die Arbeitsschritte eines Rechnersystems beschreiben : Funktionen sind die Wertverläufe von Programmen oder, wenn man so will, Äquivalenzklassen von Programmen unter Wertverlaufsgleichheit. Und das Studium von Funktionen kann damit als Studium von Programmen unter dem Aspekt ihrer Wertverlaufsgleichheit angesehen werden. Da man Programme wegen der Werte schreibt, welche sie liefern sollen, ist es klar, daß dieser Aspekt die wichtigsten Eigenschaften von Programmen betrifft.

Weshalb aber Funktionen untersuchen, wenn doch alle ihre Eigenschaften schon aus den Programmen abzulesen sind, deren Wertverläufe sie darstellen? Die Antwort auf diese Frage ergibt sich, sobald man dieses Ablesen der Wertverlaufseigenschaften von Programmen tatsächlich auszuführen versucht. Denn dann kommt man zu neuen Fragen, wie etwa den folgenden:

> Wann haben zwei Programme denselben Wertverlauf? Programme sind endliche Texte, etwa von ASCII−Zeichen; läßt sich ein Prüfprogramm finden, welches von zwei eingegebenen ASCII-files, die Programme (geschrieben etwa in PASCAL) sind, entscheidet, ob sie denselben Wertverlauf haben ?

> Lassen sich Programme mit verschiedenen Wertverläufen nach der Kompliziertheit ihrer Wertverläufe klassifizieren ? Was sind geeignete Maße für eine solche Klassifikation ? Können Begriffe wie Anzahl und Schachtelungstiefe von Programmschleifen, deren programmiertechnische Bedeutung auf der Hand liegt, als solche Maße dienen? Sollten nicht auch Zusammenhänge zwischen der Kompliziertheit des Wertverlaufs und den Laufzeiten von Programmen bestehen ?

Sicherlich lassen sich alle solche Fragen allein durch Bezugnahme auf Programme und ohne Einführung eines eigenen Begriffs von Funktion für ihre Wertverläufe untersuchen − aber nur mit beträchtlichem sprachlichen und schreibtechnischen Aufwand. Sicherlich lassen sich auch alle Aufgaben der Programmierung auf dem Niveau der Assemblersprachen durch direkten Zugriff auf die Register des Prozessors behandeln − aber nur mit erheblichem schreibtechnischen Aufwand. Ebenso, wie die Einführung und der Gebrauch neuer, abstrakter Begriffe einer höheren Programmiersprache (zum Beispiel Prozeduren und Funktionen) das Programmieren vereinfacht (und die praktische Ausführung komplexerer Aufgaben überhaupt erst ermöglicht), hat auch die Einführung eines eigenen Funktionsbegriffs als Abstraktion aus den Wertverläufen den Effekt, die Untersuchung solcher Wertverläufe zu vereinfachen und die Lösung komplexerer Probleme überhaupt erst möglich zu machen.

Was eine Funktion *ist*, das werde ich nicht definieren: jede solche Definition müßte sich auf noch allgemeinere Oberbegriffe beziehen, welche selbst wieder einer Definition bedürften. *Wie* man mit den simplen Funktionen der Addition und Multiplikation und, einfacher noch, mit der Nachfolgerfunktion s (mit s(n) = n+1) *umgeht*, das zu wissen, darf ich wieder vom Leser voraussetzen. Neben der Kenntnis solcher *Anfangsfunktionen* brauche ich allerdings noch das Verständnis zweier Konstruktionsprozesse, welche aus schon erhaltenen Funktionsbeschreibungen weitere liefern. Der erste von ihnen ist einfach der Prozeß des *Einsetzens* der Werte g(n) einer ersten Funktion g für die Argumente m einer zweiten Funktion f:

zu zwei Funktionen f und g wird eine Funktion f ∘ g erklärt; ihr Wert für eine Zahl n sei die Zahl $(f \circ g)(n) = f(g(n))$;

allgemeiner spreche ich bei Funktionen mit mehreren Argumenten vom Prozess der *Superposition*:

zu einer Funktion f von k Argumenten und k Funktionen $g_0, ..., g_{k-1}$, alle von m Argumenten, wird eine Funktion $f \circ <g_0, ..., g_{k-1}>$ von m Argumenten erklärt; ihr Wert für eine Folge $\alpha = <a_0, ..., a_{m-1}>$ solcher m Argumente sei die Zahl

$$(f \circ <g_0, ..., g_{k-1}>)(\alpha) = f(g_0(\alpha), ..., g_{k-1}(\alpha)) .$$

Das zweite Konstruktionsverfahren ist dasjenige der *Rekursion*, das auch den *rekursiven Funktionen* ihren Namen gibt. Es ist wohl zum ersten Male 1861 von HERMANN GRASSMANN (in einem Schulbuch!) bemerkt worden, daß man durch den Gebrauch rekursiver Definitionen die Addition auf die Nachfolgerfunktion s und die Multiplikation dann auf die Addition zurückführen kann. Schreibe ich nämlich, die gewohnte Notation mit Absicht vermeidend, A(n,m) für n+m und M(n,m) für m·n, so gelten für die 2stelligen Funktionen A und M die Gleichungen

$$A(n,0) = n \qquad\qquad M(n,0) = 0$$
$$A(n,m+1) = s(A(n,m)) \qquad\qquad M(n,m+1) = A(M(n,m),n)$$

Diese Gleichungen lassen sich nun umgekehrt verwenden, um einem Wesen (z.B. einem Rechner), welches zwar die Ausführung der Nachfolgerfunktion, nicht aber die der Addition und Multiplikation kennt, die Ausführung auch dieser Funktionen zu erklären: A(n,0) ist ohne vorangehende Kenntnisse gleich n, und um A(n,m+1) zu bestimmen, muß vorher nur A(n,m) bestimmt worden sein und auf dieses Resultat noch s angewendet werden ; M(n,0) ist ohne vorangehende Kenntnisse gleich 0, und um M(n,m+1) zu bestimmen, muß vorher nur M(n,m) bestimmt worden sein und auf dieses Resultat, zusammen mit n, noch einmal die Funktion A angewendet werden. – Ein anderes Beispiel, das vielleicht auch im heutigen Schulunterricht auftreten mag, in dem Addition und Multiplikation natürlich als bekannt vorliegen, ist die Definition der Potenz bei fester Basis : $a^0 = 1$ und $a^{n+1} = a^n \cdot a$.

Für solche Situationen, in denen der Wert einer Funktion f an der Stelle 0 ohne Vorkenntnisse über f und an einer Stelle m+1 durch Rückgriff (oder *Rekurs*) auf den Wert von f an der Stelle m erklärt wird, formuliere ich das *Rekursionsprinzip*, das zum Beispiel für Funktionen von 2 Argumenten lautet:

Es seien Funktionen g von einem und r von 3 Argumenten erklärt. Dann heißt die Funktion f von 2 Argumenten mit den Eigenschaften

$$f(n,0) = g(0)$$
$$f(n,m+1) = r(n,\ m,\ f(n,m))$$

durch (primitive) Rekursion aus g und r definiert.

Daß f dann schon eindeutig bestimmt ist, folgt sogleich durch vollständige Induktion. Eine allgemeine Formulierung dieses Prinzips für Funktionen von k Argumenten werde ich am Beginn des Kapitels 4 aussprechen. – Noch ein drittes Konstruktionsprinzip für Funktionen, dasjenige der *Minimierung*, wird im Kapitel 1 besprochen werden; es ist das ein Spezialfall der impliziten Definition von Funktionen als Lösungen von Gleichungssystemen.

Induktion als Beweis– und Rekursion als Konstruktionsprinzip werden die beiden grundlegenden Werkzeuge für den Umgang mit Zahlen und Funktionen in diesem Buche sein.

Zum Abschluss dieser Einleitung möchte ich noch bemerken, daß es jedem Mathematiker unbenommen bleibt, sich Zahlen und Funktionen, von denen hier gehandelt wird, als Objekte einer Mengenwelt vorzustellen. In solchen Welten träumend, wird man vom Rekursionsprinzip sagen, daß es zu gegebenen Funktionen g und r die *Existenz* einer *neuen* Funktion f behaupte (und schon DEDEKIND hat 1888 gezeigt, wie sich aus den Existenzannahmen, welche die mengentheoretischen Axiomensysteme enthalten, dann auch die Existenz rekursiver Funktionen folgern läßt). Für die in diesem Buche verfolgten Zwecke ist eine solche Einbettung in die CANTORschen *paradis artificiels* jedoch weder nötig noch angebracht. So ist im Rekursionsprinzip auch nicht vom *Existieren* der rekursiv definierten Funktionen die Rede, und überhaupt werden durch die Konstruktionsprinzipien nicht aus vorhandenen Funktionen neue Funktionen *erschaffen*, sondern zu vorhandenen Funktions*beschreibungen* werden neue Funktionsbeschreibungen formuliert. Die hier zu betreibende Mathematik handelt nicht von fingierten Gedankendingen, sondern von wirklichen Funktionsbeschreibungen, welche die Wertverläufe ebenso wirklicher Programme darstellen.

Appendix

Das Prinzip der Ordnungsinduktion läßt sich auf dasjenige der vollständigen Induktion zurückführen, wenn ich von der Ordnungsbeziehung $<$ (neben den Ordnungseigenschaften) noch die folgenden Voraussetzungen weiß:

(2)   nicht $m < 0$,
(3)   wenn $m \leq n$, so $m < n$ oder $m = n$,
(4)   wenn $m < n+1$, so $m \leq n$.

Denn liegt für B(n) das Schema der Ordnungsinduktion als Hypothese vor, und definiere ich C(n) als

> für alle m: wenn $m \leq n$, so B(m) ,

so folgt aus dieser Definition

> wenn C(n), so B(n) ,

also auch

> wenn (für alle n: C(n)), so (für alle n: B(n)) ,

und deshalb wird es genügen, durch vollständige Induktion

> für alle n: C(n)

zu beweisen. Nun liefert das Schema der Ordnungsinduktion für B(n) speziell, daß ich aus der Hypothese

(5)   für alle m: wenn $m < 0$, so B(m)

einen Beweis von B(0) konstruieren kann. Die Voraussetzung (2) lehrt, daß in der "wenn – so" Behauptung

(6)   wenn $m < 0$, so B(m)

die Negation des Vorderteils beweisbar ist; mit der Regel des *ex absurdo quodlibet* erhalte ich daher einen Beweis von (6) selbst. Da aber in (6) der Buchstabe m keinerlei Einschränkungen unterliegt (er eine sozusagen *freie* Variable ist), ist es nur die logische Regel zur Einführung der Phrase "für alle", deren Anwendung einen Beweis von (6) zu einem solchen von (5) verlängert.

Ordnungsinduktion liefert somit aus (5) einen Beweis von B(0). Da wiederum nach (2) aus $m \leq 0$ schon $m = 0$ folgt, ist also zusammen mit B(0) auch C(0) bewiesen. Es bleibt mir, aus der Hypothese C(n) einen Beweis von C(n+1), nämlich von

(7)   für alle m: wenn $m \leq n+1$, so B(m)

zu konstruieren. Aus der Hypothese C(n) erhalte ich zunächst durch triviale Spezialisierung

wenn $m \leq n$, so B(m) .

Wegen (4) liefert daher ein Kettenschluß

(8)   wenn $m < n+1$, so B(m) .

Ersetze ich im Schema der Ordnungsinduktion von B(n) den Buchstaben n durch den Term n+1, so liefert es aus (8) als Hypothese einen Beweis von B(n+1). Da (8) aber soeben bewiesen wurde, habe ich mithin einen Beweis von B(n+1), also auch von

(9)   wenn $m = n+1$, so B(m) .

Stelle ich die beiden Beweise von (8) und (9) nebeneinander, so habe ich damit einen Beweis von

(10)   wenn $(m < n+1$ oder $m = n+1)$, so B(m) .

Ersetze ich aber in (3) den Buchstaben n durch den Term n+1, so ergibt das einen Beweis von

wenn $m \leq n+1$, so $m < n+1$ oder $m = n+1$;

ein Kettenschluß mit (10) führt daher zu einem Beweis von

wenn $m \leq n+1$, so B(m) .

Da in diesem Ausdruck der Buchstabe m wieder die Rolle einer freien Variablen hat, liefert die Einführung der Phrase "für alle" daraus den gewünschten Beweis von (7).

TEIL I

REKURSIVE FUNKTIONEN

Kapitel 1.   Terminologie und grundlegende Konstruktionen

1. Funktionen und Folgen

Die ganzen Zahlen 0,1,2, ... nenne ich auch *natürliche* Zahlen, und die Menge aller dieser Zahlen notiere ich als ω. Die ersten k natürlichen Zahlen sind also 0,1,..., k$-$1; deshalb stelle ich mir Zahlen auch als *Mengen* vor: 0 sei die leere Menge (d.h. eine Menge ohne Elemente), und k sei die Menge mit den Elementen 0,1,...,k$-$1.

Eine *Funktion* oder *Abbildung* f trägt eine Menge def(f), ihren *Definitionsbereich*, mit sich und wird bestimmt durch eine Vorschrift, die jedem Element x von def(f) genau einen Wert f(x) zuordnet (eine Funktion ist also immer schon *eindeutig*). Die Menge aller Werte von f nennt man den *Wertebereich* im(f) von f. Eine Funktion f *von einer* Menge E *in eine* Menge F sei eine solche, für die def(f) = E und im(f) $\subseteq$ F gilt; synonym mit *Funktion in* F verwende ich auch *Funktion nach* F. Es heißt f Funktion *von* E *auf* F genau dann, wenn im(f) = F gilt. Ist f Funktion von E in F und g Funktion von F in G, so erhalte ich durch Hintereinanderausführung von erst f und dann g eine Funktion von E in G, die ich die *Komposition* von f mit g nenne und als g $\circ$ f notiere:

$$(g \circ f)(e) = g(f(e)) \quad \text{für alle e aus E .}$$

Das Symbol $\circ$ wird häufig auch unterdrückt und gf statt g $\circ$ f geschrieben. Aus dieser Definition folgt sogleich das *Assoziativgesetz* h $\circ$ (g $\circ$ f) = (h $\circ$ g) $\circ$ f der Komposition, wobei h noch Funktion von G in H sei.

Die Sprechweisen über Funktionen (welche nicht einer apriorischen Systematik entspringen, sondern den in Jahrzehnten gewachsenen Gebrauch wiedergeben) enthalten eine gewisse Asymmetrie: eine Funktion f ist *Funktion von* immer nur einer Menge, hingegen *Funktion in* sehr viele Mengen, nämlich in jede Menge F mit im(f) $\subseteq$ F. Ist f Funktion und D eine Menge mit def(f) $\subseteq$ D, so nennt man f auch *partielle Funktion auf* D und *partielle Funktion von* D in jede Menge F mit def(f) $\subseteq$ F; auf diese Art wird die Unbestimmtheit des Ankunftsbereiches auch zu einer solchen des Ausgangsbereiches ausgedehnt. Soll beim Sprechen über partielle Funktionen auf D ausgedrückt werden, daß eine bestimmte Funktion auf ganz D definiert sei, so werde ich sie auch eine *totale* Funktion auf D nennen. Ist f partielle Funktion von D in F und g partielle Funktion von F in G, so erhalte ich durch Hintereinanderausführung von erst f und dann, *sofern das möglich ist,* von g eine partielle Funktion von D in G, die ich immer noch die *Komposition* von f mit g nenne und wieder als g $\circ$ f notiere:

$$(g \circ f)(e) = g(f(e)) \quad \text{für alle e aus D mit } f(e) \in \text{def(g) .}$$

Hier ist also def(g ∘ f) die Menge aller e aus def(f), für die f(e) in def(g) liegt. Das Assoziativgesetz der Komposition bleibt für partielle Funktionen f,g,h in Kraft, denn die zwei partiellen Funktionen h ∘ (g ∘ f) und (h ∘ g) ∘ f haben denselben Definitionsbereich: die Menge aller e von def(f), für die f(e) in def(g) *und* g(f(e)) in def(h) liegt.

In den späteren Teilen dieses Buches wird es wichtig sein, bei gegebener Menge D auch partielle Funktionen auf D zu betrachten; in diesem Teil handelt nur das Kapitel 9 von partiellen Funktionen. Die in den vorhergehenden Kapiteln zu besprechenden Begriffe sind vor allem für totale Funktionen von Bedeutung, und um ihr Verständnis nicht mit peripheren Fragen der Partialität zu belasten, werde ich sie auch stets für totale Funktionen einführen. Zusätzliche Bemerkungen zu ihrer Übertragung auf partielle Funktionen werde ich an verschiedenen Stellen in Doppelklammern ⟦* *⟧ gesetzt einfügen; sie können bei einer ersten Lektüre überschlagen werden.

Eine Menge **F** von Funktionen (die verschiedene Definitionsbereiche und verschiedene Wertebereiche haben mögen) heißt *abgeschlossen unter Komposition*, wenn für f und g aus **F** die – unter Umständen partielle – Funktion g ∘ f , sofern definiert, wieder zu **F** gehört.

Ist E eine Menge und k eine positive ganze Zahl, so will ich unter einer k-*gliedrigen Folge* (oder einem k-*Tupel*) mit *Gliedern* aus E ein Objekt verstehen, das durch k-maliges, sukzessives Aufschreiben je eines Elementes von E entsteht. Numeriere ich die aufgeschriebenen Elemente als $e_0, e_1, e_2, ..., e_{k-1}$ (wobei diese Reihenfolge die Sukzession des Aufschreibens wiedergibt), so notiere ich die Folge als

$$<e_0, ..., e_{k-1}> \quad \text{oder als} \quad <e_i \mid i < k> .$$

Da es durchaus erlaubt sein soll, dasselbe Element mehrfach anzugeben, brauchen die Glieder einer Folge nicht voneinander verschieden zu sein. Dies legt es nahe, eine k-gliedrige Folge auch als eine *Abbildung* der Menge k (der Zahlen 0, ..., k-1) in die Menge E zu verstehen und deshalb von *Folgen in* E zu sprechen. Allgemein notiere ich Folgen auch durch kleine griechische Buchstaben wie α, β, ...; ist α eine Folge, so muß es genau ein k so geben, daß α k-gliedrige Folge ist, und dieses k notiere ich als def(α). Für i < k notiere ich dann das i-te Glied von α auch als α(i), so daß

$$\alpha = <\alpha(i) \mid i < k>$$

den Zusammenhang zu der oben verwendeten Bezeichnungsweise herstellt. Eine 1-gliedrige Folge in E besteht aus nur einem Element a von E; dennoch will ich sie als ein von a verschiedenes Objekt ansehen und sie als <a> notieren. Für Folgen α, β notiere ich als $<\alpha, \beta>$ die durch Verlängerung von α mit β entstehende *Verkettung* von α mit β: es gelte def($<\alpha, \beta>$) = def(α)+def(β) und

$$< \alpha,\beta > (i) = \alpha(i) \quad \text{für } i < \text{def}(\alpha) \; ,$$
$$< \alpha,\beta > (i) = \beta(i - \text{def}(\alpha)) \quad \text{für } \text{def}(\alpha) \leq i < \text{def}(\alpha) + \text{def}(\beta) \; .$$

Für 1-gliedriges $\beta = <b>$ notiere ich $<\alpha,\beta>$ als $<\alpha,b>$, und sinngemäß werde ich auch verwandte Verkettungen notieren.

Die Menge aller k-gliedrigen Folgen mit Gliedern aus E (Werten in E) notiere ich als E^k; offenbar steht E^1 in umkehrbarer Korrespondenz zu E selbst. Unter einer k-*stelligen Relation* R *auf* E verstehe ich eine (beliebige) Teilmenge von E^k, also eine Menge von k-Tupeln in E; von den k-Tupeln, welche zu R gehören, sage ich auch, daß sie *in der Relation* R *stünden*. Weiter werde ich fortan k-stellige Relationen R auch als R^k notieren (und dann vermeiden, den Buchstaben R auch als Namen einer weiteren Menge zu verwenden, für die R^k ja auch die gerade zuvor erklärte Bedeutung haben könnte). Die 1-stelligen Relationen auf E stehen in umkehrbarer Korrespondenz zu den Teilmengen von E. Jede Relation $R = R^k$ bestimmt eine (totale) Funktion χ_R, welche ich ihre *charakteristische Funktion* nenne, von E^k in die Menge 2 der Zahlen 0,1 durch

$$\chi_R(\alpha) = 1 \quad \text{wenn } \alpha \epsilon R \quad , \quad \chi_R(\alpha) = 0 \quad \text{wenn nicht } \alpha \epsilon R \; .$$

Offenbar wird R durch χ_R eindeutig bestimmt, und jede (totale) Funktion von E^k nach 2 ist charakteristische Funktion genau einer k-stelligen Relation auf E.

Eine Funktion f von (oder aus) E^k in E nenne ich auch eine k-*stellige* Funktion von (aus) E in sich und notiere sie als f^k; für $k = 1$ allerdings nehme ich als 1-stellige Funktionen *nicht* die von E^1 in E sondern die (ihnen über die Korrespondenz zwischen $<a>$ und a entsprechenden) Funktionen von E in sich. Eine k-stellige Funktion f bestimmt eine (k+1)-stellige Relation G(f) auf E, ihren *Graphen,* als die Menge aller $< \alpha, f(\alpha) >$ mit $\alpha \epsilon E^k$. Bei der in der Reinen Mathematik derzeit gebräuchlichen Mengensprechweise pflegt man k-stellige Funktionen von vornherein als (k+1)-stellige Relationen zu definieren, *identifiziert* dann also f und G(f). Es gibt keinen Grund dafür, sich diesem Gebrauche hier anzuschließen; wer dennoch auf ihn nicht verzichten will, der sollte besondere Sorgfalt üben, weil es (in der traditionellen und auch hier verwendeten Ausdrucksweise) durchaus Verschiedenes besagen wird, ob man von der Rekursivität einer Funktion oder der Rekursivität ihres Graphen G(f) spricht.

2. Superposition

Im Folgenden werde ich mich dem Studium k-stelliger Funktionen und Relationen auf einer fixierten Menge E hingeben, und in allen späteren Kapiteln wird das die Menge ω sein. Unter den k-stelligen Funktionen auf

E finden sich zunächst die *konstanten,* nämlich für jedes Element n von E die Funktion c_n^k mit

$$c_n^k(\alpha) = n$$

für alle α aus E^k. Weiter befinden sich unter ihnen die k Stück *Projektionen* p_i^k, $i < k$, mit

$$p_i^k(\alpha) = \alpha(i)$$

für alle α aus E^k. Im Besonderen ist p_0^1 die Identität auf E.

Bei Funktionen mit Definitionsbereichen E^k tritt an die Stelle der Komposition die *Superposition:* ist f^k Funktion von E^k in E und sind $g_0^m, ..., g_{k-1}^m$ Funktionen von E^m in E, so definiere ich eine Funktion von E^m in E als die *Superposition* $f^k \circ \langle g_0^m, ..., g_{k-1}^m \rangle$ von f^k mit der Folge der g_i^m durch

$$f^k \circ \langle g_0^m, ..., g_{k-1}^m \rangle(\alpha) = f^k(g_0^m(\alpha), ..., g_{k-1}^m(\alpha)) \quad \text{für } \alpha \text{ aus } E^m.$$

Im Besonderen gilt für die Projektionen p_i^k

$$p_i^k \circ \langle g_0^m, ..., g_{k-1}^m \rangle(\alpha) = p_i^k(g_0^m(\alpha), ..., g_{k-1}^m(\alpha)) = g_i^m(\alpha) ,$$

mithin

$$p_i^k \circ \langle g_0^m, ..., g_{k-1}^m \rangle = g_i^m \quad \text{für alle } i < k .$$

Dies legt es nahe, mit $\langle g_0^m, ..., g_{k-1}^m \rangle$ die Funktion von E^m in E^k zu bezeichnen, die durch

$$\langle g_0^m, ..., g_{k-1}^m \rangle(\alpha) = \langle g_0^m(\alpha), ..., g_{k-1}^m(\alpha) \rangle$$

erklärt wird; sie ist, sozusagen, das koordinatenweise Produkt der Folge der g_i^m. Damit wird nun die Superposition $f^k \circ \langle g_0^m, ..., g_{k-1}^m \rangle$ in der Tat zur *Komposition* der Abbildung $\langle g_0^m, ..., g_{k-1}^m \rangle$ mit der Abbildung f^k, und das erklärt auch die verwendete Schreibweise. Will ich deutlich machen, daß eine Funktion ihre Werte nicht in E sondern in einer der Mengen E^k annimmt, so werde ich sie auch als *vektorwertig* bezeichnen. Tatsächlich läßt sich eine *jede* (vektorwertige) Funktion g von E^m in E^k als Produkt

$$\langle p_0^k \circ g, \, ... \, , p_{k-1}^k \circ g \rangle$$

von E–wertigen Funktionen schreiben, weil $\langle p_0^k(g(\alpha)), ..., p_{k-1}^k(g(\alpha)) \rangle = g(\alpha)$.

⟦* Bei partiellen Funktionen ist $f^k \circ \langle g_0^m, ..., g_{k-1}^m \rangle$ genau für diejenigen α aus E^m definiert, die in allen Mengen $\text{def}(g_i^m)$ liegen. *⟧

Sei F eine Menge von Funktionen von Mengen E^k (mit verschiedenen k) in E . Es heißt F *abgeschlossen unter Superposition* wenn für f^k und $g_0^m, ..., g_{k-1}^m$ aus F auch $f^k \circ \langle g_0^m, ..., g_{k-1}^m \rangle$ wieder zu F gehört.

Das Arbeiten mit vektorwertigen Funktionen erlaubt es bisweilen, kompliziert erscheinende Behauptungen sehr einfach zu beweisen. Ich erwähne zunächst ein Kriterium für die Gleichheit zweier Funktionen: sind q, r Funktionen von E^n in E^k, so ist $q = r$ damit gleichbedeutend, daß $p_i^k \circ q = p_i^k \circ r$ für alle i gilt. Dies, zusammen mit der Assoziativität der *Komposition* von Funktionen, erlaubt einen simplen Beweis für das *Assoziativgesetz der Superposition*

$$f^k \circ <g_0^m \circ <h_0^n, ..., h_{m-1}^n>, ..., g_{k-1}^m \circ <h_0^n, ..., h_{m-1}^n>>$$
$$= (f^k \circ <g_0^m, ..., g_{k-1}^m>) \circ <h_0^n, ..., h_{m-1}^n> ,$$

wobei die h_j^n Funktionen von E^n in E seien. Denn die rechte Seite läßt sich wegen der Assoziativität der Komposition umformen in $f^k \circ (<g_0^m, ..., g_{k-1}^m>) \circ <h_0^n, ..., h_{m-1}^n>)$, so daß es genügen wird,

$$<g_0^m \circ <h_0^n, ..., h_{m-1}^n>, ..., g_{k-1}^m \circ <h_0^n, ..., h_{m-1}^n>>$$
$$= <g_0^m, ..., g_{k-1}^m> \circ <h_0^n, ..., h_{m-1}^n>$$

nachzuweisen. Hier stehen zwei Funktionen von E^n nach E^k, deren Gleichheit ich mit dem obgenannten Kriterium nachprüfe: es gilt

$$p_i^k \circ <g_0^m \circ <h_0^n, ..., h_{m-1}^n>, ..., g_{k-1}^m \circ <h_0^n, ..., h_{m-1}^n>> = g_i^m \circ <h_0^n, ..., h_{m-1}^n>$$

trivialer Weise, und

$$p_i^k \circ (<g_0^m, ..., g_{k-1}^m> \circ <h_0^n, ..., h_{m-1}^n>)$$
$$= (p_i^k \circ <g_0^m, ..., g_{k-1}^m>) \circ <h_0^n, ..., h_{m-1}^n> = g_i^m \circ <h_0^n, ..., h_{m-1}^n>$$

unter nochmaligem Gebrauch der Assoziativität der Komposition.

Die Beschreibung vektorwertiger Funktionen g durch ihre Produktdarstellung $<p_0^k \circ g, ..., p_{k-1}^k \circ g>$ läßt sich auch als ihre *Erzeugung* aus E-wertigen Funktionen ansehen, und ich nenne die $p_i^k \circ g$ deshalb auch die *Komponentenfunktionen* von g. Ist F eine Klasse von Funktionen f mit Werten in E und Definitionsbereichen E^k (k abhängig von f), so sei ihr *vektorielles Erzeugnis* F^* die Menge aller Funktionen g, die ein E^k in ein E^m abbilden (k und m abhängig von g) und deren sämtliche Komponentenfunktionen zu F gehören; mit anderen Worten besteht F^* also aus den (koordinatenweisen) Produkten von Funktionen aus F. Die Menge F^* umfaßt F, da eine E-wertige Funktion f mit ihrer (einzigen) Komponentenfunktion $p_0^1 \circ f$ übereinstimmt.

Genau dann ist F unter Superposition abgeschlossen, wenn F^* unter Komposition von Funktionen abgeschlossen ist. Denn einerseits ist für g_i^m aus F die Superposition $f^k \circ <g_0^m, ..., g_{k-1}^m>$ auch Komposition mit der Funktion $<g_0^m, ..., g_{k-1}^m>$ aus F^*. Liegen andererseits f von E^k nach E^n und g von E^m nach E^k in F^*, so liegt dort auch $f \circ g$. Denn jede Komponentenfunktion $p_i^n \circ (f \circ g) = (p_i^n \circ f) \circ g$ von $f \circ g$ liegt als Superposition der zu F gehörenden Funktion $p_i^n \circ f$ mit der Folge der zu F gehörenden $p_0^k \circ g, ...,$ $p_{k-1}^k \circ g$ wieder in F.

[* Bei partiellen Funktionen bleiben das Assoziativgesetz der Superposition und die Beziehungen zwischen F und F^* in Kraft. *]

3. Fundamentale Konstruktionen

Mit s bezeichne ich die 1–stellige *Nachfolgerfunktion*, die durch $s(x) = x{+}1$ definiert ist. Für die 2–stellige Relation der Identität $=$ auf ω^2 schreibe ich fortan häufig E^2 .

Für eine Relation $R = R^k$ und eine Folge $g_0^m,..., g_{k-1}^m$ von totalen Funktionen definiere ich die *Superposition* $R^k[g_0^m,..., g_{k-1}^m]$ als die Relation S^m mit der charakteristischen Funktion $\chi_R \circ {<}g_0^m,..., g_{k-1}^m{>}$; mithin gilt

$\alpha\epsilon S^m$ genau dann, wenn $\ {<}g_0^m(\alpha),..., g_{k-1}^m(\alpha){>}\epsilon R^k$.

Ich stelle nun eine Anzahl grundlegender Konstruktionen für Funktionen und Relationen zusammen, welche im Folgenden ständig verwendet werden werden (mit Ausnahme der Konstruktion (CC7), die erst in späteren Kapiteln eine Rolle spielen wird). Dazu erinnere ich nochmals daran, daß eine Zahl k auch die Menge der Zahlen 0,..., k−1 ist.

(CC1)   *Variablentransformation*. Sei π eine Abbildung von k in m.

$g^m = f^k \circ {<}p_{\pi(0)}^m,..., p_{\pi(k-1)}^m{>}$ heißt die *durch Transformation mit π* aus f^k entstehende Funktion.

$S^m = R^k[p_{\pi(0)}^m,..., p_{\pi(k-1)}^m]$ heißt die *durch Transformation mit π* aus R^k entstehende Relation S^m.

Für α aus ω^m gilt $g^m(\alpha) = f^k(\alpha\pi)$, und es liegt α in S^m genau dann, wenn $\alpha\pi$ in R^k liegt. Spezielle Variablentransformationen sind:

Permutation von Argumenten: π ist eine Bijektion von k auf k.

Hinzufügung leerer (scheinbarer) Argumente: π ist eine ordnungserhaltende Injektion von k in eine größere Zahl m. Ist, beispielsweise, π die identische Abbildung von k in k+1 so gilt $g^{k+1}(\alpha,a) = f^k(\alpha)$, und ${<}\alpha,a{>}$ liegt in S^{k+1} genau dann, wenn α in R^k liegt.

Kontraktion identischer Argumente: π ist eine Surjektion von k auf eine kleinere Zahl m. Sei, beispielsweise, $k = m{+}1$ und $\pi(i) = i$ für $i \leq m$, $\pi(m) = m{-}1$. Dann gilt $g^m = f^k \circ {<}p_0^m,..., p_{m-1}^m, p_{m-1}^m{>}$. Ist $\beta = \alpha\pi$ in R^k und α in S^m, so gilt $\beta(m) = \alpha\pi(m) = \alpha\pi(m{-}1) = \beta(m{-}1)$, und S^m besteht aus denjenigen α, die aus solchen β in R^k entstehen. [Die Teilmenge von R^k, welche alle jene β enthält, wird in (CC4) konstruiert werden.]

(CC2) *Spezifikation oder Kontraktion eines konstanten Arguments .*

Es sei $n \epsilon \omega$ und es gelte $i \leq k$. Die Funktion

$g^k = f^{k+1} \circ <p_0^k,..., p_{i-1}^k, c_n^k, p_i^k,..., p_{k-1}^k>$ heißt die aus f^{k+1} durch *Spezifikation des $i-ten$ Arguments zu* n entstehende Funktion ;

im Falle $k = 2$ etwa wird sie auch als $f^2(n,-)$ oder $f^2(-,n)$ notiert. Die Relation S^k, deren charakteristische Funktion so aus derjenigen von R^{k+1} entsteht, heißt aus R^{k+1} durch *Kontraktion des $i-ten$ Arguments* n entstanden; sie ist die Menge aller k-Tupel $<\alpha_0,..., \alpha_{i-1}, \alpha_{i+1},..., \alpha_k>$ mit $\alpha \epsilon R^{k+1}$ und $\alpha_i = n$.

(CC3) *Konstanthalten eines Arguments .*

Ist n in ω und gilt $i \leq k$, so ist die Relation S^{k+1}, welche aus R^{k+1} durch *Konstanthalten des $i-ten$ Arguments bei* n entsteht, definiert als die Menge aller α in R^{k+1} mit $\alpha_i = n$. Es gilt $S^{k+1} = R^{k+1} \cap E^2[p_i^{k+1}, c_n^{k+1}]$.

(CC4) *Identifikation von Argumenten .*

Sind i,j so, daß $i < j \leq k$, so ist die Relation S^{k+1}, welche aus R^{k+1} durch *Identifikation des $i-ten$ Arguments mit dem $j-ten$ Argument* entsteht, definiert als die Menge aller α in R^{k+1} mit $\alpha_i = \alpha_j$. Es gilt $S^{k+1} = R^{k+1} \cap E^2[p_i^{k+1}, p_j^{k+1}]$.

(CC5) *Beschränkte Quantifikationen .*

Die vier beschränkten Quantifikationen von R^{k+1} sind die (k+1)-stelligen Relationen $\exists_{\leq} R^{k+1}$, $\forall_{\leq} R^{k+1}$, $\exists_{<} R^{k+1}$, $\forall_{<} R^{k+1}$, definiert durch

$<\alpha,a> \epsilon \exists_{\leq} R^{k+1}$ genau dann,
$\qquad$ wenn es ein b gibt mit $b \leq a$ und $<\alpha,b> \epsilon R^{k+1}$

$<\alpha,a> \epsilon \forall_{\leq} R^{k+1}$ genau dann,
$\qquad$ wenn für alle b gilt: wenn $b \leq a$ so $<\alpha,b> \epsilon R^{k+1}$

$<\alpha,a> \epsilon \exists_{<} R^{k+1}$ genau dann,
$\qquad$ wenn $a > 0$ und es ein b gibt mit $b < a$ und $<\alpha,b> \epsilon R^{k+1}$

$<\alpha,a> \epsilon \forall_{<} R^{k+1}$ genau dann,
$\qquad$ wenn $a > 0$ und für alle b gilt: wenn $b < a$ so $<\alpha,b> \epsilon R^{k+1}$.

Für jedes n sind die *extern $n-beschränkten$ Quantifikationen* die k-stelligen Relationen $\exists_{\leq n} R^{k+1}$, $\forall_{\leq n} R^{k+1}$, $\exists_{<n} R^{k+1}$, $\forall_{<n} R^{k+1}$, definiert durch

$\alpha \epsilon \exists_{\leq n} R^{k+1}$ genau dann,
$\qquad$ wenn es ein b gibt mit $b \leq n$ und $<\alpha,b> \epsilon R^{k+1}$

etc. Sie entstehen durch Kontraktion von $\exists_\le R^{k+1}$, ... am konstanten Argument $a = n$.

Für jedes i mit $i < k$ sind die *intern beschränkten Quantifikationen* die k-stelligen Relationen $\exists^i_\le R^{k+1}$, $\forall^i_\le R^{k+1}$, $\exists^i_< R^{k+1}$, $\forall^i_< R^{k+1}$, definiert durch

$\quad\quad \alpha\epsilon\exists^i_\le R^{k+1}$ genau dann,

$\quad\quad\quad\quad\quad\quad$ wenn es ein b gibt mit $b \le \alpha(i)$ und $<\alpha,b> \epsilon R^{k+1}$

etc. Sie entstehen als $(\exists_\le R^{k+1})[p^k_0,..., p^k_{k-1}, p^k_i]$ etc. Umgekehrt können die beschränkten auf die intern beschränkten Quantifikationen zurückgeführt werden, da etwa $\forall_\le R^{k+1} = \forall^k_\le(R^{k+1}[p^{k+2}_0,..., p^{k+2}_{k-1}, p^{k+2}_{k+1}])$.

(CC6)   *Beschränkte Minimierung* .

Die beschränkten Minimierungen von R^{k+1} sind die beiden (k+1)-stelligen Funktionen $\mu_\le R^{k+1}$ und $\mu_< R^{k+1}$, definiert durch

$\quad\quad \mu_\le R^{k+1}(\alpha,a)$ ist das kleinste b derart, daß $b \le a$ und $<\alpha,b> \epsilon R^{k+1}$,

$\quad\quad\quad\quad\quad\quad$ *sofern solch ein* b *existiert*, und ist $a+1$ sonst

$\quad\quad \mu_< R^{k+1}(\alpha,a)$ ist das kleinste b derart, daß $b < a$ und $<\alpha,b> \epsilon R^{k+1}$,

$\quad\quad\quad\quad\quad\quad$ *sofern solch ein* b *existiert*, und ist a sonst .

Für jedes n sind die *extern beschränkten Minimierungen* die k-stelligen Funktionen $\mu_{\le n} R^{k+1}$ und $\mu_{< n} R^{k+1}$, definiert durch

$\quad\quad \mu_{\le n} R^{k+1}(\alpha)$ ist das kleinste b derart, daß $b \le n$ und $<\alpha,b> \epsilon R^{k+1}$,

$\quad\quad\quad\quad\quad\quad$ *sofern solch ein* b *existiert*, und ist $n+1$ sonst

etc. Sie entstehen durch Kontraktion am konstanten Argument $a = n$.

Für jedes $i < k$ sind die *intern beschränkten Minimierungen* die k-stelligen Funktionen $\mu^i_\le R^{k+1}$ und $\mu^i_< R^{k+1}$, definiert durch

$\quad\quad \mu^i_\le R^{k+1}(\alpha)$ ist das kleinste b derart, daß $b \le \alpha(i)$ und $<\alpha,b> \epsilon R^{k+1}$,

$\quad\quad\quad\quad\quad\quad$ *sofern ein solches* b *existiert*, und ist $\alpha(i)+1$ sonst

etc. Ich erhalte sie als $\mu_\le R^{k+1} \circ <p_0{}^k,..., p^k_{k-1}, p^k_i>$, respektive als $\mu_< R^{k+1} \circ <p_0{}^k,..., p^k_{k-1}, p^k_i>$.

Beschränkte Minimierungen lassen sich auch für Funktionen erklären; sie werden gegen Ende des Kapitels 2 eine kurze Rolle spielen.

(CC7)   *Allgemeine Minimierung* .

Die (unbeschränkte oder allgemeine) Minimierung von R^{k+1} ist die (k+1)-stellige Relation νR^{k+1} aller $<\alpha,a>$ in R^{k+1} derart, daß es kein b gibt mit $b < a$ und $<\alpha,b> \epsilon R^{k+1}$.

Sind $<\alpha,a>$ und $<\alpha,a'>$ in νR^{k+1}, so gilt $a = a'$. Folglich ist νR^{k+1} der Graph einer partiellen, in R^{k+1} enthaltenen Funktion, die ich als μR^{k+1} notiere. μR^{k+1} ist genau dann eine totale (auf ω^k erklärte) Funktion, wenn zu jedem α (mindestens) ein a existiert mit $<\alpha,a>\epsilon R^{k+1}$; in diesem Falle nenne ich die Relation R^{k+1} *voll.*

Ich bemerke, daß $\mu_< R^{k+1}$, $\mu_\leq R^{k+1}$, im Unterschied zu μR^{k+1}, stets totale Funktionen sind. Ferner sind sie $(k+1)$–stellige Funktionen, während die Funktion μR^{k+1} k–stellig ist.

Für eine jede – auch für eine jede partielle – Funktion f^k mit dem Graphen $G(f^k)$ gilt $f^k = \mu G(f^k)$.

Allgemeine Minimierungen von Funktionen werde ich erst im Kapitel 9 untersuchen.

An Folgerungen bemerke ich zunächst

(C1)   Entsteht g^m (respektive S^m) durch Variablentransformation mit π aus f^k (respektive R^k), und entsteht h^n (respektive T^n) durch Variablentransformation mit σ aus g^m (respektive S^m) , so entsteht h^n (respektive T^n) durch Variablentransformation mit $\sigma\pi$ aus f^k (respektive R^k).

Das folgt aus dem Assoziativgesetz der Superposition oder, einfacher, wie folgt: Es gilt $g^m(\alpha) = f^k(\alpha\pi)$ und $h^n(\beta) = g^m(\beta\sigma)$, also $h^n(\beta) = f^k(\beta\sigma\pi)$, und $\alpha\epsilon S^m$ ist äquivalent zu $\alpha\pi\epsilon R^k$, weiter $\beta\epsilon T^n$ äquivalent zu $\beta\sigma\epsilon S^m$, also auch zu $\beta\sigma\pi\epsilon R^k$.

Eine Klasse **F** von Funktionen, oder eine Klasse **R** von Relationen, heiße *trivial abgeschlossen*, wenn sie zu jedem ihrer Elemente auch alle aus ihm durch Variablentransformationen entstehenden Funktionen, respektive Relationen, enthält.

Sei **R** trivial abgeschlossen und sei **F** eine Menge von Funktionen. Es heiße **R** *abgeschlossen unter Superpositionen* mit Funktionen aus **F**, wenn für jedes R^k aus **R** und für jede Folge von Funktionen $g_0^m,..., g_{k-1}^m$, welche entweder Projektionen p_i^m sind oder durch Variablentransformation aus Funktionen von **F** entstehen, auch die Relation $R^k[g_0^m,..., g_{k-1}^m]$ zu **R** gehört. (Dies umfaßt im Besonderen den Fall, daß **F** nur aus einer Funktion besteht.)

Ist **R** trivial und unter Superpositionen mit den Funktionen c_n^1 abgeschlossen, so führen die Konstruktionen (CC2) nicht aus **R** hinaus.

Ich nenne $\mathbf{R}$ *positiv-Boolesch* abgeschlossen wenn für R^k und S^k aus $\mathbf{R}$ auch $R^k \cup S^k$ und $R^k \cap S^k$ in $\mathbf{R}$ sind; ich nenne $\mathbf{R}$ *Boolesch* abgeschlossen wenn, überdies, für R^k auch das Komplement $-R^k$ von R^k in ω^k zu $\mathbf{R}$ gehört.

(C2)   Es sei $\mathbf{R}$ trivial abgeschlossen, abgeschlossen unter Superpositionen mit den c_n^1 , und auch noch positiv-Boolesch abgeschlossen; es sei E^2 in $\mathbf{R}$. Dann liegen ω^k und jede endliche Teilmenge von ω^k in $\mathbf{R}$

Ich erhalte ω^k als die Superposition $E^2[p_0^k,\ p_0^k]$ in $\mathbf{R}$. Daraus, zusammen mit (CC3), folgt, daß für jedes β in ω^k und $i < k$ auch die Menge $M(\beta,i)$ in $\mathbf{R}$ liegt, die aus allen α in ω^k mit $\alpha_i = \beta_i$ besteht. Folglich liegt der Durchschnitt dieser k Mengen $M(\beta,i)$ in $\mathbf{R}$, und er ist $\{\beta\}$. Folglich liegt auch jede nicht leere, endliche Teilmenge von ω^k in $\mathbf{R}$, und die leere Teilmenge erhalte ich als Durchschnitt zweier verschiedener $\{\beta\}$ und $\{\gamma\}$.

4. Übersetzungsregeln

Ich stelle nun eine Anzahl von Beobachtungen zusammen, welche gewisse dieser Konstruktionen durch andere von ihnen ausdrücken. Sie werden an einigen Stellen späterer Kapitel gebraucht werden und mögen jetzt der Einübung der soeben entwickelten Begriffe dienen. Es wird jedoch nicht erwartet, daß sie dem Leser im Gedächtnis bleiben.

(C3) $\forall_{\leq} R^{k+1} = -\exists_{\leq} -R^{k+1}$ und $\exists_{\leq} R^{k+1} = -\forall_{\leq} -R^{k+1}$.

(C4) $\forall_{<} R^{k+1} = -E^2[p_k^{k+1},\ c_0^{k+1}] \cap -\exists_{<} -R^{k+1}$ und

$\exists_{<} R^{k+1} = -E^2[p_k^{k+1},\ c_0^{k+1}] \cap -\forall_{<} -R^{k+1}$.

Es liegt $<\alpha,a>$ *nicht* in $\exists_{<} -R^{k+1}$ genau dann, wenn $a = 0$ oder wenn *kein* b mit $b < a$ und $<\alpha,b> \epsilon -R^{k+1}$ existiert, i.e. $<\alpha,b> \epsilon R^{k+1}$ für alle $b < a$ gilt .

(C5) $\forall_{\leq} R^{k+1} = (\forall_{<} R^{k+1} \cup E^2[p_k^{k+1},\ c_0^{k+1}]) \cap R^{k+1}$ und

$\exists_{\leq} R^{k+1} = \exists_{<} R^{k+1} \cup R^{k+1}$.

(C6) $\forall_{\leq} R^{k+1} = (\forall_{<} R^{k+1})[p_0^{k+1},...,p_{k-1}^{k+1},\ s \circ p_k^{k+1}]$ und

$\exists_{\leq} R^{k+1} = (\exists_{<} R^{k+1})[p_0^{k+1},...,p_{k-1}^{k+1},\ s \circ p_k^{k+1}]$.

Es liegt $<\alpha,a>$ in der ersten rechten Menge genau dann, wenn gilt $<\alpha, s(a)> \epsilon \forall_{<} R^{k+1}$, i.e. genau dann, wenn

($s(a)\neq 0$) und $<\alpha,b>\,\epsilon R^{k+1}$ für alle $b < s(a)$, i.e. für alle $b \leq a$.

(C7) $\forall_< R^{k+1} =$
$$\exists^k_\leq \left(G(s)[p^{k+2}_{k+1},\, p^{k+2}_k] \cap (\forall_\leq R^{k+1})[p^{k+2}_0,...,\, p^{k+2}_{k-1},\, p^{k+2}_{k+1}] \right) .$$

Die Menge T^{k+2}, welche hier rechts unter dem Quantor $\exists^k_\leq$ steht, enthält

alle $<\alpha,a,c>$ mit $<c,a>\,\epsilon G(s)$ und $<\alpha,c>\,\epsilon\forall_\leq R^{k+1}$.

Folglich ist $\exists^k_\leq T^{k+2}$ die Menge

aller $<\alpha,a>$ derart, daß für ein $c \leq a$ gilt $a = s(c)$ und $<\alpha,c>\,\epsilon\forall_\leq R^{k+1}$.

(C8) $\exists_< R^{k+1} = (-E^2)[\mu_< R^{k+1},\, p^{k+1}_k]$ und

$\qquad \exists_\leq R^{k+1} = (-E^2)[\mu_\leq R^{k+1},\, s\circ p^{k+1}_k]$.

Es liegt $<\alpha,a>$ in $\exists_< R^{k+1}$ genau dann, wenn $\mu_< R^{k+1}(\alpha,a)\neq a$.

(C9) $\exists_< R^{k+1} = (-G(\mu_< R^{k+1}))[p^{k+1}_0,...,\, p^{k+1}_k,\, p^{k+1}_k]$.

(C10) $\forall_< R^{k+1} = -E^2[p^{k+1}_k,\, c^{k+1}_0] \cap E^2[\mu_< -R^{k+1},\, p^{k+1}_k]$ und

$\qquad \forall_\leq R^{k+1} = E^2[\mu_\leq -R^{k+1},\, s\circ p^{k+1}_k]$.

Es liegt $<\alpha,a>$ in $\forall_< R^{k+1}$, wenn $a\neq 0$ und es kein b gibt mit $b < a$ und $<\alpha,b>\,\epsilon -R^{k+1}$; das ist äquivalent zu $a\neq 0$ und $\mu_< -R^{k+1}(\alpha,a) = a$.

(C11) $\nu R^{k+1} = R^{k+1} \cap (\forall_< -R^{k+1} \cup E^2[p^{k+1}_k,\, c^{k+1}_0])$.

(C12) $G(\mu_< R^{k+1}) = (E^2[p^{k+2}_k,\, p^{k+2}_{k+1}] \cap -\exists_< R^{k+1}[p^{k+2}_0,...,\, p^{k+2}_k]) \cup$

$\qquad (\exists_< R^{k+1}[p^{k+2}_0,...,\, p^{k+2}_k] \cap R^{k+1}[p^{k+2}_0,...,\, p^{k+2}_{k-1},\, p^{k+2}_{k+1}] \cap$

$\qquad (E^2[p^{k+2}_{k+1},c^{k+2}_0] \cup \forall_< -R^{k+1}[p^{k+2}_0,...,\, p^{k+2}_{k-1},\, p^{k+2}_{k+1}])) .$

Es liegt $<\alpha,a,b>$ in $G(\mu_< R^{k+1})$ genau dann, wenn gilt

$\qquad$ ($a = b$ und nicht $<\alpha,a>\,\epsilon\exists_< R^{k+1}$) oder
$\qquad$ ($<\alpha,a>\,\epsilon\exists_< R^{k+1}$ und $<\alpha,b>\,\epsilon R^{k+1}$ und ($b = 0$ oder
$\qquad\qquad\qquad\qquad$ nicht $<\alpha,b>\,\epsilon\exists_< R^{k+1}$)) .

(C13) $S^{k+2} = R^{k+1}[p^{k+2}_0,...,\, p^{k+2}_{k-1},\, p^{k+2}_{k+1}] \cup E^2[p^{k+2}_k,\, p^{k+2}_{k+1}]$ ist voll, und
$$G(\mu_< R^{k+1}) = \nu S^{k+2} .$$

S^{k+2} besteht aus allen $<\alpha,a,c>$ mit

(1) $<\alpha,c>\,\epsilon R^{k+1}$ oder $a = c$.

Folglich gibt es zu jedem $<\alpha,a>$ ein c so, daß $<\alpha,a,c>$ in S^{k+2}, i.e. S^{k+2} ist voll. Nun gilt

(2) $<\alpha,a,c> \epsilon \nu S^{k+2}$ genau dann, wenn $<\alpha,a,c> \epsilon S^{k+2}$ und

für alle $b < c$ *nicht* $<\alpha,a,b> \epsilon S^{k+2}$.

Ich betrachte den Fall $a = c$. Dann gilt $<\alpha,a,a> \epsilon S^{k+2}$, und damit werden die folgenden Aussagen äquivalent :

$<\alpha,a,a> \epsilon \nu S^{k+2}$

für alle $b < a$ nicht $<\alpha,a,b> \epsilon S^{k+2}$ gemäß (2)

für alle $b < a$ nicht $<\alpha,b> \epsilon R^{k+1}$ gemäß (1), da aus $b < a$ folgt $b \neq a$

$\mu_{<} R^{k+1}(\alpha,a) = a$.

Nun betrachte ich den Fall $a \neq c$. Dann ist $<\alpha,a,c> \epsilon S^{k+2}$ äquivalent zu $<\alpha,c> \epsilon R^{k+1}$ gemäß (1), und damit werden die folgenden Aussagen äquivalent

$<\alpha,a,c> \epsilon \nu S^{k+2}$

$<\alpha,c> \epsilon R^{k+1}$ und für alle $b < c$ nicht $<\alpha,a,b> \epsilon S^{k+2}$ gemäß (2)

$<\alpha,c> \epsilon R^{k+1}$ und für alle $b < c$: $b \neq a$ und nicht $<\alpha,a,b> \epsilon S^{k+2}$

da $<\alpha,a,a>$ in S^{k+2} ist

$<\alpha,c> \epsilon R^{k+1}$ und $c < a$ und für alle $b < c$ nicht $<\alpha,b> \epsilon R^{k+1}$

gemäß (1) und weil $c \neq a$

$\mu_{<} R^{k+1}(\alpha,a) = c$.

(C14) $G(\mu_{<} R^{k+1}) = (G(\mu_{<} R^{k+1}))[p_0^{k+2},..., p_{k-1}^{k+2}, s \circ p_k^{k+2}, p_{k+1}^{k+2}]$.

In den folgenden Kapiteln werde ich Klassen **F** von Funktionen (verschiedener Stellenzahlen) betrachten. Jedem **F** werde ich die Klasse **R(F)** aller Relationen R assoziieren, deren charakteristische Funktionen χ_R in **F** liegen. Bisweilen geht man auch umgekehrt von einer Klasse **R** von Relationen aus und assoziiert ihr die Klasse **F(R)** aller Funktionen, deren Graphen in **R** liegen.

5. Appendix: Lokale Superposition

Es sei **R** trivial abgeschlossen und f eine Funktion. **R** heiße *lokal abgeschlossen unter Superpositionen* mit f, wenn

für jede aus f durch Variablentransformation entstehende Funktion g^m und

für jedes R^k aus **R** und, falls $k > 1$,

für jede Abbildung σ von $k-1$ in m

die Relation $R^k[g^m, p_{\sigma(0)}^m,..., p_{\sigma(k-2)}^m]$ in **R** liegt.

Nun will ich zeigen:

> Ist **R** trivial abgeschlossen und lokal abgeschlossen unter Superpositionen mit jeder einzelnen Funktion einer Menge **F**, so ist **R** auch unter Superpositionen mit Funktionen aus **F** abgeschlossen.

Eine positive Zahl n heiße *gut*, wenn für alle k mit $n \leq k$ gilt: ist R^k aus **R** und sind $g_0^m, \ldots, g_{n-1}^m$ Superpositionen von Funktionen aus **F**, so liegt

$$R^k[g_0^m, \ldots, g_{n-1}^m, P_{\sigma(0)}^m, \ldots, P_{\sigma(k-n-1)}^m]$$

in **R**, wobei im Fall $n < k$ noch σ eine Abbildung von k−n in m ist. Nach Definition der lokalen Abgeschlossenheit ist 1 gut; ich nehme nun an, daß n gut sei, und zeige, daß auch n+1 gut ist. Dabei kann ich mich auf Relationen einer Stellenzahl k mit $k > n$ beschränken.

Seien nun R^k und $g_0^m, \ldots, g_{n-1}^m$, g_n^m gegeben sowie, falls $n+1 < k$, eine Abbildung π von k−(n+1) in m. Ich erweitere diese Funktionen zunächst durch Variablentransformation zu 2m−stelligen Funktionen $g_0^{m+m}, \ldots, g_{n-1}^{m+m}$, g_n^{m+m} derart, daß für α, β aus ω^m gilt

$$g_i^{m+m}(\alpha,\beta) = g_i^m(\beta) \text{ für } i < n, \qquad \text{aber } g_n^{m+m}(\alpha,\beta) = g_n^m(\alpha) .$$

Ebenfalls durch Variablentransformation erhalte ich aus R^k die Relation

$$S^k = R^k[p_n^k, p_0^k, p_1^k, \ldots, p_{n-1}^k, p_{n+1}^k, \ldots, p_{k-1}^k] .$$

Schließlich sei σ die Abbildung von k−n in m+m mit $\sigma(0) = 0$ und $\sigma(i) = m+\pi(i-1)$ für $0 < i$. Da n gut ist, gehört

$$R^k[g_0^{m+m}, \ldots, g_{n-1}^{m+m}, P_{\sigma(0)}^{m+m}, \ldots, P_{\sigma(k-n-1)}^{m+m}]$$

zu **R** , und nach Definition von S^k ist das die Relation

$$T^{m+m} = S^k[p_{\sigma(0)}^{m+m}, g_0^{m+m}, \ldots, g_{n-1}^{m+m}, P_{\sigma(1)}^{m+m} \ldots, P_{\sigma(k-n-1)}^{m+m}] .$$

Da **R** lokal abgeschlossen für g_n^{m+m} ist, liegt auch

$$V^{m+m} = T^{m+m}[g_n^{m+m}, p_1^{m+m}, \ldots, p_{m+m-1}^{m+m}]$$

in **R**. Schreibe ich α aus ω^m als $<a,\alpha'>$, so liegt $<\alpha,\beta>$ aus ω^{m+m} genau dann in V^{m+m}, wenn

$$\gamma = <g_n^{m+m}(\alpha,\beta), \alpha', \beta> \text{ in } T^{m+m}$$

liegt. Wegen $\sigma(0) = 0$ ist das äquivalent zu

$$<g_n^{m+m}(\alpha,\beta), g_0^{m+m}(\gamma), \ldots, g_{n-1}^{m+m}(\gamma), \gamma\sigma(1), \ldots, \gamma\sigma(k-n-1)> \text{ in } S^k ,$$

nach Definition der Funktionen g_i^{m+m} also zu

$$<g_n^m(\alpha), g_0^m(\beta), \ldots, g_{n-1}^m(\beta), \gamma\sigma(1), \ldots, \gamma\sigma(k-n-1)> \text{ in } S^k$$

und

$$<g_0^m(\beta), \ldots, g_{n-1}^m(\beta), g_n^m(\alpha), \gamma\sigma(1), \ldots, \gamma\sigma(k-n-1)> \text{ in } R^k .$$

Nach Definition von σ besteht V^{m+m} daher aus allen $<\alpha,\beta>$ mit

$$<g_0^m(\beta),\ldots, g_{n-1}^{m+m}(\beta), g_n^m(\alpha), \beta\pi(0),\ldots, \beta\pi(k-n-2)> \text{ in } R^k \ .$$

Ist ρ die Abbildung von $m+m$ nach m mit $\rho(i) = i$ für $i < m$ und mit $\rho(i) = i-m$ für $i \geq m$, so entsteht durch Variablentransformation mit ρ aus V^{m+m} die Relation W^m aller α mit $<\alpha,\alpha> \epsilon V^{m+m}$, also die Menge aller α mit

$$<g_0^m(\alpha),\ldots, g_{n-1}^m(\alpha), g_n^m(\alpha), \alpha\pi(0),\ldots, \alpha\pi(k-n-2)> \text{ in } R^k \ .$$

Sie aber ist keine andere als die Relation $R^k[g_0^m,\ldots, g_{n-1}^m, g_n^m, p_{\pi(0)}^m,\ldots, p_{\pi(k-n-2)}^m]$, die somit in R liegt. Mithin ist $n+1$ gut, und das beendet den Induktionsbeweis meiner Behauptung.

Kapitel 2. Simple Funktionen

In diesem Kapitel führe ich eine Klasse sehr einfacher Funktionen ein
(welche deshalb simpel heißen). Für sich selbst genommen, ist sie nicht
von besonderem Interesse; allein die Bildungsprinzipien, unter denen sie
entsteht, werden in späteren Kapiteln so häufig verwendet werden, daß es
als angebracht erscheint, ihre Wirkung hier zu isolieren. Wie auch alle
späterhin zu untersuchenden Funktionenklassen, wird die der simplen
Funktionen, ausgehend von explizit genannten Anfangsfunktionen, unter
gewissen Bildungsprinzipien erzeugt. Deshalb werde ich sogleich neben der
Klasse der simplen Funktionen auch noch die *simpel abgeschlossenen* Funktionenklassen als diejenigen betrachten, welche unter jenen Bildungsprinzipien abgeschlossen sind, neben den explizit genannten Anfangsfunktionen
aber noch weitere enthalten mögen.

Für eine Klasse F von Funktionen war $R(F)$ als die Klasse aller Relationen erklärt, deren charakteristische Funktion in F liegt. Die einfachste
Definition der simplen Funktionen wird nun Beziehung auch auf Klassen
$R(F)$ nehmen; eine Kennzeichnung, welche diese Bezugnahme vermeidet,
werde ich gegen Ende dieses Kapitels besprechen.

Die 1-stellige *Signumsfunktion* SG ist definiert durch $SG(0) = 0$ und $SG(n)$
$= 1$ für $n \neq 0$.

Eine Klasse F von Funktionen heißt *simpel abgeschlossen*, wenn

(FSF0) F enthält c_1^1, p_i^k, $+$, $\cdot$, SG sowie die charakteristischen Funktionen der Relationen $<$ und E^2

(FSF1) F ist unter Superpositionen abgeschlossen

(FSF2)   Wenn R^{k+1} in $R(F)$ so $\mu_< R^{k+1}$ in F .

Die Funktionen der *kleinsten* simpel abgeschlossenen Klasse FSF nenne ich
die *simplen* Funktionen; sie gehören jeder simpel abgeschlossenen Klasse
an. Eine Relation nenne ich simpel wenn ihre charakteristische Funktion
simpel ist. Von nun an sei F stets eine simpel abgeschlossenen Klasse.
Allein aus (FSF1) folgt schon

(FS0) $R(F)$ ist abgeschlossen unter Superpositionen mit Funktionen
aus F

denn $\chi_R \circ \langle g_0^m ..., g_{k-1}^m \rangle$ ist die charakteristische Funktion der Relation
$R^k[g_0^m ..., g_{k-1}^m]$. – Weiter gilt

(FS1)   Ist f^k in F, so ist der Graph $G(f^k)$ in $R(F)$

denn ich habe $G(f^k) = E^2[f^k \circ <p_0^{k+1}, ..., p_{k-1}^{k+1}>, p_k^{k+1}>]$. – Das folgende ist das Prinzip der Definition durch *Fallunterscheidung:*

(FS2)   Es seien $R_0, ..., R_{n-1}$ k-stellige Relationen in $\mathbf{R}(\mathbf{F})$ derart, daß jedes α aus ω^k zu genau einer dieser R_i gehört. Es seien $r_0, ..., r_{n-1}$ k-stellige Funktionen aus $\mathbf{F}$. Dann enthält $\mathbf{F}$ die Funktion f^k mit der Definition

$$f^k(\alpha) = r_i(\alpha) \text{ falls } \alpha \epsilon R_i \quad .$$

Es sei χ_i die charakteristische Funktion von R_i. Dann gilt zunächst $f^k(\alpha) = \Sigma <r_i(\alpha) \cdot \chi_i(\alpha) \mid i < n>$, und ich erhalte f^k als letztes Glied der Folge $<t_j \mid j < n-1>$ mit $t_0 = \cdot \circ <r_0, \chi_0>$ und $t_{j+1} = +\circ<t_j, \cdot \circ<r_{j+1}, \chi_{j+1}>>$.

(FS3) $\mathbf{F}$ enthält die Nachfolgerfunktion s , alle konstanten Funktionen c_n^k , und für R^{k+1} aus $\mathbf{R}(\mathbf{F})$ gehört auch $\mu_< R^{k+1}$ zu $\mathbf{F}$.

Denn s ist $+\circ<p_0^1, c_1^1>$, und für $n \geq 1$ gilt $c_{n+1}^1 = s \circ c_n^1$, $c_n^k = c_n^1 \circ p_0^k$. Den Fall c_0^1 werde ich in (FS6) behandeln. Schließlich ist $\mu_< R^{k+1}$ die Superposition $\mu_< R^{k+1} \circ <p_0^{k+1}, ..., p_{k-1}^{k+1}, s \circ p_k^{k+1}>$.

Die Abgeschlossenheit unter $\mu_<$ erlaubt die folgende, häufig verwendete Schlußweise. Ist f^k eine Funktion, deren Graph $G(f^k)$ in $\mathbf{R}(\mathbf{F})$ liegt, so ist es im Allgemeinen *nicht* möglich, daraus auf die Zugehörigkeit von f^k zu $\mathbf{F}$ zu schließen. Jedoch gilt

(FS4)   Ist f^k Funktion und $G(f^k)$ in $\mathbf{R}(\mathbf{F})$, und hat f^k eine Majorante h^k in $\mathbf{F}$ (i.e. $f^k(\xi) \leq h^k(\xi)$ für alle ξ in ω^k), so liegt f^k in $\mathbf{F}$.

Da die Relation $R^{k+1} = G(f^k)$ in $\mathbf{R}(\mathbf{F})$ liegt, gehört die (k+1)-stellige Funktion $\mu_< R^{k+1}$ zu $\mathbf{F}$, folglich auch die k-stellige Funktion $(\mu_< R^{k+1}) \circ <p_0^k, ..., p_{k-1}^k, h^k>$. Sie aber ist keine andere als f^k, denn ihr Wert an der Stelle α ist $(\mu_< R^{k+1})(\alpha, h^k(\alpha))$, und das ist das, wegen $f^k(\alpha) \leq h^k(\alpha)$ vorhandene, kleinste a mit $a \leq h^k(\alpha)$ und $<\alpha, a> \epsilon R^{k+1}$, i.e. $a = f^k(\alpha)$.

(FS5) $\mathbf{R}(\mathbf{F})$ ist unter Vereinigungen abgeschlossen .

Denn haben R und S dieselbe Stellenzahl, so gilt $\chi_{R \cup S} = SG \circ + \circ <\chi_R, \chi_S>$.

(FS6)   Die *beschränkte Subtraktion* $\dot{-}$, definiert durch $x \dot{-} y = x - y$ für $x \geq y$ und $x \dot{-} y = 0$ sonst, ist simpel .

Sei nämlich R die Menge aller $<c, a, b>$ mit

$$a + b = c \quad \text{oder} \quad c < a \quad ,$$

die als $G(+)[p_1^3, p_2^3, p_0^3] \cup <[p_0^3, p_1^3]$ zu $R(F)$ gehört. Dann ist $\mu^0{}_< R(c,a)$ das kleinste b mit $b < c$ und $R(c,a,b)$, sofern es ein solches b gibt, oder $\mu^0{}_< R(c,a) = a$ sonst. Aber ein solches b *gibt* es stets, und es ist dann $c \doteq a$. Folglich ist $\doteq$ gleich $\mu^0{}_< (c,a)$.

(FS7)   Die 1-stellige *Vorgängerfunktion* CS, definiert durch $CS(n) = n-1$ für $n > 0$ und $CS(0) = 0$, ist simpel.

Es ist $CS = \doteq \circ <p_0^1, c_1^1>$. Damit liegt nun auch $c_0^1 = CS \circ c_1^1$ in **F** .

(FS8)   Die 1-stellige *Cosignumsfunktion* CSG, definiert durch $CSG(0) = 1$ und $CSG(n) = 0$ für $n > 0$, ist simpel .

Es ist $CSG(x) = 1 \doteq x$, i.e. $CSG = \doteq \circ <c_1^1, p_0^1>$. Nun verschärfe ich (FS5) zu

(FS9)   **R(F)** ist Boolesch abgeschlossen .

Die Abgeschlossenheit unter Komplementen folgt aus $\chi_{-R} = CSG \circ \chi_R$; die Abgeschlossenheit unter Durchschnitten daher über (FS5) wegen $R \cap S = -(-R \cup -S)$. — Nun folgt aus (C8)

(FS10)   **R(F)** ist unter beschränkten Quantifikationen abgeschlossen .

(FS11)   Die Funktionen $\min(x,y) = x \doteq (x \doteq y)$, $\max(x,y) = (x+y) \doteq \min(x,y)$ und $|x-y| = (x \doteq y) + (y \doteq x)$ sind simpel .

(FS12)   Die Funktionen $QU(x,y)$ des *Quotienten* und $MOD(x,y)$ des *Restes* sind simpel, wobei

$$y = QU(x,y) \cdot x + MOD(x,y) \text{ für alle } x,y, \quad 0 \leq MOD(x,y) < x \text{ für } x > 0,$$
$$MOD(0,y) = y, \quad QU(0,y) = 0 .$$

Ich bemerke zunächst, daß **R(F)** die Relation $\leq$ als Vereinigung von $<$ und E^2 enthält. Sei R^3 die Menge aller $<x,y,q>$ mit $xq \leq y < x(q+1)$. Dann ist R^3 Durchschnitt der zwei Superpositionen $\leq [\cdot \circ <p_0^3, p_2^3>, p_1^3]$ und $<[p_1^3, \cdot \circ <p_0^3, s \circ p_0^3>]$ und somit in **R(F)**. Folglich liegt $f = \mu^1{}_< R^3$ in **F** . Für $x > 0$ gibt es ein q mit $q \leq y$ und $<x,y,q> \epsilon R^3$, nämlich den ganzzahligen Quotienten (speziell $q = 0$ für $y = 0$), der somit der Wert $f(x,y)$ ist. Für $x = 0$ gibt es keine y, q mit $<0,y,q>$ in R^3; folglich gilt stets $f(0,y) = y+1$. Weiter enthält nun **R(F)** wenigstens eine 2-stellige Relation, mithin auch ω^2 nach (F9). Folglich liegt die Menge $A = \omega^2 \cap E^2[p_0^2, c_0^2]$ aller $<0,y>$ in **R(F)**. Damit erkläre ich QU durch Fallunterscheidung : $QU(x,y) = f(x,y)$ falls $<x,y> \epsilon \omega^2 - A$, und $QU(0,y) = 0$ sonst. Somit ist QU simpel nach (FS2), folglich auch $MOD = \doteq \circ <p_1^2, \cdot \circ <QU, p_0^2>>$, i.e. $MOD(x,y) = y \doteq QU(x,y) \cdot x$.

(FS13)   Die Teilbarkeitsrelation $DIV(x,y)$ mit der charakteristischen Funktion $CSG \circ MOD$ ist simpel .

Man bemerke, daß $DIV(x,0)$ für alle x und *nicht* $DIV(0,y)$ für alle $y > 0$ nach Definition von MOD .

(FS14)   Die Funktion ESQ der *ganzzahligen Quadratwurzel* ist simpel: $ESQ(x)^2 \leq x$ und $(ESQ(x)+1)^2 > x$.

Die Menge R^2 aller $<x, y>$ mit $(y+1)^2 > x$ ist in $R(F)$, folglich ist $f = \mu^0{}_{\leq}R^2$ in F . Da stets $(x+1)^2 > x$ gilt, ist ihr Wert $f(x)$ das kleinste y mit $y \leq x$ und $(y+1)^2 > x$. Mithin ist f gleich ESQ.

(FS15)   CAUCHYs bijektive Paarungsfunktion CAU von ω^2 auf ω ist simpel, i.e.

$$CAU(x,y) = (x+y)(x+y+1)/2 + x .$$

Ebenfalls simpel sind die 1-stelligen Komponentenfunktionen CRO_0 und CRO_1 der zu CAU inversen Abbildung UAC mit $z = CAU(CRO_0(z),CRO_1(z))$.

(Den Nachweis, daß CAU in der Tat eine Bijektion von ω^2 auf ω ist, überlasse ich dem Leser.) Zunächst ist CAU in F, da ich $CAU(x,y)$ auch als $QU(2,(x+y)(x+y+1)) + x$ schreiben kann. Mithin ist $G(CAU)$ in $R(F)$, also auch die Menge R^3 aller $<z,x,y>$ mit

(c) $z = CAU(x,y)$

Hier aber gilt $y \leq z$ weshalb $R^2 = \exists^0{}_{\leq}R^3$ alle $<z,x>$ enthält, die (c) mit einem y erfüllen. Es gilt aber auch $x \leq z$, und da CAU in der Tat eine Bijektion ist, folgt nun, daß z die Zahl x in (c) eindeutig bestimmt. Somit gilt $CRO_0 = \mu^0{}_{\leq}\exists^0{}_{\leq}R^3$ und, analog, $CRO_1 = \mu^0{}_{\leq}\exists^0{}_{\leq}S^3$ für die Relation S^3, die aus R^3 durch Vertauschung von x und y entsteht.

(FS16)   Die Erweiterung CAU^k von CAU ist simpel, die ω^k bijektiv auf ω abbildet und deren Definition mit der Identität $CAU^1 = p_0^1$ für $k > 1$ lautet

$$CAU^k(\alpha,a) = CAU(CAU^{k-1}(\alpha),a) .$$

Ebenfalls simpel sind die k Komponentenfunktionen CRO_i^k der zu CAU^k inversen Abbildung UAC^k, deren Definition mit der Identität $UAC^1 = p_0^1$ für $k > 1$ lautet

$$UAC^k(x) = <UAC^{k-1}(CRO_0(x)), CRO_1(x)> .$$

Induktion lehrt, daß CAU^k in F liegt, $UAC^k \circ CAU^k$ die Identität auf ω^k und $CAU^k \circ UAC^k$ die Identität auf ω ist. Für $k = 2$ wurde das oben gezeigt; damit aber folgen

$$UAC^k(CAU^k(\alpha,a)) = UAC^k(CAU(CAU^{k-1}(\alpha), a))$$
$$= \; <UAC^{k-1}(CRO_0(CAU(CAU^{k-1}(\alpha), a))),CRO_1(CAU(CAU^{k-1}(\alpha), a))>$$
$$= \; <UAC^{k-1}(CAU^{k-1}(\alpha), a> \; = \; <\alpha,a>$$

und

$$CAU^k(UAC^k(x)) = CAU^k(UAC^{k-1}(CRO_0(x)), CRO_1(x))$$
$$= CAU(CAU^{k-1}(UAC^{k-1}(CRO_0(x))), CRO_1(x)) = CAU(CRO_0(x), CRO_1(x)) = x$$

durch Induktion. Die Komponentenfunktionen CRO_i^k können durch $CRO_0^2 = CRO_0$, $CRO_{k-1}^k = CRO_1$ und, für $k > 2$, $CRO_i^k = CRO_i^{k-1} \circ CRO_0$ für $i < k-1$ definiert werden. Denn dann lehrt $UAC^{k-1}(x) = \; <CRO_i^{k-1}(x) \, | \, i < k-1>$, daß

$$UAC^k(x) = \; <UAC^{k-1}(CRO_0(x)), CRO_1(x)>$$
$$= \; < <CRO_i^{k-1}(CRO_0(x)) \, | \, i < k-1>, CRO_1(x)> \; = \; <CRO_i^k(x) \, | \, i < k \; > \; .$$

Eine zur tatsächlichen Berechnung geeignetere Konstruktion der Komponentenfunktionen beruht auf der Beobachtung, daß $CAU(x,y) = z$ gleichbedeutend mit $2z = (x+y)(x+y+1)+2x$ ist und

$$(x+y)(x+y+1)+2x \; < \; (x+y)(x+y+1)+2(x+y+1) \; = \; (x+y+1)(x+y+2)$$

gilt. Daher ist $x+y$ die eindeutig bestimmte Zahl s mit

(a) $s(s+1) \leq 2z < (s+1)(s+2)$,

aus der sich x als $z - (1/2) \cdot s \cdot (s+1)$ und dann y als $s-x$ bestimmt. Aus (a) folgt aber $s^2 \leq 2z < (s+2)^2$, weshalb $s \leq ESQ(2z) < s+2$, also $ESQ(2z)-1 \leq s \leq ESQ(2z)$; mithin erklärt man die Funktion, welche z in s abbildet, durch Fallunterscheidung als $ESQ(2z) \dot{-} 1$ oder als $ESQ(2z)$, je nach dem, welche dieser beiden Zahlen (a) erfüllt.

Die Bijektionen CAU^k sind nun nicht bloße Kuriositäten, vielmehr liefern sie einen Algorithmus, um *bei festem* k die k–Tupel natürlicher Zahlen durch natürliche Zahlen selbst zu *kodieren.* Allgemein verstehe ich unter einem *System von Paarungsfunktionen* drei Funktionen AU von ω^2 in ω und RO_0, RO_1 von ω in sich mit den Eigenschaften

$$RO_0 \circ AU = p_0^2 \; , \quad RO_1 \circ AU = p_1^2 \; ,$$

wie es die simplen Funktionen CAU, CRO_0 und CRO_1 in jeder simpel abgeschlossenen Klasse **F** liefern. Aus diesen Gleichungen folgt, daß AU injektiv ist. Ich setze $AU^2 = AU$ und definiere, für jedes $k > 2$, die k–stellige Funktion AU^k durch $AU^k(\alpha,a) = AU(AU^{k-1}(\alpha),a)$. Induktion zeigt, daß AU^k in **F** liegt und eine Injektion von ω^k in ω ist. Weiter erkläre ich, für jedes $k \geq 2$ und alle $i < k$, die (1–stelligen!) Funktionen RO_i^k als $RO_0^2 = RO_0$, $RO_{k-1}^k = RO_1$ und für $k > 2$ noch $RO_i^k = RO_i^{k-1} \circ RO_0$ für $i < k-1$; Induktion lehrt, daß auch sie in **F** liegen und $RO_i^k \circ AU^k = p_i^k$ gilt. Für die Funktion UA^k von ω auf ω^k mit $UA^k(x) = \; <RO_i^k(x) \, | \, i < n>$ ist deshalb $UA^k \circ AU^k$ die Identität auf ω^k. Definiere ich noch AU^1, UA^1 und RO_0^1 als die Identität auf ω, so gilt $UA^k(x) =$

$<\!UA^{k-1}(x),RO_1(x)\!>$ für $k>1$. Ein System von Paarungsfunktionen heißt *bijektiv*, wenn

$$AU \circ <\!RO_0, RO_1\!>$$

die Identität auf ω ist; dann ist auch $AU^k \circ UA^k$ die Identität auf ω. Das System mit CAU *ist* bijektiv, und die zugehörigen Funktionen UA^k notiere ich dann als UAC^k. Ein weiteres bijektives System (allerdings nicht mehr simpler, jedoch) *elementarer* Paarungsfunktionen gehört zu der Funktion $2^x \cdot (2y+1)$, welche ω^2 bijektiv auf die positiven Zahlen von ω abbildet, so daß man $AU(x,y) = 2^x \cdot (2y+1) \div 1$ setzt. MINSKY [67] hat ein *nicht* bijektives, bisweilen nützliches System von Paarungsfunktionen angegeben, das zu der Funktion $2^{x+y+1} + 2^y$ gehört; in 2–adischer Darstellung ist das die Zahl $1000\ldots1000..$, wobei die vordere Folge von Nullen x Glieder, die hintere y Glieder hat.

Paarungsfunktionen und durch sie ermöglichten Kodierungsverfahren werden im Folgenden ständige Anwendung finden. Deren wichtigste wird es sein, in bestimmten Zusammenhängen das Studium *mehrstelliger* Funktionen auf dasjenige 1–*stelliger* zurückzuführen. Ebenso machen es Paarungsfunktionen möglich, Relationen verschiedener Stellenzahlen ineinander zu überführen: ist R^1 das Bild von R^k unter AU^k, und sind χ^1, χ^k die charakteristischen Funktionen von R^1, R^k, so gilt $\chi^k = \chi^1 \circ AU^k$, weshalb zusammen mit R^1 auch R^k in $R(F)$ liegt. Im bijektiven Falle habe ich umgekehrt die Darstellung $\chi^1 = \chi^k \circ UA^k$, so daß dann zusammen mit R^k auch R^1 in $R(F)$ liegt.

Eine weitere, gelegentlich nützliche Konstruktion ist

(FS17)   Ist f^{k+1} in **F** so ist das auch die Funktion $MAX\,f^{k+1}$ der *beschränkten Maximumsbildung* mit

$$MAX\,f^{k+1}(\alpha,n) = \max<\!f^{k+1}(\alpha,i)\,|\,i \leq n\!> \quad .$$

Die Relation R^{k+2} aller $<\!\alpha,y,n\!>$ mit $f^{k+1}(\alpha,y) \geq f^{k+1}(\alpha,n)$ liegt in **R(F)**, folglich auch die Relation $\bigvee_\leq R^{k+2}$ aller $<\!\alpha,y,n\!>$ so, daß $f^{k+1}(\alpha,y) \geq f^{k+1}(\alpha,i)$ für alle $i \leq n$. Mithin liegt auch die Relation S^{k+2} aller $<\!\alpha,n,y\!>$ mit $<\!\alpha,y,n\!> \epsilon \bigvee_\leq R^{k+2}$ in **R(F)**, und $\max<\!f^{k+1}(\alpha,i)\,|\,i \leq n\!>$ ist die intern beschränkte Minimierung $\mu^k_\leq S^{k+2}(\alpha,n)$.

Die Simplizität der simplen Funktionen zeigt sich wesentlich darin, daß sie im folgenden Sinne *polynomial beschränkt* sind:

(FS18)   Zu jedem f^k in **FSF** lassen sich Zahlen a und q so angeben, daß für jedes ξ in ω^k gilt

$$f^k(\xi) \leq a \cdot \max(\xi)^q \ .$$

Das trifft zu für die in (FSF0) genannten Funktionen (mit q = 2 für · ,
a = 2 für + , und q = a = 1 in allen anderen Fällen); es trifft zu mit q = a
= 1 für jede Funktion $\mu_{<}R$. Und sind a, q für f^k und Zahlen a(i), q(i) für
Funktionen g_i^m , i < k , bestimmt, so schließe ich mit p = max< q(i) | i < k >
und b = max< a(i) | i < k > aus

$$g_i^m(\xi) \leq a(i) \cdot \max(\xi)^{q(i)} \leq b \cdot \max(\xi)^p$$

und

$$f^k(g_i^m(\xi), \ldots, g_i^m(\xi)) \leq a \cdot \max< g_i^m(\xi) | i < k >^q \leq a \cdot (b \cdot \max(\xi)^p)^q$$

auf

$$f^k \circ < g_i^m, \ldots, g_i^m >(\xi) \leq (a \cdot b^q) \cdot \max(\xi)^{p+q} .$$

Hieraus folgt im Besonderen, daß bereits die Funktion 2^x nicht mehr zu
FSF gehört.

Die Definition der simplen Abgeschlossenheit einer Klasse **F** nimmt in
(FSF2) Beziehung auf die Relationenklasse **R(F)**. Damit wohnt ihr insofern ein *inkonstruktives* Moment inne, als die Entstehung der Relationen R
aus **R(F)**, i.e. der charakteristischen Funktionen χ_R in **F**, dem Geschick
der Konstruktion überlassen bleibt: es ist *nicht* ohne Weiteres entscheidbar, ob eine Funktion aus **F** nur die Werte 0 und 1 hat und damit charakteristische Funktion einer Relation ist. Der Gebrauch der Klasse **R(F)** läßt
sich jedoch vermeiden, indem ich eine *beschränkte Minimierung* auch für
Funktionen definiere: für eine jede Funktion f^{k+1} sei $\mu^*_{<}f^{k+1}$ die (k+1)-
stellige Funktion mit

$$\mu^*_{<}f^{k+1}(\alpha,a) = \begin{cases} b & \text{falls } f(\alpha,c) = 0 \text{ für alle } c < b \text{ und } f(\alpha,b) \neq 0 \text{ und } b < a \\ a & \text{sonst} \end{cases} .$$

Eine simpel abgeschlossene Klasse **F** genügt nun der Bedingung

(FSF2$_0$)   Wenn f^{k+1} in **F** so $\mu^*_{<}f^{k+1}$ in **F** .

Denn die Funktion SG $\circ f^{k+1}$ liegt dann auch in **F**, und sie *ist* charakteristische Funktion der Relation R^{k+1} mit $< \alpha,b > \epsilon R^{k+1}$ genau dann, wenn
$f^{k+1}(\alpha,b) \neq 0$. Folglich stimmen die Funktionen $\mu_{<}R^{k+1}$ und $\mu^*_{<}f^{k+1}$ überein. Umgekehrt folgt für jede Klasse **F** aus (FSF2$_0$) auch (FSF2), denn für
jede Relation R stimmen die Funktionen $\mu_{<}R$ und $\mu^*_{<}(\chi_R)$ überein, weil
stets $\chi_R = SG \circ \chi_R$. Mithin ist gezeigt:

(FS19)   *Eine Klasse **F** ist simpel abgeschlossen genau dann, wenn sie die
            Eigenschaften (FSF0), (FSF1), (FSF2$_0$) hat.*

Schemata und Funktionale

In den Beweisen etwa von (FS3), (FS4), (FS6), ... habe ich die in Rede stehenden Funktionen durch sukzessive Superpositionen und beschränkte Minimierungen (von Relationen) auf die Anfangsfunktionen (FSF0) zurückgeführt – sie also mit Anfangsfunktionen und den Konstruktionen (FSF1), (FSF2) in bestimmter Weise *dargestellt* (was bei der Verwendung der Projektionsfunktionen eine gewisse Pedanterie mit sich brachte).

Daß ebenso beim Gebrauch der soeben erklärten, direkt auf Funktionen sich beziehenden beschränkten Minimierung (FSF2$_0$) eine solche Darstellung *im Prinzip* zu finden sein muß, folgt aus der Kennzeichnung (FS19). Ist eine Darstellung aber konkret angegeben, so beschreibt sie einen Algorithmus zur Berechnung der dargestellten Funktion. Dies legt es nahe, solche Darstellungen selbst zum Gegenstand einer genaueren Beschreibung zu machen, wie ich sie in Gestalt der *simplen Schemata* geben will.

Schemata sind sprachliche Objekte, die als Folgen graphischer Zeichen in bestimmter Weise gebildet werden. Ich beginne mit einigen besonderen Zeichen, welche ich *Operatorzeichen* nenne, nämlich

den 1-stelligen Operatorzeichen $\ C_1^1\ ,\ SG^1$

den 2-stelligen Operatorzeichen $\ +^2\ ,\ \cdot^2\ ,\ X_<^2\ ,\ X_=^2$

den k-stelligen Projektionszeichen $\ P_i^k$, für jedes i $<$ k

den Superpositionsoperatorzeichen S_m^k , für jedes k $>$ 0 und jedes m

dem Minimierungsoperatorzeichen $\mu^*_<$.

(Man bemerke noch, daß bei den S_m^k und P_i^k die Indizes ^{k}, $_m$ und $_i$ *Mitteilungsvariable* sind, welche für dekadische *Ziffernausdrücke* für die Zahlen k und i stehen.)

Aus den Projektionszeichen erkläre ich mit Hilfe der (sämtlichen) Operatorzeichen die simplen Schemata zusammen mit ihren Stellenzahlen. Dabei bediene ich mich

der Klammern *(,)*, des Kommas und des Schrägstriches / als Hilfszeichen ,

der *Mitteilungsvariablen* O^1 und O^2 für 1- und 2-stellige Operatorzeichen ,

der *Mitteilungsvariablen* F^k, F^{k+1}, $G_0^m,...,\ G_{k-1}^m$ für bereits konstruierte Schemata ,

wobei die oberen Indizes für Stellenzahlen k, k+1, m stehen, die unteren aber nur die Aufzählung der Mitteilungsvariablen numerieren:

(s0)   die k-stelligen Projektionszeichen sind simple Schemata der Stellenzahl k

(s1)   ist O^1 1-stelliges Operatorzeichen und ist G_0^m simples Schema, so ist $O^1(G_0^m)$ simples Schema der Stellenzahl m

(s2)   ist O^2 2-stelliges Operatorzeichen und sind G_0^m, G_1^m simple Schemata, so ist $O^2(G_0^m, G_1^m)$ simples Schema der Stellenzahl m

(s3)   sind F^k und $G_0^m,..., G_{k-1}^m$ simple Schemata, so ist die Zeichenfolge $S_m^k(F^k/G_0^m,..., G_{k-1}^m)$ simples Schema der Stellenzahl m

(s4)   ist F^{k+1} simples Schema, so ist die Zeichenfolge $\mu^*_< F^{k+1}$ simples Schema der Stellenzahl k+1 .

Dies beendet die Definition der simplen Schemata als Zeichenfolgen.

Jedem simplen Schema F läßt sich nun eindeutig *die* von ihm *dargestellte* simple Funktion $|F|$ zuordnen:

(f1) $|P_i^k| = p_i^k$

(f2) $|C_1^1(G_0^m)| = c_1^1$

(f3) $|SG^1(G_0^m)| = SG \circ |G_0^m|$

(f4) $|+^2(G_0^m, G_1^m)| = + \circ < |G_0^m|, |G_1^m| >$

(f5) $|\cdot^2(G_0^m, G_1^m)| = \cdot \circ < |G_0^m|, |G_1^m| >$

(f6) $|X_<^2(G_0^m, G_1^m)| = \chi_< \circ < |G_0^m|, |G_1^m| >$

(f7) $|X_=^2(G_0^m, G_1^m)| = \chi_= \circ < |G_0^m|, |G_1^m| >$

(f8) $|S_m^k(F^k/G_0^m,..., G_{k-1}^m)| = |F^k| \circ < |G_0^m|,..., |G_{k-1}^m| >$

(f9) $|\mu^*_< F^{k+1}| = \mu^*_< |F^{k+1}|$.

Somit beschreibt jedes simple Schema *eine* Entstehungsgeschichte der von ihm dargestellten Funktion aus den Anfangsfunktionen von (FSF0), und wer es möchte, der mag ein simples Schema als ein *Schema zur Berechnung* der dargestellten Funktion aus den Anfangsfunktionen ansehen.

Umgekehrt folgt (durch Induktion über den rekursiven Aufbau von **FSF**) sofort, daß jede simple Funktion durch ein simples Schema darstellbar ist. Es ist aber evident, daß *eine* Funktion durch (unendlich) *viele verschiedene* Schemata dargestellt werden kann.

Zum Gebrauch von Schemata zur Berechnung simpler Funktionen hätte es freilich genügt, an Stelle der 1- und 2-stelligen Operatorzeichen sogleich fixierte *Funktionszeichen* (gleicher Gestalt) zu verwenden, welche ohne Argumente verwendet würden und dann selbst fixierte Schemata der Stellenzahlen 1 oder 2 wären.

Ich möchte nun den Begriff des Schemas *so* verallgemeinern, daß er auch die Berechnung derjenigen Funktionen erfaßt, welche entstehen, wenn die Funktionen einer vorgegebenen Klasse **F** zur kleinsten, **F** umfassenden simplen Klasse erweitert werden. Für diesen Zweck werde ich die simplen V-Schemata erklären, welche sich von den gewöhnlichen dadurch unterscheiden, daß sie Variablenzeichen enthalten, welche mit bereits konstruierten Funktionen belegt werden sollen. (Die Projektionszeichen P_i^k, welche die gewöhnlichen Schemata in der Art von Variablen erzeugen, reichen dafür deshalb nicht aus, weil sie als Operatorenzeichen in (s3) eine eigene Rolle spielen.)

Neben den Projektionszeichen führe ich deshalb noch für jedes k eine Folge

$$V_0^k \, , \; V_1^k \, , \; ...$$

hinreichend vieler k-stelliger *Variablenzeichen* ein; die Definition der simplen *V-Schemata* geschieht nun einfach dadurch, daß ich die Bedingung (s0) ersetze durch

(s0$_v$)   die k-stelligen Projektionszeichen und die k-stelligen Variablenzeichen sind simple V-Schemata der Stellenzahl k ,

und alle weiteren Bedingungen unverändert beibehalte. Die zuvor erklärten Schemata werden dann gerade die *konstanten,* nämlich keine Variablenzeichen enthaltenden V-Schemata.

Die in einem V-Schema auftretenden Variablenzeichen sind einfach die dort physisch präsenten. Ich kann sie auch induktiv erklären, indem ich durch Rekursion über den Aufbau der Schemata definiere:

in P_i^k tritt kein Variablenzeichen auf ,

in V_i^k tritt allein V_i^k selbst auf ,

die Variablenzeichen in $O^1(G_0^m)$ sind die von G_0^m ,

die Variablenzeichen in $O^2(G_0^m, G_1^m)$ sind die von G_0^m , G_1^m ,

die Variablenzeichen von $S_m^k(F^k / G_0^m, ..., G_{k-1}^m)$ sind die von F^k, $G_0^m, ..., G_{k-1}^m$,

die Variablenzeichen von $\mu^*_< F^{k+1}$ sind die von F^{k+1} .

Nun stellt sich ein Problem, welches am V-Schema

$$F^m = +^2(+^2(V_0^m, V_1^m), +^2(V_i^m, V_j^m))$$

mit 4 Variablenzeichen deutlich wird. Sollen sie mit q^m, r^m, s^m, t^m belegt werden, so wird man erwarten, daß das V-Schema die Funktion mit den Werten $(p^m(\alpha)+q^m(\alpha))+(s^m(\alpha)+t^m(\alpha))$ liefert. Eine rekursive Definition der von F^m unter dieser Belegung produzierten Funktion wird aber auf die von den V–Schemata $+^2(V_0^m, V_1^m)$ und $+^2(V_i^m, V_j^m)$ produzierten Funktionen zurückgreifen sollen, und diese V–Schemata enthalten jeweils nur 2 der 4 Variablenzeichen. Dies nötigt mich zu dem folgenden Kunstgriff.

Zu jedem V–Schema F^m und zu jeder Folge $\Xi = \; < V_{\sigma(0)}^{m(0)}, ..., V_{\sigma(q-1)}^{m(q-1)} >$ von paarweise verschiedenen Variablenzeichen erkläre ich die Zeichenfolge $F^m[\Xi] = F^m[V_{\sigma(0)}^{m(0)}, ..., V_{\sigma(q-1)}^{m(q-1)}]$ als *zulässigen* F^m-*Ausdruck*, wenn in jener Folge sämtliche in F^m auftretenden Variablenzeichen vorkommen. Ich werde nun,

für jeden zulässigen F^m–Ausdruck ,

für jede Folge $\psi = \; < \psi_{\sigma(0)}^{m(0)}, ..., \psi_{\sigma(q-1)}^{m(q-1)} >$ von Funktionen ,

für jedes α in ω^m

die Zahl $\| F^m[\Xi] \| (\psi, \alpha)$ als Wert bei α der durch F^m bei Belegung durch ψ berechneten Funktion

erklären. Alsdann werde ich bemerken, daß dieser Zahlenwert nur von F^m und nicht von etwa überzähligen Gliedern der Folge $V_{\sigma(0)}^{m(0)}, ..., V_{\sigma(q-1)}^{m(q-1)}$ abhängt. Es sei nämlich für $n < q$

$(g0)$ $\| V_{\sigma(n)}^{m(n)}[\Xi] \| (\psi, \alpha) = \psi_{\sigma(n)}^{m(n)}(\alpha)$

$(g1)$ $\| P_i^m[\Xi] \| (\psi, \alpha) = \alpha(i)$

$(g2)$ $\| C_1^1(G_0^m)[\Xi] \| (\psi, \alpha) = 1$

$(g3)$ $\| SG^1(G_0^m)[\Xi] \| (\psi, \alpha) = SG \circ \| G_0^m[\Xi] \| (\psi, \alpha)$,

$(g4)$ $\| +^2(G_0^m, G_1^m)[\Xi] \| (\psi, \alpha) = \| G_0^m[\Xi] \| (\psi, \alpha) + \| G_1^m[\Xi] \| (\psi, \alpha)$

$(g5)$ $\| \cdot^2(G_0^m, G_1^m)[\Xi] \| (\psi, \alpha) = \| G_0^m[\Xi] \| (\psi, \alpha) \cdot \| G_1^m[\Xi] \| (\psi, \alpha)$

$(g6)$ $\| X_<^2(G_0^m, G_1^m)[\Xi] \| (\psi, \alpha) = \chi_< (\| G_0^m[\Xi] \| (\psi, \alpha) , \| G_1^m[\Xi] \| (\psi, \alpha))$

$(g7)$ $\| X_=^2(G_0^m, G_1^m)[\Xi] \| (\psi, \alpha) = \chi_= (\| G_0^m[\Xi] \| (\psi, \alpha) , \| G_1^m[\Xi] \| (\psi, \alpha))$

$(g8)$ $\| S_m^k(F^k / G_0^m, ..., G_{k-1}^m)[\Xi] \| (\psi, \alpha)$

       $= \| F^k[\Xi] \| (\psi, \; < \| G_0^m[\Xi] \| (\psi, \alpha), ..., \| G_{k-1}^m[\Xi] \| (\psi, \alpha) >)$

$(g9_S)$ $\| \mu^*_< F^{m+1}[\Xi] \| (\psi, \alpha, a) = (\mu^*_< (\| F^{m+1}[\Xi] \| (\psi, -, -)))(\alpha, a)$,

wobei ich $(g9_S)$ noch auflösen kann in

$\| \mu^*_< F^{m+1}[\Xi] \| (\psi, \alpha, a) = b$ falls $\| F^{m+1}[\Xi] \| (\psi, \alpha, c) = 0$ für alle $c < b$,
                 und $\| F^{m+1}[\Xi] \| (\psi, \alpha, b) \neq 0$ und $b < a$,

$\| \mu^*_< F^{m+1}[\Xi] \| (\psi, \alpha, a) = a$ sonst .

Dies ist eine Definition von $\| F^m[\Xi] \| (\psi, \alpha)$ durch Rekursion über die Komplexität von F^m, bei der in den Induktionsschritten $(g3)-(g9)$ vorausgesetzt wird, daß $\| G^k[\Xi] \| (\chi, \beta)$ bereits für jedes G^k von kleinerer Komplexität als F^m (aber eventuell anderer Stellenzahl k) bereits für alle χ

und β bestimmt sei. In (g8) wird das im Besonderen für $\| F^k [\Xi] \| (\psi, \beta)$ mit

$$\beta = \, < \| G_0^m [\Xi] \| (\psi, \alpha), ..., \| G_{k-1}^m [\Xi] \| (\psi, \alpha) >$$

verwendet. In (g9) wird ebenso angenommen, daß $\| F^{m+1} [\Xi] \| (\psi, \alpha, d)$ für alle α und d (mit $d \leq a$) bestimmt sei.

Aus diesen Bemerkungen erhellt, daß ich nicht die einzelnen Funktionen $\| F^m [\Xi] \| (\psi, -)$ für sich genommen definiert habe, sondern $\| F^m [\Xi] \|$ als eine Funktion, welche Paaren, bestehend aus Funktionenfolgen ψ und Zahlenfolgen α, eine Zahl zuordnet. Solche Funktionen nennt man *Funktionale*, und als Funktional ist $\| F^m [\Xi] \|$ definiert worden. Andererseits induziert $\| F^m [\Xi] \|$ eine Funktion, welche Funktionenfolgen ψ die Funktionen $\| F^m [\Xi] \| (\psi, -)$ zuordnet. Funktionen, deren Werte selbst Funktionen sind, nennt man auch *Operatoren*.

Sei nun $\Phi = \, < V_\tau^k \{{}^0_0\}, ..., V_\tau^k \{{}^{s-1}_{s-1}\} >$ die Folge der in F^m vorkommenden Variablenzeichen. Dann ist jedes $V_\tau^k \{{}^p_p\}$ aus Φ gleich einem eindeutig bestimmten $V_\sigma^m \{{}^i_i\}$ aus Ξ.

Ist ein zweiter zulässiger F^m-Ausdruck $F^m [\Theta]$ mit $\Theta = \, < V_\rho^n \{{}^0_0\}, ..., V_\rho^n \{{}^{r-1}_{r-1}\} >$ gegeben, so ist jedes $V_\tau^k \{{}^p_p\}$ aus Φ gleich einem eindeutig bestimmten $V_\rho^n \{{}^j_j\}$ aus Θ.

Ist $\chi = \, < \chi_\rho^n \{{}^0_0\}, ..., \chi_\rho^n \{{}^{r-1}_{r-1}\} >$ eine zweite Funktionenfolge derart, daß für jedes $p < s$ gilt

$$\text{wenn } V_\tau^k \{{}^p_p\} = V_\sigma^m \{{}^i_i\} \text{ und } V_\tau^k \{{}^p_p\} = V_\rho^n \{{}^j_j\} \text{ so } \psi_\sigma^m \{{}^i_i\} = \chi_\rho^n \{{}^j_j\} \, ,$$

so lehrt Induktion sofort, daß $\| F^m [\Xi] \| (\psi, \alpha) = \| F^m [\Theta] \| (\chi, \alpha)$ gilt.

Deshalb bestimmt F^m ein Funktional $\| F^m \|$, das für Funktionenfolgen $\varphi = \, < \varphi_\tau^k \{{}^0_0\}, ..., \varphi_\tau^k \{{}^{s-1}_{s-1}\} >$ und Zahlenfolgen α durch

$$\| F^m \| (\varphi, \alpha) = \| F^m [\Xi] \| (\psi, \alpha)$$

definiert ist, wobei ψ eine beliebige Fortsetzung von φ mit $\varphi_\tau^k \{{}^p_p\} = \psi_\sigma^m \{{}^i_i\}$ für $V_\tau^k \{{}^p_p\} = V_\sigma^m \{{}^i_i\}$ ist. Ich nenne $\| F^m \|$ *das von F^m dargestellte Funktional* der Stellenzahl $< <k(0),...,k(s-1)>, m>$, und den zugehörigen *Operator* nenne ich ebenso *den von F^m dargestellten*.

Sind **F** und **G** Funktionenklassen mit $\mathbf{F} \subseteq \mathbf{G}$ und ist **G** simpel abgeschlossen, so lehrt Induktion über den Aufbau von F^m sogleich, daß die Menge **M** der Bilder von Funktionen aus **F** unter den Operatoren $\| F^m \|$ sämtlich in **G** liegen. Andererseits ist **M** aber offenbar auch simpel abgeschlossen. Mithin ist **M** die kleinste simpel abgeschlossene Klasse, welche **F** umfaßt.

Kapitel 3. Elementare Funktionen

Zu jeder Funktion f^{k+1} definiere ich die (k+1)-stellige *beschränkte Summation* Σf^{k+1} und die (k+1)-stellige *beschränkte Multiplikation* Πf^{k+1} durch

$$\Sigma f^{k+1}(\alpha,0) = f^{k+1}(\alpha,0) \ , \quad \Sigma f^{k+1}(\alpha,n+1) = \Sigma f^{k+1}(\alpha,n)+f^{k+1}(\alpha,n+1)$$

$$\Pi f^{k+1}(\alpha,0) = f^{k+1}(\alpha,0) \ , \quad \Pi f^{k+1}(\alpha,n+1) = \Pi f^{k+1}(\alpha,n)\cdot f^{k+1}(\alpha,n+1)$$

und schreibe sie als

$$\Sigma f^{k+1}(\alpha,n) = \Sigma <f^{k+1}(\alpha,i) \,|\, i \leq n> \ , \quad \Pi f^{k+1}(\alpha,n) = \Pi <f^{k+1}(\alpha,i) \,|\, i \leq n> \ .$$

Natürlich wird jeder, der die Bedeutung von Σ und Π kennt, diese letzten Ausdrücke als Definitionen lesen wollen; die zuvor verwandte, rekursive Definition jedoch wird gebraucht werden, um gewisse Behauptungen über Σf^{k+1} und Πf^{k+1} tatsächlich zu beweisen.

Eine Klasse **F** von Funktionen heiße *elementar abgeschlossen* wenn sie die *elementaren Anfangsfunktionen*

$$c_i^l \ , \ p_i^k \ , \ + \ , \ \cdot \ , \ \dot{-}$$

enthält und abgeschlossen ist unter der Bildung von Superpositionen, beschränkten Summationen und beschränkten Multiplikationen: zusammen mit f^{k+1} sollen auch Σf^{k+1} und Πf^{k+1} in **F** sein. Die Elemente der *kleinsten* elementar abgeschlossenen Klasse **FEF** nenne ich die *elementaren Funktionen*, und die Relationen in **R(FEF)** nenne ich *elementare Relationen*. Die elementaren Funktionen gehören folglich jeder elementar abgeschlossenen Klasse an. Die folgenden Funktionen sind elementar:

> Die Nachfolgerfunktion s und die konstanten Funktionen c_n^k . Beweis wie in (FS3) .

> Die Vorgängerfunktion CS. Beweis wie in (FS7) .

> Die Signums- und die Cosignumfunktion. Beweis für CSG wie in (FS8); alsdann SG = CSG∘CSG.

> Die charakteristischen Funktionen der 2-stelligen Relationen $<$, $\leq$, $=$ (oder E^2). Denn es gilt $\chi_<(x,y) = SG\,(y\dot{-}x)$, $\chi_\leq(x,y) = SG\,(y\dot{-}s(x))$, $\chi_=(x,y) = \chi_\leq(x,y)\cdot \chi_\leq(y,x)$ (und $\chi_=(x,y) = SG\,|\,x-y\,|$) .

Eine elementar abgeschlossene Klasse **F** ist auch unter Definitionen durch Fallunterscheidung abgeschlossen, und **R(F)** ist dann Boolesch abgeschlossen; die Beweise von (FS2) und (FS9) bleiben in Kraft.

> (FE0)   Ist f^{k+1} in **F** so sind das auch die Funktionen der *strikt beschränkten Summation* und *Multiplikation*
>
> $$\Sigma <f^{k+1}(\alpha,i)\,|\,i<n> \ , \quad \Pi <f^{k+1}(\alpha,i)\,|\,i<n> \ ,$$

mit

$$\Sigma < f^{k+1}(\alpha,i) \mid i < 0 > \, = 0 \ ,$$
$$\Sigma < f^{k+1}(\alpha,i) \mid i < n{+}1 > \, = \Sigma < f^{k+1}(\alpha,i) \mid i < n > + f^{k+1}(\alpha,n)$$
$$\Pi < f^{k+1}(\alpha,i) \mid i < 0 > \, = 1 \ ,$$
$$\Pi < f^{k+1}(\alpha,i) \mid i < n{+}1 > \, = \Pi < f^{k+1}(\alpha,i) \mid i < n > \cdot f^{k+1}(\alpha,n) \, .$$

Denn zusammen mit f^{k+1} und Σf^{k+1} liegt die Funktion

$$g = \Sigma f^{k+1} \circ < p_0^{k+1},.., p_{k-1}^{k+1}, \, CS \circ p_k^{k+1} >$$

in **F**. Aus den Definitionen folgt für $n > 0$ nun

$$g(\alpha,n) = \Sigma < f^{k+1}(\alpha,i) \mid i \leq n{-}1 > \, = \Sigma < f^{k+1}(\alpha,i) \mid i < n > \ .$$

Da **R(F)** Boolesch abgeschlossen ist, folgt aus (C2) daß die Menge **M** aller α in ω^{k+1} mit $\alpha(k) = 0$ in **R(F)** liegt, und so kann ich $\Sigma < f^{k+1}(\alpha,i) \mid i < n >$ durch Fallunterscheidung definieren: es sei $\Sigma < f^{k+1}(\alpha,i) \mid i < n > (\alpha) = 0$ für $< \alpha,n > \epsilon M$, und $\Sigma < f^{k+1}(\alpha,i) \mid i < n > (\alpha) = g(\alpha)$ sonst. Der Fall der Produkte ist analog.

(FE1)   Eine elementar abgeschlossene Klasse ist simpel abgeschlossen .

Dazu brauche ich nur (FSF2) nachzuprüfen. Sei also R^{k+1} in **R(F)**, und seien Funktionen g und f durch $g(\alpha,i) = \Pi < CSG \circ \chi_R(\alpha,j) \mid j \leq i >$ und $f(\alpha,n) = \Sigma < g(\alpha,i) \mid i < n >$ erklärt; sie beide sind in **F** . Es gilt aber $g(\alpha,i) = 1$ genau dann, wenn, für alle $j \leq i$, das Paar $< \alpha,j >$ nicht in R^{k+1} ist. Beginnend mit 0, trägt jedes solche i nun 1 zu $f(\alpha,n)$ bei, und also ist f gleich $\mu_< R^{k+1}$.

Inspektion der bisher geführten Beweise lehrt, daß alles, was von der Funktion $\dot{-}$ verwendet wurde, die Verfügbarkeit von CS und CSG war. Folglich können elementar abgeschlossene Klassen auch dadurch definiert werden, daß man das Verlangen des Vorhandenseins von $\dot{-}$ durch dasjenige des Vorhandenseins von CS und CSG ersetzt. Eine unmittelbare Folge von (FE0) ist

(FE2) $x^y = \Pi < p_0^2(x,i) \mid i < y >$ und $y! = \Pi < p_1^2(x,s(i)) \mid i < y >$ sind elementare Funktionen .

Aus der ersten Definition folgt in der Tat $x^0 = 1$ und $x^{y+1} = x^y \cdot x$. Im Besonderen ist auch für jedes n nun $n^y = (x^y) \circ < c_n^1, \, p_0^1 >$ elementar, also auch für jede Funktion $g(y)$ aus **F** dann $n^{g(y)}$ in **F**. Aus (FS18) folgt nun, daß 2^y eine elementare, aber nicht simple Funktion ist.

Eine weitere, bisweilen nützliche Beobachtung ist: Ist g^k in **F**, ist R eine endliche Teilmenge von ω^k, und stimmen f^k und g^k für alle Argumente außerhalb R überein, so liegt auch f^k in **F**. Denn zusammen mit R

ist auch $-R$ in $R(F)$, weiter jede Einerschachtel $\{\alpha\}$ für $\alpha\epsilon R$ in $R(F)$, und f^k läßt sich durch Fallunterscheidung aus g^k und den Funktionen c_a^k mit $a = f^k(\alpha)$ definieren.

(FE3)   Die Menge aller Primzahlen ist (simpel und deshalb) elementar .

Denn sei zunächst R^2 die Menge aller $<y,x>$ mit $DIV(x,y)$ und $1 < x$. Sie ist simpel nach (FS13), und mithin ist auch $M = \exists^0{}_< R^2$ simpel. Aber M ist nun die Menge aller multiplikativ zerlegbaren Zahlen, und eine Zahl y ist prim genau dann, wenn $y > 1$ gilt und sie im Komplement von M liegt.

(FE4)   Die Funktion PRINO, mit PRINO(n) als der n-ten Primzahl p_n , ist elementar .

Sei nämlich die f charakteristische Funktion der Primzahlmenge, die elementar ist. Die Bedingung

$$f(y) = 1 \text{ und } x+1 = \Sigma <f(i) \mid i \leq y>$$

charakterisiert die Menge R^2 aller $<x,y>$ derart, daß y die x-te Primzahl p_x (beginnend mit $p_0 = 2$) ist; somit ist R^2 elementar und ist der Graph der Funktion PRINO. Nun werde ich (FS4) anwenden können, sobald ich eine elementare Funktion h mit $PRINO(x) \leq h(x)$ gefunden habe. Man weiß aber seit Euklid, daß $1+p_0 \cdots p_{x-1}$ durch eine Primzahl p_z mit $x \leq z$ teilbar ist; aus $p_0 = 2^1$ und $1+2+\cdots+2^x < 2^{x+1}$ folgt durch Induktion

$$p_{x+1} \leq 1+p_0\cdots p_x < 1+2^{2^{x+1}} , \quad p_{x+1} \leq 2^{2^{x+1}} .$$

Mit $g(x) = 2^x$ und $h(x) = 2^{g(x)}$ ergibt das $PRINO(x) \leq h(x)$. [Es gilt sogar $p_x \leq 2^{x+1}$, wie aus der *Bertrandschen Vermutung* folgt, die besagt, daß es zu jedem n eine Primzahl p mit $n < p \leq 2n$ gibt; man vergleiche die Lehrbücher der elementaren Zahlentheorie.]

(FE5)   Die Funktion EXP ist elementar, wobei $EXP(x,0) = EXP(x,1) = 0$, und für $y > 1$ dann $EXP(x,y)$ der größte Exponent ist, mit dem $PRINO(x)$ in y aufgeht.

Denn sei R^3 die Menge aller $<x,y,z>$ mit $y > 1$, $DIV(PRINO(x)^z, y)$ und *nicht* $DIV(PRINO(x)^{z+1}, y)$. Ich definiere EXP durch Fallunterscheidung als c_0^2 für $y < 2$ und als $\mu^1{}_< R^3$ für $y > 1$.

(FE6)   Die Funktion LEN ist elementar, wobei $LEN(0) = LEN(1) = 0$, und für $y > 1$ dann $LEN(y) = x+1$ für das größte x so, daß $PRINO(x)$ Teiler von y ist.

Sei R^3 die Menge aller $<x,y,z>$ mit $y > 1$, $DIV(PRINO(x), y)$ und *nicht* $DIV(PRINO(x+z+1), y)$. R^3 ist elementar, folglich ist das auch die Menge

$R^2 = (\forall^1_{\leq} R^3)[p_1^2, p_0^2]$ aller $<y,x>$ derart, daß $<x,y,z> \epsilon R^3$ für alle $z \leq y$. Ich definiere LEN durch Fallunterscheidung als c_0^1 for $y < 2$, und für $y > 1$ als $1 + \mu^0_{\leq} R^2$.

Es folgt aus dem Gesagten, daß für jedes $k > 0$ die Funktion $f^k(\alpha) = \Pi < \text{PRINO}(i)^{\alpha(i)} \mid i < k >$ eine elementare Injektion von ω^k in ω ist, und für jedes x genügt die Folge $\alpha = <\text{EXP}(i,x) \mid i < k>$ der Bedingung $f^k(\alpha) = x$. Jedoch überlappen sich, für $k \neq n$, die Wertbereiche von f^n und f^k, da etwa $f^3(1,0,0) = f^2(1,0)$. Diese Mißlichkeit vermeidet man durch die elementaren Funktionen g^k mit

$$g^k(\alpha) = \Pi < \text{PRINO}(i)^{1+\alpha(i)} \mid i < k >$$

für $k \geq 1$. Es liegt x in $\text{im}(g^k)$ wenn $k = \text{LEN}(x)$ und $\text{DIV}(\text{PRINO}(i), x)$ für alle $i < \text{LEN}(x)$. Die Menge SEQ der Zahlen x in der Vereinigung dieser Wertebereiche läßt sich durch

$$x > 1 \text{ und für alle } i < \text{LEN}(x): \text{DIV}(\text{PRINO}(i), x)$$

charakterisieren. Die Menge R^3 aller $<x,y,z>$ mit $x > 1$, $\text{LEN}(x) = y$ und $\text{DIV}(\text{PRINO}(z), x)$ ist elementar; folglich ist das auch die Menge $R^2 = \forall^1_{<} R^3$ aller $<x,y>$ derart, daß $<x,y,z> \epsilon R^3$ für alle $z < y$. Aber SEQ ist die Relation $R^2[p_0^1, \text{LEN} \circ p_0^1]$; mithin ist auch SEQ elementar. Die Zahlen in SEQ nennt man bisweilen die *Folgenzahlen*.

Natürlich liefern die Injektionen g^k von ω^k in ω erneut Kodierungen der k-Tupelmengen, wie es schon die Paarungsfunktionen leisteten. Sie tun aber weit mehr als jene: sie liefern eine *simultane Kodierung aller* endlichen Folgen natürlicher Zahlen, unabhängig von ihrer Länge. Und wenn es auch kein Objekt in meiner Funktionenwelt gibt, welches alle g^k zu einer einzigen Funktion (im Sinne der Mengenlehre) zusammenfaßte, so ist die Menge SEQ aller Kodierungswerte sehr wohl zu erfassen (und, wie sich zeigte, elementar). Dafür, daß diese Kodierung mehr leistet, zahlt man den Preis der höheren Komplexität der verwendeten Funktionen PRINO und EXT.

In den folgenden Kapiteln werde ich gelegentlich von *elementar beschränkten* Funktionen f^k sprechen, i.e. von solchen, zu denen es eine elementare Funktion h^k mit $f^k(\alpha) \leq h^k(\alpha)$ für alle Argumente α gibt.

Ich will nun eine spezielle Folge von elementaren Funktionen angeben, nämlich die 1-stelligen Funktionen

$$2^x \quad , \quad 2^{(2^x)} \quad , \quad 2^{\left(2^{(2^x)}\right)} \quad , \ldots ,$$

welche die Funktionen aus **FEF** in demselben Sinne beschränken, wie das gemäß (FS18) die Polynome für die Menge **FSF** taten. Ich beginne mit der Funktion $F(x) = 2^x$ und definiere damit die Funktionen $IF(x,m)$ mit $m \geq 0$ durch

$$IF(x,0) = x \quad , \quad IF(x,m+1) = F \circ IF(x,m) \quad ,$$

so daß $F = IF(-,1)$. Die Funktionen $IF(-,m)$ nenne ich die *elementaren Skalierungsfunktionen*, und Induktion lehrt sogleich, daß jede von ihnen elementar ist. Nun finde ich :

(0) $x \le IF(x,m) < IF(x,m+1)$, da $x < F(x)$.

(1) Wenn $x < y$ so $IF(x,m) < IF(y,m)$.

 Das gilt für F und folgt dann durch Induktion über m.

(2) $m \le IF(x,m)$, nach (0) da $0 \le IF(x,0)$.

(3) $2 \cdot IF(x,m) \le IF(x,m+1)$, da $2x \le F(x)$.

(4) $IF(x,m)^2 \le IF(x,m+1)$ für $m > 0$ oder $(m = 0$ und $x > 3)$.

 Da $F(x)^2 = F(2x)$, gilt $IF(x,m)^2 = F(2 \cdot IF(x,m-1)) \le F(IF(x,m)) = IF(x,m+1)$ für $m > 0$.

(5) $IF(x,m) \cdot IF(x,n) \le IF(x,1+\max(m,n))$.
 Denn $IF(x,m) \cdot IF(x,n) \le IF(x,\max(m,n))^2$.

(6) $IF(x,m)^{IF(x,n)} \le IF(x,\max(m+1,n+2))$.

 Da $F(x)^k = F(x \cdot k)$, gilt $IF(x,m)^{IF(x,n)} = F(IF(x,m-1) \cdot IF(x,n)) \le F(IF(x,1+\max(m,n))) = IF(x,2+\max(m,n))$ für $m > 0$.

(7) $IF(IF(x,n),m) = IF(x,m+n)$.

 Für $m = 0$ folgt das aus der Definition. Ist es für m bewiesen, so folgt $IF(IF(x,n),m+1) = F(IF(IF(x,n),m)) = F(IF(x,m+n)) = IF(x,m+n+1)$.

Eine Funktion f^k heiße $F-m-$*beschränkt*, wenn für jedes α in ω^k gilt $f^k(\alpha) \le IF(\max(\alpha),m)$; sie heiße $F-$*beschränkt* schlechthin, wenn es ein m so gibt, daß sie $F-m-$beschränkt ist. Wegen (0) sind c_i^1 und die Funktionen p_i^k $F-0-$beschränkt. Die Funktionen $+$ und $\cdot$ sind $F-1-$ und $F-2-$beschränkt, da für $1 < \max(\alpha)$ gilt

$$\alpha(0) + \alpha(1) \le 2 \cdot \max(\alpha) \le IF(\max(\alpha),1) \ ,$$

$$\alpha(0) \cdot \alpha(1) \le \max(\alpha)^2 \le IF(\max(\alpha),0)^2 \le IF(\max(\alpha),1)^2 \le IF(\max(\alpha),2)$$

gemäß (4). Wegen $x \dot{-} y \le x$ ist $F-1-$beschränkt auch die Funktion $\dot{-}$. Zum Beweis der Behauptung

(FE7) Jede elementare Funktion ist $F-$beschränkt

bleibt mir daher noch zu zeigen, daß die $F-$beschränkten Funktionen unter Superposition und unter beschränkter Summation und Produktbildung abgeschlossen sind. Sei also f^k $F-n-$beschränkt und seien $g_0^m,.., g_{k-1}^m$

Funktionen so, daß g_j^m auch F–p_j–beschränkt ist; wegen (0) ist dann jedes g_j^m auch F–p–beschränkt für das Maximum p der Zahlen p_j. Für α aus ω^m sei γ die Folge der $g_0^m(\alpha),\ldots, g_{k-1}^m(\alpha)$; da sie ihr Maximum enthält, gilt auch $\max(\gamma) \leq IF(\max(\alpha),p)$. Daraus folgt mit (7)

$$f^k(\gamma) \leq IF(\max(\gamma),n) \leq IF(IF(\max(\alpha),p),n) \leq IF(\max(\alpha),n+p) \,,$$

so daß die Superposition $f^k{}_0 <g_0^m,\ldots, g_{k-1}^m>$ auch F–(n+p)–beschränkt ist.

Um die beschränkte Summation Σf^{k+1} einer F–n–beschränkten Funktion f^{k+1} abzuschätzen, sei $<\alpha,a>$ aus ω^{k+1}; für $i \leq a$ folgt dann aus $\max(\alpha,i) \leq \max(\alpha,a)$ mit (1) auch $f^{k+1}(\alpha,i) \leq IF(\max(\alpha,i),n) \leq IF(\max(\alpha,a),n)$, weshalb (0) und (5) zu

$$\Sigma <f^{k+1}(\alpha,i) \,|\, i \leq a> \;\leq\; a \cdot IF(\max(\alpha,a),n) \;\leq\; \max(\alpha,a) \cdot IF(\max(\alpha,a),n)$$
$$\leq\; IF(\max(\alpha,a),n)^2 \;\leq\; IF(\max(\alpha,a), n+1)$$

führen und Σf^{k+1} F_{n+1}–beschränkt ist. Für Πf^{k+1} erhält man mit (6) ebenso

$$\Pi <f^{k+1}(\alpha,i) \,|\, i \leq a> \;\leq\; IF(\max(\alpha,a),n)^a$$

$$\leq\; IF(\max(\alpha,a),n)^{IF(\max(\alpha,a),n)} \;\leq\; IF(\max(\alpha,a), n+2) \,.$$

Damit wird es nun möglich, auch eine *nicht* zu **FEF** gehörende Funktion anzugeben. Da die Funktionen $IF(x,m)$ für alle $m \geq 0$ erklärt waren, kann ich nun auch eine 2–stellige Funktion IF als

$$IF(x,y) = IF(x,y) \,.$$

definieren (und damit die *externe* Rekursion aus der Definition der Funktionen*folge* zu einer *internen* machen). Ist dann ΔF die durch $DF(x) = IF(x,x)$ definierte 1–stellige Funktion, *so ist* DF (und also auch IF) *nicht elementar*. Denn anderenfalls gäbe es ein m so, daß DF durch $IF(x,m)$ beschränkt wäre:

$$DF(x) \leq IF(x,m) \,.$$

Mit (0) folgte daraus der Widerspruch

$$IF(m{+}1, m{+}1) = IF(m{+}1, m{+}1) = DF(m{+}1)$$
$$\leq IF(m{+}1,m) < IF(m{+}1, m{+}1) \,.$$

Um die Menge **FEF** in ihrem Wachstum auszuschöpfen, kann man statt der Funktionenfolge der $IF(-,m)$ auch jede andere Folge elementarer Funktionen G_m verwenden, solange diese nur die elementaren Anfangsfunktionen beschränken und den Eigenschaften (0–7) genügen, wobei in (5–7) die Indizes der rechts abschätzenden Funktionen nur geeignete Polynome in m und n zu sein brauchen (etwa an Stelle der Maximumsbildungen). Zum Beispiel kann man mit der Funktion

$$G(x) = x^y \quad \text{setzen} \quad IG(x,0) = x \ , \ IG(x,m+1) = G(x,IG(x,m))$$

(da diese $IG(-,m)$ jedoch für die Argumente 0,1 auch nur die Werte 0,1 annehmen, wird eine Übertragung von (FE7) die zusätzliche Betrachtung entsprechender Ausnahmefälle erfordern). Auch diese Funktionen bestimmen dann eine 2-stellige Funktion IG, die nicht mehr elementar ist.

Ebenso wie die simplen Schemata und Funktionale zur Beschreibung simpler Funktionen, lassen sich *elementare Schemata* und Funktionale zur Beschreibung der elementaren Funktionen erklären, indem ich das 1-stellige Operatorzeichen C_1^1 , die 2-stelligen Operatorzeichen $+^2$, $\cdot^2$, $\doteq^2$ sowie die Summations- und Produktionsoperatorzeichen Σ und Π verwende und in der Definition der Schemata die Vorschrift (s4) dahin abändere, daß zusammen mit F^{k+1} auch die Zeichenfolgen ΣF^{k+1} und ΠF^{k+1} *elementare* (*V-*) *Schemata* der Stellenzahl k+1 seien. In der Definition der elementaren Funktionale treten an die Stelle von $(g9_s)$

$$\| \Sigma F^{k+1} [\Xi] \| \, (\psi, \alpha, 0) = \| F^k [\Xi] \| (\psi, \alpha, 0)$$

$$\| \Sigma F^{k+1} [\Xi] \| \, (\psi, \alpha, n+1) = \| \Sigma F^{k+1} [\Xi] \| \, (\psi, \alpha, n)$$
$$+ \| F^{k+1} [\Xi] \| \, (\psi, \alpha, n+1)$$

und die entsprechenden Festlegungen für $\| \Pi F^{k+1} [\Xi] \|$. Wieder ist dann für eine jede Funktionenklasse **F** die Menge **M** der Bilder von Funktionen aus **F** unter den Operatoren $\| F^m \|$ die kleinste elementar abgeschlossene Klasse, welche **F** umfaßt.

Elementare Funktionen wurden von KALMÁR [43] eingeführt; die Behauptung (FE7) und ihre Konsequenzen verdankt man BERECZKI [50] .

Kapitel 4. Primitiv rekursive Funktionen

Es seien g^k, r^{k+2} zwei Funktionen mit $k > 0$, oder es sei $k = 0$, a eine Zahl und r^2 eine Funktion. Eine Funktion f^{k+1} heißt durch *primitive Rekursion* vermöge g^k, r^{k+2} oder vermöge a, r^2 definiert, wenn für alle ihre Argumente die *Rekursionsschemata*

$$\text{(SPR)} \quad f^{k+1}(\alpha,0) = g^k(\alpha) \ , \quad f^{k+1}(\alpha,n+1) = r^{k+2}(\alpha,n, f^{k+1}(\alpha,n))$$

oder

$$\text{(SPR}_0) \quad f^1(0) = a \ , \quad f^1(n+1) = r^2(n, f^1(n))$$

gelten. (SPR$_0$) reduziert sich auf (SPR), sofern die konstanten Funktionen c_a^1 und Superpositionen zur Verfügung stehen: ist f^1 vermöge a und r^2 definiert und definiere ich f^2 vermöge c_a^1 und $r^3 = r^2 \circ \langle p_1^3, p_2^3 \rangle$, so erhalte ich f^1 als $f^2 \circ \langle c_0^1, p_0^1 \rangle$.

Eine Funktionenklasse **F** heiße *primitiv rekursiv abgeschlossen* wenn sie die *primitiv rekursiven Anfangsfunktionen*

$$s \ , \ c_0^1 \ , \ p_i^k$$

enthält und unter Superposition und primitiver Rekursion abgeschlossen ist. Die Elemente der *kleinsten* primitiv rekursiv abgeschlossen Menge **FPF** nenne ich die *primitiv rekursiven* Funktionen, und die Relationen in **R(FPF)** nenne ich die *primitiv rekursiven* Relationen. Eine primitiv rekursiv abgeschlossene Klasse ist auch unter *einfacher Rekursion* abgeschlossen: sind g^k und r^{k+1} in **F**, so ist das auch die Funktion f^{k+1} mit

$$f^{k+1}(\alpha,0) = g^k(\alpha) \quad , \quad f^{k+1}(\alpha,n+1) = r^{k+1}(\alpha, f^{k+1}(\alpha,n)) \ ,$$

denn sie entsteht aus g^k und $r^{k+2} = r^{k+1} \circ \langle p_0^{k+2}, ..., p_{k-1}^{k+2}, p_{k+1}^{k+2} \rangle$ durch primitive Rekursion .

[* Während **FPF** nur totale Funktionen enthält, bleibt die Definition primitiv rekursiv abgeschlossener Mengen für partielle Funktionen sinnvoll, wenn man man Definitionsgleichungen wie (SPR) so liest, daß ihre linken Seiten genau dann definiert seien, wenn es die rechten sind; im Besonderen ist f^{k+1} nur dann für $\langle \alpha,n \rangle$ definiert, wenn es auch für alle $\langle \alpha,i \rangle$ mit $i \leq n$ definiert ist. *]

Jede primitiv rekursiv abgeschlossene Klasse **F** *ist auch elementar abgeschlossen.* Dazu bemerke ich zunächst, daß die folgenden Funktionen primitiv rekursiv sind:

Die konstanten Funktionen c_n^1 . Denn ich habe bereits c_0^1 und s, und es gilt $s \circ c_{n-1}^1 = c_n^1$.

Die Vorgängerfunktion CS, denn CS$(0) = 0$, CS$(n+1) = p_0^2(n, CS(n))$.

Die Funktion $\dot{-}$: Ich verwende die Beziehung $x \dot{-} (n+1) = CS(x \dot{-} n)$ und definiere also $\dot{-}(x,0) = p_0^1(x)$, $\dot{-}(x,n+1) = CS \circ p_1^2(x, \dot{-}(x,n))$.

Die Funktionen $+(x,y) = x+y$ und $\cdot(x,y) = x \cdot y$. Denn $+(x,0) = p_0^1(x)$, $+(x,n+1) = s \circ p_1^2(x,+(x,n))$, und weiter $\cdot(x,0) = c_0^1(x)$, $\cdot(x,n+1) = + \circ \langle p_1^2, p_0^2 \rangle (x, \cdot(x,n))$.

Es bleibt zu zeigen, daß beschränkte Summation und beschränkte Multiplikation nicht aus **F** hinausführen. Aber Σf^{k+1} kann durch $\Sigma f^{k+1}(\alpha,0) = f^{k+1}(\alpha,0)$, $\Sigma f^{k+1}(\alpha,n+1) = r(\alpha,n, \Sigma f^{k+1}(\alpha,n))$ mit $r(\alpha,n,x) = x + f^{k+1}(\alpha,s(n))$ definiert werden, und für Πf^{k+1} verfährt man analog.

Im Besonderen sind also die elementaren Funktionen und Relationen auch primitiv rekursiv. Die am Schluß des vorigen Kapitels erklärten, als nicht elementar erkannten, Funktionen IF und IG sind primitiv rekursiv (und sind sogar durch einfache primitive Rekursion definiert). Daher ist die Menge **FEF** *nicht* primitiv rekursiv abgeschlossen.

Eine primitiv rekursiv abgeschlossene Klasse **F** ist auch unter primitiver Rekursion mit *Fallunterscheidung* abgeschlossen:

Es seien $R_0, ..., R_{m-1}$ $(k+1)$-stellige Relationen in R(F) so, daß jedes α in ω^{k+1} in genau einem der R_i liegt; es seien $r_0, .., r_{m-1}$ $(k+2)$-stellige Funktionen in **F**, und sei g^k in **F** . Dann enthält **F** die Funktion f^{k+1} mit

$$f^{k+1}(\alpha,0) = g^k(\alpha), \quad f^{k+1}(\alpha,n+1) = r_i(\alpha,n,f^{k+1}(\alpha,n)) \text{ für } \langle \alpha,n \rangle \epsilon R_i .$$

Denn $f^{k+1}(\alpha,n+1) = \Sigma \langle r_i(\alpha,n,f^{k+1}(\alpha,n)) \cdot \chi_{R_{(i)}}(\alpha,n) \mid i < m \rangle$ führt zu einer primitiv rekursiven Definition.

Ebenso wie die simplen Schemata und Funktionale zur Beschreibung simpler Funktionen lassen sich *primitiv rekursive Schemata* und Funktionale zur Beschreibung der primitiv rekursiven Funktionen erklären. Dazu verwende ich die Operatorzeichen S^1, C_0^1 (so daß in der Definition der Schemata die Bedingung (s2) entfallen kann) sowie ein *Rekursionsoperatorzeichen RR^{k+1}* , mit dem die Bedingung (s4) nun ersetzt wird durch

(s4$_r$)   sind G^k und R^{k+2} primitiv rekursive Schemata, so ist $RR^{k+1}(G^k, R^{k+2})$ ein primitiv rekursives Schema der Stellenzahl k+1 .

In der Definition der primitiv rekursiven Funktionale tritt an die Stelle von (g9$_s$)

(g9$_r$) $\| RR^{k+1}(G^k, R^{k+2})[\Xi] \| (\psi,\alpha,0)) = \| G^k[\Xi] \| (\psi,\alpha)$

$\| RR^{k+1}(G^k, R^{k+2})[\Xi] \| (\psi,\alpha,n+1))$
$\quad = \| R^{k+2}[\Xi] \| (\psi,\alpha,n, \| RR^{k+1}(G^k, R^{k+2})[\Xi] \| (\psi,\alpha,n)) .$

Wieder ist dann für eine jede Funktionenklasse $\mathbf{F}$ die Menge $\mathbf{M}$ der Bilder von Funktionen aus $\mathbf{F}$ unter den Operatoren $\| F^m \|$ die kleinste primitiv rekursiv abgeschlossene Klasse, welche $\mathbf{F}$ umfaßt.

1.   Die Klassen $\mathbf{FP}_m$

Da die Funktionen, welche in den vorangehenden Kapiteln als simpel oder elementar erkannt wurden, primitiv rekursiv sind, müssen sich für sie auch rekursive Definitionen angeben lassen; für die Exponentiation und für die Fakultät liegen sie auf der Hand. Beim Aufstellen solcher Definitionen besteht ein offenbares Interesse darin, die Anzahl der Rekursionen, oder korrekter die *Anzahl der Schachtelungen* primitiver Rekursionen, möglichst gering zu halten. Um dieses Maß auszudrücken, definiere ich eine Folge $\mathbf{FP}_m$ von Teilklassen von $\mathbf{FPF}$ wie folgt:

$\mathbf{FP}_0$ sei die kleinste Funktionenklasse, welche s , c_0^1 und die p_i^k enthält und abgeschlossen ist unter Superpositionen,

$\mathbf{FP}_{m+1}$ sei die kleinste Funktionenklasse, welche $\mathbf{FP}_m$ und alle aus Funktionen von $\mathbf{FP}_m$ durch einmalige Anwendung des Schemas (SPR) definierten Funktionen enthält, und welche abgeschlossen ist unter Superpositionen.

Offenbar ist $\mathbf{FPF}$ die Vereinigung aller $\mathbf{FP}_m$, denn liegt g^k in $\mathbf{FP}_i$ und r^{k+2} in $\mathbf{FP}_j$, so liegt die aus g^k, r^{k+2} mit (SPR) definierte Funktion f^{k+1} in $\mathbf{FM}_{m+1}$ mit $m = \max(i,j)$. Die Klasse $\mathbf{FP}_0$ läßt sich explizit beschreiben durch

(FP0) f^k liegt in $\mathbf{FP}_0$ genau dann, wenn $f^k = c_n^k$ für ein n oder wenn $f^k(\alpha) = \alpha(i)+n$ für ein n und ein $i < k$.

Denn diese Funktionen liegen jedenfalls in $\mathbf{FP}_0$ und umfassen auch s , c_0^1 und die p_i^k . Sie sind aber auch unter Superposition abgeschlossen, weil erstens $c_n^k \circ \,<g_0^m,..., g_{k-1}^m> \,= c_n^m$ und weil zweitens für $f^k(\alpha) = \alpha(i)+n$ und $h^m = f^k \circ <g_0^m,..., g_{k-1}^m>$ auch $h^m(\beta) = f^k(g_0^m(\beta),..., g_{k-1}^m(\beta)) = g_i^m(\beta)+n$, so daß im Falle $g_i^m = c_q^m$ dann $h^m = c_{n+q}^m$ und im Falle $g_i^m(\beta) = \beta(j)+q$ auch $h^m(\beta) = \beta(j) + (q+n)$.

Die Klasse $\mathbf{FP}_1$ enthält alle Konstanten c_n^k , und nach den oben gegebenen Beschreibungen enthält sie auch $+$ und CS . Allein durch Superposition entstehen für konstantes k die 1-stelligen Funktionen h_j mit dem Wert $x \cdot j$, weil $h_0 = c_0^1$ und $h_{j+1}(x) = h_j(x)+x$, sowie die 1-stelligen Funktionen g_j mit dem Wert $x \dot- j$, weil $g_0 = p_0^1$ und $g_{j+1}(x) = g_j(x) \dot- 1$. Ferner enthält **FP$_1$** noch CSG (weil CSG(0) = 1 und CSG(n+1) = c_0^1(n)) und damit auch SG . Weiter finde ich

(FP1)   **FP$_1$** enthält die Entscheidungsfunktionen ALT und IFE mit

$$\text{ALT(x,y)} = \left\{ \begin{array}{ll} x & \text{für } y = 0 \\ 0 & \text{sonst} \end{array} \right. \qquad \text{IFE(x,y,z)} = \left\{ \begin{array}{ll} y & \text{für } x = 0 \\ z & \text{sonst} \end{array} \right. .$$

Beide Funktionen lassen sich auseinander durch

$$\text{IFE(x,y,z)} = \text{ALT(y,x)} + \text{ALT(z, CSG(x))} \quad , \quad \text{ALT(x,y)} = \text{IFE(y,x,0)}$$

erklären und erlauben die rekursiven Definitionen

$$\text{ALT(x,0)} = x \text{ und ALT(x,n+1)} = 0 \ ;$$

$$\text{IFE(0,y,z)} = p_0^2(y,z) \text{ und IFE(n+1,y,z)} = p^4{}_1(y,z,n,\text{IFE(n,y,z))} .$$

(FP2)   **FP$_1$** enthält die charakteristischen Funktionen χ_n der 1-elementigen Mengen {n} .

Es ist χ_0 gleich CSG. Weiter ist x genau dann gleich 1, wenn CS(x) = 0 *und* x≠0 gilt. Das ergibt $\chi_1(x)$ = ALT($\chi_0 \circ$ CS(x), $\chi_0(x)$) . Für n > 0 schließlich ist x = n+1 äquivalent zu CS(x) = n, weshalb dann $\chi_{n+1} = \chi_n \circ$ CS .

(FP3)   **FP$_1$** enthält die charakteristischen Funktionen der Mengen {n}×ω^k .

Denn das sind die Funktionen $\chi_n \circ p_0^{k+1}$.

(FP4)   Für m$\geq$ 1 ist R(**FP$_m$**) Boolesch abgeschlossen und enthält alle endlichen Mengen.

Das folgt aus dem Vorhandensein von + und CSG wie in 2.(FS5), (FS9)

(FP5)   Für m$\geq$ 1 ist **FP$_m$** abgeschlossen unter Definitionen durch Fallunterscheidungen, die sich auf Relationen aus R(**FP$_m$**) beziehen. Primitiv rekursive Definitionen mit Fallunterscheidungen, die sich auf Relationen aus R(**FP$_m$**) beziehen, führen von **FP$_m$** immer noch nur nach **FP$_{m+1}$** .

Ich schließe wie etwa in 2.(FS2), ersetze aber Produkte $r_i(\alpha) \cdot \chi_{R(i)}(\alpha)$ durch ALT($r_i(\alpha)$, $\chi_{-R(i)}(\alpha)$). – Endlich kann ich auch **FP$_1$** explizit kennzeichnen durch

(FP6)   **FP$_1$** ist die kleinste Klasse **F**, welche c_1^1, +, CS , ALT und die p_i^k enthält und abgeschlossen ist unter Superpositionen.

Nach dem schon Bewiesenen ist die kleinste Klasse $\mathbf{F}$ jedenfalls in $\mathbf{FP_1}$ enthalten. Andererseits gilt zunächst $c_0^1 = CS \circ c_1^1$ und $s = + \circ <p_0^1, c_1^1>$. Weiter liegt CSG als ALT(1,x) in $\mathbf{F}$. Es bleibt daher zu zeigen, daß $\mathbf{F}$ die aus Funktionen g^k und r^{k+2} von $\mathbf{FP_0}$ nach (SPR) definierten Funktionen f^{k+1} enthält, und dabei unterscheide ich nach den Möglichkeiten für r^{k+2} gemäß der Kennzeichnung (FP0). Falls $r^{k+2} = c_n^{k+2}$, so gilt $f^{k+1}(\alpha,0) = g^k(\alpha)$ und $f^{k+1}(\alpha,x) = n$ für $n > 0$, mithin $f^{k+1}(\alpha,x) = $ IFE$(x, g^k(\alpha), n)$. Falls ferner $r^{k+2}(\alpha,b,c) = \alpha(i)+p$ oder $r^{k+2}(\alpha,b,c) = b+p$, so ist $f^{k+1}(\alpha,x)$ gleich IFE$(x, g^k(\alpha), \alpha(i)+p)$ oder gleich IFE$(x, g^k(\alpha), b+p)$. Falls schließlich $r^{k+2}(\alpha,b,c) = c+j$, so gilt $f^{k+1}(\alpha,x) = g^k(\alpha) + x \cdot j$. Da j hier konstant ist, liegt auch die Funktion $x \cdot j$ zusammen mit $+$ und c_0^1 in $\mathbf{F}$.

In $\mathbf{FP_2}$ finde ich die Multiplikation $\cdot$ und die Funktionen n^x, $x \dot- y$ mit den offensichtlichen Definitionen, deshalb auch $\max(x,y) = (x \dot- y)+y$. Ich finde die charakteristischen Funktionen von $<$ und $\leq$ als CSG $\circ \dot-$ und CSG $\circ \dot- \circ <s \circ p_0^2, p_1^2>$, folglich auch diejenige von $=$. Ferner finde ich:

(FP7) $\mathbf{FP_2}$ enthält die Funktion mit dem Wert $x(x+1)/2$,

weil $x(x+1)/2 = 1+2+ \dots +x$ nach der Einsicht der kleinen Gauß, und weil $h(0) = 0$, $h(n+1) = h(n)+n+1$ diese Summe definiert.

(FP8) $\mathbf{FP_2}$ enthält die Funktion MOD .

Denn die Funktion h mit $h(x,0) = x \dot- 1$, $h(x,y+1) = (h(x,y) \dot- 1) +$ ALT$(x \dot- 1, h(x,y))$ durchläuft der Reihe nach $x \dot- 1$, $x \dot- 2$, $\dots$, 0 und beginnt dann wieder von vorn. Für $x > 0$ ist deshalb MOD$(x,y)+h(x,y)$ konstant gleich $x \dot- 1$, mithin MOD$(x,y) = ((x \dot- 1) \dot- h(x,y)) +$ ALT(y,x).

Was die Funktion QU anlangt, so folgt aus der Definition des ganzzahligen Quotienten im Fall $x > 0$

$$QU(x,y+1) = QU(x,y)+1 \text{ genau dann, wenn } y+1 = x \cdot (QU(x,y)+1) .$$

Daher gilt $QU(x,0) = 0$ und $QU(x,n+1) = h(x,n,QU(x,n))$, wobei die Funktion h durch die Fallunterscheidung $h(x,y,z) = z+1$ falls $y+1 = x(z+1)$, $h(x,y,z) = z$ sonst, definiert ist. Da die Gleichheitsrelation in $\mathbf{R(FP_2)}$ liegt, liegt h nach (FP4) in $\mathbf{FP_2}$, also QU jedenfalls in $\mathbf{FP_3}$. Es gilt aber sogar

(FP9) $\mathbf{FP_2}$ enthält die Funktion QU .

Ich definiere QU nach (FP5) durch Unterscheidung der Fälle $x = 0$, $x = 1$, $x > 1$; wegen (FP2) und (FP4) ist das legitim. Ich setze $QU(0,y) = 0$ und $QU(1,y) = y$ und betrachte nunmehr den Fall $x > 1$. Dann gilt $y \cdot x^2 \geq y$ und $(2x-1) \cdot x > 0$, also auch

$$((y+2) \cdot x - 1) \cdot x = y \cdot x^2 + (2x-1) \cdot x > y$$

weshalb

$$((y+2) \cdot x - 1) \; > \; QU(x,y) \; .$$

Wegen $a \cdot b = a(b-1) + a$ hat $a \cdot b$ modulo $b-1$ stets denselben Rest wie a, so daß nun

$$MOD(((y+2) \cdot x - 1), (y+2) \cdot x \cdot QU(x,y))$$
$$= MOD(((y+2) \cdot x - 1), QU(x,y)) = QU(x,y) \; .$$

Ersetze ich links $x \cdot QU(x,y)$ durch $y - MOD(x,y)$, so erhalte ich nunmehr als Definition

$$QU(x,y) = MOD(((y+2) \cdot x \overset{.}{-} 1), (y+2) \cdot (y \overset{.}{-} MOD(x,y))) \; .$$

(FP10)   **FP$_2$** enthält die Funktion x^y .

Für Zahlen a, b und $n > 0$ haben a^n und b^n denselben Rest modulo $a-b$. Das ist trivial für $n = 1$; sei es für n bewiesen. Schreibe ich $c \equiv d$ als Abkürzung dafür, daß c und d denselben Rest modulo $a-b$ haben, so folgt aus $a-b \equiv 0$ auch $a \equiv b$, aus $a^n \equiv b^n$ daher auch $a^{n+1} = a \cdot a^n \equiv b \cdot a^n \equiv b \cdot b^n = b^{n+1}$. Setze ich nun $a = 2^{(x+1)(y+1)}$ und $b = x$, so folgt mit $n = y$:

$$2^{(x+1)(y+1)y} \quad \text{und} \quad x^y \quad \text{haben denselben Rest modulo } 2^{(x+1)(y+1)} - x \; .$$

Andererseits folgt aus $2^x > x$ auch

$$2^{(x+1)(y+1)} \; > \; (x+1)^{y+1} = x^{y+1} + (y+1) \cdot x^y + \dots \; > \; x + x^y \; ,$$

weshalb $x^y = MOD(x^y, 2^{(x+1)(y+1)} - x)$. Das ergibt

$$x^y = MOD(2^{(x+1)(y+1)y}, 2^{(x+1)(y+1)} - x) \; .$$

(FP11)   **FP$_2$** enthält die Funktion $E(x/2)$, deren Wert die größte ganze Zahl kleiner oder gleich $x/2$ ist.

Denn ist x gerade und $x > 0$, so hat x in $x(x+1)/2 = (x/2) \cdot x + x/2$ den Rest $x/2 = E(x/2)$, und $x-1$ hat in $(x-1) \cdot x/2$ den Rest 0. Ist x aber ungerade, so hat x in $x(x+1)/2$ den Rest 0, und $x-1$ hat in

$$(x-1) \cdot x/2 = (x-1) \cdot ((x-1)+1)/2 = (x-1) \cdot (x-1)/2 + (x-1)/2$$

den Rest $(x-1)/2 = E(x/2)$. Mithin gilt für $x > 0$

$$E(x/2) = MOD(x, x \cdot (x+1)/2) + MOD(x \overset{.}{-} 1, (x \overset{.}{-} 1) \cdot x/2) \; .$$

Nun definiere ich $E(x/2)$ durch Fallunterscheidung, indem ich $E(0/2) = 0$ setze.

(FP12)   **FP$_2$** enthält die Funktion $B_2(x)$, deren Wert für $x > 0$ die größte Zahl 2^y mit $2^y \leq x$ ist, und sonst $B_2(0) = 0$.

Denn die Funktion h mit $h(0) = 0$, $h(x+1) = h(x) \dotdiv 1 + ALT(x+1, h(x) \dotdiv 1)$ hat den Wertverlauf 0, 1, 2, 1, 4, 3, 2, 1, 8, 7, 6, 5, 4, 3, 2, 1, 16, ... , und Induktion lehrt, daß für $y > 0$ aus $z < 2^y$ folgt $h(2^y+z) = 2^y-z$. Mit $x = 2^y+z$ ergibt das $h(x)+x = 2^y+2^y = 2^{y+1}$ für $2^y \leq x < 2^{y+1}$. Daraus folgt $2^y = B_2(x) = (h(x)+x)/2 = E((h(x)+x)/2)$.

(FP13)   **FP**$_2$ enthält die Funktionen CAU , **FP**$_3$ die Funktionen ESQ , CRO$_0$, CRO$_1$.

Für CAU folgt das aus (FP11). Für ESQ gilt

$$ESQ(x+1) = ESQ(x)+1 \text{ genau dann, wenn } (ESQ(x)+1)^2 = x+1 ,$$

und ich erhalte $ESQ(0) = 0$, $ESQ(n+1) = h(n,ESQ(n))$ mit $h(x,y) = y+1$ falls $(y+1)^2 = x+1$, $h(x,y) = y$ sonst. Zusammen mit der charakteristischen Funktion von $=$ liegt h wieder in **FP**$_2$, folglich ESQ in **FP**$_3$. Alsdann liegt in **FP**$_3$ auch die Funktion S mit

$$S(z) = ESQ(2z) \text{ falls } z(z+1) \leq ESQ(2z) < (z+1)(z+2) , \quad S(z) = ESQ(2z) \dotdiv 1 \text{ sonst},$$

und somit liegen auch die Funktionen $CRO_0(z) = z \dotdiv E(S(z) \cdot (S(z)+1)/2)$ und $CRO_1(z) = S(z) \dotdiv CRO_0(z)$ in **FP**$_3$.

FP$_2$ enthält noch viele weitere Funktionen; einige von MÜLLER [74] herrührende wichtige Beispiele, dem auch (FP9), (FP10) zu verdanken sind, werde ich im Appendix besprechen.

Schließlich finde ich in **FP**$_3$ die Funktion $^2LOG(x)$, die für $x > 0$ den Exponenten y von $B_2(x) = 2^y$ liefert und für $x = 0$ den Wert 0 hat. Denn dazu brauche ich nur diejenigen i zu zählen, für die $x \dotdiv 2^i$ positiv ist. Die Funktion h mit $h(x,0) = 0$, $h(x,n+1) = h(x,n)+SG(x \dotdiv 2^n)$ liefert als $h(x,n+1)$ die Anzahl dieser i mit $i \leq n$, weshalb $^2LOG(x) = h(x,x+1)$ gilt.   – Im Appendix dieses Kapitels werde ich unter Anderem zeigen, daß $^2LOG(x)$ sogar in **FP**$_2$ liegt.

Als Anwendung betrachte ich die von SCHWICHTENBERG [69] untersuchte Variante

$$TAU(x,y) = 2^{x+1+y+1} + 2^{y+1} + 1$$

der Paarungsfunktion von MINSKY [67]. Die Funktionen

$$TCF_0(z) = B_2(z) , \quad TCF_1(z) = B_2(z \dotdiv TCF_0(z)) , \quad TCF_2 = B_2(z \dotdiv (TCF_0(z)+TCF_1(z)))$$

liefern für $z = TAU(x,y)$ die Werte $TCF_0(z) = 2^{x+1+y+1}$, $TCF_1(z) = 2^{y+1}$ und $TCF_2(z) = 1$, weshalb ich die zu TAU gehörenden Komponentenfunktionen TRO$_0$, TRO$_1$ als

$$TRO_0(z) = (^2LOG(TCF_0(z) \dotdiv {}^2LOG(TCF_1(z)) \dotdiv 1 ,$$

$$TRO_1(z) = {}^2LOG(TCF_1(z)) \dotdiv 1 = (^2LOG(TCF_1(z) \dotdiv {}^2LOG(TCF_2(z)) \dotdiv 1$$

erhalte. Allgemeiner erklärt man die Paarungsfunktion TAU^k von ω^k nach ω durch

$$TAU^k(\alpha) = 2^{\alpha(0)+1+\cdots+\alpha(k-1)+1} + 2^{\alpha(1)+1+\cdots+\alpha(k-1)+1} + \ldots + 2^{\alpha(k-1)+1} + 1 \, ,$$

weshalb mit

$$TCF_i^k(z) = B_2(z \dot- \Sigma < TCF_j^k(z) \mid j < i >) \quad \text{für } i \leq k$$

ihre Komponentenfunktionen als

$$TRO_i^k(z) = (^2LOG(TCF_i^k(z)) \dot- {}^2LOG(TCF_{i+1}^k(z))) \dot- 1 \quad \text{für } i < k$$

definiert sind. TAU^k und die TCF_i^k liegen in FP_2, und die Funktionen TRO_i^k liegen in FP_3. Jedoch bemerke ich, daß bei festem n die Menge aller z mit $TRO_i^k(z) = n$ in $R(FP_2)$ liegt, denn sie läßt sich charakterisieren durch

$$TCF_i^k(z) = 2^{n+1} \cdot TCF_{i+1}^k(z) \text{ und } TCF_i^k(z) \geq 2 \quad \text{oder} \quad n = 0 \text{ und } TCF_i^k(z) \leq 1 \, .$$

Zwar liegt auch CAU^k in FP_2 und liegen auch die CRO_i^k in FP_3 ; die Besonderheit der SCHWICHTENBERGschen Funktion TAU^k ist es aber, daß sich einfache Veränderungen an den Argumenten α für die Kodierung $TAU^k(\alpha)$ bereits mit Funktionen aus FP_2 beschreiben lassen, also *ohne* Verwendung der zu FP_3 gehörenden Komponentenfunktionen. Es sind das die Veränderungen, welche durch die Funktionen A_i^k, B_i^k, $C_{i\,n}^k$ mit $n \geq 0$, $D_{i\,m}^k$ mit $m < k$, definiert durch

$$A_i^k(TAU^k(\alpha)) = TAU^k(\beta) \quad \text{und} \quad \beta(i) = \alpha(i)+1 \, , \; \beta(j) = \alpha(j) \text{ für } j \neq i \, ,$$

$$B_i^k(TAU^k(\alpha)) = TAU^k(\beta) \quad \text{und} \quad \beta(i) = \alpha(i) \dot- 1 \, , \; \beta(j) = \alpha(j) \text{ für } j \neq i \, ,$$

$$C_{i\,n}^k(TAU^k(\alpha)) = TAU^k(\beta) \quad \text{und} \quad \beta(i) = n \, , \; \beta(j) = \alpha(j) \text{ für } j \neq i \, ,$$

$$D_{i\,m}^k(TAU^k(\alpha)) = TAU^k(\beta) \quad \text{und} \quad \beta(i) = \alpha(m) \, , \; \beta(j) = \alpha(j) \text{ für } j \neq i$$

bewirkt werden. Sie liegen in FP_2, weil

$$A_i^k(z) = 2 \cdot TCF_0^k(z) + \ldots + 2 \cdot TCF_i^k(z) + TCF_{i+1}^k(z) + \ldots + TCF_k^k(z)$$

$$B_i^k(z) = E(TCF_0^k(z)/2) + \ldots + E(TCF_i^k(z)/2) + TCF_{i+1}^k(z) + \ldots$$
$$+ TCF_k^k(z) \quad \text{falls } TRO_i^k(z) \neq 0 \, ,$$

$$B_i^k(z) = z \qquad \text{sonst}$$

$$C_{i\,n}^k(z) = 2^{n+1} \cdot TCI_{i+1}^k \cdot (TCI_0^k(z)/TCI_i^k(z) + \ldots + TCI_i^k(z)/TCI_i^k(z))$$
$$+ TCI_{i+1}^k(z) + \ldots + TCI_k^k(z)$$

$$D_{i\,m}^k(z) = (TCI_m^k(z)/TCI_{m+1}^k(z)) \cdot TCI_{i+1}^k \cdot (TCI_0^k(z)/TCI_i^k(z) + \ldots$$
$$+ TCI_i^k(z)/TCI_i^k(z)) + TCI_{i+1}^k(z) + \ldots + TCI_k^k(z) \, .$$

Bei der Beschreibung der B_i^k verwende ich (FP11), und für die Quotientenbildungen bei den $C_{i\,n}^k$ und den $D_{i\,m}^k$ gebrauche ich (FP9). Die Fallunterscheidung zur Definition der B_i^k ist legitim, denn nach dem oben Bemerkten liegt mit (FP4) auch die Menge aller z mit $TRO_i^k(z) \neq 0$ in $R(FP_2)$.

2. Historie und Wertverlaufsrekursion

Im letzten Beispiel des vorigen Abschnittes habe ich Zahlenfolgen einer
fixierten Länge k betrachtet, sie vermöge der Paarungsfunktionen TAU^k
durch Zahlen kodiert, und alsdann einfache Veränderungen an solchen
Zahlenfolgen in arithmetischen Funktionen zwischen den Codes der Folgen
widergespiegelt. In Situationen wie dieser sagt man auch, es sei der Umgang mit den betreffenden höheren Objekten (Zahlenfolgen) *arithmetisiert*
worden.

In diesem Abschnitt wird sich die Aufgabe stellen, den Umgang mit
gewissen Funktionen zu arithmetisieren – Funktionen nämlich, die auf
Zahlen n (i.e. den Mengen aller i mit $i < n$) definiert sind. Offenbar lassen
sich solche Funktionen als die Folgen ihrer Funktionswerte auffassen. Da
ich n hier aber *nicht* fixieren will, muß ich mich zu ihrer Kodierung eines
anderen Verfahrens bedienen, nämlich der elementaren Kodierung durch
die Exponentenfolgen von Primfaktorzerlegungen, die ich schon im Kapitel
3 besprochen hatte. Das wesentliche Werkzeug für diese Arithmetisierungen ist die *Historie* Hf^{k+1} einer Funktion f^{k+1}, die ich als

$$Hf^{k+1}(\alpha,n) = \Pi < PRINO(i)^{f^{k+1}(\alpha,i)+1} \mid i \leq n >$$

definiere. Ist eine der Funktionen f^{k+1} und Hf^{k+1} elementar, respektive
primitiv rekursiv, so ist das auch die andere. Denn Hf^{k+1} bestimmt f^{k+1}
durch $f^{k+1}(\alpha,n) = EXP(n, Hf^{k+1}(\alpha,n)) \doteq 1$. Andererseits ist die Funktion h
mit

$$h(\alpha,i) = PRINO(i)^{f^{k+1}(\alpha,i)+1}$$

die Superposition der elementaren Funktion x^y mit $PRINO \circ p_k^{k+1}$ und f^{k+1},
und Hf^{k+1} ist die zu h erklärte beschränkte Multiplikation Πh . – Ich
bemerke noch, daß für eine f^{k+1} beschränkende Funktion u^{k+1} dann Hf^{k+1}
durch Hu^{k+1} beschränkt wird.

Ich wende mich nun der *Wertverlaufsrekursion* zu. Wird eine Funktion
f durch primitive Rekursion gemäß (SPR), (SPR_0) berechnet, so hängt der
Wert $f(\alpha,n+1)$ von dem vorangehenden Wert $f(\alpha,n)$ ab, und es ist auch
nicht schwierig, allgemeinere Rekursionsschemata zu formulieren, bei
denen $f(\alpha,n+1)$ zugleich von $f(\alpha,n)$ und von $f(\alpha,n-1)$ (falls $n-1 \geq 0$)
abhängt oder, noch allgemeiner, für eine feste Zahl $k > 0$ von den letzten k
Werten $f(\alpha,n-i)$ ($0 \leq i < k$ und $n-i \geq 0$). Bei der Wertverlaufsrekursion
jedoch darf $f(\alpha,n+1)$ von möglicherweise *sämtlichen* vorangehenden Werten $f(\alpha,n-i)$, $i \leq n$, abhängen, und da es davon n+1 Stück gibt, kann keine
Rekursionsfunktion r einer festen Stellenzahl sie alle als Argumente erfassen. Ein Ausweg aus dieser Mißlichkeit besteht darin, diese Funktionswerte
in einer einzigen Zahl zu *kodieren*, und in der Tat führt die Historie Hf

gerade eine solche Kodierung durch. Ich definiere deshalb, daß f^{k+1} aus g^k und r^{k+2} durch *Wertverlaufsrekursion* bestimmt sei, wenn

$$(W) \qquad \begin{aligned} &f^{k+1}(\alpha, 0) = g^k(\alpha) \\ &f^{k+1}(\alpha, n{+}1) = r^{k+2}(\alpha,\, n,\, Hf^{k+1}(\alpha,n)) \end{aligned}$$

gilt. Ich werde nun zeigen, daß *es zu gegebenen g^k und r^{k+2} die Funktion f^{k+1} mit* (W) *eindeutig bestimmt ist*, und daß, weiter, *jede primitiv rekursiv abgeschlossene Klasse auch unter dieser Wertverlaufsrekursion abgeschlossen* ist. Zu diesem Ende definiere ich eine Funktion q^{k+1} als

$$(1) \qquad \begin{aligned} &q^{k+1}(\alpha, 0) = 2^{g^k(\alpha)+1} \\ &q^{k+1}(\alpha, n{+}1) = q^{k+1}(\alpha,n) \cdot \mathrm{PRIN0}(n{+}1)^{r^{k+2}(\alpha,\, n,\, q^{k+1}(\alpha,n))+1} \end{aligned}$$

durch primitive Rekursion aus den Funktionen 2^{g^k} und

$$h^{k+2}(\alpha,n,x) = x \cdot \mathrm{PRIN0}(n{+}1)^{r^{k+2}(\alpha,n,x)+1} \quad,$$

und ich definiere f^{k+1} als

$$f^{k+1}(\alpha,n) = \mathrm{EXP}(n,\, q^{k+1}(\alpha,n)) \dot- 1 \quad .$$

Sind g^k und r^{k+2} in **F**, so werden das auch q^{k+1} und f^{k+1} sein. Induktion über n lehrt

$$\text{für alle c: wenn } \mathrm{DIV}(\mathrm{PRIN0}(c),\, q^{k+1}(\alpha,n)) \text{ so } c \le n$$

weshalb

$$\mathrm{EXP}(n{+}1,\, q^{k+1}(\alpha, n{+}1)) = r^{k+2}(\alpha,\, n,\, q^{k+1}(\alpha,n))+1 \quad .$$

Somit erfüllt f^{k+1} nun (W) mit q^{k+1} an Stelle von Hf^{k+1} . Induktion über n lehrt ferner

$$\text{für alle c: wenn } c \le n \text{ so } \mathrm{EXP}(c,\, q^{k+1}(\alpha,c)) = \mathrm{EXP}(c,\, q^{k+1}(\alpha,n)) \quad .$$

Das ergibt $f^{k+1}(\alpha,c) = \mathrm{EXP}(c,\, q^{k+1}(\alpha,n)) \dot- 1$ für $c \le n$, folglich $q^{k+1} = Hf^{k+1}$. — Ich bemerke noch daß für elementare g^k und r^{k+2} auch die Funktion h^{k+2} elementar ist, die $q^{k+1} = Hf^{k+1}$ primitiv rekursiv definiert.

Seien nun $t_0,\ldots,\, t_{p-1}$ 1–stellige Funktionen, welche den Bedingungen $t_j(x) \le x$ für alle x genügen. Ich werde sagen, es sei f^{k+1} durch Rekursion mit den *Regressionsfunktionen* t_j aus den Funktionen g^k, r^{k+p+1} definiert, falls gilt

$$\begin{aligned} &f^{k+1}(\alpha, 0) = g^k(\alpha) \\ &f^{k+1}(\alpha, n{+}1) = r^{k+p+1}(\alpha,\, n,\, f^{k+1}(\alpha, t_0(n)),\ldots,\, f^{k+1}(\alpha, t_{p-1}(n)) \,) \end{aligned}$$

Jede primitiv rekursiv abgeschlossene Klasse **F** *ist auch unter Rekursion mit Regressionsfunktionen aus* **F** *abgeschlossen*. Wieder wird es zu zeigen genügen, daß zusammen mit g^k, r^{k+p+1} und den t_j auch $f_H{}^{k+1}$ in **F** ist. Dies mal nun entsteht Hf^{k+1} durch primitive Rekursion aus der Funktion h^{k+2} mit

$$h^{k+2}(\alpha,n,x) = x \cdot PRIN0(n+1)^{r^{k+p+1}(\alpha,n,\ EXP(x,t_0(n)),..,\ EXP(x,t_{p-1}(n))}} ,$$

die in **F** liegt. – Wieder ist es der Fall, daß für elementare r^{k+p+1} und t_j auch h^{k+2} elementar ist.

3. Simultane Rekursion

Eine' endliche Folge von Funktionen f_j^{k+1}, $j < m$, heißt durch *simultane Rekursion* aus Folgen g_j^k, r_j^{k+m+1}, $j < m$, von Funktionen definiert, wenn

(SIM)
$$f_j^{k+1}(\alpha,0) = g_j^k(\alpha)$$

$$f_j^{k+1}(\alpha,n+1) = r_j^{k+m+1}(\alpha,n,\ f_0^{k+1}(\alpha,n),...,\ f_{m-1}^{k+1}(\alpha,n)) .$$

Zum Beispiel ließen sich die Funktionen CRO_0, CRO_1 simultan durch

$$CRO_0(0) = 0 \quad , \quad CRO_1(0) = 0 \quad ,$$

$$CRO_0(n+1) = (SG \circ CRO_1(n)) \cdot (1 + CRO_0(n)) \quad ,$$

$$CRO_1(n+1) = (CSG \circ CRO_1(n)) \cdot (1 + CRO_0(n))) + (SG \circ CRO_1(n)) \cdot (CRO_1(n) \dot{-} 1)$$

definieren, doch wäre ihre Berechnung nach diesem Schema extrem zeit-aufwendig.

Jede primitiv rekursiv abgeschlossene Klasse **F** *ist auch unter dem Schema* (SIM) *der simultanen Rekursion abgeschlossen.* Und zwar kann ich das Schema (SIM), da ich es mit Folgen der festen Länge m zu tun habe, bereits mit Hilfe von Paarungsfunktionen auf die gewöhnliche primitive Rekursion zurückführen. Erkläre ich nämlich mit den Funktionen

$$g^k(\alpha) = AU^m(g_0^k(\alpha),..., g_{m-1}^k(\alpha)) \quad ,$$

$$r^{k+2}(\alpha,n,x) = AU^m(r_0^{k+m+1}(\alpha,n,RO_0^m(x),..., RO_{m-1}^m(x)), ... ,$$
$$r_{m-1}^{k+m+1}(\alpha,n,RO_0^m(x),..., RO_{m-1}^m(x)))$$

eine Funktion f^{k+1} durch (SPR), so erhalte ich aus ihr die Funktionen f_j^{k+1} als $RO_j^m \circ f^{k+1}$. Denn $f_j^{k+1}(\alpha,0) = g_j^k(\alpha) = RO_j^m(g^k(\alpha)) = RO_j^m(f^{k+1}(\alpha,0))$ gilt nach Definition von g^k, und ist $f_j^{k+1}(\alpha,n) = RO_j^m(f^{k+1}(\alpha,n))$ bewiesen, so folgt auch

$$RO_j^m(f^{k+1}(\alpha,n)) = RO_j^m(r^{k+2}(\alpha,n,f^{k+1}(\alpha,n)))$$
$$= r_j^{k+m+1}(\alpha,n,RO_0^m(f^{k+1}(\alpha,n)),..., RO_{m-1}^m(f^{k+1}(\alpha,n)))$$
$$= r_j^{k+m+1}(\alpha,n,f_0^{k+1}(\alpha,n),..., f_{m-1}^{k+1}(\alpha,n))$$
$$= f_j^{k+1}(\alpha,n+1) .$$

Bisweilen benötigt man auch die Variante

$$(\text{SIME}) \qquad f_j^{k+1}(\alpha,0) = g_j^k(\alpha)$$

$$f_0^{k+1}(\alpha, n+1) = r_0^{k+m+1}(\alpha,n,\ f_0^{k+1}(n,n),\ \ldots,\ f_{m-1}^{k+1}(\alpha,n))$$

$$f_j^{k+1}(\alpha, n+1) = r_j^{k+m+1}(\alpha,n,\ f_0^{k+1}(\alpha, n+1),\ \ldots,$$
$$f_{j-1}^{k+1}(\alpha, n+1),\ f_j^{k+1}(n,n),\ \ldots,\ f_{m-1}^{k+1}(\alpha,n))$$

(für $0<j<m$) des Schemas (SIM). Da ich

$$f_0^k(\alpha,1) = r_0^{k+m+1}(\alpha,n,\ g_0^k(\alpha),\ \ldots,\ g_{m-1}^k(\alpha))$$
$$\cdots\cdots\cdots$$
$$f_j^k(\alpha,1) = r_j^{k+m+1}(\alpha,n,\ f_0^k(\alpha,1),\ \ldots,\ f_{j-1}^k(\alpha,1),\ g_j^k(\alpha),\ \ldots,\ g_{m-1}^k(\alpha))$$

für $j<m$ explizit angeben kann, lässt sie sich auf (SPR) durch die Funktion f^{k+1} zurückführen, die mit

$$g^k(\alpha) = AU^{m+m-1}(g_0^k(\alpha),\ldots,\ g_{m-1}^k(\alpha),\ f_0^k(\alpha,1),\ldots,\ f_{m-1}^k(\alpha,1))) \ ,$$

$$r^{k+2}(\alpha,n,x) = AU^{m+m-1}(RO_m^{m+m-1}(x),\ \ldots,\ RO_{m-1}^{m+m-1}(x),$$

$$r_0^{k+m+1}(\alpha,n,\ RO_0^{m+m-1}(x),\ldots,\ RO_{m-1}^{m+m-1}(x)),\ \ldots,$$

$$r_j^{k+m+1}(\alpha,n,\ RO_m^{m+m-1}(x),\ldots,\ RO_{m+j-2}^{m+m-1}(x),\ RO_j^{m+m-1}(x),\ldots,\ RO_{m-1}^{m+m-1}(x)),\ \ldots,$$

$$r_{m-1}^{k+m+1}(\alpha,n,\ RO_m^{m+m-1}(x),\ldots,RO_{m+m-2}^{m+m-1}(x),\ RO_{m-1}^{m+m-1}(x)))$$

definiert wird; aus ihr erhalte ich die Funktionen f_j^{k+1} als $RO_j^{m+m-1} \circ f^{k+1}$, da für $n>0$ gilt $f_j^{k+1}(\alpha,n) = RO_{m+j-1}^{m+m-1} \circ f^{k+1}(\alpha,n)$.

Im Übrigen kann man die simultane Rekursion auf eine Wertverlaufsrekursion mit Fallunterscheidung zurückführen, indem man eine Funktion h^{k+1} durch

$$h^{k+1}(\alpha,j) = g_j^k(\alpha) \ \ \text{für } j<m \ ,$$

$$h^{k+1}(\alpha, n+1) = r_j^{k+m+1}(\alpha,q,\ h^{k+1}(\alpha,q),\ h^{k+1}(\alpha,q+1),..,\ h^{k+1}(\alpha,q+(m-1)))$$

mit $q = QU(m, n+1) \dot{-} 1$ und $j = RES(m, n+1)$ erklärt; aus ihr bestimmt sich f_j^{k+1} als $f_j^{k+1}(\alpha,a) = h^{k+1}(\alpha,\ j+m \cdot a)$.

In Analogie zur Folge der FP_m definiere ich die Folge der Teilklassen FPI_m von FPF wie folgt:

FPI_0 sei FP_0 ,

FPI_{m+1} sei die kleinste Funktionenklasse, welche FPI_m und alle aus Funktionen von FPI_m durch einmalige Anwendung des Schemas (SIM) definierten Funktionen enthält und welche abgeschlossen ist unter Superpositionen.

Offenbar gilt stets $FP_m \subseteq FPI_m$, und aus dem soeben genannten Beispiel folgt, daß die Funktionen CRO_0, CRO_1 bereits in FPI_2 liegen. Die Funktion $E(x/2)$ aus (FP9) liegt in FPI_1, weil sie zusammen mit einer Funktion h durch

$$E(0/2) = 0 \quad , \quad h(0) = 1 \quad , \quad E(x+1/2) = h(x) \quad , \quad h(x+1) = E(x/2)$$

definiert werden kann. Wiewohl für sich selbst genommen etwas künstlich, werden die Klassen $\mathbf{FPI}_m$ bei der Untersuchung programmierbarer Funktionen eine wichtige Rolle spielen.

[* Die Definitionen der Historie Hf^{k+1} sowie der Wertverlaufs- und simultanen Rekursion übertragen sich sinngemäß für partielle Funktionen. *]

4. Appendix: EXP(0,x) liegt in FP$_2$

In diesem Appendix will ich zeigen, daß die Funktionen $^2LOG(x)$ und EXP(0,x) beide in $\mathbf{FP}_2$ liegen. Diese Einsichten finden sich bei MÜLLER [74], dessen Beweise ich hier reproduziere. Sie werden wesentlich zum Beweis des Theorems 10.3 sein.

LEMMA 1   Die Funktion $BI(x) = 2^{\,^2LOG(2x)} - (x+1)$ liegt in $\mathbf{FP}_2$.

Es ist $y = {}^2LOG(x)$ das größte a mit $2^a \leq x$. Dies ist gleichbedeutend mit $2^{a+1} \leq 2x$, weshalb $^2LOG(x) + 1 = {}^2LOG(2x)$, und gleichbedeutend damit, daß $z = y+1 = {}^2LOG(2x)$ das kleinste b mit $2^b > x$ ist, weshalb $BI(x) = 2^z-(x+1)$. Ist v noch das kleinste c mit $2^c > x+1$, so gilt $v = z$ falls $2^z > x+1$, i.e. $BI(x) > 0$, und $v = z+1$ sonst. Da aber ebenso $BI(x+1) = 2^v-(x+2)$, folgt im Fall $BI(x) > 0$, i.e. $v = z$ und $2^v = 2^z$, auch $BI(x+1) = BI(x)-1$, während im Falle $BI(x) = 0$, i.e. $2^z = x+1$ und $v = z+1$, folgt $BI(x+1) = 2\cdot 2^z - (x+2) = 2^z + (2^z-(x+1))-1 = 2^z-1 = x$. Daher finde ich die Rekursionsgleichungen

$$BI(0) = 0 \quad , \quad BI(x+1) = \begin{cases} BI(x)-1 & \text{falls } BI(x) > 0 \\ x & \text{falls } BI(x) = 0 \end{cases} .$$

Da $IFE(x, y, CS(x))$ für $x = 0$ gleich y und sonst gleich $x-1$ ist, läßt sich das als

$$BI(x+1) = IFE(BI(x), x, CS(BI(x)))$$

schreiben, und weil IFE und CS zu $\mathbf{FP}_1$ gehören, liegt somit BI in $\mathbf{FP}_2$.

LEMMA 2   Die Funktion $^2LOG(x)$ liegt in $\mathbf{FP}_2$.

Aus der Definition von $BI(x)$ zusammen mit $^2LOG(x)+1 = {}^2LOG(2x)$ folgt

$$BI(x) + x+1 = 2^{\,^2LOG(x)+1}$$

für $x \geq 1$. Das ergibt

$$(BI(x) + x+1)^x = 2^{x \cdot (^2LOG(x)+1)}$$

weshalb

$$QU(2^x-1, (BI(x) + x+1)^x -1) = ((BI(x) + x+1)^x -1)/(2^x-1)$$
$$= (2^{x \cdot (^2LOG(x)+1)} -1)/(2^x-1) .$$

Hier steht rechts die Summe der geometrischen Reihe

$$\Sigma < 2^{xy} \mid y < {}^2LOG(x)+1 > .$$

Weil $2^{xy} = (2^x)^y = (2^x-1 +1)^y$ sich nach Binomi als eine Summe schreiben läßt, in der, mit Ausnahme des letzten Gliedes 1, jeder Summand den Faktor 2^x-1 enthält, ist der Rest $MOD(2^x-1, 2^{xy})$ stets gleich 1. Mithin gilt

$$MOD(2^x-1, \Sigma < 2^{xy} \mid y < {}^2LOG(x)+1 >) = MOD(2^x-1, \Sigma < 1 \mid y < {}^2LOG(x)+1 >) .$$

Für $x > 0$ gilt $^2LOG(x) < x$, also $^2LOG(x)+1 \leq x$; für $x > 1$ gilt aber auch $x+1 < 2^x$, weshalb $^2LOG(x)+1 < 2^x-1$ und damit $\Sigma < 1 \mid y < {}^2LOG(x)+1 > = {}^2LOG(x)+1 < 2^x-1$, also

$$MOD(2^x-1, \Sigma < 1 \mid y < {}^2LOG(x)+1 >) = {}^2LOG(x)+1 .$$

Das ergibt

$$MOD(2^x-1, QU(2^x-1, (BI(x) + x+1)^x -1)) = {}^2LOG(x)+1 ,$$

also

$$^2LOG(x) = MOD(2^x \dot{-} 1, QU(2^x \dot{-} 1, (BI(x) + x+1)^x \dot{-} 1)) \dot{-} 1 .$$

Diese Darstellung gilt aber auch für $x = 1$ und, wegen $^2LOG(0) = 0$ auch für $x = 0$. Da QU, MOD, BI und auch die Exponentiation in FP_2 liegen, folgt somit die Behauptung.

Für eine rationale Zahl r mit $r > 1$ und eine Zahl z mit $z > 0$ sei $^r\log(z)$ die Zahl u mit $r^u = z$ und sei $^rLOG(z)$ die größte ganze Zahl v mit $v \leq u$; weiter sei $^rLOG(0) = 0$.

LEMMA 3   Die Funktion $^rLOG(z)$ liegt in FP_2 .

Sei $r = x/y$ mit $x > y > 0$ und sei $z > 0$. Mit

$$a = {}^2\log(x) \quad , \quad b = {}^2\log(y) \quad , \quad c = {}^2\log(z) \quad , \quad d = {}^2\log(x/y) \quad , \quad w = 14 \cdot y^2 \cdot z$$

gilt

$$(x/y)^{c/d} = 2^{^2\log(x/y) \cdot (c/d)} = 2^{d \cdot (c/d)} = 2^c = 2^{^2\log(z)} = z ,$$

wegen $a-b = {}^2\log(x/y) = d$ also

$$(1) \qquad {}^r\log(z) = c/d = c/(a-b) .$$

Da $x/y \geq (y+1)/y$ wegen $x \geq y+1$, und da die Basis der natürlichen Logarithmen größer ist als 2 , gilt

$$^2\log(x/y) \geq\ ^2\log((y+1)/y) \geq \ln((y+1)/y) = \ln(1 + 1/y) \ .$$

Die Reihenentwicklung von $\ln(1+1/y) = 1/y - 1/2y^2 + R$ hat einen positiven Rest R, weshalb

$$(2) \qquad ^2\log(x/y) \geq 1/y + 1/2y^2 = (2 - 1/y)/2y \geq 1/2y$$

wegen $1/y < 1$. Ist $E(t)$ die größte ganze Zahl s mit $s \leq t$, so folgt daher

$$
\begin{aligned}
(3) \qquad E(w\cdot a) - (E(w\cdot b)+1) &\geq (w\cdot a - 1) - (E(w\cdot b)+1) \\
&\geq (w\cdot a - 1) - (w\cdot b + 1) \\
&\geq w\cdot d - 2 \\
&\geq 14y^2 z/2y - 2 \\
&\geq 7yz - 2 \\
&\geq 5 \ .
\end{aligned}
$$

In der Zahl

$$(4) \qquad L(x,y,z) = E(\ (E(w\cdot c)+1)/(E(w\cdot a) - (E(w\cdot b)+1)))$$

tritt daher ein positiver Nenner auf, und wegen $E(w\cdot a) - (E(w\cdot b)+1) \leq w\cdot a - w\cdot b$ gilt

$$(5) \qquad L(x,y,z) \geq E(\ w\cdot c/(w\cdot a - w\cdot b)) = E(\ c/(a-b)) = E(^r\log(z))$$

unter Verwendung von (1). Andererseits folgt $1/d \leq 2y$ aus (2), weshalb $c/d \leq z/d = 2zy$, und wegen $1 \leq 2yd$ auch

$$3+2c/d < 3+4yz \leq 3yz + 4yz \leq 7yz\cdot 2yd = w\cdot d \ .$$

Daher gilt unter Verwendung von (3), (1)

$$
\begin{aligned}
L(x,y,z) &- (E(^r\log(z))+1) \\
&\leq E(\ (w\cdot c+1)/((w\cdot a-1) - (w\cdot b+1))) - (E(c/d)+1) \\
&\leq (w\cdot c+1)/(w\cdot d+2) - c/d \\
&= (d + 2z)/d\cdot(w\cdot d+2) \\
&= (1 + 2z/d)/(w\cdot d+2) \\
&= (3 + 2z/d - 2)/(w\cdot d+2) \\
&< 1 \ .
\end{aligned}
$$

Zusammen mit (5) ergibt das

$$L(x,y,z) \geq E(^r\log(z)) > L(x,y,z) - 2 \ ,$$

also

$$(6) \qquad L(x,y,z) = E(^r\log(z)) \quad \text{oder} \quad L(x,y,z) - 1 = E(^r\log(z)) \ .$$

Hier tritt der erste Fall genau dann ein, wenn $L(x,y,z) \leq\ ^r\log(z)$, i.e. genau dann, wenn

$$(x/y)^{L(x,y,z)} \leq z \quad , \quad x^{L(x,y,z)} \dot{-} y^{L(x,y,z)} \cdot z = 0 \ .$$

Wegen $E(^{\mathrm{r}}\log(z)) = {}^{\mathrm{r}}\mathrm{LOG}(z)$ ergibt das die Darstellung

$$^{\mathrm{r}}\mathrm{LOG}(z) = L(x,y,z) \dot{-} \mathrm{SG}(x^{L(x,y,z)} \dot{-} y^{L(x,y,z)} \cdot z) \ .$$

Da die Exponentiation zu $\mathbf{FP}_2$ gehört, wird zusammen mit $L(x,y,z)$ auch $^{\mathrm{r}}\mathrm{LOG}(z)$ dort liegen. In der Definition (4) von L kann ich aber etwa

$$E(\ w \cdot a) = E(\ w \cdot {}^2\log(x)) = E(\ {}^2\log(x^w)) = {}^2\mathrm{LOG}(x^w)$$

schreiben, weshalb (4) die Gestalt

$$\mathit{L}(x,y,z) = E(\ (^2\mathrm{LOG}(z^w)+1)/(^2\mathrm{LOG}(x^w) - (^2\mathrm{LOG}(y^w)+1)))$$

$$= \mathrm{QU}(\ ^2\mathrm{LOG}(z^w)+1 \ , \ ^2\mathrm{LOG}(x^w) - (^2\mathrm{LOG}(y^w)+1))$$

$$= \mathrm{QU}(\ ^2\mathrm{LOG}(z^{14y^2z})+1 \ , \ \mathrm{LOG}(x^{14y^2z}) - (^2\mathrm{LOG}(y^{14y^2z})+1))$$

annimmt und damit nach Lemma 2 die Funktion L zu $\mathbf{FP}_2$ gehört. Das beendet den Beweis des Lemmas 3.

Es sei g die Funktion mit (a): $g(0,y) = y$ und

$$g(x+1,y) = \begin{cases} x - 2 & \text{falls (b): } g(x,y) = 0 \\ 2x - 1 & \text{falls (c): } g(x,y) = 1 \\ g(x,y) - 2 & \text{falls (d): } g(x,y) > 1 \end{cases} \ .$$

Das besagt $g(x+1,y) = \mathrm{IFE}(g(x,y),\ x\dot{-}2,\ \mathrm{IFE}(g(x,y)\dot{-}1,\ 2x\dot{-}1,\ g(x,y)\dot{-}2))$, so daß die Funktion g in $\mathbf{FP}_2$ liegt. Deshalb liegt dort auch die Funktion

$$G(x,y) = \mathrm{QU}(2,\ g(x,y)) + x \ .$$

Ich stelle einige Eigenschaften von g und G zusammen:

(Gg1)   Wenn $g(x,y) = 2a + b$, so $g(x+a,\ y) = b$.

Für $a = 0$ ist das klar; ist es für a bewiesen, so folgt aus $g(x,y) = 2(a+1)+b$ auch $g(x+a,\ y) = 2+b$, weshalb nach (d) nun $g(x+a+1,\ y) = g(x+a,\ y)-2 = (2+b)-2 = b$.

(Gg2)   Wenn $m < n$, so $g(2^{n-(m+1)} \cdot 3^m \cdot k,\ 2^n \cdot k) = 0$.

Da $g(0, 2^n \cdot k) = 2^n \cdot k = 2 \cdot 2^{n-1} \cdot k$ nach (a) gilt , liefert mir (Gg1) nun $g(2^{n-1} \cdot k,\ 2^n \cdot k) = 0$. Das beweist (Gg2) für $m = 0$; sei (Gg2) für m bewiesen. Für $k = 0$ ist (Gg2) auch für $m+1$ trivial; gilt $k \geq 1$, so liefert (b)

$$g(2^{n-(m+1)} \cdot 3^m \cdot k +1,\ 2^n \cdot k) = 2^{n-(m+1)} \cdot 3^m \cdot k - 2$$

also

$$g(2 \cdot 2^{n-(m+2)} \cdot 3^m \cdot k +1,\ 2^n \cdot k) = 2(2^{n-(m+2)} \cdot 3^m \cdot k - 1) \ .$$

Daraus ergibt (Gg1)

$$g(2^{n-(m+2)}\cdot 3^{m+1}\cdot k,\ 2^{n}\cdot k)$$
$$= g(2\cdot 2^{n-(m+2)}\cdot 3^{m}\cdot k +1 + 2^{n-(m+2)}\cdot 3^{m}\cdot k -1,\ 2^{n}\cdot k) = 0\ ,$$

und das ist (Gg2) für m+1.

(Gg3)   Wenn 2 kein Teiler von k, $n \geq 2$, $h = (3^{n}\cdot k -1)/2$,
        so $g(h, 2^{n}\cdot k) = 1$.

Aus (Gg2) für $m = n-1$ folgt $g(3^{n-1}\cdot k,\ 2^{n}\cdot k) = 0$; mit (b) daher

$$g(3^{n-1}\cdot k +1,\ 2^{n}\cdot k) = 3^{n-1}\cdot k -2\ .$$

Weil $(2h+4)/3 = 3^{n-1}\cdot k +1$ und weil $2(h-4)/3 = (2h-8)/3 = (3^{n}\cdot k -9)/3$
$= 3^{n-1}\cdot k -2 +1$, besagt das

$$g((2h+4)/3,\ 2^{n}\cdot k) = 2(h-4)/3 +1\ ,$$

und daraus liefert (Gg1)

$$g(h, 2^{n}\cdot k) = h((3h+3)/3,\ 2^{n}\cdot k) = g((2h+4)/3 + (h-4)/3,\ 2^{n}\cdot k) = 1\ .$$

(Gg4)   Wenn $g(x,y) = 1$, so
        (i) $g(2x,y) = 1$ und   (ii) $G(z,y) = 2x$ für $x < z \leq 2x$.

Für $x = 0$ ist (i) trivial und (ii) leer; sei nun $x > 0$ und $x+1 < z \leq 2x$. Mit (c)
folgt aus $g(x,y) = 1$ nun

$$g(x+1,y) = 2x-1 = 2\cdot(z - (x+1)) + 2\cdot(2x-z) +1\ ,$$

weshalb (Gg1) zu

$$g(z,y) = g(x+1 + z - (x+1),\ y) = 2\cdot(2x-z) +1$$

führt. Für $z = 2x$ ergibt das (i), und ferner folgt (ii) daraus, daß $G(z,y) =$
$QU(2, g(z,y)) + z\ = 2x-z + z\ = 2x$.

(Gg5)   Wenn 2 kein Teiler von k, $n \geq 2$, $h = (3^{n}\cdot k-1)/2$ und
        $2^{m}\cdot h < z \leq 2^{m+1}\cdot h$, so $G(z, 2^{n}\cdot k) = 2^{m+1}\cdot h$.

Die Behauptung $g(h, 2^{n}\cdot k) = 1$ aus (Gg3) ist der Spezialfall $m = 0$ von
$g(2^{m}\cdot h, 2^{n}\cdot k) = 1$, was dann sogleich durch Induktion mit (Gg4.i) folgt.
Alsdann aber folgt (Gg5) sogleich aus (Gg4.ii).

(Gg6)   Sei 2 kein Teiler von c, $a = 2^{n}\cdot c$, $n \geq 2$ und seien b, k definiert
        durch $b = 2^{a} +a = 2^{n}\cdot k$. Dann gibt es ein m mit

        (i) $G(4^{a}, b) = 2^{m}\cdot(3^{n}\cdot k -1)$,   (ii) $m \geq n$,   (iii) $2^{m} \leq b$.

Aus

$$k = (2^{a} +a)/2^{n} = (2^{a} + 2^{n}\cdot c)/2^{n} = 2^{a-n} +c$$

folgt, daß k modulo 2 denselben Rest wie c hat, nämlich 1. Da $c = a/2^n \leq 2^{a-n}$, folgt auch

$$(7) \qquad k/2 \leq (2^{a-n} + 2^{a-n})/2 = 2^{a-n} .$$

Für $h = (3^n \cdot k - 1)/2$ gilt wegen $a < n$

$$(8) \qquad h < 3^n \cdot k/2 < 4^n \cdot 2^{a-n} = 2^{a+n} < 2^{2a} = 4^a .$$

Für $z = 4^a$ gibt es wegen $0 < h < z$ (genau) ein m mit $2^m \cdot h < z \leq 2^{m+1} \cdot h$, weshalb (Gg5) zu

$$G(4^a, b) = G(z, 2^n \cdot k) = 2^{m+1} \cdot h = 2^m \cdot (3^n \cdot k - 1)$$

führt, und das beweist (i). Aus (8) folgt $2^{2a} = z \leq 2^{m+1} \cdot h < 2^{m+1} \cdot 2^{a+n}$, weshalb

$$2a < m+1 + a+n \quad , \quad m \geq a-n \geq 2^n - n \geq n ,$$

und das beweist (ii). Aus (7) und $c \leq 2^{a-n}$ folgt

$$h = (3^n \cdot k - 1)/2 = (3^n \cdot 2^{a-n} + 3^n \cdot c - 1)/2 \geq 3^n \cdot 2^{a-n}/2$$
$$= 2^a \cdot (3/2)^n/2 \geq 2^a \cdot (3/2)^2/2 \geq 2^a$$

womit

$$2^m = 2^m \cdot h/h \leq z/h \leq 4^a/2^a = 2^a \leq b ,$$

und das beweist (iii).

THEOREM 1   Die Funktion $EXP(0,x)$ liegt in FP_2 .

Sei x mit $x > 0$ gegeben. Ich setze $c = x/2^{EXP(0,x)}$, $n = EXP(0,x)+2$, so daß c ungerade ist und $n \geq 2$ gilt. Ich setze weiter

$$a = 4x \quad , \quad k = 2^{a-n} + c \quad , \quad b = 2^a + a ,$$

so daß $a = 4 \cdot 2^{EXP(0,x)} \cdot c = 2^n \cdot c$ und $b = 2^n \cdot k$. Nach (Gg6) finde ich ein m mit

$$G(4^a, b) = 2^m \cdot (3^n \cdot k - 1) \quad , \quad m \geq n \quad , \quad 2^m \leq b .$$

Wegen $m \geq n$ gilt

$$G(4^a, b) = 3^n \cdot 2^{m-n} \cdot 2^n \cdot k - 2^m ,$$

wobei $b = 2^n \cdot k$ den ersten Summanden teilt, wegen $2^m \leq b$ den zweiten aber nicht. Das besagt

$$MOD(b, G(4^a, b)) = b - 2^m ,$$

weshalb für $b - MOD(b, G(4^a, b)) = 2^m$ aus $G(4^a, b) = 2^m \cdot (3^n \cdot k - 1)$ folgt

$$QU(b - MOD(b, G(4^a, b)), G(4^a, b)) = 3^n \cdot k - 1 ,$$

$$QU(b - MOD(b, G(4^a, b)), G(4^a, b)) + 1 \; = \; 3^n \cdot k \; .$$

Aus $b = 2^n \cdot k$ folgt daher

$$QU(\, QU(b - MOD(b, G(4^a, b)), G(4^a, b)) + 1, \; b) \; = \; E(3^n / 2^n) \; .$$

Für die rationale Zahl $r = 3/2$ gilt aber

$$n = E(\ulcorner\log((3/2)^n)) \leq E(\ulcorner\log(E((3/2)^n) + 1)) \leq \ulcorner\log(E((3/2)^n) + 1)$$
$$\leq \ulcorner\log((3/2)^n + 1)$$

und aus $2 \leq n$ folgt

$$\begin{aligned}
\ulcorner\log((3/2)^n + 1) &= \ulcorner\log((3/2)^n \cdot (1 + (2/3)^n)) \\
&= n + \ulcorner\log(1 + (2/3)^n) \\
&\leq n + \ulcorner\log(1 + (2/3)^2) \\
&\leq n + \ulcorner\log(1 + 1/2) \\
&\leq n + \ulcorner\log(3/2) \\
&\leq n + 1 \; .
\end{aligned}$$

Mithin gilt $n = \ulcorner\log(E((3/2)^n) + 1)$, i.e.

$$\begin{aligned}
EXP(0,x) &= n \dot- 2 \\
&= \ulcorner\log(E((3/2)^n) + 1) \dot- 2 \\
&= \ulcorner\log(QU(\, QU(b - MOD(b, G(4^a, b)), G(4^a, b)) + 1, \; b) + 1) \dot- 2 \; .
\end{aligned}$$

Ersetze ich noch b durch $2^a + a$ und dann a durch 4x, so steht rechts eine Funktion von x. Da G zu FP_2 gehörte, liegt nach dem Lemma 3 auch sie dort. An der Stelle $x = 0$ hat sie den Wert 0. Folglich stimmt sie mit $EXP(0,x)$ überein.

Kapitel 5 . Beschränkte Rekursion

Eine Klasse **F** von Funktionen heiße unter *beschränkter (primitiver) Rekursion* abgeschlossen, wenn sie eine Funktion f^{k+1} immer dann enthält, falls f^{k+1} aus Funktionen g^k und r^{k+2} von **F** mittels (SPR) primitiv rekursiv definiert ist *und* falls, überdies, f^{k+1} durch eine Funktion h^{k+1} aus **F** *beschränkt* ist. Ein hinreichendes Kriterium für diese Abgeschlossenheit liefert das

LEMMA 1   Es sei **F** simpel abgeschlossen, und **F** enthalte die Funktionen PRINO und EXP sowie die Exponentiation x^y. Dann ist **F** unter beschränkter Rekursion abgeschlossen.

Sei nämlich f^{k+1} aus g^k und r^{k+2} definiert. Für $a = f^{k+1}(\alpha,n)$ und $c = Hf^{k+1}(\alpha,n)$ liegt dann das Tupel $<\alpha,n,a,c>$ in der durch

$$EXP(n,c) = a \text{ und } EXP(0,c) = g^k(\alpha)$$
$$\text{und für alle } i < n: \ EXP(i+1,c) = r^{k+2}(\alpha,n, EXP(i,c))$$

definierten Relation R^{k+3} . Stehen umgekehrt $<\alpha,n,a,c>$ in dieser Relation, so gilt notwendig $a = f^{k+1}(\alpha,n)$ (und c ist dann ein Vielfaches von $Hf^{k+1}(\alpha,n)$). Ich betrachte nun die Relationen

R^{k+4} :   die Menge aller $<\alpha,n,a,c,i>$ mit $EXP(n,c) = a$ und
$\phantom{R^{k+4} :}$ $EXP(0,c) = g^k(\alpha)$ und $EXP(i+1,c) = r^{k+2}(\alpha,n, EXP(i,c))$

$R^{k+3} = \forall^{k+1}_< R^{k+4}$

$S^{k+3} = \exists_\leq R^{k+3}$: die Menge aller $<\alpha,n,a,d>$, für die es ein c gibt mit
$\phantom{S^{k+3} = \exists_\leq R^{k+3} :}$ $c \leq d$ und $<\alpha,n,a,c>$ in R^{k+3}.

Da **F** simpel abgeschlossen ist und EXP enthält, liegen diese Relationen in **R(F)**. Wird nun f^{k+1} durch h^{k+1} aus **F** beschränkt, so gilt $Hf^{k+1}(\alpha,n) \leq Hh^{k+1}(\alpha,n)$, so daß zu gegebenen α,n,a dann $Hh^{k+1}(\alpha,n)$ ein d ist mit $<\alpha,n,a,d> \epsilon S^{k+3}$. Nun gilt aber

$$Hh^{k+1}(\alpha,n) = \Pi <PRINO(i)^{h^{k+1}(\alpha,i)+1} \mid i \leq n> \ \leq \ PRINO(n)^{1+MAX\, h^{k+1}(\alpha,n)},$$

und hier steht rechts eine Funktion $q^{k+1}(\alpha,n)$, die nach den gemachten Voraussetzungen zu **F** gehört. Folglich ist auch $q^{k+1}(\alpha,n)$ ein solches d, und somit liegen in **R(F)** und **F** auch

S^{k+2} :   die Menge aller $<\alpha,n,a>$ mit $<\alpha,n,a,Hh^{k+1}(\alpha,n)>$ in S^{k+3}

$\mu_\leq S^{k+2}$: die Funktion, welche $<\alpha,n,b>$ das kleinste a (sofern vorhanden)
$\phantom{\mu_\leq S^{k+2} :}$ zuordnet mit $a \leq b$ und $<\alpha,n,a>$ in S^{k+2}

$e^{k+1} = (\mu_\leq S^{k+2}) \circ <p_0^{k+1},..., p_k^{k+1}, h^{k+1}>$.

Ich vollende den Beweis, indem ich zeige, daß e^{k+1} gleich f^{k+1} ist. Denn $e^{k+1}(\alpha,n)$ ist das kleinste a, sofern vorhanden, mit $a \leq h^{k+1}(\alpha,n)$ und so, daß es ein c gibt mit $c \leq Hh^{k+1}(\alpha,n)$, mit dem das Tupel $<\alpha,n,a,c>$ in R^{k+3} liegt. Aus $f^{k+1}(\alpha,n) \leq h^{k+1}(\alpha,n)$ folgt aber $Hf^{k+1}(\alpha,n) \leq Hh^{k+1}(\alpha,n)$, und so *ist* $f^{k+1}(\alpha,n)$ *ein* solches a, das mit $c = Hf^{k+1}(\alpha,n)$ die genannte Bedingung erfüllt. Außerdem folgt aus der am Beginn des Beweises gemachten Bemerkung, daß $f^{k+1}(\alpha,n)$ das *einzige* a ist, für das mit *irgendeinem* c das Tupel $<\alpha,n,a,c>$ in R^{k+3} liegt.

THEOREM 1   Eine elementar abgeschlossene Klasse **F** ist unter beschränkter Rekursion, beschränkter Wertverlaufsrekursion, beschränkter Rekursion mit Regressionsfunktionen, und unter beschränkter simultaner Rekursion abgeschlossen.

Abgeschlossenheit unter beschränkter Rekursion folgt aus dem vorangehenden Lemma. Ist f^{k+1} durch Wertverlaufsrekursion nach dem Schema 4.(W) des vorigen Kapitels definiert und durch u^{k+1} aus **F** beschränkt, so ist auch Hf^{k+1} durch Hu^{k+1} aus **F** beschränkt. Da sich Hf^{k+1} gemäß 4.(1) als q^{k+1} primitiv rekursiv aus Funktionen definieren läßt, die noch zu **F** gehören, entsteht Hf^{k+1} durch beschränkte Rekursion. Folglich liegt Hf^{k+1} in **F** und damit auch f^{k+1} selbst. Dieselbe Überlegung kann ich im Falle der Rekursion mit Regressionsfunktionen und der simultanen Rekursion anstellen.

Die Wertverlaufsrekursion wird häufig angewendet, um die charakteristische Funktion χ_M einer Menge M als elementar oder primitiv rekursiv zu erkennen. Es liegt dann meist eine elementare Regressionsfunktion fxp mit der Eigenschaft $fxp(j,n) < n$ für alle j und n vor, und M ist in der Form

$\qquad n \epsilon M$ genau dann, wenn $n \epsilon A$ oder
$\qquad\qquad\qquad$ ($n \epsilon B$ und für alle j: wenn $j \leq L(n)$ so $fxp(j,n) \epsilon M$)

mit Hilfsmengen A, B und einer Funktion L definiert. Das aber ist gleichbedeutend mit

$(M_0)\quad \chi_M(n) = SG (\chi_A(n) + \chi_B(n) \cdot \Pi < \chi_M(fxp(j,n)) \mid j \leq L(n) >)$

für $n > 0$. Folglich definiere ich χ_M durch die Wertverlaufsrekursion

$(W_M)\qquad \chi_M(0) = 0$

$\qquad\qquad \chi_M(n+1) = r^2(n, H\chi_M(n))$

mit

$(M_1)\quad r^2(n,z) =$
$\qquad SG (\chi_A(n+1) + \chi_B(n+1) \cdot \Pi < EXP(fxp(j,n+1),z) \dot- 1 \mid j \leq L(n+1) >).$

Aus der Definition der Historie $H\chi_M$ folgt $\chi_M(c) = EXP(c, H\chi_M(n+1)) \dot- 1$ für jedes $c \leq n+1$; wähle ich c als $fxp(j,n)$, so folgt aus (M_1), daß die zweite Gleichung in (W_M) in der Tat (M_0), mit $n+1$ an Stelle von n, ist.

Sind also A, B, L primitiv rekursiv, so ist das auch M. Aber χ_M wird durch die elementare Funktion c_2^1 beschränkt. Sind also A, B, L elementar, so ist das auch M .

COROLLAR 1   Es sei f^{k+1} mit (SPR) aus Polynomen g^k, r^{k+1} definiert. Dann ist f^{k+1} elementar.

Denn für ein Polynom

$$p(x) = a_0 x^v + a_1 x^{v-1} + \ldots$$

gilt mit a als dem Maximum der a_i dann $p(x) \leq (v+1) \cdot a \cdot x^v$; ich finde also zu jedem $p(x)$ Konstanten v und C_1 mit $p(x) \leq C_1 \cdot x^v$. Ebenso gilt für ein Polynom

$$q(x,y,z) = ax^k y^n z^s + \ldots + bx^i y^m z^t + \ldots + cx^j y^p z^r + \ldots ,$$

in dem k, m, r die maximalen Exponenten sind, mit denen x, y, z auftreten, dann $q(x,y,z) \leq C_3 \cdot x^k y^m z^r$ mit C_3 als einem Vielfachen des Maximums der Koeffizienten. Ist nun etwa $f = f^2$ aus p und q nach (SPR) definiert, so erlaubt das zunächst die Abschätzung $f(a,0) \leq C_1 \cdot a^v$, und mit den Abkürzungen $e(b,x,n) = x^{bn}$ und $g(b,x,n) = b \cdot (x^n + x^{n-1} + \ldots + 1)$ erhalte ich wegen $e(b,x,n) \cdot x = e(b,x,n+1)$ und $b+g(b,x,n) \cdot x = g(b,x,n+1)$ aus der Induktionannahme

(a) $\quad f(a,n) \leq C_3^{\,g(1,r,n-1)} \cdot C_1^{\,e(1,r,n)} \cdot n^{\,g(m,r,n-2)} \cdot a^{\,g(k,r,n-1)+e(v,r,n)}$

wegen $(n+1)^m \cdot n^{g(m,r,n-2) \cdot r} \leq (n+1)^{m+g(m,r,n-2) \cdot r} = (n+1)^{g(m,r,n-1)}$ auch

$$f(a,n+1) = q(a,n,f(a,n)) \leq C_3 \cdot a^k \cdot (n+1)^m \cdot f(a,n)^r$$

$$\leq C_3^{\,g(1,r,n)} \cdot C_1^{\,e(1,r,n+1)} \cdot (n+1)^{g(m,r,n-1)} \cdot a^{\,g(k,r,n)+e(v,r,n+1)} .$$

Das beeendet den Induktionsbeweis von (a), und da auf der rechten Seite dieser Abschätzung elementare Funktionen von a und n stehen, ist auch f selbst elementar.

COROLLAR 2   FEF ist die kleinste Menge F, welche die Funktionen *s*, c_0^1, p_i^k, $\max(x,y)$, 2^x enthält und unter Superposition und beschränkter primitiver Rekursion abgeschlossen ist.

Denn einerseits hat FEF diese Abgeschlossenheitseigenschaften und enthält auch die genannten Funktionen. Ist andererseits F mit diesen Eigenschaften vorgelegt, so enthält F zunächst die Funktion 2^x, und Induktion lehrt, daß zusammen mit $IF(-,m)$ auch die durch Superposition mit 2^x entstehende elementare Skalierungsfunktion $IF(-, m+1)$ zu F gehört. Zusammen mit der 2-stelligen liegt weiter auch jede k-stellige Maximums-funktion in F, folglich auch eine jede k-stellige Funktion E_n^k mit $E_n^k(\alpha) = IF(\max(\alpha),n)$. Aus den Anfangsfunktionen entstehen c_1^1, CS, $\dot{-}$, $+$ und $\cdot$ durch primitive Rekursion, und da es sich bei ihnen, wie am Schluß des letzten Kapitels bemerkt, um F-beschränkte Funktionen handelt, sind diese Rekursionen durch die Funktionen E_n^k aus F beschränkt, ihre Ergebnisse also wieder in F. Damit ist nachgewiesen, daß F die elementaren Anfangsfunktionen enthält. Es bleibt zu zeigen, daß für jedes f^{k+1} aus FEF, das in F liegt, auch Σf^{k+1} und Πf^{k+1} noch zu F gehören. Das aber ist der Fall, denn diese Funktionen entstehen durch primitive Rekursion und sind, da f^{k+1} in FEF liegt, durch geeignete E_n^k beschränkt.

1. G-beschränkte Klassen

Beschränkte Rekursion kann als Verfahren zur Erzeugung von Funktionen dienen, sobald man die Schranken vorgibt, welche dabei wirksam sein sollen. Die Auswahl solcher Schranken wird stets eine Willkür in sich tragen. Deshalb will ich mich hier im Wesentlichen nur die zwei natürlichsten Auswahlen solcher Schranken besprechen, die zu den G_{-1}- und den G_0-abgeschlossenen Klassen Anlaß geben; daß deren Numerierung mit -1 beginnt, hat rein historische Gründe.

Eine Funktionenklasse heißt G_{-1}-abgeschlossen, wenn sie die Funktionen p_i^k sowie c_0^1 und c_1^1 enthält und beschränkt rekursiv sowie unter Superpositionen abgeschlossen ist. Enthält sie überdies die Funktion s, so heißt sie G_0-abgeschlossen. Die kleinste G_0-abgeschlossene Klasse nenne ich FG_0, die kleinste G_{-1}-abgeschlossene Klasse nenne ich FGF .

Im Kapitel 4 habe ich bei der Diskussion der Klassen FP_m für zahlreiche Funktionen Rekursionsvorschriften angegeben. Anders als dort, geht es hier *nicht* darum, die Schachtelungstiefe der Rekursionen zu beschränken, sondern es geht um die Beschränktheit der entstehenden Funktionen selbst. Da mir schon in G_{-1}-abgeschlossenen Klassen c_0^1 und c_1^1 zur Verfügung stehen, entnehme ich jenen Rekursionsvorschriften nun für eine beliebige G_{-1}-abgeschlossenen Klasse F :

(FB0) F enthält die Funktionen CS, CSG, SG , $\dot{-}$, ALT, IFE .

Es folgt aus der Definition der Klasse FGF, daß sämtliche ihrer Funktionen durch die p_i^k oder durch c_1^1 beschränkt sind, denn solche Beschränktheit bleibt trivialer Weise unter beschränkten Rekursionen erhalten und vererbt sich auch unter Superpositionen. Deshalb werde ich dort wenige weitere bekannte Funktionen vorfinden. Um so überraschender ist es jedoch, daß die Relationenklasse $R(FGF)$ einen profunden Reichtum aufweist. Ich stelle deshalb eine Reihe von Eigenschaften der Klassen $R(F)$ für G_{-1}-abgeschlossenes F zusammen:

(FB1) $R(F)$ ist Boolesch und unter beschränkten Quantifizierungen abgeschlossen.

Die Abgeschlossenheit unter Komplementen folgt wieder aus $\chi_{-R} = CSG \circ \chi_R$. Weiter habe ich $\chi_{R \cap S} = \chi_R \cdot \chi_S$ und $\chi_S = CSG(CSG(\chi_S))$. Da $ALT(x,y) = x \cdot CSG(y)$, ergibt das $\chi_{R \cap S} = ALT(\chi_R, CSG(\chi_S))$. – Aus der charakteristischen Funktion von $R = R^{k+1}$ erhalte ich diejenige von $S = \exists_\zeta R$ durch die trivialer Weise beschränkte Rekursion

$$\chi_S(\alpha,0) = 0, \ \chi_S(\alpha,n+1) = CSG(ALT(CSG(\chi_S(\alpha,n)), \chi_R(\alpha,n))).$$

Denn $\chi_S(\alpha,n+1) = 1$ ist äquivalent zu $\chi_S(\alpha,n) = 1$ *oder* $\chi_R(\alpha,n) = 1$; folglich ist $\chi_S(\alpha,n+1) = 0$ äquivalent zu $\chi_S(\alpha,n) = 0$ *und* $\chi_R(\alpha,n) = 0$, i.e. zu $CSG(\chi_S(\alpha,n)) = 1$ *und* $\chi_R(\alpha,n) = 0$ und damit auch zu $ALT(CSG(\chi_S(\alpha,n)), \chi_R(\alpha,n)) = 1$. Die Abgeschlossenheit unter $\exists_\zeta$ folgt nun aus 1.(C5), die unter $\forall_\zeta$ aus 1.(C3), und die unter $\forall_\zeta$ etwa aus 1.(C7), sobald ich nach (FB6) wissen werde, daß $G(s)$ in $R(F)$ liegt.

(FB2) $R(F)$ enthält die Relationen $<$, $\leq$ und die Gleichheitsrelation .

Es gilt $\chi_\leq = CSG \circ \div$, und $\chi_\leq \circ < p_1^2, p_0^2 >$ ist dann die charakteristische Funktion von $\geq$. Als Komplemente von $\leq$ und $\geq$ liegen $>$ und $<$ in $R(F)$, und Gleicheitsrelation ist der Durchschnitt von $\leq$ und $\geq$.

(FB3) $R(F)$ enthält die Graphen der Funktionen aus F und ist abgeschlossen unter Superpositionen mit Funktionen aus F .

Die nächste Beobachtung formuliere ich ihrer Wichtigkeit wegen als

THEOREM 2   Es sei F G_{-1}-abgeschlossen. Liegt der Graph $G(f^k)$ einer Funktion f^k in $R(F)$ und wird f^k durch eine Funktion h^k aus F beschränkt, so liegt f^k in F .

In 2.(FS4) habe ich das unter der Voraussetzung bewiesen, daß für $R^{k+1} = G(f^k)$ aus $R(F)$ auch $\mu_\zeta R^{k+1}$ in F liegt. Denn der Wert der dann auch zu F gehörenden k-stelligen Funktion

$$(\mu_\zeta R^{k+1}) \circ < p_0^k, ..., p_{k-1}^k, h^k \circ < p_0^k, ..., p_{k-1}^k > >$$

bei α war dann das kleinste, wegen $f^k(\alpha) \leq h^k(\alpha)$ vorhandene, a mit $a \leq h^k(\alpha)$ und $< \alpha,a > \epsilon R^{k+1}$, i.e. $a = f^k(\alpha)$.

Nun steht mir jetzt zwar $\mu_\leq R^{k+1}$ nicht mehr zur Verfügung, wohl aber kann ich in $\mathbf{F}$ eine Funktion $\psi_\leq R^{k+1}$ finden, die sich von $\mu_\leq R^{k+1}$ nur dadurch unterscheidet, daß für ein Ausnahmeargument $<\alpha,a>$, zu dem es kein $b \leq a$ mit $<\alpha,b> \epsilon R^{k+1}$ gibt, statt $\mu_\leq R^{k+1}(\alpha,a) = a+1$ jetzt gilt $\psi_\leq R^{k+1}(\alpha,a) = 0$. Mit diesem aber kann ich das obige Argument ebenso führen, weil der Ausnahmefall ja nicht eintritt. Das Theorem wird daher bewiesen sein, sobald ich noch zeige

(FB4)   Liegt R^{k+1} in $\mathbf{R(F)}$, so liegen in $\mathbf{F}$ die Funktionen $\psi_\leq R^{k+1}$, $\psi_< R^{k+1}$, die als $\psi_\leq R^{k+1}(\alpha,a)$ (respektive $\psi_< R^{k+1}(\alpha,a)$) das kleinste b liefern mit $b \leq a$ (respektive $b < a$) und $<\alpha,b> \epsilon R^{k+1}$ – *sofern es ein solches* b *gibt,* und den Wert 0 sonst.

Ich betrachte zunächst $\psi_< R^{k+1}$. Aus der Definition folgt

$$\psi_< R^{k+1}(\alpha,n+1) = n \quad \text{genau dann, wenn}$$
$$<\alpha,n> \epsilon R^{k+1} \text{ und } <\alpha,n> \epsilon \forall_\leq -R^{k+1} ,$$

und sonst gilt $\psi_< R^{k+1}(\alpha,n+1) = \psi_< R^{k+1}(\alpha,n)$. Zusammen mit R^{k+1} liegen auch das Komplement $-R^{k+1}$ und die Relation $\forall_\leq -R^{k+1}$ in $\mathbf{R(F)}$; folglich liegt in $\mathbf{F}$ die charakteristische Funktion g von $-R^{k+1} \cap \forall_\leq -R^{k+1}$. Somit habe ich

$$\text{falls } g(\alpha,n) = 1 \text{ so } \psi_< R^{k+1}(\alpha,n+1) = n \quad ;$$
$$\text{falls } g(\alpha,n) = 0 \text{ so } \psi_< R^{k+1}(\alpha,n+1) = \psi_< R^{k+1}(\alpha,n) .$$

Mithin hat $\psi_< R^{k+1}$ die rekursive Definition

$$\psi_< R^{k+1}(\alpha,0) = 0 \quad , \quad \psi_< R^{k+1}(\alpha,n+1) = \text{IFE}(g(\alpha,n),\, n,\, \psi_< R^{k+1}(\alpha,n)) ,$$

die wegen $\psi_< R^{k+1} \leq p_k^{k+1}$ beschränkt ist. Für eine entsprechende Definition von $\psi_\leq R^{k+1}$ hätte ich in der Rekursionsvorschrift auch $n+1$ verwenden müssen, was ich ohne Gebrauch von s nicht kann. Nun aber kann ich $\psi_\leq R^{k+1}(\alpha,n)$ explizit auf $\psi_\leq R^{k+1}(\alpha,n+1)$ zurückführen, so daß nach der soeben gegebenen Kennzeichnung von $\psi_\leq R^{k+1}(\alpha,n+1)$ dann

$$\psi_\leq R^{k+1} = \text{IFE}(g(\alpha,n),\, n,\, \psi_< R^{k+1}(\alpha,n)) .$$

Das beendet den Beweis des Theorems 2.

(FB5)   Es seien $R_0,...,\, R_{n-1}$ k-stellige Relationen in $\mathbf{R(F)}$ derart, daß jedes α aus ω^k zu genau einer dieser R_i gehört. Es seien $r_0,...,\, r_{n-1}$ k-stellige Funktionen aus $\mathbf{F}$. Es sei f^{k+1} die Funktion f^k mit der Definition $f^k(\alpha) = r_i(\alpha)$ falls $\alpha \epsilon R_i$. Wird f^k durch eine Funktion aus $\mathbf{F}$ beschränkt, so gehört es selbst zu $\mathbf{F}$.

Denn der Graph von f^k ist die Vereinigung der zu $\mathbf{R(F)}$ gehörenden Relationen $G(r_i) \cap R_i [p_0^{k+1}, ..., p_{k-1}^{k+1}]$.

THEOREM 3   Es sei **F** G_{-1}-abgeschlossen. Es sei f^{k+1} nach dem Schema (SPR) aus g^k und r^{k+2} primitiv rekursiv definiert, und für alle α und n gelte $f^{k+1}(\alpha,n) \leq f^{k+1}(\alpha,n+1)$. Liegen die Graphen von g^k und r^{k+2} in $R(F)$, so liegt dort auch derjenige von f^{k+1}.

Zum Beweis betrachte ich die Funktion $h^{k+1} = SG \circ f^{k+1}$ sowie die Funktion k^{k+2} mit $k^{k+2}(\alpha,a,b) = f^{k+1}(\alpha,a)$ im Falle $f^{k+1}(\alpha,a) \leq b$ und $k^{k+2}(\alpha,a,b) = 0$ sonst. Da

$$f^{k+1}(\alpha,a) = c \text{ genau dann, wenn}$$
$$(k^{k+2}(\alpha,a,c) = c \text{ und } c \neq 0) \text{ oder } (h^{k+1}(\alpha,a) = 0 \text{ und } c = 0) \,,$$

erhalte ich den Graphen von f^{k+1} aus denjenigen von h^{k+1} und k^{k+2} als

$$(\, G(k^{k+2})[p_0^{k+2},..., p_k^{k+2}, p_{k+1}^{k+2}, p_{k+1}^{k+2}] \cap -E^2[p_{k+1}^{k+2}, c_0^1 \circ p_0^{k+2}] \,)$$
$$\cup \, (\, G(h^{k+1})[p_0^{k+2},..., p_k^{k+2}, c_0^1 \circ p_{k+1}^{k+2}] \cap E^2[p_{k+1}^{k+2}, c_0^1 \circ p_0^{k+2}] \,) \,.$$

Es bleibt daher nachzuweisen, daß $G(k^{k+2})$ und $G(h^{k+1})$ in $R(F)$ liegen, und dazu werde ich zeigen, daß h^{k+1} und k^{k+2} zu **F** gehören. Was h^{k+1} anlangt, so wird diese Funktion durch $c_1^1 \circ p_0^{k+1}$ beschränkt; es wird also genügen, mir eine rekursive Definition von h^{k+1} aus Funktionen von **F** zu verschaffen. Zusammen mit $G(g^k)$ liegt in $R(F)$ auch die Menge $G = G(g^k)[p_0^k, ..., p_{k-1}^k, c_0^1 \circ p_0^k]$ aller α mit $g^k(\alpha) = 0$, und es gilt $h^{k+1}(\alpha,0) = CSG(\chi_G(\alpha))$.

Weiter folgt aus $f^{k+1}(\alpha,n) \leq f^{k+1}(\alpha,n+1)$ nun $h^{k+1}(\alpha,n) \leq h^{k+1}(\alpha,n+1)$, weshalb

$$h^{k+1}(\alpha,n+1) = 0 \text{ genau dann, wenn } h^{k+1}(\alpha,n) = 0 \text{ und } r^{k+2}(\alpha,n,0) = 0 \,,$$

also
$$h^{k+1}(\alpha,n+1) = IFE(r^{k+2}(\alpha,n,0) , h^{k+1}(\alpha,n), 1) \,.$$

Das beendet den Nachweis, daß h^{k+1} in **F** liegt. Was k^{k+2} anlangt, so wird diese Funktion durch p_{k+1}^{k+2} beschränkt; wieder wird es genügen, mir eine rekursive Definition von k^{k+2} aus Funktionen von **F** zu verschaffen. Es ist $k^{k+2}(\alpha,0,b)$ gleich 0 oder gleich $g^k(\alpha)$ falls $g^k(\alpha) \leq b$, i.e. das einzige und damit kleinste d mit $d \leq b$ und $<\alpha,d> \epsilon G(g^k)$. Mithin gilt in jedem Falle

$$k^{k+2}(\alpha,0,b) = \psi_{\leq} G(g^k) \,.$$

Weiter folgt aus den Definitionen :

$$\text{Wenn } k^{k+2}(\alpha,n+1,b) = f^{k+1}(\alpha,n+1), \text{ so } k^{k+2}(\alpha,n,b) = f^{k+1}(\alpha,n)$$
$$\text{und } k^{k+2}(\alpha,n+1,b) = r^{k+2}(\alpha,n,k^{k+2}(\alpha,n,b)) \,.$$

Denn wegen $f^{k+1}(\alpha,n) \leq f^{k+1}(\alpha,n+1)$ hat $f^{k+1}(\alpha,n+1) = 0$ auch $f^{k+1}(\alpha,n) = 0$ $= k^{k+2}(\alpha,n,b)$ zur Folge, und aus $f^{k+1}(\alpha,n+1) \leq b$ folgt erst recht $f^{k+1}(\alpha,n)$ $\leq b$ und $f^{k+1}(\alpha,n) = k^{k+2}(\alpha,n,b)$. − Daher gilt jedenfalls:

Wenn $k^{k+2}(\alpha,n,b) \neq 0$, so ist $k^{k+2}(\alpha,n+1,b)$ gleich 0 (falls $f^{k+1}(\alpha,n+1) > b$)
oder das kleinste d mit $d \leq b$ und $d = r^{k+2}(\alpha,n,k^{k+2}(\alpha,n,b))$.

Wenn $k^{k+2}(\alpha,n,b) = 0$, so ist $k^{k+2}(\alpha,n+1,b)$ gleich 0 (falls $f^{k+1}(\alpha,n+1) > b$)
oder es gilt $f^{k+1}(\alpha,n) = 0$ und $k^{k+2}(\alpha,n+1,b)$ ist das
kleinste d mit $d \leq b$ und $d = r^{k+2}(\alpha,n,k^{k+2}(\alpha,n,b))$.

Hier kann ich deshalb auf $f^{k+1}(\alpha,n) = 0$ schließen, weil $f^{k+1}(\alpha,n) \neq 0$ zusammen mit $k^{k+2}(\alpha,n,b) = 0$ auf $f^{k+1}(\alpha,n) > b$ und damit auf $f^{k+1}(\alpha,n+1) > b$ und $k^{k+2}(\alpha,n+1,b) = 0$ führt. Fasse ich diese beiden Fälle zusammen, so ergibt das:

(a)   Es ist $k^{k+2}(\alpha,n+1,b)$ gleich 0 oder das kleinste d mit $d \leq b$ und $d = r^{k+2}(\alpha,n,k^{k+2}(\alpha,n,b))$ und ($k^{k+2}(\alpha,n,b) \neq 0$ oder $h^{k+1}(\alpha,n) = 0$) .

Definiere ich eine Relation R^{k+3} als

$$G(r^{k+2}) \cap (-E^2[p_{k+1}^{k+3}, c_0^1 \circ p_0^{k+2}] \cup G(h^{k+1})[p_0^{k+3},..., p_k^{k+3}, c_0^1 \circ p_0^{k+3}]) ,$$

so liegt sie nach dem über r^{k+2} Vorausgesetzten und dem über h^{k+1} Bewiesenen in $R(F)$, weshalb auch die Funktion $q^{k+3} = \psi_{\leq} R^{k+3}$ zu F gehört. Es liegt aber $< \alpha,n,z,d >$ in R^{k+3} genau dann, wenn

(b) $r^{k+2}(\alpha,n,z) = d$ und ($z \neq 0$ oder $h^{k+1}(\alpha,n) = 0$) ,

weshalb $q^{k+3}(\alpha,n,z,b)$ gleich 0 oder das kleinste d mit $d \leq b$ ist, das diese Eigenschaft hat. Ersetze ich hier z durch $k^{k+2}(\alpha,n,b)$, so erhalte ich die in (a) gegebene Kennzeichnung von $k^{k+2}(\alpha,n+1,b)$. Deshalb finde ich die gesuchte Rekursionsvorschrift als

$$k^{k+2}(\alpha,n+1,b) = q^{k+3}(\alpha,n,k^{k+2}(\alpha,n,b),b) .$$

Das beendet den Beweis des Theorems 3. Als Konsequenz erhalte ich nun

(FB6) $R(F)$ enthält die Graphen der Funktionen s , $+$, $\cdot$, c_n^1 , n^y
sowie diejenigen aller elementaren Skalierungsfunktionen.

Es ist $x+y = z$ äquivalent zu ($z \dot- y = x$ und $y \leq z$); zusammen mit $\leq$ und $G(\dot-)$ liegt also $G(+)$ in $R(F)$. Ferner gilt $G(s) = G(+)[p_0^2, c_0^1 \circ p_0^1, p_1^2]$/ Nun lehrt (FB7), daß der Graph der wie üblich aus c_0^1 und $+ \circ < p_0^3, p_2^3 >$ definierten Multiplikation in $R(F)$ liegt. Zusammen mit $G(s)$ finde ich die folgenden Relationen in $R(F)$:

$A = G(s)[c_1^1 \circ p_0^2, p_1^2]$ alle $<x,y>$ mit $<1,y> \epsilon G(s)$, i.e. das Paar $<1,2>$,
$B = A[c_1^1 \circ p_0^2, p_0^2]$ alle $<v,w>$ mit $<1,v> \epsilon B$, i.e. $v = 2$.

B aber ist $G(c_2^1)$, und Induktion lehrt nun, daß die Graphen aller konstanten Funktionen c_n^1 in $R(F)$ liegen. Da $0^y = CSG(y)$ gilt, liegt die Funktion 0^y in F. Für $n > 0$ lehrt (FB7), daß der Graph der Funktion e_n mit $e_n(x,0) = c_1^1(x)$, $e_n(x,y+1) = (\cdot <p_1^3, p_2^3>)(x,y,e_n(x,y))$ in $R(F)$ liegt; aus ihm erhalte ich aber $G(n^y)$ als $G(e_n)[p_0^2, p_0^2, p_1^2]$. Im Besonderen liegt somit der Graph der ersten der elementaren Skalierungsfunktionen $F = 2^y$ in $R(F)$. und wegen $IF(x,m+1) = F(IF(x,m))$ liegen dann dort auch die Graphen aller weiteren von ihnen.

Ich wende mich nun den G_0-abgeschlossenen Klassen $\mathbf{F}$ zu. Ein solches $\mathbf{F}$ enthält dann alle konstanten Funktionen c_n^1 , und als Iterierte von s enthält sie auch alle Funktionen $x+n$. Weiter gilt zunächst in Verschärfung von (FB5)

(FB7) $\mathbf{F}$ ist unter beschränkten Minimierungen $\mu_< R$ und $\mu_\leq R$ (für R aus $R(\mathbf{F})$) abgeschlossen.

Statt den Beweis von (FB4) zu modifizieren, schließe ich wie folgt. Sei $R = R^{k+1}$ in $\mathbf{F}$ und sei $S = S^{k+1} = R^{k+1}[p_0^k,\dots, p_{k-1}^k, s\circ p_k^k]$, also die Menge aller $<\alpha,n>$ mit $<\alpha,n+1>\epsilon R^{k+1}$. Dann liegt auch S in $R(\mathbf{F})$. Die durch $s\circ p_k^{k+1}$ beschränkte Funktion

(c) $f^{k+1}(\alpha,i) = \Sigma < SG \circ \chi_R(\alpha,j) \mid j \leq i > $.

mit der rekursiven Definition $f^{k+1}(\alpha,0) = \chi_R(\alpha,0)$ und

$$f^{k+1}(\alpha,n+1) \;=\; IFE(\chi_S(\alpha,n), f^{k+1}(\alpha,n), s(f^{k+1}(\alpha,n))) \ ,$$

i.e.

$f^{k+1}(\alpha,n+1) = f^{k+1}(\alpha,n)+1$ falls $<\alpha,n+1>\epsilon R^{k+1}$, und
$f^{k+1}(\alpha,n+1) = f^{k+1}(\alpha,n)$ sonst

gehört zu $\mathbf{F}$. Deshalb gehört zu $\mathbf{F}$ auch die durch $s\circ p_k^{k+1}$ beschränkte Funktion

(d) $h^{k+1}(\alpha,n) = \Sigma < CSG \circ f^{k+1}(\alpha,i) \mid i \leq n >$

mit der rekursiven Definition $h^{k+1}(\alpha,0) = CSG(f^{k+1}(\alpha,0))$ und

$$h^{k+1}(\alpha,n+1) \;=\; IFE(CSG(f^{k+1}(\alpha,n+1)), h^{k+1}(\alpha,n), s(h^{k+1}(\alpha,n)) \ )$$

i.e.

$h^{k+1}(\alpha,n+1) = h^{k+1}(\alpha,n)$ falls $CSG(f^{k+1}(\alpha,n+1)) = 0$, und
$h^{k+1}(\alpha,n+1) = h^{k+1}(\alpha,n)+1$ sonst .

Es folgt aus (c), daß $f^{k+1}(\alpha,i)$ die Anzahl aller $<\alpha,j>$ mit $j \leq i$ ist, welche in R^{k+1} liegen; folglich gilt $f^{k+1}(\alpha,i) = 0$ genau dann, wenn kein $<\alpha,j>$ mit $j \leq i$ *in* R^{k+1} liegt. Deshalb folgt aus (d), daß $h^{k+1}(\alpha,n)$ die Anzahl aller i mit $i \leq n$ ist, für die sämtliche $<\alpha,j>$ mit $j \leq i$ nicht in R^{k+1} liegen. Folglich ist h^{k+1} gleich $\mu_< R^{k+1}$. Schließlich gilt wieder $\mu_\leq R^{k+1} = \mu_< R^{k+1}\circ$ $<p_0^{k+1},\dots, p_{k-1}^{k+1}, s\circ p_k^{k+1}>$.

Die Funktionen MOD und QU sind durch p_1^2 beschränkt, jedoch verwenden die Rekursionen in (FP8), (FP9) die Funktionen $+$ und $\cdot$, die mir hier nicht zur Verfügung stehen. Dennoch gilt auch hier

(FB8)   F enthält die Funktionen MOD und QU .

Für $x > 0$ war MOD(x,y) der Rest von y bei Division durch x, und weiter war MOD(0,y) = y. Sei zunächst $x > 0$. Ist MOD(x,y) kleiner als x−1, so gilt MOD(x,y+1) = MOD(x,y)+1; anderenfalls gilt MOD(x,y+1) = 0. Das besagt

$$\text{MOD(x,y+1)} \;=\; \text{ALT}(s \circ \text{MOD(x,y)},\ \text{CSG}((x \dot- 1) \dot- \text{MOD(x,y)})\,)\ .$$

Dies bleibt richtig für $x = 0$, da dann MOD(x,y) = y und also $y+1 = s \circ$ MOD(x,y) sowie $(x \dot- 1) \dot- \text{MOD(x,y)} = 0$. Zusammen mit MOD(x,0) = c_0^1 ergibt das eine rekursive Definition durch p_1^2 beschränkten Funktion MOD aus Funktionen von **F** .

Was QU anlangt, so gilt zunächst für $x > 0$ nun QU(x,y+1) = QU(x,y)+1 falls MOD(x,y+1) = 0 und QU(x,y+1) = QU(x,y) sonst. Für $x = 0$ tritt wegen MOD(x,y+1) = y+1 der erste Fall nie ein, weshalb

$$\text{QU(x,y+1)} \;=\; \text{IFE}(\text{MOD(x,y+1)},\ s \circ \text{QU(x,y)},\ \text{QU(x,y)}\,)$$

für alle x gilt. Zusammen mit QU(x,0) = c_0^1 ergibt das eine rekursive Definition der Funktion QU, die durch p_1^2 beschränkt ist.

G_{-1}- und G_0-abgeschlossene Klassen werden im Kapitel 18 eine Rolle spielen. An Aussagen über Klassen mit stärkeren Abgeschlossenheitseigenschaften bemerke ich noch:

(FB9)   Liegt + in **F** und ist **F** G_{-1}-abgeschlossen, so liegt auch CAU in
         F. Liegt auch noch · in **F**, so liegen auch CRO_0, CRO_1, ESQ in **F**.

Für die durch x+1 beschränkte Funktion x(x+1)/2 habe ich (FP7) eine Rekursionsvorschrift angegeben, welche nur + verwendet; mithin liegt sie in **F**. Superposition mit x+y liefert daraus sogleich, daß CAU in **F** liegt. Sei fortan auch · in **F**.

Die durch p_0^1 beschränkte Funktion ESQ habe ich in (FP13) mit einer Rekursionsvorschrift h erklärt, die definiert war als h(x,y) = y+1 falls $(y+1)^2 = x+1$, h(x,y) = y sonst. Wegen (FB2) liegt nun die Relation R aller $<x,y>$ mit $(y+1) \cdot (y+1) = x+1$ in **R(F)**, so daß nach (FB5) auch die durch $s \circ p_1^2$ beschränkte Funktion h in **F** liegt. Folglich liegt ESQ in **F**.

Ebenfalls in (FP13) habe ich die durch ESQ(2z) beschränkte Funktion S(z) durch eine Fallunterscheidung in Beziehung auf die Menge aller z mit $z(z+1) \leq \text{ESQ}(2z) < (z+1)(z+2)$ definiert, die nach (FB2) in **R(F)** liegt. Folglich liegt S nach (FB5) in **F**.

Schließlich habe ich in (FP11) die Funktion E(x/2) durch Fallunterscheidung aus den nun zu F gehörenden Funktionen + , x(x+1)/2 , MOD definiert, so daß auch sie zu F gehört. Da $CRO_0(z) = z \dot- E(S(z) \cdot (S(z)+1)/2)$ und $CRO_1(z) = S(z) \dot- CRO_0(z)$, gehören dann auch diese Funktionen zu **F** .

(FB10)   Liegen $+$, CAU, CRO_0 , CRO_1 in F und ist F G_{-1}-abgeschlossen, so ist F auch abgeschlossen unter simultanen Rekursionen, deren Ergebnisse in F beschränkt sind.

Im Kapitel 4 habe ich die simultane Rekursion (SIM) mit Ergebnissen f_j^{k+1}, $j < m$, auf die primitive Rekursion mit den Funktionen

$$g^k(\alpha) = CAU^m(g_0^k(\alpha),\dots, g_{m-1}^k(\alpha)) \quad ,$$

$$r^{k+2}(\alpha,n,x) = CAU^m(r_0^{k+m+1}(\alpha,n,CRO_0^m(x),\dots, CRO_{m-1}^m(x)), \dots ,$$
$$r_{m-1}^{k+m+1}(\alpha,n,CRO_0^m(x),\dots, CRO_{m-1}^m(x)))$$

zurückgeführt, aus derem Ergebnis f^{k+1} die f_j^{k+1} als $CRO_j^m \circ f^{k+1}$ zu gewinnen sind. Da die Paarungsfunktionen in F liegen, gehören zusammen mit den g_j^k und den r_j^{k+m+1} auch die Funktionen g^k und r^{k+2} zu F. Aus $f_j^{k+1} = CRO_j^m \circ f^{k+1}$ folgt nun $f^{k+1} = CAU^m(f_0^{k+1},\dots, f_{m-1}^k)$, und sind Funktionen b_j in F gegeben, welche die f_j^{k+1} beschränken, so ist $b = CAU^m(b_0,\dots, b_{m-1})$ ebenfalls in F und ist obere Schranke von f^{k+1}, weil CAU^m in jedem Argument monoton ist. Folglich entsteht f^{k+1} durch eine beschränkte Rekursion, liegt also in F, womit dann auch die f_j^{k+1} in F liegen.

2. Kennzeichnung elementar abgeschlossener Klassen

Im folgenden Theorem will ich die Kennzeichnung simpel abgeschlossener Klassen, wie sie zu ihrer Definition verwendet wurde, durch Hinzunahme der Funktion x^y zu einer solchen elementar abgeschlossener Klassen ausdehnen:

THEOREM 4   Eine Klasse F ist elementar abgeschlossen genau dann, wenn sie die Funktionen p_1^k , s, $+$, $\dot-$, x^y enthält und abgeschlossen ist unter Superpositionen und beschränkter Minimierung (FSF2).

Sicherlich haben elementar abgeschlossene Klassen diese Eigenschaften. Sei nun umgekehrt F so gegeben. Ich zeige zunächst, daß F die elementaren Anfangsfunktionen enthält. Die Funktion c_0^1 als $x \dot- x$ liegt in F, folglich liegen alle c_n^1 in F. Wie in 2.(FS3) sehe ich, daß zusammen mit R auch $\mu_< R$ in $R(F)$ liegt. Wie am Anfang des Kapitels 3 sehe ich, daß F die Funktionen CSG und SG sowie die charakteristischen Funktionen der Relationen $\leq$, $<$, $=$ enthält. Wie in 2.(FS1) liegt daher der Graph jeder Funktion aus F in $R(F)$, und weiter steht mir auch 2.(FS4) zur Verfügung. Die Binomialformel lehrt

$$(x+1)^{y+1} = x^{y+1} + x^y + \dots + x + 1 \geq x \cdot y \quad ,$$

so daß die Multiplikation durch eine Funktion aus F beschränkt wird. Da für die Exponentiation $p(x,y) = x^y$ gilt $p(2,xy) = 2^{xy} = (2^x)^y = p(p(2,x),y)$, finde ich in $R(F)$ den Graphen der Multiplikation als die Menge aller $<x,y,z>$ mit $2^z = (2^x)^y$; folglich liegt mit 2.(FS4) auch die Multiplikation in F. Ebenso ist die Addition wegen $x+y \leq (x+1) \cdot (y+1)$ durch eine Funktion aus F beschränkt, und da ihr Graph als Menge aller $<x,y,z>$ mit $2^z = 2^x \cdot 2^y$ in $R(F)$ liegt, gehört auch sie F. Somit enthält F die elementaren Anfangsfunktionen, und da F auch die simplen Anfangsfunktionen enthält, ist es jedenfalls simpel abgeschlossen. Damit steht mir auch die Definition durch simple Fallunterscheidung gemäß 2.(FS2) zur Verfügung.

Um zu zeigen, daß F unter beschränkter Summation und Produktbildung abgeschlossen ist, werde ich als Hilfsmittel verwenden, daß F auch unter beschränkter Rekursion abgeschlossen ist. Wird das gesichert sein, so kann ich die Definitionen von Σf^{k+1} und Πf^{k+1} am Beginn des Kapitels 3 als *beschränkte* Rekursionen lesen, weil F nach 2.(FS18) die Funktion $\mathrm{MAX}\, f^{k+1}(\alpha,n)$ enthält und

$$\Sigma f^{k+1}(\alpha,n) \leq (n+1) \cdot \mathrm{MAX}\, f^{k+1}(\alpha,n) \quad \text{und} \quad \Pi f^{k+1}(\alpha,n) \leq (\mathrm{MAX}\, f^{k+1}(\alpha,n))^{n+1}$$

gelten. Um die Abgeschlossenheit unter beschränkter Rekursion aus dem Lemma 1 zu folgern, brauche ich aber noch, daß F die Funktionen PRINO und EXP enthält, die in 3.(FE4) mit Hilfe der beschränkten Summation erklärt wurde. Aber gerade sie ist jetzt nicht verfügbar.

Da simpel, liegen sowohl die Teilbarkeitsrelation DIV als auch die Menge PRIM aller Primzahlen in $R(F)$. Damit ist simpel auch die Funktion WEXT, die als $\mathrm{WEXT}(x,y)$ das kleinste z liefert, mit dem x^z Teiler von y ist: $\mathrm{WEXT} = \mu^1 R^3(x,y,z)$ für die Relation R^3 aller $<x,y,z>$ mit $\mathrm{DIV}(x^z,y)$. Ferner finde ich in $R(F)$ die Relation NEXT, die zwischen x,y genau dann besteht, wenn beide Primzahlen sind und y die auf x folgende Primzahl ist: $<x,y> \in \mathrm{NEXT}$ genau dann, wenn $\mathrm{PRIM}(x)$und $\mathrm{PRIM}(y)$ und $y > x$ und für alle $z \leq y$: wenn $x < z$ und $\mathrm{PRIM}(z)$ so $z = y$.

Ich betrachte nun die Menge Y aller Primzahlprodukte der Gestalt

$$y = p_0{}^1 \cdot p_1{}^2 \cdot \ \dots\ \cdot p_i{}^{i+1} \cdot \ \dots\ ,$$

deren größter Primfaktor etwa p_k ist und in denen dann jedes p_i mit $i \leq k$ den Exponenten $i+1$ hat. Y liegt in $R(F)$, denn seine Elemente y haben die Kennzeichnung

$\mathrm{WEXT}(2,y) = 1$ und für alle $p \leq y$:
wenn $2 < p$ und $\mathrm{PRIM}(p)$ und $\mathrm{WEXT}(p,y) > 0$, so existiert $q \leq y$ mit
$\mathrm{PRIM}(q)$ und $\mathrm{NEXT}(q,p)$ und $\mathrm{WEXT}(q,y)+1 = \mathrm{WEXT}(p,y)$.

Die Funktion f mit $f(x) = p_0{}^1 \cdot p_1{}^2 \cdot \ \dots\ \cdot p_x{}^{x+1}$ ist durch $(x+1) \cdot p_x{}^{x+1}$ beschränkt, folglich auch durch die zu F gehörende Funktion

$$b(x) = (x+1) \cdot 2^{2^{x(x+1)}}$$

weil $p_x < 2^{2^x}$. Damit finde ich zunächst den Graphen G(f) als die Menge aller $<x,y>$ mit

$y \epsilon Y$ und WEXT(x,y) = x+1 und für alle $z \leq b(x)$:
$$\text{wenn } x < z \text{ so WEXT}(z,y) = 0$$

in R(F) und deshalb auch f in **F**. Mit Hilfe von f aber erhalte ich PRINO , denn für $x > 0$ ist p_x die kleinste Primzahl, welche f(x-1) *nicht* mehr teilt, i.e. PRINO(0) = 2 und PRINO(x) = $(\mu_{\leq} R^2)(x, f(x))$ für die Relation R^2 aller $<x,z>$ mit

PRIM(z) und nicht DIV(z,f(x$\dot-$1)) .

Zusammen mit PRINO und WEXT enthält **F** dann auch die Funktion EXT, und das beschließt den Beweis des Theorems.

THEOREM 5   Eine Klasse **F** ist elementar abgeschlossen genau dann, wenn sie die Funktionen p_1^k , c_0^1, *s* und x^y enthält und wenn sie abgeschlossen ist unter Superpositionen und beschränkter Rekursion.

Wieder hat eine elementar abgeschlossene Klasse diese Eigenschaften. Ist umgekehrt **F** mit ihnen gegeben, so kann ich die Voraussetzungen des Theorems 4 nachweisen. Da G_{-1}–abgeschlossen, enthält **F** die Funktionen CS und $\dot-$. Ferner liegen in **F**

+   mit den üblichen Rekursionsgleichungen und weil x+y beschränkt durch $(x+1+1)^{y+1}$ ist wegen $y \leq 2^y$;
·   mit den üblichen Rekursionsgleichungen und weil x·y beschränkt durch $(x+1+1)^{y+1}$ ist .

Daher liegen jedenfalls die Anfangsfunktionen in **F** . Da G_0–abgeschlossen, ist **F** aber auch unter beschränkter Minimierung abgeschlossen.

Die Ergebnisse dieses Kapitels gehen zurück auf GRZEGORCZYK [53] ; Theorem 2 und sein Beweis stammen von WARKENTIN [71] .

Kapitel 6. Die Funktion von PETER

Am Schluß des Kapitels 3 habe ich im Zusammenhang mit den elementaren Skalierungsfunktionen die 2-stellige, nicht elementare Funktion g mit

$$g(x,0) = x \quad , \quad g(x,n+1) = x^{g(x,n)}$$

erwähnt, die aber gewiß primitiv rekursiv ist. Schreibe ich A_3 für g, so kann ich mit der Funktion $A_2(x,n) = x^n$ die Rekursionsgleichung der n-*fach iterierten Potenz* g als $A_3(x,n+1) = A_2(x,A_3(x,n))$ schreiben. Als n-fache Iteration der *Multiplikation* $A_1(x,n) = x \cdot n$ genügt A_2 der analogen Rekursionsgleichung $A_2(x,n+1) = A_1(x,A_2(x,n))$, und ebenso genügt A_1 als n-fache Iteration der *Addition* A_0 der Rekursionsgleichung $A_1(x,n+1) = A_0(x,A_1(x,n))$. Somit erweist sich A_3 als (viertes) Glied einer Folge 2-stelliger primitiv rekursiver Funktionen A_m mit den Rekursionsgleichungen

(a) $\qquad A_{m+1}(x,n+1) = A_m(x,A_{m+1}(x,n))$,

denen man für $m \geq 3$ allen den Anfangswert $A_m(x,0) = x$ zuteilt. Da bereits A_3 so stark wächst, daß die Funktionen $A_3(-,n)$ das Wachstum sämtlicher elementaren Funktionen ausschöpfen, werden die späteren Glieder A_m dieser Funktionenfolge noch weit weniger erfaßbar sein. Es war W. ACKER-MANN [28], der dieses Verhalten der Funktionenfolge A_m verwendete, um durch ihre Diagonalisierung (analog derjenigen, die am Schluß des Kapitels 3 von der 2-stelligen Funktion f zur Funktion f^1 führte) die Funktion $ACK(m) = A_m(m,m)$ als *nicht* mehr primitiv rekursiv zu erkennen. ACKER-MANNs Beispiel wurde von ROSZA PETER [35] vereinfacht, die bemerkte, daß für jene Diagonalisierung statt der Folge 2-stelliger Funktionen A_m bereits eine Folge 1-stelliger Funktionen P_m mit den charakteristischen Rekursionsgleichungen (a) ausreicht, sofern man nur deren Anfangsbedingungen geschickt genug wählt. PETERs erste Funktion $P_0(x) = 2x+1$ wurde dann noch von R.M.ROBINSON [48] durch $P_0(x) = x+1$ ersetzt.

Ich definiere nun die Folge 1-stelliger primitiv rekursiver *Skalierungsfunktionen* P_m, welche die Menge FPF dem Wachstum nach *ausschöpfen* werden, durch $P_0(n) = n+1$ und dann P_{m+1} durch einfache Rekursion aus P_m :

$$P_{m+1}(0) = P_m(1) \quad , \quad P_{m+1}(n+1) = P_m(P_{m+1}(n)) \quad .$$

Man sieht leicht, daß $P_1(n) = n+2$, $P_2(n) = 3+2n$, $P_3(n) = 2^{n+3}-3$ gilt. Weiter findet man:

(P0) $\quad x < P_m(x)$.

Das ist klar für $m = 0$, und ist es für m bewiesen, so schließe ich durch Induktion: wegen $0 < 1 < P_m(1)$ gilt $0 < P_{m+1}(0)$, und aus der Induktionsannahme $x < P_{m+1}(x)$ folgt zusammen mit $P_{m+1}(x) < P_m(P_{m+1}(x))$ dann $x+1 < P_m(P_{m+1}(x)) = P_{m+1}(x+1)$.

(P1)   Wenn $y < x$ so $P_m(y) < P_m(x)$.

Dies folgt aus dem Spezialfall $P_m(x) < P_m(x+1)$. Der ist klar für $m = 0$, und für $m > 0$ folgt $P_{m+1}(x) < P_m(P_{m+1}(x)) = P_{m+1}(x+1)$ mit (P0) .

(P2) $P_m(x+1) \leq P_{m+1}(x)$.

Für $x = 0$ folgt das aus der Definition von P_{m+1}. Ist es für x bewiesen, so gilt $x+2 \leq P_m(x+1)$ nach (P0), nach (P1) also $P_m(x+2) \leq P_m(P_m(x+1))$, aber auch $P_m(P_m(x+1)) \leq P_m(P_{m+1}(x))$ durch Anwendung von (P1) auf die Induktionsannahme, weshalb $P_m(x+2) \leq P_m(P_{m+1}(x)) = P_{m+1}(x+1)$.

(P3) $m < P_m(x)$.

Aus (P2) folgt $P_m(x+k) \leq P_{m+k}(x)$. Daher gilt erst recht $m < x+m+1 = P_0(x+m) \leq P_m(x)$.

(P4)   Wenn $m < n$ so $P_m(x) < P_n(x)$.

Dies folgt aus dem Spezialfall $P_m(x) < P_{m+1}(x)$, und der gilt mit $P_m(x) < P_m(x+1) \leq P_{m+1}(x)$ nach (P1),(P2).

(P5) $P_m(2x) < P_{m+2}(x)$.

Für $x = 0$ folgt das aus (P4). Ist es für x bewiesen, so folgt $2x < P_m(2x)$ aus (P0), also $2x+2 \leq 1+P_m(2x)$, weshalb $P_m(2(x+1)) \leq P_m(1+P_m(2x))$ mit (P1). Wegen (P4) gilt also $P_m(2(x+1)) < P_{m+1}(1+P_m(2x))$. Aus der Induktionsannahme $1+P_m(2x) \leq P_{m+2}(x)$ liefert (P1) aber $P_{m+1}(1+P_m(2x)) \leq P_{m+1}(P_{m+2}(x)) = P_{m+2}(x+1)$, und das ergibt $P_m(2(x+1)) < P_{m+2}(x+1)$.

Eine Funktion f^k heiße P_m-*beschränkt*, wenn für jedes α in ω^k gilt $f^k(\alpha) < P_m(\max(\alpha))$; sie heiße P-*beschränkt* schlechthin, wenn es ein m so gibt, daß sie P_m-beschränkt ist. P_0 ist die primitiv rekursive Anfangsfunktion s, so daß die primitiv rekursiven Anfangsfunktionen P_0-beschränkt sind. Zum Beweis des

LEMMA 1   Jede primitiv rekursive Funktion ist P-beschränkt

bleibt mir daher noch zu zeigen, daß die P-beschränkten Funktionen unter Superposition und primitiver Rekursion abgeschlossen sind. Sei also f^k P_n-beschränkt und seien $g_0^m,..,g_{k-1}^m$ Funktionen so, daß g_j^m $P_{p(j)}$-beschränkt ist, nach (P4) daher auch P_r-beschränkt für das Maximum r der $k+1$ Zahlen n und $p(j)$, $j < k$; für α aus ω^m sei γ die Folge der $g_0^m(\alpha),...,g_{k-1}^m(\alpha)$. Dann gilt

$$f^k(\gamma) < P_n(\max(\gamma)) \le P_{r+1}(\max(\gamma)) \;;$$

da $\max(\gamma)$ eines der $g_j(\alpha)$ ist, gilt auch $\max(\gamma) \le P_r(\max(\alpha))$, was mit (P1) und (P2) zu

$$P_{r+1}(\max(\gamma)) \le P_{r+1}(P_r(\max(\alpha))) = P_{r+1}(1+\max(\alpha)) \le P_{r+2}(\max(\alpha))$$

führt. Daraus folgt $f^k(\gamma) < P_{r+2}(\max(\alpha))$, und deshalb ist die Superposition $f^k \circ \langle g_0^m, ..., g_{k-1}^m \rangle$ auch P_{r+2}-beschränkt.

Um die Abgeschlossenheit unter primitiver Rekursion nachzuprüfen, betrachte ich eine aus Funktionen g^k und r^{k+2} durch primitive Reklursion definierte Funktion f^{k+1}. Ist g^k und r^{k+2} P_j- und r^{k+2} P_m-beschränkt, so sind nach (P4) beide Funktionen auch P_r-beschränkt für $r = \max(m, j)$. Ich zeige zunächst durch Induktion, daß

$$(b) \qquad f^{k+1}(\alpha, n) < P_{r+1}(n+\max(\alpha))$$

gilt. Das trifft zu für $n = 0$, und ist es für n bewiesen, so habe ich

$$f^{k+1}(\alpha, n+1) = r^{k+2}(\alpha, n, f^{k+1}(\alpha, n)) < P_r(\max(\alpha, n, f^{k+1}(\alpha, n))) \;.$$

Es gilt aber $\max(\alpha, n) \le n+\max(\alpha) < P_{r-2}(n+\max(\alpha))$ nach (P0), weshalb die Induktionsannahme auch zu $\max(\alpha, n, f^{k+1}(\alpha, n)) < P_{r-2}(n+\max(\alpha))$ führt. Mit (P1) folgt daher

$$P_r(\max(\alpha, n, f^{k+1}(\alpha, n))) < P_r(P_{r+1}(n+\max(\alpha))) = P_{r+2}(n+1+\max(\alpha)) \;,$$

womit der Induktionsbeweis von (b) beendet ist. Mit (P1) und (P5) folgt aus $n+\max(\alpha) \le 2 \cdot \max(\alpha, n)$ aber

$$P_{r+1}(n+\max(\alpha)) \le P_{r+1}(2\max(\alpha, n)) < P_{r+3}(\max(\alpha, n)) \;,$$

und zusammen mit (b) folgt daraus, daß f^{k+1} P_{r+3}-beschränkt ist.

Die Skalierungsfunktionen P_m schöpfen also das Wachstum sämtlicher Funktionen aus **FPF** aus. Damit aber wird es möglich, eine weitere *nicht* zu **FPF** gehörende Funktion anzugeben. Ich definiere *die* PETER*sche Funktion* P durch geschachtelte Rekursion als

$$P(0,n) = n+1 \;\;, \;\; P(m+1,0) = P(m,1) \;\;, \;\; P(m+1, n+1) = P(m, P(m+1,n)) \;.$$

Damit wird nur die Folge der 1-stelligen Funktionen P_m in der 2-stelligen Funktion P zusammengefaßt und die *externe* Rekursion aus der Definition der Funktionen*folge* zu einer *internen* gemacht: es ist $P(m,x)$ gleich $P_m(x)$. Sei DP die durch $DP(x) = P(x,x)$ definierte Funktion.

THEOREM 1   Die Funktionen DP und, mithin, P sind nicht primitiv rekursiv.

Denn anderenfalls gäbe es ein m so, daß DP P_m-beschränkt wäre:

$$DP(x) < P_m(x) \ ,$$

und wegen (P4) folgte daraus der Widerspruch

$$P_{m+1}(m+1) = P(m+1,m+1) = DP(m+1) < P_m(m+1) < P_{m+1}(m+1) \ .$$

Ist nach dem Gesagten P nun *nicht* durch die Verfahren zu erzeugen, welche die Klasse **FPF** liefern, so gibt es doch eine weiterreichende Konstruktion, mit deren Hilfe sich P gewinnen läßt. Es ist das die Bildung der *unbeschränkten Minimierung* nach 1.(CC7), die aus einer *vollen* Relation R^{k+1} die k-stellige Funktion μR^{k+1} konstruiert; mit ihrer Hilfe definiere ich die Klasse **FRF** der *μ-rekursiven* Funktionen als die kleinste Menge **F**, welche primitiv rekursiv abgeschlossen ist und zu jeder vollen Relation R^{k+1} aus **R(F)** auch noch die Funktion μR^{k+1} enthält. Mein Ziel ist es zu zeigen, daß P eine in diesem Sinne μ-rekursive Funktion ist.

Die diesem Nachweis zu Grunde liegende Idee läßt sich erläutern, indem ich eine Berechnung von P an einem einfachen Argument, etwa $<2,1>$, ausführe. Ich finde

P(2,1)	:	2,1
P(1,P(2,0))	:	1,2,0
P(1,P(1,1))	:	1,1,1
P(1,P(0,P(1,0)))	:	1,0,1,0
P(1,P(0,P(0,1)))	:	1,0,0,1
P(1,P(0,2))	:	1,0,2
P(1,3)	:	1,3
P(0,P(1,2))	:	0,1,2
P(0,P(0,P(1,1)))	:	0,0,1,1
P(0,P(0,P(0,P(1,0))))	:	0,0,0,1,0
P(0,P(0,P(0,P(0,1))))	:	0,0,0,0,1
P(0,P(0,P(0,2)))	:	0,0,0,2
P(0,P(0,3))	:	0,0,3
P(0,4)	:	0,4
5	:	5 .

Der Übergang von einer Zeile zur nächsten geschieht, indem in einem geschachtelten P-Term. der am tiefsten innen stehende Subterm nach der jeweils auf ihn anwendbaren Rekursionsgleichung vereinfacht wird; die gebrauchte Schreibweise bringt es mit sich, daß dieser am tiefsten stehende Subterm zugleich der am weitesten rechts stehende ist. Das Ausrechnen wird deshalb schon völlig durch die Umformung der *Argumentfolgen* der geschachtelten P-Terme beschrieben, wie sie auf der rechten Seite aufgeführt sind; da die Umformung der Terme nur die am weitesten rechts stehenden Subterme betrifft, hängt die Umformung der Argumentfolgen nur von ihren zwei letzten Gliedern ab.

Auf diese Weise ist es nun nicht mehr die bloße *Funktion* P, sondern ein *Berechnungsverfahren* für P, welches zum Gegenstand meiner Untersuchung wird. Ich werde zunächst eine Funktion Q erklären, welche die Umformung der Argumentfolgen beschreibt; sie wird jeder endlichen Folge α natürlicher Zahlen eine neue solche Folge als Q(α) zuordnen, die entsteht, indem ich die letzten Glieder zwei Glieder von α nach den Regeln umforme, welche durch die Rekursionsgleichungen von P bestimmt werden. Als Iteration von Q erhalte ich dann eine Funktion R, welche als R($\alpha\,|\,$p) das Ergebnis von p sukzessiven Anwendungen von Q auf die Folge α liefert; ist speziell α eine 2-gliedrige Folge, so besteht das Berechnungsverfahren für P an der Stelle α aus den sukzessiven Anwendungen von Q auf dieses α , und es wird beendet sein, wenn R nach p Schritten eine nur mehr 1-gliedrige Folge R($\alpha\,|\,$p) geliefert hat, die dann aus dem Funktionswert P(α) besteht; offenbar kann ich mich auf das *minimale* p beschränken, welches eine solche 1-gliedrige Folge R($\alpha\,|\,$p) liefert.

Daß eine solche 1-gliedrige Folge stets erreicht wird, das Berechnungsverfahren also terminiert, kann ich zunächst daraus erschließen, daß P(m+1,n) ja der Wert $P_{m+1}(n)$ ist und P_{m+1} durch simple Rekursion aus P_m definiert wurde. Mit anderen Worten läßt sich das als eine *lexikographische Induktion* auf der Menge aller Argumentenpaare formulieren: ist P(m,k) für alle k zu berechnen, und ist auch P(m+1,n) zu berechnen, so läßt sich aus der Rekursionsformel auch P(m+1,n+1) berechnen; *lexikographisch* heißt dabei die Ordnung der Zahlenpaare, welche $<$m,n$>$ als *vor* jedem Paar $<$i,j$>$ erklärt, für das m$<$n oder (m$=$i und n$<$j) gilt.

In Gestalt von R liegt mir nun ein Berechnungsverfahren für P, oder kurz eine *Berechnung* von P, als *mathematischer Gegenstand* vor. Die 2-stellige Funktion T, welche als T(m,n) das kleinste p liefert, für das R($<$m,n$>\,|\,$p) 1-gliedrig ist, nenne ich die *Zeitfunktion* meiner Berechnung.

Freilich sind Q und R dabei noch etwas abstrakte Objekte, indem sie Funktionen zwischen Zahlenfolgen indefiniter Länge sind, nicht aber Funktionen fester Stellenzahl mit numerischen Werten. Das aber läßt sich leicht durch die *Arithmetisierung* des ganzen Prozesses erreichen, indem ich eine 2-gliedrige Folge $<$m,n$>$ durch die Zahl $2^{m+1}\cdot3^{n+1}$ und, allgemeiner, einer endlichen Folge α die Zahl

$$\Phi(\alpha) = \Pi < \mathrm{PRIMO}(i)^{\alpha(i)+1} \mid i < \mathrm{def}(\alpha) >$$

als ihre *Kodierung* zuordne, wie das bereits im Anschluß an **3.**(FE6) ausgeführt wurde. Die Funktionen Q und R übersetzen sich dann in Funktionen q und r, welche entsprechend auf den Kodierungen von Folgen α agieren, und da q nun bloß die Exponenten gewisser Primfaktoren entsprechend den Rekursionsgleichungen von P zu verändern hat, erweist sich q leicht als eine elementare, folglich r als eine primitiv rekursive Funktion.

Für eine 2-gliedrige Folge $\alpha = \,<m,n>$ hatte ich aber gefunden, daß der Funktionswert $P(m,n)$ gleich dem Glied einer 1-gliedrigen Folge $R(\alpha \mid p)$ ist, wobei ich für p sogleich $T(m,n)$ wählen kann. Eingliedrige Folgen werden unter Φ durch Zahlen $a = r(2^{m+1} \cdot 3^{n+1}, p)$ kodiert, welche 2 als einzigen Primfaktor haben; sie müssen also der Bedingung $EXP(i,a) = 0$ für $i > 0$ genügen, und als $EXP(0,a) \dot- 1$ erhalte ich das Glied der von ihnen kodierten Folge. Da r primitiv rekursiv ist, ist das auch die Relation R^3 aller $<m,n,p>$, für welche $a = r(2^{m+1} \cdot 3^{n+1}, p)$ nur den Primfaktor 2 hat, und R^3 ist auch voll, weil ich weiß, daß jede Berechnung von $P(\alpha)$ abbricht. Deshalb ist μR^3 die Zeitfunktion T meiner Berechnung. Damit nun ist $P(m,n)$ als

$$r(2^{m+1} \cdot 3^{n+1}, T(m,n))$$

zu gewinnen. Und aus dieser Darstellung folgt sogleich, daß P im obgenannten Sinne μ-rekursiv ist und zu **FRF** gehört.

Es bleibt mir nur noch, die Details der Definitionen von Q, R, q, r auszuführen, um daraus R^3 als primitiv rekursiv und voll zu erkennen. Ich erkläre zunächst eine Funktion Q_2 auf der Menge ω^2 der 2-gliedrigen Folgen durch

$$Q_2(0,n) = \,<n+1> \;\text{(1-gliedrige Folge)} \quad, \quad Q_2(m+1,0) = \,<m,1> \quad,$$
$$Q_2(m+1,n+1) = \,<m,m+1,n> \;.$$

Damit definiere ich Q; für eine 1-gliedrige Folge α sei $Q(\alpha) = \alpha$. Ist α eine wenigstens 2-gliedrige Folge der Gestalt $<\beta, m,n>$ (wobei das Anfangsstück β leer sein mag), so sei $Q(\alpha) = \,<\beta, Q_2(m,n)>$. Aus dieser Definition folgt: ist $Q(\alpha)$ nicht 1-gliedrig, so ist auch α nicht 1-gliedrig ; ist δ eine weitere Folge, so gilt für die zusammengesetzte Folge $<\delta,\alpha>$ dann $Q(\delta,\alpha) = \,<\delta, Q(\alpha)>$.

Die Funktion R definiere ich als Iteration von Q durch $R(\alpha \mid 0) = \alpha$, $R(\alpha \mid p+1) = Q(R(\alpha \mid p))$. Induktion lehrt sogleich: ist $R(\alpha \mid p)$ nicht 1-gliedrig, so ist kein $R(\alpha \mid i)$ mit $i < p$ 1-gliedrig. Induktion lehrt daher ferner: ist δ eine weitere Folge, so gilt $R(\delta, \alpha \mid i) = \,<\delta, R(\alpha \mid i)>$ für jedes $i \leq p$, mithin auch noch $R(\delta, \alpha \mid p+1) = \,<\delta, R(\alpha \mid p+1)>$. Im Hinblick auf eine weitere, noch nicht genannte Anwendung beweise ich nun das

LEMMA 2   Zu jedem Paar m,n gibt es ein p so, daß $R(m,n \mid p)$ eine 1-gliedrige Folge γ ist und $\gamma(0) = P(m,n)$ gilt. Ist $T(m,n)$ das kleinste solche p, so gelten

$$T(0,n) = 1 \;,$$
$$T(m+1,0) = T(m,1) + 1 \;,$$
$$T(m+1,n+1) = T(m+1,n) + T(m, P(m+1,n))+1 \;.$$

Ich schließe durch Induktion über die lexikographische Ordnung der Paare $<m,n>$. Im Falle $m = 0$ ist die Behauptung mit $p = 1$ klar. Für ein Paar $<m+1,0>$ ist $Q(m+1,0) = <m,1>$ lexikographisch kleiner, so daß ich auf dieses Paar die Induktionsannahme anwenden kann und p, also auch $T(m,1)$, und ein 1-gliedriges γ mit $R(m,1 \mid T(m,1)) = \gamma$ und $\gamma(0) = P(m,1)$ finde; daraus folgt aber $R(m+1,0 \mid T(m,1)+1) = \gamma$ und wegen $P(m+1,0) = P(m,1)$ die Behauptung. Es bleibt mir, die Behauptung für Paare der Gestalt $<m+1,n+1>$ zu beweisen. Auf das Tripel $Q(m+1,n+1) = <m,m+1,n>$ kann ich die Induktionannahme nicht anwenden, wohl aber auf das Paar $<m+1,n>$, das lexikographisch kleiner ist; es gibt also $T(m+1,n)$ und γ_0 mit

$$R(m+1,n \mid T(m+1,n)) = \gamma_0 \text{ und } \gamma_0(0) = P(m+1,n) \ .$$

Dann gilt für die aus $<m>$ und $<m+1,n>$ zusammengesetzte Folge $<m,m+1,n>$ auch

$$R(m,m+1,n \mid T(m+1,n)) = <m> \text{ und } \gamma_0 = <m,\gamma_0(0)> \ .$$

Wegen $m < m+1$ kann ich die Induktionannahme auch auf dieses Paar anwenden: es gibt also $T(m,P(m+1,n))$ und ein 1-gliedriges γ_1 mit

$$R(m,\gamma_0(0) \mid T(m,P(m+1,n))) = \gamma_1 \text{ und } \gamma_1(0) = P(m,\gamma_0(0)) \ .$$

Daraus folgt schließlich

$$R(m,m+1,n \mid T(m+1,n) + T(m,P(m+1,n))) = \gamma_1 \text{ und}$$
$$\gamma_1(0) = P(m,P(m+1,n)) \ ,$$

mithin auch $R(m+1,n+1 \mid T(m+1,n) + T(m,P(m+1,n))+1) = \gamma_1$ und $\gamma_1(0) = P(m+1,n+1)$.

Nun verwende ich die Kodierungsabbildung Φ . Ich bemerke, daß sich die Länge $\mathrm{def}(\alpha)$ von α aus $\Phi(\alpha)$ als $\mathrm{LEN}(\Phi(\alpha))$ erhalten läßt und daß das Bild $\mathrm{im}(\Phi)$ die im Anschluß an 3.(FE6) als elementar erkannte Menge SEQ ist; für a aus SEQ notiere ich das Urbild $<\mathrm{EXP}(i,a)\dot- 1 \mid i < \mathrm{LEN}(a)>$ als $\Psi(a)$. Unter Φ übersetzt sich Q in eine 1-stellige Funktion q durch

$$q(a) = a \text{ falls nicht } a \text{ in SEQ und } q(a) = \Phi Q \Psi(a) \text{ falls } a \text{ in SEQ} \ .$$

Schreibe ich das aus, so erhalte ich für a in SEQ dann $q(a) = a$ falls $\mathrm{LEN}(a) = 1$, und im Falle $\mathrm{LEN}(a) > 1$ mit $k = \mathrm{LEN}(a)-1$ auch

$$\mathrm{LEN}(q(a)) = \mathrm{LEN}(a)-1 \text{ falls } \mathrm{EXP}(k-1,a) = 1 \ , \text{ und dann}$$

$$
\begin{aligned}
\mathrm{EXP}(k-1,q(a)) \quad &= \mathrm{EXP}(k,a)+1 \ , \\
\mathrm{EXP}(i,q(a)) \quad &= \mathrm{EXP}(i,a) \text{ für } i < k-1 \ ,
\end{aligned}
$$

$$\mathrm{LEN}(q(a)) = \mathrm{LEN}(a) \text{ falls } \mathrm{EXP}(k-1,a) > 1 \text{ und } \mathrm{EXP}(k,a) = 1 \ , \text{ und dann}$$

$$EXP(k,q(a)) \qquad = 2,$$
$$EXP(k-1,q(a)) \qquad = EXP(k-1,a)-1 ,$$
$$EXP(i,q(a)) \qquad = EXP(i,a) \text{ für } i < k-1;$$

$$LEN(q(a)) = LEN(a)+1 \text{ falls } EXP(k-1,a) > 1 \text{ und } EXP(k,a) > 1 , \text{ und dann}$$

$$EXP(k+1,q(a)) \qquad = EXP(k,a)-1 ,$$
$$EXP(k,q(a)) \qquad = EXP(k-1,a),$$
$$EXP(k-1,q(a)) \qquad = EXP(k-1,a)-1,$$
$$EXP(i,q(a)) \qquad = EXP(i,a) \text{ für } i < k-1.$$

Dies lehrt, daß q eine elementare Funktion ist. Folglich ist die 2–stellige Funktion r mit $r(a,0) = a$, $r(a,n+1) = q(r(a,n))$ primitiv rekursiv; als Iteration von q übersetzt sie die Funktion R. Damit endlich ist primitiv rekursiv auch die Relation R^3 aller $<m,n,p>$ mit $1 = LEN(r(2^{m+1} \cdot 3^{n+1}, p))$, aus der ich die Zeitfunktion T als μR^3 erhalte. Mit der durch

$$f^3(m,n,p) = r(2^{m+1} \cdot 3^{n+1}, p)$$

erklärten, primitiv rekursiven Funktion f^3 ist damit der erste Teil im

THEOREM 2   (i)   Es gilt $P = EXP \circ < c_0^1, f^3 \circ < p_0^2, p_1^2 , T>>$, und die
Funktionen T und P sind μ–rekursiv .

(ii)   Der Graph G(P) von P ist primitiv rekursiv .

bewiesen. Da P nicht primitiv rekursiv ist, kann auch T nicht primitiv rekursiv sein. Wegen $P = \mu G(P)$ folgt auch aus (ii), daß P μ–rekursiv ist. Im Unterschied zu (i) jedoch findet die Minimierung hier als die *letzte* der P liefernden Konstruktionen statt. Außerdem lehrt (ii), daß eine Funktion sehr wohl einen primitiv rekursiven Graphen haben kann, ohne selbst primitiv rekursiv zu sein. (Natürlich sind alle Funktionen mit primitiv rekursivem Graphen noch μ–rekursiv.)

Zum Beweis des zweiten Teiles bemerke ich zunächst, daß für jede Funktion h^3 mit

(1) $T(m,n) \leq h^3(m,n,P(m,n))$

der Graph G(P) aus allen $<m,n,v>$ mit

(2) $LEN(f^3(m,n,h^3(m,n,v))) = 1$ und $EXP(0,f^3(m,n,h^3(m,n,v))) = v$

besteht: für $v = P(m,n)$ folgt das aus (1), denn $R(m,n \mid p)$ ist für alle $p \geq T(m,n)$ die 1–gliedrige Folge $<P(m,n)>$, und ist v von P(m,n) verschieden, so ist für $h^3(m,n,v) < T(m,n)$ der Funktionswert $R(m,n, \mid h^3(m,n,v))$ nicht eingliedrig, für $h^3(m,n,v) \geq T(m,n)$ aber $EXP(0, f^3(m,n,h^3(m,n,v)))$ von v verschieden. Kann ich h^3 in (1) sogar primitiv rekursiv finden, so wird daher G(P) durch (2) primitiv rekursiv definiert sein. Das aber leistet die Funktion $h^3(m,n,v) = (v+1)^m$, weil ich

$$(3) \qquad T(m,n) \leq (P(m,n)+1)^m$$

durch Induktion über die lexikographische Ordnung der Paare $<m,n>$ nachweisen kann. Für $m = 0$ folgt (3) aus $g(0,n) = 1$. Ist (3) für m gesichert, so folgt zunächst

$$T(m+1,0) = T(m,1)+1 \leq (P(m,1)+1)^m+1 = (P(m+1,0)+1)^m+1$$
$$\leq (P(m+1,0)+1)^{m+1}.$$

Ist (3) für $<m+1,n>$ gesichert, so folgt mit $P(m+1,n)+1 \leq P(m+1,n+1)$ auch

$$\begin{aligned}
T(m+1,n+1) &= T(m+1,n) + T(m, P(m+1,n)) + 1 \\
&\leq (P(m+1,n)+1)^{m+1} + (P(m, P(m+1,n))+1)^m + 1 \\
&\leq (P(m+1,n)+1)^{m+1} + (P(m+1,n+1)+1)^m + 1 \\
&\leq P(m+1,n+1)^{m+1} + (P(m+1,n+1)+1)^m + 1 \\
&\leq (P(m+1,n+1)+1)^{m+1}
\end{aligned}$$

weil stets $(a+1)^{m+1} \geq a^{m+1}+(a+1)^m+1$.

In einer Programmiersprache, welche rekursive Funktionsdefinition erlaubt und die, wie FORTRAN oder APL, den Datentyp eines Vektors indefiniter Länge besitzt, läßt sich die Funktion P leicht programmieren; in APL zum Beispiel durch

```
[0]    Z←L PETER R;V;W;I;T
[1]    →(0=L)/0,Z=1+R  ¶ compute P(0,R) directly
[2]    W←V←Lρ0         ¶ W stores arguments, V stores arguments
[3]    I←1             ¶ I is the nesting level    [being computed
[4]    W[1]←R          ¶ the final argument at the outer level 1
[5]    Z←1             ¶ a starting value
[6]    ONE:V[I]←0      ¶ at each level computation starts with argument 0
[7]    TWO:→(V[I]>W[I])/FIVE ¶ has the argument being computed reached
                            the argument to be computed ?
[8]    →(I=L)/THREE    ¶ has the deepest level been reached ?
[9]    W[I+1]←Z        ¶ the result of the deeper level becomes the new
                         argument to be computed
[10]   Z←1            ¶ back to the starting value
[11]   →I=I+1         ¶ go one level deeper inside
[12]   →ONE           ¶ and start there from scratch
[13]   THREE:Z→Z+1    ¶ deepest level has been reached, raise the value
[14]   FOUR:V[I]←V[I]+1 ¶ raise the argument being computed
[15]   →TWO           ¶ go and test at present level for the final
                         argument
[16]   FIVE:→(I=1)/0  ¶ final argument has been computed. Is this the
                         lowest level?
```

```
[17]  I←I-1            ¶ if not, go up one level
[18]  →FOUR            ¶ and continue with the argument being computed
                         there
```

In Sprachen wie PASCAL hingegen, in denen nur Vektoren konstanter Länge zur Verfügung stehen, kann ich so nicht vorgehen; angesichts des exorbitanten Wachstums von P freilich mag man erwägen, sich auf Vektoren einer fixierten Länge zu beschränken, und in der Tat liefert die Länge 4 schon alles Erreichbare:

```
function Peter4(1, r : integer): integer ;
{ Peter's function P(m,n) for m<=4 }
   type    vector4 = array[1..4] of integer;
   var     z, i, j : integer;
           v,w : vector4;
   begin
       if ((1>4) or ((1=4) and (r>1)) or ((1=3) and (r>56))) then
           begin writeln('arguments too large !') ; Peter4: = -1 ; end
       else begin
           if (1=0) then z:=1+r
           else begin
               w[1]:=r;
               v[1]:=0;
               i:=1; z:=1; j:=1;
               while not (j=0) do
                 begin
                 while (v[i] <= w[i]) do
                   begin
                   if (i=1)  then begin z:=z+1; v[i]:=v[i]+1; end
                   else begin w[i+1]:=z+1; z:=1; i:=i+1; v[i]:=0; end;
                   end;
                 i:=i-1; j:=i;
                 if not (i=0) then begin v[i]:=v[i]+1; end;
                 end;
               end;
           Peter4: = z ;
           end;
   end.
```

Bedenke ich aber die Darstellung (2) von P oder die Darstellung als $\mu G(P)$, so kann ich auch ohne solche Einschränkungen ein Programm zur Berechnung von P etwa in PASCAL angeben. Denn habe ich eine Boolesch-wertige PASCAL-Funktion Char zur Berechnung der primitiv rekursiven charakteristischen Funktion von G(P) konstruiert, so brauche ich nur zu setzen

```
function Peter(l, r : integer): integer ;   { Peter's function P(m,n) }
var  z : integer;
begin
z: = 0 ;
while (Char(l,r,z) = 0) do z: = z+1 ;
Peter: = z
end .
```

Allerdings ist diesem Programm *allein* nicht zu entnehmen, daß seine
while-Schleife auch für jedes Paar vor Argumenten l, r abbricht, die Funktion Peter also überall definiert ist: das folgt erst dann, wenn man weiß,
daß die durch Char beschriebene Relation voll, eben Graph der totalen
Funktion G ist.

Kapitel 7. Universalfunktionen für FPF

Ist U eine Funktion der Stellenzahl k+1, so ist für jede fixierte Zahl e die
Funktion g mit $g(\alpha) = U(e,\alpha)$ eine k–stellige Funktion, die ich als $U(e,-)$
notiere. Die Funktion U ist *universell* für eine Funktionenklasse **H**, wenn
$U(e,-)$ für jedes e in **H** liegt *und wenn es zu jedem h aus **H** ein e so gibt,
dass* $h = U(e,-)$ *gilt*. Offensichtlich muß **H** dann aus lauter k–stelligen
Funktionen bestehen.

Für eine Funktionenmenge **F** bezeichne $\mathbf{F}^k$, $k = 1,2,\ldots$, die Teilmenge
aller k–stelligen Funktionen von **F**. Sei nun **F** simpel abgeschlossen, und
sei AU, RO_0, RO_1 ein in **F** enthaltenes System von elementaren Paarungsfunktionen. Ich definiere Abbildungen

$$\Phi \text{ von } \mathbf{F}^1 \text{ in } \mathbf{F}^k \quad \text{durch } \Phi(f) = f \circ AU^k$$

und

$$\Psi \text{ von } \mathbf{F}^k \text{ in } \mathbf{F}^1 \quad \text{durch } \Psi(g) = g \circ UA^k \ .$$

Dann gilt $\Phi\Psi(g) = g$ für alle g, weil $UA^k \circ AU^k$ die Identität auf ω^k ist.
Folglich ist Ψ injektiv und Φ surjektiv. Ist das System AU, RO_0, RO_1 bijektiv, so ist Ψ Bijektion mit der Inversen Φ. Durch Zusammensetzung der zu
verschiedenen k gehörenden Φ und Ψ erhalte ich dann auch Bijektionen
zwischen den Funktionenmengen $\mathbf{F}^k$ und $\mathbf{F}^n$.

Ist ϑ eine Surjektion von ω auf $\mathbf{F}^k$, so will ich unter einer *Universal-*
funktion U *für* $\mathbf{F}^k$ *bezüglich* ϑ eine solche (k+1)–stellige Funktion verstehen, die für $g = \vartheta(e)$ und für jedes Argument α von g der Identität

$$U(e,\alpha) = g(\alpha)$$

genügt, so daß also $\vartheta(e)$ gerade die Funktion $U(e,-)$ ist. Die Zahl e nenne
ich dann auch einen *Index* der Funktion $U(e,-)$.

LEMMA 1   Es sei **F** simpel abgeschlossen und U Universalfunktion für
$\mathbf{F}^k$. Dann erhalte ich aus U durch elementare Transformationen Universalfunktionen U_n für eine jede der Mengen $\mathbf{F}^n$:

(i) Wenn $k = 1$, $n > 1$, so ist $U_n = U \circ \langle p_0^{n+1}, AU^n \circ \langle p_1^{n+1},\ldots, p_n^{n+1}\rangle \rangle$
Universalfunktion für $\mathbf{F}^n$ bezüglich der Numerierung $\Phi \circ \vartheta$ von
$\mathbf{F}^n$, und es gilt $U_n(e,-) = \Phi(U(e,-)) = U(e, AU^n(-))$.

(ii) Sei das System AU, RO_0, RO_1 bijektiv. Wenn $k > 1$, so ist $U_1 = U \circ \langle p_0^2, RO_0^k \circ p_1^2,\ldots, RO_{k-1}^k \circ p_1^2\rangle$ Universalfunktion für $\mathbf{F}^1$ bezüglich
der Numerierung $\Psi \circ \vartheta$ von $\mathbf{F}^1$, und es gilt $U_1(e,-) = \Psi(U(e,-)) = U(e, UA^k(-))$.

(iii) Ist im Fall $k > 1$ erst U_1 aus U nach (i) und U_k aus U_1 nach (ii) gebildet, so gilt $U_k = U$.

Hier gilt (i), weil ϑ und Φ surjektiv sind, also $\Phi \circ \vartheta$ Numerierung ist; ebenso gilt (ii). Es gilt (iii), weil

$$p_0^2 \circ \langle p_0^{k+1}, AU^k \circ \langle p_1^{k+1},..., p_k^{k+1}\rangle\rangle = p_0^{k+1} ,$$

$$RO_i^k \circ p_1^2 \circ \langle p_0^{k+1}, AU^k \circ \langle p_1^{k+1},..., p_k^{k+1}\rangle\rangle =$$
$$RO_i^k \circ AU^k \circ \langle p_1^{k+1},..., p_k^{k+1}\rangle = p_i^k \circ \langle p_1^{k+1},..., p_k^{k+1}\rangle = p_{i+1}^{k+1}$$

wegen $RO_i^k \circ AU^k = p_i^k$, so daß

$$(U \circ \langle p_0^2, RO_0^k \circ p_1^2,..., RO_{k-1}^k \circ p_1^2\rangle) \circ \langle p_0^{k+1}, AU^k \circ \langle p_1^{k+1},..., p_k^{k+1}\rangle\rangle = U$$

nach dem Assoziativgesetz der Superposition.

Ist **F** eine simpel abgeschlossene Klasse, so werde ich von einer *Universalfunktion* U *für* **F** sprechen, wenn für *ein* k eine Universalfunktion für $\mathbf{F}^k$ gegeben ist. Die Folge der aus diesem einen $U = U_k$ wie soeben beschrieben gebildeten U_n, $n > 0$, nenne ich auch die zugehörige *universelle Folge*, und liegt eines ihrer Glieder in einer simpel abgeschlossenen Klasse G, so auch jedes andere. Weiter setze ich von nun an voraus, daß das System AU, RO_0, RO_1 bijektiv ist und aus simplen (oder elementaren) Funktionen besteht.

⟦* Für spätere Anwendungen im Kapitel 24 ist es wichtig zu bemerken, das die getroffenen Definitionen auch im Falle von Klassen partieller Funktionen sinnvoll sind und daß das Lemma 1 auch in diesem Falle in Kraft bleibt. *⟧

In der Definition der Universalfunktion *für* **F** fehlt die Aussage, daß sie (und dann ihre Glieder) selbst zu **F** gehöre. Sie ist nicht etwa vergessen worden: eine Klasse **F** totaler Funktionen kann nämlich eine Universalfunktion U für **F** nicht selbst enthalten. Denn dann wäre auch U_1 in $\mathbf{F}^2$, mithin auch die Funktion D mit $D(x) = 1 + U_1(x,x)$ in $\mathbf{F}^1$, und mit einem Index d von D folgte nun aus $U_1(d,x) = D(x)$ der Widerspruch $U_1(d,d) = D(d) = 1 + U_1(d,d)$. ⟦* Im Kapitel 24 werde ich von bestimmten Mengen **F** partieller Funktionen zeigen, daß sie eine Universalfunktion für sich sogar enthalten; das soeben geführte Argument lehrt dann, daß die immer noch zu $\mathbf{F}^1$ gehörende Funktion D an der Stelle d nicht definiert sein kann.*⟧

Im Folgenden will ich einige allgemeine Hilfsmittel zur Konstruktion von Universalfunktionen zusammenstellen und im Besonderen eine Universalfunktion für **FPF** angeben.

Allen solchen Konstruktionen liegt die Idee zu Grunde, einen *Erzeugungprozess* für **F** (aus Anfangsfunktionen und Operationen wie der Superposition und Rekursion) in einer (notwendig allgemeineren) rekursiven Konstruktion von U nachzuahmen. Da ich aber U in Gestalt eines U_k mit fester Stellenzahl angeben muß, brauche ich dazu Erzeugungsprozesse für Mengen F^k bei fixiertem k; am einfachsten wird sich das für den Fall $k = 2$ erweisen. Ich wende mich daher zunächst den Kennzeichnungen der Mengen F^k zu, welche aus den k-stelligen Funktionen einer primitiv rekursiv abgeschlossenen Menge F bestehen. Dabei werde ich sagen, daß eine Funktionenmenge F von einer Teilmenge A PR-*erzeugt* werde, wenn sie die kleinste primitiv rekursiv abgeschlossene Menge ist, welche A umfaßt. Wieder sei ein – zunächst nicht notwendig bijektives – System von Paarungsfunktionen vorgelegt.

LEMMA 2   Die Teilmenge F^1 einer von einer Teilmenge A PR-erzeugten Menge F ist die kleinste Menge H von 1-stelligen Funktionen, welche neben der Menge A^1 aller $h \circ UA^k$ mit $h \epsilon A$ die Anfangsfunktionen s, c_0^1, p_0^1, RO_0, RO_1 enthält und abgeschlossen ist unter Komposition sowie unter den folgenden Konstruktionen:

(a)   wenn g_0, g_1 in H, so $AU \circ \langle g_0, g_1 \rangle$ in H

(b)   für alle $k > 0$: wenn g_0, g_1 in H und f^{k+1} aus $g_0 \circ AU^k$, $g_1 \circ AU^{k+2}$ durch primitive Rekursion nach (SPR) definiert ist, so $f^{k+1} \circ UA^{k+1}$ in H .

Da $UA^k \circ AU^k$ die Identität auf ω^k ist, erzeugt jedenfalls F^1 die Menge F als Menge aller $h \circ AU^k$ mit h in F^1, $k > 0$. Ich definiere das *Erzeugnis* $H^{\#}$ von H als die Menge aller $h \circ AU^k$ mit h in H und $k > 0$. Da H in F^1 und A auch in $H^{\#}$ enthalten ist, brauche ich nur nachzuweisen, daß $H^{\#}$ primitiv rekursiv abgeschlossen ist. Die Anfangsfunktionen p_i^k mit $k > 1$ liegen in $H^{\#}$, weil $p_i^k \circ UA^k = RO_i^k$ gilt und zusammen mit RO_0, RO_1 auch die RO_i^k zu H gehören. Ferner ist $H^{\#}$ unter (SPR) abgeschlossen, denn ist f^{k+1} aus g^k, r^{k+2} definiert, und sind g, r aus $H^{\#}$ von der Gestalt $g_0 \circ AU^k$, $g_1 \circ AU^{k+2}$ mit g_0, g_1 aus H, so folgt aus (b), daß $f^{k+1} \circ UA^{k+1}$ in H liegt, also auch $f^{k+1} = f^{k+1} \circ UA^{k+1} \circ AU^{k+1}$ in $H^{\#}$. Wie folgt sieht man, daß die Abgeschlossenheit von H unter Komposition die Abgeschlossenheit von $H^{\#}$ unter Superposition sichert. Für f, $g_0, \ldots , g_{k-1}$ aus H lehrt Induktion zunächst, daß $AU^k \circ \langle g_0, \ldots , g_{k-1} \rangle$ zu H gehört; mithin liegt auch $f \circ (AU^k \circ \langle g_0, \ldots , g_{k-1} \rangle)$ in H, und nach dem Assoziativgesetz der Superposition ist das $(f \circ AU^k) \circ \langle g_0, \ldots , g_{k-1} \rangle$. Folglich liegt in $H^{\#}$ die Funktion $((f \circ AU^k) \circ \langle g_0, \ldots , g_{k-1} \rangle) \circ AU^m$, und wieder nach dem Assoziativgesetz der Superposition ist das $(f \circ AU^k) \circ \langle g_0 \circ AU^m, \ldots , g_{k-1} \circ AU^m \rangle$.

Um die Menge H 1-stelliger Funktionen zu beschreiben, wird es in der Bedingung (b) nötig, auch noch Funktionen anderer Stellenzahlen zu betrachten. Das mag unschön sein, ist aber nicht schlimm. Schlimm ist, daß (b) für *alle* k postuliert wird, so daß dort tatsächlich unendlich viele Abgeschlossenheitsbedingungen stehen. Deshalb bemerke ich zunächst, daß es in der Definition der primitiv rekursiv abgeschlossenen Mengen genügt, die Abgeschlossenheit unter primitiver Rekursion nur im Fall $k = 1$ zu verlangen :

LEMMA 3   Enthält F die primitiv rekursiven Anfangsfunktionen und ist F abgeschlossen unter Superposition und unter primitiver Rekursion für 2-stellige Funktionen

$$(SPR_1) \qquad \begin{aligned} f^2(a\,,\,0) &= g^1(a) \\ f^2(a,n+1) &= r^3(a,n,\ f^2(a,n)) \end{aligned}$$

so ist F auch unter allgemeiner primitiver Rekursion (SPR) ab-geschlossen.

Das Schema (SPR_0) folgt bereits aus (SPR_1). Auch wird nur (SPR_1) verwendet, um die am Anfang des Kapitels 4 genannten Beispiele zu definieren – im Besonderen also Addition und Multiplikation sowie die Funktionen QU und ESQ. Wie im Kapitel 2, (FS15) bemerkt, stehen damit auch die Funktionen CAU sowie (die jeweils durch Unterscheidung zweier Fälle erklärten) CRO_0 und CRO_1 zur Verfügung: F enthält also ein System von Paarungsfunktionen. Ist nun f^{k+1} in (SPR) aus g^k und r^{k+2} definiert und erkläre ich f^2 nach (SPR_1) aus $g^1 = g^k \circ UA^k$ und $r^3 = r^{k+2} \circ < RO_0^k \circ p_0^3,.., RO_{k-1}^k \circ p_0^3,\ p_1^3,\ p_2^3 >$, so liegen auch diese Superpositionen in F, und wegen

$$f^2(AU^k(\alpha),0) = g^1(AU^k(\alpha)) = g^k(\alpha)\ ,$$

$$f^2(AU^k(\alpha),\,n+1) = r^3(AU^k(\alpha),\,n,\,f^2(AU^k(\alpha),n)) = r^{k+2}(\alpha,n,\,f^2(AU^k(\alpha),\,n))$$

lehrt Induktion $f^{k+1}(\alpha,n) = f^2(AU^k(\alpha),n)$, weshalb auch $f^{k+1} = f^2 \circ < AU^k \circ < p_0^{k+1},..., p_{k-1}^{k+1} >,\ p_k^{k+1} >$ zu F gehört.

Es folgt aus diesem Lemma, daß es genügt, im Lemma 2 die Bedingung (b) nur für den Fall $k = 1$ zu verlangen, da die Menge $H^\#$ aus dessen Beweis dann die Voraussetzungen des Lemmas 3 erfüllt und somit primitiv rekursiv abgeschlossen ist. Damit finde ich das

THEOREM 1   Die Teilmenge F^1 einer von einer Teilmenge A PR-erzeugten Menge F ist die kleinste Menge H von 1-stelligen Funktionen, welche neben der Menge A^1 aller $h \circ UA^k$ mit $h \epsilon A$ die Anfangsfunktionen s, c_0^1, p_0^1, RO_0, RO_1 enthält und abgeschlossen ist unter Komposition sowie unter den folgenden Konstruktionen :

(a) wenn h_0, h_1 in H, so $AU \circ < h_0,h_1 >$ in H

(c) wenn h_0, h_1 in H, so liegt in H auch die Funktion f mit

$$f(z) = h_0(RO_0(z)) \qquad\qquad \text{für } RO_1(z) = 0\ ,$$

$$f(z) = h_1(AU(\ AU(RO_0(z),\ RO_1(z){-}1),\ f(AU(RO_0(z),\ RO_1(z){-}1))\ )\ )$$
$$\text{für } RO_1(z) > 0\ .$$

Wie im Beweis des Lemmas 2 genügt es, zu zeigen, daß das Erzeugnis $\mathbf{H}^{\#}$ von $\mathbf{H}$ primitiv rekursiv abgeschlossen ist, und nur die Abgeschlossenheit unter (SPR_1) bedarf noch eines eigenen Nachweises. Sei also f^2 durch $g^1 = h_0$ und $r^3 = h_1 \circ AU^3$ in $\mathbf{H}^{\#}$ nach (SPR_1) erklärt. Ich betrachte die nach (c) durch h_0, h_1 definierte Funktion f. Kann ich zeigen, daß $f^2 \circ UA^2(z) = f(z)$ für alle z gilt, so wird aus $f \epsilon \mathbf{H}$ auch folgen, daß $f^2 = f \circ AU$ in $\mathbf{H}^{\#}$ liegt.

Ich setze $z = AU(a,n)$, so daß $UA^2(z) = \ <a,n> $ und $a = RO_0(z)$, $n = RO_1(z)$. Im Fall $n = 0$ gilt $f^2 \circ UA^2(z) = f^2(a,0) = h_0(a) = f(z)$. Sei nun $f^2 \circ UA^2(v) = f(v)$ bereits für alle v mit $RO_1(v) < RO_1(z)$ bewiesen. Im Fall $n > 0$ setze ich $n = m{+}1$ und $v = AU(a,m) = AU(RO_0(z), RO_1(z){-}1)$. Dann gilt

$$
\begin{aligned}
f^2 \circ UA^2(z) &= f^2(a,\ m{+}1) = r^3(a,\ m,\ f^2(a,m)) \\
&= h_1 \circ AU^3(a,\ m,\ f(v)) \\
&= h_1 \circ AU(\ AU(a,m),\ f(v)) \\
&= h_1(\ AU(\ AU(RO_0(z),\ RO_1(z){-}1),\ f(\ AU(RO_0(x),\ RO_1(x){-}1))\ )\ ) \\
&= f(z)\ .
\end{aligned}
$$

Im Besonderen wird die Menge $\mathbf{FPF}$ der primitiv rekursiven Funktionen von der leeren Menge PR–erzeugt, so daß $\mathbf{FPF}^1$ die kleinste Menge $\mathbf{H}$ der im Theorem genannten Art ist. Damit nun läßt sich eine 2–stellige Universalfunktion U_1 für $\mathbf{FPF}^1$ definieren:

$$U_1(0, x)\ = s(x)$$

$$U_1(1, x)\ = x$$

$$U_1(2, x)\ = 0$$

$$U_1(3, x)\ = CRO_0(x)$$

$$U_1(4, x)\ = CRO_1(x)$$

$$U_1(3n{+}5, x) = U_1(CRO_0(n),\ U_1(CRO_1(n),x))$$

$$U_1(3n{+}6, x) = CAU(U_1(CRO_0(n),x),\ U_1(CRO_1(n),x))$$

$$U_1(3n{+}7, x) = U_1(CRO_0(n),\ CRO_0(x)) \qquad\qquad \text{für } CRO_1(x) = 0$$

$$U_1(3n{+}7, x) = U_1(CRO_1(n),\ CAU(\ CAU(CRO_0(x),\ CRO_1(x){-}1),$$
$$U_1(3n{+}7,\ CAU(\ CRO_0(x),\ CRO_1(x){-}1))\ )\ )$$
$$\text{für } CRO_1(x) > 0\ .$$

Denn sei H die Menge aller 1-stelligen Funktionen der Gestalt $U_1(i,-)$. Dann liegen für $i = 0,\dots,4$ jedenfalls s, p_0^1, c_0^1, CRO_0, CRO_1 in H. Die Superposition $U_1(i,-) \circ U_1(j,-)$ liegt in H mit dem Index $5+3\cdot CAU(i,j)$, die Funktion $AU \circ < U_1(i,-)$, $U_1(j,-)>$ mit dem Index $6+3\cdot CAU(i,j)$, und die aus $U_1(i,-)$, $U_1(j,-)$ gemäß (c) definierte Funktion liegt in H mit dem Index $7+3\cdot CAU(i,j)$. Somit folgt aus dem Theorem, daß H die Menge FPF^1 umfaßt. Da andererseits klar ist, daß die $U_1(i,-)$ sämtlich in FPF^1 liegen, ist H gleich FPF^1.

Aus der Konstruktion von U_1 folgt, daß für jede Funktion f aus FPF^1 zusammen mit e auch $5+3\cdot CAU(e,1)$ und $5+3\cdot CAU(1,e)$ Indizes von f sind; die Indizes sind also keineswegs eindeutig bestimmt. Für die arithmetisch interessanten 2-stelligen Funktionen f_a der Addition und f_m der Multiplikation kann man die Indizes ihrer Transformierten $f_a \circ UA^2$ und $f_m \circ UA^2$ bestimmen, indem man deren rekursive Definition gemäß (c) übersetzt; für die Addition erhält man 3676 als kleinsten Index, für die Multiplikation ergibt die Übersetzung den Index 721627566599465383. Zu weniger großen Indizes gelangt man, wenn man sogleich mit einer Universalfunktion U_2 für FPF^2 beginnt.

Der Einfachheit halber setze ich wieder voraus, daß das System AU, RO_0, RO_1 bijektiv ist. Ich formuliere zunächst das

COROLLAR 1   Die Teilmenge F^2 einer von einer Teilmenge A PR-erzeugten Menge F ist die kleinste Menge G von 2-stelligen Funktionen, welche neben der Menge A^2 aller Funktionen $h \circ UA^k \circ AU$ mit $h \in A$ die Anfangsfunktionen p_0^2, p_1^2, $s \circ p_0^2$, c_0^2, AU, $RO_0 \circ p_0^2$, $RO_1 \circ p_0^2$, enthält und abgeschlossen ist unter Superposition sowie unter

(d) wenn p_0, p_1 in G, so liegt in G auch die Funktion f mit

$$f(x,0) = p_0(x,x)$$

$$f(x,n+1) = p_1(AU(x,n), f(x,n)) .$$

F^2 erzeugt F als die Menge aller $h \circ UA^2 \circ AU^k$ mit h in F^2 und $k > 0$; definiere ich H als die Menge aller $f^2 \circ UA^2$ mit f^2 aus G, so liegt G in $H^\#$, weshalb ich wieder nur zu zeigen brauche, daß $H^\#$ primitiv rekursiv abgeschlossen ist. Wegen $p_0^2 \circ UA^2 = RO_0$, $p_1^2 \circ UA^2 = RO_1$, $AU \circ UA^2 = p_0^1$, $c_0^2 \circ UA^2 = c_0^1$ enthält H jedenfalls die von s verschiedenen der im Theorem genannten Anfangsfunktionen. Weiter liegt $h = (s \circ p_0^2) \circ <AU, AU>$ in G, und da $h = s \circ AU$ gilt, folgt $s = h \circ UA^2$, so daß auch s in H liegt. Zum Nachweis, daß H unter Komposition abgeschlossen ist, seien $f^2 \circ UA^2$, $g^2 \circ UA^2$ aus H. Es liegt $h = (RO_0 \circ p_0^2) \circ <g^2,g^2>$ in G, und da $h = RO_0 \circ g^2$ gilt, liegt auch diese Funktion ebenso wie $RO_1 \circ g^2$ in G. Somit liegt auch $k = f^2 \circ <RO_0 \circ g^2$, $RO_1 \circ g^2>$ in G, und wegen

$$k \circ UA^2(z) = f^2 \circ <RO_0 \circ g^2(RO_0(z), RO_1(z)), RO_1 \circ g^2(RO_0(z), RO_1(z))>$$
$$= f^2 \circ UA^2(g^2 \circ UA^2(z))$$

ist $k \circ UA^2$ die Komposition von $f^2 \circ UA^2$ und $g^2 \circ UA^2$, also auch sie in $\mathbf{H}$. Nun folgt wie im Lemma 2, daß $\mathbf{H}^\#$ unter Superposition abgeschlossen ist.

Sei schließlich f^2 durch $g^1 = g_0 \circ UA^2$ und $r^3 = g_1 \circ UA^2 \circ AU^3$ in $\mathbf{H}^\#$ nach (SPR_1) definiert. Da $p_0 = g_0 \circ <RO_0 \circ p_0^2, RO_1 \circ p_1^2>$ in $\mathbf{G}$ liegt, finde ich nach (d) auch die durch p_0 und $p_1 = g_1$ bestimmte Funktion f in $\mathbf{G}$. Dann genügt es, zu zeigen, daß stets $f^2(a,n) = f(a,n)$ gilt. Für $n = 0$ folgt das wegen $p_0(x,y) = g_0(RO_0(x), RO_1(y))$ aus $f^2(x,0) = g^1(a) = g_0(RO_0(a), RO_1(a))$ $= p_0(a,a) = f(a,0)$. Induktion liefert dann

$$
\begin{aligned}
f^2(a, n+1) &= g_1 \circ UA^2 \circ AU^3(a, n, f^2(a,n)) \\
&= g_1 \circ UA^2(AU(AU(a,n), f^2(a,n))) \\
&= g_1(AU(a,n), f^2(a,n)) \qquad \text{da } UA^2 \circ AU \text{ die Identität ist} \\
&= g_1(AU(a,n), f(a,n)) = f(a,n+1) \quad .
\end{aligned}
$$

Damit erhalte ich, wie zuvor U_1, jetzt eine 3-stellige Universalfunktion U_2 für die Menge $\mathbf{FPF}^2$:

$$
\begin{aligned}
U_2(0, x, y) &= s(y) \\
U_2(1, x, y) &= 0 \\
U_2(2, x, y) &= x \\
U_2(3, x, y) &= y \\
U_2(4, x, y) &= CAU(x,y) \\
U_2(5, x, y) &= CRO_0(x) \\
U_2(6, x, y) &= CRO_1(x) \\
U_2(2n+7, x, y) &= U_2(CRO_0(n), U_2(CRO_0(CRO_1(n)), x, y), \\
&\qquad\qquad\qquad\qquad U_2(CRO_1(CRO_1(n)), x, y)) \\
U_2(2n+8, x, 0) &= U_2(CRO_0(n), x, x) \\
U_2(2n+8, x, y+1) &= U_2(CRO_1(n), CAU(x,y), U_2(2n+8, x, y)) \quad .
\end{aligned}
$$

Für jede Funktion f ist zusammen mit e auch $7 + 2 \cdot CAU(e,18)$ Index von f; auch hier sind also Indizes in beliebiger Vielfalt vorhanden. U_2 jedoch liefert für die arithmetisch interessanten Funktionen erheblich kleinere Indizes, zum Beispiel

$f(x,y)$	e	$f(x,y)$	e
1	9	2	2077
$CS(y)$	66	$CSG(y)$	136
$2+y$	7	$x+y$	18
$2 \cdot y$	82	$x \cdot y$	2460
$x \dot- y$	4704	2^y	8398
		x^y	39218135966308

Tatsächlich korrespondieren die Indizes von f den zahlreichen verschiedenen *Definitionen* von f, welche sich mit den beim Aufbau von U_2 oder U_1 verwendeten Konstruktionen ausdrücken lassen. Diese Definitionen lassen sich durch *Terme* beschreiben, die ich für U_2 mit den Symbolen *0,1,2,3,4, 5,6*, dem 3–stelligen Operator *S* und dem 2–stelligen Operator *R* bilden werde. Denn zu jedem Index e läßt sich eindeutig ein solcher Term *t* bestimmen: für e mit $e \leq 6$ sei $t(e)$ gleich *e*, und gilt $e > 6$ und ist jedem kleineren j bereits ein Term $t(j)$ zugeordnet, so ist

$$t(e) = S(t(CRO_0(n)),\ t(CRO_0(CRO_1(n))),\ t(CRO_1(CRO_1(n))))$$

falls e ungerade, e = 2n+7 ,

$$t(e) = R(t(CRO_0(n)),\ t(CRO_1(n)))$$

falls e gerade, e = 2n+8 .

So gehört zum Index 18 der Addition der Term *R(2,0)* und zum Index 2460 der Multiplikation der Term *R(1,R(5,0))*. Im Übrigen macht das letzte Beispiel deutlich, daß das Vorliegen der Paarungsfunktionen bisweilen Definitionen erlaubt, welche einfacher sind als die Übersetzungen der üblichen Definitionen; so liefert die Übersetzung der üblichen rekursiven Definition der Multiplikation den Term *R(1,S(R(2,0),5,3))* zum Index 12848650. Außerdem führt das Auftreten von CAU dazu, daß bereits Funktionen mit kleinem Index, zum Beispiel 28, ein sehr schnelles Wachstum zeigen. – Terme im so erklärten Sinne lassen sich auch als *Programme* zur Berechnung der Funktionen aus FPF^2 auffassen; es wird aus den Ergebnissen des Kapitels 25 folgen, daß es (in einem noch zu präzisierenden Sinne) *unentscheidbar* ist, ob zwei vorgelegte Indizes, also zwei gegebene Terme, dieselbe Funktion beschreiben.

Offenbar liefern U_1, U_2 die sämtlichen Funktionen von FPF^1 und FPF^2 jeweils schon auf *einen Schlag*, und wer es möchte, der mag sie als Beispiele für *Compiler* ansehen, welche die (Programme zur Berechnung der) Funktionen aus FPF^1, FPF^2 ausführen. Eine Ökonomie bei der Berechnungsarbeit ist damit freilich nicht gegeben, denn der Aufwand zur Berechnung von U_1 und U_2 ist derselbe wie der, welcher bei der Erzeugung von FPF^1, FPF^2 durch die explizite Ausführung der Superpositions-

und Rekursionsverfahren getrieben werden muß; überdies ist die Berechnung etwa der Funktionen $U_2(i,-,-)$ innerhalb derjenigen von U_2 äußerst aufwendig an Zeit und Speicherplatz.

Ähnlich wie bei der Funktion von PETER fallen auch an dieser Stelle vornehmlich die *negativen* Resultate in's Auge, die das Vorliegen einer Universalfunktion nach sich zieht: Resultate, die besagen, daß bestimmte, naheliegende Vorstellungen sich *nicht* verwirklichen lassen und die von uns erfundenen Begriffe *nicht* leisten, was eine unbefangene Erwartung hoffen möchte, mit ihnen zu erreichen. Denn da **FPF** jedenfalls elementar abgeschlossen ist, können U_1, U_2 nach dem eingangs Bemerkten nicht mehr selbst zu **FPF** gehören. Wie schon die Funktion von PETER, so wurden auch diese Funktionen durch 2-fache Rekursionen definiert, die freilich auf kompliziertere Art verschachtelt sind als jene, von der ich im Supplement 5 zeigen werde, daß sie aus einer primitiv rekursiv abgeschlossenen Menge nicht hinausführen; diese komplizierteren Rekursionen *führen hinaus.*

Weiter kann, wie schon die eingangs als nicht zu **FPF** gehörend erkannte Funktion $D(x) = 1 + U_1(x,x)$, auch die Funktion $d(x) = CSG \circ U_1(x,x)$ nicht primitiv rekursiv sein, denn sonst gäbe es ein e so, daß $U_1(e,x) = d(x)$ für alle x gälte, woraus wieder der Widerspruch $U_1(e,e) = CSG \circ U_1(e,e)$ folgte. Es ist aber d zugleich so gutartig, daß nur die Werte 0 und 1 angenommen werden − und mithin ist es *keineswegs* der Fall, daß man *nicht* primitiv rekursive Funktionen etwa an einem exorbitanten Wachstum erkennen könnte.

Ähnlich wie für die PETERsche Funktion ließe sich auch schon jetzt von den Funktionen U_1 und U_2 zeigen, daß sie μ-rekursiv sind, doch will ich das erst in einer allgemeineren Situation im Kapitel 24 erörtern. Im *Unterschied* zur PETERschen Funktion haben U_1 und U_2 jedoch *keine* rekursiven Graphen $G(U_1)$ und $G(U_2)$. Dazu bemerke man zunächst, daß auch die Funktion $1 \div U_1(x,x)$ nicht rekursiv sein kann, denn hätte sie einen Index d, so folgte aus $U_1(d,x) = 1 \div U_1(x,x)$ für $a = U_1(d,d)$ der Widerspruch $a = 1 \div a$. Wäre nun etwa $G(U_1)$ rekursiv, so wäre das auch die daraus durch zweimalige Kontraktion entstehende Menge M aller x mit $U_1(x,x) = 0$. Folglich wäre auch das Komplement $-M$ rekursiv, und $1 \div U_1(x,x)$ ist die charakteristische Funktion von $-M$.

Kapitel 8 .   Rekursion und Iteration

Ist f eine Funktion von ω in sich, so kann ich sie *iterieren,* also für ein Argument a die Werte

$$f(a) \ , \ f(f(a)) \ , \ f(f(f(a))) \ , \ \ldots$$

bilden. Aus f entstehen somit neue Funktionen, die Iterierten von f, die man unter (von dem hier geübten abweichendem) Gebrauch oberer Indizes auch häufig als f^i notiert: f^1 ist f selbst, und f^{i+1} ist die Komposition

$$f \circ f^i \quad ;$$

erklärt man f^0 als die Identität, so folgt $f^1 = f$ bereits aus dieser Rekursionsformel. Hier allerdings ziehe ich es vor, unter der *Iterierten* If von f die 2–*stellige* Funktion mit $If(a,i) = f^i(a)$ zu verstehen. So erhalte ich als die 2–stellige Iterierte der Nachfolgerfunktion s die Addition und als die 2–stellige Iterierte der Vorgängerfunktion CS die Funktion $\doteq$.

Auf ω^k definierte Funktionen f lassen sich nur dann iterieren, wenn auch ihre Werte in ω^k liegen. In diesem Falle erkläre ich als *die Iterierte* If von f die Funktion von ω^{k+1} in ω^k mit

$$If(\alpha,0) = \alpha \quad , \quad If(\alpha,n+1) = f(\, If(\alpha,n) \,) \quad ,$$

die im Fall k = 1 gerade die zuvor erklärte 2–stellige Iterierte ist.

Im Fall k = 1 kann ich If auch als die Funktion h^2 beschreiben, die mit $r^1 = f$ durch das *iterative Rekursionsschema*

$$(\text{SIR}) \qquad \begin{aligned} &h^2(a,0) = a \\ &h^2(a,n+1) = r^1(h^2(a,n)) \end{aligned}$$

definiert ist. ⟦* Im Fall partieller Funktionen f und r soll hier aus dem Definiertsein der rechten wieder dasjenige der linken Seiten folgen.*⟧ (SIR) ergibt sich aus dem Schema (SPR) er primitiven Rekursion mit $g = p_0^1$, $r^3 = r^1 \circ p_2^3$. gibt. Die Bildung der Iterationen 1–stelliger Funktionen läßt sich somit stets auf die primitive Rekursion zurückführen. Die Bildung der Iterationen If k–stelliger Funktionen f läßt sich nun auf die *simultane* Rekursion zurückführen, die ich im Kapitel 4 erklärt habe; ich verwende auch die dort eingeführten Klassen $\mathbf{FPI_m}$:

THEOREM 1   Es sei $\mathbf{F}$ unter Superpositionen abgeschlossen, und $\mathbf{F}$ enthalte die primitiv rekursiven Anfangsfunktionen s , c_0^1 , p_i^k.

(a)   Sei **G** die Klasse der durch simultane Rekursion nach dem Schema (SIM) aus **F** entstehenden Funktionen; sei **T** die Klasse der Iterierten der Funktionen aus **F***, und sei **T**§ die Klasse der Komponentenfunktionen der Funktionen aus **T**. Dann gilt **T**$^\S \subseteq$ **G** , und jede Funktion aus **G** läßt sich als Superposition von Funktionen aus **T**§ und **F** darstellen.

(aa)   **FPI**$_{m+1}$ ist die kleinste Klasse **H**, welche **FPI**$_m$ und alle Komponentenfunktionen der Iterierten von Funktionen aus **FPI**$_m$* enthält und welche abgeschlossen ist unter Superpositionen.

(aaa)   Es ist **F** genau dann primitiv rekursiv abgeschlossen, wenn **F*** unter Iterationen abgeschlossen ist.

Sei zunächst f aus **F*** Funktion von ω^k in sich. Für die Komponentenfunktionen $h_i = p_i^k \circ If$ folgt dann aus $If(\alpha,n+1) = f(If(\alpha,n)) = f(<h_0(\alpha,n),\ldots,h_{k-1}(\alpha,n)>)$

$$h_i(\alpha,0) = p_i^k(\alpha)$$
$$h_i(\alpha,n+1) = p_i^k \circ f(h_0(\alpha,n),\ldots, h_{k-1}(\alpha,n)) \ .$$

Das ist ein Spezialfall des Schemas (SIM), so daß zusammen mit den $p_i^k \circ f$ in **F** nun die h_i in **G** liegen. Daher gilt **T** $\subseteq$ **G***. Sei nun umgekehrt die Folge von Funktionen f_j^{k+1}, $j < m$, in **G** gegeben, die gemäß

(SIM)
$$f_j^{k+1}(\alpha,0) = g_j^k(\alpha)$$
$$f_j^{k+1}(\alpha,n+1) = r_j^{k+m+1}(\alpha,n, f_0^{k+1}(\alpha,n),\ldots, f_{m-1}^{k+1}(\alpha,n))$$

aus Funktionen g_j^k, r_j^{k+m+1}, $j < m$, von **F** entsteht. Ich werde nun die f_j^{k+1} mit Hilfe der Komponentenfunktionen der Iterierten einer Funktion h aus **F*** darstellen, deren scheinbar verwickelte Definition im Beweis des Theorems **14.3** eine einfache Erklärung finden wird. Ich definiere h von ω^{k+m+1} in sich durch die k+m+1 Komponentenfunktionen $h_i = p_i^{k+m+1} \circ h$ mit

$$h_i(\alpha,a,\xi) = p_i^{k+m+1}(\alpha,a,\xi) = \alpha(i) \quad \text{für } i < k \ ,$$

$$h_k(\alpha,a,\xi) = s \circ p_k^{k+m+1}(\alpha,a,\xi) = n+1 \ ,$$

$$h_{k+1+j}(\alpha,a,\xi) = r_j^{k+m+1}(\alpha,a,\xi) \quad \text{für } j < m \ .$$

Nach den über **F** gemachten Voraussetzungen liegt h in **F***, folglich t = Ih in **T**. Es hat t die k+m+1 Komponentenfunktionen $t_i = p_i^{k+m+1} \circ t$, und im Falle i < k lehrt Induktion über n , daß $t_i(\alpha,a,\xi,n) = \alpha(i)$ für alle n gilt, also $t_i = p_i^{k+m+1}$. Ebenfalls lehrt Induktion sogleich, daß $t_k(\alpha,a,\xi,n) = a+n$ für alle n gilt. Nun behaupte ich, daß mit $\gamma = <g_j^k(\alpha) \mid j < m>$ gilt

(s) $t_{k+1+j}(\alpha,0,\gamma,n) = f_j^{k+1}(\alpha,n)$ für j < m , und für n = 0 folgt das wegen $t_{k+1+j}(\alpha,0,\gamma,0) = \gamma(j) = g_j^k(\alpha)$ auch der Definition von γ. Ist es für n bewiesen, so habe ich

$$\begin{aligned}
t_{k+1+j}(\alpha,0,\gamma,n{+}1) &= p_{k+j+1}^{k+m+1} \circ Ih(\alpha,0,\gamma,n{+}1) \\
&= p_{k+j+1}^{k+m+1} \circ h(Ih(\alpha,0,\gamma,n)) \\
&= p_{k+j+1}^{k+m+1} \circ h(t_0(\alpha,0,\gamma,n),\ldots, t_k(\alpha,0,\gamma,n),\ldots, t_{k+m+1}(\alpha,0,\gamma,n)) \\
&= h_{k+1+j}(\alpha, n, f_0^{k+1}(\alpha,n), \ldots, f_{m-1}^{k+1}(\alpha,n)) \\
&= r_j^{k+m+1}(\alpha, n, f_0^{k+1}(\alpha,n), \ldots, f_{m-1}^{k+1}(\alpha,n)) \\
&= f_j^{k+1}(\alpha,n{+}1) \quad .
\end{aligned}$$

Damit ist (s) bewiesen, und das ergibt die Darstellung

$$(t) \qquad f_j^{k+1} = t_{k+1+j} \circ {<} p_0^{k+1}, \ldots, p_{k-1}^{k+1}, c_0^{k+1}, g_0^k \circ {<} p_0^{k+1}, \ldots, p_{k-1}^{k+1} {>}, \ldots,$$
$$g_{m-1}^k \circ {<} p_0^{k+1}, \ldots, p_{k-1}^{k+1} {>}, p_k^{k+1} {>} \ .$$

Damit ist (a) bewiesen. Wähle ich nun speziell $\mathbf{F} = \mathbf{FPI}_m$, so ist $\mathbf{FPI}_{m+1}$ definiert als der Abschluß von $\mathbf{G}$ unter Superpositionen. Nach dem ersten Teil von (a) enthält $\mathbf{G}$ und damit auch $\mathbf{FPI}_{m+1}$ die Komponentenfunktionen der Iterierten, so daß $\mathbf{H} \subseteq \mathbf{FPI}_{m+1}$ aus der Minimaleigenschaft von $\mathbf{H}$ folgt. Umgekehrt besagt der zweite Teil von (a) gerade $\mathbf{G} \subseteq \mathbf{H}$, weshalb dann $\mathbf{FPI}_{m+1} \subseteq \mathbf{H}$ aus der Minimaleigenschaft von $\mathbf{FPI}_{m+1}$ folgt. Damit ist (aa) bewiesen. Ist endlich $\mathbf{F}$ primitiv rekursiv abgeschlossen, also auch unter (SIM), so folgt aus $\mathbf{G} \subseteq \mathbf{F}$ mit $\mathbf{T} \subseteq \mathbf{G} \subseteq \mathbf{F}^*$ die Abgeschlossenheit von $\mathbf{F}^*$ unter Iterationen. Umgekehrt folgt aus dieser Abgeschlossenheit und der Darstellung (t), daß $\mathbf{F}$ unter (SIM) und also erst recht unter (SPR) abgeschlossen ist.

Offenbar bietet es sich nun an, auch eine Folge von Klassen $\mathbf{VI}_m$ vektorwertiger Funktionen zu definieren durch

$\mathbf{VI}_0$ sei die kleinste Klasse vektorwertiger Funktionen, welche s , c_0^1 und die p_i^k enthält und abgeschlossen ist unter der Bildung koordinatenweiser Produkte und unter Kompositionen,

$\mathbf{VI}_{m+1}$ sei die kleinste Klasse vektorwertiger Funktionen, welche die Funktionen aus $\mathbf{VI}_m$ nebst deren Iterationen enthält und abgeschlossen ist unter Kompositionen.

Es folgt $\mathbf{VI}_0 = \mathbf{FPI}_0^*$ aus den Definitionen. Ist $\mathbf{VI}_m \subseteq \mathbf{FPI}_m^*$ bewiesen, so liegen nach (aa) die Iterierten der Funktionen aus $\mathbf{VI}_m$ in $\mathbf{FPI}_{m+1}^*$, und $\mathbf{VI}_{m+1} \subseteq \mathbf{FPI}_{m+1}^*$ folgt aus der Abgeschlossenheit von $\mathbf{FPI}_{m+1}^*$ unter Kompositionen.

Tatsächlich gilt sogar $\mathbf{VI}_m = \mathbf{FPI}_m^*$ für alle m. Um jedoch entsprechend $\mathbf{FPI}_{m+1}^* \subseteq \mathbf{VI}_{m+1}$ zu beweisen, muß ich von einer Funktion h in $\mathbf{FPI}_{m+1}^*$ ausgehen, von der ich nur weiß, daß jede einzelne ihrer Komponentenfunktionen durch Superposition aus Funktionen von $\mathbf{FPI}_m$ und von Komponentenfunktionen der Iterationen von Funktionen aus $\mathbf{VI}_m$ entsteht. Diese lokalen Iterationen müßten dann zu globalen Iterationen über alle Komponenten zusammengefasst werden, um schließlich h als in $\mathbf{VI}_{m+1}$ zu erkennen. Dies auszuführen, erforderte eine Analyse der Art und Weise, in der h durch seine Komponentenfunktionen bestimmt wird. Die Darlegung einer solchen Analyse ist jedoch nichts anderes als ein *Programm* zur Berechnung von h, und deshalb verschiebe ich den Nachweis der Behauptung $\mathbf{VI}_m = \mathbf{FPI}_m{}^*$ auf die Untersuchung programmierbarer Funktionen, wo ich ihn im Corollar 14.1 führen werde.

Explizite Reduktionsverfahren

Die ausgeführte Reduktion der Iteration auf die primitive Rekursion ist nur eine indirekte. Außerdem verwendet sie, mit dem Hilfsmittel der simultanen Rekursion, verhältnismäßig komplizierte Hilfsfunktionen wie PRINO und EXT. Ich werde mich deshalb nun einer zweiten, direkten Reduktion zuwenden, die mir weitere Einsichten liefern wird. Sie betreffen zunächst die Wirksamkeit des Schemas (SIR) der iterierten Rekursion. Zwar kann das nur 2–stellige Funktionen liefern, doch wird es sich sogleich zeigen, daß das (SIR) an die Stelle des allgemeinen Schemas (SPR) treten kann, sobald nur ein System von Paarungsfunktionen zur Verfügung steht, dessen Funktionen AU^k und UA^k dann auch Funktionen größerer Stellenzahl zu erfassen erlauben.

Ich verwende daher fortan, daß die Klasse $\mathbf{F}$ ein System von *Paarungsfunktionen* AU von ω^2 in ω und RO_0, RO_1 von ω in sich enthält mit den Eigenschaften

$$RO_0 \circ AU = p_0^2 \ , \quad RO_1 \circ AU = p_1^2 \ ;$$

wie im Kapitel 2 finde ich dann in $\mathbf{F}$ die Injektion AU^k von ω^k in ω, die 1–stelligen Funktionen RO_i^k mit $RO_i^k \circ AU^k = p_i^k$, und die Funktionen UA^k von ω auf ω^k mit $UA^k(x) = <RO_i^k(x) \mid i < n>$, mit denen $UA^k \circ AU^k$ die Identität auf ω^k ist. Damit lassen sich nun Rekursionen und Iterationen durch die beiden folgenden Konstruktionen ineinander überführen:

REDUKTION A   Ist $f = f^k$ und ist g die 1–stellige Funktion $AU^k \circ f \circ UA^k$ von ω in sich, so läßt sich If durch Ig darstellen als

$$\text{(a)} \quad If = UA^k \circ Ig \circ <AU^k \circ <p_0^{k+1},..,p_{k-1}^{k+1}>, p_k^{k+1}> \ .$$

Denn da $UA^k \circ AU^k$ die Identität auf ω^k ist, gilt zunächst

(b) $A^k \circ g = f \circ UA^k$.

Nun beweise ich (a), indem ich durch Induktion für jedes n

(c) $If(\alpha,n) = UA^k \circ Ig(AU^k(\alpha),n)$

herleite. Für $n = 0$ steht hier links α, und rechts steht $UA^k \circ AU^k(\alpha)$, also ebenfalls α. Ist (c) für n bewiesen, so gilt einerseits

$$If(\alpha,n+1) = f(If(\alpha,n)) = f \circ UA^k \circ Ig(AU^k(\alpha),n)$$

und andererseits

$$UA^k \circ Ig(AU^k(\alpha),n+1) = UA^k \circ g \circ Ig(AU^k(\alpha),n) \ ,$$

und wegen (b) stimmen die rechten Seiten dieser Ausdrücke überein.
⟦* Im partiellen Fall gilt $a \epsilon def(g)$ genau dann, wenn $UA^k(a) \epsilon def(f)$. Damit bleibt die Gleichheit (b) bestehen, und (c) beweise ich mit dem Zusatz, daß beide Seiten zugleich definiert oder nicht definiert sind. Damit bleibt die Behauptung (a) bestehen. *⟧

REDUKTION B   Ist $r = r^{k+2}$ und ist h die Funktion von ω^{k+2} in sich mit

(h) $h(\alpha,x,y) = \ <\alpha, \ x+1, \ r(\alpha,x,y)> \ ,$

so gilt

(d) $(Ih)(\alpha,x,y,n) = \ <\alpha, \ x+n, \ e_x(\alpha,n)>$

mit Funktionen $e_x = e_x^{k+1}$, die durch

$$e_x(\alpha,0) = y \quad , \quad e_x(\alpha,n+1) = r^{k+2}(\alpha, \ x+n, \ e_x(\alpha,n))$$

primitiv rekursiv definiert sind. Ist umgekehrt $f = f^{k+1}$ durch (SPR) mit g^k und r^{k+2} gegeben und ist h aus r mit (h) erklärt, so liefert Ih für f die Darstellung

(e) $p_{k+1}^{k+2} \circ (Ih) \circ <p_0^{k+1},..,p_{k-1}^{k+1}, c_0^1 \circ p_0^{k+1}, g \circ <p_0^{k+1},..,p_{k-1}^{k+1}>, p_k^{k+1}> \ .$

Denn in (d) steht für $n = 0$ links $<\alpha,x,y>$, mithin $e_x(\alpha,0) = y$, und weiter gilt mit $r = r^{k+2}$

$$(Ih)(\alpha,x,y,n+1) = h(Ih(\alpha,x,y,n)) = h(\alpha, \ x+n, \ e_x(\alpha,n))$$
$$= \ <\alpha, \ x+n+1, \ r(\alpha,x+n,e_x(\alpha,n))> \ ,$$

weshalb $e_x(\alpha,n+1) = r(\alpha,x+n,e_x(\alpha,n))$. Ist umgekehrt $f = f^{k+1}$ durch (SPR) gegeben, so liefert (d) als Spezialfall $(Ih)(\alpha,0,g(\alpha),n) = \ <\alpha,n,f(\alpha,n)>$, und daraus folgt (e). ⟦* Im partiellen Fall beweise ich (d) mit dem Zusatz, daß beide Seiten zugleich definiert sind, und (e) bleibt in Kraft. *⟧

Aus diesen Reduktionsverfahren fließt ein zweiter Beweis für den Teil (aa) des Theorems 1. Denn weil (SIR) Spezialfall von (SPR) ist, enthält ein primitiv rekursiv abgeschlossenes F die Iterationen 1-stelliger Funktionen. Für eine Funktion f von ω^k in sich mit $k > 1$ wende ich die Reduktion A an. Die Funktion UA^k von ω in ω^k hat als Komponenten die primitiv rekursiven RO_i^k, gehört also zu F^*, und da AU^k zu F und f zu F^* gehört, liegt auch die 1-stellige Funktion $g = AU^k \circ f \circ UA^k$ in F. Folglich liegt Ig, wegen (a) also auch If in F^*. Sei nun umgekehrt F unter Superposition und F^* unter Iterationen abgeschlossen, und seien die primitiv rekursiven Anfangsfunktionen in F. Ist $f = f^{k+1}$ Ergebnis einer primitiven Rekursion (SPR), so wende ich die Reduktion B auf die Rekursionsvorschrift $r = r^{k+2}$ an und stelle f gemäß (e) durch Ih dar. Die Komponentenfunktionen $p_0^{k+2}, ..., p_{k-1}^{k+2}, s \circ p_k^{k+2}, r$ von h gehören zu F; mithin liegt h in F^*, also auch Ih in F^*. Daher liegen die in der Darstellung (e) auftretenden Funktionen in F, mithin auch f selbst. ⟦* Behauptung und Beweis bleiben im partiellen Fall unverändert in Kraft. *⟧

COROLLAR 1   Eine Menge F ist genau dann primitiv rekursiv abgeschlossen, wenn sie die primitiv rekursiven Anfangsfunktionen sowie ein System von Paarungsfunktionen enthält und wenn sie unter Superposition und unter der Bildung von Iterationen 1-stelliger Funktionen (Anwendungen des iterativen Rekursionsschemas (SIR)) abgeschlossen ist.

Zum Beweis genügt es zu zeigen, daß für ein so abgeschlossenes F dann F^* unter Iterationen abgeschlossen ist. Sei also f von ω^k in sich eine Funktion aus F^*; dann liegt $g = AU^k \circ f \circ UA^k$ in F, also auch Ig in F; wegen (a) liegt daher If in F^*. ⟦* Behauptung und Beweis bleiben im partiellen Fall unverändert in Kraft. *⟧

Das Schema (SIR) spielt sich innerhalb des Bereichs der höchstens 2-stelligen Funktionen ab. Aus dem soeben bewiesenen Corollar folgt daher, daß im Kapitel 7 auch die Aussage des Corollars 1 richtig bleibt, wenn ich dort die Abgeschlossenheit von F^2 unter den Rekursionen (d) durch diejenige unter (SIR) ersetze. Dem entsprechend kann ich auch die Definition der im Anschluß an jenes Corollar erklärten Universalfunktion U_2 abändern.

Es ist vielleicht nicht überflüssig, für dieses Corollar noch einen zweiten, elementaren Beweis anzugeben, bei dem das Schema (SIR) schrittweise zum Schema (SPR) verstärkt wird. Diese Schritte beschreiben die drei Schemata

$$(SPR_1) \quad \begin{aligned} f^2(a, 0) &= g^1(a) \\ f^2(a, n+1) &= r^3(a, n, f^2(a, n)) \end{aligned} \qquad (S_2) \quad \begin{aligned} w^2(a, 0) &= w^1(a) \\ w^2(a, n+1) &= r^2(n, w^2(a, n)) \end{aligned}$$

$$(S_3) \quad \begin{aligned} v^2(a,0) &= v^1(a) \\ v^2(a,n+1) &= q^1(v^2(a,n)) \quad . \end{aligned}$$

(SPR_1) ist die primitive Rekursion mit nur einem Parameter, (S_2) ihr Spezialfall mit parameterfreier Rekursionsvorschrift, (S_3) deren Spezialfall der einfachen Rekursion. Daß (SPR) sich auf (SPR_1) zurückführen läßt, habe ich im Lemma 7.3 gezeigt. Für eine wie oben abgeschlossene Menge **M** finde ich nun die

REDUKTION C1 v^2 in (S_3) entsteht als $h^2 {\circ} {<} v^1 {\circ} p_0^1, p_1^2 {>}$ aus der Iteration h^2 von q^1 mit (SIR).

Denn ich habe $h^2(v^1(a),0) = v^2(a,0)$, und ist $h^2(v^1(a),n) = v^2(a,n)$ bereits gesichert, so folgt auch $h^2(v^1(a),n+1) = q^1(v^2(a,n)) = v^2(a,n+1)$.

REDUKTION C2 w^2 in (S_2) entsteht als $RO_1 {\circ} v^2$ aus v^2, das nach (S_3) mit $v^1 = AU {\circ} {<} c_0^1, w^1 {>}$ und $q^1 = AU {\circ} {<} s {\circ} RO_0, r^2 {\circ} {<} RO_0, RO_1 {>} {>}$ definiert wird.

Ist v^2 definiert als $v^2(a,0) = AU(0,w^1(a))$,

$$v^2(a,n+1) = AU(RO_0(v^2(a,n))+1, r^2(RO_0(v^2(a,n)), RO_1(v^2(a,n)))) \ ,$$

so folgt $RO_0(v^2(a,0)) = 0$, $RO_1(v^2(a,0)) = w^2(a,0)$, und ist $RO_0(v^2(a,n)) = n$, $RO_1(v^2(a,n)) = w^2(a,n)$ bereits gesichert, so folgt auch $RO_0(v^2(a,n+1)) = n+1$ und $RO_1(v^2(a,n+1)) = r^2(n,w^2(a,n)) = w^2(a,n+1)$.

REDUKTION C3 f^2 in (SPR_1) entsteht als $RO_1 {\circ} w^2$ aus w^2, das nach (S_2) mit $w^1 = AU {\circ} {<} p_0^1, g^1 {>}$ und $r^2 = AU {\circ} {<} RO_0 {\circ} p_1^2, r^3 {\circ} {<} RO_0 {\circ} p_1^2, p_0^2, RO_1 {\circ} p_1^2 {>} {>}$ definiert wird.

Ist w^2 definiert als $w^2(a,0) = AU(a,g^1(a))$,

$$w^2(a,n+1) = AU(RO_0(w^2(a,n)), r^3(RO_0(w^2(a,n)), n, RO_1(w^2(a,n)))) \ ,$$

so folgt $RO_0(w^2(a,0)) = a$ und $RO_1(w^2(a,0)) = f^2(a,0)$; ist $RO_0(w^2(a,n)) = a$, $RO_1(w^2(a,n)) = f^2(a,n)$ bereits gesichert, so folgt auch

$$w^2(a,n+1) = AU(a, r^3(a,n,f^2(a,n))) \ ,$$

also $RO_0(w^2(a,n+1)) = a$ und $RO_1(w^2(a,n+1)) = f^2(a,n+1)$.

Obgleich auch das Schema (SIR) noch 2-stellige Funktionen liefert, erlaubt es doch eine Kennzeichnung 1-stelliger Funktionen nach dem Modell des Lemmas 7.2 :

COROLLAR 2   Die Teilmenge $\mathbf{F}^1$ einer von einer Teilmenge $\mathbf{A}$ PR-erzeugten Menge $\mathbf{F}$ ist die kleinste Menge $\mathbf{H}$ von 1-stelligen Funktionen, welche neben der Menge $\mathbf{A}^1$ aller $h \circ \mathrm{UA}^k$ mit $h\epsilon\mathbf{A}$ die Anfangsfunktionen s, c_0^1, p_0^1, RO_0, RO_1 enthält und abgeschlossen ist unter Komposition sowie unter den folgenden Konstruktionen:

> (a)   wenn g_0, g_1 in $\mathbf{H}$, so $\mathrm{AU}\circ\langle g_0,g_1\rangle$ in $\mathbf{H}$
>
> (b)   wenn f in $\mathbf{H}$, so auch $If\circ\langle\mathrm{RO}_0,\mathrm{RO}_1\rangle$ in $\mathbf{H}$.

Hier kann ich den Beweis jenes Lemmas übernehmen, sofern ich dessen Schluß durch den Nachweis ersetze, daß $\mathbf{H}^{\#}$ unter (SIR) abgeschlossen ist. Liegt aber f in $\mathbf{H}$, also $If\circ\langle\mathrm{RO}_0,\mathrm{RO}_1\rangle = If\circ\mathrm{UA}^2$ ebenfalls in $\mathbf{H}$, so liegt $If - = If\circ\mathrm{UA}^2\circ\mathrm{AU}^2$ in $\mathbf{H}^{\#}$. $[\![$ * Behauptung und Beweis bleiben im partiellen Fall unverändert in Kraft. * $]\!]$ Wie schon das Corollar 7.1, so kann ich auch dieses Corollar zur Aufstellung einer Universalfunktion U_1 für $\mathbf{FPF}^1$ verwenden, indem ich der früheren Definition nun $U_1(3n{+}7,x)$ die Iterierte $IU_1(n,-)$ an der Stelle $\langle\mathrm{CRO}_0(z), \mathrm{CRO}_1(z)\rangle$ sein lasse:

$$U_1(3n{+}7,x) = U_1(n, \mathrm{CRO}_1(x)) \qquad\qquad \text{für } \mathrm{CRO}_0(x) = 0$$
$$U_1(3n{+}7,x) = U_1(n, U_1(3n{+}7, \mathrm{CAU}(\mathrm{CRO}_0(x){-}1, \mathrm{CRO}_1(x)))) \quad \text{für } \mathrm{CRO}_0(x) > 0 .$$

Eine Iteration If von ω^{k+1} in ω^k heiße durch eine Funktionenmenge $\mathbf{N}$ *beschränkt*, wenn jede ihrer Komponentenfunktionen durch eine Funktion aus $\mathbf{N}$ beschränkt ist. Eine Menge $\mathbf{F}^*$ heiße unter $\mathbf{N}$-*beschränkten* Iterationen *abgeschlossen*, wenn sie zusammen mit f auch If enthält, sofern If $\mathbf{N}$-beschränkt ist.

COROLLAR 3 $\mathbf{FEF}$ ist die kleinste Menge $\mathbf{F}$, welche die Funktionen c_0^1, p_i^k, s, CS enthält, unter Superposition abgeschlossen ist, und für die $\mathbf{F}^*$ unter Iterationen abgeschlossen ist, welche durch elementare Skalierungsfunktionen beschränkt sind.

Ich zeige zuerst, daß $\mathbf{FEF}^*$ unter $\mathbf{FEF}$-beschränkten Iterationen abgeschlossen ist, und da $\mathbf{FEF}$ unter beschränkten primitiven Rekursionen abgeschlossen ist, brauche ich dazu nur den ersten Teil im Beweis meines Theorems zu ergänzen; dabei verwende ich nun sogleich das bijektive System CAU, CRO_0, CRO_1, für das auch $\mathrm{AU}^k\circ\mathrm{UA}^k$ die Identität auf ω ist. Zunächst liegen die Iterationen 1-stelliger Funktionen von $\mathbf{FEF}$, wenn sie beschränkt sind, wieder in $\mathbf{FEF}$, denn sie entstehen durch eine beschränkte primitive Rekursion gemäß (SIR). Bei mehrstelligem f^k bleibt zu zeigen, daß in der Reduktion A aus der Beschränktheit von If auch diejenige von Ig folgt, um dann Ig als zu $\mathbf{FEF}$ gehörend zu erkennen. Aus der Definition von UA^k folgt $p_i^k\circ\mathrm{UA}^k = \mathrm{RO}_i^k$, weshalb die Formel (c) zu

$$p_i^k \circ If(\alpha,n) = RO_i^k \circ Ig(AU^k(\alpha,n)) \ ,$$

$$p_i^k \circ If(UA^k(a),n) = RO_i^k \circ Ig(a,n)$$

führt. Gilt nun $p_i^k \circ If(\alpha,n) \leq b_i(\alpha,n)$ für alle α und für alle n, so erst recht $p_i^k \circ If(UA^k(a),n) \leq b_i(UA^k(a),n)$ für alle a und alle n. Die Schranke b_i von $p_i^k \circ If(\alpha,n)$ bestimmt daher $c_i = b_i \circ < RO_0^k \circ p_0^2, ..., RO_{k-1}^k \circ p_0^2, p_1^2 >$ als Schranke von $p_i^k \circ If(UA^k(-),-)$, mithin auch als Schranke von $RO_i^k \circ Ig$. Da die RO_j^k elementar sind, liegt zusammen mit b_i auch die Schranke c_i in **FEF**. Endlich folgt aus der Beschränktheit der Funktionen $RO_i^k \circ Ig$ auch diejenige von Ig selbst: für $k = 2$ etwa lehrt

$$Ig(a,-) = CAU(CRO_0(Ig(a,-)), CRO_1(Ig(a,-))) \ ,$$

daß $CAU(CRO_0 \circ b_0, CRO_1 \circ b_1)$ eine solche Schranke ist, denn CAU ist monoton in beiden Argumenten; für $k > 2$ gilt Entsprechendes.

Ist umgekehrt **F** mit den angegebenen Eigenschaften gegeben, so brauche ich nur zu zeigen, daß die elementaren Anfangsfunktionen in **F** liegen und **F** unter beschränkter Summation und Produktbildung abgeschlossen ist; es folgt aus 3.(FE7), daß eine Iteration immer dann beschränkt sein wird, wenn ihr Ergebnis in **FEF** liegt. Zunächst liegen $+$ und $\dot-$ als Iterationen von s und CS in **F**. Die Multiplikation f^2 hat die rekursive Definition $f^2(a,0) = 0$, $f^2(a,n+1) = r(a, f^2(a,n))$ mit $r(a,y) = y\dot+a$; für die Funktion $r^3 = +\circ < p_2^3, p_0^3 >$ mit $r^3(a,x,y) = y\dot+a$ liefert die Reduktion B daher zu der Funktion $h(a,x,y) = <a, x+1, r^3(a,x,y)>$ die Iteration Ih mit

$$Ih(a,x,y,n) = <a, x+n, y\dot+n\cdot a> \ .$$

Da ich von den Komponentenfunktionen p_0^3, $s\circ p_1^3$ und r^3 von h bereits weiß, daß sie in **F** liegen, gehört h zu **F***. Andererseits sehe ich, daß die Komponentenfunktionen von Ih elementar sind; mithin ist Ih beschränkt und liegt deshalb in **F***. Aus Ih erhalte ich aber f^2 durch die Formel (e). Sei nun $f = f^{k+1}$ aus **F**; die beschränkte Summation Σf^{k+1} hat die rekursive Definition $\Sigma f^{k+1}(\alpha,0) = f(\alpha,0)$, $\Sigma f^{k+1}(\alpha,n+1) = r(\alpha,n,\Sigma f^{k+1}(\alpha,n))$ mit $r(\alpha,n,y) = y\dot+f(\alpha,n)$. Die Reduktion B liefert daher zu der Funktion h mit $h(\alpha,x,y) = <\alpha, x+1, r(\alpha,x,y)> = <\alpha, x+1, y\dot+f(\alpha,x)>$ die Iteration Ih mit

$$Ih(\alpha,x,y,n) = <\alpha, x+n, y\dot+\Sigma f^{k+1}(\alpha,n)> = $$
$$< \alpha, x+n, y\dot+\Sigma<f(\alpha,i) \,|\, x \leq i < x+n>> \ .$$

Wieder hat h Komponentenfunktionen, die aus bereits zu **F** gehörenden Funktionen superponiert sind und deshalb selbst in **F** liegen; folglich liegt h in **F***. Andererseits sind die Komponentenfunktionen von Ih wieder elementar, so daß auch Ih beschränkt ist und zu **F*** gehört. – Endlich erhalte ich Πf^{k+1} auf dieselbe Art mit $h(\alpha,x,y) = <\alpha, x+1, y\cdot f(\alpha,x)>$.

Kapitel 9. Grundbegriffe über μ-rekursive und partiell μ-rekursive Funktionen

1. μ-rekursive Funktionen

Eine Menge **F** von (totalen) Funktionen heiße *μ-rekursiv abgeschlossen* wenn sie primitiv rekursiv abgeschlossen ist und wenn für jedes R^{k+1} aus **R(F)** die in 1.(CC7) erklärte k-stellige (im Allgemeinen nur partielle) Funktion μR^{k+1} der unbeschränkten Minimierung *dann* zu **F** gehört, falls sie total (i.e. falls R^{k+1} voll) ist. Die Funktionen aus der kleinsten μ-rekursiv abgeschlossenen Menge **FRF** nenne ich die *μ-rekursiven*; ich habe sie bereits am Schluß des Kapitels 6 erwähnt und die Funktion von PETER als Beispiel einer μ-rekursiven, aber *nicht* primitiv rekursiven Funktionen gefunden.

Analog der Situation bei simpel abgeschlossenen Klassen, läßt sich auch die μ-rekursive Abgeschlossenheit von **F** ohne Rückgriff auf **R(F)** erklären, indem ich zu jeder totalen Funktion f^{k+1} eine, im Allgemeinen partielle, k-stellige Funktion $\mu^* f^{k+1}$ erkläre durch

$$\alpha \epsilon \mathrm{def}(\mu^* f^{k+1}) \text{ und } \mu^* f^{k+1}(\alpha) = b \quad \text{wenn } f^{k+1}(\alpha, b) \neq 0 \text{ und } f^{k+1}(\alpha, a) = 0$$
für alle $a < b$.

Für eine jede totale Funktion f^{k+1} ist $SG \circ f^{k+1}$ die charakteristische Funktion der Relation R^{k+1} aller $<\alpha, b>$ mit $f^{k+1}(\alpha, b) \neq 0$; folglich gilt $\mu^* f^{k+1} = \mu R^{k+1}$. Umgekehrt liegt für jede Relation $R = R^{k+1}$ aus **R(F)** die charakteristische Funktion $\chi_R = SG \circ \chi_R$ in **F**, so daß $\mu R^{k+1} = \mu^*(\chi_R)$ gilt. Ich finde daher:

> *Eine Klasse **F** totaler Funktionen ist μ-rekursiv abgeschlossen genau dann, wenn sie primitiv rekursiv abgeschlossen ist und wenn für jedes f^{k+1} aus **F** die Funktion $\mu^* f^{k+1}$ dann zu **F** gehört, falls sie total ist.*

Es ist üblich, an Stelle von $\mu^* f^{k+1}$ zu jeder totalen Funktion f^{k+1} die k-stellige Funktion μf^{k+1} mit der Definition

$$(1) \qquad \alpha \epsilon \mathrm{def}(\mu f^{k+1}) \text{ und } \mu f^{k+1}(\alpha) = b \quad \text{wenn } f^{k+1}(\alpha, b) = 0 \text{ und } f^{k+1}(\alpha, a) \neq 0$$
für alle $a < b$

zu verwenden. Ist **F** wenigstens simpel abgeschlossen, so liegt zugleich mit f^{k+1} auch $CSG \circ f^{k+1}$ in **F**, und es gilt

$$f^{k+1}(\alpha, b) \neq 0 \text{ genau dann, wenn } CSG \circ f^{k+1}(\alpha, b) = 0 \ .$$

Daraus folgt $\mathrm{def}(\mu^* f^{k+1}) = \mathrm{def}(\mu(CSG \circ f^{k+1}))$, mithin $\mu^* f^{k+1} = \mu(CSG \circ f^{k+1})$. Wegen $f^{k+1} = CSG \circ CSG \circ f^{k+1}$ hat das aber $\mu f^{k+1} = \mu^*(CSG \circ f^{k+1})$ zur Folge, weshalb auch gilt:

> *Eine Klasse* **F** *totaler Funktionen ist μ-rekursiv abgeschlossen genau dann, wenn sie primitiv rekursiv abgeschlossen ist und wenn für jedes* f^{k+1} *aus* **F** *die Funktion* μf^{k+1} *dann zu* **F** *gehört, falls sie total ist.*

Für eine jede – auch für eine jede partielle – Funktion f^k mit dem Graphen $G(f^k)$ gilt $f^k = \mu G(f^k)$. Folglich ist f^k total genau dann, wenn $G(f^k)$ voll ist. Für eine μ-rekursiv abgeschlossene Klasse **F** läßt sich die Implikation 2.(FS1) also umkehren: eine totale Funktion f^k liegt in **F** *genau dann*, wenn $G(f^k)$ in **R(F)** liegt.

Es wäre nun das Theorem zu beweisen, daß μ-rekursiv abgeschlossene Klassen **F** auch unter den Arten von verschachtelter mehrfacher Rekursion abgeschlossen sind, wie sie bei der PETERschen Funktion aus dem Kapitel 6 und bei den Universalfunktionen vorliegt, welche im Kapitel 7 (und im Supplement 6) konstruiert wurden. Da dieser Beweis nicht ganz ohne Aufwand zu führen ist, und da ich ein entsprechendes Theorem im Teil III ohnehin für partielle Funktionen beweisen muß, verschiebe ich seine Ausführung auf das dort zu findende Kapitel 24. Ich betone jedoch, daß auch die hier bereitstehenden Hilfsmittel völlig ausreichen, um ihn zu führen.

Funktionen zu iterieren, ist übliche Praxis; die Rekursion läßt sich darauf zurückführen. Der Anlaß, Funktionen auch durch Minimierung zu bilden, fand sich an anderem Ort: es war das die Erkenntnis, daß es genau die μ-rekursiven Funktionen sind, welche in formalen (innerhalb der Quantorenlogik formulierten) Systemen der Arithmetik in einem technischen Sinne *darstellbar* sind; im Anschluß an 21.(A18) werde ich auf diese Beziehung zurückkommen.

2. Schemata, Funktionale und Berechnungen

Ebenso wie die primitiv rekursiven Schemata und Funktionale zur Beschreibung primitiv rekursiver Funktionen, lassen sich μ-*rekursive Schemata* und Funktionale zur Beschreibung der μ-rekursiven Funktionen erklären; ich brauche dazu nur die Operatorzeichen S^1, C_0^1 und RR^{k+1} durch ein Minimierungsoperatorzeichen μ zu ergänzen und zu erklären, daß für ein μ-rekursives Schema F^{m+1} der Stellenzahl m+1 nun μF^{m+1} ein μ-rekursives Schema der Stellenzahl m sei.

Unter Gebrauch der schon im Kapitel 2 verwendeten Bezeichnungen will ich noch einmal die Schritte aufschreiben, welche die von einem Schema dargestellte Funktion und das von einem V–Schema dargestellte Funktional definieren:

(m0) $\| V_\sigma^m \{^n_n\} [\Xi] \| (\psi, \alpha) = \psi_\sigma^m \{^n_n\} (\alpha)$

(m1) $\| P_i^m [\Xi] \| (\psi, \alpha) = \alpha(i)$

(m2) $\| C_0^1 (G_0^m) [\Xi] \| (\psi, \alpha) = 0$

(m3) $\| S^1 (G_0^m) [\Xi] \| (\psi, \alpha) = \| G_0^m [\Xi] \| (\psi, \alpha) + 1$

(m4) $\| S_m^k (F^k / G_0^m, ..., G_{k-1}^m) [\Xi] \| (\psi, \alpha)$
$$= \| F^k [\Xi] \| (\psi, < \| G_0^m [\Xi] \| (\psi, \alpha), ..., \| G_{k-1}^m [\Xi] \| (\psi, \alpha) >)$$

(m5a) $\| RR^{k+1} (G^k, R^{k+2}) [\Xi] \| (\psi, \alpha, 0) = \| G^k [\Xi] \| (\psi, \alpha)$

(m5b) $\| RR^{k+1} (G^k, R^{k+2}) [\Xi] \| (\psi, \alpha, n+1)$
$$= \| R^{k+2} [\Xi] \| (\psi, \alpha, n, \| RR^{k+1} (G^k, R^{k+2}) [\Xi] \| (\psi, \alpha, n))$$
und

(m6) $\| \mu F^{m+1} [\Xi] \| (\psi, \alpha) = b$

falls   für alle c < b : $\| F^{m+1} [\Xi] \| (\psi, \alpha, c) \neq 0$ und
$$\| F^{m+1} [\Xi] \| (\psi, \alpha, b) = 0 .$$

Eine Wertzuweisung für $\| \mu F^{m+1} [\Xi] \| (\psi, \alpha)$ erfolgt also nur dann, wenn die genannten Umstände eintreten – solange sie nicht eingetreten sind, ist der Wert von $\| \mu F^{m+1} [\Xi] \|$ an der Stelle $< \psi, \alpha >$ nicht erklärt. *Dass* diese Umstände *eintreten*, läßt sich jedenfalls durch hinreichend langes *Probieren* feststellen, bei dem schließlich ein b mit $\| F^{m+1} [\Xi] \| (\psi, \alpha, b) = 0$ gefunden wird; theoretische Verfahren werden in konkreten Fällen bequemer sein (zum Beispiel der Induktionsbeweis dafür, daß die PETERsche Funktion überall definiert ist). Daß diese Umstände *nicht eintreten*, kann durch Probieren nicht festgestellt werden; in hinreichend einfachen Fällen (z.B. für die Funktion $f^2(x,y) = 1+x+y$) können theoretische Überlegungen diese Einsicht liefern.

Wieder folgt es sogleich aus den Definitionen, daß die μ–rekursiven Funktionen genau die totalen Funktionen sind, welche durch μ–rekursive Schemata dargestellt werden. Ebenso leicht ist es einzusehen, daß für eine Klasse **F** totaler Funktionen die Menge derjenigen Bilder von Funktionen aus **F** unter den Operatoren $\| F^{m+1} \|$, welche total sind, die kleinste μ–rekursiv abgeschlossene Klasse ist, welche **F** umfaßt.

Ebenso offenbar ist es aber, daß μ–rekursive Schemata und V–Schemata in der Regel nur Funktionen und Funktionale liefern werden, welche *nicht* für alle Argumente definiert sind. In diesem Zusammenhang wird es lehrreich sein, auch noch den Begriff der *Berechnung* durch ein Schema zu einem eigenen mathematischen Gegenstand zu machen. Ich bemerke zunächst, daß sich jedes Schema (ohne Variablenzeichen) und jedes V–Schema (mit Variablenzeichen) wie folgt als ein *Baum* darstellen läßt :

Die Bäume von $V^m_{\sigma\{n\}}$ und P^m_i haben nur einen Knoten, der mit diesem Variablen- oder Projektionszeichen belegt ist,

Der Baum von $C^1_0(G^m_0)$ entsteht aus demjenigen von G^m_0 , indem ich unter ihn einen neuen Knoten setze, der mit C^1_0 belegt wird,

Der Baum von $S^1(G^m_0)$ entsteht aus demjenigen von G^m_0 , indem ich unter ihn einen neuen Knoten setze, der mit S^1 belegt wird,

Der Baum von $S^k_m(F^k/G^m_0,...,G^m_{k-1})$ entsteht aus denjenigen von G^m_0, ..., G^m_{k-1}, F^k, indem ich sie nebeneinander lege und unter sie einen neuen Knoten setze, der mit S^k_m belegt wird,

Der Baum von $RR^{k+1}(G^k, R^{k+2})$ entsteht aus denjenigen von G^k, R^{k+2} , indem ich sie nebeneinander lege und unter sie einen neuen Knoten setze, der mit RR^{k+1} belegt wird,

Der Baum von μF^{m+1} entsteht aus demjenigen von F^{m+1} , indem ich unter ihn einen neuen Knoten setze, der mit μ belegt wird.

Ich definiere nun ein Objekt, welches ich *die Berechnung* $B(F^{m+1}, (\psi, \alpha))$ des von dem V-Schema F^{m+1} dargestellten Funktionals $\|F^{m+1}[\Xi]\|$ an der Stelle $<\psi, \alpha>$ nenne. Das soll ein Baum sein, dessen Knoten jetzt mit Paaren belegt sind, die aus Zahlen und Symbolen bestehen; den Zahlenwert des kleinsten Knotens nenne ich den *Wert* der Berechnung :

(b0) $B(V^m_{\sigma\{n\}}, (\psi, \alpha))$ hat nur einen Knoten, der mit $\psi^m_{\sigma\{n\}}(\alpha)$ und $V^m_{\sigma\{n\}}$ belegt ist .

(b1) $B(P^m_i, (\psi, \alpha))$ hat nur einen Knoten, der mit $\alpha(i)$ und P^m_i belegt ist .

(b2) $B(C^1_0(G^m_0), (\psi, \alpha))$ entsteht aus $B(G^m_0, (\psi, \alpha))$, indem ich einen neuen Knoten unter diesen Baum setze und ihn mit 0 und C^1_0 belege .

(b3) $B(S^1(G^m_0), (\psi, \alpha))$ entsteht aus $B(G^m_0, (\psi, \alpha))$, indem ich einen neuen Knoten unter diesen Baum setze und ihn mit dem um 1 vergrößerten Wert von $B(G^m_0, (\psi, \alpha))$ sowie mit S^1 belege .

(b4) $B(S^k_m(F^k/G^m_0,...,G^m_{k-1}), (\psi, \alpha))$ entsteht, indem ich

die Bäume $B(G^m_0, (\psi, \alpha)),..., B(G^m_{k-1}, (\psi, \alpha))$ nebeneinander lege, die Folge β ihrer Werte bilde,
neben jene k Bäume den Baum $B(F^k, (\psi, \beta))$ lege, und
unter diese k+1 Bäume einen neuen Knoten lege, der als Zahl den Wert von $B(F^k, (\psi, \beta))$ und als Zeichen S^k_m trägt .

(b5a) $B(RR^{k+1}(G^k, R^{k+2}), (\psi, \alpha, 0))$ entsteht aus $B(G^k, (\psi, \alpha))$, indem ich einen neuen Knoten unter diesen Baum setze, der als Zahl den Wert von $B(G^k, (\psi, \alpha))$ und als Zeichen RR^{k+1} trägt.

(b5b)   B($RR^{k+1}(G^k, R^{k+2})$, $(\psi,\alpha,\text{n}+1)$) entsteht, indem ich

B($RR^{k+1}(G^k, R^{k+2})$, (ψ,α,n)) mit dem Wert a bilde,
daneben den Baum B(R^{k+2}, $(\psi,\alpha,\text{n},\text{a})$) lege,
unter diese beiden Bäume einen neuen Knoten lege, der als Zahl
den Wert von B(R^{k+2}, $(\psi,,\alpha,\text{n},\text{a})$) und als Zeichen RR^{k+1} trägt.

(b7)   B(μF^{m+1}, (ψ,α)) entsteht, indem ich

eine Folge von Bäumen B(F^{m+1}, (ψ,α,c)), $c \leq b$, nebeneinander
lege, welche für jedes c mit $c < b$ einen von 0 verschiedenen und
für $c = b$ den Wert 0 berechnen,
unter diese n+1 Bäume einen neuen Knoten lege, der als Zahlenwert b und als Zeichen μ trägt.

Bei den Berechnungen der Funktionen, welche durch gewöhnliche Schemata dargestellt werden, entfallen (b0) und die Funktionsargumente ψ .

Ein μ-rekursives V–Schema ist ein endliches graphisches Objekt.
Schreibe ich Ziffern an Stelle von Zahlen, so ist ebenfalls jede Berechnung
ein endliches graphisches Objekt.

Beschränke ich mich auf primitiv rekursive Funktionale, so kann ich
(b7) streichen; in diesem Falle sind die Funktionale (für totale Funktionen
in ψ) stets definiert.

Für den durch F^m dargestellten Operator $\| F^m \|$, der einer Funktio-
nenfolge ψ die partielle Funktion $\| F^m \|(\psi,-)$ zuordnet, gilt per definitio-
nem: es ist $\| F^m \|(\psi,-)$ bei α genau dann definiert, wenn es die Berech-
nung B(F^k, (ψ,α)) gibt, und deren Wert ist $\| F^m \|(\psi,\alpha)$.

3. Partiell μ-rekursive Funktionen

Die Erzeugungsprozesse, unter denen die simplen, die elementaren, und die
primitiv rekursiven Funktionen entstehen, liefern aus totalen Funktionen
wieder totale Funktionen. Mit dem nötigen Willen zur Künstlichkeit freilich kann man auch primitiv rekursiv abgeschlossene Klassen *partieller*
Funktionen definieren: sie müssen die Anfangsfunktionen enthalten und
unter Superposition und primitiver Rekursion insoweit abgeschlossen sein,
wie diese Prozesse, auf partielle Funktionen angewandt, ausführbar sind
(und dann nur mehr partielle Funktionen ergeben); an verschiedenen Stellen der vorangehenden Kapitel habe ich Entsprechendes bereits bemerkt.
Freilich waren solche Begriffe solange leer, wie partielle Funktionen nicht
von allein bei Konstruktionsprozessen auftraten.

Diese Situation aber liegt jetzt vor: die Minimierung μf^{k+1} auch schon einfachster totaler Funktionen braucht nicht überall definiert zu sein, μ–rekursive Schemata werden meist nur partielle Funktionen darstellen, und eine Folge von Hilfsberechnungen $B(F^{m+1}, (\psi, \alpha, c))$ braucht nicht mit einem $B(F^{m+1}, (\psi, \alpha, b))$ zu terminieren, das den Wert 0 hat.

Wende ich mich, also veranlaßt, dem Studium partieller Funktionen zu, so ist die Definition von Superpositionen und primitiven Rekursionen, wie soeben bemerkt, unproblematisch. Die *partielle Minimierung* einer partiellen Funktion f^{k+1} werde ich nun so definieren, daß μf^{k+1} bei α genau dann definiert ist, wenn das Funktional $\| \mu V_0^{k+1} \|$ an der Stelle (f^{k+1}, α) eine Berechnung im oben genannten Sinne hat:

(2)   Es sei μf^{k+1} die partielle k–stellige Funktion mit α in $\mathrm{def}(\mu f^{k+1})$ genau dann, wenn es ein n so gibt, daß

für alle $m \leq n$: $f^{k+1}(\alpha, m)$ ist definiert,
für alle $m < n$: $f^{k+1}(\alpha, m) \neq 0$, und $f^{k+1}(\alpha, n) = 0$,

und dann sei $\mu f^{k+1}(\alpha) = n$.

Eine Klasse **F** partieller Funktionen heiße *partiell μ–rekursiv* abgeschlossen, wenn sie die primitiv rekursiven Anfangsfunktionen enthält und unter Superposition, primitiver Rekursion und partieller Minimierung abgeschlossen ist. Die Funktionen der kleinsten partiell μ–rekursiv abgeschlossenen Klasse **PRF** heißen die *partiell μ–rekursiven* Funktionen.

Die Definition der von einem Schema dargestellten Funktion und des von einem V–Schema dargestellten μ–rekursiven Funktionals geht ohne weitere Veränderungen über in diejenige der von ihm dargestellten partiell μ–rekursiven Funktion resp. des von ihm dargestellten *partiell μ–rekursiven Funktionals*, indem ich in (m0)–(m6) die linken Seiten als definiert erkläre, wenn das die rechten Seiten sind. Damit gilt:

PRF ist die Klasse der von μ–rekursiven Schemata dargestellten partiellen Funktionen. Eine Funktion f^m aus **PRF** ist genau dann bei α aus ω^m definiert, wenn es eine Berechnung dieses Arguments mit einem f^m darstellenden μ–rekursiven Schema gibt.

Für eine Klasse **F** partieller Funktionen ist die Menge $\mathbf{M_p}(\mathbf{F})$ der Bilder von Funktionen aus **F** unter den Operatoren $\| F^{m+1} \|$ die kleinste μ–rekursiv abgeschlossene Klasse, welche **F** umfasst. Eine Funktion f^m aus $\mathbf{M_p}(\mathbf{F})$ ist genau dann bei α aus ω^m definiert, wenn gilt :

für ein (und dann für jedes) μ–rekursiven V–Schema F^{m+1} mit
$\| F^{m+1} \| (\psi) = f^m$

gibt es eine Funktionenfolge ψ aus **F** und eine Berechnung
$B(F^{m+1}, (\psi, \alpha))$.

Die Argumente sind die aus dem Kapitel 2 bekannten: ist G partiell μ-rekursiv abgeschlossen mit $\mathbf{F} \subseteq \mathbf{G}$, so lehrt Induktion über den Aufbau der V-Schemata sogleich, daß die Funktionen aus $\mathbf{M}_p(\mathbf{F})$ in $\mathbf{G}$ liegen. Andererseits aber ist $\mathbf{M}_p(\mathbf{F})$ auch selbst partiell μ-rekursiv abgeschlossen.

Offenbar ist jede (totale) μ-rekursive Funktion auch partiell. Im Corollar 12.1 werde ich zum ersten, im Corollar 23.2 zum zweiten Male zeigen, daß umgekehrt eine jede totale, partiell μ-rekursive Funktion auch μ-rekursiv ist.

Die hier verwendete, traditionelle Terminologie nötigt zu dem Hinweis, daß die zwei Wörter "partiell μ-rekursiv" zusammengehören und *einen* originären Begriff beschreiben, eben den oben definierten. Hingegen sind μ-rekursive Funktionen immer total; die Eigenschaft, μ-rekursiv zu sein, ist für partielle Funktionen nicht erklärt. Man bemerke noch, daß, anders als im Fall totaler Funktionen, der partiellen Minimierung partieller Funktionen keine Operation einer partiellen Minimierung von Relationen zur Seite steht; das hat seinen Grund darin, daß die charakteristischen Funktionen von Relationen stets total sind. Es ist aber vielleicht nicht überflüssig, darauf hinzuweisen, daß ein partiell μ-rekursiv abgeschlossenes $\mathbf{F}$ speziell die (partiellen) Funktionen μR für Relationen R enthält, die in $R(\mathbf{F})$ liegen, i.e. eine (notwendig totale) charakteristische Funktion in $\mathbf{F}$ haben.

Eine weitere, ebenfalls nicht unangebrachte Bemerkung betrifft die Formulierung der Definition (1) für die Minimierung $g^k = \mu f^{k+1}$ einer totalen Funktion f^{k+1}, die sich mit anderen Worten auch als

$$\alpha \epsilon \mathrm{def}(g^k) \text{ und } g^k(\alpha) = b \text{ , wenn b das kleinste c mit } f^{k+1}(\alpha,c) \neq 0 \text{ ist ,}$$

aussprechen liesse. Ist f^{k+1} jedoch partiell, so ist eine mit diesen Worten erklärte Funktion g^k in der Regel eine echte Fortsetzung der in (2) definierten partiellen Minimierung μf^{k+1}, weil etwa $f^{k+1}(\alpha,1)$ definiert und von 0 verschieden sein mag, ohne daß $f^{k+1}(\alpha,0)$ definiert wäre. Während die Definition (2) einen Algorithmus enthält, welcher sichert, daß sich der Wert von μf^{k+1} bei α, falls definiert, auch aus den Werten von f^{k+1} berechnen läßt (nämlich durch $B(\| \mu V_0^{k+1} \|, (f^{k+1},\alpha)))$, so liegt zur Bestimmung von $g^k(\alpha)$ keine Anweisung vor, welche über das apodiktische *ist* der Mitteilung "b ist die kleinste Zahl c so, daß f^{k+1} bei $<\alpha,c>$ definiert und von 0 verschieden ist" hinausginge. Macht mir eine Seherin die Mitteilung, daß μf^{k+1} bei α definiert sei, und ist mir ein Schema gegeben, welches f^{k+1} darstellt, so weiß ich, daß die Probiermethode in endlich vielen Schritten (für deren Anzahl ich freilich keine Schranke angeben kann) zum Ziele $\mu f^{k+1}(\alpha)$ führt. Sagt mir die Seherin aber, daß g^k bei α definiert sei, so weiß ich keinen Weg, um den Wert $g^k(\alpha)$ zu bestimmen. In diesem Sinne liefert die partielle Minimierung aus berechenbaren wieder berechenbare Funktionen, und die Definition des Funktionswertes $\mu f^{k+1}(\alpha)$ enthält zugleich das Verfahren seiner Berechnung.

Ist **F** partiell μ-rekursiv abgeschlossen, so gehört immer noch für jedes $R = R^{k+1}$ aus $R(F)$ die partielle Funktion μR^{k+1} zu **F**, da χ_R total ist und somit $\mu R^{k+1} = \mu(CSG \circ \chi_R)$ gilt. Jedoch ist die Eigenschaft nicht mehr hinreichend, um umgekehrt die Abgeschlossenheit unter partieller Minimierung von Funktionen zu sichern, solange ich den Gebrauch von "partiellen Relationen" vermeiden will.

Bei Rechnungen mit partiellen Minimierungen erweist sich die folgende *Vertauschbarkeit von Minimierung und Spezialisierung* als nützlich:

Ist f^{k+2} partielle Funktion und ist $g^{k+1} = f^{k+2}(e,-)$, so gilt $(\mu f^{k+2})(e,-) = \mu g^{k+1}$.

Denn für α aus ω^k ist $(\mu f^{k+2})(e,\alpha)$ dann definiert und gleich n, wenn $f^{k+2}(e,\alpha,m)$ für alle $m \leq n$ definiert ist, $f^{k+2}(e,\alpha,m) \neq 0$ für $m < n$ und $f^{k+2}(e,\alpha,n) = 0$ gilt. Ebenso ist $\mu g^{k+1}(\alpha)$ definiert und gleich n, wenn $g^{k+1}(\alpha,m) = f^{k+2}(e,\alpha,m)$ für alle $m \leq n$ definiert ist, und $g^{k+1}(\alpha,m) = f^{k+2}(e,\alpha,m) \neq 0$ für $m < n$ und $g^{k+1}(\alpha,n) = f^{k+2}(e,\alpha,n) = 0$ gilt. – Diese Beziehung bleibt richtig, wenn ich an Stelle von e etwa eine 1-stellige Funktion h(z) einsetze; in diesem Falle schreibt sich die Vertauschbarkeit auch als

$$(\mu f^{k+2})(h(z),-) = \mu(f^{k+2}(h(z),-)) .$$

Sind damit die partiellen Funktionen in der Welt, so stellt sich immer noch die Frage, ob man sie nicht, überzähligen Maikätzchen gleich, alsbald wieder aus ihr entfernen und sie vergessen sollte. Denn was, wenn nicht purer Formalismus, mag einen Menschen veranlassen, eine totale Funktion partiell zu minimieren und das Ergebnis dann als partielle Funktion in Beziehung auf den ursprünglichen Definitionsbereich (statt als totale Funktion mit einem kleineren Definitionsbereich) anzusehen? Und was, wenn nicht hemmungslose Sucht nach Verallgemeinerung, mag ihn dazu bringen, solche partiellen Funktionen selbst wieder in Rekursionsschemata und erneute Minimierungen einzusetzen? Eine erste Antwort ist, daß es eben nicht intelligente *Menschen* sind, deren Berechnungen damit beschrieben werden sollen, sondern törichte Maschinen, die aber den Vorteil haben, sich kontrollierbar und auf's Wort an ihr vorgeschriebenes Programm zu halten. Und die zweite Antwort lautet, daß es gerade die Unentscheidbarkeit der Berechnungs- und Verifikationsprozesse ist, welche nötigt, auch *nicht* terminierende Berechnungsversuche in Betracht zu ziehen: sie stellen Funktionen dar, welche ein Argument α zwar akzeptieren, bei der darauf folgenden Berechnung aber zu keinem Ergebnis gelangen und deshalb für dieses Argument *nicht definiert* sind. Alles das wird im zweiten Teil dieses Buches illustriert werden.

4. Terminanten

Jede Kennzeichung primitiv rekursiv abgeschlossener Mengen totaler Funktionen läßt sich zu einer solchen von partiell μ-rekursiv abgeschlossenen Mengen partieller Funktionen erweitern, indem man ihr einfach die Abgeschlossenheit unter partiellen Minimierungen hinzufügt. Zum Beispiel erhalte ich so aus dem Theorem 8.1 :

> Eine Menge **F** partieller Funktionen ist partiell μ-rekursiv abgeschlossen genau dann, wenn sie die primitiv rekursiven Anfangsfunktionen enthält, unter Superpositionen und partiellen Minimierungen abgeschlossen ist, und wenn **F*** unter der Bildung von Iterationen abgeschlossen ist.

Diese Charakterisierung möchte ich durch eine solche ersetzen, welche Abgeschlossenheitsforderungen *allein an das vektorielle Erzeugnis* **F*** *von* **F** verwendet. Schon im Kapitel 1 habe ich bemerkt, daß die Abgeschlossenheit von **F** unter Superpositionen gleichbedeutend ist mit der Abgeschlossenheit von **F*** unter Komposition; auch diese Äquivalenz bleibt für partielle Funktionen in Kraft. Der partiellen Minimierung in **F** entspricht in **F*** eine weitere Konstruktion, die Bildung der *Terminante.*

> Sei h partielle Funktion von ω^k in sich, und sei Ih die Iterierte von h. Die *Terminante* Th von h ist ebenfalls eine partielle Funktion von ω^k in sich. Sie sei an der Stelle α von ω^k genau dann definiert, wenn mindestens ein n existiert mit
>
> für alle $m \leq$ n: Ih(α,m) ist definiert,   und
>
> die erste Komponente von Ih(α,n) ist 0 : $p_0^k \circ I$h(α,n) = 0 ;
>
> alsdann sei Th(α) = Ih(α,p) mit p als dem minimalen dieser n.

Durch die folgenden beiden Reduktionen lassen sich die Bildungen von Terminanten und partiellen Minimierungen aufeinander zurückführen:

REDUKTION D1   Zu gegebenem h von ω^k in sich sei

$$f^{k+1} = p_0^k \circ I h .$$

Dann gilt Th(α) = Ih($\alpha, \mu f^{k+1}$) .

Denn aus $f^{k+1}(\alpha,n) = p_0^k \circ I$h($\alpha$,n) folgt, daß μf^{k+1} an der Stelle α genau dann definiert ist, wenn Th das ist.

REDUKTION D2   Zu gegebenem f^{k+1} sei h die Funktion von ω^{k+2} in sich mit

$$h(y,z,\xi) = \,<f^{k+1}(\xi,z),z+1,\xi> \; .$$

Dann sind die Funktionen $\mu f^{k+1}(\alpha)$ und $Th(27,0,\alpha)$ für dieselben α definiert, und es gilt

$$\text{(a)} \qquad \mu f^{k+1}(\alpha) = p_1^{k+2} \circ Th(27,0,\alpha) \doteq 1$$

Denn für die Iterierte Ih ist jedenfalls

$$Ih(27,0,\alpha,0) = \,<27,0,\alpha>$$

definiert. Und $Ih(27,0,\alpha,n+1)$ ist genau dann definiert, wenn $f^{k+1}(\alpha,m)$ für alle $m \leq n$ definiert ist, und dann gilt

$$Ih(27,0,\alpha,n+1) = \,<f^{k+1}(\alpha,n),n+1,\alpha> \; .$$

Mithin ist $\mu f^{k+1}(\alpha)$ genau dann definiert, wenn $Th(27,0,\alpha)$ definiert ist, und dann gilt (a). – Damit erhalte ich aus der obgenannten Kennzeichnung nun auch die folgende

THEOREM 1   Eine Menge F ist genau dann partiell μ-rekursiv abgeschlossen, wenn sie die primitiv rekursiven Anfangsfunktionen enthält und wenn F* unter Bildung von Kompositionen, Iterationen und Terminanten abgeschlossen ist.

Da F* aus F durch die Bildung koordinatenweiser Produkte $<g_0^m,...,g_{k-1}^m>$ von Folgen zahlenwertiger Funktionen gleicher Stellenzahl entsteht, erhalte ich schließlich als autonome *Kennzeichnung von* F* das

COROLLAR 1   Eine Menge F* ist genau das vektorielle Erzeugnis einer partiell μ-rekursiv abgeschlossen Menge F, wenn sie die primitiv rekursiven Anfangsfunktionen enthält, abgeschlossen ist unter koordinatenweisen Produkten zahlenwertiger Funktionen und unter der Bildung von Kompositionen, Iterationen und Terminanten.

Es versteht sich, daß man die gewonnenen Charakterisierungen der partiellen μ-Rekursivität zum Anlaß nehmen kann, von vornherein nur Klassen *vektorwertiger* partieller Funktionen zu betrachten und die partiell μ-rekursiven unter ihnen durch sie zu definieren. In der Tat beschreiben Programme, die sich ohnehin in der Regel mehrerer Register bedienen müssen, vektorwertige Funktionen mit demselben Aufwand wie zahlenwertige; wollte man die μ-rekursiven Funktionen aus den von Programmen programmierten begründen, so wäre jene Definition die natürliche. Menschen hingegen haben, wenn sie Berechnungen ausführen, zunächst die

Vorstellung, einzelne Zahlenwerte von Funktionen zu bestimmen, und dieser Vorstellung entspricht der traditionelle Zugang über zahlenwertige Funktionen, wie er in dem hiermit endenden ersten Teil des Buches verfolgt wurde.

Supplement 1.   Ein Gleichungskalkül für primitiv rekursive Funktionen

Dieses Supplement kann unmittelbar im Anschluss an die Definition der primitiv rekursiven Funktionen im Kapitel 4 gelesen werden.

Ich betrachte *Ausdrücke,* die endliche Folgen von graphischen Zeichen sind. Als *Länge* eines solchen Ausdrucks erkläre ich seine Länge als Zeichenfolge, wobei ich jedoch Klammern sowie obere oder untere Indizes *nicht* mitzählen will. Unter den Zeichen treten im Besonderen

$$x_0, \ x_1, \ x_2, \ \ldots$$

auf; diese Zeichen nenne ich *Variablen.* Sei A ein Ausdruck, in dem höchstens die Variablen $x_{\mu(0)}, \ \ldots, \ x_{\mu(k-1)}$ auftreten, $\mu(i) < \mu(i+1)$ für $i < k-1$; seien $B_0, \ldots, B_{k-1}$ Ausdrücke. Dann sei

$$A[B_0, \ldots, B_{k-1}]$$

der Ausdruck, welcher aus A dadurch entsteht, daß in A die Variablen $x_{\mu(i)}$ simultan an allen Stellen ihres Auftretens durch die Ausdrücke B_i ersetzt werden.

Ziffern oder *Konstanten* definiere ich mit den Zeichen s^1 und c_0 als alle Ausdrücke

$$c_0 \ , \ s^1(c_0) \ , \ s^1(s^1(c_0)) \ , \ s^1(s^1(s^1(c_0))) \ , \ \ldots$$

und kürze sie durch $c_0 \ , \ c_1 \ , \ c_2 \ , \ c_3 \ , \ \ldots$ ab.

Terme sollen jedenfalls alle Variablen sowie die Konstante c_0 sein. Weitere Terme definiere ich mit Hilfe von *Funktionssymbolen,* deren jedem eine positive natürliche Zahl als seine *Stellenzahl* zugeordnet ist; ein Funktionssymbol f der Stellenzahl k notiere ich auch als f^k. Ich beginne mit den als Symbolen vorgegebenen 1-stelligen Funktionssymbolen $s^1 \ , c_0^1$ sowie, für jedes $k > 0$, mit den i Stück k-stelliger Funktionssymbole P_i^k, $i < k$. Weitere Funktionssymbole werde ich mit Hilfe des termbildenden Symbols R aus schon konstruierten Termen gewinnen. Ich definiere in zwei Schritten:

(T0)   Ist f^k Funktionssymbol und ist $t_0, \ldots, \ t_{k-1}$ eine Folge von Termen, so sei $f^k(t_0, \ldots, \ t_{k-1})$ ein Term.

(T1)   Sind g und r Terme derart, daß

in g genau die Variablen $x_0, \ldots, \ x_{k-1}$
in r genau die Variablen $x_0, \ldots, \ x_{k+1}$

auftreten, so sei $R(g \,|\, r)^{k+1}$ Funktionssymbol der Stellenzahl k+1 .

Einen Term $f^k(t_0, \ldots, \ t_{k-1})$ nenne ich *pur,* falls die t_i alle Variablen respektive alle Konstanten sind.

Im Besonderen sind also auch Konstanten c_i mit $i > 0$ Terme. Weiter sind $g = c_0^1(x_0)$ und $r = s^1(P_2^3(x_0, x_1, x_2))$ zwei Terme, welche die Voraussetzungen von (T1) erfüllen und also ein Funktionssymbol $R(g \mid r)^2$ bestimmen, für das man auch $+$ schreiben mag.

Aus den Definitionen folgt sogleich, daß ein Term wieder in einen Term übergeht, wenn man eine seiner Variablen an allen Stellen ihres Auftretens durch einen anderen Term ersetzt.

Die *Komplexität* von Termen und Funktionsssymbolen definiere ich wie folgt. Die Funktionssymbole s^1, c_0^1, P_i^k haben die Komplexität 0. Variablen haben die Komplexität 0. Ein Term $f^k(t_0, ..., t_{k-1})$ hat als Komplexität 1 plus das Maximum aus der Komplexität des Funktionssymbols f^k und den Komplexitäten der t_i. Funktionssymbole $R(g \mid r)^{k+1}$ haben als Komplexität das Maximum der Komplexitäten der Terme g und r.

Einen Term, welcher keine Variablen enthält, nenne ich *konstant*.

Puren konstanten Termen t ordne ich durch *Reduktionsregeln* $t \to B$ andere Ausdrücke B als ihre *Redukte* zu, nämlich

(R1) $c_0^1(c_i) \to c_0$

(R2) $P_i^k(c_{\alpha(0)}, ..., c_{\alpha(k-1)}) \to c_{\alpha(i)}$

(R3) $R(g \mid r)^{k+1}(c_{\alpha(0)}, ..., c_{\alpha(k-1)}, c_0) \to g^k[c_{\alpha(0)}, ..., c_{\alpha(k-1)}]$

(R4) $R(g \mid r)^{k+1}(c_{\alpha(0)}, ..., c_{\alpha(k-1)}, s^1(c_m))$
$\to r[c_{\alpha(0)}, ..., c_{\alpha(k-1)}, c_m, R(g \mid r)^{k+1}(c_{\alpha(0)}, ..., c_{\alpha(k-1)}, c_m)]$;

außerdem mag ich noch $s^1(c_i) = c_{i+1}$ als Redukt seiner selbst auffassen. Nach dem zuvor Gesagten ist klar, daß die Redukte von Termen wieder Terme sind.

Nunmehr ordne ich jedem konstanten Term t eine natürliche Zahl als seinen *Wert* $|t|$ zu. Ich beginne trivial mit $|c_i| = i$ und fahre fort durch Induktion über die Komplexität von t. Ist t pur, so gilt entweder $t = s^1(c_i) = c_{i+1}$, also $|t| = i+1$, oder es tritt t links in (R1–4) auf; in diesem Falle sei $|t|$ der Wert der rechts angegebenen Reduzierten, die in den Fällen (R3–4) Terme kleinerer Komplexität sind. Ist $t = f^k(t_0, ..., t_{k-1})$ nicht pur, so setze ich $|t| = |f^k(c_{\nu(0)}, ..., c_{\nu(k-1)})|$ mit $\nu(i) = |t_i|$.

Eine *Gleichung* sei ein geordnetes Paar konstanter Terme v, w, geschrieben in der Gestalt $v \equiv w$. *Axiome* nenne ich die Gleichungen der Gestalt $c_i \equiv c_i$. *Regeln* sind Relationen zwischen Gleichungen, welche die letzte von ihnen als *Konklusion* in Beziehung setzen zu den vorangehenden als *Prämissen* dieser Regel. Ich verwende die folgenden Regeln:

(1)   Prämisse: $v' \equiv c_n$

      Konklusion: $v \equiv c_n$ wobei v Redukt von v' ist .

(2)   für jeden konstanten Term $f^k(t_0, \ldots, t_{k-1})$ und jedes $i < k$:

Prämissen: $t_i \equiv c_m$ und $f^k(t_0, \ldots, t_{i-1}, c_m, t_{i+1}, \ldots, t_{k-1}) \equiv c_n$

Konklusion: $f^k(t_0, \ldots, t_{k-1}) \equiv c_n$.

Eine *Herleitung* einer Gleichung Γ ist eine Folge von Gleichungen, welche mit Γ endet und deren jede entweder Axiom ist oder aus vorangehenden Folgengliedern nach einer der Regeln entsteht. Ich bemerke zunächst das

LEMMA 1   Ist eine Gleichung $v \equiv w$ herleitbar, so haben v und w denselben Wert.

Ich beweise die gleichbedeutende Aussage, daß, für eine jede Herleitung, in allen ihrer Gleichungen die beiden Seiten denselben Wert haben; dazu verwende ich Induktion über die Länge der Herleitung. Ist $v \equiv w$ Axiom, so ist die Behauptung trivial. Entsteht $v \equiv w$ nach (1), so folgt sie daraus, daß der Wert von v per definitionem der Wert des Redukts v' ist. Ensteht $v \equiv w$ nach (2), so folgt aus der Herleitbarkeit von $t_i \equiv c_m$ auch $|t_i| = m$ und $|f^k(t_0, \ldots, t_{i-1}, c_m, t_{i+1}, \ldots, t_{k-1})| = |f^k(t_0, \ldots, t_{k-1})|$.

Dieses Lemma lehrt, daß für einen konstanten Term t *höchstens eine* Gleichung der Form $t \equiv c_i$ herleitbar ist; im Besonderen folgt daraus die *Konsistenz* des Gleichungskalkuls: es ist keine Gleichung $c_i \equiv c_j$ mit $i \neq j$ herleitbar.

Sei nun t ein Term, der wenigstens eine Variable enthält, und seien $x_{\mu(0)}, \ldots, x_{\mu(k-1)}$ die in t auftretenden Variablen. Es folgt aus dem Lemma, daß ich eine − zunächst partielle − k-stellige Funktion $f[t]$ erhalte, wenn ich jeder Folge α in ω^k , für welche eine Gleichung

$$t[c_{\alpha(0)}, \ldots, c_{\alpha(k-1)}] \equiv c_n$$

herleitbar ist, den Wert $f[t](\alpha) = n$ zuordne. Eine (totale) Funktion f heiße durch einen Term t *dargestellt*, wenn $f = f[t]$ gilt.

LEMMA 2   Es sei $t = R(g \mid r)^{k+1}(x_0, \ldots, x_k)$, und es seien g^k und r^{k+2} totale Funktionen mit $g^k = f[g]$ und $r^{k+2} = f[r]$; sei f^{k+1} die durch primitive Rekursion aus g^k und r^{k+2} definierte Funktion. Dann gilt $f[t] = f^{k+1}$; im Besonderen ist also $f[t]$ total.

Ich muß zeigen, daß für alle α in ω^k und für alle a in ω die Funktion $f[t]$ für $< \alpha, a >$ definiert ist und $f[t](\alpha, a) = f^{k+1}(\alpha, a)$ gilt; das geschieht durch Induktion über a. Ich bemerke, daß

$$t[c_{\alpha(0)}, \ldots, c_{\alpha(k-1)}, c_a] = R(g \mid r)^{k+1}(c_{\alpha(0)}, \ldots, c_{\alpha(k-1)}, c_a) .$$

Im Falle $a = 0$ verwende ich $f[g] = g^k$, so daß $g(c_{\alpha(0)}, \ldots, c_{\alpha(k-1)}) \equiv c_n$ für $n = g^k(\alpha) = f^{k+1}(\alpha, 0)$ eine Herleitung hat. Ich verlängere sie mit (1) und (R3) zu einer solchen von $R(g \mid r)^{k+1}(c_{\alpha(0)}, \ldots, c_{\alpha(k-1)}, c_0) \equiv c_n$. Im Falle $a = m+1$ liefert die Induktionsannahme eine Herleitung von

(a) $R(g \mid r)^{k+1}(c_{\alpha(0)}, \ldots, c_{\alpha(k-1)}, c_m) \equiv c_h$

für $h = f^{k+1}(\alpha, m)$. Weiter verwende ich $f[r] = r^{k+2}$, weshalb auch

(b) $r(c_{\alpha(0)}, \ldots, c_{\alpha(k-1)}, c_m, c_h) \equiv c_n$

für $n = r^{k+2}(\alpha, m, h) = f^{k+1}(\alpha, m+1)$ eine Herleitung hat. Mit (2) erhalte aus den Prämissen (a) und (b) eine Herleitung von

$$r[c_{\alpha(0)}, \ldots, c_{\alpha(k-1)}, c_m, R(g \mid r)^{k+1}(c_{\alpha(0)}, \ldots, c_{\alpha(k-1)}, c_m)] \equiv c_n$$

die ich mit (1) und (R4) zu einer solchen von $R(g \mid r)^{k+1}(c_{\alpha(0)}, \ldots, c_{\alpha(k)})$ $\equiv c_n$ verlängere.

LEMMA 3   Es sei f^k k-stelliges Funktionssymbol und t' der pure Term $f^k(x_0, \ldots, x_{h-1})$, und es sei die k-stellige Funktion $f[t']$ total. Weiter seien $v_0, \ldots, v_{k-1}$ Terme, für welche $g_i = f[v_i]$ totale Funktionen sind. Sind also $x_{\nu(0)}, \ldots, x_{\nu(m(i)-1)}$ die in v_i auftretenden Variablen, so ist für jede Folge γ der Länge $m(i)$ auch

$$v_i[c_{\gamma(0)}, \ldots, c_{\gamma(m(i)-1)}] \equiv c_{\beta(i)}$$

mit $g_i(\gamma) = \beta(i)$ herleitbar.

Sei $t = f^k(v_0, \ldots, v_{k-1})$ und seien $x_{\mu(0)}, \ldots, x_{\mu(m-1)}$ die in t auftretenden Variablen. Da die in einem jeden der v_i auftretenden Variablen unter ihnen vorkommen, haben die Funktionen g_i höchstens die Stellenzahl m. Durch geeignete Variablentransformation erhalte ich deshalb aus den g_i m-stellige Funktionen g_i^m derart, daß für jede Folge α der Länge m dann

(c) $v_i[c_{\alpha(0)}, \ldots, c_{\alpha(m-1)}] \equiv c_{\beta(i)}$

mit $g_i^m(\alpha) = \beta(i)$ herleitbar ist.

Dann gilt $f[t] = f[t'] \circ \langle g_0^m, \ldots, g_{m-1}^m \rangle$. Im Besonderen ist also $f[t]$ total.

Es ist $f[t']$ total, so daß für jedes β in ω^k auch

(d) $f^k(c_{\beta(0)}, \ldots, c_{\beta(k-1)}) \equiv c_n$

mit $n = f[t'](\beta)$ herleitbar ist. Für $\beta = \langle \beta(i) \mid i < k \rangle = \langle g_i^m(\alpha) \mid i < k \rangle$ ergibt k-malige Anwendung von (2) mit (c) und (d) eine Herleitung von

$$f^k(v_0[c_{\alpha(0)}, \ldots, c_{\alpha(m-1)}], \ldots, v_{k-1}[c_{\alpha(0)}, \ldots, c_{\alpha(m-1)}]) \equiv c_n ,$$

und wegen

$$f^k(v_0,\ldots, v_{k-1})\,[c_{\alpha(0)},\ldots, c_{\alpha(m-1)}]$$
$$= f^k(v_0\,[c_{\alpha(0)},\ldots, c_{\alpha(m-1)}],\ \ldots,\ v_{k-1}\,[c_{\alpha(0)},\ldots, c_{\alpha(m-1)}]\,)$$

ist das eine solche von

$$f^k(v_0,\ldots, v_{h-1})\,[c_{\alpha(0)},\ldots, c_{\alpha(m-1)}] \equiv c_n \ .$$

Wegen $\beta = \langle g_i^m(\alpha)\,|\,i < k\rangle$ gilt aber auch $n = f[t'](\beta) = f[t'] \circ \langle g_0^m,\ldots, g_{m-1}^m\rangle(\alpha)$.

THEOREM 1   Für jedes t ist $f[t]$ eine (totale) primitiv rekursive Funktion, und jede primitiv rekursive Funktion ist so darstellbar.

Für $t = x_i$ ist $f[t]$ die Identität p_0^1, denn für jedes n ist $x_i[c_n] \equiv c_n$ Axiom.

Für $t = s^1(x_i)$ ist $t[c_n] = c_{n+1}$ und $c_{n+1} \equiv c_{n+1}$ ein Axiom, also $f[t]$ die Nachfolgerfunktion.

Für $t = c_0^1(x_i)$ ist $t[c_n] = c_0^1(c_n)$, und aus dem Axiom $c_0 \equiv c_0$ erhalte ich mit (1) und (R1) eine Herleitung von $t[c_n] \equiv c_0$; es ist daher $f[t]$ die Funktion c_0^1 .

Für $t = P_i^k(x_{\mu(0)},\ldots, x_{\mu(k-1)})$ ist $t[c_{\alpha(0)},\ldots, c_{\alpha(k-1)}] = P_i^k(c_{\alpha(0)},\ldots, c_{\alpha(k-1)})$, und aus dem Axiom $c_{\alpha(i)} \equiv c_{\alpha(i)}$ erhalte ich mit (1) und (R2) eine Herleitung von $P_i^k(c_{\alpha(0)},\ldots, c_{\alpha(k-1)}) \equiv c_{\alpha(i)}$; es ist daher $f[t]$ die Funktion p_i^k .

Nun beweise ich die erste Behauptung durch Induktion über die Komplexität von t. Für pure Terme sind die Anfangsfälle erledigt, und für Terme $t = R(g\,|\,r)^{k+1}(x_0,\ldots, x_k)$ folgt sie aus dem Lemma 2. Für nicht pure Terme folgt sie aus dem Lemma 3. Die zweite Behauptung beweise ich durch Induktion über den Aufbau der primitiv rekursiven Funktionen. Die Darstellbarkeit der Anfangsfunktionen habe ich bereits gezeigt, und für durch Superposition oder primitive Rekursion gebildete Funktionen folgt sie aus den Lemmata 3 und 2.

Verschärfe ich die Regel (2) meines Gleichungskalkuls zu

(2')   für jedes k-stellige Funktionssymbol f^k und jedes $i < k$:

Prämissen: $v \equiv w$ und $f^k(t_0,\ldots, t_{i-1}, w, t_{i+1},\ldots, t_{k-1}) \equiv c_n$

Konklusion: $f^k(t_0,\ldots, t_{i-1}, v, t_{i+1},\ldots, t_{k-1}) \equiv c_n$

so kann ich auf (1) dann verzichten, wenn ich die dort ausgedrückten Reduktionen als Gleichungen formuliere und diese als Axiome postuliere. Das werden dann allerdings unendlich viele Axiome, von denen jedoch in einer jeden Herleitung nur endlich viele verwendet werden. Füge ich eine weitere Regel hinzu, die aus einer Prämisse $v \equiv w$ die Konklusion $v' \equiv w'$

liefert, bei der v', w' aus v, w dadurch entstehen, daß eine fixierte Variable an allen Stellen ihres Auftretens durch eine fixierte Konstante ersetzt wird, so kann ich an Stelle jener unendlich vielen Axiome mit nur vieren auskommen, nämlich

$$c_0^1(x_i) \equiv c_0$$

$$P_i^k(x_0, \ldots, x_{k-1}) \equiv x_i$$

$$R(g \mid r)^{k+1}(x_0, \ldots, x_{k-1}, c_0) \equiv g^k(x_0, \ldots, x_{k-1})$$

$$R(g \mid r)^{k+1}(x_0, \ldots, x_{k-1}, s^1(x_m)) \equiv$$
$$r\,[x_0, \ldots, x_{k-1}, x_m, R(g \mid r)^{k+1}(x_0, \ldots, x_{k-1}, x_m)\,]\ .$$

Supplement 2. Rekursion mit Substitution der Parameter

Bei der im Kapitel 4 besprochenen Wertverlaufsrekursion hängt $f(\alpha,n{+}1)$ von zahlreichen Vorgängerwerten $f(\alpha,i)$, $i \leq n$, ab, die aber alle mit *denselben* Parametern α gebildet werden. Bei der Rekursion mit Substitution der Parameter soll $f(\alpha,n{+}1)$ von Vorgängerwerten $f(\beta,n)$, $f(\gamma,n)$,... abhängen, in denen für die Parameter α neue Parameter β, γ,... substitutiert werden, die dann Funktionen von α und n sind. Zu $f = f^{k+1}$ seien also vektorwertige Funktionen $q_0, q_1,..., q_{p-1}$ von ω^{k+1} nach ω^k gegeben; dann heiße f durch Rekursion mit *Substitution der Parameter* definiert, wenn mit Funktionen $g = g^k$ und $r = r^{k+p}$ gilt

$$f(\alpha,0) = g(\alpha)$$
$$f(\alpha,n{+}1) = r(\alpha,n,f(q_0(\alpha,n),n),f(q_1(\alpha,n),n),...) \ .$$

Das

THEOREM 1   Primitiv rekursiv abgeschlossene Mengen **F** sind unter Rekursion mit Substitution der Parameter abgeschlossen: sind g^k, r^{k+p} aus **F** und liegen die $j_0,..., j_{p-1}$ in **F***, so gehört auch f^{k+1} zu **F**.

werde ich in diesem Abschnitt für den Fall $p = 1$ mit einer Funktion $q_0 = q$ beweisen; der allgemeine Fall ist ein Spezialfall des Theorems im folgenden Supplement. Um die Beweisidee deutlich zu machen, rechne ich zunächst einige Werte von f aus:

$$f(\alpha,1) = r(\alpha,0, g(q(\alpha,0)))$$
$$f(\alpha,2) = r(\alpha,1, r(q(\alpha,1), \ 0, g(q(q(\alpha,1),0)))))$$
$$f(\alpha,3) = r(\alpha,2, r(q(\alpha,2), \ 1, r(q(q(\alpha,2),1), \ 0, g(q(q(q(\alpha,2),1),0)))))) \ .$$

Die geschachtelten Werte von q ließen sich durch eine Funktion $Q(\alpha,p)$ beschreiben, bei der p die Tiefe der Schachtelung ausdrückt:

$$Q(\alpha,0) = \alpha \ \ , \ \ Q(\alpha,p{+}1) = q(Q(\alpha,p), ?) \ ;$$

den Anfangswert α wähle ich deshalb, um die oben in den äußersten r–Termen stehenden Parameter α zu erfassen. Dieser Ansatz genügt aber nicht, weil die rechten Argumente der geschachtelten Funktionen q nicht konstant sind, sondern zugleich mit der Schachtelungstiefe fallen sollen. Deshalb werde ich statt $Q(\alpha,p)$ eine Funktion $Q(\alpha,s,p)$ einführen, in der s das rechte Argument der Funktionen q ausdrückt; setze ich

(D0) $Q(\alpha,s,0) = \alpha \ \ , \ \ Q(\alpha,s,p{+}1) = q(Q(\alpha,s,p), s\dot{-}p) \ ,$

so folgt $Q(\alpha,s,1) = q(\alpha,s)$ für $q \geq 0$, daher $Q(\alpha,s,2) = q(q(\alpha,s), s{-}1)$ für $s \geq 1$, weshalb für $s \geq 2$ auch $Q(\alpha,s,3) = q(q(q(\alpha,s),s-1),s-2)$. Damit kann ich die Werte von f als

$$\text{(1)} \quad \begin{aligned}
f(\alpha,0) &= g(Q(\alpha,0,0)) \\
f(\alpha,1) &= r(Q(\alpha,0,0),\, 0,\, g(Q(\alpha,0,1))) \\
f(\alpha,2) &= r(Q(\alpha,1,0),\, 1,\, r(Q(\alpha,1,1),\, 0,\, g(Q(\alpha,1,2)))) \\
f(\alpha,3) &= r(Q(\alpha,2,0),\, 2,\, r(Q(\alpha,2,1),\, 1,\, r(Q(\alpha,2,2),\, 0,\, g(Q(\alpha,2,3)))))
\end{aligned}$$

schreiben. Eine rekursiv durch

$$F(\alpha,0) = ? \quad, \quad F(\alpha,n+1) = r(Q(\alpha,n,?),\, n,\, F(\alpha,n))$$

erklärte Funktion würde jedoch das Bildungsgesetz von f noch nicht wiedergeben, weil die Schachtelungstiefe in J dem Gang der Rekursion entgegenläuft. Um diese Gegenläufigkeit zu erfassen, versehe ich auch F mit einem weiteren Argument m, dessen Aufgabe es ist, das hier in der m-ten Zeile durchgängige 2. Argument $m-1$ von Q zu beschreiben; zu ihm muß das 3. Argument von Q gegenläufig sein. Deshalb setze ich

$$\text{(D1)} \quad F(\alpha,m,n+1) = r(Q(\alpha,\, m \dot- 1,\, (m \dot- (n+1))),\, n,\, F(\alpha,m,n)) \ .$$

Alsdann folgt

$$F(\alpha,m,1) = r(Q(\alpha,m-1,m-1),\, 0,\, F(\alpha,m,0))$$

$$\begin{aligned}
F(\alpha,m,2) &= r(Q(\alpha,m-1,m-2),\, 1,\, F(\alpha,m,1)) \\
&= r(Q(\alpha,m-1,m-2),\, 1,\, r(Q(\alpha,m-1,m-1),\, 0,\, F(\alpha,m,0)))
\end{aligned}$$

$$\begin{aligned}
F(\alpha,3,3) &= r(Q(\alpha,2,0),\, 2,\, F(\alpha,3,2)) \\
&= r(Q(\alpha,2,0),\, 2,\, r(Q(\alpha,2,1),\, 1,\, r(Q(\alpha,2,2),\, 0,\, F(\alpha,3,0)))) \ ,
\end{aligned}$$

wobei in der ersten Zeile $m = 1,2,3$, in der zweiten $m = 2,3$ zugelassen ist. Bestimme ich nun noch für $F(\alpha,m,0)$ die passenden Anfangswerte, nämlich

$$\text{(D2)} \quad F(\alpha,m,0) = g(Q(\alpha,m \dot- 1,m)) \ ,$$

so folgt in der Tat

$$\text{(2)} \quad \begin{aligned}
F(\alpha,0,0) &= g(Q(\alpha,0,0)) \\
F(\alpha,1,1) &= r(Q(\alpha,0,0),\, 0,\, g(Q(\alpha,0,1))) \\
F(\alpha,2,2) &= r(Q(\alpha,1,0),\, 1,\, r(Q(\alpha,1,1),\, 0,\, g(Q(\alpha,1,2)))) \\
F(\alpha,3,3) &= r(Q(\alpha,2,0),\, 2,\, r(Q(\alpha,2,1),\, 1,\, r(Q(\alpha,2,2),\, 0,\, g(Q(\alpha,2,3))))) \ .
\end{aligned}$$

Damit ist $f(\alpha,n) = F(\alpha,n,n)$ in den Fällen $n = 0,1,2,3$ verifiziert; der Versuch, dies durch eine direkte Induktion für alle n zu beweisen, scheitert jedoch daran, daß f und F auf zu unterschiedliche Manier definiert sind; ich muß mir zunächst eine Behauptung verschaffen, die einem Induktionsbeweis überhaupt zugänglich ist, und aus ihr dann das gewünschte Ergebnis folgern. *Sie* finde ich durch den Vergleich der Schemata (1) und (2): in der letzten Zeile von (2) stehen nach $F(\alpha,3,3)$ in den Rekursionen sukzessive $F(\alpha,3,2)$, $F(\alpha,3,1)$ und $F(\alpha,3,0)$; in der letzten Zeile von (1) stehen nach

$f(\alpha,3)$, nämlich $f(Q(\alpha,2,0),3)$, in denselben Rekursionen dann sukzessive $f(Q(\alpha,2,1),2)$, $f(Q(\alpha,2,2),1)$, $f(Q(\alpha,2,3),0)$. Daraus entnehme ich die Behauptung

(3)   wenn $m > 0$, so für alle $n \leq m$: $f(Q(\alpha,m-1,m-n),n) = F(\alpha,m,n)$,

aus der für $m = n$ dann $f(\alpha,n) = F(\alpha,n,n)$ folgt. Für $n = 0$ steht in (3) zur Linken $f(Q(\alpha,m-1,m),0) = g(Q(\alpha,m-1,m))$, und rechts steht nach (D2) dasselbe. Sei nun $n+1 \leq m$; dann gilt

$$m-(n+1) = (m-n)-1$$
$$n = (m-1)-((m-n)-1) \ ,$$

weshalb

$$q(Q(\alpha,m-1,m-(n+1)),n) = q(Q(\alpha,m-1,(m-n)-1),(m-1)-((m-n)-1)) = $$
$$Q(\alpha,m-1,m-n)$$

nach (D0). Für $n+1$ statt n erhalte ich daher links in (3)

$$f(Q(\alpha,m-1,m-(n+1)),n+1)$$
$$= r(Q(\alpha,m-1,m-(n+1)), n, f(q(Q(\alpha,m-1,m-(n+1)),n),n))$$
$$= r(Q(\alpha,m-1,m-(n+1)), n, f(Q(\alpha,m-1,m-n),n))$$
$$= r(Q(\alpha,m-1,m-(n+1)), n, F(\alpha,m,n))$$

aus der ursprünglichen Rekursionsvorschrift für f und durch Einsetzen der Induktionsannahme. Nach (D1) stimmt das mit der rechten Seite von (3) überein.

Entsprechende Reduktionen lassen sich auch im Fall $p > 1$ anstellen, jedoch werden die dann auftretenden Formeln schon im Fall $p = 2$ von einer abschreckenden Kompliziertheit.

Supplement 3. Geschachtelte Rekursion

Im Vorangehenden habe ich über die Rekursion mit Substitution der Parameter gesprochen, bei der $f^{k+1}(\alpha, n+1)$ von mehreren Vorgängerwerten $f^{k+1}(r_0(\alpha,n), n)$, $f^{k+1}(r_1(\alpha,n), n)$, ... $f^{k+1}(r_{p-1}(\alpha,n), n)$ abhing, wobei die r_i Funktionen von ω^{k+1} in ω^k waren; der Nachweis, das diese Rekursion auch im Falle *mehr* als einer Funktion r_0 aus primitiv rekursiv abgeschlossenen Mengen F nicht hinausführt, war noch offen geblieben. Vorgängerwerte dieser Art will ich auch *vom Typ* 0 nennen.

Von einer *geschachtelten Rekursion* will ich sprechen, wenn eine Abhängigkeit von allgemeiner geschachtelten Vorgängerwerten $f^{k+1}(\beta, n)$ besteht, deren Parameter β nicht bloß Funktionen von α und n, sondern auch noch von bereits gebildeten, *weniger* (zum Beispiel 0-fach) *geschachtelten* Vorgängerwerten sind. Allgemein werde ich Vorgängerwerte definieren als

> vom Typ 0 im Fall $\qquad f(\rho(\alpha,n), n)$
>
> > mit einer Folge $\rho = \langle r_i(\alpha,n) \mid i < k \rangle$ von Funktionen, welche f nicht enthalten,
>
> vom Typ m+1 im Fall $\qquad f(\rho(\alpha,n), n)$
>
> > mit einer Folge $\rho = \langle r_i(\alpha,n) \mid i < k \rangle$ von Funktionen, welche höchstens Vorgängerwerte vom Typ m enthalten.

Natürlich will ich eigentlich gar keine Funktions*werte*, also Zahlen, mit diesen Namen versehen, sondern ihre *Darstellungen*, die ich durch *Terme* beschreiben kann. Das sind sprachliche Objekte, welche hier dasselbe leisten, wie die *Buchstabenrechnung* in der Schulalgebra. Ich betrachte also die Symbole *0, 1* als *Konstanten*, eine erste Folge von Zeichen $x_0, x_1, ...$, die ich *Variablen* nenne, sowie eine zweite Folge *r, s, ...* von diesen verschiedener Zeichen, die ich *Funktionssymbole* nenne und deren jedem noch eine positive natürliche Zahl als seine *Stellenzahl* zugeordnet sei. Mit ihnen definiere ich bestimmte endliche Zeichenfolgen als *Terme*, zu deren abkürzender *Mitteilung* ich, wenn nötig, Buchstaben wie $t_0, t_1, ...$ verwenden werde:

> *0, 1* und jede Variable x_i ist ein Term,
>
> ist *r* Funktionssymbol der Stellenzahl k und sind $t_0, ..., t_{k-1}$ Terme, so ist auch $r(t_0, ..., t_{k-1})$ ein Term.

Ist dann eine *Interpretation* festgelegt, welche der Konstanten *0* die Null 0 und jedem Funktionssymbol *r* eine (wirkliche) Funktion r derselben Stellenzahl als die *von r bezeichnete* Funktion zuordnet, so ist es klar, daß sich zu jeder *Belegung* der in einem Term *t* auftretenden Variablen mit Elementen von ω eindeutig der *Wert* von t ausrechnen läßt (wie man auch in der Schulalgebra den Wert von $(x_0+x_1)\cdot x_2$ bei Belegung von x_0,x_1,x_2 mit 3,4,5 als 35 erhält). Die *Gültigkeit* einer Gleichung $r = s$ soll dann besagen, daß für *jede* Belegung der Variablen durch Zahlen die beiden Terme r, s denselben Wert liefern.

Es seien nun irgendwelche Funktionssymbole r, s, .. gegeben, und es sei f ein weiteres, von ihnen verschiedenes Funktionssymbol der Stellenzahl $k+1$. Dann erkläre ich mit $\xi = \,<x_0,..., x_{k-1}>$ als *Vorgängerterme*

vom Typ 0 alle Terme $f(\rho, x_k)$

mit einer Folge ρ von k Termen $r(\xi, x_k)$ mit von f verschiedenem r,

vom Typ m+1 alle Terme $f(\rho, x_k)$

mit einer Folge ρ von k Termen $r(\xi, x_k, t_0, t_1, ...)$, in denen die t_0, t_1, ... Vorgängerterme von Typen höchstens m sind;

weiter erkläre ich die *Vorläufer* eines Vorgängerterms, indem ein $f(\rho, x_k)$ vom Typ 0 nur sich selbst als Vorläufer hat, eines vom Typ m+1 aber neben sich selbst auch noch alle Vorläufer von Vorgängertermen t_0, t_1, ... in den Gliedern von ρ. Man bemerke, daß Vorgängerterme vom Typ m auch solche vom Typ m+1 sind; jeder Vorgängerterm hat daher als minimalen Typ das um 1 vergrößerte Maximum der minimalen Typen seiner Vorläufer. Zur abkürzenden *Mitteilung* von Vorgängertermen werde ich Ausdrücke $f_i(\xi, x_k)$, $f_j(\xi, x_k)$ verwenden.

Damit kann ich nun die geschachtelte Rekursion mit Hilfe der Gültigkeit von Termgleichungen ausdrücken. Es seien g und r von f verschiedene Funktionssymbole und $r(\xi, x_k, t_0, t_1, ...)$ ein Term, in dem die t_0, t_1, ... Vorgängerterme sind. Wird f durch die Funktion f und werden alle von f verschiedenen Funktionssymbole durch andere Funktionen interpretiert, so heiße f durch *geschachtelte (einfache) Rekursion* definiert, wenn (unter jener Interpretation) die Gleichungen

$$(0) \qquad f(\xi, 0) = g(\xi) \qquad \text{und} \qquad f(\xi, x_k+1) = r(\xi, x_k, t_0, t_1, ...)$$

gelten. Ich werde nun beweisen das

THEOREM 1   Eine primitiv rekursiv abgeschlossene Menge **F** ist unter geschachtelter (einfacher) Rekursion abgeschlossen: ist f durch die obgenannten Gleichungen definiert, so liegt f in **F**, wenn die g interpretierende Funktion g sowie alle die Funktionen in **F** liegen, welche die von f verschiedenen Funktionssymbole in t interpretieren.

Dazu will ich den Rekursionsterm $r(\xi, x_k, t_0, t_1, ...)$ zunächst auf eine bestimmte Gestalt bringen. Es sei

(1) $f_0(\xi, x_k)$, $f_1(\xi, x_k)$, ... , $f_p(\xi, x_k)$

eine Liste aller Vorgängerterme, welche in $r(\xi, x_k, t_0, t_1, ...)$ auftreten oder Vorläufer solcher t_i sind; sie sei so geordnet, daß für $q < s$ der minimale Typ von $f_q(\xi, x_k)$ kleiner oder gleich dem minimalen Typ von $f_s(\xi, x_k)$ ist. Da diese Liste die Vorläufer jedes ihrer Glieder enthält, hat $f_s(\xi, x_k)$ höchstens den minimalen Typ s, und ich kann deshalb fortan $f_s(\xi, x_k)$ als vom Typ s ansehen.

Ich darf aber sogar annehmen, daß im Rekursionsterm $r(\xi, x_k, t_0, t_1, ...)$ sämtliche Glieder der Folge (1) als Terme t_i auftreten. Denn wird r durch eine m–stellige Funktion r interpretiert und ist r_1 ein neues Funktionssymbol, das die Funktion $r_1 = p_0^2 \circ < r \circ < p_0^{m+1}, ..., p_{m-1}^{m+1} >, p_m^{m+1} >$ interpretiert, so stimmt für alle Funktionen $h_0, ..., h_{m-1}$, k dann $r \circ < h_0, ..., h_{m-1} >$ mit $r_1 \circ < h_0, ..., h_{m-1}, k >$ überein, weshalb nun auch für jedes $f_s(\xi, x_k)$ dann $r(\xi, x_k, t_0, t_1, ...)$ und $r_1(\xi, x_k, t_0, t_1, ..., f_s(\xi, x_k))$ durch dieselbe Funktion interpretiert werden.

Des Weiteren will ich dieselbe Normierung der Argumente für die k Terme $r_{s,i}(\xi, x_k, t_0, t_1, ...)$ in einem jeden der $f_s(\xi, x_k) = f(\rho, x_k)$ vornehmen: ich forme sie so um, daß in jedem von ihnen alle $f_q(\xi, x_k)$ mit $q < s$ auftreten und $r_{s,i}(\xi, x_k, t_0, t_1, ...)$ gleich $r_{s,i}(\xi, x_k, f_0(\xi, x_k), f_1(\xi, x_k), ..., f_{m-1}(\xi, x_k))$ wird. Neben der Anfangsbedingung

$$f(\xi, 0) = g(\xi)$$

gehören zur Rekursionsvorschrift

(2) $f(\xi, x_k+1) = r(\xi, x_k, f_0(\xi, x_k), f_1(\xi, x_k), ..., f_p(\xi, x_k))$

somit die p+1 Gleichungen

(3) $f_0(\xi, x_k) = f(< r_{0,i}(\xi, x_k) \mid i < k >, x_k)$

(4) $f_s(\xi, x_k)$
$$= f(< r_{s,i}(\xi, x_k, f_0(\xi, x_k), f_1(\xi, x_k), ..., f_{s-1}(\xi, x_k)) \mid i < k >, x_k) ,$$

mit $s = 1, ..., p$. Sind in dieser, der Sache eigentlich gleichgiltigen Manier die *Schreibweisen* einmal fixiert, so kann ich fortan die Unterscheidung von Termen und ihren Werten wieder vergessen und wie gewohnt nur die *Werte* aufschreiben, statt der Vorgängerterme aus (1) also ihre Werte

$f_0(\alpha, n)$, $f_1(\alpha, n)$, ..., $f_p(\alpha, n)$

unter der Belegung von ξ, x_k mit α, n.

Ich bemerke zunächst, daß es genügen wird, den Beweis für den Fall $k = 1$ zu führen. Denn ist das geschehen und ist $f = f^{k+1}$ mit den oben gegebenen Daten definiert, so kann ich mit den durch

$$g^\S(a) = g(UA^k(a)) \ ,$$

$$r^\S{}_s(a, n, z_1, \ldots, z_s) = AU^k(<r_{s,i}(UA^k(a), n, z_1, \ldots, z_s) \,|\, i < k>)$$
$$\text{für } 0 \leq s < p,$$

$$r^\S(a, n, z_1, \ldots, z_p) = r(UA^k(a), n, z_1, \ldots, z_p)$$

erklärten Daten eine Funktion $f^\S$ definieren, die nach dem Bewiesenen in F liegt; ich bemerke, daß aus der Definition der $r^\S{}_s$ mit der Identität $\xi = UA^k(AU^k(\xi))$ folgt

$$(5) \qquad UA^k(r^\S{}_s(a, n, z_1, \ldots, z_s)) = \, <r_{s,i}(UA^k(a), n, z_1, \ldots, z_s) \,|\, i < k> \ .$$

Alsdann beweise ich durch Induktion über n

$$(6) \qquad \text{für alle a:} \quad f^\S(a,n) = f(UA^k(a),n) \ ;$$

für $n = 0$ folgt das aus $f^\S(a,0) = g^\S(a) = g(UA^k(a)) = f(UA^k(a), 0)$. Ist (6) für n bewiesen, so folgt zunächst aus (3) und (5)

$$f_0(UA^k(a), n) = f(r_{0,0}(UA^k(a), n), \ldots, r_{0,k-1}(UA^k(a),n), n)$$
$$= f(UA^k(r^\S{}_0(a,n)), n) \ ,$$

und nach der Induktionsannahme ist das $f^\S(r^\S{}_0(a,n),n)$, also $f^\S{}_0(a,n)$. Mithin gilt jedenfalls $f_0{}^\S(a,n) = f_0(UA^k(a),n)$; ist

$$(7) \qquad f^\S{}_t(a,n) = f_t(UA^k(a),n)$$

bereits für alle $t \leq s$ bewiesen, so folgt aus (4), (7), (5) für $f_{s+1}(UA^k(a), n)$ auch

$$f(r_{s+1,0}(UA^k(a), n, f_0(UA^k(a),n), \ldots, f_s(UA^k(a),n)), \ldots ,$$
$$r_{s+1,k-1}(UA^k(a), n, f_0(UA^k(a),n), \ldots, f_s(UA^k(a),n)), n)$$
$$= f(r_{s+1,0}(UA^k(a), n, f^\S{}_0(a,n), \ldots, f^\S{}_s(a,n)), \ldots ,$$
$$r_{s+1,k-1}(UA^k(a), n, f^\S{}_0(a,n), \ldots, f^\S{}_s(a,n)), n)$$
$$= f(UA^k(r^\S{}_{s+1}(a, n, f^\S{}_0(a,n), \ldots, f^\S{}_s(a,n))), n) \ ,$$

und nach der Induktionsannahme ist das nun $f^\S(r^\S{}_{s+1}(a, n, f^\S{}_1(a,,n), \ldots , f^\S{}_s(a,n)), n)$, also $f^\S{}_{s+1}(a,n)$. Mithin gilt auch $f^\S{}_{s+1}(a,n) = f_{s+1}(UA^k(a), n)$, und das beweist (7) für alle t mit $1 \leq t \leq p$. Damit aber folgt aus (2) und der Definition von $r^\S$

$$f^\S(a, n+1) = r^\S(a, n, f^\S{}_1(\alpha,n), \ldots, f^\S{}_p(\alpha,n)) =$$
$$= r(UA^k(a), n, f_1(UA^k(a),n), \ldots, f_p(UA^k(a), n)) = f(UA^k(a), n+1)$$

und das beendet den Beweis von (6). Wegen $\alpha = UA^k(AU^k(\alpha))$ folgt aus (6) aber auch

$$f(\alpha, n) = f^\S(AU^k(\alpha), n) \ ,$$

und da sich AU^k stets in F findet, gehört zusammen mit $f^\S$ auch f zu F.

Ich wende mich nun dem Beweis des Theorems im Falle $k = 1$ zu, in dem die Gleichungssysteme (2)–(4) die Gestalt

$$f_0(a,n) \quad = f(r_0(a,n), n) \; ,$$
$$f_{s+1}(a,n) \quad = f(r_{s+1}(a, n, f_0(a,n), \dots , f_s(a,n)), n) \quad \text{für } s < p,$$
$$f(a, n+1) \quad = r(a, n, f_0(a,n), \dots , f_p(a,n))$$

annehmen. Allein deshalb, um im Folgenden einfach formulieren zu können, fasse ich die Funktionen g, r und r_s in einer durch Fallunterscheidung erklärten Funktion R der Stellenzahl 4+p zusammen, die zusammen mit ihnen wieder zu **F** gehört:

$$R(0, a, n, z_0, \dots , z_p) \quad = g(a) \; ,$$
$$R(s, a, n, z_0, \dots , z_p) \quad = r_s(a, n, z_0, \dots, z_{s-1}) \quad \text{für } 1 \leq s \leq p \; ,$$
$$R(p+1, a, n, z_0, \dots , z_p) = r(a, n, z_0, \dots, z_p) \; ,$$
$$R(s, a, n, z_0, \dots , z_p) \quad = 1 \qquad\qquad\qquad \text{für } s > p+1 \; .$$

Die zentrale Idee des folgenden Beweises verdankt man ROSZA PETER [34] [40] (seine Anordnung hier vereinfacht eine Formulierung von CSILLAG [47]); sie besteht in der Übertragung des Verfahrens, mit dem die Wertverlaufsrekursion auf die primitive zurückgeführt wird, wobei die Vorgängerwerte f(a,i) von f(a,n) in der Historie Hf von f arithmetisch kodiert und dann f aus Hf bestimmt wird. Im vorliegenden Falle müssen allerdings die geschachtelten Vorgängerwerte kodiert werden, und das wird durch eine 2–stellige Funktion H geschehen. Verwende ich zur Abkürzung die (4+p)–stellige Funktion C mit

$$C(x_0, x_1, \dots , x_{p+3}) = \Pi < \mathrm{PRINO}(i)^{x_i} \mid 0 \leq i \leq \min(p+3, x_0+1) > \; ,$$

die für $x_0 = j \leq p+1$ nur von $x_0, x_1, \dots, x_{j+1}$ abhängt (i.e. $C(0, x, \dots) = 3^x$, $C(1, x, y, \dots) = 2 \cdot 3^x \cdot 5^y$), so soll gelten

$$(8) \quad H(a, C(s, x, y, z_0, \dots, z_p)) = R(s, H(a,x), y, H(a,z_0), \dots , H(a,z_p))$$

für $1 \leq s \leq p+1$, was ich sogleich erreiche, indem ich H bei festem Parameter a durch Wertverlaufsrekursion als

$$H(a, 0) = a \; ,$$
$$H(a, n) = R(\mathrm{EXP}(0,n), H(a, \mathrm{EXP}(1,n)), \mathrm{EXP}(2,n), H(a, \mathrm{EXP}(3,n)), \dots ,$$
$$H(a, \mathrm{EXP}(3+p, n))) \quad \text{für } n > 0$$

definiere. Weiter benötige ich die Existenz einer 2–stelligen, primitiv rekursiven Auflösungsfunktion D für H, mit der

$$(9) \quad H(H(a,m), k) = H(a, D(m,k))$$

gelten soll. Ich definiere sie durch eine analoge Wertverlaufsrekursion als

$$D(m, 0) = m \; ,$$
$$D(m, k) = C(\mathrm{EXP}(0,k), D(m, \mathrm{EXP}(1,k)), \mathrm{EXP}(2,k), D(m, \mathrm{EXP}(3,k)), \dots ,$$
$$D(m, \mathrm{EXP}(3+p, k))) \quad \text{für } k > 0 \; .$$

Dann gilt (9) für $k = 0$, weil $H(H(a,m),0) = H(a,m) = H(a,D(m,0))$ nach Definition von H und D; ist (9) für alle k' mit $k' < k$ bewiesen, so läßt sich für $k > 0$ mit dieser Induktionsannahme $H(H(a,m),k)$, nämlich

$$R(EXP(0,k), H(H(a,m), EXP(1,k)), EXP(2,k), H(H(a,m), EXP(3,k)), \ldots ,$$
$$H(H(a,m), EXP(3+p, k)))$$

als

$$R(EXP(0,k), H(a, D(m, EXP(1,k))), EXP(2,k), H(a, D(m, EXP(3, k))), \ldots ,$$
$$H(a, D(m, EXP(3+p, k))))$$

schreiben, und nach Definition von H ist das

$$H(a, C(EXP(0,k), D(m,EXP(1,k)), EXP(2,k), D(m, EXP(3,k)), \ldots ,$$
$$D(m, EXP(3+p, k)))) .$$

Nach Definition von D ist hier das rechte Argument von H gleich $D(m,k)$, und damit ist (9) bewiesen.

Es bleibt mir die Aufgabe, f aus der Funktion H zurück zu gewinnen; dazu werde ich eine 1-stellige primitiv rekursive Funktion E angeben und durch Induktion über n

$$(10) \qquad \text{für alle } a: \quad f(a,n) = H(a, E(n))$$

nachweisen; alsdann wird zusammen mit H und E auch f primitiv rekursiv sein. Zu diesem Ende erkläre ich 2-stellige Funktionen $C_0, \ldots, C_p$ durch

$$C_0(v,w) = D(C(1, 0, v, \ldots), w) ,$$
$$C_s(v,w) = D(C(s, 0, v, C_0(v,w), \ldots, C_{s-1}(v,w), \ldots), w) \quad \text{für } 0 < s \leq p ,$$

die zusammen mit D, C ebenfalls sämtlich primitiv rekursiv sind; mit ihnen definiere ich E primitiv rekursiv durch $E(0) = 1$ und

$$E(n+1) = C(p+1, 0, n, C_0(n,E(n)), \ldots , C_p(n,E(n))) .$$

Da $EXP(i,1) = 0$ für alle i gilt, folgt aus der Definition von H und dann von R jedenfalls $H(a,1) = g(H(a,0)) = g(a)$, weshalb (10) für $n = 0$ zutrifft. Ist (10) für n bewiesen, so zeige ich

$$(11) \qquad f_s(a,n) = H(a, C_s(n, E(n)))$$

durch Induktion für $s \leq p$. Im Fall $s = 0$ kann ich $f_0(a,n) = f(r_0(a,n,),n)$ wegen (10) und (8) als

$$H(r_0(a,n), E(n)) = H(r_0(H(a,0), n), E(n)) = H(H(a, C(1,0,n,\ldots)), E(n))$$
$$= H(a,D(C(1,0,n,\ldots),E(n))$$

schreiben, und hier steht rechts $H(a, C_0(n, E(n)))$. Ist (11) für alle t mit $t \leq s$ bewiesen, so folgt ebenso

$$f_{s+1}(a,n) = f(r_{s+1}(H(a,0), n, f_0(a,n), \ldots, f_s(a,n)), n)$$
$$= H(r_{s+1}(H(a,0), n, f_0(a,n), \ldots, f_s(a,n)), E(n)) \qquad \text{nach (10)}$$
$$= H(H(a, C(s+1, 0, n, C_0(n,E(n)), \ldots, C_s(n,E(n)), \ldots)), E(n)) \text{ nach (8)}$$
$$= H(a, D(C(s+1, 0, n, C_0(n, E(n)), \ldots, C_s(n, E(n)), \ldots), E(n))) \text{ nach (9)}$$
$$= H(a, C_{s+1}(n, E(n))) \qquad\qquad \text{nach Definition von } C_{s+1} .$$

Damit ist (11) für alle s bewiesen, und nun folgt wieder mit (8) und mit der Definition von $E(n+1)$

$$f(a,n+1) = r(a, n, f_0(a,n), \ldots , f_p(a,n))$$
$$= H(a, C(p+1, 0, n, C_0(n,E(n)), \ldots , C_p(n, E(n)))) = H(a, E(n+1)) \ .$$

Das beendet den Induktionsbeweis von (10) und damit den Beweis des Theorems.

Supplement 4. Mehrfache Rekursion

Mit den verschiedenen bisher betrachteten Rekursionarten wurden mehrstellige Funktionen f^{k+1} definiert, wobei sich aber der Rekursionsschritt von $f^{k+1}(\alpha,n)$ nach $f^{k+1}(\alpha, n+1)$ nur in *einem* Argument vollzog (das stets als das letzte gewählt wurde). Von einer *mehrfachen*, etwa *2-fachen*, *Rekursion* wird man sprechen, wenn eine Funktion f^{k+2} für ein Argument $<\alpha, n, m>$ auf eine Art bestimmt werden soll, bei der auf ihre Werte an Stellen $<\alpha,n',m'>$ zurückgegriffen wird, für die $<v,w>$ unter *einer geeigneten Ordnung* der Zahlenpaare Vorgänger von $<n,m>$ ist. Geeignete Ordnungen dafür sind alle die, welche auch Induktionsverfahren auf ω^2 erlauben, also *fundiert* sind; ich werde jedoch im Folgenden allein die *lexikographische* Ordnung von ω^2 betrachten, die auf ω^2 durch

$$<v, w> \ < \ <n, m>$$

falls $v < n$ oder ($v = n$ und $w < m$) erklärt ist, auf ω^k also durch $\beta < \alpha$ falls ein $i < k$ existiert mit $\beta(i) < \alpha(i)$ und $\beta(j) = \alpha(j)$ für $j < i$.

Betrachte ich die 2-fache oder *doppelte* Rekursion, so will ich mich zunächst auf einen einfach zu formulierenden Fall beschränken und $f = f^{k+2}$ *aus* $g = g^{k+1}$, $r_0 = r_0^{k+2}$, $r_1 = r_1^{k+4}$, $l = l^{k+1}$, $k = k^{k+2}$ *durch 2-fache Rekursion definiert* nennen, wenn gilt

$$\cdot \ f(\alpha,0,m) = g(\alpha,m) \ ,$$
$$f(\alpha,n+1,0) = r_0(\alpha, n, f(\alpha, n, l(\alpha,n))) \ ,$$
$$f(\alpha,n+1,m+1) = r_1(\alpha, n, m, f(\alpha, n, k(\alpha,n,m)), f(\alpha, n+1, m))$$

speziell für $k = 0$

(f0)	$f(0,m) = g(m) \ ,$
(f1)	$f(n+1,0) = r_0(n, f(n, l(n))) \ ,$
(f2)	$f(n+1,m+1) = r_1(n, m, f(n, k(n,m)), f(n+1, m)) \ .$

Es besagt (f1), daß f zu Beginn der Geraden $<n+1,->$ durch Rückgriff auf einen Wert auf der Geraden $<n,->$ erklärt wird (dessen Stelle durch $l(n)$ bestimmt ist); es besagt (f2), daß f an der Stelle $m+1$ der Geraden $<n+1,->$ durch Rückgriff (a) auf den Wert an der Stelle $k(n,m)$ auf der Geraden $<n,->$ und (b) auf den Wert an der vorangehenden Stelle m der Geraden $<n+1,->$ erklärt wird. Der Rückgriff oder *Rekurs* bezieht sich also stets auf Paare, welche lexikographisch kleiner sind als das Argumentenpaar, an dem die Berechnung vorgenommen werden soll; da offenbar jede Folge von Zahlenpaaren $<v_i, w_i>$, bei der für jedes i das Paar $<v_{i+1}, w_{i+1}>$ lexikographisch kleiner als $<v_i, w_i>$ ist, nach endlich vielen Schritten (spätestens beim Paar $<0,0>$) abbrechen muß, ist also die Menge aller Vorgängerpaare $<v, w>$, auf die bei der Berechnung eines Paares $<n, m>$ irgendwann Rekurs genommen wird, eine endliche.

THEOREM 1   Primitiv rekursiv abgeschlossene Mengen **F** sind unter
2-facher Rekursion abgeschlossen: liegen die Anfangsdaten
in **F**, so liegt dort auch die durch sie definierte Funktion.

Die Situation, welche bei der Definition durch 2-fache Rekursion vorliegt,
hat mit derjenigen bei Wertverlaufsrekursion gemein, daß mit einem
Schlage nicht bloß die Verhältnisse bei *einem* sondern die bei einer ganzen
Menge von Vorgängern (hier Vorgängerpaaren) ausgedrückt werden müssen. Bei der Wertverlaufsrekursion wurde diese Aufgabe mit Hilfe der
Historie einer Funktion gelöst, welche die Folge der Funktionswerte bei
allen Vorgängern m von n in arithmetischer Form durch Primzahlexponen-
ten kodierte. So einfach aber sind die Verhältnisse hier nicht mehr, denn
zu einem Paar $<m, n>$ gibt es, sobald nur $m > 0$, unbeschränkt viele
lexikographisch kleinere Paare, so daß sich Gesamtheit der Funktionswerte
bei *allen* diesen Vorgängern gewiß *nicht* mehr arithmetisch kodieren läßt.
Wie schon oben bemerkt, sind es nun allerdings nur *endlich* viele Vorgängerpaare, auf die bei der Berechnung von f(n,m) Rekurs genommen werden muß; es fehlt aber zunächst an einer uniformen Beschreibung dieser
endlichen Mengen von Vorgängerpaaren, wie sie nötig wäre, um etwa ein
Analogon zur früheren (eindimensionalen) Historie zu erklären. Die im
Folgenden entwickelte *Lateralkonstruktion* von ROSZA PETER [36] erweitert den Begriff der Historie in's Mehrdimensionale und führt, durch die
Ausnutzung einer weiteren Eigenschaft der Exponenten von Primfaktorzerlegungen, zu einer Reduktion der 2-fachen auf die gewöhnliche, lineare
Rekursion und damit zu einem Beweis des Theorems.

Um die folgenden Rechnungen übersichtlich zu halten, formuliere ich
Konstruktion und Beweis für den parameterfreien Fall; im allgemeinen
Fall bleibt er wörtlich derselbe. Sei also f durch (f0)- (f2) definiert. Dann
bilde ich die Lateralfunktion d(x,y) mit der Eigenschaft

$$f(n,m) = EXP(m,d(n,u)) \textit{ für jedes } u \text{ mit } u \geq m$$

durch die Definition

$$d(n,m) = \Pi < PRINO(i)^{f(n,i)} \mid i \leq m > \ .$$

Zu d finde ich Funktionen e, q_0, q_1, welche den Gleichungen

$$(d0) \qquad d(0, m) = e(m) \ ,$$
$$(d1) \qquad d(n+1, 0) = q_0(n, d(n, l(n))) \ ,$$
$$(d2) \qquad d(n+1, m+1) = q_1(n, m, d(n,u), d(n+1, m))$$

für jedes u mit $u \geq k(n,m)$, genügen, wobei zusammen mit g, r_0, r_1 auch e,
q_0, q_1 primitiv rekursiv respektive elementar sind und, weiter, zusammen
mit d auch f primitiv rekursiv respektive elementar ist. Dazu brauche ich
nur zu setzen

$$e(m) = \Pi < PRIN0(i)^{g(i)} \mid i \leq m > \; ,$$

$$q_0(n,x) = 2^{r_0(n \dotdiv 1,\, EXP(l(n \dotdiv 1),\, x))} \; ,$$

$$q_1(x,y,z,u) = u \cdot PRIN0(y+1)^{r_1(x,\; y,\; EXP(k(x,y),\, z),\; EXP(y,u))} \; .$$

Denn dann folgt (d0) sogleich aus (f0), weiter (d1) aus (f1) wegen

$$d(n+1,0) = PRIN0(0)^{f(n+1,\,0)} = PRIN0(0)^{r_0(n,\; f(n,\,l(n)))}$$

$$= PRIN0(0)^{r_0(n,\; EXP(l(n),\; d(n,\,l(n))))} \; ,$$

und (d2) aus (f2) weil

$$d(n+1,m+1) = d(n+1,m) \cdot PRIN0(m+1)^{r_1(n,\; m,\; f(n,\,k(n,m)),\; f(n+1,m))}$$

$$= d(n+1,m) \cdot PRIN0(m+1)^{r_1(n,\; m,\; EXP(k(n,m),\; d(n,u)),\; EXP(m,\; d(n+1,m)))}$$

für jedes u mit $u \geq k(n,m)$.

Anscheinend ist das Gleichungssystem (d0–d2) nur eine geringfügige Variante des Systems (f0 – f2). Ich werde es auch *nicht* verwenden, um mit ihm die Funktion d durch 2–fache Rekursion zu definieren. Vielmehr verschaffe ich mir zunächst eine Funktion h(n,m) mit der Eigenschaft $h(n,m) \geq k(n,i)$ für alle $i \leq m$, zum Beispiel als $\Pi < k(n,i)+1 \mid i \leq m >$, so daß zusammen mit k auch h primitiv rekursiv respektive elementar ist. Weiter definiere ich mit Hilfe von q_1 eine Funktion R(x,y,z,u,v) durch primitive Rekursion über v

(a0) $R(x, y, z, u, 0) = q_1(x, y, z, u)$
(a1) $R(x, y, z, u, v+1) = R(x, y, z, q_1(x, y \dotdiv (v+1), z, u), v)$

mit einer Substitution im Parameter u. Schließlich definiere ich eine Funktion $r_2(x, n, m)$ durch Fallunterscheidung als

$$r_2(x, y, n, m) = q_0(n, x) \quad \text{für } m = 0 \; ,$$
$$r_2(x, y, n, m) = R(n, m \dotdiv 1, y, q_0(n,x), m \dotdiv 1) \quad \text{für } m > 0 \; .$$

Dann werde ich zeigen, daß d für alle n und m den Beziehungen

(b0) $d(0,m) = e(m)$,
(b1) $d(n+1, m) = r_2(d(n, l(n)),\, d(n, h(n,m)),\, n,\, m)$

genügt. Sie aber beschreiben eine primitive Rekursion über n mit zwei Substitutionen im Parameter m. Waren also g, r_0, r_1 primitiv rekursiv, folglich auch e, q_0, q_1 und damit R und r_2, so ist auch d noch primitiv rekursiv, mithin auch f .

Zum Beweis von (b1) bemerke ich zunächst, daß aus (d2) mit $c = h(n,m)$ folgt

(1) $d(n+1, i+1) = q_1(n, i, d(n,c), d(n+1,i))$

für alle $i \leq m$; hier kürze ich noch $d(n,c)$ durch C ab. Alsdann beweise ich durch Induktion für alle $i \leq m$

(2) $d(n+1, m+1) = R(n, m, C, d(n+1,i), m \dot- i)$.

Für $i = m$ steht nach (a0) hier rechts $q_1(n, m, C, d(n+1,m))$, und nach (1) ist das der linken Seite gleich. Sei nun (2) für $i+1$ bewiesen, so daß

(3) $d(n+1, m+1) = R(n, m, C, d(n+1, i+1), m \dot- (i+1))$.

Lese ich auf der rechten Seite von (2) $m \dot- i$ als $m \dot- (i+1)+1$, so wird sie mit (a1) zu

$R(n, m, C, q_1(n, i, C, d(n+1,i)), m \dot- (i+1))$.

Hier kann ich auf den q_1-Term wegen $i \leq m$ die Beziehung (1) anwenden und ihn durch $d(n+1, i+1)$ ersetzen:

$R(n, m, C, d(n+1, i+1), m \dot- (i+1))$.

Das aber ist die rechte Seite von (3), so daß aus (3) auch (2) folgt und der Induktionsbeweis beendet ist. Speziell für $i = 0$ ergibt (2) nach Einsetzen von C und mit (d1)

(4) $d(n+1, m+1) = R(n, m, C, d(n+1,0), m)$
       $= R(n, m, d(n, h(n,m)), q_0(n, d(n, l(n))), m)$.

Daher folgt (b1) aus der Definition von r_2.

Ein allgemeines Schema der 2-fachen Rekursion erhalte ich (wieder unter Weglassung von Parametern), indem ich (f1), (f2) zu

(fa1) $f(n+1, 0) = r_0(n, f(n, l_0(n)), f(n, l_1(n)), \dots)$,
(fa2) $f(n+1, m+1) = r_1(n, m, f(n, k_0(n,m)), f(n, k_1(n,m)), \dots ,$
                    $f(n+1, j_0(m)), f(n+1, j_1(m)), \dots)$

verallgemeinere, wobei die j_q Regressionsfunktionen mit $j_q(m) \leq m$ sind. *Auch für diese 2-fache Rekursion bleibt das Theorem in Kraft.* Dazu brauche ich nur anzugeben, an welchen Stellen der geführte Beweis ergänzt werden muß. Was das Auftreten mehrerer Funktionen $l_0, l_1, \dots$ anlangt, so ändere ich die Definition von q_0 in

$$q_0(n, x_0, x_1, \dots) = 2^{r_0(n \dot- 1, \, EXP(l_0(n \dot- 1), x_0), \, EXP(l_1(n \dot- 1), x_1), \, \dots)}$$

und erhalte damit $d(n+1, 0) = q_0(n, d(n, l_0(n)), d(n, l_1(n)), \dots)$ in (d1). Das nötigt mich, die Definition von r_2 so zu formulieren, daß an die Stelle von x eine Folge ξ von Variablen tritt, womit (b1) zu

$$d(n+1, m) = r_2(d(n, l_0(n)), d(n, l_1(n)), \dots , d(n, h(n,m)), n, m)$$

wird. Der weitere Beweis bleibt wörtlich derselbe. – Treten mehrere Funk-tionen $k_0(n,m)$, $k_1(n,m)$, ... auf, so verändere ich die Definition von q_1 in

$$q_1(x, y, z, u)$$
$$= u \cdot PRIN0(y+1)^{r_1(x, \ y, \ EXP(k_0(x,y), z), \ EXP(k_1(x,y), z), \ ... \ , \ EXP(m,u))} .$$

Damit erhalte als (d2) nun $d(n+1, m+1) = q_1(n, m, d(n,u), d(n+1, m))$ für jedes u mit $u \geq k_p(n,m)$ für $p = 0,1, ...$. Wähle ich nun $h(n,m)$ so, daß $h(n,m) \geq k_p(n,i)$ für alle $i \leq m$ und alle p, so bleibt der Rest des Beweises wörtlich derselbe. – Was schließlich das Vorkommen von Regressionsfunktionen j_q betrifft, so verändere ich die Definition von q_1 in

$$q_1(x, y, z, u)$$
$$= u \cdot PRIN0(y+1)^{r_1(x, \ y, \ EXP(k_0(x,y), z), \ EXP(j_0(y), u), \ EXP(j_1(y),u), \ ... \ )} ;$$

wegen $f(n+1, j_q(m)) = EXP(j_q(m), d(n,u))$ für u mit $j_q(m) \leq m \leq u$ erhalte ich dann mit $u = m$ auch (d2) in unveränderter Gestalt.

Die allgemeine mehrfache Rekursion verläuft nach denselben Prinzipien; zusammen mit der Stellenzahl wächst allerdings die Anzahl der möglichen Unterscheidungen. So erhält man schon für die 3–fache Rekursion im einfachen Fall

$$
\begin{aligned}
f(0,n,m) &= g(n,m) \ , \\
f(k+1,0,0) &= r_0(k, f(k, p_0(k), p_1(k))) \ , \\
f(k+1, n+1, 0) &= r_1(f(k, q_0(k,n), q_1(k,n)), f(k+1, n, q_2(k,n))) \ , \\
f(k+1, n+1, m+1) &= r_2(f(k, s_0(k,n,m), s_1(k,n,m)), f(k+1, n, s_2(k,n,m)), \\
&\qquad f(k+1, n+1, m)) \ .
\end{aligned}
$$

Das Theorem bleibt auch für solche mehrfachen Rekursionen in Kraft. Da ich keine Gelegenheit haben werde, dies anzuwenden, unterdrücke ich das Aufschreiben des Beweises.

Supplement 5 . Geschachtelte 2-fache Rekursion

Bei der im Supplement 3 betrachteten geschachtelten Rekursion habe ich in der Rekursionsgleichung $f(\alpha,n+1) = r(\alpha, n, f(\alpha,n))$ auf der rechten Seite die Parameter α durch Vorgängerwerte $f(\rho,n)$ ersetzt, wobei ρ eine Folge von Funktionswerten war, welche selbst mit entsprechenden Vorgängerwerten gebildet sein mochten. Allen diesen Vorgängerwerten $f(\rho,n)$ gemeinsam war, daß ihr letztes Argument die Zahl n ist, wenn $f(\alpha,n+1)$ berechnet werden soll, und in diesem Sinne handelt es sich dort immer noch um die geschachtelte *einfache* Rekursion.

Eine ganz andere Art möglicher Ersetzungen bietet sich bei der mehrfachen Rekursion, von der ich hier wieder nur die 2-fache betrachten will, und da bereits im parameterfreien Fall. Denn in dem Schema

(fa1) $\qquad f(n+1, 0) = r_0(n, f(n, l_0(n)), f(n, l_1(n)), \ldots)$,

(fa2) $\qquad f(n+1, m+1) = r_1(n, m, f(n, k_0(n,m)), f(n, k_1(n,m)), \ldots ,$

$$f(n+1, j_0(m)), f(n+1, j_1(m)), \ldots)$$

kann ich offenbar auch die Funktionen l_i und k_j von bereits vorher bestimmten Funktionswerten von f abhängen lassen, die überdies noch selbst ineinander verschachtelt sein mögen.

Um diese Verhältnisse systematisch zu beschreiben, bediene ich mich sogleich wieder der im vorangehenden Supplement schon allgemein eingeführten *Terme* und erkläre, für ein 2-stelliges Funktionssymbol f, den jetzigen Umständen entsprechend, als *Vorgängerterme*

$\qquad$ vom Typ 0_{10} alle Terme $\quad f(x_0, k(x_0,x_1))$,

$\qquad$ vom Typ 0_{11} alle Terme $\quad f(x_0, l(x_0))$

$\qquad\qquad$ mit von f verschiedenem k, l ,

$\qquad$ vom Typ 0_2 alle Terme $\quad f(x_0+1, j(x_1))$

$\qquad\qquad$ mit von f verschiedenem j ,

$\qquad$ Typ $m+1$ alle Terme $\quad f(x_0, k(x_0,x_1,s_0,s_1,..))$

$\qquad\qquad$ in denen k von f verschieden ist und die $s_0, s_1,..$ Vorgängerterme
$\qquad\qquad$ von Typen höchstens m sind .

Wieder nenne ich jeden Vorgängerterm einen *Vorläufer* von sich selbst, und Vorgängerterme vom Typ m+1 sollen als Vorläufer auch noch alle Vorläufer der s_i haben. Man beachte, daß Terme x_0+1 nur in Termen höherer Typen nur dadurch auftreten können, daß sie in Vorläufern vom Typ 0_2 vorkommen; einen Vorgängerterm vom Typ mindestens 1 *ohne* Vorläufer vom Typ 0_2 nenne ich *primitiv*.

Es seien nun von f verschiedene Funktionssymbole g, r_0, r_1 sowie Vorgängerterme v_0, v_1,.. vom Typ 0_{11} und beliebige Vorgängertermen s_0, s_1,.. gegeben; sie alle seien durch Funktionen interpretiert, und die interpretierenden Funktionen j für die Symbole j in Vorgängertermen vom Typ 0_2 seien sämtlich regressiv: $j(x) \leq x$. Dann heiße die f interpretierende Funktion durch geschachtelte 2-fache Rekursion definiert, wenn gelten

(f0) $\qquad\qquad f(0,x_1) = g(x_1)$

(f1) $\qquad\qquad f(x_0+1,\, 0) = r_0(x_0,\, v_0,\, v_1,\, ... \,)$

(f2) $\qquad f(x_0+1,\, x_1+1) = r_1(x_0,\, x_1,\, s_0,\, s_1,\, ... \,)$.

THEOREM 1 $\qquad$ Eine primitiv rekursiv abgeschlossene Menge **F** ist unter *beschränkter* geschachtelter 2-facher Rekursion abgeschlossen: ist f so definiert und durch eine Funktion aus **F** beschränkt, so liegt es in **F**. Die Menge **FEF** der elementaren Funktionen ist unter **FEF**-beschränkter geschachtelter 2-facher Rekursion abgeschlossen.

Auch dieser Satz wurde von ROSZA PETER [56] bewiesen, und zwar durch ein Reduktionsverfahren, das sich auf das Maximum p der Typen von Vorgängertermen s in (f2) bezieht. Ausgangspunkt ist die Beobachtung, daß für p = 0, i.e. falls nur 0-fach geschachtelte Vorgängerterme dort auftreten, die geschachtelte bereits eine gewöhnliche 2-fache Rekursion nach (fa2) ist, die deshalb aus primitiv rekursiv abgeschlossenen Mengen oder, weil beschränkt, aus **FEF** nicht hinausführt. Mit dem Reduktionsverfahren werde ich zu einer Funktion f, die in (f2) Vorgängerterme vom Typ höchstens p mit p > 0 verwendet und die durch eine Funktion h beschränkt ist, eine Funktion d konstruieren, die durch geschachtelte 2-fache Rekursion mit Vorgängertermen vom Typ höchstens p-1 definiert werden kann und die dann durch eine Funktion h' beschränkt ist. Weiter hängt f von d elementar ab, ebenfalls h' von h, und schließlich hängen auch die d rekursiv definierenden Funktionen elementar von den f rekursiv definierenden Funktionen g, r_0, r_1 ab. Ist die Behauptung daher im Fall p-1 bewiesen, so liefert das Reduktionsverfahren, daß sie auch im Fall p zutrifft.

Im Folgenden werde ich an Stelle der Terme sogleich wieder die sie interpretierenden Funktionen verwenden. Die Funktion d wird wieder durch eine PETERsche Lateralkonstruktion erklärt: ich setze

$$d(n,m) = \Pi < \mathrm{PRINO}(i)^{f(n,i)} \mid i \leq m > \,,$$

so daß $f(n,m) = \mathrm{EXP}(m,\, d(n,u))$ *für jedes* u mit $u \geq m$. Ist h(n,m) eine obere Schranke von f(n,m), so ist

$$h'(n,m) = \Pi < \mathrm{PRINO}(i)^{h(n,i)} \mid i \leq m >$$

eine solche von d(n,m). Weiter setze ich

$$e(m) = \Pi < \mathrm{PRIMO}(i)^{g(i)} \mid i \leq m > \ ,$$

$$q_0(n,x) = 2^{r_0(n\dot{-}1,\ \mathrm{EXP}(l_0(n\dot{-}1),x),\ \mathrm{EXP}(l_1(n\dot{-}1),x),\ \dots\ )}$$

mit g aus (f0), r_0 aus (f1) und den Funktionen l_i aus $v_i = f(x_0,\ l_i(x_0))$. Damit erhalte ich

(d0) $d(0,m) = e(m)$

(d1) $d(n+1,0) = q_0(n,\ d(n,l_0(n)),\ d(n,l_1(n)),\ \dots\ )$.

Die Bestimmung einer Rekursionsformel (d2) wird nun den Typ p in Betracht ziehen müssen; ich betrachte zunächst den Fall, daß (f2) von der Gestalt

(f2) $f(x_0+1,x_1+1) = r_1(x_0,x_1,s)$

mit einem Vorgängerterm $s = s_p$ vom Typ p *und* von der speziellen Art ist, daß er durch eine *Folge* von Vorgängertermen s_i, $p > i > 0$, durch die Definitionen

(v1) $s_1 = f(x_0,\ k_0(x_0,\ x_1,\ f(x_0+1,\ j(x_1))))$

(v2) $s_{i+1} = f(x_0,\ k_i(x_0,\ x_1,\ s_i))$ für $p > i > 0$

bestimmt wird. Mit den interpretierenden Funktionen s_i und k_i folgt aus (v1)

$$s_1(n,m) = \mathrm{EXP}(k_0(n,m,\ f(n+1,j(m))),\ d(n,u))$$

für alle $u \geq k_0(n,m,\ f(n+1,\ j(m)))$, und da $f(n+1,\ j(m)) \leq h(n+1,\ j(m))$, ist $k_0(n,m,\ f(n+1,j(m)))$ einer der Summanden in

$$p(n,m) = \Sigma < k_0(n,m,i) \mid i \leq h(n+1,\ j(m)) > \ ,$$

so daß

(w1) $s_1(n,m) = \mathrm{EXP}(k_0(n,m,\ f(n+1,\ j(m))),\ d(n,\ p(n,m)))$
                   $= \mathrm{EXP}(k_0(n,m,\ \mathrm{EXP}(j(m),\ d(n+1,\ j(m)))),\ d(n,\ p(n,m)))$.

Aus (v2) folgt

(w2) $s_{i+1}(n,m) = \mathrm{EXP}(k_i(n,m,\ s_i(n,m)),\ d(n,\ k_i(n,m,\ s_i(n,m))))$

für $p > i > 0$. Erkläre ich Funktionen

(c1) $c_1(x_0,x_1,y_0,y_1) = k_1(x_0,x_1,\ \mathrm{EXP}(k_0(x_0,x_1,\ \mathrm{EXP}(j(x_1),\ y_1)),\ y_0))$

(c2) $c_i(x_0,x_1,y_0,\ \dots\ ,y_i) = k_i(x_0,x_1,\ \mathrm{EXP}(c_{i-1}(x_0,x_1,y_0,\ \dots\ ,y_{i-1}),\ y_i))$,

für $p > i > 1$, und Vorgängerwerte

$$
\text{(t)} \quad
\begin{aligned}
t_{01} &= d(n,\, p(n,m)) \\
t_{02} &= d(n+1,\, j(m)) \\
t_1 &= d(n,\, c_1(n, m, t_{01}, t_{02})) \\
t_i &= d(n,\, c_i(n, m, t_{01}, t_{02}, \dots, t_{i-1})) \qquad \text{für } p > i > 1 ,
\end{aligned}
$$

so lehrt Induktion für $p > i > 0$

$$
k_i(n, m, s_i(n,m)) = c_i(n, m, t_{01}, t_{02}, \dots, t_{i-1})
$$

$$
s_{i+1}(n, m) = \mathrm{EXP}(c_i(n, m, t_{01}, t_{02}, \dots, t_{i-1}),\, t_i) .
$$

Setze ich

$$
r_1^*(x_0, x_1, y_0, \dots, y_p) = r_1(x_0, x_1, \mathrm{EXP}(c_{p-1}(x_0, x_1, y_0, y_1, \dots, y_{p-1}),\, y_p)) ,
$$

so übersetzt sich deshalb die (f2)-Instanz $f(n+1, m+1) = r_1(n, m, s_p(n,m))$ in

$$
f(n+1, m+1) = r_1^*(n, m, t_{01}, t_{02}, t_1, \dots, t_{p-1}) .
$$

Aus

$$
d(n+1, m+1) = d(n+1) \cdot \mathrm{PRINO}(m+1)^{f(n+1,\, m+1)}
$$

folgt daher mit

$$
q(x_0, x_1, y_{-1}, y_0, \dots, y_p) = y_{-1} \cdot \mathrm{PRINO}(x_1+1)^{r_1^*(x_0, x_1, y_0, \dots, y_p)}
$$

die Rekursionsformel

$$
\text{(d2)} \qquad d(n+1, m+1) = q(n, m, d(n+1, m), t_{01}, t_{02}, \dots, t_{p-1}) .
$$

Die Formeln (t) lehren aber, daß die t_i Werte von Vorgängertermen, bezogen auf d, vom Typ i sind; folglich läßt sich d mit (d0)–(d2) durch Vorgängerterme vom Typ höchstens $p-1$ definieren, und das war zu beweisen.

Im allgemeinen Fall werden auf der rechten Seite von (f2) neben s noch weitere Vorgängerterme auftreten, und weiter werden auch in (v2) neben s_i noch weitere Argumente von k_i vorkommen; man hat es daher nicht mehr mit einer *Folge* von s_i sondern für jedes rechts in (f2) vorkommende s_q mit einem *Baum* von Vorgängertermen s_i zu tun. Alsdann wird man die Umformung (w1) für jeden 1-fach geschachtelten Vorgängerterm mit einer zu ihm gehörenden Funktion p vornehmen, zum Beispiel

$$
\begin{aligned}
s_1(n,m) &= f(n, k_0(n, m, f(n+1, j_0(m)), f(n, j_1(m)))) \\
&= \mathrm{EXP}(k_0(n, m, \mathrm{EXP}(j_0(m), d(n+1, j_0(m))), \mathrm{EXP}(j_1(m), d(n, j_1(m)))), \\
&\qquad\qquad\qquad\qquad\qquad\qquad\qquad\qquad\qquad d(n, p(n,m)))
\end{aligned}
$$

mit

$$
p(n,m) = \Sigma < k_0(n, m, i, j) \mid i \leq h(n+1, j_0(m)),\ j \leq h(n, j_1(m)) > .
$$

Diese Umformungen müssen dann fortgesetzt werden, wobei auch die Funktionen c_i, entsprechend der Gestalt der s_i, geeignete neue Argumente erhalten: ist etwa

$$s_2(n,m) = f(n,\ k_1(n,m,s_0(n,m),\ s_1(n,m)))$$

mit $s_0(n,m) = f(n{+}1,\ j_3(m))$ und dem soeben betrachteten $s_1(n,m)$, so wird mit

$$c_1(x_0,x_1,y_0,y_1,y_2,y_3) =$$
$$k_1(x_0,x_1,\ \mathrm{EXP}(j_3(x_1),y_0),\ \mathrm{EXP}(k_0(x_0,x_1,\ \mathrm{EXP}(j_0(x_1),y_1),\ \mathrm{EXP}(j_1(x_1),y_2)),\ y_3))$$

und

$$t_{002} = d(n{+}1,\ j_3(m)),\quad t_{1002} = d(n{+}1,\ j_0(m)),\quad t_{1102} = d(n,\ j_1(m)),$$

$$t_{101} = d(n,\ p(n,m)),\quad t_1 = d(n,\ c_1(n,m,t_{002},t_{1001},t_{1102},t_{101}))$$

dann

$$s_2(n,m) = \mathrm{EXP}(c_1(n,m,t_{002},t_{1001},t_{1102},t_{101}),\ t_1)\ .$$

Mit diesen Termumformungen erhalte ich dann die Rekursionsgleichung (d2), die wieder nur Vorgängerterme vom Typ höchstens p–1 verwendet. Um sie im allgemeinen Fall überhaupt ausdrücken zu können, muß ich dem Baum der Vorgängerterme s_i einen Baum assoziierter Terme t_{ij} zuordnen, die hinreichend viele neue Variablen enthalten; da die Beweisidee nach dem Gesagten klar ist, überlasse ich die platzaufwendige Formulierung dieser Definitionen dem Fleiße des Lesers.

Die Beispiele der PETERschen Funktion P und der Universalfunktionen U_1, U_2 (im Kapitel 7) lehren, daß die Voraussetzung der Beschränktheit im Theorem 1 nicht zu entbehren ist: P etwa ist nicht primitiv rekursiv, jedoch aus primitiv rekursiven Funktionen durch geschachtelte 2–fache Rekursion definiert, wobei sogar nur Vorgängerterme der Typen 0 und 1 verwendet werden. In Gestalt von P(n, P(n+1,m)) liegt allerdings ein Vorgängerterm vom Typ 1 vor, der einen solchen vom Typ 0_2 zum Vorläufer hat, also *nicht* primitiv im Sinne der oben getroffenen Definition ist. Damit läßt sich nun der Finger auf die Stelle legen, welche die Ursache für den Ausbruch aus primitiv rekursiv abgeschlossenen Mengen ist. Nenne ich nämlich eine geschachtelte 2–fache Rekursion *primitiv*, wenn in (f2) alle Vorgängerterme s_0, s_1, ... primitiv sind, so finde ich das

THEOREM 2   Die Klasse **FPF** der primitiv rekursiven Funktionen ist unter primitiver geschachtelter 2–facher Rekursion abgeschlossen.

Der Beweis beruht auf der Beobachtung von LEV GORDEEV, daß die Ausdrücke im Schema der simpel geschachtelten 2–fachen Rekursion Beziehungen beschreiben, wie sie in ähnlicher Form auch zwischen den PETERschen Skalierungsfunktionen P_i bestehen, welche im Kapitel 6 eingeführt wurden. Wie GORDEEV bemerkt hat, gelingt es damit, eine durch dieses Schema definierte Funktion f durch (die Iteration) eine(r) geeignete(n)

Funktion P_i nach oben abzuschätzen. Die P_i aber liegen in **FPF**, und so wird das Theorem 2 aus dem Theorem 1 folgen. Im Beweis benutze ich den Begriff der *Iterierten* einer Funktion, wie er am Beginn des Kapitels 8 definiert (werden) wird.

Im Folgenden verwende ich die zu Beginn des Kapitels 6 hergeleiteten Aussagen (P0)-(P5). Sei p eine obere Schranke für die Typen der s_i in (f2). Alsdann sei c so groß gewählt, daß P_c-beschränkt sind die Funktionen g, r_0, r_1 sowie alle in den s_i verwendeten Funktionen k und l, schließlich auch die Funktion $(p+2)^x$. Ich definiere eine Folge von Funktionen Q_n mit $Q_0 = P_c$ rekursiv durch

$$Q_{n+1}(0) = P_c(Q_n(P_c(n)))$$
$$Q_{n+1}(m+1) = P_c((Q_n \circ P_c)^{p+1}(n+m) + Q_{n+1}(m)) \ .$$

Aus der Monotonie von P_c folgt zunächst, daß zusammen mit Q_n aus Q_{n+1} monoton ist. Weiter gilt

(1) $Q_n(m) < Q_{n+1}(m)$.

Für m = 0 folgt das aus $P_c(Q_n(P_c(n))) > Q_n(P_c(n)) > Q_n(0)$, und für m+1 finde ich $Q_{n+1}(m+1) > Q_{n+1}(m) \geq Q_n(m+1)$ mit (P2). Nun beweise ich durch Induktion über n und m

(2) $f(n,m) \leq Q_n(m)$.

Das ist klar für n = 0; ist es für n' mit $n' \leq n$ bewiesen, so gilt zunächst $f(n, l_i(n)) \leq Q_n(l_i(n)) \leq Q_n P_c(n)$ für jedes i unter Verwendung von (1), weshalb auch $f(n+1,0) \leq Q_{n+1}(0)$. Ferner gilt $f(n, k(n,m)) \leq Q_n(k(n,m)) < Q_n \circ P_c(n+m)$ für den Wert $t[n,m]$ eines Vorgängerterms $t = f(x_0, k(x_0,x_1))$ vom Typ 0_1, also

$$f(n, k(n, m, t_0[n,m], \ldots)) \leq Q_n(k(n, m, t_0[n,m], \ldots))$$
$$< Q_n(P_c(Q_n \circ P_c(n+m)))$$

für alle Vorgängerterme $t = f(x_0, k(x_0,x_1,t_0, \ldots))$ vom Typ 1; Induktion lehrt daher, daß für die (primitiven) t von einem positiven Typ s auch $t[n,m] \leq (Q_n \circ P_n)^{s+1}(n+m)$ gilt. Die Vorgängerterme s in (f2) sind aber entweder solche t oder von der Gestalt $f(x_0, j(x_1))$; ist also (2) auch für n+1 und alle m' mit $m' \leq m$ bewiesen, so gilt dann auch $f(n+1, j(m)) \leq Q_{n+1}(j(m)) \leq Q_{n+1}(m)$. Mithin ist

$$(Q_n \circ P_n)^{s+1}(n+m) + Q_{n+1}(m)$$

eine obere Schranke der Werte $s[n,m]$ aller dieser Vorgängerterme, und das ergibt

$$f(n+1, m+1) = r_1(n, m, s[n,m], \ldots) \leq P_c((Q_n \circ P_n)^{p+1}(n+m) + Q_{n+1}(m)) \ .$$

Ich setze r = p+2 und behaupte

(3) $Q_n(m) < IP_{c+3}(r^n+m, r^n)$.

Das folgt für Q_0 aus

$$Q_0(m) = P_c(m) < P_{c+3}(m) = IP_{c+3}(m,1) < IP_{c+3}(r^0+m,\ r^0)$$

und gilt für $Q_{n+1}(0)$ wegen $r^n < P_c(n)$ und unter Gebrauch von (P5):

$$\begin{aligned}
P_c(Q_n(P_c(n))) &< P_c \circ IP_{c+3}(r^n+P_c(n),\ r^n) \\
&< P_c \circ P_{c+3}(P_{c+1}(n),\ r^n) \\
&< IP_{c+3}(n,\ r^n+2) \\
&< IP_{c+3}(r^{n+1},\ r^n+2) \\
&\leq IP_{c+3}(r^{n+1},\ r^{n+1})\ .
\end{aligned}$$

Im Folgenden werde ich die aus der Monotonie der P_d folgenden Beziehungen

$$1+P_d(a) \leq P_d(1+a)\ ,\ h+P_d(a) \leq P_d(h+a)\ ,\ h+IP_d(a,r) \leq IP_d(h+a,r)$$

verwenden; unter Gebrauch von (3) als äußerer Induktionsannahme beweise ich für alle s

$$(4) \qquad (Q_n \circ P_c)^s(n+m) < IP_{c+3}(r^n \cdot s+n+m,\ r^n \cdot s+s)\ .$$

Denn für s = 1 liefert (3)

$$\begin{aligned}
Q_n P_c(n+m) &< IP_{c+3}(r^n+P_c(n+m),\ r^n)\ \leq\ IP_{c+3}(P_c(r^n+n+m),\ r^n) \\
&< IP_{c+3}(r^n+n+m,\ r^n+1)\ ,
\end{aligned}$$

und ist (4) für s bewiesen, so folgt es für s+1 weil

$$\begin{aligned}
Q_n P_c(IP_{c+3}(r^n \cdot s+n+m, r^n \cdot s+s)) & \\
&< IP_{c+3}(r^n+P_c(IP_{c+3}(r^n \cdot s+n+m,\ r^n \cdot s+s)),\ r^n) \\
&\leq IP_{c+3}(r^n+IP_{c+3}(r^n \cdot s+n+m,\ r^n \cdot s+s+1),\ r^n) \\
&\leq IP_{c+3}(IP_{c+3}(r^n \cdot (s+1)+n+m,\ r^n \cdot s+s+1),\ r^n) \\
&= IP_{c+3}(r^n \cdot (s+1)+n+m,\ r^n \cdot (s+1)+s+1)\ .
\end{aligned}$$

Für s = p+1 = r−1 gilt $r^n \cdot s+s = r^n \cdot (r-1)+r-1 < r^n \cdot (r-1)+r \leq r^{n+1}$, und da auch $n < r^n$, folgt aus (10) nun

$$(5) \qquad (Q_n \circ P_c)^{p+1}(n+m)\ <\ IP_{c+3}(r^{n+1}+m, r^{n+1})\ .$$

Mit Hilfe von (4) und unter Gebrauch von $Q_{n+1}(m) < IP_{c+3}(r^{n+1}+m,\ r^{n+1})$ als innerer Induktionsannahme beende ich den Induktionsbeweis von (3) durch

$$\begin{aligned}
Q_{n+1}(m+1) = P_c(Q_n \circ P_c)^{p+1}(n+m)\ &+\ Q_{n+1}(m)) \\
&< P_c(IP_{c+3}(r^{n+1}+m,\ r^{n+1})\ +\ IP_{c+3}(r^{n+1}+m,\ r^{n+1})) \\
&= P_c(2 \cdot IP_{c+3}(r^{n+1}+m,\ r^{n+1})) \\
&< P_{c+2}(IP_{c+3}(r^{n+1}+m,\ r^{n+1})) \qquad\qquad \text{(wegen (P5))} \\
&= P_{c+2}(P_{c+3}(IP_{c+3}((r^{n+1}-1) + (m+1),\ r^{n+1}-1))) \\
&= P_{c+3}(1+(IP_{c+3}((r^{n+1}-1) + (m+1),\ r^{n+1}-1)))\ \text{(Definition von } P_d) \\
&\leq P_{c+3}(IP_{c+3}(r^{n+1} + (m+1),\ r^{n+1}-1)) \qquad \text{(Monotonie von } IP_{c+3}) \\
&= IP_{c+3}(r^{n+1} + (m+1),\ r^{n+1})\ .
\end{aligned}$$

Damit steht (3) zur Verfügung. Zusammen mit P_{c+3} ist aber auch IP_{c+3} primitiv rekursiv, folglich auch die daraus durch Superposition entstehende Funktion $H(n,m) = IP_{c+3}(r^n+m,r^n)$, welche f nach (2) und (3) beschränkt.

Supplement 6. Iteration 1-stelliger Funktionen

Mit diesem Supplement schliesse ich an das Kapitel 8 an; ich will zeigen, daß das iterative Rekursionsschema durch ein noch einfacheres ersetzt werden kann, das sich allein auf 1-stellige Funktionen bezieht: die *pure Iteration*

$$h^1(0) = 0$$
$$\text{(SIP)} \qquad h^1(n+1) = r^1(h^1(n)) \; ;$$

definiere ich h^2 mit (SIR) aus r^1, so erhalte ich h^1 als $h^2 \circ <c_0^1, p_0^1>$. Die pure Iteration kann nur 1-stellige Funktionen erzeugen, also gewiß nicht die Funktion h^2 aus (SIR), und deshalb wird es neben der Nennung weiterer Voraussetzungen vor allem nötig sein, das Zusammenspiel von einstelligen und mehrstelligen Funktionen deutlich zu machen.

Eine Menge F 1-stelliger Funktionen heiße abgeschlossen *unter einer* Funktion f^k mit $k > 1$, wenn für $g_0, \ldots, g_{k-1}$ aus F auch $f^k \circ <g_0, \ldots, g_{k-1}>$ in F liegt; sie heiße abgeschlossen *für ein System* von Paarungsfunktionen AU, RO_0, RO_1, wenn sie RO_0, RO_1 enthält und für die 2-stellige Funktion AU abgeschlossen ist. Ich beginne mit dem simplen

LEMMA 1   Es sei F eine Menge 1-stelliger Funktionen, welche die Funktionen s, c_1^1 enthält. F sei abgeschlossen für ein System von Paarungsfunktionen AU, RO_0, RO_1. Weiter sei F abgeschlossen unter Komposition und unter dem Schema (SIP). Ist F abgeschlossen unter r^2, so liegt die durch das Schema

$$\text{(SPR}_0) \qquad f(0) = a$$
$$f(n+1) = r^2(n, f(n))$$

der *parameterfreien* primitiven Rekursion mit $a = 0$ definierte Funktion in F. Im Fall $a > 0$ liegt f dann in F, wenn F außerdem unter $\dot{-}$ und $r^2 \circ <p_0^2, +\circ<c_a^1, p_1^2>>$ (i.e. $r^2(x, a+y)$) abgeschlossen ist

Im Fall $a = 0$ sei mit (SIP) zu $r^1 = \text{AU} \circ <s \circ RO_0, r^2 \circ <RO_0, RO_1>>$ definiert. Dann folgt aus $h^1(0) = 0$ auch $RO_0(h^1(0)) = 0$ und $RO_1(h^1(0)) = f(0)$, und ist $RO_0(h^1(n)) = n$ und $RO_1(h^1(n)) = f(n)$ bereits gesichert, so folgt auch $RO_0(h^1(n+1)) = n+1$ und

$$RO_1(h^1(n+1)) = r^2(RO_0(h^1(n))) \quad , \quad RO_1(h^1(n))) = r^2(n, f(n)) = f(n+1) \; ,$$

so daß sich f als $RO_1 \circ h^1$ gewinnen läßt. Im Fall $a > 0$ enthält F mit s und c_1^1 auch c_a^1; weiter enthält F dann $q^2 = \dot{-} \circ <r^2 \circ <p_0^2, +\circ<c_a^1, p_1^2>>, c_a^1>$.

Ist nun F unter q^2 abgeschlossen, so finde ich nach dem soeben Gezeigten zunächst g mit $g(0) = 0$ und $g(n+1) = q^2(n,g(n))$ in F. Wegen

$$g(n+1) = r^2(n,a+g(n)) \dotdiv a$$

folgt aus $a+g(n) = f(n)$ auch $a+g(n+1) = r^2(n,f(n)) = f(n+1)$, und also gewinne ich f als $+\circ < c_a^1, g >$.

Eine Menge F 1-stelliger Funktionen wird eine 2-stellige, mit (SIR) gewonnene Funktion h^2 nie enthalten können. Sie kann sie jedoch in dem Sinne *erzeugen*, daß für ein System von Paarungsfunktionen die 1-stellige Funktion $h^2 \circ UA^2$ noch zu F gehört; aus ihr läßt sich h^2 gemäß der Identität $(h^2 \circ UA^2) \circ AU^2 = h^2$ zurückgewinnen. Um diesbezügliche Aussagen zu machen, benötigt man allerdings spezielle Systeme von Paarungsfunktionen AU, RO_0, RO_1: ein solches System heiße *absteigend*, wenn gelten

(pa) $AU(0,0) = 0$, also $RO_0(0) = 0$, $RO_1(0) = 0$,

(pb)   aus $RO_1(z+1) > 0$ folgt $RO_1(z+1) = 1+RO_1(z)$ und $RO_0(z+1) = RO_0(z)$.

Den Nachweis, daß es absteigende Systeme primitiv rekursiver (sogar elementarer) Paarungsfunktionen gibt, stelle ich für den Augenblick zurück. Die Umstände, unter denen F die mit (SIR) gewonnene Funktion h^2 im obgenannten Sinne erzeugt, beschreibt das

LEMMA 2   Es sei F eine Menge 1-stelliger Funktionen, welche die Funktionen c_1^1, SG, CSG enthält. F sei abgeschlossen für ein absteigendes System von Paarungsfunktionen AU, RO_0, RO_1. F sei abgeschlossen unter den 2-stelligen Funktionen der Addition und Multiplikation. Weiter sei F abgeschlossen unter Komposition und unter dem Schema (SIP). Dann gilt für jedes f aus F: ist h^2 die durch Iteration nach (SIR) mit f gebildete Funktion, so liegt $h^2 \circ UA^2$ in F.

Zu gegebenem f definiere ich eine 2-stellige Funktion F

$$F(x,y) = RO_0(x+1) \cdot CSG\,(RO_1(x+1)) + f(y) \cdot SG\,(RO_1(x+1))$$

und 1-stellige Funktionen

$$g = h^2 \circ UA^2 \ ,$$

$$u = F \circ UA^2 \ ,$$

$$v = AU \circ < p_0^1,\ g > \ ,$$

$$w = AU \circ < s \circ RO_0,\ u > \ .$$

Aus der Definition von v folgt $RO_1 \circ v = g$, weshalb es genügen wird, v als zu F gehörend nachzuweisen. Dazu wird es genügen, v als durch pure Iteration aus w entstehend und w als zu F gehörend zu erkennen. Da F für

AU, RO_0, RO_1 abgeschlossen ist, wird w zu F gehören, wenn u in F liegt. Das aber ist der Fall, weil aus der Definition von F für u die Darstellung

$$F \circ UA^2 = (RO_0 \circ (s \circ RO_0)) \cdot CSG\,(RO_1(s \circ RO_0)) + (f \circ RO_1) \cdot SG\,(RO_1(s \circ RO_0))$$

folgt. Zur Berechnung von v aus w benötige ich als Hilfsmittel über g die Beziehung

$$g(x+1) = F(x,\ g(x))\ .$$

Sie folgt aus $g(x+1) = If(RO_0(x+1),\ RO_1(x+1))$, denn im Fall $RO_1(x+1) = 0$, also $CSG\,(RO_1(x+1)) = 1$, ist das gleich $RO_0(x+1)$ nach Definition von h^2; im Fall $SG\,(RO_1(x+1)) = 1$ aber ist es $f(If(RO_0(x),\ RO_1(x))) = f(g(x))$ gleichfalls nach Definition von h^2 und wegen der Eigenschaft (pb). Damit kann ich mich der Beschreibung von v zuwenden. Es gilt $v(0) = 0$, weil $g(0) = h^2(UA(0),\ UA(0)) =\ h^2(0,0) = 0$, also $v(0) = AU(0,g(0)) = AU(0,0) = 0$ unter Verwendung der Eigenschaft (pa). Aus der Definition von v folgt $RO_0 \circ v = p_0^1$, also $RO_0(v(x)) = x$; aus der Definition von u und v folgt $u(v(x)) = F(x,g(x))$, und damit erhält man die Iterationsgleichung

$$v(x+1) = AU(x+1,\ g(x+1)) = AU(x+1,\ F(x,g(x)))$$
$$= AU(RO_0(v(x))+1,\ u(v(x))) = w(v(x))$$

Unter dem *Erzeugnis* $F^{\#}$ einer Menge F von 1–stelligen Funktionen unter einem System von Paarungsfunktionen verstehe ich wieder die Menge aller Funktionen $f \circ AU^n$ mit f aus F und $n \geq 1$.

LEMMA 3   Es sei F eine Menge 1–stelliger Funktionen, welche die Funktionen s, c_0^1, CSG enthält. F sei abgeschlossen für ein absteigendes System von Paarungsfunktionen AU, RO_0, RO_1. F sei abgeschlossen unter den 2–stelligen Funktionen der Addition und Multiplikation. Weiter sei F abgeschlossen unter Komposition und unter dem Schema (SIP). Dann ist das Erzeugnis $F^{\#}$ von F gleich FPF.

Da s und c_0^1 in F liegen, liegt auch c_1^1 in F; mit (SIP) entsteht aus c_1^1 durch pure Iteration die Funktion SG, die also auch in F liegt. Es liegen alle Funktionen RO_1^k in F, da sie Kompositionen von RO_0, RO_1 sind; wegen $RO_i^k \circ AU^k = p_i^k$ liegen daher alle p_i^k in $F^{\#}$. Folglich enthält $F^{\#}$ die primitiv rekursiven Anfangsfunktionen, und es bleibt nur zu zeigen, daß $F^{\#}$ unter Superposition und primitiver Rekursion abgeschlossen ist; für die Superposition schließe ich wie im Lemma 7.2. Nach dem Corollar 8.1 wird die Abgeschlossenheit von $F^{\#}$ unter primitiver Rekursion gesichert sein, wenn zu jedem 1–stelligen f aus $F^{\#}$ auch If in $F^{\#}$ liegt. Die 1–stelligen Funktionen von $F^{\#}$ sind aber die von F; sind also die Voraussetzungen des Lemmas 2 erfüllt, so liefert seine Behauptung gerade, daß jedes solche If zu $F^{\#}$ gehört.

Das Lemma 3 hat alles, was man von einem Kennzeichnungstheorem erwartet – nur sind seine Voraussetzungen bislang noch hypothetisch: im Besonderen kenne ich noch keine absteigenden Systeme von Paarungsfunktionen. Ein erstes solches System hat R.M.ROBINSON [47] angegeben, nämlich

$$QAU(x,y) = ((x+y)^2 + y)^2 + x \; ,$$
$$QRO_0(z) = z \doteq ESQ(z)^2 \; , \quad QRO_1(z) = ESQ(z) \doteq ESQ(ESQ(z)) \; ,$$

und da es in der Literatur, etwa bei COHEN [87] , 3.5, eine vorzüglicheBehandlung erfahren hat, will ich an seiner Stelle ein von H.E.ROSE [84] verwendetes System besprechen, das sich durch eine gewisse Ökonomie auszeichnet. Dabei werde ich die FERMATsche Formel

$$\Sigma < (^1/_2) \cdot i \cdot (i+1) \mid i \leq n > \; = \; (^1/_6) \cdot n \cdot (n+1) \cdot (n+2)$$

verwenden; um sie einzusehen, schreibe ich mir in einer $(n \times n)$–Matrix in jede Zeile die Zahlen von 1 bis n, so daß die Summe S aller dieser Zahlen gleich $n \cdot (^1/_2) \cdot n \cdot (n+1)$ wird. Die Summe s aller Zahlen oberhalb der Hauptdiagonalen, und zwar diese einbegriffen, ist gerade die in der FERMATschen Formel gesuchte Summe. Die Summe t aller Zahlen unterhalb der Hauptdiagonalen, und zwar wiederum diese einbegriffen, ist $1 + 2 \cdot 2 + 3 \cdot 3 + ... + n^2$, also die Summe der ersten n Quadrate. Die Summe der Hauptdiagonalen selbst ist wieder $(^1/_2) \cdot n \cdot (n+1)$, und da ich sie sowohl in s als in t mitgezählt, muß ich sie von s+t subtrahieren, um S zu erhalten:

$$(f1) \qquad S + (^1/_2) \cdot n \cdot (n+1) \; = \; s + t \; .$$

Nun kann ich aber zerlegen

$$
\begin{aligned}
s = \Sigma < (^1/_2) \cdot i \cdot (i+1) \mid i \leq n > &= (^1/_2) \cdot \Sigma < i^2 + i \mid i \leq n > \\
&= (^1/_2) \cdot (\Sigma < i^2 \mid i \leq n > + \Sigma < i \mid i \leq n >) \\
&= (^1/_2) \cdot t + (^1/_4) \cdot n \cdot (n+1)
\end{aligned}
$$

weshalb (f1) zu

$$(^1/_2) \cdot n^2 \cdot (n+1) + (^1/_2) \cdot n \cdot (n+1) \; = \; (^1/_2) \cdot t + (^1/_4) \cdot n \cdot (n+1) + t$$

führt, also

$$(f2) \qquad (^3/_2) \cdot t \; = \; (^1/_2) \cdot n^2 \cdot (n+1) + (^1/_4) \cdot n \cdot (n+1) \; .$$

Deshalb führt (f1) zu

$$
\begin{aligned}
(^1/_2) \cdot n^2 \cdot (n+1) &+ (^1/_2) \cdot n \cdot (n+1) \\
&= s + (^2/_3) \cdot ((^1/_2) \cdot n^2 \cdot (n+1) + (^1/_4) \cdot n \cdot (n+1) \,) \; .
\end{aligned}
$$

Wegen $^1/_2 - {}^1/_3 = {}^1/_6$ und $^1/_2 - {}^1/_6 = {}^2/_6$ ergibt das

$$
\begin{aligned}
s = (^1/_6) \cdot (n^2 \cdot (n+1) + 2 \cdot n \cdot (n+1)) &= (^1/_6) \cdot (n^2 + 2n) \cdot (n+1) \\
&= (^1/_6) \cdot n \cdot (n+1) \cdot (n+2) \; .
\end{aligned}
$$

Nebenbei erhalte ich für die Quadratsumme t aus (f2) auch

$$t = (^1/_3) \cdot n^2 \cdot (n+1) + (^1/_6) \cdot n \cdot (n+1) = (^1/_6) \cdot (2n^2+n) \cdot (n+1)$$
$$= (^1/_6) \cdot n \cdot (n+1) \cdot (2n+1) = (^1/_6) \cdot (2n^3+3n^2+n) \ .$$

Ich erinnere an die Funktion $CAU' = (^1/_2) \cdot (x+y)(x+y+1) + y$, welche die (nach rechts unten offene) Matrix aller $<a,b>$ der Reihe nach auf den Diagonalen von links unten nach rechts oben durchzählt. Die $n+1$ Paare $<a,b>$ auf der n-ten dieser Diagonalen ($n \geq 0$) nämlich sind durch $a+b = n$ gekennzeichnet, und ein Paar $<x,y>$ liegt auf der $(x+y)$-ten Diagonalen, die links unten mit $<x+y,0>$ beginnt. Auf den vorangehenden Diagonalen lagen mithin $1+2 + ... +(x+y)$, also $(^1/_2) \cdot (x+y)(x+y+1)$ Paare, und da sie mit 0 (und nicht mit 1!) beginnend numeriert werden, erhält erst $<x+y,0>$ diese Anzahl als Nummer. Von hier nach $<x,y>$ kommen noch einmal y Paare hinzu, und das ergibt $CAU'(x,y)$ als die Nummer von $<x,y>$.

Die Abzählung CAU' der $<a,b>$ werde ich nun zu einer Injektion RAU verändern. Ebenso wie bei der Funktion CAU' soll auch $RAU(a,0)$ (für $a>0$) sogleich auf $RAU(0,a-1)$ folgen, für $b>0$ jedoch soll $RAU(a,b-1)$ so nach $RAU(a-1,b)$ springen, daß noch b Zahlen frei bleiben, denen durch die Funktion UA^2 die Paare $<a+1,j>$ mit $j<b$ zugeordnet werden können. Somit kommen zu den $n+1$ Werten für die Paare der n-ten Diagonalen noch $0+1+...+n$ Zahlen für diese Sprünge hinzu, so daß auf ihr im Ganzen $0+1+...+(n+1)$, also $(^1/_2) \cdot (n+1)(n+2)$ Werte verbraucht werden. Aus der FERMATschen Formel folgt daher, daß $(^1/_6) \cdot n(n+1)(n+2)$ die Anzahl der auf den ersten $n-1$ Diagonalen verbrauchten Zahlen ist, also der Wert von $RAU(n,0)$. Im Besonderen gilt

$$RAU(x+y,0) = (^1/_6) \cdot (x+y)(x+y+1)(x+y+2) \ ,$$

und da von $<x+y,0>$ nach $<x,y>$ neben den y Werten der Paare $<x+y-i,i>$, $1 \leq i \leq y$, noch $1+2+ ... +y$, also $(^1/_2) \cdot y(y+1)$ Zahlen für die Sprünge kommen, ergibt sich für $<x,y>$ der Wert

$$RAU(x,y) = (^1/_6) \cdot (x+y)(x+y+1)(x+y+2) + (^1/_2) \cdot y(y+1) + y \ .$$

Durch diesen Term *definiere* ich die Funktion RAU. Sie ist primitiv rekursiv und sogar elementar. Es bleibt mir noch, die Funktionen RRO_0, RRO_1 zu definieren, mit denen RAU ein absteigendes System von Paarungsfunktionen bilden soll. Dazu werde ich die analog zu ESQ erklärte Funktion ECU der ganzzahligen Kubikwurzel verwenden: $ECU(x)^3 \leq x$ und $ECU(x+1)^3 > x$.

Für eine Zahl z der Gestalt $RAU(x,y)$ soll $RRO_0(z) = x$, $RRO_1(z) = y$ gelten. Ist z nicht von dieser Gestalt, so gibt es zwei eindeutig bestimmte Werte z_0, z_1 unter RAU, die z von links und rechts einschließen. Aus der Definition von RAU folgt – sei es durch das Abzählverfahren, sei es durch die explizite Formel – daß stets $RAU(0,a-1)+1 = RAU(a,0)$ gilt; mithin muß z_1 von der Gestalt $RAU(x,y)$ mit $y>0$ und deshalb $z_0 = RAU(x+1,y-1)$ sein, und es soll dann $RRO_0(z) = x$, $RRO_1(z) = y-(z_1-z)$ gelten. Um diese Werte primitiv rekursiv aus z zu bestimmen, kann ich also von nun an

$$z_0 = \mathrm{RAU}(x{+}1,y{-}1) \; < \; z \; \leq \; z_1 = \mathrm{RAU}(x,y)$$

voraussetzen. Die Terme für z_1, z_0 liefern mit $s = x{+}y = (x{+}1){+}(y{-}1)$

(a)
$$\begin{aligned}
6z_1 &= 3y(y{+}3) \; + s(s{+}1)(s{+}2) \,, \\
6z_0 &= 3(y{+}1) \; + \; s(s{+}1)(s{+}1) \; ;
\end{aligned}$$

und aus $0 \leq y{-}1$ folgt dann $s(s{+}1)(s{+}2) \leq 6z_0$. Andererseits gilt auch $6z_1 <$ $(s{+}1)(s{+}2)(s{+}3)$, weil aus

$$3y(y{+}3) \; < \; 3(y^2{+}3y{+}2) \; = \; 3(y{+}1)(y{+}2) \; \leq \; 3(x{+}y{+}1)(x{+}y{+}2)$$

folgt

$$\begin{aligned}
3y(y{+}3) &+ (x{+}y)(x{+}y{+}1)(x{+}y{+}2) \\
&\leq \; 3(x{+}y{+}1)(x{+}y{+}2) \; + \; (x{+}y)(x{+}y{+}1)(x{+}y{+}2) \\
&= \; (x{+}y{+}1)(x{+}y{+}2)(x{+}y{+}3) \,.
\end{aligned}$$

Aus $6z_0 < 6z \leq 6z_1$ folgt deshalb

(b) $\qquad s(s{+}1)(s{+}2) \; < \; 6z \; < \; (s{+}1)(s{+}2)(s{+}3) \,,$

womit sich die Zahl s eindeutig durch z bestimmt. Aus (b) folgt im Besonderen $s^3 < 6z < (s{+}3)^3$, $s \leq \mathrm{ECU}(6z) < s{+}3$, also $\mathrm{ECU}(6z){-}2 \leq s \leq \mathrm{ECU}(6z)$, und nun definiere ich eine primitiv rekursive (sogar elementare) Funktion g mit $g(z) = s$ durch Fallunterscheidung als $\mathrm{ECU}(6z){-}2$, $\mathrm{ECU}(6z){-}1$ oder $\mathrm{ECU}(6z)$, je nach dem welche dieser Zahlen (b) erfüllt. Aus (a) folgt weiter

$$\begin{aligned}
y(y{+}1) = 2z_0 - (^1/_3) \cdot s(s{+}1)(s{+}2) \; &< \; 2z - (^1/_3) \cdot s(s{+}1)(s{+}2) \\
&\leq \; 2z_1 - (^1/_3) \cdot s(s{+}1)(s{+}2) = y(y{+}3) \,.
\end{aligned}$$

Deshalb ist mit $h(z) = 2z - (^1/_3) \cdot g(z) \cdot (g(z){+}1)(g(z){+}2)$ die Zahl y eindeutig durch

(c) $\qquad y(y{+}1) \; < \; h(z) \; \leq \; y(y{+}3) \; < \; (y{+}1)(y{+}2)$

bestimmt. Im Besonderen folgt daraus $y^2 < h(z) < (y{+}2)^2$, $y \leq \mathrm{ESQ}(h(z)) <$ $y{+}2$, also $\mathrm{ESQ}(h(z)){-}2 < y \leq \mathrm{ESQ}(h(z))$, und nun definiere ich eine primitiv rekursive (sogar elementare) Funktion ro_1 mit $ro_1(z) \doteq y$ durch Fallunterscheidung als $\mathrm{ESQ}(h(z)){-}1$ oder $\mathrm{ESQ}(h(z))$, je nach dem, welche dieser Zahlen (c) erfüllt. Die Funktion ro_1 liefert mir y, und wegen $g(z) = x{+}y$ kann ich mit ihr bereits RRO_0 als $g \dot{-} ro_1$ definieren. Bedenke ich, daß sich z_1 als $\mathrm{RAU}(\mathrm{RRO}_0(z),ro_1(z))$ darstellen läßt, so erhalte ich

$$\mathrm{RRO}_1(z) \; = \; ro_1(z) \; \dot{-} \; (\mathrm{RAU}(\mathrm{RRO}_0(z), ro_1(z)) \dot{-} z) \,.$$

Damit ist RAU, RRO_0, RRO_1 als ein absteigendes System von Paarungsfunktionen erkannt.

Die Funktionen RRO_0 und RRO_1 haben sich während der vorangehenden Betrachtungen zwar als primitiv rekursiv erwiesen, doch war ihre Konstruktion nicht besonders einfach. Deshalb ist nicht ohne Interesse, sie aus einfacheren Funktionen zu gewinnen. Eine entscheidende Rolle wird dabei die (elementare) Funktion TRIA spielen, die einer Zahl z die größte Zahl n mit $z \geq n(n{+}1)/2$ zuordnet. Zahlen der Art $n(n{+}1)/2$ heißen *Dreieckszahlen*, und da aus der schon in (a) von (FS16) bemerkten Beziehung

$$(x{+}y)(x{+}y{+}1) \leq 2 \cdot \mathrm{CAU}(x,y) < (x{+}y{+}1)(x{+}y{+}2)$$

folgt $\mathrm{TRIA}(\mathrm{CAU}(x,y)) = x{+}y$, hängt TRIA mit den Umkehrfunktionen von CAU durch

$$\mathrm{TRIA}(z) \;=\; \mathrm{CRO}_0(z) + \mathrm{CRO}_1(z)$$

zusammen. Weiter werde ich verwenden, daß eine Menge $\mathbf{F}$ 1–stelliger Funktionen stets unter den beiden Projektionsfunktionen p_0^2, p_1^2 abgeschlossen ist, und daß $\mathbf{F}$ unter einer Funktion c_n^2 abgeschlossen ist, sofern nur c_n^1 zu $\mathbf{F}$ gehört. Schließlich ist es eine unmittelbare Konsequenz des Assoziativgesetzes der Superposition, daß aus der Abgeschlossenheit von $\mathbf{F}$ unter Funktionen f^2, g_0^2, g_1^2 auch diejenige unter der Superposition $f^2 \circ$ $<g_0^2, g_1^2>$ folgt. Es gilt dann das

LEMMA 4   Es sei $\mathbf{F}$ eine Menge 1–stelliger Funktionen, welche die Funktionen s, TRIA und CRO_1 enthält. $\mathbf{F}$ sei abgeschlossen unter den 2–stelligen Funktionen $\dot{-}$ und RAU. Weiter sei $\mathbf{F}$ abgeschlossen unter Komposition und unter dem Schema (SIP). Dann ist $\mathbf{F}$ auch abgeschlossen unter Addition und Multiplikation und enthält die Funktionen s, c_0^1, CSG, RRO_0, RRO_1.

Zunächst liegt p_0^1 in $\mathbf{F}$, denn es entsteht mit (SIP) aus s durch pure Iteration. Da $\mathbf{F}$ unter $\dot{-}$ abgeschlossen und nicht leer ist, liegt auch c_0^1 in $\mathbf{F}$, also auch jedes c_n^1. Weiter gilt

$$\begin{aligned}
\mathrm{RAU}(x{+}1, y) - \mathrm{RAU}(x,y) &= (^1/_6) \cdot (x{+}y{+}1)(x{+}y{+}2)((x{+}y{+}3) - (x{+}y)) \\
&= (^1/_2) \cdot (x{+}y{+}1)(x{+}y{+}2) = (^1/_2) \cdot (x{+}y{+}1)(x{+}y) + x{+}y{+}1 \\
&= \mathrm{CAU}(x,y) + y + 1 \,,
\end{aligned}$$

also

$$\mathrm{CAU} \;=\; \dot{-} \circ < \dot{-} \circ < \dot{-} \circ < \mathrm{RAU} \circ < s \circ p_0^2,\ p_1^2 >,\ \mathrm{RAU} >,\ p_1^2 >,\ c_1^1 > \;;$$

folglich ist $\mathbf{F}$ auch unter CAU abgeschlossen. Da, wie oben bemerkt, die Funktion $+$ sich als $\mathrm{TRIA} \circ \mathrm{CAU}$ darstellen läßt, ist $\mathbf{F}$ auch unter ihr abgeschlossen. Wegen

$$(x{+}y)(x{+}y{+}1) \;=\; x(x{+}1) + xy + y(y{+}1) + xy$$

gilt

$$\mathrm{CAU}(x,y) \;=\; \mathrm{CAU}(x,0) + \mathrm{CAU}(0,y) + xy \;;$$

daher stellt $\dot{-} \circ < \mathrm{CAU},\ +\circ < \mathrm{CAU} \circ < p_0^2, c_0^2 >,\ \mathrm{CAU} \circ < c_0^2, p_1^2 > > >$ die Multiplikation $\cdot$ dar, so daß $\mathbf{F}$ auch unter ihr abgeschlossen ist. Da, wie oben bemerkt, $CRO_0 = \dot{-} \circ < TRIA, CRO_1>$ gilt, liegt auch CRO_0 in **F**. Somit ist **F** abgeschlossen für das System CAU, CRO_0, CRO_1 von Paarungsfunktionen, und damit sind die Voraussetzungen des Lemmas 1 erfüllt. Es bleibt mir nur, mich zu vergewissern, daß sich die Konstruktion der Funktionen RRO_0, RRO_1 bereits mit der durch dieses Lemma gesicherten parameterfreien primitiven Rekursion vornehmen läßt.

Da **F** unter $+$ und $\cdot$ abgeschlossen ist, liegen auch alle Funktionen $n \cdot x$ und x^n mit festem n in **F**. Schon im Kapitel 4 habe ich bemerkt, daß sich ESQ durch $ESQ(0) = 0$, $ESQ(n+1) = r(n, ESQ(n))$ definieren läßt, wobei $r(x,y) = y+1$ falls $(y+1)^2 = x+1$ und $r(x,y) = y$ sonst. Mit der Abkürzung

$$q = + \circ < \dot{-} \circ < (\cdot \circ < s,s>) \circ p_1^2, \, s \circ p_0^2>, \, \dot{-} \circ < s \circ p_0^2, \, (\cdot \circ < s,s> \,) \circ p_1^2 > >$$

läßt sich r als

$$+ \circ < \cdot \circ < (s \circ p_1^2), \, CSG \circ q>, \, \cdot \circ < p_1^2, \, SG \circ q > >$$

darstellen, ist also Superposition von Funktionen, unter denen **F** abgeschlossen ist, weshalb **F** auch unter r abgeschlossen ist. Folglich liegt ESQ in **F**. Ersetze ich in q die Terme $\cdot \circ < s,s>$ durch $\cdot \circ < s, \cdot \circ < s,s> >$, so erhalte ich die entsprechende Rekursionsvorschrift, um die Funktion ECU zu definieren, die damit auch zu **F** gehört. Ersetze ich in q die Terme $\cdot \circ < s,s>$ durch $\cdot \circ < c_3^1, s>$, so erhalte ich ebenso die Funktion $(1/3)(-)$, die den ganzzahligen Quotienten der Division durch 3 liefert; auch sie gehört daher zu **F**. Was die oben, im Anschluß an (b), durch Fallunterscheidung erklärte Funktion g anlangt, so verwende ich die Abkürzungen $e(i) = \dot{-} \circ < ECU \circ \cdot \circ < c_6^1, p_0^1> \, , \, c_i^1>$,

$$c(i) = \cdot \circ < \cdot \circ < e(i), \, s \circ e(i)>, \, s \circ s \circ e(i)> \, ,$$

$$d(i) = \cdot \circ < \cdot \circ < s \circ e(i), \, s \circ s \circ e(i)>, \, s \circ s \circ s \circ e(i)>$$

$$q(i) = \cdot \circ < SG \circ \dot{-} \circ < d(i) \, , \, \cdot \circ < c_6^1, p_0^1> >, \, SG \circ \dot{-} \circ < \cdot \circ < c_6^1, p_0^1>, \, c(i) > >$$

und definiere g als

$$+ \circ < + \circ < \cdot \circ < e(2), q(2)>, \, \cdot \circ < e(1), q(1) > >, \, \cdot \circ < e(0), q(0) > > \; .$$

Damit liegt auch g in **F**. Aus g wurde dann unter Verwendung der Funktion $(1/3)$ die Funktion h definiert, die also wieder **F** liegt. Mit $e(i) = \dot{-} \circ < ESQ \circ h \, , \, c_i^1 >$ für $i = 0,1$ und

$$c(i) = \cdot \circ < e(i) \, , \, s \circ e(i)> \quad , \quad d(i) = \cdot \circ < s \circ e(i) \, , \, s \circ s \circ e(i)>$$

$$q(i) = \cdot \circ < SG \circ \dot{-} \circ < d(i), \, h>, \, SG \circ \dot{-} \circ < h, \, c(i) > >$$

erhalte ich schließlich die im Anschluß an (c) definierte Funktion ro_1 als

$$+ \circ < \cdot \circ < e(1), q(1)>, \, \cdot \circ < e(0), q(0) > > \; .$$

Damit liegt auch ro_1 in **F**; zusammen mit ro_1 und g liegt aber die Funktion RRO_0, zusammen mit ihr und ro_1 auch die Funktion RRO_1 in **F**. $-$

Das beendet den Beweis des Lemmas 13, und zusammen mit dem Lemma 3 erhalte ich so das

THEOREM 1   Die Menge $\mathbf{FPF}^1$ aller 1-stelligen primitiv rekursiven Funktionen ist die kleinste Menge F, welche die Funktionen s, TRIA und CRO_1 enthält, abgeschlossen unter den 2-stelligen Funktionen $\dotdiv$ und RAU und abgeschlossen unter Komposition und dem Schema (SIP) ist. Zu jeder Funktion f^k aus $\mathbf{FPF}$ läßt sich eine Funktion f in $\mathbf{FPF}^1$ finden, welche sie als $f^k = f \circ CAU^k$ erzeugt.

Als Anwendung dieser Überlegungen läßt sich eine weitere Universalfunktion U_1 für $\mathbf{FPF}^1$ angeben: man setze

$$
\begin{aligned}
U_1(0,\, x) &= s\,(x) \\
U_1(1,\, x) &= TRIA(x) \\
U_1(2,\, x) &= CRO_1(x) \\
U_1(4n{+}3,\, x) &= U_1(CRO_0(n),\, x) \dotdiv U_1(CRO_1(n),\, x) \\
U_1(4n{+}4,\, x) &= RAU(U_1(CRO_0(n),\, x),\, U_1(CRO_1(n),\, x)) \\
U_1(4n{+}5,\, x) &= U_1(CRO_0(n),\, U_1(CRO_1(n),\, x)) \\
U_1(4n{+}6,\, 0) &= 0 \\
U_1(4n{+}6,\, x{+}1) &= U_1(n,\, U_1(4n{+}6,\, x))\ .
\end{aligned}
$$

Dann treten die drei Anfangsfunktionen des Theorems als die ersten drei Funktionen $U_1(n,-)$ auf, und die Folge der $U_1(n,-)$ ist unter den im Theorem genannten Konstruktionen abgeschlossen: die Superposition von $U_1(a,-)$ mit $U_1(b,-)$ an der Stelle x ist $U_1(4 \cdot CAU(a,b){+}5,\, x)$, und die Iteration von $U_1(a,-)$ gemäß (SIP) ist die Funktion $U_1(4a{+}6,-)$. Aus dem Theorem folgt daher, daß jede 1-stellige primitiv rekursive Funktion f ein n so bestimmt, daß $f = U_1(n,-)$ gilt.

Ein entsprechendes Theorem hat zuerst R.M.ROBINSON [47] für sein System QAU, QRO_0, QRO_1 gewonnen; man vergleiche wieder die Darstellung von COHEN [87] , 3.5 .

⟦* Wie schon im vorigen Kapitel bleiben Behauptungen und Beweise der Lemmata im partiellen Fall unverändert in Kraft. *⟧

TEIL II

PROGRAMMIERBARE FUNKTIONEN

Kapitel 10.   Die Sprache PLA

Im Folgenden wird es sich darum handeln, nicht mehr bloß Funktionen (als mathematische Gedankendinge) sondern auch ihre *Beschreibungen* zu untersuchen. Solche Beschreibungen geschehen in einer *Sprache,* und wie dieses Buch geschrieben ist, wird das die deutsche sein, zusammen mit allerlei Einsprengseln vornehmlich aus dem Englischen. Tatsächlich genügt bereits ein *Fragment* der Umgangssprache, das ich PLA nennen will und das im Übrigen einem anderen Fragment ähnlich ist, der Programmiersprache PASCAL, welches verwendet wird, um Anweisungen zur Ausführung durch Rechenmaschinen zu formulieren.

1. Syntax von PLA

PLA gebraucht nur sehr einfache Aussagesätze, und ich definiere zunächst die sprachlichen Partikeln, welche als Subjekte und Objekte solcher Sätze auftreten:

Variablen heißen die Buchstaben x_0, x_1, ... (genauer: Buchstaben mit angehängten Ziffernausdrücken zu ihrer Unterscheidung)

Konstanten heißen die beiden Ziffern $0, 1$.

Nunmehr definiere ich die Aussagesätze oder *Statements,* welche PLA ausmachen:

Zuweisungen seien alle Ausdrücke der Gestalt: $"x_i := x_i + 1"$, $"x_i := x_i \doteq 1"$, $"x_i := 0"$, $"x_i := x_j"$.

Opheads seien alle Ausdrücke der Gestalt $"\text{while } x_i \neq 0 \text{ do}"$.

Optail sei der Ausdruck "od" .

Statements seien alle Zuweisungen, Opheads und Optails .

Der Gebrauch der Zuweisungen $"x_i := 0"$, $"x_i := x_j"$ geschieht nur aus Bequemlichkeit und ist entbehrlich.

Beim Sprechen in der Sprache PLA werden nur bestimmte Zusammenstellungen von Statements einen Sinn machen; deshalb definiere ich gewisse endliche *Folgen* von Statements als *P–Folgen:*

(F1)   jede (eingliedrige Folge bestehend aus einer) Zuweisung ist
eine P–Folge,

(F2)   sind A, B P–Folgen, so ist auch die Verlängerung (oder
Verkettung) von A mit B eine P–Folge,

(F3)   ist A eine P–Folge, so auch die Folge, welche durch Vorsetzen
eines Ophead und Nachsetzen des Optail aus A entsteht.

Die *Länge* einer P–Folge A sei ihre Länge als Folge; ich notiere sie als
$|A|$. Die Zahlen i mit $i < |A|$ nenne ich auch die *Stellen* von A. P–Folgen
der Art (F3) nenne ich *Schleifen.* Die von der ersten und der letzten Stelle
einer P–Folge verschiedenen Stellen nenne ich ihre *inneren* Stellen. Man
findet:

(G0)   Tritt in einer P–Folge A an einer Stelle i ein Ophead [an einer
Stelle j ein Optail] auf, so gibt es in A eine spätere Stelle j mit
einem Optail [eine frühere Stelle i mit einem Ophead] so, daß
die von i+1 bis j−1 laufende Teilfolge von A eine P–Folge ist.

(G1)   In (G0) ist j eindeutig durch i und i eindeutig durch j bestimmt.

Hier folgt (G0) sogleich durch Induktion über den Aufbau der P–Folgen.
Zum Beweis von (G1) nehme man an, es gäbe ein *mehrdeutiges* i, zu dem
zwei j, j_1 existieren, mit denen die Teilfolgen B von i+1 nach j−1 und B_1
von i+1 nach j_1−1 P–Folgen sind; sei etwa $j < j_1$. Dann gäbe es zu j und
j_1 auch ein i so, daß der Abstand j−i minimal ist; *dessen* Situation will ich
jetzt betrachten. Da j Stelle von B_1 ist, gibt es nach dem zuvor Bemerkten
eine Stelle i_1 in B_1 so, daß die Teilfolge von i_1+1 nach j−1 P–Folge ist (so
daß nun j mehrdeutig ist). Wegen $i < i_1 < j$ ist i_1 aber auch Stelle in B, so
daß es, wieder nach dem zuvor Bemerkten, ein j_2 in B so gibt, daß die
Teilfolge von i_1+1 nach j_2−1 P–Folge ist. Wegen $j_2 < j$ gilt aber $j_2-i_1 <$
j−i, und das widerspricht der Minimalitätseigenschaft von i.

Die beiden einander eindeutig bestimmenden Stellen i und j in (G0) nenne
ich einander *korrespondierend*, und ich werde auch i* für j und j* für i
schreiben. Diese Definition ist in dem Sinne *unabhängig* von A, als bei Bezugnahme auf eine A umfassende P–Folge die einander korrespondierenden Paare in A dieselben bleiben.

Diese P–Folgen sind es, mit denen ich über die Berechnung von Funktionen sprechen kann. Allerdings ist es angebracht, dabei noch genau über
die Stellenzahlen der Funktionen und folglich über die Nummern der Variablen Buch zu führen, welche bei der Berechnung der Funktionsstellen
auftreten. Ich definiere deshalb:

Ein PLA-*Programm* P ist eine P-Folge A zusammen mit drei natürlichen Zahlen k, n, m mit $n > 0$ und $k, n \leq m$ derart, daß alle Variablen der Statements von A unter $x_0, ..., x_{m-1}$ vorkommen.

Diese Variablen heißen dann auch die *Programmvariablen*, weiter $x_0, ...,$ x_{k-1} die *Eingabe-* und $x_0, .. , x_{n-1}$ die *Ausgabevariablen* des Programms. Ein Programm hat also stets mindestens eine Ausgabevariable, aber nicht notwendig eine Eingabevariable. Begriffe wie derjenige der Länge einer P-Folge A werden sinngemäß auch für Programme P gebraucht werden.

2. Semantik von PLA

Damit sind alle rein sprachlichen Begriffe über PLA bereits abgehandelt. Nunmehr wird es sich darum handeln, das *Sprechen mit* PLA selbst zum Gegenstand der Beschreibung zu machen. Gesprochen werden soll *über* Funktionen, und zwar sogleich über vektorwertige. Im Besonderen werde ich die Namen, welche im ersten Teil dieses Buches für bestimmte Mengen F ω-wertiger Funktionen eingeführt wurden, nun auch für die zugehörigen Mengen F^* vektorwertiger Funktionen verwenden; so ist etwa eine (vektorwertige) partiell μ-rekursive Funktion eine solche, deren sämtliche Komponentenfunktionen partiell μ-rekursiv sind.

Sei fortan ein Programm P = $<$A,k,n,m$>$ fixiert. Jedes einzelne Statement A(a), a $<$ $|$A$|$, enthält gewisse oder alle der Variablen $x_0, ..., x_m$. Mit ihnen kann über entsprechende Zahlen gesprochen werden, und eine fixierte Auswahl solcher Zahlen liefert eine Folge α aus ω^m; um ihre Verbindung mit der Stelle a von A ausdrücken, definiere ich: ein P-*Vektor* (oder *Zustandsvektor* von P) ist eine Folge $<$a,$\alpha>$ mit $\alpha \epsilon \omega^m$ und a $\leq$ $|$A$|$. Im Falle a = $|$A$|$ heißt der P-Vektor *terminal*, im Falle a = 0 heißt er *initial*, falls noch $\alpha(r) = 0$ für alle r mit $n \leq r$ gilt. Ist $<$a,$\alpha>$ nicht terminal und ist $<$b,$\beta>$ ein weiterer P-Vektor von P, so definiere ich, daß $<$a,$\alpha>$ unter P in $<$b,$\beta>$ *übergehe*, wenn einer der folgenden drei Fälle eintritt:

(T1)   A(a) ist Zuweisung, es gilt b = a+1, und

wenn A(a) gleich "$x_i := 0$"	so $\beta(i) = 0$	und $\beta(r) = \alpha(r)$ für $r \neq i$
wenn A(a) gleich "$x_i := x_j$"	so $\beta(i) = \alpha(j)$	und $\beta(r) = \alpha(r)$ für $r \neq i$
wenn A(a) gleich "$x_i := x_i + 1$"	so $\beta(i) = \alpha(i)+1$	und $\beta(r) = \alpha(r)$ für $r \neq i$
wenn A(a) gleich "$x_i := x_i \dot- 1$"	so $\beta(i) = \alpha(i)\dot-1$	und $\beta(r) = \alpha(r)$ für $r \neq i$

(T2)   oder A(a) ist Ophead "while $x_i \neq 0$ do", es gilt $\alpha = \beta$, und

wenn $\alpha(i) \neq 0$ so b = a+1
wenn $\alpha(i) = 0$ so b = a*+1

(T3)   oder A(a) ist Optail mit korrespondierendem Ophead
"while $x_i\neq 0$ do", es gilt $\alpha = \beta$ und

wenn $\alpha(i)\neq 0$ so b = a*+1
wenn $\alpha(i) = 0$ so b = a+1 .

Die Bedingungen (T1-3) nenne ich auch die *Übergangsregeln*. Man beachte, daß mit dieser Definition an einem Optail A(a) die Überprüfung des zugehörigen Ophead bereits an der Stelle a erfolgt und, wenn sie zu einer Wiederholung führt, nicht auf das Ophead A(a*) zurückgesprungen wird (wie es ein Sprungbefehl täte) sondern auf A(a*+1). Man bemerke weiter, daß bei dieser Definition stets b$\neq$a gilt.

3. Berechnungen mit PLA

Geht ein P-Vektor in einen anderen über, so bestimmt er ihn eindeutig; ich kann deshalb eine *Übergangsfunktion* S zu P definieren, nämlich die Funktion von ω^{m+1} in sich mit $S(a,\alpha) = <b,\beta>$ falls ($<a,\alpha>$ P-Vektor ist und) $<a,\alpha>$ in $<b,\beta>$ übergeht, und $S(a,\alpha) = <a,\alpha>$ falls $<a,\alpha>$ kein P-Vektor oder ein terminaler ist.

Nun möchte ich die Funktion S gern als primitiv rekursiv erkennen (tatsächlich wird sie sich sogar als simpel erweisen); da S aber durch Bezugnahme auf die Sprache PLA erklärt wurde, ist das der Definition nicht zu entnehmen. Hier hilft mir ein Kunstgriff weiter, der darin besteht, für *jedes* s mit $0 < s < |A|$ eine simple Funktion S_s von ω^{m+1} in sich zu erklären und dann S aus den endlich vielen Funktionen S_s zusammenzusetzen. Die Funktion S_s erkläre ich durch Unterscheidung zweier Fälle: es sei $S_s(a,\alpha) = <a,\alpha>$ falls a$\neq$s ; falls aber a = s , so sei

$S_s(s,\alpha) = <s+1,\beta>$ falls A(s) Zuweisung, mit

$\beta(i) = 0$ und $\beta(r) = \alpha(r)$ für r$\neq$i,   falls A(s) gleich "$x_i := 0$"
$\beta(i) = \alpha(j)$ und $\beta(r) = \alpha(r)$ für r$\neq$i,   falls A(s) gleich "$x_i := x_j$"
$\beta(i) = \alpha(i)+1$ und $\beta(r) = \alpha(r)$ für r$\neq$i,   falls A(s) gleich "$x_i := x_j+1$"
$\beta(i) = \alpha(i)\dot{-}1$ und $\beta(r) = \alpha(r)$ für r$\neq$i,   falls A(s) gleich "$x_i := x_j\dot{-}1$"

$S_s(s,\alpha) = <b,\alpha>$ falls A(s) Ophead "while $x_i\neq 0$ do", mit

b = s+1   falls $\alpha(i)\neq 0$
b = s*+1   falls $\alpha(i) = 0$

$S_s(s,\alpha) = <b,\alpha>$ falls A(s) Optail mit korrespondierendem Ophead
"while $x_i\neq 0$ do", mit

b = s*+1   falls $\alpha(i)\neq 0$
b = s+1   falls $\alpha(i) = 0$.

Man beachte, daß s hier fixiert ist, also S_s *explizit* und nicht etwa durch eine Fallunterscheidung nach den Möglichkeiten von s definiert wird. Folglich ist jede Funktion S_s simpel, und nun definiere ich S durch eine Unterscheidung von $|A|+1$ Fällen als

$$S(a,\alpha) = S_a(a,\alpha) \text{ falls } a < |A| \text{ , und } S(a,\alpha) = \,<a,\alpha> \text{ sonst.}$$

Damit ist auch S simpel.

Eine Folge Δ sukzessive ineinander übergehender P-Vektoren, die mit einem initialen beginnt, soll Berechnung durch P heißen; da die Übergangsregeln eindeutig sind, ist eine Berechnung Δ durch ihr erstes Glied $\Delta(0)$ eindeutig bestimmt. Mit Hilfe der Übergangsfunktion S kann ich das auch so definieren:

Eine P–*Berechnung* ist eine Folge Δ von P-Vektoren so, daß $S\Delta(t) = \Delta(t+1)$ für alle t mit $t+1 < \text{def}(\Delta)$ gilt. Mit Hilfe der Iteration *IS* von S (die ω^{m+2} nach ω^{m+1} abbildet) läßt sich das auch dadurch ausdrücken, daß $\Delta(t) = IS(\Delta(0),t)$ für alle t mit $t < \text{def}(\Delta)$ gilt. Eine Berechnung soll terminieren, wenn sie einen P-Vektor enthält, der in keinen anderen mehr überführt werden kann (so daß sie dann von dieser Stelle an konstant ist). Solche P–Vektoren sind genau die terminalen, und ich definiere deshalb, daß die Berechnung Δ *terminiert*, wenn sie einen terminalen P–Vektor enthält. Offenbar genügt es, terminierende Berechnungen nach ihrem ersten terminalen Glied abzubrechen und nur endliche terminierende Berechnungen zu betrachten.

Der Wert der Übergangsfunktion S für einen P-Vektor $<a,\alpha>$ hängt allein von diesem (und von dem Programm P) und keinen weiteren P-Vektoren ab. Daher hängt auch der Wert $\Delta(t+1)$ einer P-Berechnung allein von $\Delta(t)$ ab. Es gilt folglich das *Lokalitätsprinzip:* Sind Δ_0 und Δ_1 zwei P-Berechnungen und gibt es t_0 und t_1 so, daß $\Delta_0(t_0) = \Delta_1(t_1)$, so gilt auch $\Delta_0(t_0+i) = \Delta_1(t_1+i)$ für alle $i \geq 0$; im Besonderen terminiert zusammen mit Δ_0 auch Δ_1, und zwar mit demselben P-Vektor.

4. Die von einem Programm programmierte Funktion und ihre T-Darstellung

Mit ϑ als dem Vektor aus m–k Nullen definiere ich für jedes α aus ω^k *die Berechnung von* α als die Berechnung Δ mit $\Delta(0) = \,<0,\alpha,\vartheta>$ und (1) $\text{def}(\Delta) = \omega$ falls diese Berechnung nicht terminiert, oder (2) $\text{def}(\Delta) = q+1$ falls $\Delta(q)$ terminal und von $\Delta(q-1)$ verschieden ist. Entsprechend der Fixierung von n als der Anzahl der Ausgabevariablen erkläre ich schließlich *die durch* P *programmierte* (im Allgemeinen partielle) *Funktion* f

von ω^k nach ω^n: sie ist definiert für alle α aus ω^k, deren Berechnung Δ terminiert, und ist das der Fall und ist $\Delta(q) = <|A|,\zeta>$ das terminale Glied von Δ, so sei f(α) die Folge der ersten n Glieder von ζ.

Das mathematische Werkzeug, Berechnungen zu beschreiben, ist die mit der Iteration *IS* erklärte *1-te Berechnungsfunktion* F zu P von ω^{k+1} in ω^{m+1} mit

$$(0) \qquad F = IS \circ <c_0^{k+1}, p_0^{k+1}, ..., p_{k-1}^{k+1}, c_0^{k+1}, ..., c_0^{k+1}, p_k^{k+1}> \; ;$$

da S simpel war, sind *IS* und F primitiv rekursiv. Diese Definition besagt

$$(1) \qquad F(\alpha,t) = IS(0, \alpha, \vartheta, t)$$

so daß $F(\alpha,0) = <0, \alpha, \vartheta>$, also $F(\alpha,0) = \Delta(0)$ für die Berechnung von α, weshalb Induktion nun

$$F(\alpha,t) = \Delta(t)$$

für alle t aus def(Δ) liefert. Terminiert Δ bei q, so ist folglich q minimal dafür, daß das erste Glied $p_0^{m+1} \circ F(\alpha,t)$ von $F(\alpha,t)$ gleich $|A|$ ist. Für die Funktion

$$(2) \qquad g^{k+1}(t,\alpha) = |A| \; \dot- \; p_0^{m+1} \circ F(\alpha,t)$$

erhalte ich daher q als $\mu g^{k+1}(\alpha)$ für die (partielle) Minimierung μg^{k+1} von g^{k+1}. Zusammen mit F ist auch g^{k+1} primitiv rekursiv, folglich μg^{k+1} partiell μ-rekursiv, und $\mu g^{k+1}(\alpha)$ ist genau dann definiert, wenn die Berechnung Δ terminiert.

Die k-stellige partielle Funktion μg^{k+1} nenne ich die *Zeitfunktion* T von P. Ich bemerke, daß T genau dann total ist, wenn für *jedes* α aus ω^k die Berechnung von α terminiert. In diesem Falle gibt es also zu jedem α ein t mit $g^{k+1}(t,\alpha) = 0$, so daß μg^{k+1} auch als totale Minimierung zu erhalten und also T μ-rekursiv ist. Die Funktion

$$F \circ <p_0^k, ..., p_{k-1}^k, T> \; ,$$

die zusammen mit F und T partiell μ-rekursiv ist, ist daher für genau diejenigen α aus ω^k definiert, deren Berechnung terminiert, und hat deren terminalen P-Vektor $<|A|,\zeta>$ zum Wert. Ich erhalte daher die *T-Darstellung*

$$(3) \qquad f = <p_1^{m+1}, ..., p_{n+1}^{m+1}> \circ F \circ <p_0^k, ..., p_{k-1}^k, T>$$

der durch P programmierten Funktion f . Mithin ist auch sie partiell μ-rekursiv, und das beweist das

THEOREM 1   Die durch PLA-Programme programmierten Funktionen
              sind partiell μ-rekursiv .

Setze ich $G = <p_1^{m+1}, ..., p_{n+1}^{m+1}> \circ F$, so kann ich die T-Darstellung (3) von f auch als

(4) $f(\alpha) = G(\alpha, T(\alpha))$

schreiben. Zusammen mit F ist auch diese *2-te Berechnungsfunktion* G von P eine primitiv rekursive Funktion von ω^{k+1} nach ω^n. Ich erinnere nun daran, daß die Übergangsfunktion S so definiert war, daß sie terminale Zustandsvektoren nicht mehr verändert. Ist also T (und damit f) für α definiert, so folgt aus $T(\alpha) < t$ mit (1) auch $F(\alpha,T(\alpha)) = F(\alpha,t)$. Angewandt auf die T-Darstellung (4), formuliere ich dies als

LEMMA 1   Sind T und f bei α definiert, so folgt aus $T(\alpha) < t$ auch
$f(\alpha) = G(\alpha,t)$.

Ich fasse meine Konstruktionen noch einmal zusammen: zu einem Programm $P = <A,k,n,m>$ erhalte ich der Reihe nach

die simple Übergangsfunktion S von ω^{m+1} in sich ,

die primitiv rekursive 1-te Berechnungsfunktion F von ω^{k+1} in ω^{m+1} mit $F(\alpha,t) = IS(0,\alpha,\vartheta,t)$ und die 2-te Berechnungsfunktion G mit $G(\alpha,t) = <b_1,..., b_n>$ für $F(\alpha,t) = <b_0,..., b_{m-1}>$,

die partiell μ-rekursive Zeitfunktion T von ω^k in ω, die, falls für α definiert, als $T(\alpha)$ das kleinste t liefert, mit dem das erste Glied des Vektors $F(\alpha,t)$ gleich $|A|$ ist ,

die partiell μ-rekursive Funktion f von ω^k in ω^n, die, falls für α definiert, als $f(\alpha)$ die mit dem 2-ten beginnenden, n aufeinanderfolgenden Glieder $G(\alpha,T(\alpha))$ des Vektors $F(\alpha,T(\alpha))$ liefert.

Als einfaches Beispiel betrachte ich die Folge A mit "$x_0 := x_0 + 1$" als einzigem Glied. Dann terminiert jede Berechnung eines P-Vektors $<0,a>$ schon nach einem Schritt mit dem Ergebnis $<1,a+1>$; das Programm $<A,1,1,1>$ programmiert also gerade die Nachfolgerfunktion *s*. Ebenso erhält man mit dem Statement "$x_0 := x_0 - 1$" die Vorgängerfunktion CS, mit "$x_0 := 0$" die Funktion c_0^1, und mit "$x_0 := x_0$" die Identität p_0^1. Ist A die Folge mit "$x_0 := x_i$" als einzigem Glied, so programmiert $<A,k,1,k>$ die Funktion p_i^k in einem Schritt. Andererseits programmieren simple Programme auch recht merkwürdige Funktionen: für die Folge A

$x_0 := x_0 + 1$
while $x_0 \neq 0$ do
    $x_0 := x_0$
od

terminiert keine Berechnung durch $<A,k,1,k>$; dieses Programm programmiert also die nirgends definierte (leere) k-stellige Funktion (die damit partiell μ-rekursiv ist). Ist A

```
while x₁≠0 do
      x₀ := x₀+1
      x₁ := x₁∸1
od
```

und ist P das Programm $<A,2,1,2>$ mit der Berechnungsfunktion F, so hat für b > 1 die mit $<0,a,b>$ beginnende Berechnung die Glieder

$$
\begin{array}{ll}
<0,a,b> & = F(a,b,0) \\
<1,a,b> & = F(a,b,1) \\
<2,a+1,b> & = F(a,b,2) \\
<3,a+1,b-1> & = F(a,b,3) \\
<1,a+1,b-1> & = F(a,b,4) \\
<2,a+2,b-1> & = F(a,b,5) \\
<3,a+2,b-2> & = F(a,b,6)
\end{array}
$$

. . . .

Induktion lehrt daher, daß allgemein für b > 0 und $0 < j \leq b$ gilt $F(a,b,3\cdot j)$ $= <3,a+j,b-j>$. Daraus folgt aber $F(a,b,3\cdot b) = <3,a+b,0>$, so daß die Berechnung bei 1+3b terminiert: P programmiert die Addition, und für die Zeitfunktion T gilt $T(a,b) = 1+3b$.

In gewissen Zusammenhängen ist es nützlich, von einem Programm $P = <A,k,n,m>$ sicherzustellen, daß am Ende einer P-Berechnung die Variablen x_i mit $n \leq i < m$ sämtlich mit 0 belegt sind, i.e. daß für terminale Zustandsvektoren $<|A|,\xi>$ stets $\xi(i) = 0$ für $n \leq i < m$ gilt. Ich nenne ein Programm $Q = <B,k,n,m>$ *pur*, wenn seine letzten m−n Statements die Zuweisungen

$$
x_n := 0 \quad , \quad x_{n+1} := 0 \quad , \quad \ldots \quad , \quad x_{m-1} := 0
$$

sind, welche jenes Verhalten erzwingen. Geht man von einem nicht puren Programm P durch Hinzufügung dieser Zuweisungen zu einem puren Programm Q über, so berechnen P und Q dieselbe Funktion, und die Zeitfunktion T_Q entsteht aus T_P durch Addition von m−n .

Was die am Beginn dieses Kapitel bemerkte Entbehrlichkeit gewisser Zuweisungen anlangt, so liegt sie für die Zuweisungen "$x_i := 0$" deshalb vor, weil sich ihr Auftreten in einem Programm durch

```
while xᵢ≠0 do
      xᵢ := xᵢ∸1
od
```

ersetzen läßt. Der Gebrauch der Zuweisungen "$x_i := x_j$" ist im Fall $i = j$ trivialer Weise entbehrlich. Im Fall $i \neq j$ kann ich ihr Auftreten in einem Programm durch

$$x_i := 0$$
$$\text{while } x_j \neq 0 \text{ do}$$
$$\qquad x_j := x_j \dot{-} 1$$
$$\qquad x_i := x_i + 1$$
$$\qquad x_k := x_k + 1$$
$$\text{od}$$
$$\text{while } x_k \neq 0 \text{ do}$$
$$\qquad x_k := x_k \dot{-} 1$$
$$\qquad x_j := x_j + 1$$
$$\text{od}$$

ersetzen, wobei x_k eine neu hinzugenommene Programmvariable ist.

Mit PLA^S bezeichne ich die Teilsprache von PLA , welche nur mehr die Zuweisungen "$x_i := x_i + 1$" , "$x_i := x_i \dot{-} 1$" , "$x_i := x_i$" verwendet. Nach dem soeben Bemerkten läßt sich jedes PLA–Programm P in ein PLA^S–Programm Q transformieren, und es ist leicht zu sehen, daß Q dieselbe Funktion wie P berechnet.

5. Die Komponenten der Berechnungsfunktionen liegen in FP_3

Bereits bei Gelegenheit ihrer Definitionen habe ich bemerkt, daß die Übergangsfunktion S eines PLA-Programms $\langle A,k,n,m \rangle$ eine simple Funktion von ω^{m+1} in sich ist und daß die Berechnungsfunktion F aus der Iteration IS durch die Fixierung gewisser Anfangswerte entsteht. Hier möchte ich die arithmetischen Eigenschaften von S und F noch um ein Weniges genauer beschreiben. Dazu erinnere ich an die Eigenschaften der im Kapitel 4 besprochenen Klasse FP_m .

Die Werte der Funktionen S und IS liegen in ω^{m+1} . Die m+1 Komponentenfunktionen $t_q^{m+2} = p_q^{m+1} \circ IS$ von IS, $q < m+1$, entstehen nach Theorem 6.1 durch simultane Rekursion aus den m+1 Komponentenfunktionen $s_q^{m+1} = p_q^{m+1} \circ S$ von S.

LEMMA 2   Die Komponentenfunktionen s_q^{m+1} liegen in FP_1 .

Ich betrachte zunächst die Funktionen S_s mit $0 < s < |A|$. Nach 4.(FP3) liegt $\{s\} \times \omega^{m+1}$ in $R(FP_1)$, so daß die Fallunterscheidung, durch welche $p_q^{m+1} \circ S_s(a,\alpha)$ definiert wird, nach 4.(FP5) auch $p_q^{m+1} \circ S_s$ als in FP_1 liefern wird, sofern dort schon die in den Fallunterscheidungen auftretenden Funktionen liegen. Das trifft jedenfalls zu in Fall $a \neq s$, weil dann $p_q^{m+1} \circ S_s = p_q^{m+1}$. Im Fall $a = s$ finde ich für alle im Folgenden *nicht* genannten q immer noch $p_q^{m+1} \circ S_s = p_q^{m+1}$; weiter gilt dann, in Abhängigkeit allein von den Konstanten s und, gegebenenfalls, $t = s^*$, das Folgende:

$$A(s) \text{ ist } "x_i := 0" \qquad : p_0^{m+1} \circ S_s = s \circ p_0^{m+1} \ , \ p_i^{m+1} \circ S_s = c_0^{m+1}$$

$$A(s) \text{ ist } "x_i := x_j" \qquad : p_0^{m+1} \circ S_s = s \circ p_0^{m+1} \ , \ p_i^{m+1} \circ S_s = p_j^{m+1}$$

$$A(s) \text{ ist } "x_i := x_j + 1" \qquad : p_0^{m+1} \circ S_s = s \circ p_0^{m+1} \ , \ p_i^{m+1} \circ S_s = s \circ p_i^{m+1}$$

$$A(s) \text{ ist } "x_i := x_j \dotminus 1" \qquad : p_0^{m+1} \circ S_s = s \circ p_0^{m+1} \ , \ p_i^{m+1} \circ S_s = CS \circ p_i^{m+1}$$

$$A(s) \text{ ist } "while \ x_i \neq 0 \ do" \quad : p_0^{m+1} \circ S_s = IFE(p_i^{m+1}, c_{t+1}^{m+1}, c_{s+1}^{m+1})$$

$$A(s) \text{ ist Optail mit korrespondierendem Ophead } "while \ x_i \neq 0 \ do"$$

$$: p_0^{m+1} \circ S_s = IFE(p_i^{m+1}, c_{s+1}^{m+1}, c_{t+1}^{m+1}) \ .$$

Daher liegen auch im Falle $a = s$ die $p_q^{m+1} \circ S_s$ definierenden Funktionen in **FP$_1$** . Die Funktionen $p_q^{m+1} \circ S$ schließlich entstehen aus den $p_q^{m+1} \circ S_s$ und aus p_0^{m+1} durch eine Fallunterscheidung in Beziehung auf die in **R(FP$_1$)** gelegenen $|A|$ Relationen $\{s\} \times \omega^{m+1}$, $s < |A|$, und auf das Komplement ihrer Vereinigung; nochmals nach 4.(FP5) liegen deshalb auch die $p_q^{m+1} \circ S$ in **FP$_1$** .

Da **FP$_1$** $\subseteq$ **FPI$_1$** , liegen die Komponentenfunktionen t_q^{m+2} von IS jedenfalls in **FPI$_2$**. Unter Benutzung des (erst im Corollar 14.1 zu beweisenden) Resultats **FPI$_1$*** = **VI$_1$** folgt daher die erste Aussage im

THEOREM 2   Für ein PLA-Programm P liegt die Übergangsfunktion S in **VI$_1$** und liegen IS und die Berechnungsfunktionen F, G in **VI$_2$** , und ihre Komponentenfunktionen liegen in **FP$_3$** .

Ich zeige zunächst, daß die Komponentenfunktionen t_q^{m+2} von IS in **FP$_3$** liegen. Mit Hilfe der im Kapitel 4 besprochenen SCHWICHTENBERGschen Paarungsfunktion TAU^{m+2} und ihrer Komponentenfunktionen TRO_q^{m+2} finde ich

$$t_q^{m+2} = TRO_q^{m+2} \circ TAU^{m+2} \circ IS \ .$$

Die TRO_q^{m+2} liegen, wie im Kapitel 4 bemerkt, in **FP$_3$** ; folglich wird es genügen, auch die Funktion

$$h^{m+2} = TAU^{m+2} \circ IS$$

als dort gelegen zu erkennen. Sie aber kann ich durch eine primitive Rekursion beschreiben, welche die simultane Rekursion zur Definition der t_q^{m+2} imitiert; dazu setze ich zunächst $h^{m+2}(\gamma, 0) = \gamma$. Wähle ich nun $s = TRO_0^{m+2}(h^{m+2}(\gamma, n))$ und, gegebenenfalls, $t = s^*$, so finde ich $h^{m+2}(\gamma, n+1)$ gleich $h^{m+2}(\gamma, n)$ falls $s = |A|$ und sonst als

$$A_0^{m+2}(A_i^{m+2}(h^{m+2}(\gamma,n))) \qquad \text{falls A(s) ist } "x_i := x_i + 1" \, ,$$

$$A_0^{m+2}(B_i^{m+2}(h^{m+2}(\gamma,n))) \qquad \text{falls A(s) ist } "x_i := x_i \dot- 1" \, ,$$

$$A_0^{m+2}(C_i^{m+2}{}_0(h^{m+2}(\gamma,n))) \qquad \text{falls A(s) ist } "x_i := 0" \, ,$$

$$A_0^{m+2}(D_i^{m+2}{}_j(h^{m+2}(\gamma,n))) \qquad \text{falls A(s) ist } "x_i := x_j" \, ,$$

$$A_0^{m+2}(h^{m+2}(\gamma,n)) \qquad \text{falls A(s) ist } "\text{while } x_i \neq 0 \text{ do}" \text{ und}$$
$$TRO_0^{m+2}(h^{m+2}(\gamma,n)) \neq 0 \, ,$$

$$C_0^{m+2}{}_{t+1}(h^{m+2}(\gamma,n)) \qquad \text{falls A(s) ist } "\text{while } x_i \neq 0 \text{ do}" \text{ und}$$
$$TRO_0^{m+2}(h^{m+2}(\gamma,n)) = 0 \, ,$$

$$C_0^{m+2}{}_{t+1}(h^{m+2}(\gamma,n)) \qquad \text{falls A(s) ist Optail mit korrespondierendem}$$
Ophead "while $x_i \neq 0$ do" und
$$TRO_i^{m+2}(h^{m+2}(\gamma,n)) \neq 0 \, ,$$

$$A_0^{m+2}(h^{m+2}(\gamma,n)) \qquad \text{falls A(s) ist Optail mit korrespondierendem}$$
Ophead "while $x_i \neq 0$ do" und
$$TRO_i^{m+2}(h^{m+2}(\gamma,n)) \neq 0 \, .$$

Die Funktionen A_i^{m+2}, B_i^{m+2}, $C_0^{m+2}{}_{t+1}$, $D_i^{m+2}{}_j$ wurden im Kapitel 4 eingeführt und dort als in FP_2 gelegen erkannt. Wegen 4.(FP2) weiß ich, daß $R(FP_2)$ jede einelementige, wegen 4.(FP4) also auch jede endliche Menge enthält. Ferner habe ich im Kapitel 4 gezeigt, daß bei festem p die Menge aller z mit $TRO_i^{m+2}(z) = p$ zu $R(FP_2)$ gehört; wegen 4.(FP4) gehört daher für eine feste endliche Menge P auch die Menge aller z mit $TRO_i^{m+2}(z) \epsilon P$ zu $R(FP_2)$. Die Menge der endlich vielen s mit $s < |A|$ ist daher Vereinigung der folgenden, als endliche zu $R(FP_2)$ gehörenden Mengen

$$MA_i \; : \; A(s) \text{ ist } "x_i := x_i + 1" \, ,$$

$$MB_i \; : \; A(s) \text{ ist } "x_i := x_i \dot- 1" \, ,$$

$$MC_i \; : \; A(s) \text{ ist } "x_i := 0" \, ,$$

$$MD_{ij} : \; A(s) \text{ ist } "x_i := x_j" \, ,$$

$$MH_{it} : \; A(s) \text{ ist } "\text{while } x_i \neq 0 \text{ do}" \text{ und } t = s^* \, ,$$

$$MT_{it} : \; A(s) \text{ ist Optail mit korrespondierendem Ophead}$$
$$"\text{while } x_i \neq 0 \text{ do}" \text{ und } t = s^* \, .$$

Damit erhält die $h^{m+2}(\gamma,n+1)$ liefernde Rekursionsvorschrift im Falle $TRO_0^{m+2}(h^{m+2}(\gamma,n)) \neq |A|$ die Gestalt

$$A_0^{m+2}(A_i^{m+2}(h^{m+2}(\gamma,n))) \qquad \text{falls } TRO_0^{m+2}(h^{m+2}(\gamma,n)) \; \epsilon \; MA_i \, ,$$

$$A_0^{m+2}(B_i^{m+2}(h^{m+2}(\gamma,n))) \qquad \text{falls } TRO_0^{m+2}(h^{m+2}(\gamma,n)) \; \epsilon \; MB_i \, ,$$

$$A_0^{m+2}(C_i^{m+2}{}_0(h^{m+2}(\gamma,n))) \qquad \text{falls } TRO_0^{m+2}(h^{m+2}(\gamma,n)) \; \epsilon \; MC_i \, ,$$

$$A_0^{m+2}(D_i^{m+2}{}_j(h^{m+2}(\gamma,n))) \qquad \text{falls } TRO_0^{m+2}(h^{m+2}(\gamma,n)) \; \epsilon \; MD_{ij} \, ,$$

$$A_0^{m+2}(h^{m+2}(\gamma,n)) \qquad \text{falls } TRO_0^{m+2}(h^{m+2}(\gamma,n)) \in MH_{it} \text{ und}$$
$$TRO_i^{m+2}(h^{m+2}(\gamma,n)) \neq 0 \,,$$

$$C_0{}^{m+2}{}_{t+1}(h^{m+2}(\gamma,n)) \qquad \text{falls } TRO_0^{m+2}(h^{m+2}(\gamma,n)) \in MH_{it} \text{ und}$$
$$TRO_i^{m+2}(h^{m+2}(\gamma,n)) = 0 \,,$$

$$C_0{}^{m+2}{}_{t+1}(h^{m+2}(\gamma,n)) \qquad \text{falls } TRO_0^{m+2}(h^{m+2}(\gamma,n)) \in MT_{it} \text{ und}$$
$$TRO_i^{m+2}(h^{m+2}(\gamma,n)) \neq 0 \,,$$

$$A_0^{m+2}(h^{m+2}(\gamma,n)) \qquad \text{falls } TRO_0^{m+2}(h^{m+2}(\gamma,n)) \in MT_{it} \text{ und}$$
$$TRO_i^{m+2}(h^{m+2}(\gamma,n)) = 0 \,.$$

Dies ist eine Rekursion durch Fallunterscheidungen, die sich auf Relationen aus $R(FP_2)$ beziehen, und somit liegt ihr Ergebnis in FP_3.

Zusammen mit IS hat auch F seine Werte in ω^{m+1}, und nach der Definition von F in (0) sind dann

$$t_q^{m+2} \circ < c_0^{k+1},\ p_0^{k+1},...,\ p_{k-1}^{k+1},\ c_0^{k+1},...,\ c_0^{k+1},\ p_k^{k+1}>$$

die m+1 Komponentenfunktionen von F; folglich liegen auch sie in FP_3. Schließlich liegen dort auch die n Komponentenfunktionen $p_i^n \circ G$ der Funktion $G = <p_1^{m+1},...,\ p_{n+1}^{m+1}> \circ F$ von ω^{k+1} nach ω^n. – Man beachte noch, daß im Fall n = 1 die Funktion G mit ihrer einzigen Komponentenfunktion zusammenfällt, also selbst in FP_3 liegt.

Zusammen mit der Berechnungsfunktion F liegt auch die in (2) erklärte Funktion g^{k+1} in VI_2, als deren Minimierung die Zeitfunktion entsteht. Angewandt auf die T–Darstellung der durch das Programm P programmierten Funktion f , ergibt dies das

COROLLAR 1   Die durch P programmierte Funktion f läßt sich mit der Berechnungsfunktion G und der Zeitfunktion T als deren Superposition

$$f(\alpha) = G(\alpha,\ T(\alpha))$$

darstellen. Dabei liegt G in VI_2 und hat Komponentenfunktionen aus FP_3 ; T ist (partielle) Minimierung einer Funktion aus VI_2 .

6. Eine Berechnungsfunktion in FP_2

Die Berechnungsfunktionen $F = IS$ und G, wie sie im Vorangehenden untersucht wurden, protokollieren explizit, wie ein Programm von den Übergangsfunktionen S_s sukzessive abgearbeitet wird. Daß diese Funktionen dann zum Beweis des Theorems 2 arithmetisch kodiert wurden, ändert an der Art und Weise ihres Operierens nichts.

MÜLLER [74] hat eine in anderer Art wirkende Berechnungsfunktion H eingeführt, die für pure PLA^S-Programme P = $<$A,k,1,m$>$ erklärt ist und die immer noch die Eigenschaft hat, daß mit der Zeitfunktion T von P für die von P berechnete (zahlenwertige) Funktion f^k gilt

(H) $f^k(\alpha) = H(\alpha, T(\alpha))$,

sofern die Berechnung von α terminiert. Das wesentlich Neue an H ist, daß diese Funktion bereits zur Klasse **FP$_2$** gehört. Auch H verwendet eine arithmetische Kodierung des durch die Übergangsfunktionen geleisteten Abarbeitens von P. Jedoch wird jenes Abarbeiten auf eine neuartige Weise erfaßt, welche arithmetischen Konstruktionen prinzipiell einfacher (wenn auch mit größerem Aufwand) zugänglich ist.

Ich will zunächst die Kodierung bereitstellen, die diesmal nicht mit Hilfe einer Paarungsfunktion erfolgt, sondern die Darstellung endlicher Folgen als Exponentenfolgen von Primfaktorzerlegungen imitiert. An die Stelle der Primzahlen treten allerdings andere, bestimmten Konstruktionen leichter zugängliche Faktoren.

Für beliebige positive k, n und r aus ω gilt die Identität

$$2^{kn+r} = (1+2^n+2^{2n}+ \ldots +2^{(k-1)n}) \cdot (2^n-1) \cdot 2^r + 2^r .$$

Setze ich $N_j = 2^j-1$ und ist m = kn+r mit r $<$ n $<$ m , so ergibt das

$$N_m = (1+2^n+2^{2n}+ \ldots +2^{(k-1)n}) \cdot 2^r \cdot N_n + N_r$$

mit $N_r < N_n < N_m$. Folglich ist N_r der Rest $\text{MOD}(N_n,N_m)$ von N_n in N_m, und r = 0 ist äquivalent zu $N_r = 0$. Der euklidische Algorithmus bestimmt den größten gemeinsamen Teiler d von m und n als das letzte von 0 verschiedene d_i in der Folge

$$d_0 = m , \quad d_1 = n , \quad d_{i+2} = \text{MOD}(d_{i+1},d_i)$$

und den größten gemeinsamen Teiler D von N_m und N_n als das letzte von 0 verschiedene D_i in der Folge

$$D_0 = N_m , \quad D_1 = N_n , \quad D_{i+2} = \text{MOD}(D_{i+1},D_i) .$$

Schreibe ich d(i) statt d_i, so habe ich $D_2 = N_{d(2)}$ bereits bemerkt, und Induktion lehrt, daß für jedes i gilt $D_i = N_{d(i)}$. Deshalb gilt für den größten gemeinsamen Teiler $D = N_d$ mit dem größtem gemeinsamen Teiler d von m, n. Im Besonderen sind für teilerfremde m,n auch N_m, N_n teilerfremd.

Die Zahlen $M_i = 2^{\text{PRINO}(i)} - 1$ sind spezielle N_j und heißen MERSENNEsche Zahlen; es gilt $3 = M_0 \leq M_i < M_j$ für i $<$ j. Es folgt aus dem Gesagten, daß die M_i paarweise teilerfremd sind. Daher ist in einem Produkt

$$P(\gamma) = \Pi < M_i^{\gamma^{(i)}} \mid i \leq N >$$

die Exponentenfolge γ eindeutig durch $P(\gamma)$ bestimmt. Diese Konsequenz der paarweisen Teilerfremdheit werde ich durchgängig gebrauchen; daß die M_i speziell die Mersenneschen Zahlen sind, wird nur an zwei Stellen benötigt werden.

Von nun an betrachte ich ein festgehaltenes PLA^s-Programm $P = <A,k,1,m>$. Weiter fixiere ich eine Zahl N so, daß

(1) $m \leq N$ und $2 \cdot |A| < \Pi < M_i \,|\, i \leq N-2 >$.

Alsdann definiere ich aus N die weiteren Konstanten

$$M = \Pi < M_i \,|\, i \leq N > \quad \text{und} \quad Q_j = \Pi < M_i \,|\, i \leq N,\ i \neq j > = M/M_j \quad \text{für } j < N .$$

Die Zahlen s mit $s < |A|$ nenne ich wieder *Stellen* und klassifiziere sie gemäß den Statements $A(s)$ in die Fälle

(SF0) $s = |A|$

(SF1i) $s < |A|$ und $A(s) = "x_i := x_i + 1"$.

(SF2i) $s < |A|$ und $A(s) = "\text{while } x_i \neq 0 \text{ do}"$ [oder $A(s) = "\text{do } x_i \text{ times}"$] oder $A(s) = "\text{od}"$ mit $A(s^*) = "\text{while } x_i \neq 0 \text{ do}"$.

(SF3i) $s < |A|$ und $A(s) = "x_i := x_i - 1 \ "$ [oder $(A(s) = "\text{od}"$ und $A(s^*) = "\text{do } x_i \neq 0 \text{ times}"$] .

Die hier in eckigen Klammern genannten Möglichkeiten betreffen Statements, welche in PLA-Programmen nicht auftreten können; vielmehr gehören sie zu sogenannten PLR^s-Programmen, welche ich erst im Kapitel 13 erklären und besprechen werde. Alles Folgende bleibt für PLR^s-Programme unverändert richtig.

Die Zahlen z mit $z < M$ nenne ich *Indizes*. Für spätere Anwendungen bemerke ich:

(2)   wenn $s < |A|$, so ist auch $|A| + 1 + s$ sowie, für $0 < r < M_i$, auch $|A| + 1 + s + r \cdot Q_i$ ein Index.

Denn ich habe

$$|A| + 1 + s + r \cdot Q_i \ \leq \ 2 \cdot |A| + r \cdot Q_i$$
$$\leq \ 2 \cdot |A| + (M_i - 1) \cdot Q_i = 2 \cdot |A| + M - Q_i = M - (Q_i - 2 \cdot |A|)$$

und

(3) $0 < Q_i - 2 \cdot |A|$

weil $Q_i = M/M_i \geq M/M_N = \Pi < M_i \,|\, i \leq N-1 > \ > 2 \cdot |A| \cdot M_{N-1} \geq 2 \cdot |A|$.

Für jedes β in ω^m setze ich

$$P(\beta) = \Pi < M_i^{\beta(i)} \,|\, i < m >$$

und erkläre die Hilfsfunktion $V = V^k$ durch

$$V(\alpha) = M \cdot 2^{PRINO(N)} \cdot P(<\alpha,\vartheta>)$$
$$= M \cdot 2^{PRINO(N)} \cdot \Pi < M_i^{\alpha(i)} \mid i < k > \ .$$

Um den Sinn der folgenden Konstruktionen zu erläutern, erinnere ich nochmals an die Wirkungsweise der früher erklärten Berechnungsfunktion F . Sie hat als Werte genau die Zustandsvektoren einer Berechnung durch P: für α in ω^k und mit einen Nullenvektor $\vartheta\epsilon\omega^{m-k}$ sind die Werte

(F) $F(\alpha,t) = IS(0, \alpha, \vartheta, t) = <s(t), \beta(t)>$

die Zustandsvektoren zum Zeitpunkt t mit $\beta(t) = <\beta(t,i) \mid i < m>$ aus ω^m als Hauptteil.

Zur Bildung der neuen Funktion H werde ich zwei *Begleitfunktionen* $g = g^2$ und $\varphi = \varphi^{k+1}$ einführen, von denen g in die Konstruktion von H eingeht, während φ nur transitorisch ist. Ich beschreibe zunächst informell, in welcher Weise g und φ die Berechnung eines Eingabevektors α durch P analysieren. Bei fixiertem α wird g als zweites Argument immer nur $V(\alpha)$ haben und die letzten k Argumente von φ werden ebenfalls immer α sein, weshalb ich $\varphi(t,\alpha)$ auch als $\varphi(t)$ abkürzen werde.

Ich beginne mit der Festsetzung

$$g(0, V(\alpha)) = V(\alpha) \ ,$$

also einem Wert, der nach Definition von $V(\alpha)$ nicht einmal *Index* ist. Ist nun allgemein g(z,x) kein Index, so soll g einfach gemäß

$$g(z+1, x) = g(z,x) - M$$

fortfahren, bis nach hinreichend häufigem Subtrahieren von M schließlich ein $z' > z$ erreicht wird, für das g(z',x) Index ist. Das erste $z > 0$, für das g(z,x) *sogar Stelle* ist, definiere ich als $\varphi(0)$, und ist $\varphi(t)$ bereits erklärt, so sei $\varphi(t)$ das erste $z > \varphi(t)$, für das g(z,V(α)) Stelle ist. Damit habe ich, die Kenntnis der Funktion g vorausgesetzt, bereits eine Definition von φ durch die μ-Rekursion

$\varphi(0,\alpha)$ sei das kleinste z mit $g(z, V(\alpha)) \leq |A|$ falls vorhanden, und 0 sonst,

$\varphi(t+1,\alpha)$ sei das kleinste z mit $z > \varphi(t)$ und $g(z, V(\alpha)) \leq |A|$ falls vorhanden, und 0 sonst.

Wie aber soll g fortschreiten, falls g(z, V(α)) Index ist ?

Dazu betrachte ich nochmals g(0, V(α)) = V(α). Nach Definition von V(α) ist das ein Vielfaches von M. Der erste Index, der aus V(α) durch Subtraktionen von M entsteht, ist daher 0, und da das nach genau V(α)/M vielen Schritten passiert, gilt

$$\varphi(0) = V(\alpha)/M = 2^{\text{PRINO}(N)} \cdot \Pi < M_i{}^{\alpha\,(i)} \mid i < k > \ .$$

Abgesehen von der Zweierpotenz, steht hier rechts immer noch die Kodierung von α, i.e. von $\beta(0) = P(\alpha, \vartheta)$, und ferner gilt $g(\varphi(0), V(\alpha)) = s(0)$. Und nun sollen, ganz allgemein, die Schritte von

$$g(\varphi(t), V(\alpha)) \quad \text{über} \quad g(\varphi(t){+}1, V(\alpha)), \ \dots \ \text{bis nach} \ g(\varphi(t{+}1), V(\alpha))$$

in Abhängigkeit von dem Statement an der Stelle $g(\varphi(t), V(\alpha))$ – *und sofern* das überhaupt eine Stelle ist – so geschehen, daß stets gilt

(H0)   Der Wert $\varphi(t{+}1)$ ist, bis auf eine Zweierpotenz, als $P(\beta(t{+}1))$ der kodierte Hauptteil des Zustandsvektors $<s(t{+}1), \beta(t{+}1)>$, und

(H1) $g(\varphi(t{+}1), V(\alpha))$ ist seine Stelle $s(t{+}1)$.

Wie im Einzelnen nun das Fortschreiten von g von dem Statement bei $g(\varphi(t), V(\alpha))$ abhängt, das wird Gegenstand einer etwas längeren, arithmetischen Definition sein. Hier möchte ich darauf hinweisen, daß das triviale Fortschreiten von $g(z,x)$ durch bloße Subtraktion von M nicht erst beim Erreichen einer Stelle, sondern schon beim Erreichen eines Index' abbrechen soll. Das hat seinen Grund darin, daß Statements, welche Opheads oder Tails sind, zu Verzweigungen der Berechnung Anlaß geben, je nach dem Inhalt der betroffenen Variablen. Da g, durch Rekursion definiert, schließlich in FP_2 liegen soll, muß die Arithmetik, welche jene Verzweigungen in ihren Kodierungen imitiert, mit Funktionen aus FP_1 auskommen. Dies nötigt zur Einführung von Zwischenschritten, bei denen über die Art solcher Verzweigungen entschieden wird, und der Ort dieser Zwischenschritte werden Indizes sein, die oberhalb der Stellen liegen. Zugleich aber bringen die Zwischenschritte es mit sich, daß $\varphi(t{+}1)$ – unter Umständen bei weitem – größer als $\varphi(t)$ sein wird, und weil (H0) gelten soll und solches Wachstum nicht allein durch den Beitrag $P(\beta(t{+}1))$ in $\varphi(t{+}1)$ bewirkt werden kann, wird sich das wesentlich in den Zweierpotenzen abspielen, die als Faktoren von $\varphi(t{+}1)$ auftreten.

Hinzu kommt ein Weiteres. Während g zu FP_2 gehören wird, kann ich von φ, das ich der Einfachheit halber durch eine μ–Rekursion eingeführt habe, allenfalls zeigen, daß es primitiv rekursiv ist. Nun folgt aus der Beobachtung (i) zwar, daß $\varphi(T(\alpha))$ auch den Funktionswert $f^k(\alpha)$ als erstes Glied von $\beta(T(\alpha))$ kodieren wird; eine unmittelbare Dekodierung von $f^k(\alpha)$ aus $\varphi(T(\alpha))$ würde mit φ dann eine Funktion FP_3 verwenden und deshalb kein H in FP_2 liefern. Es ist an dieser Stelle, daß die Zweierpotenzen in den Werten von $\varphi(t)$ nochmals eine Rolle spielen, indem sie einen Kunstgriff erlauben, mit dem sich der kodierte Vektor $\beta(T(\alpha))$ unter Elimination von φ allein aus Werten von g bestimmen läßt.

Nach dieser informellen Skizze werde ich nun die Einzelheiten darstellen. Ich beginne mit der Definition der Begleitfunktion g . Zu diesem Ende führe ich für jeden Index z eine Hilfsfunktion h_z ein, die ich der besseren Lesbarkeit halber häufig als $h(z,-)$ notieren werde. Sind die h_z erklärt, so definiere ich g durch

$$g(0,x) = x$$

$$g(n+1,x) = \begin{cases} h_z(n) & \text{falls } g(n,x) = z \text{ und } z \text{ und } z < M \\ g(n,x) - M & \text{falls } g(n,x) \geq M \end{cases} \quad .$$

Ich wende mich nun der Definition der h_z zu. Ich erkläre sie zunächst für Stellen s durch Unterscheidung der Fälle (SFi), füge jedoch für (SF2–3) noch Unterfälle ein, welche dann auch Indizes erfassen.

(SF0) $h(s,t) = M \cdot (t \dot{-} 1) + |A|$.

(SF1i) $h(s,t) = M \cdot ((M_i \dot{-} 1) \cdot t \dot{-} 1) + s + 1$.

(SF2i)   Hier treten (unter Einschluß des eingeklammerten) drei Fälle von Statements auf. In den ersten zwei Fällen setze ich $b = s+1$, $c = s^*+1$; im dritten setze ich $b = s^*+1$, $c = s+1$. In jedem Falle definiere ich

(SF2ia) $h(s,t) = Q_i \cdot (t \dot{-} M_i) + |A| + 1 + s$.

(SF2ib) $h(|A|+1+s, t) = M \cdot (t \dot{-} 1 + (M_i \dot{-} 2) \cdot t) + b$.

(SF2ic) $h(|A|+1+s+rQ_i, t) = M \cdot ((M_i \dot{-} 1) \cdot t \dot{-} 1) + rQ_i + s$ für $0 < r < M_i$.

(SF2ic) $h(s + rQ_i, t) = M \cdot (r \dot{-} 1) + c$.

(SF3i)   Hier treten zwei Fälle von Statements auf. Im ersten Fall setze ich $b = c = s+1$, im zweiten Fall $b = s^*-1$, $c = s+1$. In jedem Falle definiere ich

(SF3ia) $h(s,t) = Q_i \cdot (t \dot{-} M_i) + |A| + 1 + s$ (i.e. wie (SF2ia)) .

(SF3ib) $h(|A|+1+s, t) = M \cdot (t \dot{-} 1) + b$.

(SF3ic) $h(|A|+1+s+rQ_i, t) = M \cdot ((M_i \dot{-} 1) \cdot t \dot{-} 1) + rQ_i + s$ für $0 < r < M_i$
                                                (i.e. wie (SF2ic)) .

(SF3id) $h(s + rQ_i, t) = M \cdot (r \dot{-} 1) + a$ (i.e. wie (SF2id) .

Für alle durch diese Fälle noch nicht erfaßten $z < M$ setze ich $h_z = c_0^1$ (ohne daß ich sie je benötigen würde).

Zu dieser Definition ist das Folgende zu bemerken. Es folgt aus (2), daß auch in den Fällen (SF2) und (SF3) die linken Argumente von h, welche oberhalb von $|A|$ liegen, noch Indizes sind. Damit meine Definition der Funktionenschar h_z eindeutig sei, muß ich nun noch zeigen, daß in (SF2ib–d) und (SF3ib–d) verschiedene Stellen s auch lauter verschiedene linke Indizes bestimmen.

Durch (SF0), (SF1), (SF2ia) und (SF3ia) werden alle s mit $s \leq |A|$ erfaßt; die Indizes $z = |A|+1+s$ in (SF2ib), (SF3ib) erfüllen $z \leq 2 \cdot |A|$, und aus $|A|+1+s = |A|+1+s'$ folgt auch $s = s'$.

Für $0 < r < M_i$, $i \leq n$, gilt $rQ_i \geq Q_i$, nach (3) also $rQ_i \geq 2 \cdot |A|$. Folglich liegen die Indizes in (SF2ic-d), (SF3ic-d) oberhalb von $2 \cdot |A|$, und es bleibt mir nur, noch *ihre* Eindeutigkeit zu zeigen. Sie alle haben die Gestalt rQ_i+d mit $d \leq 2 \cdot |A|$, und so wird es genügen, wenn

$$\text{aus } rQ_i+d = r'q_j+d' \quad \text{folgt} \quad i = j \text{ und } r = r' \text{ und } d = d' .$$

Aus $i \neq j$ und etwa $d \leq d'$ würde nämlich wegen (1) folgen

$$0 < (rM_j - r'M_i) \cdot M = (rQ_i - r'Q_j) \cdot M_i M_j = (d'-d) \cdot M_i M_j$$
$$\leq 2 \cdot |A| \cdot M_{N-1}M_N < \Pi < M_i \, | \, i \leq N-2 > \cdot M_{N-1}M_N = M$$

womit $rM_j = r'M_i$. Dann wäre M_i Teiler von rM_j, also Teiler von r wegen der Teilerfremdheit von M_i, M_j , und das widerspräche der Voraussetzung $0 < r < M_i$. Aus $i = j$ folgte somit, wieder etwa im Fall $d \leq d'$, daß

$$(r - r') \cdot M = (r - r') \cdot Q_i M_i = (d'-d) \cdot M_i \leq 2 \cdot |A| \cdot M_N < M$$

womit $r = r'$ und also auch $d = d'$. – Im Besonderen bestimmt also jeder Index aus (SF2ib-d), (SF3ib-d) seine Herkunftsstelle s eindeutig.

Damit sind die Funktionen h_z in der Tat eindeutig erklärt. Zusammen mit ihnen ist auch g definiert, und zusammen mit g ist auch φ durch μ-Rekursion erklärt.

Für Zahlen a,b schreibe ich noch $a \sim b$, wenn sie sich nur um eine Potenz von 2 unterscheiden, i.e. wenn es ein c gibt mit $a = 2^c \cdot b$ oder mit $2^c \cdot a = b$.

THEOREM 3   (I)   Sei α in ω^k und $F(\alpha,t) = <s(t), \beta(t)>$. Dann gilt für alle t

$$(A_t) \quad \varphi(t,\alpha) \sim P(\beta(t)) , \qquad (B_t) \quad g(\varphi(t,\alpha), V(\alpha)) = s(t) ,$$

$$(C_t) \quad \varphi(t,\alpha) \leq 2^{\text{PRINO}(N) \cdot t} \cdot V(\alpha)/M .$$

(II) φ wird rekursiv definiert durch $\varphi(0,\alpha) = V(\alpha)/M$ und

$$\varphi(t+1,\alpha) = \begin{cases} 2 \cdot \varphi(t,\alpha) & \text{falls (SF0)} \\[2mm] M_i \cdot \varphi(t,\alpha) & \text{falls (SF1)} \\[2mm] M_i \cdot (2^{\text{PRINO}(i)} \cdot \varphi(t) \dot{-} \text{MOD}(M_i, \varphi(t)))/M_i & \text{falls (SF2) und} \\ & M_i \text{ teilt } \varphi(t,\alpha) \\[2mm] 2 \cdot (2^{\text{PRINO}(i)} \cdot \varphi(t) \dot{-} \text{MOD}(M_i, \varphi(t)))/M_i & \text{falls (SF3) und} \\ & M_i \text{ teilt } \varphi(t,\alpha) \\[2mm] 2^{\text{PRINO}(i)} \cdot \varphi(t) & \text{falls ((SF2) oder (SF3))} \\ & \text{und } M_i \text{ teilt nicht } \varphi(t,\alpha) . \end{cases}$$

Die Aussagen (A$_t$), (B$_t$) in (I) besagen gerade, was in der Beweisbeschreibung als (H0) und (H1) angekündigt wurde. Der Nutzen der Beschränktheitsaussage (C$_t$) wird erst bei der Anwendung des Theorems deutlich werden. Ich schreibe fortan $\varphi(t)$ statt $\varphi(t,\alpha)$.

Für g(0, V(α)) = V(α) habe ich bereits bemerkt, daß $\varphi(0) = V(\alpha)/M$ und g($\varphi(0)$,V(α)) = 0 = s(0) gelten, also (A$_0$), (C$_0$) und (B$_0$). Ich verwende die Definition der Mersenneschen Zahlen um zu bemerken, daß für alle i < N gilt

$$(4) \qquad \varphi(0) \geq 2^{\text{PRINO(N)}} \geq 2^{\text{PRINO(i)}} > M_i .$$

Nun werde ich durch Induktion von $\varphi(t)$ auf $\varphi(t+1)$ schließen. Dabei weiß ich nach (C$_t$), daß gilt g($\varphi(t)$, V(α)) $\leq$ |A| ; ferner wird sich die in (II) genannte Gestalt von $\varphi(t,\alpha)$ aus den Konstruktionen mit ergeben.

(SF0): s(t) = |A| .

Nach Definition von g und h(|A|,−) gilt

$$g(\varphi(t)+1,V(\alpha)) = h(g(\varphi(t),V(\alpha)),\varphi(t)) = h(s(t),\varphi(t))$$
$$= M \cdot (\varphi(t) \dot- 1) + |A|$$

Somit erreicht g nach $\varphi(t)$−1 Subtraktionen von M bei $\varphi(t)$+1 + $\varphi(t)$−1 = 2$\varphi(t)$ einen Index, nämlich |A|. Folglich gilt $\varphi(t+1) = 2\varphi(t)$ und deshalb $\varphi(t+1) \sim \varphi(t)$. Wegen s(t) = |A| ist $\beta(t)$ terminal, bleibt also unverändert, weshalb $\beta(t+1) = \beta(t)$, s(t+1) = s(t). Daher folgt (A$_{t+1}$) aus (A$_t$), weiter gilt (B$_{t+1}$), und aus (C$_t$) folgt

$$\varphi(t+1) = 2\varphi(t) \leq 2^{\text{PRINO(N)} \cdot (t+1)} \cdot V(\alpha)/M .$$

(SF1): A(s(t)) ist "$x_i := x_i + 1$" .

Nach Definition von g und h(s(t),−) gilt

$$g(\varphi(t)+1,V(\alpha)) = h(g(\varphi(t),V(\alpha)),\varphi(t)) = h(s(t),\varphi(t))$$
$$M \cdot ((M_i-1) \cdot \varphi(t) \dot- 1) + s(t)+1 .$$

Nach (M$_i$−1) $\cdot \varphi(t) \dot- 1$ Subtraktionen von M erreicht daher g bei $\varphi(t)$+1 + (M$_i$−1) $\cdot \varphi(t) \dot- 1$ wieder einen Index, nämlich s(t)+1. Folglich gilt $\varphi(t+1)$ = M$_i \cdot \varphi(t)$ und damit (B$_{t+1}$). Es unterscheidet sich $\beta(t+1)$ von $\beta(t)$ durch die Erhöhung des i-ten Gliedes um 1, weshalb P($\beta(t+1)$) = P($\beta(t)$) $\cdot$ M$_i$. Mithin gilt (A$_{t+1}$). Schließlich gilt (C$_{t+1}$), da

$$\text{aus } M_i \leq 2^{\text{PRINO(i)}} \leq 2^{\text{PRINO(N)}}$$
$$\text{und } \varphi(t) \leq 2^{\text{PRINO(N)} \cdot t} \cdot V(\alpha)/M$$
$$\text{folgt } M_i \cdot \varphi(t) \leq 2^{\text{PRINO(N)} \cdot (t+1)} \cdot V(\alpha)/M .$$

(SF2i):

Ich bemerke zunächst, daß die Zahlen b und c so gewählt wurden, daß
$<s(t), \beta(t)>$ unter F im Falle $\beta(t,i) \neq 0$ nach $<b, \beta(t+1)>$ und im Falle
$\beta(t,i) = 0$ nach $<c, \beta(t+1)>$ übergeht.

Wegen (B_t) liegt der Fall (SF2a) vor, und nach Definition von g und
$h(s(t),-)$ gilt

$$g(\varphi(t)+1, V(\alpha)) = h(g(\varphi(t), V(\alpha)), \varphi(t)) = h(s(t),$$
$$\varphi(t)) = Q_i \cdot (\varphi(t) \dot{-} M_i) + |A|+1 + s(t) \ .$$

Nun folgere ich aus $M_i = 2^{PRIMO(i)} - 1$ daß $\varphi(t) = 2^{PRIMO(i)} \cdot \varphi(t) - \varphi(t) \cdot M_i$.
Da nach (4) $\varphi(0) \geq M_i$, gilt erst recht $\varphi(t) \geq M_i$. Mit einer (beliebigen) Konstanten K ergibt das

$$Q_i \cdot (\varphi(t) - M_i) = M/M_i \cdot (2^{PRIMO(i)} \cdot \varphi(t) - \varphi(t) \cdot M_i - M_i)$$
$$= M/M_i \cdot (2^{PRIMO(i)} \cdot \varphi(t) - (\varphi(t)+1) \cdot M_i)$$
$$= M \cdot ((2^{PRIMO(i)} \cdot \varphi(t))/M_i - (\varphi(t)+1))$$
$$= M \cdot ((2^{PRIMO(i)} \cdot \varphi(t) - K)/M_i - (\varphi(t)+1)) + Q_i \cdot K \ .$$

Nun wähle ich $K = MOD(M_i, \varphi(t))$ und erhalte

$$g(\varphi(t)+1, V(\alpha))$$
$$= M \cdot ((2^{PRIMO(i)} \cdot \varphi(t) - MOD(M_i, \varphi(t)))/M_i - (\varphi(t)+1))$$
$$+ Q_i \cdot MOD(M_i, \varphi(t)) + |A|+1 + s(t) \ .$$

Nach $y_0 = (2^{PRIMO(i)} \cdot \varphi(t) - MOD(M_i, \varphi(t)))/M_i - (\varphi(t)+1)$ Subtraktionen von
M erreicht daher g bei

$$y_1 = \varphi(t)+1+y_0 = (2^{PRIMO(i)} \cdot \varphi(t) - MOD(M_i, \varphi(t)))/M_i$$

den Index

$$g(y_1, V(\alpha)) = Q_i \cdot MOD(M_i, \varphi(t)) + |A|+1 + s(t) \ .$$

Unterfall 21: M_i teilt $\varphi(t)$.
        Wegen (A_t) ist das gleichbedeutend mit $\beta(t,i) > 0$.

Dann wird $y_1 = 2^{PRIMO(i)} \cdot \varphi(t)/M_i$ (weshalb $y_1 \sim \varphi(t)/M_i$) und $g(y_1, V(\alpha))$
$= |A|+1 + s(t)$. Für y_1 liegt daher der Fall (SF2ib) vor, und nach Defi-
nition von g und $h(|A|+1+s(t), -)$ gilt

$$g(y_1+1, V(\alpha)) = h(g(y_1, V(\alpha)), y_1) = h(|A|+1+s(t), y)$$
$$= M \cdot (y_1 \dot{-} 1 + (M_i-2) \cdot y_1) + b \ .$$

Nach $y_1 \dot{-} 1 + (M_i-2) \cdot y_1$ Subtraktionen von M erreicht daher g bei $y_1+1 +$
$y_1 \dot{-} 1 + (M_i-2) \cdot y_1 = M_i \cdot y_1$ einen Index, nämlich b . Folglich gilt $\varphi(t+1)$

$= M_i \cdot y_1$, weshalb $y_1 \sim \varphi(t)/M_i$ zu $M_i \cdot y_1 \sim \varphi(t)$, also $\varphi(t+1) \sim \varphi(t)$ führt. Somit folgt aus (A_t) nun $\varphi(t+1) \sim P(\beta(t))$, und da sich $\beta(t+1)$ nicht von $\beta(t)$ unterscheidet, gilt (A_{t+1}). Ebenfalls gilt (B_{t+1}). Schließlich gilt (C_{t+1}) weil aus (C_t) folgt

$$\varphi(t+1) = M_i \cdot y_1 = 2^{PRIN0(i)} \cdot \varphi(t)$$
$$\leq 2^{PRIN0(i)} \cdot 2^{PRIN0(N) \cdot t} \cdot V(\alpha)/M \leq 2^{PRIN0(N) \cdot (t+1)} \cdot V(\alpha)/M .$$

Unterfall 22: M_i teilt $\varphi(t)$ nicht.
       Wegen (A_t) ist das gleichbedeutend mit $\beta(t,i) = 0$.

Dann wird mit $r = MOD(M_i, \varphi(t))$ nun $y_1 = (2^{PRIN0(i)} \cdot \varphi(t) - r)/M_i$ sowie $g(y_1, V(\alpha)) = r \cdot Q_i + |A| + 1 + s(t)$. Für y_1 liegt der daher der Fall (SF2ic) vor, und nach Definition von $h(|A|+1+rQ_i+s(t), -)$ und g gilt

$$g(y_1+1, V(\alpha)) = h(g(y_1, V(\alpha)), y_1) = h(|A|+1+s(t)+rQ_i, y_1) =$$
$$M \cdot ((M_i-1) \cdot y_1 \doteq 1) + rQ_i + s(t) .$$

Nach $(M_i-1) \cdot y_1 \doteq 1$ Subtraktionen von M erreicht daher g bei $y_2 = y_1+1 +$ $(M_i-1) \cdot y_1 \doteq 1 = M_i \cdot y_1$ den Index $rQ_i + s(t)$. Für y_2 liegt daher der Fall (SF2id) vor, und nach Definition von g und $h(rQ_i+s(t), -)$ gilt

$$g(y_2+1, V(\alpha)) = h(g(y_2, V(\alpha)), y_2) = h(rQ_i+s(t), y_2) = M \cdot (r-1) + c .$$

Nach $(r-1)$ weiteren Subtraktionen von M erreicht daher g bei $y_2+1 +$ $(r-1) = y_2+r = M_i \cdot y_1 + r$ den Index c . Folglich gilt $\varphi(t+1) = M_i \cdot y_1 + r$, also

$$\varphi(t+1) = M_i \cdot (2^{PRIN0(i)} \cdot \varphi(t) - r)/M_i + r = 2^{PRIN0(i)} \cdot \varphi(t)$$
$$\text{und} \quad \varphi(t+1) \sim \varphi(t) .$$

Da $\beta(t+1)$ gleich $\beta(t)$ bleibt, folgt aus (A_t) somit auch (A_{t+1}), ferner gilt (B_{t+1}), und wegen $\varphi(t+1) \leq 2^{PRIN0(N)} \cdot \varphi(t)$ folgt aus (C_t) auch (C_{t+1}).

(SF3i):

Wieder wurden die Zahlen b und c so gewählt, daß $<s(t), \beta(t)>$ unter F im Falle $\beta(t,i) \neq 0$ nach $<b, \beta(t+1)>$ übergeht, und im Falle $\beta(t,i) = 0$ nach $<c, \beta(t+1)>$ übergeht.

Ich schließe nun zunächst wörtlich wie für (SF2i). Ebenfalls wörtlich übernehme ich den Unterfall 22 als Unterfall 32. An die Stelle des Unterfalles 21 tritt der

Unterfall 31: M_i teilt $\varphi(t)$.

Wegen (A_t) ist das gleichbedeutend mit $\beta(t,i) > 0$.

Dann wird $y_1 = 2^{PRINO(i)} \cdot \varphi(t)/M_i$ (weshalb $y_1 \sim \varphi(t)/M_i$) und $g(y_1, V(\alpha))$ $= |A| + 1 + s(t)$. Für y_1 liegt daher der Fall (SF3ib) vor, und nach Definition von g und $h(|A|+1+s(t), -)$ gilt

$$g(y_1+1, V(\alpha)) = h(g(y_1, V(\alpha)), y_1) = h(|A|+1+s(t), y) = M \cdot (y_1 \dot{-} 1) + b .$$

Nach $y_1 \dot{-} 1$ Subtraktionen von M erreicht daher g bei $y_1+1 + y_1 \dot{-} 1 = 2y_1$ einen Index, nämlich b . Folglich gilt $\varphi(t+1) = 2y_1$, wegen $2y_1 \sim y_1$ also $\varphi(t+1) \sim y_1$. Wegen $y_1 \sim \varphi(t)/M_i$ ergibt (A_t) daher $y_1 \sim P(\beta(t))/M_i$ und $\varphi(t+1) \sim P(\beta(t))/M_i$. Es unterscheidet sich $\beta(t+1)$ von $\beta(t)$ durch die Erniedrigung des i-ten Gliedes um 1, weshalb $P(\beta(t+1)) = P(\beta(t))/M_i$. Mithin gilt (A_{t+1}), und ebenfalls gilt (B_{t+1}). Schließlich folgt (C_{t+1}) aus $(C_t 9)$, da nach Definition der Mersenneschen Zahlen

$$\text{aus } M_i = 2^{PRINO(i)} - 1 \text{ folgt } (2^{PRINO(i)})/M_i \leq 1 ,$$

weshalb

$$\varphi(t+1) = 2 \cdot y_1 = (2^{PRINO(i)})/M_i \cdot \varphi(t) \cdot 2 \leq 2 \cdot 2^{PRINO(N) \cdot t} \cdot V(\alpha)/M$$
$$\leq 2^{PRINO(N) \cdot (t+1)} \cdot V(\alpha)/M .$$

Das beendet den Beweis des Theorems.

Die im Theorem 3 geleistete Beschreibung der P–Berechnung von α durch die Begleitfunktionen entspricht ihrer früheren Beschreibung durch die Funktion F gemäß $F(\alpha,t) = <s(t), \beta(t)>$. Zu der von $P = <A,k,1,m>$ programmierten Funktion f^k ließ sich aus F mühelos die Funktion G mit $f^k(\alpha) = G(\alpha, T(\alpha))$ erklären. Eine dasselbe leistende Funktion H zu gewinnen, ist im vorliegenden Rahmen jedoch etwas umständlicher. Zwar ist nun gezeigt, daß der Wert $\varphi(T(\alpha))$, bis auf Potenzen von 2, gleich dem Produkt $P(\beta(T(\alpha))$ ist, in dem $f^k(\alpha)$ als Exponent von $M_0 = 3$ steckt. Aus dem Teil (II) des Theorems 3 folgt jedoch, daß φ allenfalls in $\mathbf{FP_3}$ liegt. Deshalb muß ich einen Kunstgriff anwenden, um $P(\beta(T(\alpha))$ ohne Verwendung von φ zu bestimmen. Hier nun wird die Beschränktheitsaussage (C_t) eine Rolle spielen.

Ich definiere eine Funktion ψ durch

$$\psi(\alpha,t) = 1 + 2^{PRINO(N) \cdot t} \cdot V(\alpha)/M .$$

Da (C_t) für $T(\alpha)$ als t zu $\varphi(T(\alpha)) \leq 2^{PRINO(N) \cdot T(\alpha)} \cdot V(\alpha)/M$ führt, gilt $\varphi(T(\alpha)) < \psi(\alpha,t)$ für jedes $t \geq T(\alpha)$. Ich fixiere für den Augenblick ein solches t und schreibe als Abkürzung $z^* = \psi(\alpha,t)$, so daß $\varphi(T(\alpha)) < z^*$.

Wie im Beweis des Theorems 3 für den Fall 0 bemerkt, gilt $\varphi(T(\alpha)+i)$ $= 2^i \cdot \varphi(T(\alpha))$, so daß ich ein $t \geq T(\alpha)$ mit $\varphi(t) < z^* \leq 2\varphi(t)$ finde. Aus

$$g(\varphi(t)+1,\ V(\alpha)) = h(|A|,\ \varphi(t)) = M \cdot (\varphi(t)-1) + |A|$$

folgt

$$g(\varphi(t)+i,\ V(\alpha)) = M \cdot (\varphi(t)-1)\ +\ |A|\ -\ M \cdot (i-1) = M \cdot (\varphi(t)-i)\ +$$

$|A|$

für $\varphi(t)+i < \varphi(t+1)$ nach Definition von g, weshalb

$$g(z^*,V(\alpha)) = M \cdot (\varphi(t) - (z^* - \varphi(t))) + |A| = M \cdot (2\varphi(t) - z^*) + |A|$$
$$= M \cdot (\varphi(t+1) - z^*) + |A|\ .$$

Wegen $|A| < M$ folgt daraus $QU(M,\ g(z^*,\ V(\alpha))) = \varphi(t+1)\ -\ z^*$. Definiere ich die Funktion e durch

$$e(z,x) = QU(M,\ g(z,x))\ +\ z\ ,$$

so folgt daher

$$e(z^*,\ V(\alpha)) = \varphi(t+1)\ ,$$

also $P(\beta(t)) \sim \varphi(t) \sim e(z^*,\ V(\alpha))$ wegen (A_t). Aus $t > T(\alpha)$ folgt aber $\beta(t) = \beta(T(\alpha))$, so daß

$$P(\beta(T(\alpha)) \sim e(z^*,\ V(\alpha))\ .$$

Schreibe ich statt z^* wieder $\psi(\alpha,t)$ so erhalte ich wegen $3 = PRINO(1)$ nun für *alle* $t \geq T(\alpha)$

$$f^k(\alpha) = EXP(1, e(\psi(\alpha,t),\ V(\alpha)))\ .$$

Setze ich noch voraus, daß das Programm $P = \,<A,k,1,m>\,$ *pur* ist, i.e. alle von der Ausgabevariablen x_0 verschiedenen Variablen an seinem Schluß den Wert 0 erhalten haben, so gilt sogar

$$P(\beta(T(\alpha))) = 3^{f^k(\alpha)}\ ,$$

weshalb ich statt der Funktion $EXP(1,-)$ die einfachere Funktion ^3LOG verwenden und $f^k(\alpha)$ als

$$f^k(\alpha) = {}^3LOG(\ QU(2^{EXP(0,\ e(\psi(\alpha,t),\ V(\alpha)))},\ e(\psi(\alpha,t),\ V(\alpha))\ ))$$

für alle $t \geq T(\alpha)$ darstellen kann. Mit der durch

$$H(\alpha,t) = {}^3LOG(\ QU(2^{EXP(0,\ e(\psi(\alpha,t),\ V(\alpha)))},\ e(\psi(\alpha,t),\ V(\alpha))\ ))$$

erklärten Funktion H ist daher die Darstellbarkeitsaussage im MÜLLER-schen Theorem

THEOREM 4   Sei $P = \,<A,k,1,m>\,$ ein pures PLA^s–Programm mit der Zeit-funktion T, und sei f^k die durch P berechnete Funktion. Die oben erklärte (und von P über die Konstanten N und M ab-hängige) Funktion H liegt in **FP$_2$**; ist f^k bei α definiert, so gilt für jede Majorante W von T auch

$$f^k(\alpha) = H(\alpha,\ W(\alpha))\ .$$

bewiesen. Zum Nachweis, daß H zu FP_2 gehört, bemerke ich zunächst, daß V in FP_2 liegt, weil die Exponentiation zu dieser Klasse gehört und die verwendete Produktbildung sich auf eine konstante Zahl von Faktoren bezieht. Zusammen mit V liegt dann auch ψ in FP_2.

Die Funktionen h_z liegen sämtlich schon in FP_1 , denn die in mehreren von ihnen verwendeten Multiplikationen ihres Arguments t erfolgen stets mit einem konstanten Faktor (etwa $M \cdot (t \dot- 1)$), können also als Additionen geschrieben werden. Die Funktion g wird durch primitive Rekursion mit Fallunterscheidung vermöge der h_j erklärt, wobei die Fallunterscheidung sich auf die endlich vielen Mengen $\{z\}$ mit $z < M$ sowie auf das Komplement der endlichen Menge aller z mit $z < M$ bezieht. Solche Mengen liegen aber in $R(FP_1)$, und somit liegt g in FP_2 . Zusammen mit g gehört dann auch die Funktion e zu FP_2.

Es folgt aus dem Lemma 3 und dem Theorem 1 im Appendix des Kapitels 4, daß auch die Funktionen ^3LOG und $EXP(0,-)$ in FP_2 liegen. Damit gehört auch H zu dieser Klasse, und das beschließt den Beweis des Theorems.

Kapitel 11. Spracherweiterungen

Die syntaktische Ausdrucksfähigkeit von PLA ist sehr gering. Das hat seinen guten Grund, denn diese Armut ist es, welche die Kontrolle alles Gesagten und seine Zurückführung auf einfachste Redeweisen erlaubt. Beim praktischen Arbeiten mit PLA jedoch nötigt sie zu langwierigen und umständlichen Schreibarbeiten. Es ist deshalb wünschenswert, PLA durch die Hinzunahme weiterer Ausdrucksmöglichkeiten in reichere Sprachen PLA_1 einzubetten, welche eine bequemeres Formulieren erlauben. Da aber die Kontrollierbarkeit dabei nicht verloren gehen soll, sollten solche *Spracherweiterungen* PLA_1 von PLA *konservativ* sein: jede PLA_1-programmierbare Funktion soll bereits PLA-programmierbar sein. Tatsächlich werde ich die Konservativität meiner Spracherweiterungen sogar in der Art nachweisen, daß ich Algorithmen angebe, welche jedes PLA_1-Programm in ein PLA-Programm überführen, das dieselbe Funktion programmiert.

Eine erste, erhebliche Vereinfachung bietet der Gebrauch von *Funktionstermen* für durch PLA-Programme programmierte Funktionen. Dazu sei Q = $<B,k,n,m>$ ein PLA-Programm, das eine (partielle) Funktion f programmiert. Ich bette PLA in eine erweiterte Sprache PLA_1 ein, indem ich zunächst die Menge der Subjekt-Objekt-Partikeln von PLA zu derjenigen von PLA_1 dadurch vergrößere, daß ich mit einem neuen Zeichen, etwa f, definiere:

für jede Zahlenfolge κ heißt der Ausdruck $f(x_{\kappa(0)}, \dots, x_{\kappa(k-1)})$ ein *Term*.

Im Falle k = 1 verwende ich auch die übliche Präfix-, im Falle k = 2 die übliche Infixschreibweise: tatsächlich kommt es nicht auf die Schreibweise an sondern darauf, daß die Terme den k-gliedrigen Variablenfolgen umkehrbar korrespondieren. Alsdann vergrößere ich die Menge der Zuweisungen von PLA zu derjenigen von PLA_1: für alle Funktionen κ von k in ω und ν von n in ω seien auch alle Ausdrücke der Gestalt

$$(1) \qquad < x_{\nu(0)}, \dots, x_{\nu(n-1)} > := f(x_{\kappa(0)}, \dots, x_{\kappa(k-1)})$$

Zuweisungen. Über diesen PLA_1-Zuweisungen erkläre ich Statements und P-Folgen wie für PLA; *ebenfalls* wie bisher definiere ich Programme von PLA_1. Ferner werde ich noch die folgenden Beobachtungen über P-Folgen (von PLA und PLA_1) benötigen:

(G2)   Es seien A, B P-Folgen, sei a Stelle von A und A(a) eine Zuweisung. Sei D die dadurch entstehende Folge von Statements, daß A(a) aus A entfernt und die Folge B dort eingefügt wird. Dann ist auch D eine P-Folge.

(G3)   Mit den Daten von (G2) sei A(i) Ophead und A(j) das korrespon-
dierende Optail. Gilt $i < a < j$, so ist $D(j+|B|-1)$ das korrespon-
dierende Optail zu D(i).

Zunächst folgt (G2) durch Induktion über den Aufbau von A. Zum Beweis
von (G3) bemerke man, daß die Teilfolge von A(i) bis A(j) P-Folge ist;
folglich ist nach (G2) auch die Teilfolge von D(i) bis $D(j+|B|-1)$ P-
Folge. Nun folgt die Behauptung aus der Eindeutigkeitsaussage (G1).

Zur Übertragung auch der semantischen und Berechnungen betreffende
Begriffe auf PLA_1 brauche ich lediglich die Definition der Übergangsfunktion eines Programms noch durch Funktionen S_s für solche A(s) zu ergänzen, welche neuartige Zuweisungen (1) sind: in $S_s(a,\alpha) = <a+1,\beta>$ sei im
Falle $a = s$ dann

(2) $\beta(\nu(i)) = p_i^n \circ f(\alpha \circ \kappa)$ für $i < n$ und $\beta(r) = \alpha(r)$ sonst.

Da f , als durch ein PLA-Programm programmiert, partiell μ-rekursiv war,
ist das auch S_s. Da alle weiteren Definitionen unverändert übernommen
werden können, *programmieren auch die Programme von* PLA_1 *sämtlich
partiell* μ*-rekursive Funktionen* – freilich braucht jetzt schon ihre Übergangsfunktion nicht mehr total zu sein, kann also die Partialität schon
durch die einbezogene Funktion f bedingt werden.

Nun will ich zeigen, daß PLA_1 nicht mehr leistet als PLA:

THEOREM 1   (i) PLA und PLA_1 programmieren dieselben Funktionen.

(ii) Zu jedem PLA_1-Programm P , welches mindestens eine
Zuweisung der Art (1) enthält, läßt sich ein PLA_1-Pro-
gramm P' konstruieren, das eine Zuweisung der Art (1)
weniger enthält und das dieselbe Funktion wie P program
miert.

Offenbar folgt (i) sogleich aus (ii). Zum Beweis von (ii) sei $P = <A,c,d,e>$
und sei a die letzte Stelle von A, für die A(a) eine Zuweisung der Gestalt
(1) ist.

Sei B' die dadurch aus B entstehende P-Folge, daß die Variablen x_0,
..., x_m der Reihe nach durch m neue Variablen $x_e,..., x_{e+m}$ ersetzt werden;
es gilt $|B'| = |B|$. Aus A bilde ich die Folge A', indem ich A(a) entferne
und an seine Stelle

(i)   die m Zuweisungen "$x_{e+j} := x_{\kappa(j)}$" für $j < k$, und "$x_{e+k+r} := 0$" für
$r < m-k$, gefolgt von

(ii)   den Statements der Folge B' , gefolgt von

(iii)   den n Zuweisungen "$x_{\nu(i)} := x_{e+i}$" für $i < n$

setze. Es folgt aus (G2), daß A' eine P-Folge ist. Es sei P' das Programm $<A',c,d,e+m>$. Ich werde zeigen, daß P und P' dieselbe Funktion programmieren.

In A' sind an die Stelle des einen Gliedes A(a) nun $m+|B|+n$ Glieder getreten; mit $h = m+|B|+n$ folgt daher $|A'| = |A|+h-1$, und ein Statement A(i), $i > a$, tritt nun als A'(i+h-1) auf. Ich definiere die *Verschiebungsfunktion* ε, welche die Zahlen unterhalb $|A|+1$ in die Zahlen unterhalb $|A'|+1$ abbildet, durch $\varepsilon(0) = 0$, $\varepsilon(x+1) = \varepsilon(x)+1$ für $x \neq a$, $\varepsilon(a+1) = \varepsilon(a)+h$. Daraus folgt $\varepsilon(i) = i$ für $i < a$ und $\varepsilon(i) = i+h-1$ für $|A| \geq i > a$, weshalb

(A) $A(x) = A'(\varepsilon(x))$ für $x \neq a$.

Für von a verschiedene Stellen i, j von A folgt aus (G3)

(E)   Wenn $j = i^*$ in A, so $\varepsilon(j) = \varepsilon(i)^*$ in A' .

Sei nun $<0,\delta>$ ein initialer P-Vektor, und sei $<0,\delta'>$ der initiale P'-Vektor, bei dem δ' aus δ durch Verlängerung mit Nullen entsteht.

Sei Δ die mit $<0,\delta>$ beginnende P-Berechnung, Δ' die mit $<0,\delta'>$ beginnende P'-Berechnung.

Ich definiere eine Abbildung Φ auf $\mathrm{def}(\Delta)$ wie folgt. Es sei $\Phi(0) = 0$; sei nun $\Phi(j)$ definiert, und sei $j+1$ in $\mathrm{def}(\Delta)$. Gilt $\Delta(j) = <x,\alpha>$ mit $x \neq a$, so sei $\Phi(j+1) = 1+\Phi(j)$. Gilt aber $\Delta(j) = <a,\alpha>$, so sei mit der Zeitfunktion T von Q

$\quad$ $\Phi(j+1) = \Phi(j) + m + T(\alpha \circ \kappa)+n$.

Dann wird es genügen, wenn ich nachweise, daß $\Phi(j)$ stets in $\mathrm{im}(\Delta')$ liegt und daß gilt

(T)   Wenn $\Delta(j) = <x,\alpha>$, so $\Delta'(\Phi(j)) = <\varepsilon(x),\alpha,\sigma>$ mit einem geeigneten σ .

Denn terminiert Δ an einer Stelle t, so mit einem terminalen P-Vektor $<|A|,\alpha>$, weshalb $\Delta'(\Phi(t)) = <\varepsilon(|A|),\alpha,\gamma>$, und wegen $\varepsilon(|A|) = |A| + h-1 = |A'|$ ist das ein terminaler P'-Vektor. Ist g die von P und g' die von P' programmierte Funktion und ist η der Vektor der ersten c Stellen von δ (und damit von δ'), so besteht $g(\eta)$ aus den ersten d Stellen von α und $g'(\eta)$ aus den ersten d Stellen von $<\alpha,\gamma>$. Wegen $d \leq e$ sind das dieselben, weshalb $g(\eta) = g'(\eta)$.

Die Behauptung (T) beweise ich durch Induktion über j ; für $j = 0$ ist sie evident. Sei sie für j bewiesen und sei $\Delta(j) = <x,\alpha>$. Im Fall $x \neq a$ stimmen $A(x)$ und $A'(\varepsilon(x))$ überein und enthalten also nur Variablen mit Nummern unterhalb e. Daher ist der durch $A(x)$ bestimmte Übergang von $<x,\alpha>$ in $\Delta(j+1) = <y,\beta>$ derselbe wie der durch $A'(\varepsilon(x))$ bestimmte von $<\varepsilon(x),\alpha,\sigma>$ in $\Delta'(j+1) = <y',\beta,\sigma>$. Gilt hier $y = x+1$, so auch $y' =$

$\varepsilon(x)+1 = \varepsilon(x+1)$; steht aber bei $A(x)$ Head oder Tail einer Schleife und gilt $y = x^*+1$, so gilt wegen $\varepsilon(x^*) = \varepsilon(x)^*$ nach (E) auch $y' = \varepsilon(x)^*+1 = \varepsilon(x^*+1) = \varepsilon(y)$. Es bleibt mir, den Fall $x = a$ zu betrachten, und in ihm gilt $\Delta(j+1) = <a+1,\beta>$ mit β aus (2) gilt. Wie immer dann σ aussehen mag, es geht $\Delta'(\Phi(j)) = <a,\alpha,\sigma>$ unter den Zuweisungen (i) über in

$$(3) \qquad \Delta'(\Phi(j)+m) = <a+m, \alpha, \alpha\circ\kappa, \vartheta> \,,$$

wobei dem e-gliedrigen α die durch κ ausgewählten Glieder $\alpha\circ\kappa$ folgen und ϑ ein $(m-k)$-gliedriger Nullvektor ist. Die Statements (ii) führen das Programm Q für Variablen mit um e vergrößerten Nummern aus, verändern also die ersten e Glieder α von $<\alpha, \alpha\circ\kappa, \vartheta>$ nicht. Für die letzten m Glieder $<\alpha\circ\kappa, \vartheta>$ beginnen sie eine Q-Berechnung mit dem initialen Q-Vektor $<0, \alpha\circ\kappa, \vartheta>$. Da $\Delta(j+1)$ definiert, also β in (2) definiert ist, ist auch f bei $\alpha\circ\kappa$ definiert. Folglich terminiert die Q-Berechnung von $<0, \alpha\circ\kappa, \vartheta>$ nach $T(\alpha\circ\kappa)$ Schritten mit $<|B|, f(\alpha\circ\kappa), \vartheta'>$. Unter den Statements (ii) geht daher (3) über in

$$(4) \qquad \Delta'(\Phi(j)+m+T(\alpha\circ\kappa)) = <a+m+|B|, \alpha, f(\alpha\circ\kappa), \vartheta'> \,.$$

Dieser Vektor schließlich geht unter den Statements (iii) über in

$$\Delta'(\Phi(j)+m+T(\alpha\circ\kappa)+n) = <a+m+|B|+n, \gamma, f(\alpha\circ\kappa), \vartheta'> \,,$$

wobei $\gamma(\nu(i)) = f(\alpha\circ\kappa)(i)$ für $i < n$ und $\gamma(r) = \alpha(r)$ für $r < e$ sonst. Aus (2) folgt daher $\gamma = \beta$, und nach Definition von $\Phi(j+1)$ ergibt das mit $\varepsilon(a+1) = a+h = a+m+|B|+n$

$$\Delta'(\Phi(j+1)) = <\varepsilon(a+1), \beta, f(\alpha\circ\kappa), \vartheta'> \,.$$

Das beendet den Induktionsbeweis.

Für *zahlenwertige* Funktionen f, welche durch PLA-Programme $Q = <B,k,1,m>$ berechnet werden, kann ich auch allgemeine Terme einführen:

f-Terme vom Gewicht 0 seien alle Variablen und Konstanten ,

> ist τ eine Folge von k *f*-Termen, so sei auch *f(τ)* ein *f*-Term, dessen Gewicht das um 1 vergrößerte Maximum der Gewichte der Glieder von τ ist ;

im Falle $k = 2$ muß ich bei einer Infixschreibweise dann Klammern verwenden. Damit kann ich dann alle Ausdrücke

$$(5) \qquad "x_i := t"$$

mit *f*-Termen t als Zuweisungen zulassen. Um die Semantik solcher Zuweisungen zu erklären, definiere ich für jede Zahl n, welche oberhalb aller Nummern von in t auftretenden Variablen liegt, die von t *dargestellte* n-stellige Funktion: die von x_i dargestellte Funktion sei p_i^n ; ist η die Folge der von den Termen einer Folge τ dargestellten n-stelligen Funktionen, so sei f∘$<\eta>$ die von $f(\tau)$ dargestellte n–stellige Funktion. Ist in einem Programm P = $<$A,c,d,e$>$ eine Zuweisung A(s) der Gestalt (5) vorgelegt, und ist h die von t dargestellte e–stellige Funktion, so sei in dem P-Vektor $S_s(a,\alpha) = <a{+}1,\beta>$ dann

(6) $\beta(i) = h(\alpha)$ und $\beta(r) = \alpha(r)$ für r$\neq$i .

Da zusammen mit f auch die von f-Termen dargestellten Funktionen partiell μ-rekursiv sind, programmieren auch diese Programme immer noch partiell μ-rekursive Funktionen. Schließlich lassen sich diese Programme ebenfalls in PLA-Programme zurück übersetzen, indem man die zuvor beschriebene Methode verwendet, um Zuweisungen (5) durch solche mit f-Termen kleineren Gewichts zu ersetzen und dann nach endlich vielen Wiederholungen ein PLA-Programm zu erhalten.

Das Muster, nach dem soeben gezeigt wurde, daß die Hinzunahme von f-Termen eine konservative Erweiterung von PLA liefert, läßt sich für beliebige Spracherweiterungen PL_1 einer Sprache PL als *Konfinalitätsmethode* wie folgt ausdrücken:

(m0)   Zu jedem PL_1-Programm P = $<$A,k,n,m$>$ konstruiert man ein PL-Programm P$'$ = $<$B,k,n,m$'>$, zusammen mit einer Verschiebungsfunktion ε, welche jedem i mit i$\leq$ $|$A$|$ ein ε(i) mit ε(i)$\leq$ $|$B$|$ zuordnet, für das gilt

(m01) $\varepsilon(|$A$|) = |$B$|$.

(m1)   Zu jeder P-Berechnung Δ eines α aus ω^k und jeder P$'$-Berechnung Δ' desselben α konstruiert man eine Funktion Φ von def(Δ) in def(Δ') so, daß für x in def(Δ) aus Δ(j) = $<$x,$\beta>$ folgt $\Delta'(\Phi(j)) = <\varepsilon(x),\beta,\sigma>$.

Diese Methode wird noch mehrfach angewendet werden. Allgemeiner darf (m01) verletzt sein, sofern ich aus anderen Gründen weiss, daß für $\Delta(t) = <a,\beta>$ die Fortführung von Δ' über $\Delta'(\Phi(t)) = <\varepsilon(a),\beta,\sigma>$ hinaus noch terminiert und dabei der Anteil β dieses P$'$-Vektors nicht mehr verändert wird.

Der Prozeß der Spracherweiterung läßt sich iterieren: ist PLA_i gegeben und ist f die Funktion, die durch ein PLA_i-Programm Q = $<$B,k,l,m$>$ berechnet wird, so kann ich die ausgeführten Konstruktionen wiederholen und PLA_i durch Einführung von Termen mit einem neuen Symbol f zu einer Sprache PLA_{i+1} erweitern; Inspektion des Beweises des Theorems 1 lehrt sogleich, daß er auch in dieser Situation in Kraft bleibt und PLA_{i+1} als konservative Erweiterung von PLA_i und damit auch von PLA liefert. Allgemeiner kann ich Sprachen von einem *Typ PL* erklären, welche eine Semantik mit Übergangsfunktionen S haben, von denen dann PLA und

PLA_1 Beispiele sind; die Erklärung der von einem Programm P einer solchen Sprache berechneten Funktion f bleibt unverändert dieselbe wie für PLA. Mit diesen Begriffen bleibt das Theorem 1 für Sprachen PL_1 in Kraft, welche Erweiterungen einer Sprache PL vom Typ *PL* durch Funktionssymbole für von PL-Programmen berechnete Funktionen sind.

Eine zweite Art von Spracherweiterungen ensteht durch die Einführung weiterer Ausdrücke als Operationsanweisungen; die bislang zugelassene Art von Opheads und Optails bezeichne ich dann auch als *Whileheads* und *Whiletails* und ihre Schleifen als *Whileschleifen.* Als erste Sorte neuer Operationsanweisungen führe ich mit dem Namen

    Timesheads   alle Ausdrücke der Gestalt "do x_i times"

ein; neue Optails brauche ich keine. In der Definition von P-Folgen lasse ich in 10.(F3) neben Whileheads auch Timesheads zu, so daß nun auch *Timesschleifen* auftreten. Mit diesen P-Folgen erkläre ich die Programme der so erweiterten Sprache PLA_1 wie zuvor.

Den semantischen Apparat ergänze ich, indem ich die Übergangsregel 10.(T2) auch für die neuen Timesheads beibehalte, die Regel 10.(T3) für solche Optails beibehalte, welche einem Whilehead korrespondieren, und ihr dann hinzufüge

(T3a)   oder A(a) ist Optail mit korrespondierendem Ophead
        "do x_i times", und es gilt

$$\beta(i) = \alpha(i) \dot{-} 1 \text{ und } \beta(r) = \alpha(r) \text{ für } r \neq i$$

$$\text{wenn } \beta(i) \neq 0 \text{ so } b = a^* + 1$$

$$\text{wenn } \beta(i) = 0 \text{ so } b = a + 1 \ .$$

Ganz entsprechend erweitere ich dann die Definition der Funktionen S_s . Da sie auch dann noch primitiv rekursiv bleiben, programmieren auch die PLA_1-Programme partiell μ-rekursive Funktionen.

Sie programmieren aber auch nur PLA-programmierbare Funktionen. Denn ist P = $\langle$A,c,d,e$\rangle$ ein PLA_1-Programm mit mindestens einem Timeshead, so gebe ich ein Programm P' = $\langle$A',c,d,e$\rangle$ an, das *ein* Timeshead weniger, dafür aber ein Whilehead enthält, und das dasselbe wie P leistet. Ist nämlich A(a) das letzte solche Timeshead in A und gleich "do x_i times", so entstehe A' aus A, indem ich A(a) durch "while $x_i \neq 0$ do" ersetze und vor dem Optail A(a*) die Zuweisung "$x_i := x_i \dot{-} 1$" einfüge; es gilt also $|A'| = |A| + 1$. Mit der durch $\varepsilon(0) = 0$, $\varepsilon(x+1) = \varepsilon(x) + 1$ für $x \neq a^* - 1$, $\varepsilon(a^*) = a^* + 1$ definierten Verschiebungsfunktion folgt dann A(x) = A'(ε(x)) für $x \neq a$. Ist Δ P-Berechnung und Δ' P'-Berechnung von $\langle 0, \delta \rangle$, so definiere ich Φ durch $\Phi(0) = 0$, $\Phi(j+1) = 1 + \Phi(j)$ falls $\Delta(j) = \langle x, \alpha \rangle$ mit $x \neq a^*$ und $\Phi(j+1) = 2 + \Phi(j)$ falls $\Delta(j) = \langle a^*, \alpha \rangle$. Damit finde ich:

Wenn $\Delta(j) = \ <x,\alpha>$, so $\Delta'(\Phi(j)) = \ <\varepsilon(x),\alpha>$.

Denn für $x = a$ wird $\Delta(j)$ unter $A(a)$ und $A'(a)$ mit der Übergangsregel (T2) in dasselbe Ergebnis transformiert. Im Falle $x = a^*$ sei β die Folge mit $\beta(i) = \alpha(i)\dot{-}1$, $\beta(r) = \alpha(r)$ für $r \neq i$. Im Fall $\beta(i) = 0$ geht $<a^*,\alpha>$ unter $A(a^*)$ in $<a^*+1,\beta>$ über, unter $A'(a^*)$ in $<a^*+1,\beta>$ und dann unter $A'(a^*+1)$ in $<a^*+2,\beta> = \ <\varepsilon(a^*+1),\beta>$. Im Fall $\beta(i) \neq 0$ geht $<a^*,\alpha>$ unter $A(a^*)$ in $<a+1,\beta>$ über, unter $A'(a^*)$ in $<a^*+1,\beta>$ und dann unter $A'(a^*+1)$ in $<a+1,\beta> = \ <\varepsilon(a+1),\beta>$.

Natürlich tun die neuen Timesschleifen das, was ihre Timesheads versprechen, in der Regel nur dann, wenn der Variablen x_i zwischen Head und Tail keine neuen Werte zugewiesen werden: nur dann wird bei mit $\alpha(i)$ belegtem x_i die Schleife auch $\alpha(i)$ mal durchlaufen werden. In der Tat leisten solche allgemeinen Timesschleifen sogar dasselbe wie Whileschleifen: jede Whileschleife läßt sich durch eine Timesschleife ersetzen, indem ich ihr Head "while $x_i \neq 0$ do" durch "do x_i times" ersetze und dann, vor ihrem Tail, noch das Statement " $x_i := x_i + 1$ " einfüge. Auf Timesschleifen, welche ihre Versprechen halten, werde ich im Kapitel 13 eingehen.

Würde ich *Forheads* der Art "for $x_i' \leq x_i$ do" an Stelle der Timesheads verwenden, so würden die entstehenden Programme semantisch dasselbe leisten, jedoch würde dies das Auftreten einer neuen Hilfsvariablen x_i' bewirken, welche x_i innerhalb der Schleife ersetzen müsste .

Appendix: Weiteres über Erweiterungen mit Operationsanweisungen

Als eine weitere Sorte neuer Operationsanweisungen nenne ich

    Ifheads   alle Ausdrücke der Gestalt "if $x_i \neq 0$ then" ;

auch hier brauche ich keine neuen Optails und erkläre mit der vergrößerten Menge von Opheads die P-Folgen und Programme wie bisher. Auch hier bleibt die Übergangsregel 10.T(2) für die neuen Opheads dieselbe; die Übergangsregel 10.(T3) ergänze ich jetzt durch

(T3b)   oder $A(a)$ ist Optail mit korrespondierendem Ophead
    "if $x_i \neq 0$ then", es gilt $\alpha = \beta$ und $b = a+1$.

Wieder programmieren die Programme der so erweiterten Sprache nur partiell μ-rekursive Funktionen. Daß sie auch nur PLA-programmierbare Funktionen programmieren, ergibt sich als Spezialfall aus der sogleich zu betrachtenden allgemeineren Situation.

Die Einführung der nächsten Art von Operationsanweisungen erfordert ein wenig mehr an technischem Aufwand. Ich nenne das bisher gebrauchte Optail "od" nun *Whiletail* und definiere als

Ifeheads   alle Ausdrücke der Gestalt "ife $x_i\neq 0$ then" ,

Elsehead   den Ausdruck "else",

Ifetail   den Ausdruck "fi".

Alsdann definiere ich P−Folgen, indem ich die Bedingung 10.(F3) auf die bisherigen Opheads und Optails beschränke und sie durch eine vierte ergänze:

(F3)   ist A eine P−Folge, so auch die Folge, welche durch Vorsetzen eines Whilehead oder eines Timeshead und Nachsetzen des Whiletail aus A entsteht,

(F4)   sind A und B P−Folgen, so auch die Folge, welche durch Vorsetzen eines Ifehead vor A, Anfügen eines Elsehead, Anfügen von B und Anfügen des Ifetail entsteht:

"ife $x_i\neq 0$ then" , A , "else" , B , "fi" .

Die Aussagen (G0−1) über die Korrespondenz zwischen While− oder Timesheads und ihren Tails bleiben in Kraft; hinzu treten:

(G4)   Tritt in einer P−Folge A an einer Stelle i ein Ifehead [an einer Stelle j ein Elsehead, resp. an einer Stelle k ein Ifetail] auf, so gibt es Stellen j,k mit Elsehead und Ifetail [i,k mit Ifehead und Ifetail resp. i,j mit Ifehead und Elsehead] mit $i < j < k$ so, daß die von i+1 bis j−1 laufende Teilfolge A_0 von A und die von j+1 bis k−1 laufende Teilfolge A_1 von A beide P−Folgen sind.

(G5)   In (G4) bestimmt jede der Stellen i, j, k die anderen beideneindeutig.

Wieder folgt (G4) durch Induktion über den Aufbau der P−Folgen, und (G5) beweist man nahezu wörtlich analog zu (G1). Wieder werde ich deshalb die Stellen des Tripels i,j,k als zueinander *korrespondierend* bezeichnen; wieder ist diese Definition in dem Sinne unabhängig von A, als sich bei Bezugnahme auf eine A umfassende P−Folge in A dieselben korrespendierenden Tripel ergeben.

Programme erkläre ich wie bisher. Die Übergangsregeln 10.T(2−3) bleiben für die alten While− und Timesheads und die Whiletails dieselben, müssen aber ergänzt werden durch

(T4)   oder A(a) ist Ifehead "ife $x_i\neq 0$ then", es gilt $\alpha = \beta$, und

wenn $\alpha(i) \neq 0$ so b = a+1 ,
wenn $\alpha(i) = 0$ so b = v+1 mit v als der Stelle des a korrespondierenden Elseheads ,

(T5)   oder A(a) ist Elsehead, es gilt $\alpha = \beta$ und b = v+1 mit v als der Stelle des a korrespondierenden Ifetail,

(T6)   oder A(a) ist Ifetail, es gilt $\alpha = \beta$ und b = a+1 .

Es ist klar, daß auch die so erweiterten Programme wieder partiell μ-rekursive Funktionen programmieren.

THEOREM 2   Die Programme der mit ife erweiterten Sprache programmieren nur PLA–programmierbare Funktionen.

Denn ist P = $<$A,c,d,e$>$ ein Programm mit mindestens einem Tripel korrespondierender Ifeheads A(r), Elseheads A(s) und Ifetails A(t), so werde ich ein Programm P' = $<$A',c,d,e+2$>$ angeben, das ein solches Tripel weniger enthält, neue Timesheads (aber *keine* neuen Whileheads) und Optails enthält und das dieselbe Funktion programmiert. Dazu will ich annehmen, daß ich die Sprache bereits durch den 1–stelligen Term $1 \dot{-} x$ erweitert habe; sei A(r) gleich "ife $x_i \neq 0$ then". Dann soll A' aus A entstehen, indem ich ersetze

A(r) durch die drei Statements   "$x_{e+1} := 1 \dot{-} x_i$" ,   "$x_e := 1 \dot{-} x_{e+1}$" ,
"do x_e times" ,

A(s) durch die zwei Statements "od" , "do x_{e+1} times" ,
A(t) durch "od" .

Da ich über das so entstehende Programm P' etwas beweisen will, muß ich dieser Definition zunächst eine Gestalt geben, welche solche Beweise möglich macht. Ich definiere die *Stellenverschiebung* ε als Abbildung von $|A|+1$ in $|A|+4$ durch

$$\varepsilon(z) = z \ \text{für} \ z \leq r, \quad \varepsilon(z) = z+2 \ \text{für} \ r < z \leq s, \quad \varepsilon(z) = z+3 \ \text{für} \ s < z$$

oder rekursiv durch $\varepsilon(0) = 0$ und

$$
\begin{array}{ll}
\varepsilon(z+1) = \varepsilon(z)+3 & \text{für } z = r \\
\varepsilon(z+1) = \varepsilon(z)+2 & \text{für } z = s \\
\varepsilon(z+1) = \varepsilon(z)+1 & \text{sonst .}
\end{array}
$$

Für jedes Statement A(z) definiere ich sein *Bild* $A^\S(z)$ als

$$
\begin{array}{ll}
\text{"}x_{e+1} := 1 \dot{-} x_i\text{"} & \text{für } z = r \\
\text{"od"} & \text{für } z = s \\
\text{"od"} & \text{für } z = t \\
A(z) & \text{sonst.}
\end{array}
$$

Damit definiere ich die Folge A' der Länge $|A|+3$ durch $A'(\varepsilon(z)) = A^\S(z)$ für die Bilder unter e und

$$
\begin{array}{ll}
A'(r+1) & = \text{"}x_e := 1 \dot{-} x_{e+1}\text{"} \\
A'(r+2) & = \text{"do } x_e \text{ times"} \\
A'(\varepsilon(s)+1) & = \text{"do } x_{e+1} \text{ times".}
\end{array}
$$

Aus der Definition von ε folgt, daß die Nicht-Bilder unter ε die drei A'-Stellen

(R0) $\varepsilon(r)+1$, $\varepsilon(r)+2$, $\varepsilon(s)+1$

sind. In A sind die beiden Teilfolgen von r+1 nach s-1 und von s+1 nach t-1 P-Folgen. In A' sind deshalb die Teilfolgen B von $\varepsilon(r+1) = \varepsilon(r)+3$ nach $\varepsilon(s-1) = \varepsilon(s)-1$ und C von $\varepsilon(s+1) = \varepsilon(s)+2$ nach $\varepsilon(t-1) = \varepsilon(t)-1$ P-Folgen. Folglich sind dort auch die zwei Teilfolgen von $\varepsilon(r)+2$ nach $\varepsilon(s)$ und von $\varepsilon(s)+1$ nach $\varepsilon(t)$ P-Folgen, denn sie entstehen aus B, C durch Vorsetzen von Heads und Nachstellen von Tails. Schließlich ist damit auch ihre Verkettung P-Folge, also auch die Teilfolge V von r über r+1 und $\varepsilon(r)$ nach $\varepsilon(t)$, die durch das Vorsetzen zweier Zuweisungen gebildet wird. Da A' aus A entsteht, indem die P-Folge von r nach t durch V ersetzt wird, ist mithin auch A' P-Folge, P' also ein Programm. Weiter folgt aus der Definition der $A^\S(z)$ die Eigenschaft

(E)   wenn $j = i^*$ in A, so $\varepsilon(j) = \varepsilon(i)^*$ in A'; ist i, j, k in A ein von r, s, t verschiedenes korrespondierendes Tripel, so ist das auch $\varepsilon(i)$, $\varepsilon(j)$, $\varepsilon(k)$ in A'.

Ich behaupte nun, daß P und P' dieselbe Funktion programmieren.

Sei dazu Δ eine P-Berechnung mit einem initialen P-Vektor als erstem Glied $\Delta(0)$, und sei Δ' die P'-Berechnung, deren $\Delta'(0)$ durch Verlängerung von $\Delta(0)$ mit 0 entsteht. Ich werde eine Funktion Φ von $\mathrm{def}(\Delta)$ in $\mathrm{def}(\Delta')$ so angeben, daß für alle j in $\mathrm{def}(\Delta)$ gilt

(T)   Wenn $\Delta(j) = \,<x,\alpha>$,   so $\Delta'(\Phi(j)) = \,<\varepsilon(x),\alpha,v,w>$ mit $v \leq 1$, $w \leq 1$, und aus $r < x \leq s$ folgt $v = 1$, $w = 0$.

Ist dann $\Delta(j)$ terminal, also $x = |A|$, so wird wegen $\varepsilon(|A|) = |A'|$ auch $\Delta'(\Phi(j))$ terminal sein, und daraus folgt die Behauptung. Die Funktion Φ definiere ich rekursiv durch $\Phi(0) = 0$ und, abhängig von $\Delta(j) = \,<x,\alpha>$, durch

$$
\begin{array}{ll}
\Phi(j+1) = \Phi(j)+4 & \text{falls } x = r \text{ und } \alpha(i) = 0 \\
\Phi(j+1) = \Phi(j)+3 & \text{falls } x = r \text{ und } \alpha(i) \neq 0 \\
\Phi(j+1) = \Phi(j)+2 & \text{falls } x = s \\
\Phi(j+1) = \Phi(j)+1 & \text{sonst .}
\end{array}
$$

Nun beweise ich durch Induktion die Beziehung (T), zusammen mit der Aussage, daß für j aus $\mathrm{def}(\Delta)$ auch $\Phi(j)$ in $\mathrm{def}(\Delta')$ liegt. Das ist klar für $j = 0$; sei es für j bewiesen und sei $\Delta(j) = \,<x,\alpha>$. Im Falle $x = r$, $\alpha(i) = 0$ gilt einerseits $\Delta(j+1) = \,<s+1,\alpha>$, andererseits gilt wegen $\varepsilon(r) = r$

$$
\begin{array}{ll}
\Delta'(\Phi(j))\ \ \, = \,<r,\alpha,v,w> & \\
\Delta'(\Phi(j)+1) = \,<r+1,\alpha,v,1> & \\
\Delta'(\Phi(j)+2) = \,<r+2,\alpha,0,1> & \text{folglich} \\
\Delta'(\Phi(j)+3) = \,<\varepsilon(s),\alpha,0,1> & \text{unter dem Timeshead bei A'(r+2) sodaß} \\
\Delta'(\Phi(j)+4) = \,<\varepsilon(s)+1,\alpha,0,1> & \text{unter dem Timeshead bei A'($\varepsilon(s)$).}
\end{array}
$$

Wegen $\varepsilon(s)+1 = \varepsilon(s+1)$ ergibt das die Behauptung über $\Delta'(\Phi(j+1))$. $-$ Im Fall $x = r$, $\alpha(i) \neq 0$ gilt einerseits $\Delta(j+1) = \,<r+1,\alpha>$, andererseits

$$\Delta'(\Phi(j)) \quad = \,<r,\alpha,v,w>$$
$$\Delta'(\Phi(j)+1) = \,<r+1,\alpha,v,0>$$
$$\Delta'(\Phi(j)+2) = \,<r+2,\alpha,1,0> \qquad \text{folglich}$$
$$\Delta'(\Phi(j)+3) = \,<r+3,\alpha,1,0> \qquad \text{unter dem Timeshead bei } A'(r+2).$$

Wegen $\varepsilon(r+1) = \varepsilon(r)+3 = r+3$ ergibt das die Behauptung über $\Delta'(\Phi(j+1))$. Im Fall $x = s$ gilt einerseits $\Delta(j+1) = \,<t+1,\alpha>$, andererseits

$$\Delta'(\Phi(j)) \quad = \,<\varepsilon(s),\alpha,1,0> \qquad \text{unter Gebrauch auch des zweiten Teils}$$
$$\text{von (T)}$$
$$\Delta'(\Phi(j)+1) = \,<\varepsilon(s)+1,\alpha,0,0> \quad \text{unter dem Tail zum Timeshead bei}$$
$$A'(r+2)$$
$$\Delta'(\Phi(j)+2) = \,<\varepsilon(t)+1,\alpha,0,0> \quad \text{unter dem Timeshead bei } A'(\varepsilon(s)+1).$$

Wegen $\varepsilon(t)+1 = \varepsilon(t+1)$ ergibt das die Behauptung über $\Delta'(\Phi(j+1))$. $-$ Im Fall $x = t$ gilt einerseits $\Delta(j+1) = \,<t+1,\alpha>$, andererseits

$$\Delta'(\Phi(j)) \quad = \,<\varepsilon(t),\alpha,v,w>$$
$$\Delta'(\Phi(j)+1) = \,<\varepsilon(t)+1,\alpha,v,0> \quad \text{unter dem Tail zum Timeshead bei}$$
$$A'(\varepsilon(s)+1),$$

und das ergibt wieder die Behauptung.

Sei nun x von r,s,t verschieden. Dann folgt aus $A(x) = A'(\varepsilon(x))$, daß unter Voraussetzung von (T) dann $\Delta(j+1) = \,<y,\beta>$ auch

$$\Delta'(\Phi(j)+1) = \,<y',\beta,v,w>$$

zur Folge hat. Denn erstens läßt dann $A'(\varepsilon(x))$ die Variablen x_e, x_{e+1} unverändert, so daß v,w von $\Delta(\Phi(j))$ übernommen werden. Und zweitens werden die ersten e Variablen genau so wie von $A(x)$ transformiert, weshalb β von $\Delta(j+1)$ übernommen wird. Die A-Stelle y bestimmt sich aus der A- Stelle x als $y = q+1$ mit einer der zwei Möglichkeiten

    (q) $q = x$ und y entsteht durch Fortschreiten von x, oder
    (qq) q ist Stelle eines $A(x)$ korrespondierenden Paars oder Tripels.

Dabei kann es sich in (qq) nicht um das Tripel r,s,t handeln, denn es könnte $q = r$, $y = r+1$ nach Art von $A(r)$ nur für $x = r$ eintreten; ebenso würde $q = s$ zu $x = r$ und $q = t$ zu $x = s,t$ führen. Daher treten in (qq) mögliche Paare und Tripel auch in A' auf, und nun folgt aus der Eigenschaft (E), daß sich die A'-Stelle y' auf dieselbe Art wie y aus der A'- Stelle $\varepsilon(x)$ als $\varepsilon(q)+1$ bestimmt. Ist daher $\varepsilon(q)+1$ *keine* der drei eingefügten A'-Stellen aus (R0), so gilt $\varepsilon(q)+1 = \varepsilon(q+1)$, und deshalb $y' = \varepsilon(y)$ sowie $\Phi(j+1) = \Phi(j)+1$; das beweist (T) auch für diese Fälle. Da bereits $\varepsilon(r)+1$ nicht Bild unter ε ist, kann $\varepsilon(q)+1$ auch nicht gleich $\varepsilon(r)+2$ sein. Es bleiben also nur die zwei Fälle $\varepsilon(q)+1 = \varepsilon(r)+1$ und $\varepsilon(q)+1 = \varepsilon(s)+1$. Im ersten folgt $\varepsilon(q) = \varepsilon(r)$, $q = r$; das schließt nach dem oben Gesagten die

Möglichkeit (qq) aus und liefert für die Möglichkeit (q) dann $x = r$, welcher Fall bereits erledigt war. Im Falle $\varepsilon(q)+1 = \varepsilon(s)+1$ folgt $\varepsilon(q) = \varepsilon(s)$, $q = s$, was wieder (qq) ausschließt und für (q) zum bereits erledigten Fall $x = s$ führt.

Damit ist (T) in jedem Fall bewiesen, und das beschließt den Induktionsbeweis.

Eine ganz andere Variation der Operationsanweisungen erhält man, indem man die Testbedingungen "$x_i{\neq}0$" der While-, If- und Ifeheads durch beliebige ihrer Booleschen Zusammensetzungen ersetzt; es liegt auf der Hand, wie dann die Übersetzungsregeln 10.(T2) und 10.(T3) zu ergänzen sind. Offenbar genügt es, sich dabei auf Negationen, Konjunktionen und Disjunktionen der ursprünglichen Bedingungen zu beschränken; um einzusehen, daß man negierte "$x_i{\neq}0$" wieder eliminieren kann, führt man mit einer neuen Variablen y den Term $1{\div}y$ ein und ersetzt dann ein Head "while $x_i = 0$ do" durch "$y := 1{\div}x_i$", gefolgt von "while $y{\neq}0$ do". Für Konjunktionen führt man den Term für die Multiplikation $\cdot$ ein und eliminiert mit einer neuen Variablen y ein Head "while $x_i{\neq}0$ und $x_j{\neq}0$ do" durch "$y := x_i \cdot x_j$", gefolgt von "while $y{\neq}0$ do". Für Disjunktionen führt man noch den Term für die Addition $+$ ein und eliminiert mit einer neuen Variablen y ein Head "while $x_i{\neq}0$ oder $x_j{\neq}0$ do" durch "$y := x_i+x_j$", gefolgt von "while $y{\neq}0$ do". Ferner kann man für eine zahlenwertige, PLA-programmierbare Funktion f das Funktionssymbol f einführen und dann Heads "while $f(x_0,\ldots, x_{k-1}){\neq}0$ do" mit einer neu gewählten Variablen y durch "$y := f(x_0,\ldots, x_{k-1})$" gefolgt von "while $y{\neq}0$ do" eliminieren. Endlich ist klar, daß man zahlreiche weitere Prädikate, wie zum Beispiel Ungleichungen "$x_i < x_k$", welche sich mit solchen Termen definieren lassen, ebenfalls als Testbedingungen verwenden und wieder eliminieren kann.

Kapitel 12.   PLA-programmierbare Funktionen

Im Kapitel 10 habe ich bemerkt, daß alle PLA–programmierbaren Funktionen partiell μ–rekursiv sind. Das beweist bereits die eine Richtung des

THEOREM 1   Die PLA–programmierbaren Funktionen sind genau die partiell μ–rekursiven.

Was den Beweis der anderen Richtung betrifft, so lehren die Beispiele am Ende des Kapitels 10, daß die primitiv rekursiven Anfangsfunktionen PLA-programmierbar sind. Nun verwende ich die Kennzeichung, welche ich mit dem Corollar 9.1 für die Menge der vektorwertigen partiell μ-rekursiven Funktionen angegeben habe; es bleibt danach zu zeigen, daß die PLA-programmierbaren Funktionen abgeschlossen sind unter der Bildung koordinatenweiser Produkte zahlenwertiger Funktionen sowie unter Kompositionen, Iterationen und Terminanten. Was, ferner, das koordinatenweise Produkt $\langle g_0^m, \dots, g_{k-1}^m \rangle$ von programmierbaren Funktionen angeht, so brauche ich nur für jede von ihnen ein Funktionssymbol g_i einzuführen, um mit

$$
\begin{aligned}
x_m &:= g_0(x_0, \dots, x_{m-1}) \\
&\quad \dots \\
x_{m+k-1} &:= g_{k-1}(x_0, \dots, x_{m-1}) \\
x_0 &:= x_m \\
&\quad \dots \\
x_{k-1} &:= x_{m+k-1}
\end{aligned}
$$

ein Programm $P = \langle A,m,k,m+k \rangle$ zu seiner Berechnung zu erhalten. Die weiteren Abgeschlossenheiten lehren die folgenden Lemmata:

LEMMA 1   Sind f aus ω^k in ω^n und g aus ω^n in ω^p PLA–programmierbar und führe ich für sie Funktionssymbole f und g ein, so wird die Komposition $g \circ f$ programmiert durch $P = \langle A,k,p,r \rangle$ mit $r = \max(n,k,p) \rangle$ und der Folge A :

$$
\begin{aligned}
\langle x_0, \dots, x_{n-1} \rangle &:= f(x_0, \dots, x_{k-1}) \\
\langle x_0, \dots, x_{p-1} \rangle &:= g(x_0, \dots, x_{n-1}) \ .
\end{aligned}
$$

Denn ein initialer R–Vektor $\langle 0,\alpha \rangle$ geht unter A(0) genau dann in einen Vektor $\langle 1,\beta \rangle$ über, wenn α in def(f) liegt, und dann sind die ersten n Stellen von β gleich f(α) (während alle weiteren mit denen von α übereinstimmen). Unter A(1) geht dieser Vektor genau dann in einen Vektor $\langle 2,\gamma \rangle$ über, wenn f(α) in def(g) liegt, und dann sind die ersten p Stellen von γ gleich g(f(α)).

Für die folgenden Lemmata benötige ich eine *Vertauschbarkeitseigenschaft der Iteration*, die in der simpelsten Form besagt, daß n+1 sich auch als 1+n schreiben läßt: für eine Funktion f aus ω^k in ω^k und ihre Iterierte *If* aus ω^{k+1} in ω^k gilt für jedes n:

> es ist *If*(α, n+1) genau dann definiert, wenn f(α) und *If*(f(α), n) definiert sind, und dann gilt *If*(α,n+1) = *If*(f(α),n) .

Für n = 0 folgt das sogleich aus den Definitionen; ist es für n bewiesen, so werden äquivalent

If(α,n+2) ist definiert
If(α,n+1) und f(*If*(α, n+1)) sind definiert
f(α) und *If*(f(α),n)) und f(*If*(f(α), n)) sind definiert
f(α) und *If*(f(α), n+1) sind definiert.

Aus diesen Aussagen folgt aber *If*(α, n+2) = f(*If*(α, n+1)) = f(*If*(f(α),n)) = *If*(f(α), n+1).

LEMMA 2   Ist f aus ω^k in sich PLA-programmierbar und ist *f* Funktionssymbol für f, so wird die Iterierte *If* durch das Programm Q = <B,k+1,k,k+1> programmiert, mit B als :

> do x_k times
> <x_0,..., x_{k-1}> := *f(x_0,..., x_{k-1})*
> od .

Ich beweise durch Induktion über n, daß

> für *jedes* α der Wert *If*(α,n) genau dann definiert und gleich β ist, wenn die Q-Berechnung von <0,α,n> mit <3,β,0> terminiert.

Das ist klar für n = 0, da dann $\beta = \alpha$ gilt und die Berechnung nur aus <0,α,0>, <3,α,0> besteht. Sei die Behauptung für n bewiesen. Die Q-Berechnung Δ von <0,α,n+1> beginnt als

$\Delta(0) = $ <0,α,n+1>
$\Delta(1) = $ <1,α,n+1>

da n+1 von 0 verschieden ist. $\Delta(2)$ ist genau dann definiert, wenn f(α) definiert ist, und dann gilt $\Delta(2) = $ <2,f(α),n+1>, womit im Fall n = 0 nun $\Delta(3) = $ <3,f(α),0> folgt und die Behauptung bewiesen ist, im Fall n > 0 aber $\Delta(3) = $ <1,f(α),n> gilt. In diesem Falle betrachte ich die Q-Berechnung Δ' von <0,f(α),n>, die mit

$\Delta'(0) = $ <0,f(α),n>
$\Delta'(1) = $ <1,f(α),n>

zu $\Delta(3) = \Delta'(1)$ führt. Nach Induktionsannahme terminiert Δ' mit dem Vektor <3,γ,0> genau dann, wenn *If*(f(α),n) definiert und dann gleich γ

ist. Das Lokalitätsprinzip für Berechnungen lehrt nun, das auch Δ in diesem Falle mit $<3,\gamma,0>$ terminiert, also genau dann, wenn $f(\alpha)$ und $If(f(\alpha),n)$ definiert sind. Nach der obgenannten Vertauschbarkeitsbeziehung ist das gleichbedeutend damit, daß $If(\alpha,n+1)$ definiert und gleich γ ist.

LEMMA 3   Ist f aus ω^k in sich PLA-programmierbar und ist f Funktionssymbol für P, so wird die Terminante Tf durch das Programm $Q = <B,k,k,k>$ programmiert, mit B als :

$$\text{while } x_0 \neq 0 \text{ do}$$
$$<x_0,\ldots, x_{k\text{-}1}> := f(x_0,\ldots, x_{k\text{-}1})$$
$$\text{od}\quad.$$

Ich zeige zunächst, daß alle Werte der Terminante durch Q-Berechnungen zu erhalten sind. Es ist $Tf(\alpha)$ genau dann definiert, wenn es ein m so gibt, daß (1) der Vektor $If(\alpha,m)$ definiert ist, als erstes Glied eine 0 enthält, und (2) das erste Glied jedes Vektors $If(\alpha,n)$ mit $n < m$ von 0 verschieden ist; dann ist $If(\alpha,m)$ gleich $Tf(\alpha)$; die Zahl m will ich hier den Index von α nennen (sie ist keine andere als $\mu f(\alpha)$). Ich beweise durch Induktion über m für alle α vom Index m, daß die Q-Berechung Δ von $<0,\alpha>$ mit $<3, Tf(\alpha)>$ terminiert; im Fall m = 0 ist das klar. Im Falle m > 0 gilt

$\Delta(0) = <0,\alpha>$
$\Delta(1) = <1,\alpha>$
$\Delta(2) = <2, f(\alpha)>$

womit im Fall m = 1 die Behauptung bewiesen ist, im Falle m > 1 aber $\Delta(3) = <1, f(\alpha)>$ folgt. In diesem Fall folgt aus der Vertauschbarkeitseigenschaft, daß $Tf(\alpha)$ gleich $Tf(f(\alpha))$ ist, $f(\alpha)$ aber den Index m−1 hat. Nach Induktionsannahme terminiert daher die Q-Berechnung Δ' von $<0,f(\alpha)>$ mit $<3, Tf(\alpha)>$; wegen $\Delta'(1) = <1,f(\alpha)>$ gilt aber $\Delta'(1) = \Delta(3)$, so daß auch Δ mit diesem Wert terminiert. − Nunmehr zeige ich, daß alle terminierenden Q-Berechnungen Δ von Vektoren $<0,\alpha>$ mit $<3, Tf(\alpha)>$ enden; das beweise ich durch Induktion über die Länge d von Δ. Genau dann, wenn $\alpha(0) = 0$ gilt, ist d gleich 2; in diesem Fall ist die Behauptung klar. Gilt nun d > 2, so muß $\Delta(2) = <2, f(\alpha)>$ und $\Delta(3) = <1, f(\alpha)>$ gelten, also $f(\alpha)$ definiert sein. Daher terminiert auch die Berechnung Δ' von $<0,f(\alpha)>$, und da sie von kürzerer Länge als Δ ist, liefert die Induktionsannahme, daß sie mit $<3, Tf(f(\alpha))>$ terminiert. Mit diesem Q-Vektor terminiert aber auch Δ, und wegen $Tf(\alpha) = Tf(f(\alpha))$ folgt daraus das Behauptete. Das beendet den Beweis des Lemmas und damit auch denjenigen des Theorems.

Aus diesen Erkenntnissen folgt nun, wie schon im Kapitel 9 angekündigt, das

COROLLAR 1   Die μ-rekursiven sind genau die totalen, partiell μ-rekur-
siven Funktionen.

Sei nämlich f partiell μ-rekursiv, also durch ein PLA-Programm P programmiert. Ist f total, so terminiert jede P-Berechnung eines initialen P-
Vektors $<0,\alpha,\vartheta>$; daher ist die Zeitfunktion T von P total und also, wie
im Kapitel 10 bemerkt, auch μ-rekursiv. Die T-Darstellung von f lehrt
aber, daß f durch Superposition einer primitiv rekursiven Funktion mit T
entsteht, so daß nunmehr auch f noch μ-rekursiv ist.   –   Aus der Beschreibung der T-Darstellung im Corollar 10.1 folgt daher

COROLLAR 2   Jede μ-rekursive [partiell μ-rekursive] Funktion läßt sich
darstellen durch Superposition einer Funktion aus VI_2 und
nur *einer* Funktion, die durch totale [partielle] Minimierung einer Funktion aus VI_2 entsteht.

Aus den Lemmata 1-2 folgt weiter, daß sich primitiv rekursive Funktionen bereits durch solche PLA-Programme darstellen lassen, welche nur
Timesheads, nicht aber Whileheads enthalten; außerdem halten die zugehörigen Timesschleifen die von ihren Heads gemachten Versprechen. Zu
ihrer Beschreibung definiere ich die folgende Teilsprache PLR von PLA.

Kapitel 13 .   Die Sprache PLR und die primitiv rekursiven
Funktionen

Statements von PLR seien definiert wie diejenigen von PLA, mit den folgenden zwei Unterschieden: als Zuweisungen bleiben

$$\text{"}x_i := x_i + 1\text{"} \quad , \quad \text{"}x_i := 0\text{"} \quad , \quad \text{"}x_i := x_j\text{"} \ ,$$

während die Zuweisungen $\text{"}x_i := x_i \dot{-} 1\text{"}$ entfallen. Als Opheads treten nur mehr Timesheads auf. P–Folgen von PLR seien ebenfalls wie diejenigen von PLA definiert, mit dem einen Unterschied in

$(F3_t)$ ist A eine P–Folge, in deren Statements die Variable x_i nicht auftritt, so ist P–Folge auch die Folge, welche durch Vorsetzen des Timeshead "do x_i times" und Nachsetzen eines Optail aus A entsteht.

Unverändert übernehme ich die Definitionen der semantischen Begriffe: der Übergangsregeln (wobei nun (T3) durch 11.(T3a) ersetzt wird), der Übergangsfunktion S, der beiden Berechnungsfunktionen F und G, der Zeitfunktion T und der von einem Programm programmierten Funktion f. Unverändert bleibt damit auch die als T–Darstellung erklärte Beziehung zwischen G, T und f. Es wird sich alsbald zeigen, daß jede zu einem PLR–Programm geführte Berechnung terminiert, jede PLR–programmierte Funktion also total ist.

Zur Unterscheidung von den in PLA zulässigen, allgemeineren Timesschleifen nenne ich die nach $(F3_t)$ bestimmten auch *reguläre*; wie im Kapitel 11 bemerkt, ist diese Regularitätsbedingung wesentlich. Außerdem kann ich mich auf solche regulären Timesschleifen beschränken, welche in dem Sinne *vollständig regulär* sind, daß die Nummer i größer ist als alle Nummern von Variablen in A. Ist nämlich P = $<A,k,n,m>$ ein PLR–Programm, ist A(j) Ophead "do x_i times" mit korrespondierendem Tail A(j*), so sei P' = $<A',k,n,m+1>$ das PLR–Programm, welches entsteht, indem ich A(j) durch die zwei Statements $\text{"}x_m := x_i\text{"}$, "do x_m times" ersetze und hinter A'(j*+1) = A(j*) noch einfüge $\text{"}x_i := x_m\text{"}$. Dann programmieren P und P' dieselbe Funktion. Denn sei ε durch $\varepsilon(x) = x$ für $x < j$, $\varepsilon(x) = x+1$ für $j \leq x < j^*$, $\varepsilon(x) = x+2$ für $j^* \leq x$ definiert, seien Δ, Δ' P– und P'–Berechnungen desselben Vektors aus ω^k, und sei Φ von def(Δ) in def(Δ') definiert durch $\Phi(k+1) = \Phi(k)+2$ falls $\Delta(k) = <x,\alpha>$ und k = j oder (k = j* und $\alpha(i) = 0$), und $\Phi(k+1) = \Phi(k)+1$ sonst. Dann folgt aus $\Delta(k) = <x,\alpha>$ und (x < j oder j* < x) auch $\Delta(\Phi(k)) = <\varepsilon(x),\alpha,0>$, während im Fall $j \leq x$ gilt $\Delta(\Phi(k)) = <\varepsilon(x),\alpha',\alpha(i)>$ mit einem α' so, daß $\alpha'(p) = \alpha(p)$ für $p \neq i$.

Als Beispiel nenne ich zunächst das Programm $<A,2,1,2>$ mit A als

$$\begin{aligned}
&\text{do } x_1 \text{ times}\\
&x_0 := x_0 + 1\\
&\text{od}
\end{aligned}$$

das die Addition programmiert. Der Verzicht auf Zuweisungen $"x_i := x_i \dot- 1"$ bringt keine Einbuße, da sich die Vorgängerfunktion CS durch $<A,1,1,3>$ und die Funktion $\dot-$ durch $<B,2,1,4>$ mit

$$A:\quad \begin{aligned}
&x_1 := x_2\\
&\text{do } x_0 \text{ times}\\
&\quad x_1 := x_2\\
&\quad x_2 := x_2 + 1\\
&\text{od}\\
&x_0 := x_1
\end{aligned}
\qquad\qquad
B:\quad \begin{aligned}
&\text{do } x_1 \text{ times}\\
&\quad x_3 := 0\\
&\quad x_2 := 0_3\\
&\quad \text{do } x_0 \text{ times}\\
&\quad\quad x_2 := x_3\\
&\quad\quad x_3 := x_3 + 1\\
&\quad \text{od}\\
&\quad x_0 := x_2\\
&\text{od}
\end{aligned}$$

programmieren lassen. Als weitere Beispiele nenne ich CSG und die Funktion max(x,y), die durch $<A,1,2,2>$ und $<B,2,1,3>$ mit

$$A:\quad \begin{aligned}
&x_1 := x_1 + 1\\
&\text{do } x_0 \text{ times}\\
&\quad x_1 := 0\\
&\text{od}\\
&x_0 := x_1
\end{aligned}
\qquad\qquad
B:\quad \begin{aligned}
&x_2 := x_0 \dot- x_1\\
&x_2 := csg(x_2)\\
&\text{do } x_2 \text{ times}\\
&\quad x_0 := x_1\\
&\text{od}
\end{aligned}$$

programmiert werden, weshalb auch SG durch die Verkettung des Programms von CSG mit sich selbst programmiert wird.

Im Programm für max(x,y) habe ich dabei die Termsymbole $\dot-$ und csg für die schon zuvor programmierten Funktionen verwendet. Das ist legitim, denn die Ergebnisse des Kapitels 11 und des Supplements 7 bleiben für PLR in Kraft, da dort nirgends neue Whileschleifen eingeführt wurden und die im Supplement 7 neu eingeführten Timeschleifen der Regularitätsbedingung $(F3_t)$ genügen. Ebenso werde ich später gelegentlich Termsymbole wie $+$ und cs benutzen.

Es bleiben aber auch die Lemmata 12.1 und 12.2 für PLR-programmierbare Funktionen in Kraft, da auch die im Lemma 12.2 eingeführte Timesschleife $(F3_t)$ erfüllt. Aus diesen nun für PLR vorhandenen Lemmata folgt sogleich, daß primitiv rekursive Funktionen PLR-programmierbar sind. Zum Beweis des

THEOREM 1   Die PLR–programmierbaren Funktionen sind genau die primitiv rekursiven.

kann ich jedoch nicht, wie ich es im Kapitel 10 tat, die T–Darstellung einer durch ein PLR–Programm programmierten Funktion f verwenden, denn dessen Zeitfunktion kann ich bislang nur durch eine (totale) Minimierung ausdrücken. Statt dessen beweise ich durch Induktion über die Länge eines PLR–Programms P, daß die von ihm programmierte Funktion primitiv rekursiv ist. Das ist klar im Fall der Länge 1; sei es für alle Programme kürzerer Längen bewiesen. Die P–Folge von P entsteht entweder nach (F2) oder nach (F3$_t$), so daß die Behauptung unmittelbar aus den Teilen (b) der beiden folgenden Lemmata folgt.

LEMMA 1   Sei P = $<$A,k,n,m$>$ PLR–Programm und f die von ihm programmierte Funktion. Sei A Verkettung der P–Folgen B, C. Seien Q = $<$B,k,m,m$>$ und R = $<$C,m,n,m$>$, und seien f_0, f_1 die von Q, R programmierten Funktionen. Dann gilt

   (a) Sind f_0, f_1 total, so ist das auch f, es gilt $f = f_1 \circ f_0$.
   (b) Sind f_0, f_1 elementar oder primitiv rekursiv, so ist das auch f.
   (c) Für die Zeitfunktionen gilt $T_P(\alpha) = T_R(f_0(\alpha)) + T_Q(\alpha)$.

Ich setze b = $|$B$|$. Sei α in ω^k und seien

(1) $\Delta(j) = <x,\beta>$, $\Delta(j+1) = <y,\gamma>$

aufeinander folgende Glieder der P–Berechnung Δ von α. Wenn $x < b$, aber $b \leq y$, so muß $y = b$ gelten. Denn ist A(x) Head oder Tail einer Schleife, so gilt, weil B P–Folge ist, auch $x^* < b$, weshalb $x^*+1 \leq b$; erst Recht kann durch Fortschreiten von x nach $x+1$ allenfalls b erreicht werden. Ist daher Γ die Q–Berechnung mit $\Gamma(0) = \Delta(0)$, so folgt aus $\Gamma(j) = \Delta(j)$ und $x < b$ auch $\Gamma(j+1) = \Delta(j+1)$. Da f_0 total ist, terminiert Γ mit $<b,f_0(\alpha)>$ an einer Stelle j_0, weshalb auch $\Delta(j_0) = <b,f_0(\alpha)>$. Sei nun Θ die R–Berechnung mit $\Theta(0) = <0,f_0(\alpha)>$; ich werde zeigen, daß $j = j_0+i$ genau dann in def(Δ) liegt, wenn i in def(Θ) liegt, und daß dann

(2) $\Delta(j) = <x,\beta>$ äquivalent zu $\Theta(i) = <x-b, \beta>$

ist. Für i = 0 ist das klar; sei es für i bewiesen. Da C P–Folge ist, folgt in (1) aus $b \leq x$ auch $b \leq y$. Wegen A(x) = C(x-b), und da die zu C gehörenden A–Stellen durch Subtraktion von b den C–Stellen korrespondieren, ist dann auch $\Delta(j+1) = <y,\gamma>$ äquivalent zu $\Theta(i+1) = <y-b,\gamma>$. Wegen $j+1 = j_0+i+1$ beweist das (2). Da f_1 total ist, terminiert R mit $<|C|,\zeta>$ an einer Stelle i_0, weshalb auch $\Delta(j_0+i_0) = <b+|C|,\zeta>$. Da $b+|C| = |A|$, ist $\Delta(j_0+i_0)$ terminaler P–Vektor, sodas auch Δ terminiert, und da, nach Definition von f_1, die ersten n Stellen von ζ in $<|C|,\zeta>$ gleich $f_1(f_0(\alpha))$ sind, ist $f_1(f_0(\alpha))$ auch das Resultat der P–Berechnung Δ von α, mithin der Wert f(α).

Im nächsten Lemma werde ich über Funktionen f sprechen, die durch Programme der Gestalt $<$A,m,m,m$>$ programmiert werden. Das ist keine

Einschränkung, denn die durch $<A,k,n,m>$ mit derselben P–Folge A programmierte Funktion ist als $<p_0^m,...,\, p_{n-1}^m>\circ f\circ<p_0^k,...,\, p_{k-1}^k,\, c_0^k,...,\, c_0^k>$ aus f zu bestimmen.

LEMMA 2   Sei $P = <A,m,m,m>$ PLR–Programm und f die von ihm programmierte Funktion. Es entstehe A als vollständig reguläre Timesschleife durch Vorsetzen von "do x_{m-1} times" und Nachsetzen von "od" aus einer P–Folge B, in deren Statements nur Variablen mit Nummern unterhalb m−1 auftreten. Sei Q gleich $<B,m-1,m-1,m-1>$, und sei die von Q programmierte Funktion f_0 total.

(a)   f ist total, und es gilt $f = <p_0^{m-1},...,\, p_{m-2}^{m-1},\, c_0^{m-1}>\circ I\!f_0$.

(b)   Ist f_0 primitiv rekursiv, so ist das auch f .

(c)   Für die Zeitfunktionen gilt

$$T_P(\alpha) = 1+\alpha(m-1)+\Sigma<T_Q(I\!f_0(\alpha',i)) \mid i < \alpha(m-1)> \ ,$$

i.e. $T_P = c_1^m+p_{m-1}^m+\Sigma_< (T_Q \circ I\!f_0)$ mit $\Sigma_<$ als der Bildung der strikt beschränkten Summation.

Aus (a) folgt (b); ich beweise (a) simultan mit (c). Sei α aus ω^m und sei α' in ω^{m-1} der durch Entfernung von $\alpha(m-1)$ aus α entstehende Vektor; sei Δ die P–Berechnung von α, und Γ die Q–Berechnung von α'. Ich unterscheide die drei Fälle $\alpha(m-1) = 0$, $\alpha(m-1) = 1$, $\alpha(m-1) > 1$.

Im ersten Fall gilt $T_P(\alpha) = 1$ und $\Delta(1) = <|b|+2,\alpha>$. Dieser P–Vektor ist terminal, so daß $f(\alpha)$ definiert und gleich α ist. Andererseits gilt $I\!f_0(\alpha',0) = \alpha'$, und durch $<p_0^{m-1},...,\, p_{m-2}^{m-1},\, c_0^{m-1}>$ wird dann $\alpha(m-1) = 0$ wieder angefügt.

Sei nun $\alpha(m-1) > 0$, und sei bereits für alle γ mit $\gamma(m-1) < \alpha(m-1)$ gezeigt, daß $f(\gamma)$ definiert und gleich $<I\!f_0(\gamma),0>$ ist und daß gilt

(3) $T_P(\gamma) = 1 + \gamma(m-1) + \Sigma<T_Q(I\!f_0(\gamma',i)) \mid i < \gamma(m-1)> \ .$

Es gilt $\Delta(1) = <1,\alpha>$, und da f_0 total ist, terminiert Γ bei $i_0 = T_Q(\alpha') = T_Q(I\!f_0(\alpha',0))$ mit $<|B|,f_0(\alpha')>$. Da wieder

$\Gamma(i) = <x,\beta'>$ äquivalent zu $\Delta(i+1) = <x+1,\, \beta',\, \alpha(m-1)>$

für $i \leq i_0$ ist, gilt

(4) $\Delta(i_0+1) = <|B|+1,\, f_0(\alpha'),\, \alpha(m-1)> \ .$

Da $|B|+1$ das Tail der B umfassenden Schleife ist, folgt im Falle $\alpha(m-1) = 1$ nun $\Delta(i_0+2) = <|B|+2,\, f_0(\alpha'),\, 0>$, womit dann Δ terminiert und $f(\alpha) = <f_0(\alpha'),0> = <I\!f_0(\alpha),0>$ gilt; weiter gilt dann $T_P(\alpha) = i_0+2 = T_Q(\alpha')+2 = 1+\alpha(m-1)+T_Q(I\!f_0(\alpha',0))$.

Im Falle $\alpha(m-1) > 1$ folgt aus (4)

(5) $\Delta(i_0+2) = \,<1, f_0(\alpha'), \alpha(m-1)-1>$;

für die P-Berechnung Θ von $\gamma = \,<f_0(\alpha'), \alpha(m-1)-1>$ gilt daher $\Theta(1) = -\Delta(i_0+2)$. Auf γ kann ich aber die Induktionsannahme anwenden, weshalb Θ mit

(6) $<|B|+2, If_0(f_0(\alpha'), \alpha(m-1)-1), 0>$

terminiert; da $\gamma(m-1) = \alpha(m-1)-1$ und $\gamma' = f_0(\alpha')$, liefert (3) nun

$$(7) \quad T_P(\gamma) = \alpha(m-1) + \Sigma<T_Q(If_0(f_0(\alpha'),i))\,|\,i < \alpha(m-1)-1>$$
$$= \alpha(m-1) + \Sigma<T_Q(If_0(\alpha',i))\,|\,0 < i < \alpha(m-1)> \; ,$$

weil $If_0(f_0(\alpha'),i) = If_0(\alpha',i+1)$ nach der vor dem Lemma **12.2** erwähnten Vertauschbarkeitsbeziehung. Wegen $\Theta(1) = \Delta(i_0+2)$ terminiert Δ nach dem Lokalitätsprinzip mit demselben Vektor (6) wie Θ. Der aber ist gleich

$$<|B|+2, If_0(\alpha), 0> \; ,$$

weil $If_0(f_0(\alpha'), \alpha(m-1)-1) = If_0(\alpha',\alpha(m-1)) = If_0(\alpha)$. Somit terminiert Δ wie gewünscht, und es gilt $f(\alpha) = \,<If_0(\alpha), 0>$. Aus der Definition von i_0 als $T_Q(If_0(\alpha',0))$ zusammen mit (7) folgt endlich

$$T_P(\alpha) = i_0+2 + (T_P(\gamma)-1)$$
$$= T_Q(If_0(\alpha', 0)) + 1 + \alpha(m-1) + \Sigma<T_Q(If_0(\alpha', i))\,|\,0 < i < \alpha(m-1)>$$
$$= 1 + \alpha(m-1) + \Sigma<T_Q(If_0(\alpha', i))\,|\,i < \alpha(m-1)> \; .$$

Damit ist das Theorem 1 bewiesen; im Besonderen sind also alle PLR-programmierbaren Funktionen total. Aus den Teilen (c) meiner Lemmata folgt noch das

COROLLAR 1   Die Zeitfunktionen von PLR-Programmen sind primitiv rekursiv.

Denn für Programme, die nur aus Zuweisungen bestehen, ist das trivial, und aus ihnen entstehen alle PLR-Programme mit den Konstruktionen, welche in den Lemmata 2–3 beschrieben werden. Die Umkehrung dieses Corollars, daß PLA-Programme mit primitiv rekursiver Zeitfunktion selbst primitiv rekursive Funktionen programmieren (und also PLR-Programmen äquivalent sind), wird sich im Kapitel 15 als Corollar 2 ergeben.

Die Lemmata 12.2 und 13.2 stellen eine Korrespondenz zwischen Iterationen und Timesschleifen her. Sie zu präzisieren ist die Aufgabe des nächsten Kapitels. Beispiele von Zeitfunktionen erhalte ich zu den Programmen P, Q und R für Addition, Multiplikation und Exponentiation mit den P-Folgen

```
do x₁ times              do x₁ times              x₃ := 1
    x₀ := x₀+1               x₃ := x₃+x₀           do x₁ times
od                       od                           x₃ := x₃·x₀
                             x₀ := x₃              od
                                                   x₀ := x₃
```

wobei jedenfalls $T_P(a,b) = 1+2b$ gilt. Eliminiere ich in Q und R die Termsymbole, so erhalte ich

```
do x₁ times              x₃ := 1
    x₂ := x₀             do x₁ times
    do x₂ times              x₂ := 0
        x₃ := x₃+1          do x₃ times
    od                          x₄ := x₀
od                              do x₄ times
x₀ := x₃                            x₂ := x₂+1
                                od
                            od
                            x₃ := x₂
                        od
                        x₀ := x₃
```

weshalb $T_Q(a,b) = 2ab + 3a + 2$ und $T_R(a,b) = 3 + 4b + SG(b) \cdot (1+a+ \ \ldots$
$+a^{b-1}) \cdot (3+2a)$. Die Zeitfunktion für das eingangs angegebene Programm
$S = \, <B,2,1,4>$ zur Berechnung der Funktion $\doteq$ ist $T_S(a,b) = 1 + 5 \cdot b + 3 \cdot (a \cdot (a+1)/2 - SG(a \doteq b) \cdot (a-b)(1+a-b)/2)$.

Die im Theorem 10.2 und seinem Corollar formulierten quantitativen
Aussagen über die Berechnungsfunktionen von PLA–Programmen bleiben
für PLR–Programme unverändert in Kraft. In den Beweisen hat der Wegfall der Zuweisungen $"x_i := x_i \doteq 1"$ bei den simultanen Rekursionen auch
den Wegfall der entsprechenden Fallunterscheidung zur Folge. Das Herun-
terzählen an den Tails von Timesheads macht eine Ergänzung der entsprechenden Fälle nötig; im Beweis des Lemmas 10.2 muß ich, wenn A(s) Optail mit korrespondierendem Ophead "do x_i times" ist, noch ergänzen

$$: p_i^{m+1} \circ S_s = CS \circ p_i^{m+1} \quad ,$$

und im Beweis von Corollar 10.1 muß es nun heißen

$$C_0^{m+1}{}_{t+1}(B_i^{m+1}(h^{m+1}(\gamma,n))) \qquad \text{falls } TRO_0^{m+1}(h^{m+1}(\gamma,n)) \ \epsilon \ MT_{it} \text{ und}$$
$$TRO_i^{m+1}(h^{m+1}(\gamma,n)){\neq}0 \ .$$

Damit gilt auch für PLR–Programme P das

COROLLAR 2   Die durch P programmierte Funktion f läßt sich mit der
              Berechnungsfunktion G und der Zeitfunktion T als deren
              Superposition

$$f(\alpha) = G(\alpha, T(\alpha))$$

darstellen, wobei G stets in $\mathbf{VI}_2$ liegt und T primitiv rekursiv ist; die Komponentenfunktionen von G liegen in $\mathbf{FP}_3$.

PRL^s – Programme

Wie PLA^s zu PLA , so erkläre ich die Variante PLR^s von PLR , die sich von PLR dadurch unterscheidet, daß sie als Zuweisungen nur mehr

$$"x_i := x_j + 1" \quad \text{und} \quad "x_i := x_i"$$

verwendet.

Jedes PLR–Programm kann ich in ein PLR^s–Programm überführen, indem ich seine Zuweisungen $"x_i := 0"$ durch P–Folgen

$$
\begin{aligned}
U: \quad &\text{do } x_i \text{ times} \\
&\quad x_{i+1} := x_{i+1} \\
&\text{od}
\end{aligned}
$$

ersetze (denn gemäß der Übergangsregel 11.(T3a) wird ein positiver Wert von x_i am Ende dieser Schleife um Eins erniedrigt) und seine Zuweisungen $"x_i := x_j"$ mit i≠j unter Gebrauch einer neuen Programmvariablen x_p durch P–Folgen

$$
\begin{aligned}
V: \quad &x_i := 0 \\
&\text{do } x_j \text{ times} \\
&\quad x_i := x_i + 1 \\
&\quad x_p := x_p + 1 \\
&\text{od} \\
&\text{do } x_p \text{ times} \\
&\quad x_j := x_j + 1 \\
&\text{od}
\end{aligned}
$$

Daher sind auch die PLR^s–programmierbaren Funktionen genau die primitiv rekursiven.

Bei der Transformation eines PLR–Programms in ein PRL^s–Programm werden sich die Zeitfunktionen allerdings in der Regel vergrößern; das obgenannte Programm P für die Addition freilich *ist* bereits ein PLR^s–Programm. Ist in U die Variable x_i mit a belegt, so wird U in 1+2a Schritten durchlaufen; ist in V x_i mit a und x_j mit b belegt, so wird V in

$$L_V(a,b) = 2a+5b+3$$

Schritten durchlaufen. Ich bemerke noch, daß in V die Hilfsvariable x_p nach Durchlaufen von V wieder mit 0 belegt ist. – Als Beispiele transformiere ich die PLR-Programme $Q = \,<A,2,1,4>$ und $S = \,<B,2,1,5>$ für die Multiplikation und für die Funktion $\dot-$, wobei sich noch Vereinfachungen ergeben, weil die (Transformierte) einer ersten Zuweisung in V *dann* wegfallen kann, wenn x_i bereits zuvor den Wert 0 erhalten hatte. Die P-Folgen A und B der entstehenden PLR^S-Programme lauten

```
do x₁ times
    do x₀ times
        x₂ := x₂+1
        x₄ := x₄+1
    od
    do x₄ times
        x₀ := x₀+1
    od
    do x₂ times
        x₃ := x₃+1
    od
od
do x₀ times
    x₁ := x₁
od
do x₃ times
    x₀ := x₀+1
od
```

```
do x₁ times
    do x₃ times
        x₄ := x₄
    od
    do x₂ times
        x₄ := x₄
    od
    do x₀ times
        do x₂ times
            x₄ := x₄
        od
        do x₃ times
            x₂ := x₂+1
            x₄ := x₄+1
        od
        do x₄ times
            x₃ := x₃+1
        od
        x₃ := x₃+1
    od
    do x₂ times
        x₀ := x₀+1
        x₄ := x₄+1
    od
    do x₄ times
        x₂ := x₂+1
    od
od
    .
```

Nenne ich jetzt die transformierten Programme wieder Q und S, so sind ihre Zeitfunktionen $T_Q(a,b) = 9ab + 2a + 4b + 3$ und

$$\begin{aligned}
T_S(a,b) = 1 \;+\; 6\cdot b \;+\; &SG(b)\cdot(\,7\cdot a + 12\cdot(1+a\dot-b) + 5\cdot(a\dot-b) + 7\cdot(a\cdot(a\dot-1) \\
&\dot-\,(2+a\dot-b)\cdot(1+a\dot-b))\,)\;+\;(7/6)\cdot(\,a\cdot(a\dot-1)\cdot(a\dot-2) \\
&\dot-\,(1+a\dot-b)\cdot(a\dot-b)\cdot(a\dot-(b+1)))\;+\;(a\dot-b)\cdot(a\dot-(b+1)) \\
&+\;(5/2)\cdot a\cdot(a\dot-1)\quad .
\end{aligned}$$

T_S ist immer noch elementar, wächst jedoch rapide; zum Beispiel gilt $T_S(10,2) = 764$, $T_S(100,2) = 70604$, $T_S(1000,2) = 7006004$.

Allgemein kann ich für ein PLR-Programm $P = <A,k,n,m>$ und das aus ihm durch Transformation entstehende PLR^S-Programm Q immer noch T_Q mit Hilfe von T_P nach oben abschätzen; für eine spätere Anwendungen formuliere ich dies als

LEMMA 3   Es gilt $T_Q(\alpha) \leq T_P(\alpha) \cdot (2 + 7 \cdot (\max(\alpha) + T_P(\alpha)))$.

Denn ist zu einem Zeitpunkt t der P-Berechnung von α die Zuweisung "$x_i := 0$" auszuführen und trägt die Variable x_i den Wert a, so führt die Ersetzung dieser Zuweisung durch U an diesem Zeitpunkt zu 2a neuen Schritten; liegt die Zuweisung "$x_i := x_j$" vor und trägt x_j noch den Wert b, so führt die ihre Ersetzung durch V zu 2+2a+5b neuen Schritten. Während eines jeden der $T_P(\alpha)$ Berechnungsschritte können sich die durch $\max(\alpha)$ beschränkten Eingangswerte aber höchstens um 1 vergrößern; die möglichen Werte a und b sind daher durch $\max(\alpha) + T_P(\alpha)$ beschränkt. Deshalb führen die Ersetzungen zu einem Zeitpunkt t zu einer durch $2 + 7 \cdot (\max(\alpha) + T_P(\alpha))$ beschränkten Verlängerung. Da die P-Berechnung gerade $T_P(\alpha)$ solcher Zeitpunkte t durchläuft, folgt daraus die Behauptung. – Wie das Beispiel der Zeitfunktionen für die Multiplikation lehrt, ist diese Abschätzung sehr grob.

Schließlich bleiben die Überlegungen, welche im Abschnitt 6 des Kapitels 10 angestellt wurden, unverändert in Kraft, da nun die dort in (SF2i) und (SF3i) genannten Bedingungen auch PLR^S-Programme erfassen. Aus dem Theorem 10.4 erhalte ich daher sogleich das

COROLLAR 3   Die durch ein pures PLR^S-Programm berechnete Funktion f läßt sich mit der Funktion H aus FP_2 für jede Majorante W von T_P durch die Superposition

$$f^k(\alpha) = H(\alpha, W(\alpha))$$

darstellen.

Kapitel 14. Die Schleifenhierarchie

Ich definiere den *Schleifengrad* eines (PLA- oder PLR-) Programms wie folgt. Ein Programm, das aus lauter Zuweisungen besteht, habe den Schleifengrad 0; die Verkettung zweier Programme habe als Schleifengrad das Maximum der Schleifengrade der verketteten Programme; ein Programm, das durch Einschließen eines anderen in eine Schleife (der in der jeweiligen Sprache zulässigen Art) entsteht, habe als Schleifengrad den um 1 vergrösserten Schleifengrad des eingeschlossenen Programms.

Ich definiere VLR_m als die Klasse aller vektorwertigen (primitiv rekursiven) Funktionen, die durch ein PLR-Programm von Schleifengrad höchstens m programmierbar sind. Aus dem Theorem 13.1 folgt, daß die Vereinigung der Klassen VLR_m gleich der Klasse FPF^* *aller* vektorwertigen primitiv rekursiven Funktionen ist. Die Folge der Klassen VLR_m nenne ich die *Schleifenhierchie.*

Diese Definition ist eine *syntaktische,* indem sie sich auf die sprachliche Beschreibung von Funktionen durch Programme bezieht. Das folgende Theorem stellt ihr eine *semantische* Charakterisierung zur Seite, mit der die VLR_m in Beziehung zu den Klassen VI_m aus dem Kapitel 8 gesetzt werden. Die VI_m wurden durch mathematische Konstruktionen (Iteration und Komposition) erzeugt, zu deren Erklärung eine explizite Bezugnahme auf *sprachliche* Ausdrucksmittel *nicht* gebraucht wurde:

> VI_0 war die kleinste Klasse vektorwertiger Funktionen, welche die primitiv rekursiven Anfangsfunktionen s, c_0^1, p_i^k enthält und abgeschlossen ist unter der Bildung koordinatenweiser Produkte und unter Kompositionen.

> VI_{m+1} war die kleinste Klasse vektorwertiger Funktionen, welche die Funktionen aus VI_m nebst deren Iterationen enthält und abgeschlossen ist unter Kompositionen.

THEOREM 1   Es gilt $VLR_m = VI_m$ für alle m .

Zunächst gilt $VLR_0 \subseteq VI_0$, denn die primitiv rekursiven Anfangsfunktionen sind ohne Schleifen programmierbar, und aus dem am Anfang von Kapitel 12 Bemerkten folgt, daß VLR_0 unter koordinatenweisen Produkten sowie wegen Lemma 12.1 unter Kompositionen abgeschlossen ist; ebenfalls klar ist, daß auch die Funktionen c_0^k zu VLR_0 gehören. Andererseits gilt $VI_0 \subseteq VLR_0$..Denn die von einem Programm $<A,k,n,m>$ programmierte Funktion g ist als $<p_0^m, \dots , p_{n-1}^m> \circ f \circ <p_0^k, \dots , p_{k-1}^k, c_0^k, \dots , c_0^k>$ aus der von $<A,m,m,m>$ programmierten Funktion f zu gewinnen, wobei der erste und der dritte Faktor dieses Produktes bereits zu $\mathbf{VLR}_0$ gehören. Ist nun $<A,m,m,m>$ vom Schleifengrad 0, so ist f Komposition von Funktionen h, deren jede durch ein Programm $<B,m,m,m>$ programmiert wird, deren B eingliedrig ist und aus einer Zuweisung besteht. Dann gilt aber: für eine Zuweisung

$$\text{"}x_i := 0\text{"} \qquad \text{ist h gleich} \qquad <p_0^m,\ldots, p_{i-1}^m, c_0^1 \circ p_i^m, p_{i+1}^m,\ldots, p_{m-1}^m> ,$$
$$\text{"}x_i := x_j\text{"} \qquad \text{ist h gleich} \qquad <p_0^m,\ldots, p_{i-1}^m, p_j^m, p_{i+1}^m,\ldots, p_{m-1}^m> ,$$
$$\text{"}x_i := x_j+1\text{"} \qquad \text{ist h gleich} \qquad <p_0^m,\ldots, p_{i-1}^m, s \circ p_j^m, p_{i+1}^m,\ldots, p_{m-1}^m> .$$

Daher liegt jedes h in $\mathbf{VLR}_0$, und damit liegen dort auch f und g. Sei nun $\mathbf{VI}_m = \mathbf{VLR}_m$ bereits bewiesen. Es folgt aus Lemma 12.2, daß die Iterierten der Funktionen von $\mathbf{VLR}_m$ in $\mathbf{VLR}_{m+1}$ liegen, so daß $\mathbf{VI}_{m+1} \subseteq \mathbf{VLR}_{m+1}$ gilt. Ist andererseits ein Programm P vom Schleifengrad m+1 durch Einsetzen eines Programms P_0 vom Schleifengrad m in eine vollständig reguläre Timesschleife entstanden, so lehrt das Lemma 13.2, daß die von P programmierte Funktion f Komposition einer Iteration If_0 mit $f_0 \epsilon \mathbf{VLR}_m$ und einer Funktion aus $\mathbf{VLR}_0$ ist. Jedes Programm vom Schleifengrad m+1 ist aber als Verkettung von so entstehenden Programmen P (und von Programmen kleineren Schleifengrades) darstellbar; mithin ist auch jede Funktion aus $\mathbf{VLR}_{m+1}$ Komposition von Funktionen aus $\mathbf{VLR}_m = \mathbf{VI}_m$ und von Iterierten solcher Funktionen.

Damit ist eine erste Beziehung der Klassen $\mathbf{VLR}_m$ zu den im ersten Teil des Buches untersuchten Klassen primitiv rekursiver Funktionen hergestellt. Dort aber wurden vornehmlich Klassen zahlenwertiger Funktionen betrachtet wurden, und so definiere ich nun als $\mathbf{FLR}_m$ die Teilklasse der zahlenwertigen Funktionen aus $\mathbf{VLR}_m$.

LEMMA 1   Es gilt $\mathbf{FLR}_m{}^* = \mathbf{VLR}_m$ für alle m .

Denn zusammen mit einer vektorwertigen Funktion g liegt auch jede ihrer Komponentenfunktionen g_i^m in $\mathbf{VLR}_m$; umgekehrt habe ich im Beweis des Theorems 12.1 gezeigt, wie sich Programme für die Komponentenfunktionen von $g = <g_0^m,\ldots, g_{k-1}^m>$ zu einem solchen für g zusammensetzen lassen, und da dabei keine neuen Schleifen auftreten, liegt g genau dann in $\mathbf{VLR}_m$ wenn jedes g_i^m in $\mathbf{FLR}_m$ liegt.

Da $\mathbf{FPF}^*$ Vereinigung der Klassen $\mathbf{VLR}_m$ ist, ist die Menge $\mathbf{FPF}$ der zahlenwertigen primitiv rekursiven Funktionen Vereinigung der Klassen $\mathbf{FLR}_m$. Ich erinnere nun an die im Kapitel 4 eingeführten Klassen $\mathbf{FPI}_m$:

$\mathbf{FPI}_0$ war die kleinste Klasse zahlenwertiger Funktionen, welche die primitiv rekursiven Anfangsfunktionen s, c_0^1, p_i^k enthält und abgeschlossen ist unter Superpositionen.

FPI_{m+1} war die kleinste Klasse zahlenwertiger Funktionen, welche FPI_m und alle aus Funktionen von FPI_m durch simultane Rekursion definierten Funktionen enthält und abgeschlossen ist unter Superpositionen.

THEOREM 2   Es gilt $FLR_m = FPI_m$ für alle m .

Da FPI_0 die Klasse der zahlenwertigen Funktionen aus VI_0 ist, folgt der Fall $m = 0$ aus dem Beginn des Beweises von Theorem 1. Sei nun $FPI_m = FLR_m$ und damit $FPI_m{}^* = VLR_m$ für m bewiesen; zum Nachweis von $FPI_{m+1} = FLR_{m+1}$ wird es dann genügen, $FPI_{m+1}{}^* = VLR_{m+1}$ zu beweisen. Ich zeige zunächst die Inklusion $FPI_{m+1}{}^* \subseteq VLR_{m+1}$. Da VLR_{m+1} unter Kompositionen abgeschlossen ist, genügt es nachzuweisen, daß FLR_{m+1} eine jede durch simultane Rekursion

$$f_j^{k+1}(\alpha,0) = g_j^k(\alpha)$$

$$f_j^{k+1}(\alpha,n+1) = r_j^{k+m+1}(\alpha,n, f_0^{k+1}(\alpha,n),..., f_{m-1}^{k+1}(\alpha,n))$$

definierte Folge von Funktionen f_j^{k+1}, $j < m$, enthält, für welche die g_j^k, r_j^{k+m+1}, $j < m$, in $FLR_m = FPI_m$ liegen. Durch direkte Rechnung habe ich das schon früher im Beweis des Theorems 8.1 geleistet; jetzt jedoch kann ich durchsichtiger argumentieren. Denn ersetze ich in dem Programm $P = <A,k+1,m, k+2m>$ mit A als

$$x_{k+1} := g_0(x_0, ..., x_{k-1})$$
$$...$$
$$x_{k+m} := g_{m-1}(x_0, ..., x_{k-1})$$
$$\text{do } x_k \text{ times}$$
$$\quad x_{k+m+1} := r_0(x_0, ..., x_k, x_{k+1}, ..., x_{k+m})$$
$$\quad ...$$
$$\quad x_{k+m+m} := r_{m-1}(x_0, ..., x_k, x_{k+1}, ..., x_{k+m})$$
$$\quad x_{k+1} := x_{k+m+1}$$
$$\quad ...$$
$$\quad x_{k+m} := x_{k+m+m}$$
$$\text{od}$$
$$x_0 \quad := x_{k+m+1}$$
$$...$$
$$x_{m-1} := x_{k+m+m}$$

die Zuweisungen mit den g_j und r_j durch Programme von Schleifengrad höchstens m, welche die g_j^k, r_j^{k+m+1} berechnen, so hat P höchstens den Schleifengrad $m+1$ und berechnet eine Funktion f von ω^{k+1} in ω^m, deren Komponentenfunktionen $p_j^k \cdot f$ die f_j^{k+1} sind. Mithin gehört f zu VLR_{m+1} und gehören die f_j^{k+1} zu FLR_{m+1}.

Umgekehrt genügt es zum Nachweis von $VLR_{m+1} \subseteq FPI_{m+1}{}^{*}$, daß $FPI_{m+1}{}^{*}$ die Iterationen $h = If$ von Funktionen $f = f^{k}$ aus VLR_{m} enthält; das nun folgt wie im Theorem 6.1. – Da somit $FLR_{m}{}^{*} = VLR_{m} = VI_{m}$, folgt noch das schon im Kapitel 8 angekündigte

COROLLAR 1   Es gilt $FPI_{m}{}^{*} = VI_{m}$ für alle m .

Im folgenden Kapitel werde ich die FLR_{m} noch in Beziehung zu den ebenfalls im Kapitel 4 eingeführten Klassen FP_{m} setzen.

Eine weitere Frage ist es nun, ob die Etagen VLR_{m} des Turms $FPF^{*} = U < VLR_{m} \mid m < \omega >$ tatsächlich alle voneinander verschieden sind – es wäre ja immerhin vorstellbar, daß ein kluger Manne eines Tages bewiese, eine jede primitiv rekursive Funktion lasse sich schon mit höchstens dem Schleifengrad 27 programmieren. Daß dies *niemals* geschehen wird, weil VLR_{m} echte Subklasse von VLR_{m+1} ist, wird im Corollar 16.3 gezeigt werden.

Die Definition des Schleifengrads macht auch für die Sprache PLR^{S} Sinn, und so kann ich parallel zu den VLR_{m} auch die Folge der Klassen $VLR^{S}{}_{m}$ der durch PLR^{S}-Programme höchstens von Schleifengrad m programmierbaren Funktionen erklären. Es liegen aber bereits die p_{i}^{k} mit $i > 0$ erst in $VLR^{S}{}_{1}$, und allgemein wird die Ersetzung von Variablenumbenennungen und Konstantenzuweisungen den Schleifengrad eines Programms in der Regel um Eins erhöhen. Es gilt daher nur mehr $VLR_{m} \subseteq VLR^{S}{}_{m+1} \subseteq VLR_{m+1}$. Andererseits ist für $m \geq 1$ die Klasse $VLR^{S}{}_{m+1}$ *nicht* in VLR_{m} enthalten, wie das folgende Beispiel lehrt. Die Funktion 2^{x} wird durch $P = <A,1,1,4>$ mit A als der P–Folge

$$x_2 := x_2 + 1$$
$$x_3 := x_2$$
$$\text{do } x_0 \text{ times}$$
$$\quad \text{do } x_2 \text{ times}$$
$$\qquad x_3 := x_3 + 1$$
$$\quad \text{od}$$
$$\quad x_2 := x_3$$
$$\text{od}$$
$$x_0 := x_2$$

programmiert, liegt also in VLR_2. Da die innere Schleife des Programms weder Variablenumbenennungen und Konstantenzuweisungen enthält, erhalte ich durch deren Ersetzung ein PLR^{S}-Programm, das immer noch den Schleifengrad 2 hat. Es liegt also 2^{x} auch in $VLR^{S}{}_{2}$, und daß es *nicht* in VLR_1 liegt, läßt sich aus einer Kennzeichnung jener Klasse folgern, die ich im Kapitel 19 besprechen werde. Weiter ist nun 2^{x} gleich der ersten ele-

mentaren Skalierungsfunktion IF(x,1), und für IF(x,y) erhalte ich PLR-
und PLR^s–Programme, indem ich A (respektive dessen Transformierte) in
eine Schleife mit dem Head "do x_1 times" einschließe. Daher liegt ebenfalls
IF(x,y) in **VLR$_3$** *und* in **VLR$^s_3$**. Im Kapitel 3 habe ich aber bemerkt, daß
IF(x,y) nicht elementar ist, und da ich im folgenden Kapitel **VLR$_2$** =
FEF* beweisen werde, kann IF(x,y) auch nicht in **VLR$_2$** liegen.

Die Klassifikation der primitiv rekursiven Funktionen durch die **VLR^s_m**
läßt sich daher nur unvollkommen zu derjenigen durch die **VLR$_m$** in Beziehung setzen.

Die Programmierung der Berechnungsfunktion

Am Schluß des Kapitels 10 habe ich eine arithmetische Beschreibung der
Berechnungsfunktionen IS und G eines PLA–Programms P gegeben, die
ich am Schluß des Kapitel 13 auf den Fall der PRL-Programme ausgedehnt
habe: die Funktion IS, und also auch die Funktion G, liegt stets in **VI$_2$**.
Nachdem ich nun weiß, daß **VI$_2$** gleich **VLR$_2$** ist, kann ich erschließen,
daß die Funktion IS sich stets durch ein PRL–Programm vom Schleifengrad höchstens 2 programmieren läßt. In diesem Abschnitt will ich eine
rein programmiertechnische Methode beschreiben, welche aus dem Programm P ein solches Programm für IS konstruiert. Als bloßes Faktum
wird dieses Resultat in den folgenden Kapiteln nicht benötigt, denn dafür,
daß sich ein derartiges Programm (auf umständliche Art, nämlich durch
die Übersetzung der Beschreibung von IF durch simultane Rekursionen)
finden läßt, genügen die bisherigen Einsichten. Die Methode selbst jedoch
ist bei weitem effizienter und mag auch von unabhängigem Interesse sein.

Ist P = $<$A,k,n,m$>$, so ist IS eine Funktion von ω^{m+2} in ω^{m+1}, und ist
$<$a,$\alpha>$ ein Zustandsvektor für P, so ist IS(a,α,n) das Resultat n sukzessi-
ver Anwendungen von S auf $<$a,$\alpha>$. Es wird daher genügen, für die
Übergangsfunktion S ein Programm W = $<$B,m+1,m+1,e$>$ anzugeben,
das, in eine Timesschleife eingeschlossen, ein solches für IS liefert. In einer
Erweiterung von PLR, in der mir Ifeheads zur Verfügung stehen, läßt sich
das leicht ausdrücken: führe ich noch Konstanten a (als Abkürzungen für
s(0), *ss(0)*, ...) für die Zahlen a$<$ |A| ein, so leistet das Programm

```
ife x₀ = 0 then
    [S₀]
else
    ife x₀ = 1 then
        [S₁]
    else
```

....

$$\text{if } x_0 = k\text{-}1 \text{ then}$$
$$[S_{k\text{-}1}]$$
$$\text{od}$$

....

$$\text{fi}$$
$$\text{fi}$$

das Gewünschte, wenn $[S_s]$ die entspreche Aktion der Funktion S_s ausdrückt – also etwa für $A(s) = "x_i := x_i + 1"$ oder $A(s) = "do\ x_i\ times"$

$$x_i := x_i + 1 \qquad\qquad \text{oder} \qquad\qquad \text{ife } x_i \neq 0 \text{ then}$$
$$x_0 := x_0 + 1 \qquad\qquad\qquad\qquad\qquad\qquad x_0 := x_0 + 1$$
$$\text{else}$$
$$x_0 := s^* + 1$$
$$\text{fi} \qquad\qquad .$$

Wie im Kapitel 11 ausgeführt, kann ich diese ife- und if-Schleifen durch Timesschleifen ersetzen, und erhalte damit das gesuchte Programm W. Unglücklicherweise übersetzt sich die mindestens $|A|$-fache Schachtelung der ife-Schleifen in eine entsprechende Schachtelung der Timesschleifen, so daß W einen viel zu hohen Schleifengrad haben wird.

Führt also dieser Weg nicht zum Ziele, so stellt sich zum Glück ein anderer ein. Bevor ich ihn beschreibe, formuliere ich jedoch, was ich beweisen will.

THEOREM 3   Zu jedem PLR-Programm P lassen sich zwei Programme R_0 und R_1 mit den folgenden Eigenschaften angeben:

R$_0$ ist ein PLR-Programm, das die Zeitfunktion $T_P(\xi)$ von P mit einer (neuen) Ausgabevariablen t programmiert.

R$_1$ ist ein PLR-Programm vom Schleifengrad höchstens 2 und besteht aus einer Timesschleife mit dem Head "do t times", die ein PLR-Programm Q einschließt.

Die Verkettung R von R_0 mit R_1 programmiert dieselbe Funktion $f(\xi)$ wie P: R_1 programmiert eine Funktion $G(\xi,t)$, welche die T-Darstellung $f(\xi) = G(\xi, T_P(\xi))$ von f liefert, und für $t_1 \geq T_P(\xi)$ gilt immer noch $f(\xi) = G(\xi,t_1)$.

Ist P ein PLA-Programm, so bleiben die Aussagen mit dem Unterschied in Kraft, daß R_0 nur mehr ein PLA-Programm ist.

Ich erinnere zunächst daran, daß ich schon zu Anfang des Kapitels 13 Programme von Schleifengrad 1 für die Addition + , die Vorgängerfunktion CS, die Signumsfunktion SG und die Cosignumsfunktion CSG angegeben habe. Deshalb werde ich im Folgenden +, $x\dot{-}1$ sowie sg und csg als Termsymbole verwenden, welche durch die entsprechenden Funktionen interpretiert werden.

Dem zu führenden Beweis liegt die folgende Idee zu Grunde. Sei P = $<$A,k,n,m$>$ ein PLR-Programm mit der Zeitfunktion T_P. Ich weiß aus dem Kapitel 13, daß T_P primitiv rekursiv ist; R_0 kann ich als ein T_P programmierendes PLR-Programm wählen, und der Einfachheit halber führe ich sogleich für T_P ein Termsymbol T ein, mit dem R_0 allein aus der Zuweisung

$$t := T(x_0, ..., x_{k-1})$$

mit einer neuen Variablen $t = x_m$ besteht. Aus dem Programm P mit seinen vermischten Zuweisungen und Schleifen werde ich ein Programm Q konstruieren, das den Schleifengrad 1 hat und das, hinreichend oft durchlaufen, dasselbe leiste wie P. *Hinreichend häufiges* Durchlaufen von Q bewirke ich dadurch, daß ich Q in eine Timesschleife "do t times" einschließe, wobei t eine neue Variable ist, die mit T belegt wird; durch diese Einschließung entsteht aus Q das Programm R_1. Die Hauptarbeit besteht in der Konstruktion von Q.

Q soll aus P entstehen, indem jedes Statement A(i) von P durch eine P-Folge C_i vom Schleifengrad 1 ersetzt wird, die im *positiven* Fall dasselbe leistet wie A(i). Zu jedem C_i gehört nämlich eine (neue) *Indikatorvariable* y_i, und der positive Fall besteht darin, daß y_i den Wert 1 hat; im anderen, negativen Fall hat y_i den Wert 0. Weiter sollen diese Indikatorvariablen so belegt sein, daß höchstens eine von ihnen den Wert 1 hat. Für Zuweisungen A(i) ist das trivial zu erreichen; ist A(i) aber ein Timeshead oder ein Tail, so wird eine P-Berechnung unter Umständen an die Stellen A(i*+1) springen. Eine Q-Berechnung hingegen muß die P-Folgen C_i der Reihe nach durchlaufen, und die Sprünge der P-Berechnung werden durch das Verhalten der Indikatorvariablen imitiert werden.

Im negativen Fall soll zunächst C_i stets ohne wesentlichen Effekt übersprungen werden. Im positiven Fall aber soll für ein A(i) der Art "do x_s times" der Wert von y_i auf 0 gesetzt und dann, falls x_s positiv belegt ist, die Indikatorvariable y_{i+1} den Wert 1 erhalten (so daß später die A(i+1) ersetzende Folge C_{i+1} positiv akzeptiert wird). Falls x_s mit 0 belegt ist, soll die Indikatorvariable y_{j+1} für $j = i*$ den Wert 1 erhalten (so daß nun die A(j+1) ersetzende Folge C_{j+1} später positiv akzeptiert wird). Ebenso soll für ein Tail A(i) zum Head A(i*) "do x_s times" der Wert von y_i auf 0 gesetzt und der Wert von x_s um 1 verringert werden. Wird er damit zu 0, so soll die Indikatorvariable y_{i+1} den Wert 1 erhalten (so daß später die

A(i+1) ersetzende Folge C_{j+1} positiv durchlaufen wird); ist der Wert von x_s aber noch positiv, so soll die Indikatorvariable y_{j+1} für j = i* den Wert 1 erhalten (so daß die A(j+1) ersetzende Folge C_{j+1} bei einem späteren Durchlauf der ganzen t-Schleife auch positiv akzeptiert wird). Auf diese Weise soll also das hinreichend häufige Durchlaufen von Q denselben Effekt wie das Durchlaufen von P bewirken. Daß dies in der Tat zu erreichen ist, wird nun nachzuprüfen sein..

Ich führe zunächst für jedes i $\leq$ |A| drei neue Variablen y_i, v_i, w_i ein (etwa $y_i = x_{m+1+3i}$, $v_i = x_{m+2+3i}$, $w_i = x_{m+3+3i}$ für i $\leq$ |A|) und setze $m_1 = m+4+3 \cdot |A|$. Weiter erkläre ich für jedes i mit i < |A|, und zwar in Abhängigkeit von A(i), eine P-Folge C_i nebst Zahlen k_i, c_i, d_i, e_i :

Typ 1: A(i) ist Zuweisung. Dann sei $k_i = 4$, $c_i = 1$, $d_i = e_i = 4$ und

$C_i(0)$	do y_i times
$C_i(1)$	A(i)
$C_i(2)$	$y_{i+1} := 1$
$C_i(3)$	od

Typ 2: A(i) ist "do x_s times" mit i* = j . Dann sei $k_i = 10$, $c_i = 5$, $d_i = 7$, $e_i = 10$ und

$C_i(0)$	$w_i := sg(x_s)$
$C_i(1)$	$w_i := w_i + y_i$
$C_i(2)$	$w_i := w_i \dot- 1$
$C_i(3)$	do y_i times
$C_i(4)$	$y_{j+1} := 1$
$C_i(5)$	od
$C_i(6)$	do w_i times
$C_i(7)$	$y_{j+1} := 0$
$C_i(8)$	$y_{i+1} := 1$
$C_i(9)$	od

Typ 3: A(i) ist "od", mit i* = j , und A(j) ist "do x_s times". Dann sei $k_i = 15$, $c_i = d_i = 10$, $e_i = 13$ und

$C_i(0)$	$v_i := csg(y_i)$
$C_i(1)$	$w_i := sg(x_s)$
$C_i(2)$	$w_i := w_i + y_i$
$C_i(3)$	$w_i := w_i \dot- 1$
$C_i(4)$	do v_i times
$C_i(5)$	$x_s := x_s + 1$
$C_i(6)$	od
$C_i(7)$	do y_i times
$C_i(8)$	$y_{i+1} := 1$
$C_i(9)$	od
$C_i(10)$	do w_i times

$C_i(11)$ $y_{i+1} := 0$
$C_i(12)$ $y_{j+1} := 1$
$Ci(13)$ od
$C_i(14)$ $x_s := x_s \dot{-} 1$

Während k_i einfach die Länge von C_i ist, wird die Rolle der c_i, d_i und e_i erst später in den Aussagen (D) deutlich werden.

Damit definiere ich das Programm $R = <B,k,n,m_1>$, indem ich seine Statementfolge B mit

$B(0)$ $t := T(x_0,..., x_{k-1})$
$B(1)$ $y_0 := 1$
$B(2)$ do t times

beginnen lasse, alsdann die der Reihe nach verketteten P–Folgen C_i mit $i < |A|$ anschließe, und danach für eine sogleich noch zu bestimmende Zahl b mit dem Tail

$B(b-1)$ od

die bei $B(2)$ begonnene t-$Schleife$ schließe. Die obgenannten Programme Q und R_1 verlaufen dann von $B(3)$ bis $B(b-2)$ und von $B(1)$ bis $B(b-1)$.

Die Zahl b bestimme ich, indem ich auf $|A|+1$ eine Verschiebungs-funktion ε definiere durch $\varepsilon(0) = 3$ und, für $i < |A|$,

$$\varepsilon(i+1) = \varepsilon(i)+k_i \; ;$$

damit setze ich

$$b = \varepsilon(a)+1$$

und finde noch

$$C_i(k) = B(\varepsilon(i)+k) \qquad \text{für alle i mit } i < |A| \text{ und alle k mit } k < k_i \text{ ,}$$

$$B(\varepsilon(i)+k_i) = B(\varepsilon(i+1)) \quad \text{für alle i mit } i+1 < |A| \text{ .}$$

Ich bemerke, daß sich die in den C_i beginnenden Timesschleifen dort auch wieder schließen und daß sie keine definierten Funktionssymbole ent-halten. Weiter ist für den Typ 3 die etwas künstliche Einführung der Schleife für v_i deshalb nötig, weil die nur bedingt auszuführende Anwei-sung "$x_s := x_s \dot{-} 1$" nicht in einer bedingenden Schleife auftreten darf. Tre-ten in C_i solche Funktionssymbole auf, so lassen sich die Zuweisungen, welche sie einführen, durch unverschachtelte Timesschleifen ersetzen. Folg-lich ist Q vom Schleifengrad 1 und sind R_1 und R von Schleifengrad 2.

Ein R–Zustandsvektor hat die Gestalt $<q,\beta,\lambda>$, wobei β die Werte der $x_0,..., x_{m-1}$ und λ die Werte der y_i, v_i, w_i , t enthält. Um den um-ständlichen Gebrauch der Variablennummern zu umgehen, notiere ich als

$$Y(i,\lambda) \; , \; S(\lambda)$$

die in λ auftretenden Werte von y_i und t . Einen Zustandsvektor nenne ich *mager*, wenn es genau ein i mit $i \leq |A|$ gibt mit $Y(i,\lambda) \neq 0$ und wenn dann $Y(i,\lambda) = 1$ gilt. Zwei Vektoren λ und λ' nenne ich *unwesentlich* verschieden, wenn sie sich nur in den Werten von w_i und v_i unterscheiden; diese Werte spielen nur innerhalb der einzelnen C_i eine Rolle, da sie, sofern dort verwendet, am Anfang von C_i festgelegt werden.

Ein R–Zustandsvektor tritt in eine P–Folge C_i als $<\varepsilon(i),\beta,\lambda>$ ein und kann C_i nur dadurch verlassen, daß er als $<\varepsilon(i)+k_i,\ \beta',\lambda'>$ im Fall $i+1 < a$ in C_{i+1} eintritt, oder im Fall $i = a-1$ nach $B(b-1)$ gelangt: die in C_i eröffneten Schleifen schließen sich dort auch wieder. In Abhängigkeit von $Y(i,\lambda)$ unterscheide ich nun die folgenden Subtypen:

Typ 1a:	$A(i)$ ist vom Typ 1 und $Y(i,\lambda) = 0$
Typ 1b:	$A(i)$ ist vom Typ 1 und $Y(i,\lambda) = 1$
Typ 2a:	$A(i)$ ist vom Typ 2 und $Y(i,\lambda) = 0$
Typ 2ba:	$A(i)$ ist vom Typ 2 und $Y(i,\lambda) = 1$ und $\beta(s) = 0$
Typ 2bb:	$A(i)$ ist vom Typ 2 und $Y(i,\lambda) = 1$ und $\beta(s) \neq 0$
Typ 3a:	$A(i)$ ist vom Typ 3 und $Y(i,\lambda) = 0$
Typ 3ba:	$A(i)$ ist vom Typ 3 und $Y(i,\lambda) = 1$ und $\beta(s) = 0$
Typ 3ba:	$A(i)$ ist vom Typ 3 und $Y(i,\lambda) = 1$ und $\beta(s) \neq 0$.

Ist $<\varepsilon(i),\beta,\lambda>$ mager, so erschöpfen diese Fälle alle Möglichkeiten. Die Subtypen 1a, 2a und 3a, bei denen $Y(i,\lambda) = 0$ gilt, nenne ich auch die *a–Typen*.

Dem Vorliegen der verschiedenen Typen entsprechend, beschreibe ich nun, in welcher Weise sich $<\varepsilon(i),\beta,\lambda>$ von $<\varepsilon(i)+k_i,\beta',\lambda'>$ nach Durchlaufen von C_i unterscheidet und zähle außerdem die Anzahl der Schritte b_i, welche eine Berechnung Θ von $\Theta(p) = <\varepsilon(i),\beta,\lambda>$ nach $\Theta(p+b_i) = <\varepsilon(i)+k_i,\beta',\lambda'>$ benötigt:

(D1a) $\beta' = \beta$ und $\lambda' = \lambda$. Es gilt $b_i = c_i$.

(D1b)   Es entsteht β' aus β gemäß $A(i)$, und λ unterscheidet sich wesentlich von λ' höchstens durch $Y(i,\lambda') = 0$, $Y(i+1,\lambda') = 1$. Es gilt $b_i = d_i$.

(D2a)   Es erhält w_i bei $\varepsilon(i)+1$ höchstens den Wert 1 und bei $\varepsilon(i)+2$ den Wert 0. Daher wird keine der folgenden zwei Schleifen durchlaufen; es gilt $\beta' = \beta$, und λ' unterscheidet sich von λ nur unwesentlich . Es gilt $b_i = c_i$.

(D2ba)   Es erhält w_i bei $\varepsilon(i)+1$ den Wert 1 und bei $\varepsilon(i)+2$ den Wert 0. Die erste Schleife wird durchlaufen, die zweite wird nicht durchlaufen; λ' unterscheidet sich wesentlich von λ höchstens durch $Y(i,\lambda') = 0$, $Y(j+1,\lambda') = 1$, und es gilt $\beta' = \beta$. Es gilt $b_i = d_i$.

(D2bb)   Es erhält w_i bei $\varepsilon(i)+1$ den Wert 2 und bei $\varepsilon(i)+2$ den Wert 1. Daher werden beide Schleifen durchlaufen, und da in der zweiten Schleife y_{j+1} wieder mit 0 belegt wird, unterscheidet sich λ' von λ wesentlich höchstens durch $Y(i,\lambda') = 0$, $Y(j+1,\lambda') = 0$, $Y(i+1,\lambda') = 1$; es gilt $\beta' = \beta$. Es gilt $b_i = e_i$.

(D3a)   Es erhält v_i bei $\varepsilon(i)$ den Wert 1 und w_i bei $\varepsilon(i)+2$ höchstens den Wert 1 und bei $\varepsilon(i)+3$ den Wert 0. Daher wird nur die erste der drei Schleifen durchlaufen, und da ihr Effekt bei $\varepsilon(i)$ $+14$ wieder rückgängig gemacht wird, gilt $\beta' = \beta$, und λ' unterscheidet sich von λ nur unwesentlich. Es gilt $b_i = c_i$.

(D3ba)   Es erhält v_i bei $\varepsilon(i)$ den Wert 0 und w_i bei $\varepsilon(i)+2$ den Wert 1 und bei $\varepsilon(i)+3$ den Wert 0. Daher wird nur die zweite der drei Schleifen durchlaufen, und da bei $\varepsilon(i)+14$ die Zahl $\beta(s) = 0$ nicht mehr kleiner werden kann, gilt $\beta' = \beta$, und λ' unterscheidet sich wesentlich von λ höchstens durch $Y(i,\lambda') = 0$ und $Y(i+1,\lambda') = 1$. Es gilt $b_i = d_i$.

(D3bb)   Es erhält v_i bei $\varepsilon(i)$ den Wert 0 und w_i bei $\varepsilon(i)+2$ den Wert 2 und bei $\varepsilon(i)+3$ den Wert 1. Daher werden die letzten beiden Schleifen durchlaufen, und da ein Effekt der zweiten auf den Wert von y_{j+1} in der dritten Schleife wieder rückgängig gemacht wird, unterscheidet sich β' von β durch $\beta'(s) = \beta(s)-1$, und λ' unterscheidet sich wesentlich von λ höchstens durch $Y(i,\lambda') = 0$, $Y(i+1,\lambda') = 0$, $Y(j+1,\lambda') = 1$. Es gilt $b_i = e_i$.

Sei nun Θ R-Berechnung von α aus ω^k, also $\Theta(0) = <0,\alpha,\delta>$ mit einem Nullvektor δ. In $\Theta(1) = <1,\alpha,\delta'>$ unterscheidet sich δ' von δ nur dadurch, daß $S(\delta') = T_P(\alpha)$ gilt, und in $\Theta(2) = <2,\alpha,\delta''>$ unterscheidet sich δ'' von δ' dadurch, daß nun $Y(0,\delta'') = 1$ gilt. Da $T_P(\alpha)$ positiv ist, tritt alsdann Θ mit $\Theta(3) = <3,\alpha,\delta''> = <\varepsilon(0),\alpha,\delta''>$ in C_0 ein. Für die Zustandsvektoren, welche Werte späterer Stellen von Θ sind, folgt aus dem soeben Gesagten:

(1)   Ist $<\varepsilon(i),\beta,\lambda>$ mit $i < |A|$ beim Eintritt in C_i mager, so ist das auch $<\varepsilon(i)+k_i, \beta',\lambda'>$.

Im Fall $i = a-1$ habe ich hier $\varepsilon(a) = \varepsilon(a-1)+k_{a-1} = b-1$, und gilt noch $S(\lambda') \neq 0$, so tritt Θ mit $<\varepsilon(0),\beta',\lambda''>$ wieder in C_0 ein, wobei sich λ'' von λ' nur durch $S(\lambda'') = S(\lambda')-1$ unterscheidet. Induktion lehrt daher

(2)   Jeder Wert $\Theta(h) = <q,\beta,\lambda>$ ist mager.

Weiter folgt aus dem oben Gesagten

(3)   Gilt für $<\varepsilon(i),\beta,\lambda>$ mit $i<|A|$, daß $Y(i,\lambda)=0$ ist, so gilt für $<\varepsilon(i)+k_i, \beta',\lambda'>$ dann $\beta=\beta'$, und λ unterscheidet sich von λ' nur unwesentlich.

(4)   Gilt für $<\varepsilon(i),\beta,\lambda>$ mit $i<|A|$, daß $Y(i,\lambda)=1$ ist, so gilt für $<\varepsilon(i)+k_i, \beta', \lambda'>$ dann $Y(i,\lambda')=0$.

(5)   Eine Variable y_{i+1} kann nur in C_i oder in C_j mit $j=i^*$ von 0 auf 1 gesetzt werden, und das setzt voraus, daß dort y_i respektive y_j mit 1 belegt ist.

Ist also $<\varepsilon(i), \beta, \lambda>$ mit $i<|A|$ derart, daß alle $Y(k,\lambda)$ mit $k<|A|$ Null sind, so ist auch der Vektor $<\varepsilon(i)+k_i, \beta', \lambda'>$ von dieser Art. Induktion lehrt daher:

(6)   Ist ein Wert $\Theta(h)=<q,\beta,\lambda>$ derart, daß alle $Y(k,\lambda)$ mit $k<|A|$ Null sind, so sind auch alle folgenden $\Theta(h')=<q',\beta',\lambda'>$ mit $h'>h$ von dieser Art, weshalb für sie $\beta'=\beta$ gilt und λ' sich von λ wesentlich allenfalls in den Werten $S(\lambda')$ und $S(\lambda)$ unterscheidet.

Neben Θ betrachte ich nun die P–Berechnung Δ desselben α , die an der Stelle $T_P(\alpha)$ terminiert. Ich werde eine Abbildung Φ von $\mathrm{im}(\Delta)$ in $\mathrm{im}(\Theta)$ so angeben, daß für $i\leq a$ gilt

(7)   aus $\Delta(p)=<i,\beta>$ folgt $\Theta(\Phi(p))=<\varepsilon(i),\beta,\lambda>$ mit $Y(i,\lambda)=1$ und $T_P(\alpha)-p\leq S(\lambda)$.

Die Definition von Φ beginne ich mit $\Phi(0)=3$, so daß (7) für $p=0$ trivial ist. Sei nun $\Phi(p)$ mit (7) konstruiert und $p<T_P(\alpha)$, mithin $i<a$. Ich unterscheide wieder nach dem Typ von C_i, und wegen $Y(i,\lambda)=1$ können die a–Typen *nicht* vorliegen:

(E1b)   Es ist $\Delta(p+1)=<i+1, \beta'>$ mit dem gemäß $A(i)$ gebildeten β', und da weiter nach (D1b) gilt $\Theta(p+d_i)=<\varepsilon(i)+k_i, \beta',\lambda'>$ $=<\varepsilon(i+1), \beta', \lambda'>$, kann ich $\Phi(p)=p+d_i$ setzen.

(E2ba)   Es ist $\Delta(p+1)=<j+1,\beta>$ mit $j=i^*$. Nach (D2ba) ist $\Theta(p+d_i)$ $=<\varepsilon(i)+k_i, \beta, \lambda'>$, wobei nach (2) nun $j+1$ das einzige k mit $Y(k,\lambda')\neq 0$ ist und $Y(j+1,\lambda')=1$ gilt. Für alle h liegt daher beim Eintritt in C_h mit $i<h<j$ ein a–Typ vor, weshalb Θ nach c_h Schritten C_h verläßt. Ich setze daher $\Phi(p)=p+d_i+$ $\Sigma<c_h\,|\,i<h<i^*>$.

(E2bb)   Nach (D2bb) kann ich $\Phi(p)=p+e_i$ setzen.

(E3ba)   Nach (D3ba) kann ich $\Phi(p)=p+d_i$ setzen.

In allen diesen Fällen hat sich der Wert t, also $S(\lambda)$, nicht verändert, weshalb aus $T_P(\alpha)-p\leq S(\lambda)$ für $\Theta(\Phi(p+1))=<\varepsilon(k), \beta',\lambda''>$ auch $T_P(\alpha)-(p+1)\leq S(\lambda'')$ folgt.

(E3bb)   Es ist $\Delta(p+1) = \langle j+1, \beta\rangle$ mit $j = i^* < i$. Nach (D3bb) ist $\Theta(p+e_i) = \langle \varepsilon(i)+k_i, \beta, \lambda'\rangle$, wobei nach (2) nun $j+1$ das einzige k mit $Y(k,\lambda')\neq 0$ ist und $Y(j+1,\lambda') = 1$ gilt. Deshalb liegt zunächst für alle h mit $i < h < a$ beim Eintritt in C_h ein a-Typ vor, weshalb Θ nach c_h Schritten C_h verläßt. Nach $p_1 = e_i + \Sigma\langle c_h \mid i < h < a\rangle$ Schritten gilt daher $\Theta(p+p_1) = \langle b-1, \beta, \lambda''\rangle$ und immer noch $Y(j+1,\lambda'') = 1$. Auch hier gilt noch $S(\lambda'') = S(\lambda)$, und wegen $p < T_P(\alpha)$ folgt aus $T_P(\alpha)-p \lesssim S(\lambda)$ auch $S(\lambda'') > 0$. Folglich tritt Θ mit $\Theta(p+p_1+1)$ in C_0 ein, und da nun auch für alle h mit $h < j+1$ ein a-Typ vorliegt, verläßt Θ auch diese C_h nach jeweils c_h Schritten ohne Veränderung des Wertes 1 von y_{j+1}. Mithin kann ich $\Phi(p) = p + 1 + e_i + \Sigma\langle c_h \mid i < h < a\rangle + \Sigma\langle c_h \mid h < i^*+1\rangle$ setzen. Schließlich folgt aus $T_P(\alpha)-p \lesssim S(\lambda)$ für $\Theta(\Phi(p+1)) = \langle \varepsilon(i^*+1), \beta, \lambda^\S\rangle$ auch $T_P(\alpha)-(p+1) \lesssim S(\lambda)-1 = S(\lambda^\S)$.

Damit ist die Behauptung (7) bewiesen.

Aus (6) folgt nun, daß die Berechnungen Δ und Θ mit demselben Ergebnis terminieren. Aus $\Delta(T_P(\alpha)) = \langle a,\beta\rangle$, $\Theta(\Phi(T_P(\alpha))) = \langle \varepsilon(a),\beta,\lambda\rangle = \langle b-1,\beta,\lambda\rangle$ folgt nämlich $Y(a,\lambda) = 1$, wegen (2) also $Y(k,\lambda) = 0$ für alle $k < |A|$, so daß nach (6) auch im Falle $S(\lambda) > 0$ der Vektor β während der noch folgenden $S(\lambda)$ Stück t-Schleifen unverändert bleibt. Mithin terminiert Θ mit $\langle b,\beta,\mu\rangle$ (wobei $S(\mu) = 0$ gilt und μ sonst mit λ übereinstimmt). – Damit ist bewiesen, daß $f(\xi) = G(\xi, T_P(\xi))$ für die von P programmierte Funktion f und die von R_1 programmierte Funktion G gilt. Der Nachweis von (7) verwendete von R_0 – also von $B(0)$ – aber nur, daß für $\Theta(\Phi(0)) = \Theta(3) = \langle 3,\beta,\lambda\rangle$ gilt $T_P(\alpha) \lesssim S(\lambda)$. Dies gilt aber erst recht, wenn beim Eintritt in R_1 an der Stelle $B(1)$ die Variable t mit einer Zahl t_1 oberhalb von $T_P(\alpha)$ belegt wird. Deshalb folgt aus $t_1 \gtrsim T_P(\xi)$ immer noch $f(\xi) = G(\xi,t_1)$. Das beendet den Beweis des Darstellungstheorems für PLR-Programme.

Ist P nur mehr ein PLA-Programm, so ist auch das T_P berechnende Programm R_0 nur ein solches. Die Konstruktion von R_1 kann ich jedoch auch jetzt noch ausführen, wenn ich nur "do x_s times" überall durch "while $x_s\neq 0$ do" ersetze; die Konstruktion der P-Folgen C_i vom Typ 3 vereinfacht sich jedoch dadurch, daß nun $C_i(k)$ für $k = 0,4,5,6,14$ entfallen und also $k_i = 10$, $c_i = 5$, $d_i = 7$, $e_i = 10$ wird. Damit bleibt der geführte Beweis in Kraft.

Kapitel 15. $FLR_2 = FEF = FP_2$ und Konsequenzen daraus

Die arithmetisch interessanten unter den primitiv rekursiven Funktionen hatten sich im Kapitel 3 als sogar elementar erwiesen. In diesem Kapitel beweise ich zunächst das

THEOREM 1   Die elementaren Funktionen sind genau die mit höchstens dem Schleifengrad 2 programmierbaren: **FEF** = **FLR**$_2$ und **FEF*** = **VRL**$_2$.

Ich zeige zuerst, daß ein Programm P vom Schleifengrad höchstens 2 eine elementare Funktion programmiert. Für Programme vom Schleifengrad 0 ist das klar. Sei nun P = $<A,k,n,m+1>$ durch Einschließen einer Zuweisungsfolge A_0 der Länge p_0 in "do x_m times" als $A(0)$ und "od" als $A(p_0+1)$ gebildet. Ist $\alpha = <\alpha',a>$ mit $a > 0$ aus ω^{m+1} und ist Δ eine P–Berechnung mit

$$\Delta(0) = \ <0, \alpha', a> \quad \text{und} \quad \Delta(p_0+1) = <p_0+1, \beta', a> \ ,$$

so gilt $\max(\beta') \leq \max(\alpha')+p_0$, weil in jeder Zuweisung von A_0 der Wert höchstens einer Variablen um höchstens 1 vergrößert wird. Ist also $<p_0+2,\gamma,0>$ der P–Vektor, mit dem Δ terminiert, so folgt $\max(\gamma) \leq \max(\alpha')+p_0 \cdot a \leq (1+p_0) \cdot \max(\alpha)$. Für die durch P programmierte Funktion f gilt daher auch

$$f(\xi) \leq (1+p_0) \cdot \max(\xi)$$

für jedes ξ in ω^k. Nach Lemma **13.2** läßt sich f mit der Iterierten If_0 der von A_0 programmierten, elementaren Funktion f_0 als

$$f(\alpha) = <If_0(\alpha),0>$$

darstellen, so daß auch If_0 durch die Funktion $(1+p_0) \cdot \max(\xi)$ beschränkt ist. Diese Schranke aber ist elementar, und da die Menge **FEF*** der elementaren Funktionen nach dem Corollar 8.3 unter elementar beschränkten Iterationen abgeschlossen ist, ist also auch If_0 und damit f elementar.

Daraus folgt sogleich, daß Programme P von Schleifengrad 1 stets elementare Funktionen programmieren. Ist P ein solches Programm, in dem etwa auf q_0 Zuweisungen eine Schleife der Länge p_0 folgt, und dieser dann nach weiteren q_1 Zuweisungen eine Schleife der Länge p_1, der schließlich noch q_2 Zuweisungen folgen, und ist $<0,\alpha>$ ein initialer P–Vektor, so gilt für seine Bilder in einer P–Berechnung $<s,\beta>$ dann

nach der ersten Zuweisungsfolge $\max(\beta) \leq q_0+\max(\alpha)$

nach der ersten Schleife $\max(\beta) \leq (1+p_0) \cdot (q_0+\max(\alpha))$

nach der zweiten Zuweisungsfolge $\max(\beta) \lesssim q_1 + (1+p_0) \cdot (q_0 + \max(\alpha))$
nach der zweiten Schleife
$$\max(\beta) \lesssim (1+p_1) \cdot (q_1 + (1+p_0) \cdot (q_0 + \max(\alpha)))$$
nach der letzten Zuweisungsfolge
$$\max(\beta) \lesssim q_2 + (1+p_1) \cdot (q_1 + (1+p_0) \cdot (q_0 + \max(\alpha))),$$

so daß auch für das terminierende $<s,\beta>$ noch $\max(\beta) \lesssim q + p \cdot \max(\alpha)$ mit Konstanten p und q folgt. Induktion lehrt daher:

(1)   Ist f durch ein Programm von Schleifengrad 1 programmiert, so finde ich Zahlen p, q mit $f(\xi) \lesssim q + p \cdot \max(\xi)$.

Sei endlich $P = <A,k,n,m+1>$ durch Einschließen eines Programms P_0 vom Schleifengrad $\cdot 1$ in "do x_m times" als $A(0)$ und "od" als $A(p_0+1)$ gebildet, und seien q und p nach (1) zu P_0 bestimmt. Ist $\alpha = <0,\alpha',a>$ mit $a > 0$ ein initialer P-Vektor, so gilt für seine Bilder $<s,\beta>$ in einer P-Berechnung

nach erstem Durchlaufen von P_0 $\max(\beta') \lesssim q + p \cdot \max(\alpha')$
nach zweitem Durchlaufen von P_0 $\max(\beta') \lesssim q + p \cdot q + p^2 \cdot \max(\alpha')$
nach a-tem Durchlaufen von P_0
$$\max(\beta') \lesssim q + p \cdot q + \ldots + p^{a-1} q + p^a \cdot \max(\alpha') \lesssim a \cdot p^{a-1} q + p^a \cdot \max(\alpha').$$

Für die durch P programmierte Funktion f gilt daher mit $x = \max(\xi)$ auch $f(\xi) \lesssim x \cdot p^{x-1} q + p^x \cdot x$ für jedes ξ in ω^k, und diese Funktion von ξ ist immer noch elementar. Wieder ist also die Iterierte If_0, mit der f sich darstellen läßt, elementar beschränkt, und da f_0, nämlich die von P_0 programmierte Funktion, bereits elementar war, sind mithin auch If_0 und f selbst elementar.

Damit ist die eine Hälfte des Theorems 1 bewiesen. Den Beweis der anderen Hälfte bereite ich vor durch das

LEMMA 1   Jede elementare Funktion läßt sich durch ein PLR-Programm mit elementarer Zeitfunktion programmieren.

Zunächst habe ich schon am Anfang von Kapitel 12 ein Programm P angegeben, welches das koordinatenweise Produkt $<g_0^m, \ldots, g_{k-1}^m>$ zahlenwertiger Funktionen g_i^m programmiert und zusammengesetzt ist aus Programmen P_i für die einzelnen g_i^m. Inspektion von P lehrt, daß seine Zeitfunktion einfach die Summe der Zeitfunktionen der P_i zuzüglich einer Konstanten c ist, welche durch Variablenumbenennungen verursacht wird. Deshalb wird es genügen, das Lemma für die zahlenwertigen Funktionen aus FEF nachzuweisen, als deren koordinatenweise Produkte sich die vektorwertigen Funktionen ergeben. Für die elementaren Anfangsfunktionen c_i^l, p_i^k, $+$, $\cdot$ und $\dot{-}$ ist die Behauptung nach den Beispielen im Kapitel 13 klar. Trifft das Lemma zu auf f^k und auf Funktionen g_i^m, so auch auf $g =$

$<g_0^m,..., g_{k-1}^m>$ und damit auf die Superposition $f \circ <g_0^m,..., g_{k-1}^m>$, denn nach Lemma 13.1 finde ich zu Programmen Q für g und R für f ein Programm P für $f \circ g$ mit der Zeitfunktion $T_P(\alpha) = T_R(g(\alpha)) + T_Q(\alpha)$, die dann zusammen mit g, T_Q und T_R selbst elementar ist. Es bleibt mir zu zeigen, daß die Menge der Funktionen f, auf welche das Lemma zutrifft, auch abgeschlossen ist unter der Bildung beschränkter Summen Σf und beschränkter Produkte Πf. Sei also $f = f^{k+1}$ durch Q mit elementarem T_Q programmiert; führe ich zur Abkürzung von Q wieder ein Funktionssymbol f ein, so erhalte ich mit

$$x_{k+3} := x_k + 1$$
$$x_k := 0$$
$$\text{do } x_{k+3} \text{ times}$$
$$\quad x_{k+1} := f(x_0, ..., x_k)$$
$$\quad x_{k+2} := x_{k+2} + x_{k+1}$$
$$\quad x_k := x_k + 1$$
$$\text{od}$$
$$x_0 := x_{k+2}$$

ein Programm P = $<A,k+1,1,k+4>$ zur Berechnung von Σf. Bei der Berechnung von T_P für $<\alpha,a>$ treten außerhalb der Schleife 4 Schritte, innerhalb der Schleife für

$x_{k+1} := f(x_0, ..., x_k)$	$\Sigma < T_Q(\alpha,i) \mid i \leq a>$ Schritte,
$x_{k+2} := x_{k+2} + x_{k+1}$	$1 + 2 \cdot f(\alpha,0) + 1 + 2 \cdot f(\alpha,1) + ...$
	$\quad = (a+1) + 2 \cdot \Sigma <f(\alpha,i) \mid i \leq k>$ Schritte
$x_k := x_k + 1$	$a+1$ Schritte

auf; ist k noch die Anzahl der zur Elimination der Funktionssymbole $+$ und f nötigen Variablenumbenennungen, die ebenfalls innerhalb der Schleife auftreten werden, so erhalte ich

$$T_P(\alpha,a) =$$
$$4 + (a+1)(1+k) + \Sigma < T_Q(\alpha,i) \mid i \leq a> + 3 \cdot (a+1) + 2 \cdot \Sigma <f(\alpha,i) \mid i \leq k>.$$

Deshalb ist zusammen mit T_Q und f auch T_P elementar. Für Πf kann ich analog argumentieren.

Ich erinnere weiter daran, daß (wie schon im vorigen Kapitel bei der Diskussion der Klassen $\mathbf{VLR}^s_m$ bemerkt) sich die erste der elementaren Skalierungsfunktionen, $IF(x,1) = 2^x$, durch ein Programm vom Schleifengrad 2 programmieren läßt. Für jedes k läßt sich daher auch $IF(-,k)$ mit dem Schleifengrad 2 programmieren, nämlich durch die k–fache Verkettung jenes Programmes mit sich selbst .

Nun kann ich den Beweis des Theorems 1 beenden. Zu einer elementaren Funktion f betrachte ich das Programm P mit elementarem T_P aus dem Lemma 1. Nach dem Corollar 13.2 oder nach dem Theorem 14.3 weiß ich, daß in der T–Darstellung

$$f(\alpha) = G(\alpha, T_P(\alpha))$$

die Funktion G in VLR_2 liegt. Als elementare Funktion ist T_P durch eine der Skalierungsfunktionen $IF(-,k)$ beschränkt (und parallel zur Konstruktion von P im Lemma 1 kann ich diese Zahl k explizit bei Kenntnis der elementaren Erzeugung von f bestimmen). Mithin $T_P(\alpha) \leq IF(\max(\alpha),k)$, weshalb auch

$$(1) \qquad f(\alpha) = G(\alpha, IF(\max(\alpha), k)) \ .$$

Hier liegt zunächst $IF(-,k)$ in VLR_2 . Aus dem im Kapitel 13 angegebenen Programm für die Funktion max(x,y) folgt, daß auch sie in VLR_2 liegt, mithin auch jede k-stellige Funktion $\max(\alpha) = \max^k(\alpha)$ mit der Definition $\max^{k+1}(\alpha,a) = \max(\max^k(\alpha),a)$. Als Superposition dreier Funktionen aus VLR_2 liegt folglich die rechte Seite von (1) in VLR_2, mithin auch f selbst. Das beendet den Beweis des Theorems. .

Unter Verwendung der Ergebnisse aus dem Theorem 14.2 und des Corollars 13.2 folgt leicht das

COROLLAR 1 $\qquad$ $FP_2 \subseteq FEF \subseteq FP_3$.

Denn einerseits gilt gewiß $FP_2 \subseteq FPI_2$ und $FPI_2 = FLR_2 = FEF$. Andererseits weiß ich, daß $IF(x,1) = 2^x$ bereits in FP_2 liegt, und deshalb liegt dort auch die in (1) auftretende Iterierte $IF(-,k)$. Ferner liegt zusammen mit $\doteq$ auch $\max(x,y) = (x \doteq y)+y$ in PF_2. Für f aus FEF ist aber auch G zahlenwertig, also gleich seiner einzigen Komponentenfunktion und mithin in FP_3 . Als Superposition einer Funktion aus FP_3 mit zwei Funktionen aus FP_2 liegt somit f gewiß in FP_3 .

Wesenlich tiefer liegt das MÜLLERsche

THEOREM 2 $\qquad$ $FLR_2 = FEF = FP_2$

das über das Corollar 13.3 auf dem Theorem 10.4 beruht. Sei nämlich f aus FEF durch ein PLR-Programm P mit elementarer Zeitfunktion T_P programmiert; da sich beim Übergang zu einem puren Programm die Zeitfunktion nur um eine Konstante verändert, kann ich P sogleich als pur annehmen. Transformiere ich P in ein dann ebenfalls pures PRL^s-Programm Q, so gilt nach dem Lemma 13.3 für dessen Zeitfunktion die Abschätzung $T_Q(\alpha) \leq T_P(\alpha) \cdot (2 + 7 \cdot (\max(\alpha) + T_P(\alpha)))$. Zusammen mit T_P ist die rechte Seite eine elementare Funktion. Diese elementare Majorante von T_Q kann ich aber selbst noch durch eine Funktion aus FP_2 majorisieren, nämlich durch $IF(\max(\alpha), k)$ für ein hinreichend großes k. Das Corollar 13.3 liefert dann die Darstellung

$$f(\alpha) = H(\alpha,\ IF(\max(\alpha),\ k))$$

mit einer Funktion H aus **FP$_2$** , und somit liegt auch f in **FP$_2$** . – Statt des Lemmas 13.3 mit seiner allgemeinen Abschätzung kann ich die Argumentation des Lemmas 1 auch direkt übertragen, um jede elementare Funktion als durch ein PLR^S–Programm mit elementar beschränkter Zeitfunktion programmierbar zu erkennen; die Ausführung verschiebe ich in den zweiten Teil dieses Kapitels.

Die folgende Bemerkung ist im Zusammenhang mit gelegentlichen Anwendungen angebracht. Wird eine elementare Funktion g durch ein Programm P = $<$A,k,1,m$>$ programmiert und ist i eine Zahl mit n $\leq$ i $<$ m, so kann ich P durch die Zuweisung "$x_0 := x_i$" zu einem Programm P' verlängern. P' programmiert immer noch eine primitiv rekursive Funktion g', und g'(α) ist der Wert der Variablen x_i am Schluß der Berechnung von g(α) durch P. Hat P einen Schleifengrad höchstens 2, so hat ihn auch P', weshalb dann auch g' elementar ist. In der Regel jedoch brauchen g programmierende Programme P keineswegs höchstens einen Schleifengrad 2 zu haben, und dann wird der Wert g'(α) von x_i in der Regel auch *nicht* mehr elementar von α abhängen.

THEOREM 3   Es gilt **FLR$_m$** = **FP$_m$** für m $\geq$ 2 .

Das folgt für m = 2 aus dem Theorem 2; sei es nun für m bewiesen. Ich zeige zunächst die Inklusion **FLR$_{m+1}$** $\subseteq$ **FP$_{m+1}$**. Da **VLR$_{m+1}$** unter Kompositionen abgeschlossen ist, ist **FLR$_{m+1}$** das unter Superpositionen. Daß **FLR$_{m+1}$** die Funktionen f = f^{k+1} enthält, die mit (SPR) aus Funktionen g = g^k und r = r^{k+2} von **FLR$_m$** definiert sind, kann ich dem f berechnenden Programm P = $<$A,k+1,1,k+2$>$ mit A als

$$x_{k+1} := g(x_0,\ldots,\ x_{k-1})$$
$$\text{do } x_k \text{ times}$$
$$\qquad x_{k+1} := r(x_0,\ldots,\ x_k,\ x_{k+1})$$
$$\text{od}$$
$$x_0 := x_{k+1}$$

entnehmen, das höchstens den Schleifengrad m+1 hat, wenn ich die Zuweisungen mit g und r durch g und r berechnende Programme vom Schleifengrad höchstens m eliminiere. Ich kann mich aber auch auf Definitionen und Ergebnisse aus dem Kapitel 8 beziehen. Dort habe ich als Reduktion B gezeigt, wie sich f durch die Formel (e) dieser Reduktion als Superposition mehrerer Funktionen darstellen läßt, unter denen neben g eine Iteration Ih auftritt. Dabei ist h koordinatenweises Produkt von Funktionen, unter denen r auftritt. Liegt r in **FLR$_m$**, so h in **VLR$_m$**, folglich Ih in **VLR$_{m+1}$**. Liegt dann g noch in **FLR$_m$**, so schließlich auch f gemäß der Darstellung (e) in **VLR$_{m+1}$**, also in **FLR$_{m+1}$**.

Zum Nachweis von $FLR_{m+1} = FP_{m+1}$ genügt es nun zu zeigen, daß FP_{m+1}^*, also die Klasse der koordinatenweisen Produkte von Funktionen aus FP_{m+1}, gleich VLR_{m+1} ist. Da FP_{m+1}^* jedenfalls $FP_m = FLR_m$ und damit VLR_m umfaßt und wieder unter Kompositionen abgeschlossen ist, bleibt mir nur nachzuweisen, daß FP_{m+1}^* die Iterationen der Funktionen f aus VLR_m enthält. Nun verwende ich, daß das System der Cauchyschen Paarungsfunktionen CRO_i mitsamt den Funktionen UAC^k und CAU^k aus lauter elementaren Funktionen besteht, die wegen $FP_2 = FEF_2$ zu FP_{m+1} und damit zu FP_{m+1}^* gehören. Als Reduktion A habe ich im Kapitel 8 gezeigt, wie sich die Iterierte If durch die Formel (a) dieser Reduktion als Superposition von Funktionen darstellen läßt, unter denen neben UAC^k und CAU^k die Iterierte Ig der zahlenwertigen Funktion $g = UAC^k \circ f \circ CAU^k$ auftritt. Zusammen mit f gehört daher auch g zu VLR_m, also zu $FLR_m = FP_m$; da Ig aber nach dem Schema (SIR) durch primitive Rekursion mit g als Rekursionsvorschrift entsteht, liegt folglich Ig in FP_{m+1}, also in FP_{m+1}^*, und deshalb liegt auch If gemäß der Darstellung (a) in FP_{m+1}^*.

Aus dem Bewiesenen folgt noch $FPm = FPI_m$ für $m \geq 2$.

Es ist klar, daß der zweite Teil des Beweises sich nur deshalb führen ließ, weil die Klassen FP_m ein System von Paarungsfunktionen enthalten; er würde sich also nicht auf allfällige kleinere Klassen FP_i mit $i < 2$ ausdehnen lassen. Es war der Gebrauch der *simultanen* statt bloß der gewöhnlichen primitiven Rekursion, welcher bei den FPI_m eine solche Ausdehnung von vornherein erlaubte.

Das MÜLLERsche Theorem 2 wurde zum Beweis des Theorems 3 nur zur Sicherung des Induktionsanfangs $m = 2$ benutzt. Ohne Verwendung des MÜLLERschen Theorems läßt sich daher immer ein *schwaches* Theorem 3 beweisen, indem man die Folge der FP_i *per definitionem* erst mit $FP_2 = FEF$ beginnen läßt. Für die Anwendungen in den folgenden Kapiteln wird diese schwache Form des Theorems 3 hinreichen.

Elementare Zeitfunktionen für elementare Funktionen

Zur Illustration der etwas komplizierteren Verhältnisse bei PLR^S-Programmen will ich in diesem Abschnitt nach dem Schema des Lemmas 1 direkt beweisen, daß sich jede elementare Funktion durch ein PLR^S-Programm P programmieren läßt, dessen Zeitfunktion T_T durch eine elementare Funktion t beschränkt ist.

Für die elementaren Anfangsfunktionen c_1^1, p_i^k, $+$, $\cdot$ und $\dot-$ habe ich schon im Kapitel 13 PLR^S-Programme nebst Zeitfunktionen angegeben, die sich als elementar erwiesen. Bei der Bestimmung der Zeitfunktionen von PLR^s-Programmen ist nun eine gewisse Sorgfalt angebracht, die ich am Beispiel eines Programms zur Berechnung des koordinatenweisen Produkts von Funktionen erläutern will. Es seien $g_0^m, ..., g_{k-1}^m$ zahlenwertige Funktionen, programmiert durch PLR^s-Programme $P_i = \,<A_i,m,1,q>$, $i<k$. Es sei $B_0 = A_0$, und für $i>0$ sei B_i die P-Folge, welche aus A_i entsteht, indem ich dort x_j überall durch x_{j+iq} ersetze. Die P-Folge C beginne mit den $m(k-1)$ Zuweisungen

$$x_{q\,i} \quad := x_0$$
$$...$$
$$x_{q\,i+m-1} := x_{m-1}$$

für $i = 1,..., k-1$, auf die dann der Reihe nach die B_i und schließlich die $k-1$ Zuweisungen

$$x_1 \quad := x_q$$
$$...$$
$$x_{k-1} := x_{q\,(k-1)}$$

folgen. Dann ist $P_0 = \,<C,m,k,q \cdot k>$ zunächst ein PLR-Programm und programmiert das koordinatenweise Produkt $<g_0^m,..., g_{k-1}^m>$. Wie am Schluß des Kapitels 13 ausgeführt, ersetze ich nun jede der Variablenumbenennungen durch eine – entsprechend umbenannte – Kopie der P-Folge V, wobei ich mit nur einer weiteren Hilfsvariablen x_p, $p = q \cdot k$, auskomme, weil sie nach jedem Durchlaufen einer Kopie von V wieder den Wert 0 erhält. Das liefert aus P_0 ein PLR^s-Programm $P = \,<D,m,k,q \cdot k+1>$. Sind nun T_i die Zeitfunktionen der P_i, so bestimmt sich für die Zeitfunktion T_P von P ein Wert $T_P(\beta)$ als

$(k-1) \cdot \Sigma <L_V(0, p_j^m(\beta)) \,|\, j<m>$ für die Kopien von V am Anfang von D,

$+ \Sigma <T_i(\beta) \,|\, i<k>$ für die P-Folgen B_i in D ,

$+ \Sigma <L_V(d_i, g_i^m(\beta)) \,|\, i<k>$ für die Kopien von V an Ende von D .

Hier sind d_i die Werte, mit denen die Variablen x_i, $0<i<k<q$, nach Durchlaufen von P_0 belegt worden waren, und da ich über den Schleifengrad von P_0 nicht vorausgesetzt habe, brauchen sie von β nicht mehr elementar abzuhängen. Da jedoch der Wert von x_i während eines jeden Programmschritts höchtens um 1 vergrößert werden kann, sind die d_i durch $T_0(\beta)$ beschränkt. Daher wird durch

$$t(\beta) = (k-1) \cdot \Sigma <L_V(0, p_j^m(\beta)) \,|\, j<m> \; + \; \Sigma <T_i(\beta) \,|\, i<k>$$
$$+ \; \Sigma <L_V(T_0(\beta), g_i^m(\beta)) \,|\, i<k>$$

eine elementare Majorante t von T_P definiert.

In derselben Art argumentiere ich im Fall der Superposition $h = f \circ <g_0^m,..., g_{k-1}^m>$, wenn mir ein Programm $Q = \,<A,k,1,e>$ für f und ein Programm $P = \,<D,m,k,d>$ gegeben sind. Hier erhalte ich ein Programm

$R = \, <E, m, 1, \max(e,d)+1>$ für h, indem ich A und D verkette, im Fall $k < e$ dazwischen aber noch die Zuweisungen

$$x_k \quad := 0$$
$$\ldots$$
$$x_{e-1} := 0$$

einfüge, um die gewünschte Ausführung von P zu sichern. Im Falle von PRL-Programmen würde dies nur einen konstanten Beitrag zur Zeitfunktion von R liefern; bei PLR^s-Programmen muß ich diese Zuweisungen durch Kopien der P-Folge U ersetzen. Ist die Variable x_i mit d_i belegt, so wird die ersetzende Kopie von U in $1+2d_i$ Schritten durchlaufen; daher gilt

$$T_R(\beta) = T_P(\beta) + (e-k) + 2 \cdot \Sigma < d_i \mid k \leq i < e > + T_Q(g(\beta)) \, .$$

Wieder sind die d_i durch $T_P(\beta)$ beschränkt, so daß t mit

$$t(\beta) = T_P(\beta) + (e-k) + 2 \cdot (e-k) \cdot T_P(\beta) + T_Q(g(\beta))$$

elementare Majorante von T_P ist.

Was schließlich die Bildung von Σf zu einem durch $Q = \, <A,k+1,1,m>$ programmierten f angeht, so gebe ich ein Programm $<B,k,1,e+m>$ zur Berechnung von Σf an, das nach Ersetzung der Variablenumbenennungen und Konstantenzuweisungen durch die passenden Kopien von V und U zu einem PLR^s-Programm P wird. Dazu setze ich $e = m+4$ und bilde zunächst aus A eine P-Folge A', indem ich jede Variable x_i in A durch x_{e+i} ersetze. Bei der nun folgenden Definition der P-Folge B schreibe ich zur Rechten ihrer Zeilen sogleich den Beitrag auf, welchen sie zur Zeitfunktion beim Durchlaufen des gesamten Programms (i.e. mit allen Schleifenwiederholungen) zur Berechnung von Σf für ein Argument $<\alpha,a>$ liefern:

$x_m := x_k + 1$	1
do x_m times	1
$\quad x_e := x_0$	$\Sigma < L_V(d_{0,n}, \alpha(0)) \mid 1 \leq n \leq a>$
$\quad \ldots$	
$\quad x_{e+k-1} := x_{k-1}$	$\Sigma < L_V(d_{k-1,n}, \alpha(k-1)) \mid 1 \leq n \leq a>$
$\quad A'$	$\Sigma < T_Q(\alpha,i) \mid i \leq a>$
$\quad$ do x_e times	$a+1$
$\qquad x_{m+2} := x_{m+2} + 1$	$\Sigma < f(\alpha,i) \mid i \leq a>$
$\quad$ od	$\Sigma < f(\alpha,i) \mid i \leq a>$
$\quad x_{e+k} := x_{e+k} + 1$	$a+1$
$\quad x_{e+k+1} := 0$	$a+1 + 2 \cdot \Sigma < d_{k+1,n} \mid n \leq a>$
$\quad \ldots$	
$\qquad x_{e+m-1} := 0$	$a+1 + 2 \cdot \Sigma < d_{m-1,n} \mid n \leq a>$
od	$a+1$
$x_0 := x_{k+2}$	$L_V(d_{0,a}, (\Sigma f)(\alpha,a))$

Hier ist $d_{i,n}$ der Wert der Variablen x_i in Q nach Berechnung von $f(\alpha,n)$. Daraus folgt zwar $d_{0,n} = f(\alpha,n)$, während ich für $i > 0$ wieder nur weiß, daß $d_{i,n}$ durch $T_Q(\alpha,n)$ beschränkt wird. Für die Zeitfunktion

$$T_P(\alpha,a) = 2 \ + \ L_V(f(\alpha,a), (\Sigma f)(\alpha,a)) \ + \ (3+m-(k+1))(a+1)$$
$$+ \ \Sigma < T_Q(\alpha,i) \,|\, i \leq a > \ + \ 2 \cdot \Sigma < f(\alpha,i) \,|\, i \leq a >$$
$$+ \ \Sigma < \Sigma < L_V(d_{i,n}, \, \alpha(i)) \,|\, 1 \leq n \leq a > \,|\, i < k >$$
$$+ \ 2 \cdot \Sigma < \Sigma < d_{k+1,n} \,|\, n \leq a > \,|\, k < i < m >$$

erhalte ich daher die elementare Majorante t mit

$$t(\alpha,a) = 2 \ + \ L_V(f(\alpha,a), (\Sigma f)(\alpha,a)) \ + \ (3+m-(k+1))(a+1)$$
$$+ \ \Sigma < T_Q(\alpha,i) \,|\, i \leq a > \ + \ 2 \cdot \Sigma < f(\alpha,i) \,|\, i \leq a >$$
$$+ \ \Sigma < \Sigma < L_V(T_Q(\alpha,n), \, \alpha(i)) \,|\, 1 \leq n \leq a > \,|\, i < k >$$
$$+ \ 2 \cdot \Sigma < \Sigma < T_Q(\alpha,n) \,|\, n \leq a > \,|\, k < i < m > \ .$$

Kapitel 16. Zeitfunktionen und Skalierungsfunktionen
der Schleifenhierarchie

Zeitfunktionen von Programmen haben in den Beweisen der Theoreme des vorigen Kapitels eine wesentliche Rolle gespielt, wiewohl sie in deren Aussagen nicht explizit auftraten. In diesem Kapitel werde ich weitere Aussagen über die Schleifenhierarchie mit Hilfe von Zeitfunktionen gewinnen. Ich bemerke zunächst das

LEMMA 1   Die Zeitfunktion eines Programms P vom Schleifengrad m liegt in $\mathbf{VLR_m}$.

Denn ist $P = \,<A,k,n,q>$, so bilde ich ein Programm $Q = \,<C,k,1,q+1>$, indem ich für alle $i < |A|$ setze $C(2i+1) = A(i)$, $C(2i) = \,"x_q := x_q+1\,"$ und schließlich $C(2 \cdot |A|) = \,"x_0 := x_q\,"$. Dann programmiert Q die Zeitfunktion von P und hat denselben Schleifengrad wie P.

Im Folgenden werde ich feinere Abschätzungen für die Zeitfunktionen von Programmen aus den $\mathbf{PLR_m}$ benötigen. Die Werkzeuge, derer ich mich dazu bedienen werde, sind Folgen von *Skalierungsfunktionen* und deren Iterierte. Ein erstes Beispiel einer solchen Folge ist die PETER*sche Folge* P_1, P_2, ... von Skalierungsfunktionen, die ich zu Beginn des Kapitels 6 einführte und von der ich zeigte, daß jede Funktion aus $\mathbf{FPF}$ durch eine der Funktionen P_m beschränkt ist. Da ich alsbald noch ein zweites Beispiel angeben werde, empfiehlt es sich, die wesentlichen Eigenschaften solcher Folgen im Begriff der *generischen Folge* von Skalierungsfunktionen zu isolieren: es sind das die Folgen primitiv rekursiver Funktionen Q_m mit den Eigenschaften:

$\quad$ (q0)$\quad$ $x < Q_0(x)$,

$\quad$ (q1)$\quad$ aus $x < y$ folgt $Q_0(x) < Q_0(y)$,

$\quad$ (q2)$\quad$ es gibt eine natürliche Zahl q_0 mit $q_0 > 1$ und $Q_0(x) \leq x+q_0$,

$\quad$ (q3)$\quad$ $Q_0(x) \leq Q_1(x)$,

$\quad$ (q4)$\quad$ $2x \leq Q_1(x)$,

$\quad$ (q5)$\quad$ Q_1 liegt in $\mathbf{VLR_1}$,

$\quad$ (q6)$\quad$ $1 \leq Q_{m+1}(0) \leq Q_{m+2}(0)$,

$\quad$ (q7)$\quad$ $Q_{m+1}(n+1) = Q_m(Q_{m+1}(n))$.

Hier ist (q7) eine Rekursionsgleichung, die sich auch als

$$Q_{m+1}(n) = IQ_m(Q_{m+1}(0), n)$$

schreiben läßt. Ich bemerke sogleich

(QP) Q_m mit $m > 0$ liegt in **VLR**$_m$.

Für $m = 1$ ist das (q5). Trifft es zu für m und ist Q_m ein Term für Q_m, so erhalte ich ein Q_{m+1} programmierendes Programm $<A,1,1,2>$ vom Schleifengrad m+1 mit A als

$$x_1 := 0$$
$$x_1 := x_1 + 1$$
$$\ldots \qquad (Q_{m+1}(0) \text{ solcher Zuweisungen})$$
$$x_1 := x_1 + 1$$
$$\text{do } x_0 \text{ times}$$
$$\qquad x_1 := Q_m(x_1)$$
$$\text{od}$$
$$x_0 := x_1 \quad .$$

Ein erstes Beispiel ist die PETER*sche generische* Folge mit $Q_m = P_{m+1}$ für $P_1(n) = n+2$, $P_2(n) = 2n+3$ und die durch die Rekursionsgleichung (q7) und $P_{m+1}(0) = P_m(1)$ definierten Funktionen. Denn (q0)–(q4) folgen aus der expliziten Gestalt von P_1, P_2, und (q6) folgt aus 6.(P4). Weiter liegt P_1 in **VLR**$_0$, und zusammen mit + liegt P_2 in **VLR**$_1$. Als ein zweites Beispiel definiere ich die *uniforme generische Folge:* es sei Q_0 durch $Q_0(n)$ $= n+1$ für $n \leq 1$, $Q_0(n) = n+2$ für $n \geq 2$ erklärt, und dann Q_{m+1} durch $Q_{m+1}(0) = 1$ und (q7). Wegen $Q_1(n) = IQ_0(1,n)$ folgt $Q_1(n+1) = 2(n+1)$, womit (q0)–(q4) erfüllt sind. Zum Nachweis von (q5) programmiere ich Q_1 durch das Programm $<A,1,1,3>$ vom Schleifengrad 1 mit A als

$$x_1 := 0$$
$$x_1 := x_1 + 1$$
$$x_2 := x_0$$
$$\text{do } x_2 \text{ times}$$
$$\qquad x_0 := x_0 + 1$$
$$\qquad x_1 := x_0$$
$$\text{od}$$
$$x_0 := x_1 \quad .$$

Sei nun eine generische Folge von Funktionen Q_m fixiert. Als ein weiteres, genaueres Werkzeug benötige ich für jedes m und n die 1–stelligen *IQ–Funktionen*

$$IQ_m(x , n) \quad .$$

Da n konstant ist, liegt zusammen mit Q_m auch jede IQ–Funktion in **VLR**$_m$. Wieder werde ich Vertauschbarkeitsbeziehungen der Iteration, etwa $IQ_m(IQ_m(x,2), n) = IQ_m(x , n+2)$, verwenden, und die folgenden Rechenregeln werden von Nutzen sein:

(Q0) $x < Q_m(x)$.

Das steht für Q_0 in (q0); sei es für Q_m bewiesen. Aus (q6) folgt $0 < 1 \leq Q_{m+1}(0)$; aus der Induktionsannahme $x < Q_{m+1}(x)$ zusammen mit $Q_{m+1}(x) < Q_m(Q_{m+1}(x))$ folgt $x+1 < Q_m(Q_{m+1}(x)) = Q_{m+1}(x+1)$.

(Q1) $k \leq IQ_0(0,k)$.

Das ist klar für $k = 0$; ist es für k bewiesen, so folgt aus (Q0) auch $k \leq IQ_0(0,k) < Q_0(IQ_0(0,k)) = IQ_0(0, k+1)$ und damit (Q0) für $k+1$.

(Q2)   Wenn $k < n$ so $IQ_m(x,k) < IQ_m(x,n)$ *(Hintere Monotonie* der IQ-Funktionen) .

Denn $IQ_m(x,k) < Q_m(IQ_m(x,k)) = IQ_m(x, k+1)$.

(Q3)   Wenn $u < v$ so $Q_m(u) < Q_m(v)$ *(Monotonie* der Skalierungsfunktionen) .

Das steht für $m = 0$ in (q1) und folgt für $m > 0$ aus (Q2), weil $Q_m(u) = IQ_{m-1}(Q_m(0), u) < IQ_{m-1}(Q_m(0), v)$.

(Q4)   Wenn $x < y$ so $IQ_m(x,k) < IQ_m(y,k)$ *(Vordere Monotonie* der IQ-Funktionen) .

Das ist für $k = 0$ trivial, und mit (Q3) folgt aus $IQ_m(x,k) < IQ_m(y,k)$ auch $IQ_m(x, k+1) = Q_m(IQ_m(x,k)) < Q_m(IQ_m(y,k)) = Q_m(y, k+1)$.

(Q5) $IQ_m(x,k) \leq IQ_{m+1}(x,k)$ *(Schwache Monotonie im Index* der IQ-Funktionen) .

Das ist klar für $k = 0$; im Fall $k > 0$ sei zunächst $m = 0$. Wegen (q3) gilt $IQ_0(x,k) \leq IQ_1(x,k)$ für $k = 1$; ist es für k bewiesen, so gilt $IQ_0(x, k+1) = Q_0(IQ_0(x,k)) \leq Q_0(IQ_1(x,k)) \leq Q_1(IQ_1(x,k)) = IQ_1(x, k+1)$ mit (q1) und (q3). Sei nun $Q(5)$ für m bewiesen. Dann gilt

$$\text{(a)}\quad Q_{m+1}(x) = IQ_m(Q_{m+1}(0), x) \leq IQ_{m+1}(Q_{m+1}(0), x)$$
$$\leq IQ_{m+1}(Q_{m+2}(0), x) = Q_{m+2}(x)$$

nach Induktionsannahme und durch Anwendung von (Q4) auf (q6). Das besagt $IQ_{m+1}(x,k) \leq IQ_{m+2}(x,k)$ für $k = 1$, und ist das für k bewiesen, so gilt mit (Q3) und (a) wiederum $IQ_{m+1}(x, k+1) = Q_{m+1}(IQ_{m+1}(x,k)) \leq Q_{m+1}(IQ_{m+2}(x,k)) \leq Q_{m+2}(IQ_{m+2}(x,k)) = IQ_{m+2}(x, k+1)$. (Man bemerke, daß die strikte Kleinerbeziehung " $<$ " bei der PETERschen Folge stets für $k > 0$ gilt; für die uniforme Folge gilt sie, sofern $2 < m$ oder $x+k > 3$.) Aus (q3) und (a) entnehme ich noch

(Q6)   Wenn $m < n$ so $Q_m(x) \leq Q_n(x)$ *(Schwache Monotonie im Index* der Skalierungsfunktionen) .

Man bemerke, daß hier " $<$ " für die PETERsche Folge stets, für die uniforme Folge im Fall $x > 2$ gilt. Im allgemeinen Fall gilt das für alle hinreichend großen x , wie aus (Q11) folgen wird.

(Q7) $2 \cdot IQ_m(x,k) \leq IQ_m(x, k+1)$ für $m > 0$.

Aus (q4) und Q(6) folgt $2 \cdot IQ_m(x,k) \leq Q_1(IQ_m(x,k)) \leq Q_m(IQ_m(x,k)) = IQ_m(x,k+1)$.

(Q8) $x + IQ_m(x,k) < IQ_m(x,k+1)$ für $m > 0$.

Denn $x < IQ_m(x,k)$ folgt für $k = 1$ aus (Q0), mit (Q2) daher auch für alle k, weshalb $x + IQ_m(x,k) < IQ_m(x,k) + IQ_m(x,k) \leq IQ_m(x, k+1)$ mit (Q7).

(Q9) $1 + IQ_m(x,k) \leq IQ_m(x+1, k)$.

Das ist nur eine andere Form von (Q4) .

(Q10) $IQ_m(x,y) \leq Q_{m+1}(x+y)$.

Denn ich finde $Q_m(x,y) < IQ_m(Q_{m+1}(x), y) = IQ_m(IQ_m(Q_{m+1}(0), x), y) = IQ_m(Q_{m+1}(0), x+y)$ mit (Q0), Q(4).

Nun komme ich zu der schon angekündigten Verschärfung von (Q6): nicht nur Q_m, sondern auch jede Iterierte von Q_m wird schließlich von Q_{m+1} majorisiert:

(Q11)   Wenn $x > q_0 \cdot k$ mit q_0 aus (q2), so $IQ_m(x,k) \leq Q_{m+1}(x)$.

Die Behauptung folgt für $m = 0$ aus $IQ_0(x,k) \leq x + q_0 \cdot k < 2x \leq Q_1(x)$ nach (q2), (q4); weiter folgt sie für alle m und $k = 1$ aus (Q6), wegen (Q2) also auch für $k = 0$. Sei sie für m bewiesen sowie für $m+1$ und k mit $k \geq 1$. Aus $x > q_0 \cdot (k+1)$ folgt $x - q_0 > q_0 \cdot k$, weshalb $IQ_{m+1}(x-q_0,k) < Q_{m+2}(x-q_0)$. Aus $x > q_0 \cdot (k+1) \geq 2q_0$ folgt $x \leq 2 \cdot (x-q_0) \leq Q_1(x-q_0)$, weshalb

$$
\begin{aligned}
IQ_{m+1}(x,k+1) &\leq IQ_{m+1}(Q_1(x-q_0), k+1) && \text{mit (Q4)} \\
&\leq IQ_{m+1}(Q_{m+1}(x-q_0), k+1) && \text{mit (Q6)} \\
&= IQ_{m+1}(x-q_0, k+2) \\
&= IQ_{m+1}(IQ_{m+1}(x-q_0, k), 2) \\
&< IQ_{m+1}(Q_{m+2}(x-q_0), 2) && \text{mit Q(4) und der} \\
&= Q_{m+1}(Q_{m+1}(Q_{m+2}(x-q_0))) && \text{[Induktionsannahme} \\
&= Q_{m+1}(Q_{m+2}(x-q_0+1)) \\
&= Q_{m+2}(x-q_0+2) \\
&\leq Q_{m+2}(x) && \text{weil } x-q_0+2 \leq x \text{ wegen } q \geq 2 .
\end{aligned}
$$

Eine Funktion f aus **FPF*** heiße m−T−*beschränkt*, wenn sie durch ein PLR-Programm P programmierbar ist, für dessen Zeitfunktion T es eine Zahl k so gibt, daß

$$T(\xi) \leq IQ_m(\max(\xi), k)$$

gilt. Es heiße f m−*beschränkt*, wenn es eine Zahl k so gibt, daß $\max(f(\xi)) \leq IQ_m(\max(\xi), k)$ für f selbst gilt.

Ist f m−T−*beschränkt mit* k, *so auch* m−*beschränkt mit* k+1. Denn wird f von einem PLR−Programm P programmiert, so kann sich das Maximum

der Glieder eines Zustandsvektors $\Delta(i)$ einer P–Berechnung Δ beim Schritt nach $\Delta(i+1)$ höchstens um 1 vergrößern; ist also $\Delta(0) = <0,\alpha,\vartheta>$ das erste und $\Delta(p)$ das letzte Glied von Δ, so folgt aus (Q8) mithin
$$\max(f(\alpha)) \leq \max(\Delta(p)) \leq \max(\Delta(0)) + \quad T(\alpha) \leq \max(\alpha) + IQ_m(\max(\alpha), k) \leq IQ_m(\max(\alpha),\, k+1) \ .$$

Für die uniforme generische Folge gilt $Q_2(x) = 2^x$. Somit ist Q_2 die erste der elementaren Skalierungs-funktionen, deren Iterierte jede elementare Funktion majorisieren. Deshalb sind die elementaren Funktionen, also auch die aus $\mathbf{VLR}_2$, 2–T–beschränkt in Beziehung auf diese Folge. Es gilt aber sogar für jede generische Folge

LEMMA 2   Die Funktionen aus $\mathbf{VLR}_m$ sind m–T–beschränkt .

Sei $P = <A,k,n,m>$ ein PLR–Programm von Schleifengrad m mit der Zeitfunktion T . Gilt $m = 0$, so besteht P aus k Zuweisungen, und $T(\xi)$ ist die Konstante k. Mit diesem k folgt die Behauptung, weil mit (Q0), (Q4) gilt $k \leq IQ_0(0,k) \leq IQ_0(\max(\xi), k)$. Sei nun $m > 0$ und sei P Verkettung zweier Programme $Q = <B,k,m,m>$ und $R = <C,m,n,m>$, für welche die Behauptung bewiesen ist. Dann ist Q von einem Schleifengrad $q \leq m$, weshalb auch $T_Q(\xi) \leq IQ_q(\max(\xi), k_0) \leq IQ_m(\max(\xi), k_0)$ nach (Q5); ebenso gilt $T_R(\xi) \leq IQ_m(\max(\xi), k_1)$, und wegen (Q2) kann ich k_0, k_1 durch ihr Maximum k ersetzen. Eine P–Berechnung Δ von $\Delta(0) = <0,\alpha,\vartheta>$ beginnt mit einer Q–Berechnung von $\Delta(0)$, die mit einem $\Delta(q)$ endet, auf die dann die R–Berechnung von $\Delta(q)$ folgt. Daher gilt

$$T_P(\alpha) = T_Q(\alpha) + T_R(\Delta(q)) \leq IQ_m(\max(\alpha), k) + IQ_m(\max(\Delta(q)), k) \ .$$

Wegen (Q8) gilt $\max(\Delta(q)) \leq \max(\alpha) + T_Q(\alpha) \leq \max(\alpha) + IQ_m(\max(\alpha), k) \leq IQ_m(\max(\alpha), k+1)$, und damit ergibt das Vorangehende

$$\begin{aligned}
T_P(\alpha) &\leq IQ_m(\max(\alpha), k) + IQ_m(IQ_m(\max(\alpha), k+1), k) \\
&\leq IQ_m(\max(\alpha), k) + IQ_m(\max(\alpha), k+1+k) \\
&\leq 2 \cdot IQ_m(\max(\alpha), 2k+1) \leq IQ_m(\max(\alpha), 2k+2)
\end{aligned}$$

wobei in der zweiten Zeile Iterationen vertauscht, in der dritten die Regeln (Q2), (Q7) verwendet werden.

Sei schließlich $P = <A,k,n,m+1>$ durch Einschließen eines Programms Q von Schleifengrad m–1 in "do x_m times" als $A(0)$ und "od" als $A(p_0+1)$ gebildet, und sei $T_Q(\xi) \leq IQ_{m-1}(\max(\xi), k)$. Ist Δ eine P–Berechnung von $<0,\alpha,a>$ mit $a > 0$, so seien $\Delta(q_i) = <1,\alpha_i,i>$ mit $0 < i \leq a$ die Stellen, an denen Δ in Q eintritt; es gilt also $q_a = 1$ und, für $0 < i < a$, dann $\Delta(q_i-1) = <p_0+1,\alpha_i,i+1>$. Weiter terminiert Δ mit q_0 aus dem Vektor $\Delta(q_0) = <p_0+2, \alpha_0, 0>$, so daß auch $\Delta(q_0-1) = <p_0+1, \alpha_0, 1>$. Da das Tail $A(p_0+1)$ a–mal durchlaufen wird, gilt dann

(O) $T_P(\alpha,a) = 1+a+\Sigma < T_Q(\alpha_i) \mid 0 < i \leq a >$.

Beim ersten Durchlaufen folgt aus $\alpha_a = \alpha$ nun $T_Q(\alpha_a) \leq IQ_{m-1}(\max(\alpha),k)$, und die eingangs gemachte Beobachtung lehrt dann $\max(\alpha_{a-1}) \leq \max(\alpha) + T_Q(\alpha_a) \leq \max(\alpha) + IQ_{m-1}(\max(\alpha),k) \leq IQ_{m-1}(\max(\alpha),k+1)$. Das beweist den Fall $j = 0$ der Behauptung :

für alle j mit $0 \leq j < a$ gilt:

(A_j) $T_Q(\alpha_{a-j}) \leq IQ_{m-1}(\max(\alpha)\, ,\, j\cdot(k+1)+k)$

(B_j) $\max(\alpha_{a-(j+1)}) \leq IQ_{m-1}(\max(\alpha)\, ,\, (j+1)\cdot(k+1))$.

Ist sie für j bewiesen und gilt $j+1 < a$, so folgt aus (B_j)

$$\begin{aligned}
T_Q(\alpha_{a-(j+1)}) &\leq IQ_{m-1}(\max(\alpha_{a-(j+1)})\, ,\, k) \\
&\leq IQ_{m-1}(IQ_{m-1}(\max(\alpha)\, ,\, (j+1)\cdot(k+1))\, ,\, k) \\
&= IQ_{m-1}(\max(\alpha)\, ,\, (j+1)\cdot(k+1)+k) \quad ,
\end{aligned}$$

also (A_{j+1}), und daraus folgt (B_{j+1}) wegen

$$\begin{aligned}
\max(\alpha_{a-(j+2)}) &\leq \max(\alpha_{a-(j+1)}) + T_Q(\alpha_{a-(j+1)}) \\
&\leq IQ_{m-1}(\max(\alpha)\, ,\, (j+1)\cdot(k+1)) + IQ_{m-1}(\max(\alpha)\, ,\, (j+1)\cdot(k+1)+k) \\
&\leq 2\cdot IQ_{m-1}(\max(\alpha)\, ,\, (j+1)\cdot(k+1)+k) \\
&\leq IQ_{m-1}(\max(\alpha)\, ,\, (j+1)\cdot(k+1)+k+1) \\
&= IQ_{m-1}(\max(\alpha)\, ,\, (j+2)\cdot(k+1)) \quad .
\end{aligned}$$

Damit ist (A_j) für $0 \leq j < a$ bewiesen. Nun beweise ich für alle diese j

(C_j) $\Sigma < T_Q(\Delta(q_{a-h})) \mid 0 \leq h \leq j > \ \leq \ IQ_{m-1}(\max(\alpha)\, ,\, (j+1)\cdot(k+1))$.

Das folgt für $j = 0$ gewiß aus (A_0); ist es für j bewiesen und gilt $j+1 < a$, so auch

$$\begin{aligned}
\Sigma < T_Q(\alpha_{a-h}) \mid 0 \leq h \leq j > &+ T_Q(\alpha_{a-(j+1)}) \\
&\leq IQ_{m-1}(\max(\alpha)\, ,\, (j+1)\cdot(k+1)) + IQ_{m-1}(\max(\alpha)\, ,\, (j+1)\cdot(k+1)+k) \\
&\leq IQ_{m-1}(\max(\alpha)\, ,\, (j+2)\cdot(k+1))
\end{aligned}$$

wie beim Nachweis von (B_{j+1}). Daher gilt auch (C_{a-1}), weshalb

$$\Sigma < T_Q(\alpha_i) \mid 0 < i \leq a > \ \leq \ IQ_{m-1}(\max(\alpha)\, ,\, a\cdot(k+1)) \,,$$

da die linksstehende Summe mit der in (C_{a-1}) übereinstimmt. Damit ergibt (O)

$$T_P(\alpha,a) \leq 1 + a + IQ_{m-1}(\max(\alpha)\, ,\, a\cdot(k+1)) \ .$$

Setze ich $b = \max(\alpha,a)$, so kann ich hier a und $\max(\alpha)$ rechts durch b ersetzen, weshalb

$$\begin{aligned}
T_P(\alpha,a) &\leq 1 + b + IQ_{m-1}(b\, ,\, b\cdot(k+1)) \\
&\leq 1 + b + IQ_{m-1}(IQ_{m-1}(Q_m(0), b)\, ,\, b\cdot(k+1)) \quad \text{da } b < Q_m(b) \text{ nach (Q0)} \\
&= 1 + b + IQ_{m-1}(Q_m(0)\, ,\, b + b\cdot(k+1)) \\
&= 1 + b + IQ_{m-1}(Q_m(0)\, ,\, b\cdot(k+2))
\end{aligned}$$

$$\leq 1 + b + IQ_{m-1}(Q_m(0)\,,\; IQ_m(b,\,k{+}1))$$
$$\text{da } b\cdot(k{+}2)\leq b\cdot 2^{k+1}\leq IQ_1(b,\,k{+}1)\leq IQ_m(b,\,k{+}1) \text{ nach (q4)}$$
$$= 1 + b + Q_m(IQ_m(b\,,\,k{+}1))$$
$$= 1 + b + IQ_m(b\,,\,k{+}2)$$
$$\leq 2\cdot IQ_m(b\,,\,k{+}2)\qquad \text{da } b\leq Q_m(b)\leq IQ_m(b,\,k{+}1),\; b{+}1\leq IQ_m(b,\,k{+}2)$$
$$\leq IQ_m(b\,,\,k{+}3)\;.$$

Das beendet den Beweis des Lemmas 2 .

THEOREM 1   Für $m\geq 2$ ist $\mathbf{VLR_m}$ die Klasse der m–T–beschränkten Funktionen.

Aus dem Lemma 2 folgt, daß alle Funktionen von $\mathbf{VLR_m}$ diese Eigenschaft haben. Ist andererseits f durch ein Programm P programmiert, für dessen Zeitfunktion T gilt $T(\xi)\leq IQ_m(\max(\xi),k)$, so schließe ich wie im Theorem 15.1 . Denn in der T–Darstellung

$$f(\xi) = G(\xi,\, T(\xi)) = G(\xi,\, IQ_m(\max(\xi),\, k))$$

liegt G in $\mathbf{VLR_2}$ nach dem Corollar 13.2 oder nach dem Theorem 14.3. Nach (QP) liegt Q_m, folglich auch die Iterierte $IQ_m(-,k)$ in $\mathbf{VLR_m}$, und da auch $\max(\xi)$ in $\mathbf{VLR_2}$ liegt, gehört für $m\geq 2$ die rechte Seite zu $\mathbf{VLR_m}$

Verwende ich an Stelle des Corollars 13.2 das Corollar 10.1, so erhalte ich für PLA–Programme mit demselben Beweis das

COROLLAR 1   Wird eine (dann notwendig totale) Funktion f durch ein PLA–Programm programmiert, zu dessen Zeitfunktion T es ein k gibt mit $T(\xi)\leq IQ_m(\max(\xi),k)$, so liegt f bereits in $\mathbf{VLR_m}$.

Ich hätte also die m–T–Beschränktheit sogleich für Funktionen mit PLA–Programmen definieren können.

COROLLAR 2   Wird eine (dann notwendig totale) Funktion f durch ein PLA–Programm programmiert, dessen Zeitfunktion T primitiv rekursiv ist, so ist f primitiv rekursiv.

Denn T liegt dann in einer Klasse $\mathbf{VLR_m}$ und ist deshalb m–T–beschränkt.

COROLLAR 3   Die Klasse $\mathbf{VLR_{m+1}}$ ist echte Oberklasse von $\mathbf{VLR_m}$.

Denn Q_{m+1} liegt in $\mathbf{VLR}_{m+1}$; läge es auch in $\mathbf{VLR}_m$, so würde aus dem Lemma 1 mit einem passenden k auch dann auch $Q_{m+1}(x) \leq IQ_m(x, k+1) < IQ_m(x, k+2)$ für *alle* x folgen, und das widerspräche (Q11).

COROLLAR 4   Sei $\mathbf{K}$ eine der Klassen $\mathbf{VLR}_m$ mit $m \geq 2$ oder $\mathbf{FPF}^*$. Dann hat $\mathbf{K}$ die folgenden Abgeschlossenheitseigenschaften:

>   (a) $\mathbf{K}$ enthält die Zeitfunktionen geeigneter, seine Elemente
>   f programmierender PLR-Programme.

>   (b) $\mathbf{K}$ enthält alle Funktionen, welche PLR-programmier-
>   bar sind mit solchen Zeitfunktionen, die durch Funktio-
>   nen aus $\mathbf{K}$ beschränkt werden.

Denn wird f von P programmiert und ist Tp durch eine Funktion h aus $\mathbf{VLR}_m$ beschränkt, so ist h m–T–beschränkt, folglich m–beschränkt, und damit ist auch Tp m–beschränkt.

Schließlich kann ich noch folgern, daß irgend zwei generische Folgen von Skalierungsfunktionen im Wesentlichen in gleicher Art wachsen:

COROLLAR 5   Für zwei generische Folgen mit Funktionen Q_m und R_m gibt es zu jedem m eine Zahl x_m so, daß für $x > x_m$ gilt $R_m(x) \leq Q_{m+1}(x)$ und $Q_m(x) \leq R_{m+1}(x)$.

Denn die Klassen $\mathbf{VLR}_m$ sind unabhängig von der speziellen Wahl einer generischen Folge; da Q_m und R_m beide in $\mathbf{VLR}_m$ liegen, folgt die Behauptung aus (Q11) .

Unter diesen Umständen ist nun auch die m–T–Beschränktheit einer Funktion f eine *Invariante,* welche von der partikulären generischen Skalierungsfolge nicht abhängt. Sie ist vielmehr ein unabhängiges Maß für die minimale *zeitliche* oder *dynamische* Komplexität eines f berechnenden Programmes. Das Theorem 1 besagt, daß diese Zeitkomplexität übereinstimmt mit der *strukturellen* Komplexität, sei es der f berechnenden Programme gemäß der Definition der Schleifenhierarchie, sei es von f als Funktion unter den Erzeugungsverfahren der Iteration oder Rekursion gemäß den Theoremen 13.1 und 13.2 .

Eine generische Folge heiße *strikt,* wenn in Verschärfung von (q5) die Funktion Q_1 sogar zu $\mathbf{FP}_1$ gehört. In diesem Falle gilt auch

(SQP) Q_m mit $m > 0$ liegt in $\mathbf{FP}_m$,

denn alle Anfangswerte $Q_{m+1}(0)$ liegen als Konstanten bereits in $\mathbf{FP}_0$. Sowohl die PETERsche als auch die uniforme generische Folge *sind* strikt:

das ist klar für $P_2(n) = 2n+3$, und da $\mathbf{FP}_1$ nach (FP4) unter Definitionen durch Fallunterscheidungen abgeschlossen ist, liegt dort auch die uniforme Funktion Q_1 mit $Q_1(0) = 1$ und $Q_1(n) = 2n$ für $n > 0$.

Wieder liegen zusammen mit Q_m auch die Iterierten $IQ_m(-,k)$ in $\mathbf{FP}_m$, und da $\max(\xi)$ in $\mathbf{FP}_2$ liegt, folgt aus dem Lemma 2 sogleich das

LEMMA 3   Für $m \geq 2$ sind die Funktionen aus $\mathbf{VLR}_m$ mit Zeitfunktionen programmierbar, welche durch Funktionen aus $\mathbf{FP}_m$ beschränkt sind .

Außerdem erhält man nun ohne Rückgriff auf das MÜLLERsche Theorem bereits $\mathbf{FLR}_m = \mathbf{FP}_m$ für $m \geq 3$. Denn zunächst gilt dann $\mathbf{FP}_m \subseteq \mathbf{FPI}_m = \mathbf{FLR}_m$ nach dem Theorem 14.2 . Andererseits lehrt bereits das Corollar 13.2, daß in der T-Darstellung einer zahlenwertigen Funktion $f(\xi) = G(\xi, T(\xi)) = G(\xi, IQ_m(\max(\xi), k))$ die Berechnungfunktion G in $\mathbf{FP}_3$ liegt, weshalb für $m \geq 3$ ein f aus $\mathbf{FLR}_3$ auch zu $\mathbf{FP}_3$ gehört.

Kapitel 17 . Kennzeichnungen der Schleifenhierarchie
durch beschränkte Iterationen und Rekursionen

Im Theorem 1 des vorigen Kapitels habe ich die Funktionen aus **FPF***
durch ihre Zeitkomplexitäten klassifiziert. Jetzt will ich mich Charakterisierungen der Funktionenklassen $\mathbf{VLR}_m$ zuwenden, welche neben einer generischen Folge von Skalisierungfunktionen Q_m die Erzeugungsprinzipien
der *beschränkten* Iteration und Rekursion verwenden. Ich bemerke zunächst das

LEMMA 1a   Für $m \geq 2$ ist $\mathbf{VLR}_m$ abgeschlossen unter der Bildung von
Iterationen, die durch Funktionen aus $\mathbf{VLR}_m$ beschränkt
sind.

Es sei nämlich f Funktion von ω^k in sich und in $\mathbf{VLR}_m$, und sei h aus
$\mathbf{VLR}_m$ eine Schranke von If, also h eine Funktion von ω^{k+1} in ω so, daß
$p_i^{k+1} \circ If(\xi,y) \leq p_i^{k+1} \circ h(\xi,y)$ für alle ξ und y und alle $i < k+1$, weshalb auch

(1) $\max(If(\xi,y)) \leq \max(h(\xi,y))$.

Wird f durch das Programm $Q = \,<A,k,k,r>$ vom Schleifengrad m programmiert, so kann ich If durch das Programm $P = \,<B,k+1,k,r+1>$ programmieren, in dem B durch Voranstellen von

$$x_r := x_k$$
$$x_k := 0$$
$$\text{do } x_r \text{ times}$$

und Nachstellen von

$$x_k := 0$$
$$\ldots$$
$$x_{r-1} := 0$$
$$\text{od}$$

aus A entsteht. Natürlich hat P einen zu hohen Schleifengrad, doch werde
ich zeigen, daß seine Zeitfunktion T_P durch eine Funktion aus $\mathbf{VLR}_m$ beschränkt ist. Mit der Zeitfunktion T_Q gilt nämlich gemäß Lemma **13.2**

(2) $T_P(\alpha,a) = 3 + 1 + a + (1+(r-k)) + \Sigma < T_Q(If(\alpha,i)) \mid i < a>$.

Da Q den Schleifengrad m hat und auch h in $\mathbf{VLR}_m$ liegt, gibt es nach
dem Lemma **16.2** Zahlen k_0, k_1 mit

(3) $T_Q(\xi) \leq IQ_m(\max(\xi),k_0)$

(4) $\max(h(\xi,y)) \leq IQ_m(\max(\xi,y),k_1)$.

Dann folgt aus (1) und (4) mit 16.(Q4)

(5) $\max(If(\alpha,i)) \leq IQ_m(\max(\alpha,i),k_1) \leq IQ_m(\max(\alpha,a),k_1)$

und damit aus (3) mit 16.(Q4)

(6) $T_Q(If(\alpha,i)) \leq IQ_m(\max(If(\alpha,i),k_0))$
$$\leq IQ_m(IQ_m(\max(\alpha,a),k_1),k_0) = IQ_m(\max(\alpha,a),k_0+k_1)\ .$$

Ist n eine Zahl mit $a \leq 2^n$, so folgt aus (2) und (6) nun

(7) $T_P(\alpha,a) \leq 4 + a + (1+(r-k)) + a \cdot IQ_m(\max(\alpha,a),k_0+k_1)$
$$\leq 4 + a + (1+(r-k)) + IQ_m(\max(\alpha,a),k_0+k_1+n)\ .$$

führt. Hier steht rechts eine Superposition von Funktionen aus $\mathbf{VLR_m}$, also selbst eine Funktion aus $\mathbf{VLR_m}$. Nun liefert das Theorem 16.1 die Behauptung.

LEMMA 1b   Für $m \geq 2$ ist $\mathbf{FLR_m}$ abgeschlossen unter der Bildung von primitiven Rekursionen gemäß (SPR), die durch Funktionen aus $\mathbf{FLR_m}$ beschränkt sind.

Es sei nämlich f^{k+1} aus g^k und r^{k+2} in $\mathbf{FLR_m}$ nach (SPR) definiert, und sei h aus $\mathbf{FLR_m}$ eine obere Schranke von f^{k+1}; da $\mathbf{FLR_m}$ aus den zahlenwertigen Funktionen von $\mathbf{VLR_m}$ besteht, kann ich h sogleich als von der Gestalt $IQ_m(\max(\xi),k_2)$ mit passendem k_2 annehmen. Mit Funktionssymbolen g und r für g^k und r^{k+2} erhalte ich das f^{k+1} berechnende Programm P = $\langle A,k+1,1,k+2 \rangle$ mit A als

$$x_{k+1} := g(x_0,..., x_{k-1})$$
$$\text{do } x_k \text{ times}$$
$$\quad x_{k+1} := r(x_0,..., x_k, x_{k+1})$$
$$\text{od}$$
$$x_0 := x_{k+1}\ .$$

Für g^k und r^{k+2} finde ich Programme Q und R von Schleifengrad höchstens m. Eliminiere ich g und r in den betreffenden Zuweisungen durch Einführung Q und R, so finde ich für die Zeitfunktion T_P

$$T_P(\alpha,a) = T_Q(\alpha) + c_0 + \Sigma \langle T_R(\alpha,i,f^{k+1}(\alpha,i)) + c_1 \mid i < a \rangle + 1$$

mit Konstanten c_0, c_1, welche Umbenennungen von Variablen zählen. Nach Lemma 16.2 gibt es Zahlen k_0, k_1 mit

$$T_Q(\alpha) \leq IQ_m(\max(\alpha),k_0)$$

$$T_R(\alpha,i,f^{k+1}(\alpha,i)) \leq IQ_m(\max(\alpha,i,f^{k+1}(\alpha,i)),k_1)\ .$$

Da

$$f^{k+1}(\alpha,i) \leq IQ_m(\max(\alpha,i),k_2) \leq IQ_m(\max(\alpha,a),k_2)$$

nach Voraussetzung und $\max(\alpha,i) \leq \max(\alpha,a) \leq IQ_m(\max(\alpha,a),k_2)$ nach
16.(Q0), folgt nun

$$IQ_m(\max(\alpha,i,f^{k+1}(\alpha,i)),k_1) \leq IQ_m(IQ_m(\max(\alpha,a),k_2),k_1)$$
$$= IQ_m(\max(\alpha,a),k_1+k_2)$$

weshalb

$$T_P(\alpha,a) \leq c_0+1 + IQ_m(\max(\alpha),k_0) + a\cdot c_1 + a\cdot IQ_m(\max(\alpha,a),k_1+k_2).$$

Ist k_3 die größere der Zahlen k_0 und k_1+k_2 , und ist n eine Zahl mit $a+1 - \leq 2^n$, so folgt mit 16.(Q7) daher

$$T_P(\alpha,a) \leq c_0+1 + a\cdot c_1 + (a+1)\cdot IQ_m(\max(\alpha),k_3)$$
$$\leq c_0+1 + a\cdot c_1 + IQ_m(\max(\alpha),k_3+n) .$$

Hier steht rechts eine zu $\mathbf{FLR}_m$ gehörende Funktion, und wieder liefert das Theorem 16.1 die Behauptung.

Haben die Funktionen einer generischen Folge bislang als Hilfsmittel in Beweisen von Eigenschaften der Klassen $\mathbf{VLR}_m$ gedient, so werde ich sie nun selbst zu deren Bestimmungsstücken machen. Dazu sei weiterhin eine *generische Folge* von Funktionen Q_m *vorgelegt*. Die Folge $\mathbf{VQ}_m$, $m \geq 2$, von Funktionenklassen erkläre ich wie folgt:

$\mathbf{VQ}_2$ sei $\mathbf{VLR}_2$.

$\mathbf{VQ}_m$ sei die kleinste Klasse $\mathbf{H}$ vektorwertiger Funktionen, welche $\mathbf{VQ}_2$ umfaßt, Q_m enthält, abgeschlossen ist unter Iterationen, die durch bereits zu $\mathbf{H}$ gehörende Funktionen beschränkt sind, und abgeschlossen ist unter Kompositionen .

Dann umfasst $\mathbf{VQ}_m$ *auch alle* $\mathbf{VQ}_i$ *mit* $2 \leq i < m$. Dazu brauche ich nur nachzuweisen, daß jede der entsprechenden Funktionen Q_i im $\mathbf{VQ}_m$ liegt; da Q_0, Q_1, Q_2 bereits in $\mathbf{VLR}_2$ liegen, wird das bewiesen sein, wenn für $i+1 \leq m$ zusammen mit Q_i auch Q_{i+1} in $\mathbf{VQ}_m$ liegt. Mit der Konstanten q_0 aus 16.(q2) folgt mit 16.(Q4), (Q11) nun $IQ_i(x,y) < IQ_i(x+y\cdot q_0,y) < Q_{i+1}(x+y\cdot q_0) \leq Q_m(x+q_0\cdot y)$, und da $x+q_0\cdot y$ eine elementare Funktion von x,y ist, die also zu $\mathbf{VQ}_2$ gehört, steht hier rechts eine zu $\mathbf{VQ}_m$ gehörende Funktion, die IQ_i beschränkt. Folglich liegt zusammen mit Q_i auch die 2-stellige Funktion IQ_i in $\mathbf{E}_m$, und da für $a = Q_{i+1}(0)$ die Konstante c_a^1 sowie die Funktion $<c_a^1,p_0^1>$ sogar schon in $\mathbf{VLR}_0$ liegen, gehört auch $Q_{i+1} = IQ_i \circ <c_a^1,p_0^1>$ zu $\mathbf{VQ}_m$.

THEOREM 1   Es gilt $\mathbf{VQ}_m = \mathbf{VLR}_m$ für $m \geq 2$.

Sei $\mathbf{VQ}_m = \mathbf{VLR}_m$ bereits bewiesen. Das Lemma 1a lehrt, daß $\mathbf{VLR}_{m+1}$ unter $\mathbf{VLR}_{m+1}$-beschränkten Iterationen abgeschlossen ist, und da auch Q_{m+1} in $\mathbf{VLR}_{m+1}$ liegt, ergibt das $\mathbf{VQ}_{m+1} \subseteq \mathbf{VLR}_{m+1}$. Sei nun umgekehrt f aus VLR_{m+1}. Ist f durch ein Programm P vom Schleifengrad höchstens m programmiert, so gehört es zu $VLR_m = VQ_m$, also auch zu VQ_{m+1}. Sei nun f durch P vom Schleifengrad m+1 programmiert. Entsteht das Programm P als $<A,n,n,n>$ aus einem Programm $Q = <B,n-1,n-1,n-1>$ vom Schleifengrad m durch Einschließung in eine vollständig reguläre Timesschleife, so lehrt das Lemma 13.2 dann $f = <p_0^{n-1},...,\ p_{n-2}^{n-1},\ c_0^{n-1}> \circ If_0$ mit f_0 als der von Q programmierten Funktion. Für $f \epsilon VLR_{m+1}$ wird es daher genügen, $If_0 \epsilon VQ_{m+1}$ nachzuweisen. Aus $f(\alpha,a) = <If_0(\alpha,a),0>$ folgt aber $\max(f(\alpha,a)) = \max(If_0(\alpha,a))$, und aus $f \epsilon VLR_{m+1}$ folgt nach Lemma 16.2 die Existenz eines k mit $\max(f(\alpha,a)) \leq IQ_{m+1}(\max(\alpha,a),k+1)$. Das ergibt

$$(8) \qquad \max(If_0(\alpha,a)) \leq IQ_{m+1}(\max(\alpha,a),k+1) \ .$$

Da k hier konstant ist, liegt zusammen mit Q_{m+1} auch $IQ_{m+1}(-,k+1)$ in VQ_{m+1}, und da die Maximumsfunktion bereits in VQ_2 liegt, steht rechts in (8) die Komposition zweier Funktionen aus VQ_{m+1}, also selbst eine Funktion aus VQ_{m+1}. Durch eine solche Funktion wird also If_0 beschränkt. Aus $f_0 \epsilon VLR_m$ folgt aber $f_0 \epsilon VQ_m$, mithin $f_0 \epsilon VQ_{m+1}$; es entsteht also If_0 durch eine VQ_{m+1}-beschränkte Rekursion und liegt deshalb selbst in VQ_{m+1}. – Jedes Programm vom Schleifengrad m+1 ist aber Verkettung von Programmen, die entweder den Schleifengrad m haben oder aus solchen durch Einschließung in vollständig reguläre Timesschleifen entstehen; folglich liegt auch die von ihm programmierte Funktion in VQ_{m+1}.

Während bei der Kennzeichung der $VLR_m = VI_m$ im Theorem 14.1 beliebige Iterationen vorgenommen, aber nicht wiederholt ausgeführt werden dürfen, müssen bei der jetzt gewonnenen die Iterationen in VQ_m durch bereits als zu VQ_m gehörend erkannte Funktionen beschränkt sein, dürfen aber beliebig oft wiederholt werden. Wer diese Definition für imprädikativ hält, der mag von vornherein nur die Funktionen $IQ_m(x,k)$ mit $k = 1, 2, 3,$ ... als Schranken der Iterationen zulassen.

Ferner erkläre ich die Folge FQ_m, $m \geq 2$, von Funktionenklassen wie folgt:

FQ_2 sei **FEF** .

FQ_{m+1} sei die kleinste Klasse **H** zahlenwertiger Funktionen, welche FQ_2 umfaßt, die Funktion Q_{m+1} enthält, abgeschlossen ist unter primitiven Rekursionen nach (SPR), deren Ergebnis durch eine Funktion aus **H** beschränkt ist, sowie abgeschlossen ist unter Superpositionen .

Dann umfasst FQ_m *auch alle* FQ_i *mit* $2 \leq i < m$. Denn in dem für die VQ_m geführten Beweis bemerkte ich, daß $IQ_i(x,y)$ durch $Q_m(x+q_0 \cdot y)$ beschränkt ist; folglich ist mit der Konstanten $a = Q_{i+1}(0)$ auch $IQ_i(a,y)$ durch $Q_m(a+q_0 \cdot y)$ beschränkt. Diese Schranke liegt immer noch in FQ_m, und wegen **16.**(q7) ist $Q_{i+1}(y+1) = IQ_i(a,y) = Q_i(Q_{i+1}(y))$ eine primitive Rekursion nach (SPR$_0$), die sich wegen $\mathbf{FQ_2} \subseteq \mathbf{FQ_m}$ und der Abgeschlossenheit von $\mathbf{FQ_m}$ unter Superpositionen auf (SPR) zurückführen läßt.

THEOREM 2   Es gilt $\mathbf{FQ_m} = \mathbf{FLR_m}$ für $m \geq 2$.

Es sei $\mathbf{FQ_m} = \mathbf{FLR_m}$ bereits bewiesen. Die Inklusion $\mathbf{FQ_{m+1}} \subseteq \mathbf{FLR_{m+1}}$ gilt, weil $\mathbf{FLR_{m+1}}$ die Funktion Q_{m+1} enthält und nach dem Lemma 1b unter $\mathbf{FLR_{m+1}}$-beschränkten Rekursionen abgeschlossen ist. Da $\mathbf{FLR_{m+1}} = \mathbf{FP_{m+1}}$ (wegen $m \geq 3$ schon nach der schwachen Form des Theorems 15.3), wird es für die Umkehrung genügen, wenn ich zeigen kann, daß $\mathbf{FQ_{m+1}}$ diejenigen Funktionen f^{k+1} enthält, die aus Funktionen g^k und r^{k+2} von $\mathbf{FLR_m}$ mit (SPR) definiert werden. Wegen $\mathbf{FLR_m} = \mathbf{FPI_m}$ gehört ein solches f^{k+1} zu $\mathbf{FPI_{m+1}} = \mathbf{FLR_{m+1}}$, also auch zu $\mathbf{VLR_{m+1}}$. Nach Lemma 16.2 wird f^{k+1} dann durch eine Funktion $IQ_{m+1}(-,k)$ mit passendem k beschränkt, und da k hier konstant ist, liegt zusammen mit Q_{m+1} auch diese Schranke noch in $\mathbf{FQ_{m+1}}$. Unter so beschränkten Rekursionen war $\mathbf{FQ_{m+1}}$ aber abgeschlossen.

Kapitel 18. Die GRZEGORCZYK-Hierarchie

Die älteste Klassifikation der primitiv rekursiven Funktionen in einer Hierarchie stammt von GRZEGORCZYK [53]. Sie verwendet eine Folge von Skalierungsfunktionen G_m, nämlich

$$G_0(x,y) = x+1$$
$$G_1(x,y) = x+y$$
$$G_2(x,y) = (x+1)\cdot(y+1)$$

und

$$G_{m+1}(x,0) = G_m(x+1,\ x+1)$$
$$G_{m+1}(x,\ y+1) = G_{m+1}(G_{m+1}(x,y),\ y)$$

für $m \geq 2$. Mit ihnen definiert man, für $m \geq 0$, die GRZEGORCZYK-*Klassen* $\mathbf{FG}_m$: es sei $\mathbf{FG}_m$ die kleinste Klasse, welche die Funktionen p_i^k, c_0^1, s, G_m enthält und abgeschlossen ist unter Superpositionen und beschränkter Rekursion (im Anschluß an GRZEGORCZYK wird $\mathbf{FG}_m$ meist als $\mathcal{E}_m$ notiert). Es ist eines der Ziele dieses Kapitels zu beweisen, daß für $m \geq 2$ gilt $\mathbf{FG}_{m+1} = \mathbf{FQ}_m$.

Im Unterschied zu den Funktionen Q_{m+1} der PETERschen und der uniformen Folge wird hier G_{m+1} *nicht* durch eine primitive sondern durch eine geschachtelte Rekursion definiert; die Funktionen G_m scheinen daher zunächst komplizierter zu sein als die bislang verwendeten.

Die Funktion $G_0 = s \circ \langle p_0^1,\ p_0^1 \rangle$ liegt in jedem $\mathbf{FG}_m$. Es liegt G_1 in $\mathbf{FG}_2$, da es durch G_2 beschränkt (bewirkt durch die additiven Glieder in dessen Definition) und durch die Funktionen s und c_1^1 aus $\mathbf{FG}_2$ primitiv rekursiv definiert wird; folglich gilt $\mathbf{FG}_1 \subseteq \mathbf{FG}_2$.

Ich erinnere daran, daß ich eine Klasse $\mathbf{FG}_0$ bereits im Kapitel 5.1 im Zusammenhang mit den G_{-1} und G_0-abgeschlossenen Funktionenklassen definiert habe. Aus deren Definition folgt unmittelbar, daß jene alte Klasse $\mathbf{FG}_0$ mit der soeben erklärten übereinstimmt, und es folgt ferner, daß jede weitere Klasse $\mathbf{FG}_m$ auch G_0-abgeschlossen ist.

Da ebenfalls die Multiplikation durch G_2 beschränkt und durch die Funktionen G_1 und c_0^1 aus $\mathbf{FG}_2$ primitiv rekursiv definiert wird, gehört auch sie zu $\mathbf{FG}_2$. Da G_0-abgeschlossen, enthält $\mathbf{FG}_2$ die Funktion $\dot{-}$ und die charakteristischen Funktionen der Relationen $<$ und $=$; nach 5.(FB7) ist $\mathbf{FG}_2$ auch unter beschränkten Minimierungen abgeschlossen. Folglich ist $\mathbf{FG}_2$ simpel abgeschlossen, und es gilt $\mathbf{FSF} \subseteq \mathbf{FG}_2$. Schließlich ist G_2 elementar, und da $\mathbf{FEF}$ nach Theorem 5.1 unter beschränkten Rekursionen abgeschlossen ist, ergibt das $\mathbf{FG}_2 \subseteq \mathbf{FEF}$. – Die damit gewonnenen Inklusionen

$$\mathbf{FG}_0 \ \subseteq \ \mathbf{FG}_1 \ \subseteq \ \mathbf{FG}_2 \ \subseteq \ \mathbf{FEF}$$

sind sogar echt, was man wie folgt einsieht. Zu jedem f^k in $\mathbf{FG_0}$ gibt es ein $i < k$ und ein n_f mit $f^k(\xi) \leq \xi(i) + n_f$. Das ist klar für die Anfangsfunktionen und bleibt trivialer Weise für durch beschränkte Rekursion definierte Funktionen richtig. Trifft es zu auf f^k und $g_0^m, ..., g_{k-1}^m$, so auch auf deren Superposition, weil $f^k \circ \langle g_0^m, ..., g_{k-1}^m \rangle (\xi) = f^k(g_0^m(\xi), ..., g_{k-1}^m(\xi))$ $\leq g_i^m(\xi) + n_f \leq \xi(j) + n_g + n_f$ für durch f^k bestimmte i, n_f und durch g_i^m bestimmte j, n_g . Die Funktion G_1 ist *nicht* in dieser Art beschränkt, weshalb $\mathbf{FG_0}$ echt in $\mathbf{FG_1}$ liegt.

Zu jedem f^k in $\mathbf{FG_1}$ gibt es a_f mit $f^k(\xi) \leq a_f \cdot \max(\xi)$. Das ist klar für die Anfangsfunktionen (mit $a_f = 2$ für G_1) und bleibt trivialer Weise für durch beschränkte Rekursion definierte Funktionen richtig. Trifft es zu auf f^k und $g_0^m, ..., g_{k-1}^m$, so auf deren Superposition, weil $f^k \circ \langle g_0^m, ..., g_{k-1}^m \rangle (\xi)$ $= f^k(g_0^m(\xi), ..., g_{k-1}^m(\xi)) \leq a_f \cdot g_i^m(\xi) \leq a_f \cdot a_g \cdot \max(\xi)$, wenn hier i mit $\max(g_0^m(\xi), ..., g_{k-1}^m(\xi)) = g_i^m(\xi)$ gewählt wird. Die Funktion G_2 ist *nicht* in dieser Art beschränkt, weshalb $\mathbf{FG_1}$ echt in $\mathbf{FG_2}$ liegt. Schließlich gibt es jedem f^k in $\mathbf{FG_2}$ auch a, q mit $f^k(\xi) \leq a \cdot \max(\xi)^q$. Das sieht man wie in 2.(F17). Die Funktion 2^x ist *nicht* in dieser Art beschränkt, weshalb $\mathbf{FG_2}$ echt in $\mathbf{FEF}$ liegt.

War dies alles sehr einfach, so muß ich für Aussagen über die $\mathbf{FG_m}$ mit $m \geq 3$ zunächst das Verhalten der Funktionen G_m mit $m \geq 3$ verstehen. Ich erinnere an die allgemeine Vertauschbarkeitbeziehung der Iterationen:

$$If(\alpha, n+k) = If(I(\alpha,n), k) ,$$

die für $k = 0$ aus der Definition der Iterierten und dann durch Induktion gemäß $If(\alpha, n+k+1) = f(If(\alpha, n+k)) = f(If(I(\alpha,n), k)) = If(I(\alpha,n), k+1)$ folgt. Nun definiere ich 1–stellige Funktionen H_m für $m \geq 2$ durch

$$H_m = G_m \circ \langle s, s \rangle$$

und finde

(G1) $\quad G_{m+1}(x,y) = IH_m(x, 2^y)$ für $m \geq 2$.

Das folgt für $y = 0$ aus den Definitionen. Ist es für y und alle x bewiesen, so habe ich $G_{m+1}(x, y+1) = G_{m+1}(IH_m(x, 2^y), y) = IH_m(IH_m(x, 2^y), 2^y)$ $= IH_m(x, 2^y+2^y) = IH_m(x, 2^{y+1})$.

Damit sind die Funktionen G_m mit $m \geq 3$ auf eine sehr viel durchsichtigere Art beschrieben. Bevor ich mich ihrem Gebrauch zuwende, stelle ich in (G2)–(G7) noch einige Rechenregeln zusammen.

(G2) $\quad$ Für $m > 1$ gilt $G_m(x,y) > x$.

Für $m = 2$ folgt das aus der Definition von G_2 . Ist es für m bewiesen, so gilt zunächst $G_{m+1}(x,0) = G_m(x+1, x+1) > x+1 > x$. Ist (G2) für $m+1$, y und alle x bewiesen, so folgt $G_{m+1}(x, y+1) = G_{m+1}(G_{m+1}(x,y), y) > G_m(x,y)$ $> x$.

(G3) $G_m(x, y+1) > G_m(x,y)$.

Das folgt für $m \leq 1$ aus den Definitionen. Für $m > 1$ folgt es aus (G2), weil $G_m(x, y+1) = G_m(G_m(x,y), y) > G_m(x,y)$.

(G4)   Für $m > 0$ gilt $G_m(x+1,y) > G_m(x,y)$.

Das folgt für $m \leq 2$ aus den Definitionen. Ist es für m bewiesen, so gilt zunächst $G_{m+1}(x+1,0) = G_m(x+2, x+2) > G_m(x+1, x+2) > G_m(x+1, x+1) = G_{m+1}(x,0)$ unter Verwendung von (G3). Ist (G4) für $m+1$, y und alle x bewiesen, so zieht $w > v$ auch $G_{m+1}(w,y) > G_{m+1}(v,y)$ nach sich. Daher zieht $G_{m+1}(x+1,y) > G_{m+1}(x,y)$ nun auch $G_{m+1}(x+1, y+1) = G_{m+1}(G_{m+1}(x+1,y), y) > G_{m+1}(G_{m+1}(x,y), y) = G_{m+1}(x, y+1)$ nach sich.

(G5)   Für $m > 0$ gilt $G_{m+1}(x,y) > G_m(x,y)$.

Für $m = 1$ folgt das aus $(x+1)(y+1) > x+y$. Ist es für m bewiesen, so gilt zunächst $G_{m+1}(x,0) = G_m(x+1, x+1) > G_m(x,x+1) > G(x,0)$ mit (G4) und (G3). Ist es für $m+1$, y und alle x bewiesen, so folgt auch $G_{m+1}(x,y+1) = G_{m+1}(G_{m+1}(x,y), y) >$ [Induktionsannahme und (G4)] $G_{m+1}(G_m(x,y), y) >$ [Induktionsannahme] $G_m(G_m(x,y), y) = G_m(x, y+1)$.

(G6)   Wenn $x > y$ so $H_{m+1}(x) > H_m(x) > H_m(y) > y+1 > y$.

Denn es gilt $H_{m+1}(x) = G_{m+1}(x+1, x+1) > G_m(x+1, x+1) > G_m(x+1, y+1) > G_m(y+1, y+1) > y+1$ nach (G5), (G3), (G4), (G2) .

(G7)   Wenn $x \geq v$ und $y \geq w$ so $IH_m(x,y) \geq IH_m(v,w)$.

Aus den letzten Ungleichungen in (G6) folgt einerseits

$$IH_m(x,y+1) = H_m(IH_m(x,y)) > IH_m(x,y) .$$

Induktion über y lehrt andererseits auch

$$IH_m(x+1,y) > IH_m(x,y) .$$

Das ist für $b = 0$ trivial und folgt mit (G6) gemäß

$$IH_m(x+1,y+1) = H_m(IH_m(x+1,y)) > H_m(IH_m(x,y)) = IH_m(x,y+1) .$$

Ich betrachte nun zunächst G_3. Es gilt $H_2 = G_2 \circ <s, s>$, also $H_2(x) = (x+2)^2$, und für $g = IH_2$ gilt per definitionem

(0) $g(x,0) = x$, $g(x, y+1) = (g(x,y)+2)^2$,

und

(1) $g(x, y+z) = g(g(x,y), z)$

folgt aus der Vertauschbarkeitsbeziehung der Iteration. Ferner gilt

(2) $g(x,y) \geq x+y$

für $y = 0$ trivial, und Induktion ergibt $g(x, y+1) = (g(x,y)+2)^2 > (x+y+2)^2 > x+y+1$. Weiter folgt

(3) $g(x,y) \geq x \cdot (y+1)$

im Fall $y = 0$ aus $g(x,0) = x$. Ist es für y bewiesen, so folgt auch $g(x, y+1) = (g(x,y)+2)^2 > g(x,y)^2 + 2g(x,y) \geq (x(y+1))^2 + 2x(y+1) \geq xy + 2x = x(y+2)$. Schließlich gilt $x^1 = g(x,0)$ nach Definition von g; ist nun

(4) $g(x,y) \geq x^{y+1}$

bereits bewiesen, so folgt auch $g(x,y+1) = (g(x,y)+2)^2 \geq (x^{y+1}+2)^2 > x^{2y+2} \geq x^{y+2}$. Damit erhalte ich

(G8)   Die Funktionen $+$, $\cdot$ und x^y liegen in allen $\mathbf{FG}_m$ mit $m \geq 3$.

Denn wegen $y \leq 2^y$ ist $G_3(x,y) = g(x,2^y)$ obere Schranke jeder dieser Funktionen; wegen (G5) ist deshalb auch jedes G_m mit $m \geq 3$ obere Schranke von ihnen. Die übliche Rekursionsgleichung für $+$ verwendet die in $\mathbf{FG}_m$ vorhandenen Funktionen p_0^1 und s ; da so durch beschränkte Rekursion definiert, liegt $+$ in $\mathbf{FG}_m$. Die übliche Rekursionsgleichung für $\cdot$ verwendet die nun in $\mathbf{FG}_m$ vorhandenen Funktionen c_0^1 und $+$; da so durch beschränkte Rekursion definiert, liegt $\cdot$ in $\mathbf{FG}_m$. Die übliche Rekursionsgleichung für x^y verwendet die nun in $\mathbf{FG}_m$ vorhandenen Funktionen $c_1^1 = s \circ c_0^1$ und $\cdot$; da so durch beschränkte Rekursion definiert, liegt x^y in $\mathbf{FG}_m$.

(G9)   Die Klassen $\mathbf{FG}_m$ mit $m \geq 3$ sind elementar abgeschlossen.

Das folgt mit (G8) aus dem Theorem 5.5 .

Im folgenden Lemma werde ich nun die Funktionen G_{m+1} in Beziehung setzen zu den manchmal einfacher zu berechnenden Funktionen Q_m einer generischen Folge von Skalierungsfunktionen. Dazu verwende ich die im Kapitel 16 erklärte *uniforme* Folge, für die wegen $Q_1(n+1) = 2(n+1)$ und $Q_2(0) = 1$ gilt $Q_2(n) = 2^n$.

LEMMA 1 $Q_m(x) \leq G_{m+1}(x+1,x+1)$ für $m \geq 1$.

Für $m = 1$ gilt $Q_1(x) = 2(x+1) \leq (x+2) \cdot (x+2) = G_2(x+1, x+1)$. Ist die Behauptung für m bewiesen, so ist sie der Spezialfall $y = 1$ von

(5) $IQ_m(x,y) \leq IH_{m+1}(x,y)$ für $y > 0$,

und das wird durch die Induktion

$$IH_{m+1}(x,y+1) = H_{m+1}(IH_{m+1}(x,y))$$
$$\geq H_{m+1}(IQ_m(x,y)) \quad \text{Induktionsannahme für } y \text{ und (G6)}$$
$$\geq Q_m(IQ_m(x,y)) \quad \text{Induktionsannahme für } y = 1$$
$$= IQ_m(x,y+1) \quad .$$

allgemein bewiesen. Damit aber folgt

$$\begin{aligned}
Q_{m+1}(x) &= IQ_m(0,x) \\
&\le IQ_m(x+1,x) &&\text{mit } \mathbf{16.(Q4)} \\
&\le IQ_m(x+1,2^{x+1}) &&\text{mit } \mathbf{16.(Q2)} \\
&\le IH_{m+1}(x+1,2^{x+1}) &&\text{mit (5)} \\
&= G_{m+2}(x+1,x+1) \ .
\end{aligned}$$

Im Übrigen läßt sich für $m \ge 2$ sogar $Q_m(x) \le G_{m+1}(x,x)$ zeigen.

THEOREM 1   Es gilt $\mathbf{FG_{m+1}} = \mathbf{FQ_m}$ für $m \ge 2$.

Die Inklusion $\mathbf{FG_{m+1}} \subseteq \mathbf{FQ_m}$ beweise ich in der Gestalt

   Wenn $m \ge 2$, so $\mathbf{FG_{j+1}} \subseteq \mathbf{FQ_j}$ für alle j mit $1 \le j \le m$,

woraus sie wegen $\mathbf{FQ_j} \subseteq \mathbf{FQ_m}$ folgt. Für $j = 1$ folgt meine Behauptung aus der eingangs bemerkten Inklusion $\mathbf{FG_2} \subseteq \mathbf{FEF}$ zusammen mit der aus den Theoremen 15.1 und 17.2 folgenden Identität $\mathbf{FEF} = \mathbf{FLR_2} = \mathbf{FQ_2} \subseteq \mathbf{FQ_m}$. Sei sie für j bewiesen und noch $j+1 \le m$, also $2 \le j+1$. Nun benutze ich die aus dem Theorem 17.2 und dem schwachen Theorem 15.3 folgende Identität $\mathbf{FQ_m} = \mathbf{FLR_m} = \mathbf{FP_m}$ für $m \ge 2$. Wegen $\mathbf{FG_{j+1}} \subseteq \mathbf{FQ_j}$ liegt G_{j+1} in $\mathbf{FP_j}$, also auch die Funktion H_{j+1}. Daher liegt die Iterierte IH_{j+1} in $\mathbf{FP_{j+1}}$, denn sie wird nach dem Schema (SIR) durch eine primitive Rekursion definiert. Da die Funktion 2^y bereits in $\mathbf{FP_2}$ liegt, liegt sie ebenfall in $\mathbf{FP_{j+1}}$, und somit liegt dort, nämlich in $\mathbf{FQ_{j+1}}$, auch $G_{j+2} = IH_{j+1}(x,2^y)$.

Die Inklusion $\mathbf{FQ_m} \subseteq \mathbf{FG_{m+1}}$ beweise ich ebenso in der Gestalt

   Wenn $m \ge 2$, so $\mathbf{FQ_j} \subseteq \mathbf{FG_{m+1}}$ für alle j mit $2 \le j \le m$.

Für $j = 2$ folgt das wegen $\mathbf{FQ_2} = \mathbf{FEF}$ sogleich aus (G9). Ist es für j bewiesen und gilt $j+1 \le m$, so liegt zusammen mit Q_j auch Q_{j+1} in $\mathbf{FG_{m+1}}$, denn Q_{j+1} wird rekursiv aus Q_j definiert und ist weiter nach Lemma 1 durch $G_{j+2}(x+1, x+1)$ beschränkt, wegen (G5) und $j+2 \le m+1$ also auch durch die zu $\mathbf{FQ_{m+1}}$ gehörende Funktion $G_{m+1}(x+1,x+1)$.

COROLLAR 1 $\mathbf{FG_3} = \mathbf{FEF}$.

Das folgt sogleich aus $\mathbf{FQ_2} = \mathbf{FEF}$. Ich kann dieses Corollar auch direkt beweisen: weil nach (G9) schon $\mathbf{FEF} \subseteq \mathbf{FG_3}$ gilt, brauche ich nur die umgekehrte Umgleichung zu sichern, und sie folgt aus dem

LEMMA 2 $g(x,y) < (x+2)^{2^{2^{2y}}}$

für die durch (0) erklärte Funktion g. Denn g ist rekursiv aus elementaren Funktionen erklärt, nun aber auch elementar beschränkt und mithin selbst elementar. Da G_3 durch Superposition von g mit der elementaren Funktion 2^y entsteht, ist also auch G_3 elementar. Folglich gilt $\mathbf{FG_3 \subseteq FEF}$. – Den Beweis des Lemmas beginne ich mit der trivialen Beobachtung

$$(6) \qquad \text{Wenn } p > 1 \text{ und } q > 1 \text{ so } p \cdot q \geq p + q .$$

Sie trifft zu für $q = 2$, weil aus $p \geq 2$ folgt $p \cdot 2 = p + p \geq p + 2$. Ist sie für q bewiesen, so folgt auch $p(q+1) = pq + p \geq p + q + p > p + q + 1$. – Ferner bemerke ich

$$(7) \qquad 2^{2^{2^{2y}}} \cdot 3 + 4 < 2^{2^{2^{2(y+1)}}} .$$

Denn es gilt $2^{2y} < 2^{2y+1}$, weshalb $2^{2y} + 2 \leq 2^{2y+1}$, und es gilt $2^{2y+1} < 2^{2(y+1)}$ weshalb $2^{2y} + 4 \leq 2^{2(y+1)}$. Unter Verwendung von (6) folgt daher

$$2^{2^{2^{2y}}} \cdot 3 + 4 < 2^{2^{2^{2y}}} \cdot 2^2 + 4 = 2^{2^{2^{2y}+2}} + 4 \leq 2^{2^{2^{2y}+2}} \cdot 2^2 = 2^{2^{2^{2y}+4}}$$

$$= 2^{2^{2^{2(y+1)}}} .$$

Damit beweise ich das Lemma durch Induktion über y; der Fall $y = 0$ ist klar. Im Induktionsschritt finde ich unter Verwendung von (6) und (7)

$$g(x, y+1) = (g(x,y)+2)^2 < ((x+2)^{2^{2^{2^{2y}}}} + 2)^2 =$$

$$= (x+2)^{2^{2^{2^{2y}}} \cdot 2} + 4 \cdot (x+2)^{2^{2^{2^{2y}}}} + 4$$

$$\leq (x+2)^{2^{2^{2^{2y}}} \cdot 2} + (x+2)^2 \cdot (x+2)^{2^{2^{2^{2y}}}} + (x+2)^2$$

$$\leq (x+2)^{2^{2^{2^{2y}}} \cdot 2} \cdot (x+2)^2 \cdot (x+2)^{2^{2^{2^{2y}}}} \cdot (x+2)^2 =$$

$$< (x+2)^{2^{2^{2^{2y}}} \cdot 3 + 4} < (x+2)^{2^{2^{2^{2(y+1)}}}} .$$

Im Übrigen läßt sich im Beweis des Theorems die Inklusion $\mathbf{FG_{m+1} \subseteq FQ_m}$ auch ohne Gebrauch der Klassen $\mathbf{FP_m}$ nachweisen, weil ich explizit zeigen kann, daß G_{j+2} durch eine Funktion q aus $\mathbf{FQ_{j+1}}$ beschränkt wird. Wegen

$$IH_{j+1}(x,y) \leq IH_{j+1}(x,2^y) = G_{j+2}(x,y) \leq q(x,y)$$

nach (G7) ist dann q auch Schranke von IH_{j+1} , so daß die Rekursion, welche IH_{j+1} aus G_{j+1} liefert, wegen $G_{j+1} \epsilon \mathbf{FG_{j+1}}$ und $\mathbf{FG_{j+1} \subseteq FQ_j \subseteq FQ_{j+1}}$ nicht aus $\mathbf{FQ_{j+1}}$ hinausführt. Jene explizite Schranke liefert das bisweilen nützliche

LEMMA 3 $G_{m+1}(x,y) \leq IQ_m(\max(x,y), 6)$ für $m \geq 2$.

Dem Beweis stelle ich die folgende Bemerkung voran. Da $z+1 \leq 2^z$, gilt für $z = \max(x,y)$

$$2^{2^x} \cdot 2^{2^y} = 2^{2^x + 2^y} \leq 2^{2 \cdot 2^z} = 2^{2^{z+1}} \leq 2^{2^{2^z}} \ ,$$

i.e. $IQ_2(x,2) \cdot IQ_2(y,2) \leq IQ_2(\max(x,y), 3)$. Für $k > 2$ folgt daher

(8) $IQ_2(x,k) \cdot IQ_2(y,k) \leq IQ_2(\max(x,y), k+1)$,

weil

$$
\begin{aligned}
IQ_2(x,k) \cdot IQ_2(y,k) &= IQ_2(IQ_2(x, k-2), 2) \cdot IQ_2(IQ_2(y, k-2), 2) \\
&\leq IQ_2(\max(IQ_2(x, k-2)), IQ_2(y, k-2)), 3) \\
&\leq IQ_2(IQ_2(\max(x,y), k-2), 3) \\
&= IQ_2(\max(x,y), k+1) \ .
\end{aligned}
$$

Ich beginne nun den Beweis mit $m = 2$. Da $x+2 \leq 2^{2^x} = Q_2(x,2)$, folgt aus der im Lemma 1 gewonnenen Abschätzung

$$
G_3(x,y) \leq (x+2)^{2^{2^{2^{y+1}}}} \leq (2^{2^x})^{2^{2^{2^{y+1}}}} \leq 2^{2^{x+2^{2^{y+1}}}} \leq 2^{2^{2^x + 2^{2^{y+1}}}}
$$

$$
\begin{aligned}
&= IQ_2(IQ_2(x,2) + IQ_2(y+1,2), 2) \\
&\leq IQ_2(IQ_2(x,2) \cdot IQ_2(y+1,2), 2) \\
&\leq IQ_2(IQ_2(\max(x,y)+1, 3), 2) = IQ_2(\max(x,y)+1, 5) \\
&\leq IQ_2(\max(x,y), 6) \ .
\end{aligned}
$$

Sei das Lemma nun für m bewiesen, weshalb

(9) $H_{m+1}(x) = G_{m+1}(x+1, x+1) \leq IQ_m(x+1, 6)$.

Das ist der Fall $y = 1$ von

(10) $IH_{m+1}(x,y) \leq IQ_m(x+y, 6y)$,

und ist das für y bewiesen, so folgt es für $y+1$ aus

$$
\begin{aligned}
IH_{m+1}(x,y+1) = H_{m+1}(IH_{m+1}(x,y)) & \\
\leq H_{m+1}(IQ_m(x+y, 6y)) \qquad & \text{Induktionsannahme und (G6)} \\
\leq IQ_m(IQ_m(x+y, 6y)+1, 6) \qquad & \text{(9)} \\
\leq IQ_m(IQ_{m+1}(x+y+1, 6y), 6) \qquad & \text{16.(Q9)} \\
\leq IQ_m(x+y+1, 6+6y) \ . &
\end{aligned}
$$

Aus (10) folgt

$$G_{m+2}(x,y) \leq IQ_m(x+2^y, 2^y \cdot 6) \ .$$

Da $x+2^y \leq 2^x+2^y \leq 2^{\max(x,y)+1} = IQ_2(\max(x,y),2)$, ergibt das

$$\begin{aligned}
G_{m+2}(x,y) \;&\leq\; IQ_m(IQ_2(\max(x,y),2),\, 2^y\cdot 6) \\
&\leq\; IQ_m(IQ_m(\max(x,y),2),\, 2^y\cdot 6) \qquad \text{da } m\geq 2 \\
&\leq\; IQ_m((\max(x,y),\, 2 + 2^y\cdot 6) \\
&\leq\; Q_{m+1}(\max(x,y) + 2 + 2^y\cdot 6) \qquad\qquad 16.(Q10)
\end{aligned}$$

Das Argument von Q_{m+1} schätze ich wie folgt nach oben ab. Da $2+6 = 2^3$, gilt $2+2^y\cdot 6 \leq 2^y.2^3 = 2^{y+3} = IQ_2(y+3,\,1)$. Da $y+3 \leq IQ_2(y,3)$, ergibt das

$$2 + 2^y\cdot 6 \;\leq\; IQ_2(IQ_2(y,3),\,1) = IQ_2(y,4) \;.$$

Unter Verwendung von (8) folgt daher

$$\begin{aligned}
\max(x,y) + 2 + 2^y\cdot 6 \;&\leq\; IQ_2(\max(x,y),\,4) + IQ_2(y,4) \\
&\leq\; IQ_2(\max(x,y),\,4)\cdot IQ_2(y,4) \\
&\leq\; IQ_2(\max(x,y),\,5) \\
&\leq\; IQ_{m+1}(\max(x,y),\,5) \;.
\end{aligned}$$

Das ergibt schließlich

$$G_{m+2}(x,y) \;\leq\; Q_{m+1}(IQ_{m+1}(\max(x,y),\,5)) \;=\; IQ_m(\max(x,\dot y),6) \;.$$

Das Lemma 3 ermöglicht noch eine weitere Beweisvariante, die sich auf die Theoreme 5.2 und 5.3 stützt. Denn aus ihm weiß ich, daß Q_m durch eine Funktion aus $\mathbf{FG}_{m+1}$ und daß G_{m+1} durch eine Funktion aus $\mathbf{FQ}_m$ beschränkt ist. Das Theorem 5.2 wird die Zugehörigkeit meiner Funktionen zu den entsprechenden Klassen $\mathbf{FG}_{m+1}$ und $\mathbf{FQ}_m$ liefern,. sobald ich weiß, daß ihre Graphen in den zugehörigen Relationenklassen liegen. Ich muß also einerseits zeigen

> Jede Klasse $\mathbf{R}(\mathbf{FQ}_m)$ mit $m\geq 2$ enthält die Graphen aller Funktionen G_j mit $j\leq m+1$.

Weil $\mathbf{FQ}_m$ G_0-abgeschlossen ist, folgt das für $j\leq 2$ aus 5.(FB6). Ist es für G_j mit $j\geq 2$ bewiesen, so folgt aus 5.(FB3) daß auch der Graph von $H_j = G_j\circ<s,\,s>$ in $\mathbf{R}(\mathbf{FQ}_m)$ liegt. Die Funktion IH_j wird mit (SIR) aus H_j definiert; folglich liegt nach dem Theorem 5.3 ihr Graph in $\mathbf{R}(\mathbf{FQ}_m)$. Wegen $m\geq 2$ liegt aber 2^y in $\mathbf{FQ}_m$, so daß mit 5.(FB3) auch der Graph der Superposition G_{j+1} in $\mathbf{R}(\mathbf{FQ}_m)$ liegt.

Da die Klassen $\mathbf{FG}_m$ G_{-1}-abgeschlossen sind, genügt es andererseits zu zeigen

> Für jede G_{-1}-abgeschlossene Klasse $\mathbf{F}$ enthält $\mathbf{R}(\mathbf{F})$ die Graphen der Funktionen Q_m mit $m\geq 2$.

Für $m = 2$ folgt das aus 5.(FB6). Ist es für m bewiesen, so folgt es für $m+1$ aus dem Theorem 5.3 für die aus Q_m rekursiv definierte Funktion Q_{m+1} .

An Stelle der GRZEGORCZYKschen Funktionen G_n hat R.W.RITCHIE [65] eine andere Folge erzeugender Funktionen

$$W_0(x,y) = x+1$$
$$W_1(x,y) = x+y$$
$$W_2(x,y) = x \cdot y$$

und

$$W_{m+1}(x,0) = 1$$
$$W_{m+1}(x, y+1) = W_m(x, W_{m+1}(x,y))$$

vorgeschlagen und mit ihnen sinngemäß die Klassen $\mathbf{FW}_m$ definiert: es sei $\mathbf{FW}_m$ die kleinste Klasse, welche die Funktionen p_i^k , c_0^1 , s , W_m enthält und abgeschlossen ist unter Superpositionen und beschränkter Rekursion. Ritchies Funktionen werden bisweilen für einfacher als die von GRZEGORCZYK angesehen, weil sie, da durch eine nicht verschachtelte Rekursion erzeugt, einfachere Rechnungen zulassen. – Tatsächlich hat Ritchie das

THEOREM 2   Es gilt $\mathbf{FG}_m = \mathbf{FW}_m$ für alle m

bewiesen; ein direkter Beweis ist freilich nicht einfach. Mit Hilfe der hier zur Verfügung stehenden Hilfsmittel jedoch ist er leicht zu führen. Zunächst gilt $\mathbf{FG}_0 = \mathbf{FW}_0$ und $\mathbf{FG}_1 = \mathbf{FW}_1$ per definitionem; weiter liegt W_2 in $\mathbf{FG}_2$ und G_2 in $\mathbf{FW}_2$, weshalb auch $\mathbf{FG}_2 = \mathbf{FW}_2$. Ferner gilt $W_3(x,y) = x^y$, weil $W_3(x,0) = x^0$ und Induktion dann $W_3(x,y+1) = x \cdot x^y$ ergibt. Deshalb liegt $W_3(2,y) = 2^y$ in $\mathbf{FW}_3$, woraus $\mathbf{FG}_3 \subseteq \mathbf{FW}_3$ folgt. Wegen $x^y \leq 2^{xy}$ wird $W_3(x,y) = x^y$ durch eine Funktion aus $\mathbf{FG}_3$ beschränkt, so daß die Rekursion, welche W_3 aus der Funktion W_2 in $\mathbf{FW}_2 = \mathbf{FG}_2$ liefert, in $\mathbf{FG}_3$ beschränkt ist. Folglich liegt W_3 in $\mathbf{FG}_3$, so daß auch $\mathbf{FW}_3 \subseteq \mathbf{FG}_3$ und damit nun $\mathbf{FW}_3 = \mathbf{FG}_3$ gilt. Weiter bemerke ich nun

Es gilt $W_{m+1}(2,y) = Q_m(y)$ für $m \geq 2$.

Für $m = 2$ folgt das aus $W_3(2,y) = 2^y$. Ist es für m bewiesen, so folgt $W_{m+2}(2,0) = 1 = Q_{m+1}(0)$, und Induktion über y liefert dann $W_{m+2}(2,y+1) = W_{m+1}(2, W_{m+2}(x,y)) = Q_m(W_{m+2}(x,y)) = Q_m(Q_{m+1}(y)) = Q_{m+1}(y+1)$.

Damit ist wieder jede Funktion Q_m mit $m \geq 2$ durch eine solche aus $\mathbf{FW}_{m+1}$ beschränkt, weshalb dann $\mathbf{FG}_{m+1} = \mathbf{FQ}_m \subseteq \mathbf{FW}_{m+1}$ gilt. Sei nun $\mathbf{FG}_m = \mathbf{FW}_m$ bewiesen, $m > 2$; es bleibt mir zu zeigen, daß $\mathbf{FW}_{m+1} \subseteq \mathbf{FG}_{m+1}$ gilt. Wegen $\mathbf{FW}_m = \mathbf{FG}_m = \mathbf{FQ}_{m-1} = \mathbf{FP}_{m-1}$ (wobei wieder das schwache Theorem 15.3 genügt), liegt W_m in $\mathbf{FP}_{m-1}$; da W_{m+1} aus W_m durch Rekursion entsteht, gehört W_{m+1} zu $\mathbf{FP}_m = \mathbf{FQ}_m = \mathbf{FG}_{m+1}$, und das ergibt $\mathbf{FW}_{m+1} \subseteq \mathbf{FG}_{m+1}$.

Kapitel 19. $\mathbf{VLR}_1$

Die Funktionen aus $\mathbf{VLR}_1$ hatte ich im Beweis des Theorems 15.1 erwähnt und gewisse Schranken für sie angegeben. In diesem Kapitel will ich die Funktionen aus $\mathbf{VLR}_1$ und dann auch die Programme vom Schleifengrad 1 ausführlicher untersuchen. Vorweg bespreche ich noch eine Kennzeichnung von $\mathbf{VLR}_0$.

Jedem Programm $P = \,<\!A,k,n,m\!>$ vom Schleifengrad 0 ordne ich ein System $G_0(P)$ von m Termgleichungen "$x_i := t_i$" mit $i < m$ zu; als Terme t_i lasse ich dabei alle Ausdrücke x_j, x_j+1, $x_j+1+1,...$ und alle Ausdrücke 0, $0+1$, $0+1+1,...$ zu. Ist P das (nur hierfür nützliche) Programm mit leerer P-Folge A, so sei $G_0(P)$ die Menge aller "$x_i := x_i$" mit $i < m$. Sei nun B die durch Entfernung der ersten Zuweisung A(0) aus A entstehende P-Folge, und sei $G_0(Q)$ für $Q = \,<\!B,m,n,m\!>$ bereits definiert. Dann entstehe $G_0(P)$ aus $G_0(Q)$, indem ich in allen rechtsstehenden Termen t_i ersetze

$$x_s \text{ durch } 0 \qquad \text{falls A(0) gleich "} x_s := 0 \text{" },$$

$$x_s \text{ durch } x_j \qquad \text{falls A(0) gleich "} x_s := x_j \text{" },$$

$$x_s \text{ durch } x_j+1 \qquad \text{falls A(0) gleich "} x_s := x_j+1 \text{" } .$$

Induktion lehrt sofort, daß auf diese Art in der Tat nur Terme t_i der angegebenen Art entstehen; durch Zusammenfassung der rechtsstehenden Einsen kann ich jedes t_i als x_j+u oder als u mit Konstanten u umschreiben. Mit Hilfe von $G_0(P)$, das von k und n nicht abhängt, definiere ich ein System $G_1(P)$ von Termgleichungen "$x_i := t_i$" mit $i < n$, indem ich in den ersten n Termgleichungen von $G_0(P)$ alle x_j mit $j \geq k$ durch 0 ersetze. In Ergänzung der Kennzeichnung $\mathbf{VLR}_0 = \mathbf{VI}_0$ im Theorem 14.1 bemerke ich das

LEMMA 1   Eine Funktion f von ω^k in ω^n ist in $\mathbf{VLR}_0$ genau dann, wenn für jedes $i < n$ ihre i-te Komponentenfunktion $p_i^n \circ f$ entweder konstant oder von der Gestalt $p_j^k+c_a^k$ mit $j < k$ und einer Konstanten a ist. Ist dann P ein f programmierendes Programm vom Schleifengrad 0 und "$x_i := t_i$" in $G_1(P)$, so stellt t_i die i-te Komponentenfunktion von f dar.

Es ist klar, daß die genannten Funktionen zu $\mathbf{VLR}_0$ gehören. Für die Umkehrung bemerke ich zunächst: wird g von ω^m in sich durch das Programm $P = \,<\!A,m,m,m\!>$ vom Schleifengrad 0 programmiert, so wird für $i < m$ die i-te Komponentenfunktion von g durch den Term t_i dargestellt, für den "$x_i := t_i$" in $G_0(P)$ liegt. Das folgt durch Induktion über die Länge von A unmittelbar aus den Definitionen. Alsdann folgt die Behauptung des Lemmas aus $f = \, <p_0^m, ..., p_{n-1}^m> \circ g \circ <p_0^k, ..., p_{k-1}^k, c_0^k, ..., c_0^k>$.

Ich erinnere nun an die im Kapitel 4 eingeführte Funktion ALT mit $ALT(x,0) = 0$ und $ALT(x,y) = 0$ für $y > 0$. Ich definiere die Klasse VT_1 der *einfachen Funktionen* als die kleinste Klasse, welche abgeschlossen ist unter Komposition und Bildung koordinatenweiser Produkte und welche die folgenden *einfachen* Anfangsfunktionen enthält

$$s,\ c_1^1,\ p_i^k,\ +,\ CS,\ ALT,\ QU(k,y),\ MOD(k,y) \text{ für jede Konstante } k > 1\ ;$$

FT_1 sei die Klasse der zahlenwertigen Funktionen von VT_1. Es folgt aus 5.(FB8), daß die von $+$ verschiedenen jener Anfangsfunktionen in einer jeden G_0-abgeschlossenen Klasse liegen, mithin in FG_0. Folglich ist FT_1 in FG_1 enthalten, und zusammen mit den Beobachtungen des vorigen Kapitels ergibt das die Inklusionen

$$\begin{array}{ccccc}
FG_1 & \subseteq & FG_2 & \subseteq & FG_3 \\
\cup| & & \cup| & & \| \\
FT_1 & \subseteq & FSF & \subseteq & FEF
\end{array}$$

Die Funktion CSG liegt in VT_1, da $CSG(y) = ALT(1,y)$. Ebenfalls in VT_1 findet sich, für jede Konstante k, die charakteristische Funktion χ_k der Menge $\{k\}$, die ich in 4.(FP2) aus CSG, ALT und CS durch Superpositionen ausgedrückt habe. Deshalb ist auch für jede Konstante k die charakteristische Funktion $\chi_{<k}(y) = \Sigma <\chi_u(y) \mid u < k>$ der Menge $\{0, ..., k-1\}$ einfach.

Die einfachen Anfangsfunktionen gehören zu VLR_1. Denn am Beginn von Kapitel 13 habe ich bemerkt, daß $+$ und CS zu VLR_1 gehören. Die Funktion ALT wird durch $<A,2,1,3>$ mit

```
A:        x_2 := x_0
do x_1 times
    x_2 := 0
od
x_0 := x_2
```

programmiert. Die Funktionen $MOD(k,y)$ und $QU(k,y)$ werden von den Programmen $<B,1,1,k+2>$ und $<C,1,1,k+2>$ mit

```
B:     x_1 := 0              C:     x_1 := 0
       x_2 := 1                     x_2 := 0
          ...                          ...
       x_k := k-1                  x_k := 0
       do x_0 times                do x_0 times
          x_{k+1} := x_1              x_{k+1} := x_k
          x_1 := x_2                  x_k := x_{k-1}
```

$$x_2 := x_3$$
$$\ldots$$
$$x_k := x_{k+1}$$
od
$$x_0 := x_1$$

$$\ldots$$
$$x_2 := x_1+1$$
$$x_1 := x_{k+1}$$
od
$$x_0 := x_1$$

programmiert. Damit ist die eine Hälfte des folgenden

THEOREM 1   VLR$_1$ = VT$_1$.

bereits bewiesen. Zum Beweis der Umkehrung werde ich eine Konstruktion angeben, welche zu jedem PLR–Programm Q vom Schleifengrad 1 die Komponentenfunktionen f_i der von Q programmierten Funktion f als Kompositionen der einfachen Anfangsfunktionen präsentiert. Dabei kann ich mich auf ein Programm $Q = \;<B,m+1,m+1,m+1>$ beschränken, das aus einem Programm P von **VLR$_0$** durch Einschließung in eine vollständig reguläre Timesschleife entsteht, so daß B(0) dann "do x_m times" ist. Für $P = \;<A,m,m,m>$ verwende ich die für das Lemma 1 eingeführten Bezeichnungen; sei g die von P programmierte Funktion; einen Wert $f_i(\alpha)$ werde ich auch $f(\alpha)(i)$ schreiben. Die Termgleichungen "$x_i := t_i$" aus $G_0(P)$ schreibe ich unter Ausrechnung der t_i als "$x_i := x_j+u$" respektive als "$x_i := u$".

Ich definiere eine durch das Zeichen " $\vdash$ " notierte Relation zwischen Zahlen unterhalb von m durch $i \vdash j$ genau dann, wenn "$x_i := x_j+u$" in $G_0(P)$ und ($i{\neq}j$ oder ($i = j$ und $u > 0$)). Eine Folge $i_0, \ldots , i_{a-1}$ mit $a > 1$ und $i_0 \vdash i_1 \vdash \ldots \vdash i_{a-1} \vdash i_a$ heißt ein *Weg* von i_a nach i_0; ein Weg mit $i_a = i_0$ heißt ein *Zyklus*. Da es zu jedem i höchstens *ein* j mit $i \vdash j$ gibt, müssen zwei gleich lange Wege nach i übereinstimmen. Gibt es daher einen Weg nach i, der sich nicht verlängern läßt, so muß er mit einem isolierten i_a enden. Anderenfalls läßt sich jeder Weg nach i verlängern, muß also nach spätestens m Gliedern eine Wiederholung enthalten, und mit dem ersten, in einem Weg nach i wiederholten Element beginnt dann ein Zyklus, den ich *den Zyklus zu* i nennen will. Deshalb kann ich die Zahlen i mit $i < m$ eindeutig in vier Typen einteilen:

1.   es gibt kein j mit $i \vdash j$; in diesem Fall heiße i *isoliert* ;

2.   es gibt ein isoliertes i_a und einen Weg von i_a nach i ;

3.   i beginnt den Zyklus von i ;

4.   es gibt ein von i verschiedenes i_0, das den Zyklus von i beginnt .

Der Typ 1 liegt genau dann vor, wenn t_i gleich x_i oder gleich einer Konstanten n ist. Im ersten Fall ist g_i gleich p_i^m, also auch f_i gleich p_i^{m+1}; im zweiten gilt $f_i(\alpha,p) = \alpha(i)$ für $p{\neq}0$ und $f_i(\alpha,p) = n$ sonst, weshalb $f_i =$

ALT(p_i^{m+1}, p_m^{m+1})+ALT(c_n^m, CSG$\circ p_m^{m+1}$) . Für diesen Typ ist die Konstruktion damit geleistet.

Es sei i vom Typ 2 mit einem Weg i = $i_0 \leftarrow i_1 \leftarrow \dots \leftarrow i_a$, wobei mit $\xi = <x_i \mid i < m>$ dann die Termgleichung "$\xi(i_s) = \xi(i_{s+1})+u_{s+1}$" für $s+1 \leq a$ aus $G_0(P)$ sei. Da $g(\alpha)(i_s) = \alpha(i_{s+1})+u_{s+1}$, lehrt Induktion für b $\leq$ a

$$Ig(\alpha,b)(i) = \alpha(i_b)+\Sigma < u_j \mid 1 \leq j \leq b> \, ,$$

und wegen der Isoliertheit von i_a dann auch für b $\geq$ a

$$Ig(\alpha,b)(i) = \alpha(i_a)+\Sigma < u_j \mid 1 \leq j \leq a> \, .$$

Mit der Konstanten a ist in

$$S_1(\alpha,p) = \Sigma < \text{ALT}(\alpha(i_j), \text{CSG} \circ \chi_j(p)) \mid j < a>$$

der Summand zu j genau dann nicht von vornherein 0 (sondern $\alpha(i_j)$), wenn CSG $\circ \chi_j(p)$ gleich 0, also p gleich j ist; mithin ist $S_1(\alpha,p)$ gleich $\alpha(i_j)$ für p = j < a und gleich 0 sonst. Für jedes einzelne j ist die Funktion χ_j von p einfach, also ist das auch jeder Summand und damit $S_1(\alpha,p)$. Weiter ist

$$S_2(\alpha,p) = \text{ALT}(\alpha(i_a), \chi_{<a}(p))$$

gleich $\alpha(i_a)$ wenn $\chi_{<a}(p)$ gleich 0 ist, also a $\leq$ p gilt. Da a konstant ist, ist $S_2(\alpha,p)$ einfach. Schließlich ist in

$$S_3(\alpha,p) = \Sigma < \text{ALT}(u_j, \chi_{<j}(p)) \mid 1 \leq j \leq a>$$

der Summand zu j genau dann nicht von vornherein 0 (sondern u_j), wenn $\chi_{<j}(p)$ gleich 0 ist, also j $\leq$ p gilt. Es ist also die Summe $S_3(\alpha,p)$ gleich $\Sigma < u_j \mid 1 \leq j \leq p>$ für p $\leq$ a und gleich $\Sigma < u_j \mid 1 \leq j \leq a>$ für p $\geq$ a. Wieder ist $S_3(\alpha,p)$ einfach, weil jeder einzelne Summand als Funktion von p einfach ist. Folglich wird $f_i(\alpha,p)$ gleich der einfachen Funktion $S_1(\alpha,p)$+$S_2(\alpha,p)$+$S_3(\alpha,p)$ von α und p.

Es sei i vom Typ 3 mit einem Zyklus i = $h_0 \leftarrow h_1 \leftarrow \dots \leftarrow h_c = h_0$, wobei mit $\xi = <x_i \mid i < m>$ wieder die Termgleichung "$\xi(i_s) = \xi(i_{s+1})+v_{s+1}$" für s+1 $\leq$ c aus $G_0(P)$ sei. Wieder lehrt Induktion für d $\leq$ c

$$Ig(\alpha,d)(i) = \alpha(h_d)+\Sigma < v_j \mid 1 \leq j \leq d> \, ;$$

speziell für d = c ergibt das

$$Ig(\alpha,c)(i) = \alpha(i)+\Sigma < v_j \mid j < c> \, .$$

Zerlege ich p als qc + r mit q = QU(c,p) und r = MOD(c,p), so wird daher nun $Ig(\alpha,p)(i)$, also $f(\alpha,p)(i)$ gleich

$$\text{QU}(c,p) \cdot \Sigma < v_j \mid j < c> \, + \, \alpha(h_r) + \Sigma < v_j \mid 1 \leq j \leq r> \, .$$

Hier ist in

$$T_1(\alpha,p) = \text{QU}(c,p) \cdot \Sigma < v_j \mid j < c>$$

die rechte Summe eine nur von p abhängende Konstante C, also T$_1(\alpha,p)$ die C–fache Summe von QU(a,p) und damit einfach. Der zweite Summand, $\alpha(h_r)$, läßt sich analog zur Bildung von S$_1(\alpha,p)$ als

$$T_2(\alpha,p) = \Sigma < ALT(\alpha(h_j),CSG \circ \chi_j(MOD(c,p))) \mid j < c >$$

schreiben, der dritte analog zur Bildung von S$_3(\alpha,p)$ als

$$T_3(\alpha,p) = \Sigma < ALT(v_j,\chi_{<j}(MOD(c,p))) \mid 1 \leq j < c > \ .$$

Damit ist dann $f(\alpha,p)(i)$ gleich der einfachen Funktion $T(\alpha,p) = T_1(\alpha,p) + T_2(\alpha,p) + T_3(\alpha,p)$ von α und p.

Ist endlich i vom Typ 4 mit einem Weg $i = i_0 \leftarrow i_1 \leftarrow ... \leftarrow i_a$ und dem Zyklus $i_a = h_0 \leftarrow h_1 \leftarrow ... \leftarrow h_{c-1} \leftarrow ... \leftarrow h_c = h_0$ von i, so erhalte ich aus den Fällen 2 und 3 dann $f_i(\alpha,p)$ als

$$ALT(S_1(\alpha,p)+S_2(\alpha,p), \ CSG \circ \chi_{<a}(p)) + S_3(\alpha,p) + ALT(T(\alpha,p \dotminus a),\chi_{<a}(p)),$$

und auch dies ist eine einfache Funktion von α,p, da zusammen mit $p \dotminus 1$ auch $p \dotminus a$ für die Konstante a einfach ist. Das beendet den Beweis des Theorems 1.

Für das Folgende kann ich mich auf die Betrachtung zahlenwertiger einfacher Funktionen beschränken, da ich mit diesen Komponentenfunktionen auch die allgemeinen einfachen Funktionen beherrsche. Die Struktur dieser einfachen Funktionen ist nun in der Tat einfach: sie sind nämlich, unter gewissen Einschränkungen, von jeder ihrer Variablen nur *linear* abhängig. Funktionen wie s und + sind das schon ohne jede Einschränkung; $x \dotminus 1$ ist linear für $x > 0$ und $(x \dotminus 1) \dotminus 1$ dann linear für $x > 1$; ebenso ist $ALT(x,y)$ in der Variablen y allgemein nur für $y > 0$ linear. Einschränkungen anderer Art werden für die Funktionen QU(k,y) und MOD(k,y) nötig: sind y, y' *kongruent* modulo k, also $y - y' = t \cdot k$, so gilt $QU(k,y) - QU(k,y') = t$ und, natürlich, $MOD(k,y) - MOD(k,y') = 0$. Für Funktionen, welche durch Superposition entstehen, werden sich neue Einschränkungen aus denen bestimmen, welche für die zusammengesetzten Funktionen schon bestanden.

Um diese Situation zu beschreiben, wird es nötig sein, die Art und Weise, in der eine einfache Funktion f aus den Anfangsfunktionen entsteht, als eigenes, syntaktisches Objekt in die Betrachtung einzubeziehen (denn die bisher schon betrachteten syntaktischen Objekte zur Beschreibung von Funktionen, nämlich die PLR–Programme, leisten diese Aufgabe ja nicht). Ein solches Objekt nenne ich eine *Präsentation von* f, und im Prinzip kann dazu jede Art von Protokoll dienen, das *eine* (unter den mannigfachen) der Erzeugungen von f aus Anfangsfunktionen eindeutig protokolliert. Im mathematischen Formalismus bietet es sich an, eine *Präsentation* als ein Paar zu definieren, bestehend aus einem endlichen, etwa nach unten verzweigenden Baum B zusammen mit einer Funktion F, welche den Knoten e von B (einfache) Funktionen F(e) in folgender Art zuordnet:

(b)   ist e minimal, so ist F(e) eine einfache Anfangsfunktion ,

(bb)   ist e nicht minimal, so hat e mindestens zwei untere Nachbarn, und der am weitesten links stehende derselben ist minimal ,

(bbb)   sind $e_0, e_1, \ldots , e_n$ die unteren Nachbarn von e, so ist F(e) die Superposition

$$F(e_0) \circ < F(e_1), \ldots , F(e_n) > .$$

Ist e der größte Knoten von B, so heißt die Präsentation B,F eine *Präsentation von* F(e).

Um nun die Einschränkungen der Linearitätsaussagen zu formulieren, ordne ich jeder Präsentation zwei Zahlen T und M zu. Es sei T das Produkt über alle Zahlen k, die in Anfangsfunktionen QU(k,y), MOD(k,y) der Präsentation vorkommen; dabei mehrfach auftretende k werden auch in T mit der entsprechenden Vielfachheit verwendet; kommen solche k nicht vor, so sei T gleich 1. Es sei M gleich $1 + v \cdot T$, wobei v die Anzahl der Knoten ist, an denen die Vorgängerfunktion CS oder die Funktion ALT in der Präsentation vorkommt.

Zu positiven ganzen Zahlen t, m definiere ich auf der Menge ω^k die *Vergleichbarkeitsrelation* V(t,m) : es sollen α, β aus ω^k in der Relation V(t,m) stehen, falls für alle $i < k$ gilt

aus $(\alpha(i) \leq m$ oder $\beta(i) \leq m)$ folgt $\alpha(i) = \beta(i)$,

aus $(\alpha(i) > m$ oder $\beta(i) > m)$ folgt $\alpha(i) \equiv \beta(i)$ modulo t .

Dann ist V(t,m) eine Äquivalenzrelation. Denn aus $m_0 < m$ folgt $V(t,m) \subseteq V(t,m_0)$; ist t Vielfaches von t_0, so gilt auch $V(t,m) \subseteq V(t_0,m)$. Sind alle Glieder von α aus ω^k durch m beschränkt, so kann α nur mit sich selbst vergleichbar sein; enthält also eine Äquivalenzklasse A mehr als ein Element, so gibt es für jedes α in A ein i mit $\alpha(i) > m$, weshalb A auch alle β enthält, die aus α durch Addition Vielfacher von t an der Stelle i entstehen.

LEMMA 2   Es seien T, M zu einer Präsentation von $f = f^k$ bestimmt. Dann läßt sich zu jeder Äquivalenzklasse A der von T, M bestimmten Relation V(T,M) eine Folge ρ_f von nicht negativen, rationalen Konstanten so angeben, daß für alle α, β aus A gilt

$$f(\alpha) - f(\beta) = \Sigma < \rho_f(i) \cdot (\alpha(i) - \beta(i)) \mid i < k > .$$

Es ist also f auf A in jeder Variablen linear.

Zum Beweis kann ich mich auf solche α, β beschränken, die sich nur an einer Stelle unterscheiden, denn auf diesen Fall läßt sich der allgemeine zurückführen, indem man geeignete Zwischenstellen einfügt; im Fall $k = 2$ etwa

$$f(a_0,a_1)-f(b_0,b_1) = f(a_0,a_1) - f(b_0,a_1) + f(b_0,a_1) - f(b_0,b_1)$$
$$= \rho_f(0)\cdot(a_0-b_0) + \rho_f(1)\cdot(a_1-b_1) \ .$$

Deshalb werde ich fortan $V(T,M)$-vergleichbare α, β betrachten, die sich nur an der Stelle 0 mit Gliedern a_0, b_0 unterscheiden. Dabei muß dann $a_0 = b_0+n\cdot T$ mit ganzem n gelten, und ohne Einschränkung der Allgemeinheit darf ich $a_0 > b_0$ und n als positiv voraussetzen. Weiter schreibe ich r_f an Stelle von $\rho_f(0)$.

Ich führe den Beweis durch Induktion über die Erzeugung der einfachen Funktionen. Für die Anfangsfunktionen s, c_i^1, p_i^k und $+$ selbst ist die Behauptung klar; da p_0^1 die Identität ist, sind die Nachweise für CS, ALT, $QU(k,y)$ und $MOD(k,y)$ als Spezialfälle in den nachfolgenden Induktionsbeweisen enthalten. Sei die Behauptung nun für f, g mit T_f, M_f, T_g, M_g bewiesen; für Superpositionen verwende ich die Präsentationen, welche sich aus den für f, g vorliegenden Präsentationen ergeben. Wieder ist klar, daß die Behauptung dann auch für $s\circ f$, $c_i^1\circ f$ und $p_i^n\circ<f_j\,|\,j<n>$ mit $f_i = f$ zutrifft.

Für $h = CS\circ f$ gilt $T_h = T_f$, und aus $M_f = 1+v_fT_f$ und $v_h = 1+v_f$ folgt $M_h = M_f+T_f$. Aus der $V(T_h,M_h)$-Äquivalenz von α, β folgt daher auch ihre $V(T_f,M_f)$-Äquivalenz. Nach der Induktionsannahme gilt deshalb auch $f(\alpha)-f(\beta) = r_f\cdot(a_0-b_0) = r_f\cdot n\cdot T_f$. Im Fall $r_f = 0$ besagt das $f(\alpha) = f(\beta)$, weshalb auch $h(\alpha) = h(\beta)$ und $h(\alpha)-h(\beta) = r_f\cdot n\cdot T_f$. Im Fall $r_f > 0$ möchte ich sichern, daß $f(\beta) > 0$ gilt. Dazu bemerke ich, daß aus der $V(T_h,M_h)$-Äquivalenz von α, β folgt $b_0 > M_h$, also $b_0 > M_f+T_f$, weshalb $b_0^1 = b_0-T_f > M_f$. Ersetze ich b_0 in β durch b_0^1, so ist das entstehende β' zu β äquivalent, so daß die Induktionsannahme zu $f(\beta)-f(\beta') = r_f\cdot T_f$ führt. Mithin muß $f(\beta) > 0$ gelten, also $f(\beta) \geq 1$, und wegen $f(\alpha) \geq f(\beta)$ folgt dann endlich $h(\alpha)-h(\beta) = (f(\alpha)-1)-(f(\beta)-1) = f(\alpha)-f(\beta) = r_f\cdot n\cdot T_f$.

Für $h = QU(k,-)\circ f$ gilt $T_h = T_f\cdot k$ und $M_h \geq M_f$. Aus der $V(T_h,M_h)$-Äquivalenz von α, β mit $a_0 = b_0+n\cdot T_h = b_0+(n\cdot k)\cdot T_f$ folgt also ihre $V(T_f,M_f)$-Äquivalenz, weshalb nach Induktionsannahme dann $f(\alpha)-f(\beta) = r_f\cdot n\cdot k\cdot T_f$. Es sind also $f(\alpha)$, $f(\beta)$ kongruent modulo k, und man hat

$$QU(k, f(\alpha)) - QU(k, f(\beta)) = r_f\cdot n\cdot T_f = (r_f/k)\cdot n\cdot T_h \ .$$

Für $h = MOD(k,-)\circ f$ habe ich aber dieselben T_h und M_h, folglich ebenso $f(\alpha)-f(\beta) = r_f\cdot n\cdot k\cdot T_f$ und damit $MOD(k, f(\alpha)) - MOD(k, f(\beta)) = 0$.

Für $h = +\circ<f,g>$ gilt $T_h = T_f\cdot T_g$ und $M_h \geq M_f$, $M_h \geq M_g$. Aus der $V(T_h,M_h)$-Äquivalenz von α, β mit $a_0 = b_0+n\cdot T_f\cdot T_g$ und aus der Induktionsannahme folgen deshalb $f(\alpha)-f(\beta) = r_f\cdot n\cdot T_f\cdot T_g$ und $g(\alpha)-g(\beta) = r_g\cdot n\cdot T_f\cdot T_g$, mithin $(f(\alpha)+g(\alpha)) - (f(\beta)+g(\beta)) = (r_f+r_g)\cdot n\cdot T_h$. — Für $h = ALT\circ<f,g>$ habe ich ebenfalls $T_h = T_f\cdot T_g$, wegen $v_h = 1+v_f+v_g$ aber sogar $[M_h \geq M_f + T_f$ und$]$ $M_h \geq M_g + T_g$. Folglich habe ich zunächst ebenso $f(\alpha) - f(\beta) = r_f \cdot n \cdot T_h$ und $g(\alpha) - g(\beta) = r_g \cdot n \cdot T_h$. Im Fall $r_g \neq 0$ folgt aus $b_0 > M_g + T_g$ aber wieder $g(\beta) > 0$, weshalb $h(\beta) = 0$, und da auch $g(\alpha) > 0$ gilt, ist h auf der in Rede stehenden Äquivalenzklasse A konstant 0, so daß ich $r_h = 0$ setze. Sei nun $r_g = 0$, womit g auf A konstant ist. Ist dieser konstante Wert positiv, so ist h wieder auf A konstant 0, und ich setze $r_h = 0$. Ist g aber konstant 0, so ist h auf A gleich f, und ich setze $r_h = r_f$.

Das Lemma 2, zusammen mit dem Theorem 1, lehrt sogleich, daß bestimme elementare Funktionen *nicht* in $\mathbf{VLR_1}$ liegen: zum Beispiel die Funktion ESQ der ganzzahligen Quadratwurzel. Aber auch die Funktion $f(x,y) = x \div y$ kann nicht in $\mathbf{VLR_1}$ liegen, denn dann wäre

$$(a_0 \div a_1) - (b_0 \div b_1) = \rho_f(0) \cdot (a_0 - b_0) + \rho_f(1) \cdot (a_1 - b_1) ,$$

sofern nur die a_i, b_i oberhalb von M_f lägen und $a_i = b_i + n_i \cdot T_f$ gälte. Um das auf einen Widerspruch zu führen, nehme ich b_0, b_1 oberhalb von M_f mit $b_0 > b_1$ und setze $a_0 = b_0 + T_f$. Wegen $T_f \geq 1$ folgt aus $c \geq 1$ dann auch $(c+1) \cdot T_f = c \cdot T_f + T_f \geq c + T_f$, weshalb für $c = b_0 - b_1$ und $n_1 = 1 + (b_0 - b_1)$ auch $(b_0 - b_1) + T_f \leq n_1 \cdot T_f$, also $b_0 + T_f \leq b_1 + n_1 \cdot T_f$. Setze ich nun $a_1 = b_1 + n_1 \cdot T_f$, so folgt $a_0 \leq a_1$ und $a_0 \div a_1 = 0$, weshalb die linke Seite meiner Gleichung negativ wird, während das die rechte wegen $a_0 \geq b_0$ und $a_1 \geq b_1$ nicht ist.

Entscheidbarkeitsfragen

Seien t, m wieder positive ganze Zahlen; sei K_0 der Kubus in ω^k, bestehend aus allen κ mit $\max(\kappa) \leq m$, sei K_1 der Kubus aller κ mit $\max(\kappa) \leq m+t$ und K_2 der Kubus aller κ mit $\max(\kappa) \leq m+2t$. Jede Äquivalenzklasse A von $V(t,m)$, die nicht schon in K_0 liegt (und dann aus genau einem Element bestehen müßte), enthält genau ein Element von K_1. Denn liegt α aus A nicht schon in K_0, und sind $i_0, \ldots, i_{r-1}$ die Stellen $i_j < k$ mit $\alpha(i_j) > m$, so liefert Division mit Rest Darstellungen von $\alpha(i_j) - m$ als $n_j \cdot t + p_j$ mit $0 < p_j \leq t$, so daß der Vektor β mit

$$\beta(i) = \alpha(i) \text{ für } i \neq i_j \text{ und } \beta(i_j) = m + p_j \text{ für alle } j < r$$

in K_1 liegt und wegen $\alpha(i_j) = \beta(i_j) + n_j \cdot t$ zu α in der Relation $V(t,m)$ steht; ich bemerke noch, daß hier $n_j \geq 0$ gilt. Ist aber β' aus A in K_1, so folgt aus $m < \beta(i_j) \leq m+t$, $m < \beta'(i_j) \leq m+t$ und $\beta(i_j) \equiv \beta'(i_j)$ (modulo t) auch $\beta(i_j) = \beta'(i_j)$ und damit $\beta' = \beta$. Ich nenne β *den K_1-Repräsentanten* von A und von α. Aus der Existenz dieses Repräsentanten folgert man leicht, daß die Anzahl der Äquivalenzklassen von $V(t,m)$ gleich $(m+1+t)^k$ und damit endlich ist.

Ist eine einfache Funktion $f = f^k$ in einer Präsentation vorgelegt, gilt $M_f \leq m$ und ist t Vielfaches von T_f, so ist $V(t,m)$ in $V(T_f,M_f)$ enthalten, und das Lemma 2 gilt dann erst recht für die (allenfalls) kleineren Äquivalenzklassen A von $V(t,m)$. Außerhalb des Kubus' K_0 kann dann (sozusagen durch Rückwärtszählen) die Linearität von f nicht mehr gestört werden: T_f und erst recht t sind universelle *Linearitätsmoduln*, und die nichttrivialen, außerhalb K_0 gelegenen Äquivalenzklassen A von $V(t,m)$ sind *Strahlbereiche*, auf denen Linearität vorliegt.

Die Anfangsstellen solcher Strahlbereiche liegen in K_1, und im Folgenden werde ich zeigen, daß wesentliche Eigenschaften der Funktion f schon völlig durch ihr Verhalten auf K_1 und K_2 bestimmt sind. Dazu verwende ich, für jedes nicht in K_0 gelegene α, seinen K_1-Repräsentanten β mit $\alpha(i_j) - \beta(i_j) = n_j \cdot t$ und benutze die aus dem Lemma 2 abzulesende Formel

(1) $f(\alpha) = f(\beta) + \Sigma < \rho_f(i_j) \cdot n_j \cdot t \mid j < r >$ mit $n_j \geq 0$ für alle $j < r$.

Als erste Anwendung betrachte ich die Situation, daß f eine Nullstelle α hat. Dann muß in (1) auch die rechte Seite gleich 0 sein, und da sie aus nichtnegativen Summanden besteht, gilt auch $f(\beta) = 0$. Die Frage, ob f eine Nullstelle habe, läßt sich also durch Überprüfung der endlich vielen Argumente aus K_1 entscheiden. Damit läßt sich dann ebenso die Frage entscheiden, ob f einen gegebenen Wert c habe, denn zunächst ist die Funktion IFE einfach, die durch

$$IFE(x,y,z) = ALT(y,x) + ALT(z,CSG(x)) ,$$

definiert wird und für $x = 0$ den Wert y und für $x \neq 0$ den Wert z hat; für die Funktion

$$g(x) = IFE(IFE(f(x) \dot- c, 0, f(x)+1 \dot- c, 1), 1)$$

ist aber $g(x) = 0$ äquivalent zu $f(x) = c$.

Als zweite Anwendung betrachte ich die Beschränktheit einer Funktion f. Ist $\rho_f(n_j)$ positiv, so überschreitet $\rho_f(i_j) \cdot n_j \cdot t$ für hinreichend großes n_j jede Schranke. Damit f konstant sei, ist wegen (1) also notwendig und hinreichend, daß $\rho_f(i_j) = 0$ für alle $j < r$ gilt; eine beschränkte Funktion ist daher auf jeder Äquivalenzklasse A konstant. Das Verschwinden der $\rho_f(i_j)$ läßt sich an Argumenten aus K_2 überprüfen: definiere ich den *Stufenvektor* γ_j durch

$$\gamma_j(i) = \beta(i) \text{ für } i \neq i_j \text{ und } \gamma_j(i_j) = \beta(i_j)+t ,$$

so folgt aus (1) nun

(2) $f(\gamma_j) = f(\beta) + \rho_f(i_j) \cdot t$,

weshalb $\rho_f(i_j) = 0$ äquivalent zu $f(\gamma_j) = f(\beta)$ wird. Es gehört aber γ_j zu K_2; ich brauche also neben dem K_1-Repräsentanten β eines jeden A nur noch die r Stufenvektoren γ_j zu bilden und $f(\gamma_j) = f(\beta)$ zu entscheiden. Man beachte noch, daß die Stufenvektoren von A, also auch von t und m, nicht aber von f abhängen.

Die Stufenvektoren γ_j erlauben eine Umformung der Formel (1): aus (2) folgt

$$\rho_f(i_j) \cdot t = f(\gamma_j) - f(\beta) \ ,$$

und da nach Definition von β auch $n_j \cdot t = \alpha(i_j) - \beta(i_j)$ gilt, kann ich diese Ausdrücke in (1) einsetzen und erhalte

$$(3) \qquad f(\alpha) = f(\beta) + \Sigma < (f(\gamma_j) - f(\beta)) \cdot (\alpha(i_j) - \beta(i_j))/t \mid j < r > \ .$$

Dadurch wird $f(\alpha)$ mit den Funktionswerten von β und der γ_j berechnet; f ist also durch sein Verhalten auf K_2 schon völlig bestimmt.

Ist nun eine weitere einfache Funktion g mit einer Präsentation vorgelegt, und wähle ich m als das Maximum von M_f, M_g und t als das kleinste gemeinsame Vielfache von T_f, T_g, so ist $V(t,m)$ in $V(T_f,M_f)$ ebenso wie in $V(T_g,M_g)$ enthalten, und für die Äquivalenzklassen A von $V(t,m)$ gelten dann die gemachten Beobachtungen sowohl für f als auch für g. Stimmen also f und g auf K_2 überein, so stehen auf der rechten Seite von (3) für f und für g dieselben Ausdrücke, und damit gilt dann $f(\alpha) = g(\alpha)$ für jedes α. Die Frage, ob f und g übereinstimmen, läßt sich also durch Überprüfung der endlich vielen Argumente aus K_2 entscheiden.

Alle diese Aussagen über die Entscheidbarkeit von Fragen habe ich in Beziehung auf einfache Funktionen und deren Präsentationen gemacht. Zu einem PLR-Programm P vom Schleifengrad (höchstens) 1 liefert aber der Beweis des Theorems 1 einen Algorithmus zur Herstellung von Präsentationen für die Komponentenfunktionen der von P programmierten Funktion. Liegen diese Präsentationen vor, so lassen sich auch die beschriebenen Entscheidungsverfahren selbst (also die Bestimmung der Zahlen m und t, der K_1-Repräsentanten und der Stufenvektoren) als Algorithmen beschreiben, welche nach einer angebbaren Zahl von Schritten terminieren. Somit kann ich auch die entsprechenden Fragen für Programme in dieser Weise entscheiden und fasse das Beobachtete zusammen in dem

THEOREM 2   Die folgenden Fragen über PLR-Programme vom Schleifengrad (höchstens) 1 sind algorithmisch in endlich vielen Schritten entscheidbar:

    1.   Das Akzeptanzproblem: nimmt die von einem Programm P programmierte Funktion einen vorgegeben Wert an ?

    2.   Das Beschränktheitsproblem: ist die von einem Programm P programmierte Funktion beschränkt ?

3. Das Äquivalenzproblem: stimmen die von zwei Programmen P und Q programmierten Funktionen überein ?

Wenn immer von einem Algorithmus, einem nach Schemata verlaufenden Berechnungsverfahren die Rede ist, so stellt sich die Frage, durch welche Art von Programm einer formaleren Programmiersprache er ausgedrückt werden könne. Solche Sprachen werden dann von PLR_1–Programmen als Objekten handeln müssen, und im sogleich zu beginnenden dritten Teils dieses Buches wird sich alsbald zeigen, wie eine geeignete arithmetische *Kodierung* von PLR–Programmen sie sogar selbst zu Objekten anderer PLR–Programme werden läßt; die Analyse der hier umgangssprachlich formulierten Algorithmen zeigt dann, daß (bei geeigneter Kodierung) diese Entscheidungsprobleme für PLR_1– Programme durch PLR–Programme entschieden werden können.

Die Ergebnisse die Kapitels stammen von TSICHRITZIS [70] . .

Supplement 7.   Die Elimination von GOTOs

Im Kapitel 11 über Spracherweiterungen habe ich die Konfinalitätsmethode entwickelt, um von zwei miteinder verwandten Programmen zu zeigen, daß sie dieselbe Funktion berechnen. In diesem Supplement will diese Methode heranziehen, um einen syntaktischen Beweis dafür zu geben, daß sich die Sprache PLA durch GOTO- oder *Sprunganweisungen* verstärken läßt, ohne dadurch den Bereich der programmierbaren Funktionen zu vergrössern.

Bei diesen Anweisungen handelt es sich um die folgenden, neuen Statements:

GOTOs seien alle Ausdrücke "goto q", in denen q eine Ziffer für eine natürliche Zahl q ist;

in diesem Falle heiße die Zahl q das *Ziel* des GOTOs. Alsdann übernehme ich die bisherige Definition der P-Folgen unter Einschluß nun auch dieser Statements, so daß in (F1) jetzt auch GOTOs zugelassen sind. Ein PLAG-*Programm* $<A,k,n,m>$ definiere ich wie ein PLA-Programm, jedoch darf A nun GOTOs enthalten, sofern deren Ziele in def(A) liegen. Die semantische Behandlung eines GOTOs A(x) = "goto q" liegt auf der Hand: ein P-Vektor $<x,\alpha>$ wird in $<q,\alpha>$ überführt. Ich werde einen Algorithmus angeben, der jedes PLAG-Programm in ein PLA-Programm überführt, das dieselbe Funktion programmiert.

Zur Elimination der GOTOs eines PLAG-Programms werde ich in ihm neue While- und If- Schleifen einführen. Deshalb formuliere ich den Algorithmus als einen solchen zur Elimination von GOTOs aus PLAG-Programmmen mit If-Heads; daß auch diese dann eliminierbar sind, wurde bereits bemerkt.

Die obgenannten GOTOs werden bisweilen auch als *unbedingte* von noch weiteren, *bedingten* GOTOs unterschieden, nämlich Statements

"if $\mathscr{B}$ goto q" ,

in denen $\mathscr{B}$ eine Boolesche Kombination von Ausdrücken "$x_i{\neq}0$" ist; ein solches GOTO als A(x) soll $<a,\alpha>$ in $<q,\alpha>$ überführen, sofern $\mathscr{B}$ auf α zutrifft, anderenfalls in $<x+1,\alpha>$. Bedingte GOTOs lassen sich mit Hilfe von If-Schleifen auf unbedingte reduzieren, indem man sie durch "if $\mathscr{B}$ do" ersetzt und dahinter noch die zwei Statements "goto q" und "od" einfügt.

Schließlich will ich, um die Erwähnung von Ausnahmefällen zu umgehen, im Folgenden nur PLAG-Programme mit solchen GOTOs betrachten, für deren Ziel q das Statement A(q) nicht selbst ein GOTO und auch nicht

Head oder Tail einer Schleife ist. Das ist keine Einschränkung der Allgemeinheit, denn tritt ein GOTO mit solchem A(q) in einem Programm P auf, so füge ich unmittelbar hinter q eine neue Stelle ein, welche ebenfalls A(q) trägt, und ersetze dann das ursprüngliche A(q) am Ziel des GOTO durch "$x_0 := x_0$"; das so aus P entstehende Programm P' programmiert dieselbe Funktion wie P.

1. Zur Geometrie der P - Folgen

Ich beginne mit einigen Ergänzungen zur Geometrie der P-Folgen. Mein erstes Ziel ist die Aussage (G8), die besagt, daß einander überlappende P-Folgen sich als Verkettung der Bruchstücke darstellen lassen, welche durch die Überlappung definiert werden .

(G6a)   Es sei C P-Folge der Länge c. Sei $0 < a < c$ und sei A die Teilfolge von 0 bis $a-1$ von C. Ist A P-Folge, so ist das auch die Teilfolge B von a bis $c-1$.

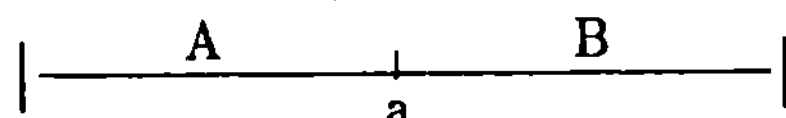

Der Beweis geschieht durch Induktion über c. Für $c = 2$ ist die Behauptung klar; sei sie für alle C' mit Längen $c' < c$ bewiesen. Da $c-1$ nicht in A liegt, kann C nicht mit einem Head C(0) beginnen, für das $0^* = c-1$ gilt; folglich ist C Verkettung zweier P-Folgen C_0, C_1 mit Längen c_0, c_1. Falls $a < c_0$, so liefert die Induktionsannahme für C_0 und A, daß die Folge B_0 von a bis c_0-1 P-Folge ist, und dann ist B als Verkettung von B_0, C_1 auch P-Folge. Falls $c_0 < a$, so liefert die Induktionsannahme für A und C_0, daß die Folge D_0 von c_0 bis $a-1$ P-Folge (und A Verkettung von C_0 und D_0) ist. Nun ist D_0 aber auch die Teilfolge von 0 bis $a-c_0-1$ von C_1; daher liefert die Induktionsannahme für C_1 und D_0, daß dort die Teilfolge D_1 in C_1 von $a-c_0$ bis c_1-1 P-Folge ist. Als Teilfolge von C läuft D_1 aber von $(a-c_0)+c_0 = a$ bis $(c_1-1)+c_0 = c_0+c_1-1 = c-1$ und ist deshalb die Folge B.

(G6b)   Es sei C P-Folge der Länge c. Sei $0 < b < c$ und sei B die Teilfolge von b bis $c-1$ von C. Ist B P-Folge, so ist das auch die Teilfolge A von 0 bis $b-1$.

Das beweist man völlig analog zu (G6a).

(G7)   Es sei X eine P-Folge; seien y,a,b mit $0 < y < a < y+b$, und sei A die Teilfolge von 0 bis $a-1$ und B die Teilfolge in X von y bis

$y+b-1$. Sind A und B P–Folgen, so ist das auch die Teilfolge A_0 von 0 bis $y-1$.

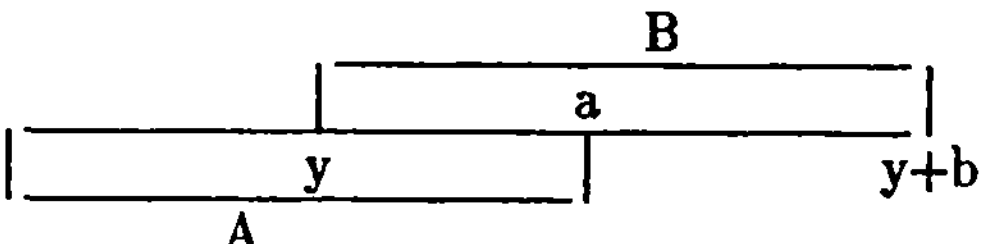

Der Beweis geschieht durch Induktion über b. Sei zunächst $B(0)$ eine Zuweisung, also als 1–gliedrige Folge P–Folge, so ist nach (G6a) P–Folge auch die Teilfolge B_1 in B von 1 bis $b-1$. Falls $y+1 = a$, $B(0) = A(a-1)$, $y-1 = a-2$, so ist A_0 nach (G6b) P–Folge. Diese Umstände liegen im Besonderen für $b = 2$ vor, und das sichert den Induktionsbeginn. Sei nun die Behauptung für alle B' mit Längen $b' < b$ bewiesen. Dann liefert im noch ausstehenden Fall $y+1 < a$ die Induktionsannahme für A und B_1, daß die Teilfolge A_1 in A von 0 bis y P–Folge ist; A_1 aber ist Verkettung von A_0 mit der 1–gliedrigen Folge $B(0)$, weshalb nochmals nach (G6b) auch A_0 P–Folge ist. Sei nun $B(0)$ keine Zuweisung, also ein Head, und da das in A auftritt, muß dort auch noch das korrespondierende Tail $B(i)$ liegen. Die Teilfolge B_0 in B von 0 bis i ist dann P–Folge, weshalb nach (G6a) auch die Teilfolge B_1 in B von $i+1$ bis $b-1$ P–Folge ist. Weil $B(i)$ in A auftritt, gilt immer noch $y+i < a$; die Induktionannahme liefert für A und B_1, daß die Teilfolge A_1 in A von 0 bis $y+i$ P–Folge ist. Die P–Folge B_0 stimmt aber überein mit der Teilfolge A_2 in A_1 von y bis $y+i$, die also auch P–Folge ist. Da A_1 Verkettung von A_0,A_2 ist, ist A_0 nach (G6b) P–Folge. – Unter den Voraussetzungen von (G7) ist X Verkettung dreier P–Folgen: zunächst A_0, dann die Teilfolge in A von y bis $a-1$, die nach (G6a) P–Folge ist, und da sie mit der Teilfolge in B von 0 bis $a-(y+1)$ übereinstimmt, ist dann wieder nach (G6a) auch die Teilfolge in B von $a-y$ bis $y+b-1$ eine P–Folge.

(G8)   Es sei A P–Folge und Verkettung zweier P–Folgen A_0 von 0 bis a_0-1 und A_1 von a_0 bis a_0+a_1-1. Es sei eine C Teilfolge in A von c_0 bis c_0+c_1-1 mit $c_0 \leq a_0 \leq c_0+c_1-1$. Ist C P– Folge, so sind das auch die Teilfolgen in A von 0 bis c_0-1 und von c_0+c_1 bis a_0+a_1-1.

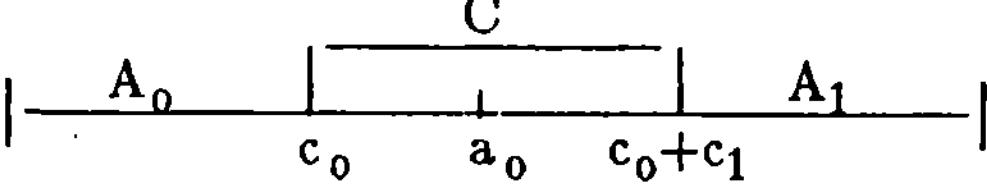

Es folgt aus (G7), angewandt auf A_0, C, daß die Teilfolge in A_0 (und damit in A) von 0 bis c_0-1 P–Folge ist. Es folgt aus (G7), angewandt auf C, A_1, daß die Teilfolge in A_1 von $c_0+c_1-a_0$ bis a_1-1 P–Folge ist, und in A ist das die Teilfolge von c_0+c_1 bis a_0+a_1-1. – Damit ist (G8) bewiesen, und nun kann ich auch noch (G2–3) verallgemeinern:

(G9)   Es seien A, B, C P-Folgen; C sei Teilfolge von A. Sei D die dadurch entstehende Folge von Statements, daß C aus A entfernt und die Folge B dort eingefügt wird. Dann ist auch D P-Folge. Sei b die Länge von B und sei C Teilfolge in A von c_0 bis c_0+c-1. Ist A(i) Ophead und A(j) das korrespondierende Optail und gilt $i < c_0$, $c_0+c-1 < j$, so ist D(j+b-c) das korrespondierende Optail zu D(i).

Ich beweise die erste Behauptung durch Induktion über den Aufbau von A. Entsteht A unter (F1), so ist D gleich B; entsteht A unter (F3), so ist die Induktion evident. Entsteht A unter (F2) als Verkettung von A_0, A_1, so ist die Induktion immer noch evident, wenn C Teilfolge von A_0 oder von A_1 ist. Überlappt C aber sowohl A_0 als A_1, so folgt aus (G8), daß A als Verkettung dreier P-Folgen C_0, C, C_1 darstellbar ist, und damit wird D Verkettung von C_0, B, C_1. Die zweite Behauptung folgt nun wie früher (G3). – Endlich werde ich noch benötigen

(G10)   Es sei A eine P-Folge der Länge a und es sei B eine Teilfolge in A von i bis i+b-1. Für jede Headstelle j von A folge aus $j < i$ auch $j^* < i$, aus $i+b < j^*$ auch $i+b < j$. Dann sind P-Folgen die Teilfolgen in A von 1 bis i-1 und von i+b bis a-2.

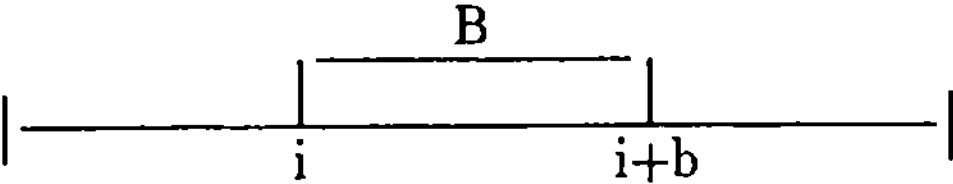

Ich betrachte das links von B gelegene Stück von A und bemerke zunächst, daß es eine mit 1 beginnende Teilfolge C von A gibt, die P-Folge ist und links von B bleibt. Das ist klar, falls A(1) Zuweisung ist, und ist A(1) Head, so muß auch 1^* noch links von i liegen, so daß ich für C die Teilfolge von 1 bis 1^* nehmen kann. Folglich gibt es auch eine längste mit 1 beginnende Teilfolge in A, die P-Folge ist und links von B bleibt; sei das C von 1 bis c-1. Wäre $c < i$, so unterschiede ich auf dieselbe Art, ob A(c) Zuweisung oder Head wäre; in jedem Fall führte das zu einer Verlängerung von C. Mithin muß $c = i$ gelten, und das war die Behauptung. Die Situation rechts von B ist völlig analog.

2. Das Verhältnis zweier Stellen

Eine Schleife, deren Head oder Tail in einer anderen Schleife liegt, muß ganz zu dieser gehören: in einer jeden P-Folge A folgt für Headstellen i, j aus $i < j < i^*$ auch $j^* < i^*$. GOTOs hingegen dürfen beliebig aus Schleifen hinaus- und in andere hineinspringen. Zur Analyse der Lageverhältnisse von GOTOs ist es deshalb angebracht, die Verschachtelungen von Schleifen genauer zu beschreiben. Ist i Headstelle einer P-Folge A, so sage ich von den Stellen j mit $i < j < i^*$ sie lägen *unter* i, und von i sage ich, es läge *über* diesen j.

Für jede Stelle a von A gibt es nun eine (möglicherweise leere) längste Folge von Headstellen $i_{n-1} < \ ... \ < i_0 < a$ so, daß für $k > 0$ dann i_k über i_{k-1} liegt und i_0 über a liegt; ich nenne sie *die Headstellenfolge* zu a, und ist sie nicht leer, so nenne ich die Zahl n, anderenfalls 0, die *Tiefe* von a in A. Mit diesen Bezeichnungen gilt

(G11a)   Die Teilfolgen in A von $i_k{+}1$ nach $i_{k-1}{-}1$, von $i_0{+}1$ nach $a{-}1$, von $a{+}1$ nach $i_0^*{-}1$, und von $i_{k-1}^*{+}1$ nach $i_k^*{-}1$ sind sämtlich P-Folgen.

Denn ist j ein weiteres Head mit $i_k < j < i_{k-1}$ für ein $k \leq n$, so muß, da j nicht mehr über a liegt, $j^* \leq a$, folglich auch $j^* < i_{k-1}^*$ gelten. Aus $i_{k-1} < j^*$ würde dann aber der Widerspruch $i_{k-1} < j$ folgen; mithin gilt auch $i_k < j < j^* < i_{k-1}$. Ebenso folgt aus $i_0 < j < a$ auch $i_0 < j < j^* < a$, aus $i_{k-1} < j^* < i_k^*$ auch $i_{k-1} < j < j^* < i_k^*$, aus $a < j^* < i_0^*$ auch $a < j < j^* < i_0^*$. Nun kann ich (G10) auf B als die Teilfolge von i_{k-1} nach i_{k-1}^* respektive auf die aus a allein bestehende Teilfolge anwenden.

Seien a,b A-Stellen, die weder Heads noch Tails sind, und seien n und m ihre Tiefen. Ist eine dieser Zahlen gleich 0, so nenne ich *Verhältnis von a zu* b das Paar $[n,m]$. Seien nun n und m beide positiv und seien $i_{n-1} < \ ... \ < i_0 < a$ und $j_{m-1} < \ ... \ < j_0 < b$ die Headstellenfolgen zu a und b. Dann liegt einer der beiden folgenden Fälle vor:

(V0) $i_{n-1} \neq j_{m-1}$. Dann gilt auch $i_{n-1}^* < j_{m-1}$ oder $j_{m-1}^* < i_{n-1}$, und ich nenne $[n,m]$ das *Verhältnis* von a zu b.

(V1) $i_{n-1} = j_{m-1}$. Dann gibt es kleinste Zahlen r,s mit $i_r = j_s$, und ich nenne das Paar $[r,s]$ das *Verhältnis* von a zu b.

Zur Erläuterung betrachte ich die Unterfälle des Falles (V1):

(a) $r > 0$, $s > 0$. Dann gilt $j_{s-1} < i_{r-1}$ oder $i_{r-1}^* < j_{s-1}$, also

$$i_r = j_s \ < \ j_{s-1} \ < \ b \ < \ j_{s-1}^* \ < \ i_{r-1} \ < \ a \ < \ i_{r-1}^* \ < \ i_r^* = j_s^*$$

oder

$$j_s = i_r \ < \ i_{r-1} \ < \ a \ < \ i_{r-1}^* \ < \ j_{s-1} \ < \ b \ < \ j_{s-1}^* \ < \ j_s^* = i_r^* \ .$$

Es gibt r ineinander geschachtelte Schleifen über a, welche b nicht enthalten, und s ineinander geschachtelte Schleifen über b, welche a nicht enthalten.

(b) $r > 0$, $s = 0$. Dann gilt $j_0 = i_r < b < i_{r-1}$ oder $i_{r-1}^* < b < i_r^* = j_0^*$. Es gibt r ineinander geschachtelte Schleifen über a, welche b nicht enthalten, und jede Schleife über b ist auch Schleife über a .

(c) $r = 0$, $s = 0$. Dann gilt $i_0 < a,b < i_0^*$. Die Schleifen über a und über b sind dieselben.

(d) $r = 0$, $s > 0$. Dann gilt $i_0 = j_s < a < j_{s-1}$ oder $j_{s-1}^* < a < j_1^* = i_0^*$. Es gibt s ineinander geschachtelte Schleifen über b, welche a nicht enthalten, und jede Schleife über a ist auch Schleife über b .

Im ersten dieser Unterfälle gilt außerdem:

(G11b)   Die Teilfolge in A von $j_{s-1}^* + 1$ nach $i_{r-1} - 1$, respektive von $i_{r-1}^* + 1$ nach $j_{s-1} - 1$, ist P-Folge.

Es folgt aus (G11a), daß die Teilfolge A' von $i_r + 1$ nach $i_{r-1} - 1$ eine P-Folge ist. In A' erfüllt die Teilfolge B' von j_{s-1} nach j_{s-1}^* die Voraussetzungen von (G10). Daraus folgt die erste Behauptung, und die zweite sieht man analog.

3. Voranschreitende GOTOs

Sei $P = <A,k,n,m>$ ein PLAG-Programm und A(a) ein GOTO "goto *b*". Ich werde ein PLAG- Programm $P' = <A',k,n,m+1>$ angeben, das ein GOTO weniger enthält und dieselbe Funktion wie P programmiert. Dabei betrachte ich in diesem Abschnitt ein voranschreitendes GOTO, i.e. eines mit $a < b$. Weiter will ich mich zunächst auf den Fall beschränken, daß a,b vom Verhältnis [2,2] sind. Ich bemerke, daß dann $i_1^* < j_1$. gilt. Denn weil j_1 nicht über a liegt, folgt aus $a < b < j_1^*$ auch $a < j_1$, weshalb $i_1 < j_1$. Aus $j_1 < i_1^*$ würde dann $j_1^* < i_1^*$ folgen, und das widerspräche der Voraussetzung, daß i_1 nicht über b liegt.

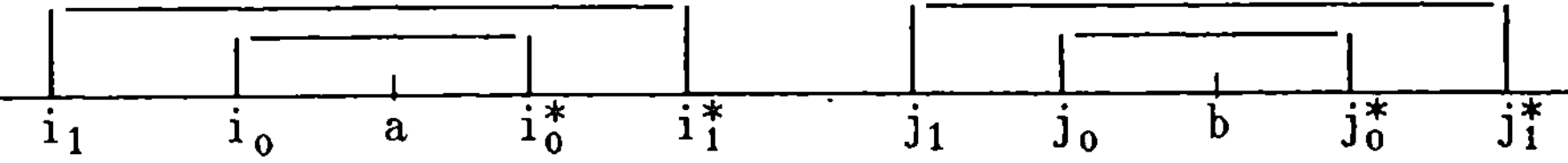

Die Konstruktion von P' läßt sich in Worten leicht beschreiben. Ich ersetze A(a) durch die Zuweisung "$x_m := 1$" und füge unmittelbar vor b die Zuweisung "$x_m := 0$" ein. Eine 1-*springende* If-Schleife zwischen zwei Stellen v, w mit $v < w$ entstehe durch Einfügen von "if $x_m = 0$ do" hinter v und Einfügen von "od" vor w; sie soll bewirken, daß bei mit 1 belegtem x_m von v nach w gesprungen wird. Solche 1-springenden If-Schleifen füge ich nun zwischen a, i_0^*, zwischen i_0^*, i_1^*, zwischen i_1^*, j_1, zwischen j_1, j_0 und zwischen j_0, b ein. Damit bei mit 1 belegtem x_m von a über diese Schleifen ohne Veränderung nach b gesprungen werde, muß ich an den A-Statements bei i_0, i_1, j_1, j_0 Veränderungen vornehmen.

$$i_1 \qquad i_0 \qquad a \qquad i_0^* \qquad i_1^* \qquad j_1 \qquad j_0 \quad \cdot \quad b \qquad j_0^* \qquad j_1^*$$

Denn gehören Tails i_0^*, i_1^* zu While-Heads i_k, so wird bei ihrem Durchlaufen geprüft, ob deren Testbedingungen $\mathscr{B}_k$ (aus "while $\mathscr{B}_k$ do") inzwischen verletzt sind; *nur dann* wird von i_k^* zu seinem Nachfolger fortgeschritten. Deshalb werde ich bei jedem While-Head i_k die Bedingung $\mathscr{B}_k$ zu $\mathscr{B}_k{}'$, nämlich "$\mathscr{B}_k$ *and* $x_m = 0$", verstärken, also die A(i_k) verändern. Des weiteren enthalten aber auch die Heads j_n, $n = 0,1$, Testbedingungen $\mathscr{C}_n$, und *sie* sollen bei Belegung von x_m mit 1 *stets* erfüllt sein, damit auch zum Nachfolger von j_n (nämlich zur eingefügten 1-springenden If-Schleife) fortgeschritten werde. Deshalb werde ich auch die A(j_n) verändern, indem ich die $\mathscr{C}_n$ zu "$\mathscr{C}_n$ *or* $x_m = 1$" abschwäche.

Um über das so entstehende Programm Behauptungen *beweisen* zu können, muß ich dieser Beschreibung eine Gestalt geben, welche sie Beweisen zugänglich macht. Mit h = def(A) und h' = h+11 definiere ich die *Stellenverschiebung* e als Abbildung von h+1 in h'+1 durch

$\varepsilon(z)$	$= z$	für $z \leq a$	$\varepsilon(z)$	$= z+5$	für $i_1^* < z < j_1$
$\varepsilon(z)$	$= z+1$	für $a < z < i_0^*$	$\varepsilon(j_1)$	$= j_1+6$	
$\varepsilon(i_0^*)$	$= i_0^*+2$		$\varepsilon(z)$	$= z+7$	für $j_1 < z < j_0$
$\varepsilon(z)$	$= z+3$	für $i_0^* < z < i_1^*$	$\varepsilon(j_0)$	$= j_0+8$	
$\varepsilon(i_1^*)$	$= i_1^*+4$		$\varepsilon(z)$	$= z+9$	für $j_0 < z < b$
			$\varepsilon(z)$	$= z+11$	für $b \leq z$.

Bequemer zu verwenden ist die Beschreibung von ε durch Rekursionsgleichungen, nämlich $\varepsilon(0) = 0$ und

$$\varepsilon(z+1) = \varepsilon(z)+3 \qquad \text{für } z = b-1,$$
$$\varepsilon(z+1) = \varepsilon(z)+2 \qquad \text{für } z = a,\ i_k^*-1,\ i_k^*,\ j_n-1,\ j_n \text{ mit } k,n = 0,1\ ,$$
$$\varepsilon(z+1) = \varepsilon(z)+1 \qquad \text{sonst.}$$

Für jedes Statement A(z) definiere ich sein *Bild* $A^\S(z)$:

"$x_m := 1$"	falls $z = a$,
"goto q"	falls $z \neq a$, A(z) = "goto p" und q die Ziffer für $\varepsilon(p)$ ist,
"while $\mathscr{B}_k{}'$ do"	falls $z = i_k$, A(z) = "while $\mathscr{B}_k$ do" mit $\mathscr{B}_k{}'$ als $\mathscr{B}_k$ *and* $x_m = 0$,
"while (if) $\mathscr{C}_n{}'$ do"	falls $z = j_n$, A(z) = "while (if) $\mathscr{C}_n$ do" mit $\mathscr{C}_n{}'$ als $\mathscr{C}_n$ *or* $x_m = 1$,
A(z)	sonst.

Damit definiere ich die Folge A' der Länge h' durch $A'(\varepsilon(z)) = A^\S(z)$ für die Bilder unter e, und

$$A'(e(b)-1) = "x_m := 0"$$
$$A'(y) \qquad = "\text{if } x_m = 0 \text{ do}" \qquad \text{für } y = \varepsilon(z)+1 \text{ mit } z = a,\ i_0^*,\ i_1^*,\ j_0,\ j_1$$

$$A'(y) \qquad = \text{"od"} \qquad \text{für } y = \varepsilon(b)-2 \text{ oder } y = \varepsilon(z)-1 \text{ mit } z = i_0^*, i_1^*, j_0, j_1.$$

Aus der Definition von e folgt, daß die Nicht-Bilder unter e die 11 A'-Stellen

(R0) $a+1$, $\varepsilon(z)-1$, $\varepsilon(z)+1$ für $z = i_k^*$, j_n mit $k,n = 0,1$, sowie $\varepsilon(b)-2$, $\varepsilon(b)-1$

sind; hinter $\varepsilon(x)$ liegt genau dann eine dieser Stellen, wenn $\varepsilon(x+1)$ nicht $\varepsilon(x)+1$ ist. Weiter waren in A die fünf Teilfolgen, in welche ich die 1-springenden If-Schleifen eingesetzt habe, nach (G11) P-Folgen. Deshalb bleibt A' nach (G9) eine P-Folge und wird $P' = \,<A',k,n,m+1>$ ein PLAG-Programm. Aus der Definition der $A^S(z)$ folgt die Eigenschaft

(E)   wenn $j = i^*$ in A, so $\varepsilon(j) = \varepsilon(i)^*$ in A' .

Weiter stelle ich die folgenden Beobachtungen für jede P-Berechnung Δ und jede P'-Berechnung Δ' zusammen:

(R1)   Aus $\Delta'(k) = \,<z,\alpha,v>$ und $z \neq a$, $z \neq \varepsilon(b)-1$ folgt $\Delta'(k+1) = \,<z_1,\alpha_1,v>$ *mit demselben* v ,

weil die Belegung von x_m nur bei a und $\varepsilon(b)-1$ verändert werden kann.

(R2)   Aus $\Delta(j) = \,<x,\alpha>$, $\Delta(j+1) = \,<y,\beta>$, und $\Delta'(k) = \,<\varepsilon(x),\alpha,v>$ folgt $\Delta'(k+1) = \,<z,\beta,w>$ *mit demselben* β .

Denn $A(x)$ und $A'(\varepsilon(x))$ enthalten dieselben Anweisungen zur Transformation der Belegungen der ersten m Variablen und verändern deshalb beide α in dasselbe β.

(R3)   Aus $\Delta'(k) = \,<\varepsilon(z),\alpha,1>$ und $z = i_k^*$ oder $z = j_n$ folgt $\Delta'(k+1) = \,<\varepsilon(z)+1,\alpha,1>$.

Das folgt unmittelbar aus der Definition der $\mathscr{B}_k'$ und $\mathscr{C}_n'$.

Ich behaupte nun, daß P und P' dieselbe Funktion programmieren.

Sei dazu Δ eine P-Berechnung mit einem initialen P-Vektor als erstem Glied $\Delta(0)$, und sei Δ' die P'-Berechnung, deren $\Delta'(0)$ durch Verlängerung von $\Delta(0)$ mit 0 entsteht. Ich werde eine Funktion Φ von $\text{def}(\Delta)$ in $\text{def}(\Delta')$ so angeben, daß für alle j in $\text{def}(\Delta)$ gilt

(T)   wenn $\Delta(j) = \,<x,\alpha>$, so $\Delta'(\Phi(j)) = \,<\varepsilon(x),\alpha,0>$.

Ist dann $\Delta(j)$ terminal, also $x = h$, so wird wegen $\varepsilon(h) = h'$ auch $\Delta'(\Phi(j))$ terminal sein, und daraus folgt die Behauptung. Die Funktion Φ definiere ich rekursiv durch $\Phi(0) = 0$ und, abhängig von $\Delta(j) = \,<x,\alpha>$ *und* von $\Delta(j+1) = \,<y,\beta>$, durch

$$\Phi(j+1) = \Phi(j)+11 \qquad \text{falls } x = a$$
$$\Phi(j+1) = \Phi(j)+3 \qquad \text{falls } x \neq a \text{ und } y = b$$
$$\Phi(j+1) = \Phi(j)+2 \qquad \text{falls } x \neq a \text{ und } \varepsilon(y) = \varepsilon(y-1)+2$$
$$\Phi(j+1) = \Phi(j)+1 \qquad \text{sonst .}$$

Nun beweise ich durch Induktion die Beziehung (T), zusammen mit der Aussage, daß für j aus $\mathrm{def}(\Delta)$ auch $\Phi(j)$ in $\mathrm{def}(\Delta')$ liegt. Das ist klar für $j = 0$; sei es für j bewiesen und sei $\Delta(j) = \,<x,\alpha>$. Im Falle $x = a$ gilt einerseits $\Delta(j+1) = \,<b,\alpha>$. Andererseits gilt $\varepsilon(a) = a$ und

$$\Delta'(\Phi(j)) \;= \;<\varepsilon(a),\alpha,0>$$
$$\Delta'(\Phi(j)+1) = \,<\varepsilon(a)+1,\alpha,1> \qquad \text{hier beginnt}$$
$$\Delta'(\Phi(j)+2) = \,<\varepsilon(i_0^*),\alpha,1> \qquad \text{eine 1-springende If-Schleife bis } \varepsilon(i_0^*)-1$$
$$\Delta'(\Phi(j)+3) = \,<\varepsilon(i_0^*)+1,\alpha,1> \qquad \text{wegen (E) und (R3). Und hier beginnt}$$
$$\Delta'(\Phi(j)+4) = \,<\varepsilon(i_1^*),\alpha,1> \qquad \text{eine 1-springende If-Schleife bis } \varepsilon(i_1^*)-1.$$
$$\Delta'(\Phi(j)+5) = \,<\varepsilon(i_1^*)+1, \alpha,1> \qquad \text{wegen (E) und (R3). Und hier beginnt}$$
$$\Delta'(\Phi(j)+6) = \,<\varepsilon(j_1),\alpha,1> \qquad \text{eine 1-springende If-Schleife bis } \varepsilon(j_1)-1$$
$$\Delta'(\Phi(j)+7) = \,<\varepsilon(j_1)+1,\alpha,1> \qquad \text{wegen (R3). Und hier beginnt}$$
$$\Delta'(\Phi(j)+8) = \,<\varepsilon(j_0),\alpha,1> \qquad \text{eine 1-springende If-Schleife bis } \varepsilon(j_0)-1 \text{ ,}$$
$$\Delta'(\Phi(j)+9) = \,<\varepsilon(j_0)+1,\alpha,1> \qquad \text{wegen (R3). Und hier beginnt}$$
$$\Delta'(\Phi(j)+10) = \,<\varepsilon(b)-1,\alpha,1> \qquad \text{eine 1-springende If-Schleife bis } \varepsilon(b)-2 \text{ ,}$$
$$\Delta'(\Phi(j)+11) = \,<\varepsilon(b),\alpha,0> \qquad .$$

Das erledigt den Fall $x = a$; sei fortan $x \neq a$. Falls $A(x) = \text{"goto } p\text{"}$, also $\Delta(j+1) = \,<p,\alpha>$, so geht $\Delta'(\Phi(j))$ unter $A'(\varepsilon(x)) = A^\S(x)$ über nach $<\varepsilon(p),\alpha,0>$. Falls $x = i_k$, $k = 0,1$, so trifft $\mathscr{B}_k$ auf α genau dann zu, wenn $\mathscr{B}_k'$ auf $<\alpha,0>$ zutrifft; daher gilt *sowohl* in diesem Falle *als* auch im Falle $x = i_k^*$ in Folge von (E), (R1), (R2)

(R4)   wenn $\Delta(j+1) = \,<i_k+1,\alpha>$, so
$$\Delta'(\Phi(j+1)) = \Delta'(\Phi(j)+1) = \,<\varepsilon(i_k)+1,\alpha,0> = \,<\varepsilon(i_k+1),\alpha,0>,$$
wenn $\Delta(j+1) = \,<i_k^*+1,\alpha>$, so
$$\Delta'(\Phi(j)+1) = \,<\varepsilon(i_k^*)+1,\alpha,0>,$$
$$\Delta'(\Phi(j+1)) = \Delta'(\Phi(j)+2) = \,<\varepsilon(i_k^*)+2,\alpha,0> = \,<\varepsilon(i_k^*+1),\alpha,0>.$$

Falls $x = j_n$, so trifft $\mathscr{C}_n$ auf α genau dann zu, wenn $\mathscr{C}_n'$ auf $<\alpha,0>$ zutrifft; daher gilt *sowohl* in diesem Falle *als* auch im Falle $x = j_n^*$ in Folge von (E), (R1), (R2)

(R5)   wenn $\Delta(j+1) = \,<j_n^*+1,\alpha>$, so
$$\Delta'(\Phi(j+1)) = \Delta'(\Phi(j)+1) = \,<\varepsilon(j_n^*)+1,\alpha,0> = \,<\varepsilon(j_n^*+1),\alpha,0>,$$
wenn $\Delta(j+1) = \,<j_n+1,\alpha>$, so
$$\Delta'(\Phi(j)+1) = \,<\varepsilon(j_n)+1,\alpha,0>,$$
$$\Delta'(\Phi(j+1)) = \Delta'(\Phi(j)+2) = \,<\varepsilon(j_n)+2,\alpha,0> = \,<\varepsilon(j_n+1),\alpha,0>.$$

Das erledigt die Fälle aller x, welche in A Heads oder Tails tragen, deren Testbedingungen in A' verändert wurden. In allen verbleibenden Fällen folgt aus $A(x) = A'(\varepsilon(x))$ mit (T), (R1), (R2), daß $\Delta(j+1) = \,<y,\beta>$

$$\Delta'(\Phi(j)+1) = <y',\beta,0>$$

zur Folge hat. Die A–Stelle y bestimmt sich aus der A–Stelle x als s+1 gemäß einer der zwei Möglichkeiten:

(s) s = x und y entsteht durch Fortschreiten von x, oder
(ss) s ist Stelle eines A(x) korrespondierenden Heads oder Tails;

wegen (E) bestimmt sich auf dieselbe Art die A'-Stelle y' aus der A'-Stelle $\varepsilon(s)$ als $\varepsilon(s)+1$. Ist daher $\varepsilon(s)+1$ *keine* der eingefügten A'-Stellen (R0), so gilt $\varepsilon(s)+1 = \varepsilon(s+1)$ und deshalb $y' = \varepsilon(y)$ sowie $\Phi(j+1) = \Phi(j)+1$; das beweist (T) auch für diese Fälle. Da $\varepsilon(b)-2$ eingefügt ist, kann $\varepsilon(s)+1$ nicht gleich $\varepsilon(b)-1$ sein. Die eingefügte A'-Stelle a+1 kann nur von a aus, nicht aber durch GOTOs oder Sprünge zu Schleifen erreicht werden; folglich kann es einen P'-Vektor $<a+1,\beta,0>$ nicht geben. Ist $\varepsilon(s)+1$ gleich einer der eingefügten Stellen $\varepsilon(z)-1$ für $z = i_0^*$, i_1^*, j_1, j_0, oder gleich $\varepsilon(b)-2$, so habe ich in den ersten vier Fällen $\varepsilon(s)+1 = \varepsilon(z)-1$, $\varepsilon(s) = \varepsilon(z)-2$, wegen $\varepsilon(z) = \varepsilon(z-1)+2$ also $\varepsilon(s) = \varepsilon(z-1)$ und $s = z-1$, $s+1 = z$, also $y = z$, womit

$$\Delta'(\Phi(j)) \quad = <\varepsilon(x),\alpha,0>$$
$$\Delta'(\Phi(j)+1) = <\varepsilon(s)+1,\beta,0> = <\varepsilon(z)-1,\beta,0>$$
$$\Delta'(\Phi(j)+2) = <\varepsilon(z),\alpha,0> = <\varepsilon(s+1),\alpha,0> = <\varepsilon(y),\alpha,0> \quad ,$$

weil $\varepsilon(z)-1$ Tail einer If-Schleife ist. Wegen $\Phi(j+1) = \Phi(j)+2$ ist damit in diesen Fällen (T) bewiesen. Im Fall $\varepsilon(s)+1 = \varepsilon(b)-2$ habe ich $\varepsilon(s) = \varepsilon(b)-3$, wegen $\varepsilon(b) = \varepsilon(b-1)+3$ also $\varepsilon(s) = \varepsilon(b-1)$ und $s = b-1$, $s+1 = b$, also $y = b$, womit

$$\Delta'(\Phi(j)) \quad = <\varepsilon(x),\alpha,0>$$
$$\Delta'(\Phi(j)+1) = <\varepsilon(s)+1,\beta,0> = <\varepsilon(b)-2,\beta,0>$$
$$\Delta'(\Phi(j)+2) = <\varepsilon(b)-1,\alpha,0> \qquad \text{weil } \varepsilon(b)-2 \text{ Tail einer If-Schleife ist,}$$
$$\Delta'(\Phi(j)+3) = <\varepsilon(b),\alpha,0> = <\varepsilon(y),\alpha,0> \quad ,$$

da $A'(\varepsilon(b)-1)$ gleich "$x_m = 0$" ist. Wegen $\Phi(j+1) = \Phi(j)+3$ ist damit auch in diesem Falle (T) bewiesen. Ist endlich $\varepsilon(s)+1$ gleich einer der eingefügten Stellen $\varepsilon(z)+1$ für $z = i_0^*$, i_1^*, j_1, j_0, so habe ich $\varepsilon(z) = \varepsilon(s)$, $s = z$, $y = z+1$, womit nun auch x gleich einem i_k, i_k^*, j_n, j_n^* ist und die schon oben erledigten Fälle (R4–5) vorliegen. Das beendet den Beweis von (T).

Damit ist die Elimination eines voranschreitenden GOTOs von a nach b in dem Falle nachgewiesen, daß a zu b das Verhältnis [2,2] hat. Es ist evident, wie sich die Konstruktion für andere Verhältnisse [p,q] mit $p \leq 2$, $q \leq 2$ vereinfacht. Es ist aber auch evident, wie sie bei Verhältnissen mit größeren p oder q zu verallgemeinern ist, da dann nur noch weitere 1-springende If-Schleifen eingefügt werden müssen.

4. Zurückspringende GOTOs

Sei $P = \,$<A,k,n,m>$\,$ ein PLAG-Programm und A(a) ein GOTO "goto b", jetzt aber ein zurückspringendes, i.e. ein solches mit $b < a$. Wieder werde ich ein PLAG-Programm $P' = \,$<$A',k,n,m+1$>$\,$ angeben, das ein GOTO weniger enthält und dieselbe Funktion wie P programmiert. Wieder will ich mich zunächst auf den Fall beschränken, daß a,b vom Verhältnis $[2,2]$ sind. Ich bemerke, daß dann $j_1^* < i_1$ gilt Denn weil i_1 nicht über b liegt, folgt aus $b < a < i_1^*$ auch $b < i_1$, weshalb $j_1 < i_1$. Aus $i_1 < j_1^*$ würde dann $i_1^* < j_1^*$ folgen, und das widerspräche der Voraussetzung, daß j_1 nicht über a liegt.

Zur Konstruktion von P' ersetze ich A(a) durch die Zuweisung "$x_m := 2$". Unmittelbar vor j_1 füge ich drei Stellen ein: eine erste mit "$x_m := 1$", eine zweite mit "while $x_m \neq 0$ do", die ich auch *die neue Headstelle* nenne, und eine dritte mit "$x_m := x_m \dot- 1$". Unmittelbar hinter i_1^* füge ich eine Stelle mit dem Tail zur neuen Headstelle ein, und unmittelbar vor b noch "$x_m := 0$". Wie zuvor erklärte 1-springende If-Schleifen (die auch bei mit 2 belegtem x_m springen) füge ich ein zwischen a, i_0^*, zwischen i_0^*, i_1^*, zwischen j_1, j_0 und zwischen j_0, b. Damit bei mit 1 belegtem x_m von a über diese Schleifen ohne Veränderung nach b gesprungen werde, muß ich dann wieder bei einem jedem While-Head i_k die Bedingung $\mathscr{B}_k$ zu $\mathscr{B}_k'$, nämlich zu "$\mathscr{B}_k$ and $x_m = 0$", verstärken; ebenso muß ich die Testbedingungen $\mathscr{C}_n$ an den j_n zu "$\mathscr{C}_n$ or $x_m = 1$" abschwächen.

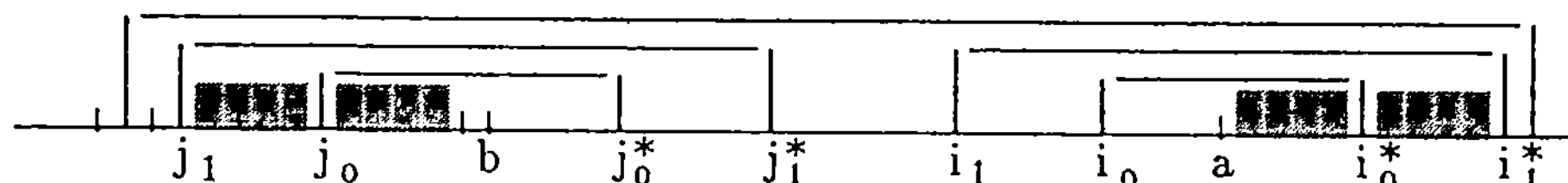

Mit $h = \text{def}(A)$ und $h' = h+13$ definiere ich die *Stellenverschiebung* e als Abbildung von $h+1$ in $h'+1$ durch

$\varepsilon(z)$	$= z$	für $z < j_1$		$\varepsilon(z)$	$= z+8$	für $b \leq z \leq a$
$\varepsilon(j_1)$	$= j_1+3$			$\varepsilon(z)$	$= z+9$	für $a < z < i_0^*$
$\varepsilon(z)$	$= z+4$	für $j_1 < z < j_0$		$\varepsilon(i_0^*)$	$= i_0^*+10$	
$\varepsilon(j_0)$	$= j_0+5$			$\varepsilon(z)$	$= z_0+11$	für $i_0^* < z < i_1^*$
$\varepsilon(z)$	$= z+6$	für $j_0 < z < b$		$\varepsilon(i_1^*)$	$= i_1^*+12$	
				$\varepsilon(z)$	$= z+13$	für $i_1^* < z$

oder durch die Rekursionsgleichungen $\varepsilon(0) = 0$ und

$$\varepsilon(z+1) = \varepsilon(z)+4 \quad \text{für } z = j_1-1 \ ,$$
$$\varepsilon(z+1) = \varepsilon(z)+3 \quad \text{für } z = b-1 \ ,$$
$$\varepsilon(z+1) = \varepsilon(z)+2 \quad \text{für } z = a, j_1, j_0-1, j_0, i_k^*-1, i_k^* \text{ mit } k = 0,1, \text{ sowie } i_1^*+1$$
$$\varepsilon(z+1) = \varepsilon(z)+1 \quad \text{sonst.}$$

Für jedes Statement $A(z)$ definiere ich sein *Bild* $A^\S(z)$:

$$"x_m := 2" \qquad \text{falls } z = a,$$
$$"\text{goto } q" \qquad \text{falls } z \neq a, A(z) = "\text{goto } p" \text{ und } q \text{ die Ziffer für } \varepsilon(p) \text{ ist,}$$
$$"\text{while } \mathscr{B}_k' \text{ do"} \qquad \text{falls } z = i_k, A(z) = "\text{while } \mathscr{B}_k \text{ do"} \text{ mit } \mathscr{B}_k' \text{ als } \mathscr{B}_k$$
$$and \ x_m = 0 \ ,$$
$$"\text{while (if) } \mathscr{C}_n' \text{ do"} \quad \text{falls } z = j_n, A(z) = "\text{while (if) } \mathscr{C}_n \text{ do"} \text{ mit } \mathscr{C}_n' \text{ als } \mathscr{C}_n$$
$$or \ x_m = 1 \ ,$$
$$A(z) \qquad\qquad \text{sonst.}$$

Damit definiere ich die Folge A' der Länge h' durch $A'(\varepsilon(z)) = A^\S(z)$ für die Bilder unter e, und

$$\begin{aligned}
&A'(j_1) &&= "x_m := 1" \\
&A'(j_1+1) &&= "\text{while } x_m \neq 0 \text{ do"} \\
&A'(j_1+2) &&= "x_m := x_m \dot{-} 1" \\
&A'(\varepsilon(b)-1) &&= "x_m := 0" \\
&A'(y) &&= "\text{if } x_m = 0 \text{ do"} \quad \text{für } y = \varepsilon(z)+1 \text{ mit } z = j_1, j_0, a, i_0^* \\
&A'(y) &&= "\text{od"} \qquad\qquad \text{für } y = \varepsilon(i_1^*)+1, \varepsilon(b)-2 \text{ oder } y = \varepsilon(z)-1
\end{aligned}$$
$$\text{mit } z = j_0, i_0^*, i_1^* \ .$$

Aus der Definition von e folgt, daß die Nicht-Bilder unter e die 13 A'-Stellen

(R0) j_1, j_1+1, $\varepsilon(z)-1$, $\varepsilon(z)+1$ für $z = i_k^*$, j_n mit $k,n = 0,1$, sowie $\varepsilon(b)-2$, $\varepsilon(b)-1$, $\varepsilon(a)+1$

sind; hinter $\varepsilon(x)$ liegt genau dann eine dieser Stellen, wenn $\varepsilon(x+1)$ nicht $\varepsilon(x)+1$ ist. Weiter waren in A die vier Teilfolgen, in welche ich die 1-springenden If-Schleifen eingesetzt habe, nach (G11) P–Folgen. Als Verkettung von P–Folgen ist auch die Teilfolge von j_1 nach i_1^* eine P–Folge; durch Vorsetzen der neuen Headstelle und Nachsetzen des zugehörigen Tails entsteht daher aus ihr eine P–Folge. Deshalb bleibt A' eine P–Folge und wird $P' = \ \langle A',k,n,m+1\rangle$ ein PLAG–Programm. Aus der Definition der $A^\S(z)$ folgt die Eigenschaft

(E)   Wenn $j = i^*$ in A, so $\varepsilon(j) = \varepsilon(i)^*$ in A'.

Für P–Berechnungen Δ und P'–Berechnungen Δ' finde ich jetzt

(R1)   Aus $\Delta'(k) = \ \langle z,\alpha,v\rangle$ und $z \neq a$, j_1, $\varepsilon(j_1)-1$, $\varepsilon(b)-1$ folgt $\Delta'(k+1)$
        $= \ \langle z_1,\alpha_1,v\rangle$ *mit demselben* v

weil die Belegung von x_m nur an den ausgeschlossenen Stellen verändert werden kann. – Die Beobachtungen (R2-3) kann ich vom Fall $a < b$ übernehmen.

Zum Nachweis, daß P und P' dieselbe Funktion programmieren, sei wieder Δ eine P–Berechnung mit einem initialen P–Vektor als erstem Glied $\Delta(0)$, und sei Δ' die P'–Berechnung, deren $\Delta'(0)$ durch Verlängerung von $\Delta(0)$ mit 0 entsteht. Ich werde eine Funktion Φ von def(Δ) in def(Δ') so angeben, daß für alle j in def(Δ) gilt

(T) wenn $\Delta(j) = \,<x,\alpha>$, so $\Delta'(\Phi(j)) = \,<\varepsilon(x),\alpha,0>$;

daraus folgt wieder die Behauptung. Die Funktion Φ definiere ich rekursiv durch $\Phi(0) = 0$ und, abhängig von $\Delta(j) = \,<x,\alpha>$ *und* $\Delta(j+1) = \,<y,\beta>$, durch

$$
\begin{array}{ll}
\Phi(j+1) = \Phi(j)+12 & \text{falls } x = a \\
\Phi(j+1) = \Phi(j)+4 & \text{falls } x \neq a \text{ und } y = j_1 \\
\Phi(j+1) = \Phi(j)+3 & \text{falls } x \neq a \text{ und } y = b \\
\Phi(j+1) = \Phi(j)+2 & \text{falls } x \neq a \text{ und } \varepsilon(y) = \varepsilon(y-1)+2 \\
\Phi(j+1) = \Phi(j)+1 & \text{sonst .}
\end{array}
$$

Nun beweise ich durch Induktion die Beziehung (T), zusammen mit der Aussage, daß für j aus def(Δ) auch $\Phi(j)$ in def(Δ') liegt. Das ist klar für $j = 0$; sei es für j bewiesen und sei $\Delta(j) = \,<x,\alpha>$. Im Falle $x = a$ gilt einerseits $\Delta(j+1) = \,<b,\alpha>$. Andererseits gilt $\varepsilon(a) = a+8$ und

$$
\begin{array}{ll}
\Delta'(\Phi(j)) \quad = \,<\varepsilon(a),\alpha,0> & \\
\Delta'(\Phi(j)+1) = \,<\varepsilon(a)+1,\alpha,2> & \text{hier beginnt} \\
\Delta'(\Phi(j)+2) = \,<\varepsilon(i_0^*),\alpha,2> & \text{eine 1–springende If–Schleife bis } \varepsilon(i_0^*)-1 \\
\Delta'(\Phi(j)+3) = \,<\varepsilon(i_0^*)+1,\alpha,2> & \text{wegen (E) und (R3). Und hier beginnt} \\
\Delta'(\Phi(j)+4) = \,<\varepsilon(i_1^*),\alpha,2> & \text{eine 1–springende If–Schleife bis } \varepsilon(i_1^*)-1. \\
\Delta'(\Phi(j)+5) = \,<\varepsilon(i_1^*)+1, \alpha,2> & \text{wegen (E) und (R3).} \\
\Delta'(\Phi(j)+6) = \,<j_1+2,\alpha,2> & \text{da } \varepsilon(i_1^*)+1 \text{ Tail zur neuen Headstelle } j_1+1 \\
\Delta'(\Phi(j)+7) = \,<\varepsilon(j_1),\alpha,1> & \text{mit } j_1+3 = \varepsilon(j_1) \qquad\qquad \text{[ist} \\
\Delta'(\Phi(j)+8) = \,<\varepsilon(j_1)+1,\alpha,1> & \text{wegen (R3). Und hier beginnt} \\
\Delta'(\Phi(j)+9) = \,<\varepsilon(j_0),\alpha,1> & \text{eine 1–springende If–Schleife bis } \varepsilon(j_0)-1 , \\
\Delta'(\Phi(j)+10) = \,<\varepsilon(j_0)+1,\alpha,1> & \text{wegen (R3). Und hier beginnt} \\
\Delta'(\Phi(j)+11) = \,<\varepsilon(b)-1,\alpha,1> & \text{eine 1–springende If–Schleife bis } \varepsilon(b)-2 , \\
\Delta'(\Phi(j)+12) = \,<\varepsilon(b),\alpha,0> .
\end{array}
$$

Das erledigt den Fall $x = a$; sei fortan $x \neq a$. Falls A(x) = "goto p", also $\Delta(j+1) = \,<p,\alpha>$, so geht $\Delta'(\Phi(j))$ unter $A'(\varepsilon(x)) = A^s(z)$ über nach $<\varepsilon(p),\alpha,0>$. Die Fälle $x = i_0$, i_0^* und $x = j_n$, j_n^*, $n = 0,1$, bei denen Heads oder Tails mit veränderten Testbedingungen auftreten, werden wörtlich wie in der Situation $a < b$ durch die Aussagen (R4–5) erledigt. In allen verbleibenden Fällen folgt aus $A(x) = A'(\varepsilon(x))$ mit (T), (R1), (R2), daß $\Delta(j+1) = \,<y,\beta>$

$$\Delta'(\Phi(j)+1) = \,<y', \beta, 0>$$

zur Folge hat. Die A–Stelle y bestimmt sich aus der A–Stelle x als $s+1$ mit einer der zwei Möglichkeiten:

(s) s = x und y entsteht durch Fortschreiten von x, oder
(ss) s ist Stelle eines A(x) korrespondierenden Heads oder Tails;

wegen (E) bestimmt sich auf dieselbe Art die A'-Stelle y' aus der A'-Stelle $\varepsilon(s)$ als $\varepsilon(s)+1$. Ist daher $\varepsilon(s)+1$ *keine* der eingefügten A'-Stellen (R0), so gilt $\varepsilon(s)+1 = \varepsilon(s+1)$ und deshalb $y' = \varepsilon(y)$ sowie $\Phi(j+1) = \Phi(j)+1$; das beweist (T) auch für diese Fälle. Da j_1, j_1+1, $\varepsilon(b)-2$ eingefügte A'-Stellen sind, also keine ε-Werte, kann $\varepsilon(s)+1$ nicht gleich j_1+1, $j_1+2 = \varepsilon(j_1)-1$, $\varepsilon(b)-1$ werden. Die eingefügte A'-Stelle $\varepsilon(a)+1$ kann nur von $\varepsilon(a)$ aus, nicht aber durch GOTOs oder Sprünge zu Schleifen erreicht werden; folglich kann es einen P'-Vektor $<\varepsilon(a)+1, \beta, 0>$ nicht geben. Ist $\varepsilon(s)+1$ gleich j_1, so folgt aus $s \leq \varepsilon(s)$ auch $s < j_1$ und $\varepsilon(s) = s$, also $s = j_1-1$ und $y = s+1 = j_1$. Damit habe ich

$$\begin{aligned}
\Delta'(\Phi(j)) \quad &= <\varepsilon(x),\alpha,0> \\
\Delta'(\Phi(j)+1) &= <j_1,\beta,0> \\
\Delta'(\Phi(j)+2) &= <j_1+1,\beta,1> \\
\Delta'(\Phi(j)+3) &= <j_1+2,\beta,1> \\
\Delta'(\Phi(j)+4) &= <j_1+3,\beta,0> = <\varepsilon(j_1),\beta,0> = <\varepsilon(y),\beta,0>,
\end{aligned}$$

und wegen $\Phi(j+1) = \Phi(j)+4$ ist damit in diesem Falle (T) bewiesen. Ist $\varepsilon(s)+1$ gleich einer der eingefügten Stellen $\varepsilon(z)-1$ für $z = i_0^*$, i_1^*, j_0, oder gleich $\varepsilon(b)-2$, so habe ich in den ersten drei Fällen $\varepsilon(s)+1 = \varepsilon(z)-1$, $\varepsilon(s) = \varepsilon(z)-2$, wegen $\varepsilon(z) = \varepsilon(z-1)+2$ also $\varepsilon(s) = \varepsilon(z-1)$ und $s = z-1$, $s+1 = z$, also $y = z$, womit

$$\begin{aligned}
\Delta'(\Phi(j)) \quad &= <\varepsilon(x),\alpha,0> \\
\Delta'(\Phi(j)+1) &= <\varepsilon(s)+1,\beta,0> = <\varepsilon(z)-1,\beta,0> \\
\Delta'(\Phi(j)+2) &= <\varepsilon(z),\alpha,0> = <\varepsilon(s+1),\alpha,0> = <\varepsilon(y),\alpha,0> ,
\end{aligned}$$

weil $\varepsilon(z)-1$ Tail einer If-Schleife ist. Wegen $\Phi(j+1) = \Phi(j)+2$ ist damit in diesen Fällen (T) bewiesen. Im Fall $\varepsilon(s)+1 = \varepsilon(b)-2$ habe ich wieder $\varepsilon(s) = \varepsilon(b)-3$, wegen $\varepsilon(b) = \varepsilon(b-1)+3$ also $\varepsilon(s) = \varepsilon(b-1)$ und $s = b-1$, $s+1 = b$, also $y = b$, womit

$$\begin{aligned}
\Delta'(\Phi(j)) \quad &= <\varepsilon(x),\alpha,0> \\
\Delta'(\Phi(j)+1) &= <\varepsilon(s)+1,\beta,0> = <\varepsilon(b)-2,\beta,0> \\
\Delta'(\Phi(j)+2) &= <\varepsilon(b)-1,\alpha,0> \qquad \text{weil } \varepsilon(b)-2 \text{ Tail einer If-Schleife ist,} \\
\Delta'(\Phi(j)+3) &= <\varepsilon(b),\alpha,0> = <\varepsilon(y),\alpha,0> ,
\end{aligned}$$

weil A'$(\varepsilon(b)-1)$ gleich "$x_m := 0$" ist. Wegen $\Phi(j+1) = \Phi(j)+3$ ist damit auch in diesem Falle (T) bewiesen. Ist $\varepsilon(s)+1$ gleich einer der eingefügten Stellen $\varepsilon(z)+1$ für $z = i_0^*$, i_1^*, j_1, j_0, so habe ich $\varepsilon(z) = \varepsilon(s)$, $s = z$, $y = z+1$, womit nun auch x gleich einem i_k, i_k^*, j_n, j_n^* ist und die schon oben erledigten Fälle (R4-5) vorliegen. Das beendet den Beweis von (T).

Damit ist die Elimination eines zurückspringenden GOTOs von a nach b in dem Falle nachgewiesen, daß a zu b das Verhältnis [2,2] hat. Es ist evident, wie sich die Konstruktion für andere Verhältnisse [p,q] mit $p \leq 2$, $q \leq 2$ vereinfacht. Es ist aber auch evident, wie sie bei Verhältnissen mit größeren p oder q zu verallgemeinern ist, da dann nur noch weitere 1-springende If-Schleifen eingefügt werden müssen.

TEIL III

REKURSIVE UND PARTIELL REKURSIVE FUNKTIONEN

Die μ-rekursiven und die partiell μ-rekursiven Funktionen habe ich ganz am Ende des Teiles I definiert, doch so gut wie nichts über sie bewiesen. Zu Anfang des Teiles II zeigte es sich sogleich, daß die PRA-programmierbaren Funktionen zu ihnen gehörten, und im Theorem 12.1 stellte sich heraus, daß partiell μ-rekursive und PRA-programmierbare Funktionen dieselben sind. Neben den durch triviale PRA-Programme gelieferten partiell μ-rekursiven Funktionen kenne ich bislang nur eine nichttriviale (totale) μ-rekursive Funktion, die nicht schon primitiv rekursiv ist, nämlich aus dem Kapitel 6 die PETERsche Funktion.

In den Kapiteln 22 und 23 werde ich nun eine Theorie *rekursiver* und *partiell rekursiver* Funktionen entwickeln, von denen sich zeigen wird, daß sie mit den μ-rekursiven und partiell μ-rekursiven übereinstimmen. Im Unterschied zu dem mehr zufälligen Erzeugungsprinzip der Minimierung werde ich meine Funktionenklassen jetzt durch strukturelle Eigenschaften beschreiben, welche sich auf die Beziehungen zwischen *Operatoren* R und F stützen werden, von denen R, wie schon früher untersucht, jeder Funktionenklasse F die Klasse R(F) der Relationen zuordnet, deren charakteristische Funktion in F liegt. Den Operator F werde ich sogleich im Kapitel 20 besprechen; er ordnet jeder Relationenklasse R die Klasse F(R) aller derjenigen Funktionen f zu, deren Graph G(f) zu R gehört. Neben der Vermeidung stets willkürlicher Erzeugungsprinzipien bietet die strukturelle Beschreibung den Vorteil, daß das Auftreten inkonstruktive Prozesse (wie sie bei der totalen Minimierung da vorliegen, wo geprüft werden muß, ob eine Relation *voll* sei) nicht mehr wiederholt erfolgt, sondern an *einer* Stelle isoliert werden kann.

Wesentliche, und auch für sich allein bedeutungsvolle Werkzeuge zu jener Beschreibung werden im Kapitel 21 bereitgestellt. Es sind das zunächst die AB- oder *beschränkt arithmetisch* abgeschlossenen Relationenklassen, welche die Graphen der Funktionen + und · enthalten und trivial, Boolesch sowie unter beschränkten Quantifizierungen abgeschlossen sind. Es sind weiterhin die Konstruktionen mit Hilfe des Operators E, welcher jeder Relationenklasse R die Klasse E(R) der Projektionen von Relationen aus R zuordnet; für Klassen R der Gestalt R(G) führt das zur Strukturtheorie der bezüglich G (rekursiv) *aufzählbaren* Relationen. Diese Werkzeuge werden es dann im Kapitel 23 auch erlauben, zunächst einen *lokalen* Darstellungssatz für partiell rekursive Funktionen zu gewinnen; aus ihm folgt wegen des im Kapitel 24 nachzuweisenden Vorhandenseins von Universalfunktionen dann als *globaler* Darstellungssatz das KLEENEsche *Uniformisierbarkeitstheorem.*

Die für die Praxis wichtigste Eigenschaft der partiell rekursiven Funktionen freilich bleibt ihr Zusammenhang mit der Programmierbarkeit: sie sind genau diejenigen, welche sich durch ein Programm als schematisches Berechnungsverfahren beschreiben lassen. Eine ihrer wohl spektakulärsten *Anwendungen* besteht in negativen Resultaten, nämlich in der Erkenntnis, daß gewisse Funktionen *nicht* partiell rekursiv sind und deshalb bestimmte Aufgaben, welche auf solche Funktionen führen, *nicht* durch schematische Berechnungsverfahren behandelt und entschieden werden können. Es ist das der Komplex der *Unentscheidbarkeitsresultate*, den ich im Kapitel 25 besprechen werde.

Ein Werkzeug, gewisse Funktionen als *nicht* partiell rekursiv zu erkennen, sind die Universalfunktionen, wie sie schon im Kapitel 7 eingeführt wurden. Bereits dort habe ich bemerkt, daß eine Klasse *totaler* Funktionen keine Universalfunktion für sich selbst enthalten kann und daß, allgemeiner, zu einer Universalfunktion U_1 einer Klasse **F** partieller Funktionen, welche zu **F** gehört, die Funktion D mit $D(x) = 1 + U_1(x,x)$ nicht für ihren Index d definiert sein kann. Dieselbe Argumentation lehrt:

(X)   Ist eine **F** eine Klasse partieller Funktionen, welche eine Universalfunktion U_1 für **F** enthält, so kann die Menge M der Indizes 1-stelliger *totaler* Funktionen in **F** nicht die *Wertemenge* einer 1-stelligen totalen Funktion aus **F** sein.

Denn gäbe es eine solche Funktion f in **F**, so läge auch die Funktion g mit $g(x) = 1 + U_1(f(x),x)$ in **F**. Für n aus ω sind die Zahlen f(n) Indizes totaler Funktionen, so daß $U_1(f(n),-)$ stets eine totale Funktion ist; mithin wäre auch g total. Da aber alle Indizes totaler Funktionen aus **F** als Werte unter f auftreten sollen, im Besonderen auch der Index d von g, gäbe es ein m mit f(m) = d, und nun folgte aus $g(x) = U_1(d,x)$ der Widerspruch $U_1(f(m),m) = g(m) = 1 + U_1(f(m),m)$.

Die so leicht zu bewiesene Erkenntnis (X) über M hat zur Folge, daß die Menge M *unentscheidbar* ist – in dem Sinne, daß es kein PLA-Programm gibt, welches ihre charakteristische Funktion χ_M berechnete, so daß χ_M nicht μ-rekursiv ist. *Weshalb* das allerdings eine Folge ist, das bedarf gerade der Eigenschaften (rekursiv) aufzählbarer Relationen und des globalen Darstellbarkeitstheorems aus dem Kapitel 23.

Alsdann bleibt aber als weitere Aufgabe, das Vorhandensein von Universalfunktionen innerhalb der Klasse der partiell rekursiven Funktionen nachzuweisen. Dies geschieht unter Verwendung der Technik der *Arithmetisierung,* die in rudimentärer Form bereits im Kapitel 6 gebraucht wurde, um die PETERsche Funktion als μ-rekursiv zu erkennen. Sie werde ich im Kapitel 24 anwenden, um die partiell rekursiven Funktionen als abgeschlossen unter verschachtelten 2-fachen Rekursionen zu erkennen, wie sie zur Definition der Universalfunktionen gebraucht werden.

Das Kapitel 26 über Uniformisierung ist den grundlegenden Ergebnissen der elementaren Rekursionstheorie gewidmet.

Die Arithmetisierung von Berechnungsverfahren ist wesentlich auch der Inhalt der Kapitel 27 und 30. Im Kapitel 27 kehre ich zu den PLA-Programmen zurück, wie sie im Kapitel 10 definiert wurden. Solche Programme wurden mit den Zeichen des Alphabets *aufgeschrieben,* und stellt man diese etwa durch ihre ASCII Nummern dar, so lässt sich ein jedes PLA-Programm als eine Folge solcher Nummern ansehen. Diese Nummern sind aber durch eine Zahl g beschränkt (z.B. durch 128), und damit lassen sich diese Nummernfolgen auch als *Zifferndarstellungen* zur Basis g von Zahlen auffassen. Damit sind PLA-Programme P durch Zahlen [P] kodiert, und umkehrt lassen sich *Parser* angeben, nämlich primitiv rekursive (meist sogar elementare) Funktionen, welche von einer Zahl ablesen, ob sie für diese Codierung ein Programm darstellt und, wenn ja, wie das genau aussieht. Das Verfahren, mit dem die von einem Programm P bestimmte Funktion f^k an einer Stelle α durch P berechnet wird, läßt sich nun selbst durch eine Funktion U^{k+1} beschreiben, welche $f^k(\alpha)$ als den Wert von $U^{k+1}([P], \alpha)$ liefert. U^{k+1} erweist sich aber als partiell rekursiv. Damit ist ein zweiter Nachweis für das Vorhandensein von Universalfunktionen geführt, und das U^{k+1} berechnende PLA-Programm ist ein Universalprogramm.

In den Kapiteln 28 bis 30 werde ich mich einer weiteren Beschreibung von Berechnungsverfahren zuwenden, nämlich derjenigen durch einen *Gleichungskalkül,* wie er für den Fall primitiv rekursiver Funktionen schon im Supplement 1 aufgestellt wurde. Dafür wird es unter anderem nötig, die Technik der Arithmetisierung auch auf die Beschreibung belegter Bäume auszudehen. Die damit schließlich zu gewinnende weitere Kennzeichnung der partiell rekursiven Funktionen liefert zugleich den originalen KLEENEschen Zugang zum Uniformisierungstheorem (und einen dritten Nachweis für das Vorhandensein von Universalfunktionen).

Kapitel 20. Die Funktionenklasse F(R) einer Klasse R
von Relationen

Im Teil I dieses Buches habe ich an vielen Stellen die Klasse $R(F)$ aller Relationen verwendet, deren charakteristische Funktionen einer gegebenen Funktionenklasse **F** angehören. Sei nun umgekehrt eine Klasse **R** von Relationen (verschiedener Stellenzahlen) vorgelegt. Zu **R** definiere ich als **F(R)** die Klasse aller Funktionen, deren Graphen in **R** liegen.

Ich werde zunächst einige einfache Eigenschaften der Klassen **F(R)** zusammenstellen. In einem Zwischenspiel werde ich eine (weitere) Kodierung endlicher Zahlenfolgen einführen und die (besonders simplen) zahlentheoretischen Tatsachen beweisen, auf denen ihre Eigenschaften beruhen. Der Hauptteil dieses Kapitels ist dem Theorem 1 gewidmet, welches hinreichende Bedingungen dafür nennt, daß eine Klasse **F(R)** primitiv rekursiv abgeschlossen ist.

Im Allgemeinen wird meine Klasse **R** *nicht* unter Superpositionen mit beliebigen Funktionen aus **F(R)** abgeschlossen sein; der Gebrauch von Superpositionen erfordert daher eine gewisse Sorgfalt. Ich werde jedoch durchgängig voraussetzen, daß **R** trivial abgeschlossen sei, i.e.

R sei abgeschlossen unter Superpositionen mit allen Projektionen p_i^k .

Die folgenden Beobachtungen sind einfach:

(RF0)   Ist **R** unter Superpositionen mit Funktionen aus **F(R)** abgeschlossen, so ist **F(R)** unter Superpositionen abgeschlossen.

Seien f^k und $g_0^m,..., g_{k-1}^m$ aus **F(R)**. Es liegt $<\alpha,a>$ genau dann in $G(f^k \circ <g_0^m,..., g_{k-1}^m>)$, wenn das Tupel $<g_0^m(\alpha),..., g_{k-1}^m(\alpha),a>$ in $G(f^k)$ liegt. Das ergibt

$$G(f^k \circ <g_0^m,..., g_{k-1}^m>) =$$

$$G(f^k)[g_0^m \circ <p_0^{m+1},..., p_{m-1}^{m+1}>,..., g_{k-1}^m \circ <p_0^{m+1},..., p_{m-1}^{m+1}>, p_m^{m+1}] ,$$

und jedes $g_i^m \circ <p_0^{m+1},..., p_{m-1}^{m+1}>$ liegt in **F(R)**, weil sein Graph aus $G(g_i^m)$ nach 1.(CC1) durch Hinzunahme eines leeren Arguments entsteht: er enthält $<\alpha,b,a>$ genau dann, wenn $<\alpha,a>$ in $G(g_i^m)$ liegt. – Mit E^2 als der 2-stelligen Identität gilt $G(p_i^k) = E^2[p_i^{k+1}, p_k^{k+1}]$. Folglich

(RF1)   Liegt E^2 in **R** so liegen alle p_i^k in **F(R)** .

(RF2)   Ist **R** Boolesch abgeschlossen, so ist **F(R)** abgeschlossen unter Definitionen durch Fallunterscheidung: seien A^k, B^k, C^k drei paarweise disjunkte Relationen aus **R** mit $\omega^k = A^k \cup B^k \cup C^k$; seien

g^k, h^k, j^k drei Funktionen aus $F(R)$. Dann enthält $F(R)$ die
Funktion f^k mit $f^k(\alpha) = g^k(\alpha)$ für $\alpha \epsilon A^k$, $f^k(\alpha) = h^k(\alpha)$ für $\alpha \epsilon B^k$,
$f^k(\alpha) = j^k(\alpha)$ für $\alpha \epsilon C^k$.

Denn R enthält die Menge aller $<\alpha,a>$ mit $\alpha \epsilon A^k$, und geschnitten mit
$G(g^k)$ ergibt das den Keim von $G(f^k)$ auf A^k; folglich enthält R die Vereinigung $G(f^k)$ der Keime auf A^k, B^k, C^k.

(RF3)   Ist R unter Superpositionen mit c_1^1 abgeschlossen, so gilt
          $R(F(R)) \subseteq R$.

Denn R liegt in $R(F(R))$ wenn der Graph $G(\chi_R)$ in R liegt, und aus $G(\chi_R)$
entsteht R durch Kontraktion des letzten Arguments 1 gemäß 1.(CC2).

(RF4)   Es sei R unter Superpositionen mit c_0^1, c_1^1 sowie positiv–Boolesch
          abgeschlossen; weiter liege E^2 in R. Dann gilt $R = R(F(R))$ genau
          dann, wenn R unter Komplementen abgeschlossen ist .

Sei zunächst R unter Komplementen abgeschlossen; ich zeige, daß für R
aus R der Graph $G(\chi_R)$ in R liegt. Denn R enthält die Menge aller Vekto-
ren $<\alpha,a>$ mit $\alpha \epsilon R$. Aus ihr entsteht die Menge aller $<\alpha,1>$ mit $\alpha \epsilon R$
durch Konstanthalten des letzten Arguments mit dem Wert 1 nach
1.(CC3); sie liegt daher in R. Dasselbe Argument lehrt, daß auch die
Menge aller $<\alpha,0>$ mit *nicht* $\alpha \epsilon R$ in R liegt. Folglich liegt auch $G(\chi_R)$
als Vereinigung dieser beiden Mengen aus R in R. Liegt umgekehrt $G(\chi_R)$
in R, so erhalte ich R und $-R$ daraus durch Kontraktion der letzten Argumente 1 und 0 gemäß 1.(CC2).

Ist G eine trivial und unter Superpositionen abgeschlossene Funktionenklasse, für die E^2 in $R(G)$ liegt, so lehrt das Argument aus 2.(FS1),
daß $R(G)$ die Graphen der Funktionen aus G enthält; mithin gilt dann
$G \subseteq F(R(G))$. Im Besonderen trifft das zu für simpel abgeschlossene oder
G_{-1}–abgeschlossene Klassen. Für sie finde ich überdies

(RF5)   Ist F simpel abgeschlossen oder G_{-1}–abgeschlossen, so gilt
          $R(F) = R(F(R(F)))$.

Das folgt aus 2.(FS9) und 5.(FB1–2).

Es ist in der Regel nicht evident, ob eine Klasse R unter Superpositionen mit Funktionen aus $F(R)$ abgeschlossen (und also $F(R)$ unter Superpositionen abgeschlossen) ist; unter einer zusätzlichen Voraussetzung über
R werde ich in 21.(RE5) ein hinreichendes Kriterium dafür angeben können. Und während ich für simpel oder G_{-1}–abgeschlossene Klassen F nach
2.(FS0) und 5.(FB2) weiß, daß $R(F)$ unter Superpositionen mit Funktionen aus F abgeschlossen ist, ist die Abgeschlossenheit von $R(F)$ unter
Superpositionen mit Funktionen aus $F(R(F))$ (und damit die Abgeschlossenheit von $F(R(F))$ unter Superpositionen) in der Regel nicht gegeben.

1.   Entr'acte: Zwei Fakten aus der Zahlentheorie

(FACT1)   Seien k und d positiv, und jedes i mit $0 < i < k$ sei Teiler von
d. Dann sind die k Zahlen $d_i = d \cdot (i+1) + 1$ mit $i < k$ paarweise coprim.

(FACT2)   Sind d_i, $i < k$, k Stück paarweise coprimer Zahlen und ist ξ in
ω^k, so gibt es eine Zahl c derart, daß für jedes i mit $i < k$ der
Rest $MOD(d_i,c)$ gleich $\xi(i)$ ist.

Die erste Behauptung ist leicht nachzuprüfen, und die zweite findet sich
unter dem Namen des *Chinesischen Restsatzes* in jedem Lehrbuch der
Zahlentheorie. Tatsächlich benötigt ihr Beweis nur die Division mit Rest
und die Definition der Teilbarkeitsbeziehung. Zwei positive Zahlen heißen
coprim wenn ihr einziger gemeinsamer Teiler die Zahl 1 ist.

(a0)   Für $d > 0$ sind d und $d \cdot j +1$ coprim .

Sei p ein gemeinsamer Teiler von d und $d \cdot j +1$, so daß $d = q_0 \cdot p$ und $d \cdot j$
$+1 = q_1 \cdot p$. Dann folgt $(q_0 \cdot p) \cdot j +1 = q_1 \cdot p$, so daß p Teiler von 1 sein
muß, i.e. $p = 1$. – Eine Zahl p heiße *irreduzibel* wenn $p > 1$ und aus $p =$
$a \cdot b$ folgt $a = 1$ oder $b = 1$. Ordnungsinduktion lehrt

(a1)   Jedes q mit $q > 1$ hat einen irreduziblen Teiler .

Denn ist q nicht selbst irreduzibel, so habe ich $q = a \cdot b$ mit $a > 1$ and $b > 1$,
folglich $a < q$, so daß ich die Induktionsannahme auf a anwenden kann.
Nun lehrt Division mit Rest

(a2)   Ist p irreduzibel und Teiler von $c \cdot d$, so ist p Teiler von c oder
von d .

Ich betrachte die Zahlen d so, daß p Teiler von $c \cdot d$ ist. Eine von ihnen ist
p selbst; folglich wird die *kleinste* von ihnen, d_0, die Eigenschaft $1 \leq d_0 \leq p$
haben. Jedes weitere d läßt sich als $q \cdot d_0 +r$ mit $0 \leq r < d_0$ schreiben. Das
ergibt $c \cdot r = c \cdot (d - q \cdot d_0) = c \cdot d - c \cdot q \cdot d_0$, und da p Teiler von $c \cdot d$ und
von $c \cdot d_0$ ist, wird p auch Teiler von $c \cdot r$. Da $r < d_0$, folgt $r = 0$ aus der
Minimalität von d_0, und somit ist jedes d ein Vielfaches von d_0. Falls nun
$d_0 = 1$, so teilt p auch c; falls $d_0 > 1$, so ist p Vielfaches von d_0, und da p
irreduzibel war, ist das nur für $p = d_0$ möglich. In diesem Falle teilt p also
jedes d . – Auf Grund von (a2) nennt man die irreduziblen Zahlen auch
Primzahlen.

Damit kann ich (FACT1) beweisen. Nach (a0) ist jedes d_i coprim zu d.
Kein Teiler q von d_i mit $q > 1$ kann also d teilen. Nun zeige ich, daß ein
gemeinsamer Teiler q von d_i und d_j auch Teiler von d sein müßte und
produziere damit einen Widerspruch. Nach (a1) kann ich q als irreduzibel

annehmen; sei weiter $i > j$. Dann teilt q auch $d_i - d_j = d \cdot (i-j)$, und aus (a2) folgt, daß q nun d oder i-j teilt. Die erste Möglichkeit habe ich schon ausgeschlossen, so daß q Teiler von i-j sein muß. Wegen $i-j < k$ folgt aus der Voraussetzung von (FACT1) aber, daß i-j Teiler von d ist. Somit müßte q immer noch Teiler von d sein.

(a3)   Sind x, y coprim und ist x Teiler von $b \cdot y$, so ist x auch Teiler von b .

Bei festem y ist dies eine Aussage H(x,b); durch Ordnungsinduktion über x beweise ich

für alle x: für alle $c \leq b$: H(x,c) .

Im Fall $x = 1$ ist das klar, und ist x irreduzibel, so folgt es aus (a2). Sei nun x nicht irreduzibel, und seien die Voraussetzungen von H(x,c) erfüllt. Es besitzt x eine Zerlegung $v \cdot w$ mit $0 < v < x$ und $0 < w < x$. Ein gemeinsamer Teiler von v, y wäre auch gemeinsamer Teiler von x, y ; folglich sind auch v, y ebenso wie w, y coprim. Anwendung von H(v,c) lehrt, daß v Teiler von c ist, i.e. $c = c_0 \cdot v$. Da x Teiler von $c \cdot y$ ist, i.e. $c \cdot y = q_0 \cdot x$, erhalte ich $c_0 \cdot v \cdot y = q_0 \cdot v \cdot w$, und wegen $0 < v$ ergibt das $c_0 \cdot y = q_0 \cdot w$. Somit ist w Teiler von $c_0 \cdot y$, und da w, y coprim waren und $c_0 \leq c \leq b$ gilt, kann ich $H(w,c_0)$ anwenden und w als Teiler von c_0 erschließen, i.e $c_0 = q_1 \cdot w$. Mithin $c = q_1 \cdot w \cdot v = q_1 \cdot x$, und das war zu beweisen. – Nun folgt, was ich wirklich über coprime Zahlen benötige:

(a4)   Ist x coprim zu y und zu z, so ist x coprim zu $y \cdot z$.

Ich verwende nun die Abkürzung "$u \equiv v$ (modulo n)" für die Aussage, daß $n > 0$ und $MOD(u, n) = MOD(v, n)$, und nenne u, v in diesem Fall *kongruent modulo* n. Es gilt

(a5)   Sind a,n coprim, so kann ich zu jedem d ein x mit $a \cdot x \equiv d$ (modulo n) finden.

Für jede der Zahlen s mit $0, ..., n-1$ sei $\psi(s)$ der Rest von $a \cdot s$ modulo n. Dann folgt aus $s \neq t$ auch $\psi(s) \neq \psi(t)$. Denn sei $s < t < n$; wären $a \cdot s$ und $a \cdot t$ kongruent modulo n, so wäre $a \cdot t - a \cdot s = a \cdot (t-s)$ durch n teilbar, und da a und n coprim sind, muß n Teiler von t-s sein, weshalb $t = s$. Somit ist ψ eine Injektion der Zahlenmenge $0, ..., n-1$ in sich, mithin eine Surjektion. Da ein vorgelegtes d genau einem Rest modulo n kongruent ist, ist es auch genau einem $s \cdot a$ mit $s < n$ kongruent. – Bekanntlich läßt sich x aus a, n und d durch den EUKLIDischen Algorithmus bestimmen.

(a6)   Sind $g_0, ..., g_{k-1}$, f paarweise coprim, so finde ich ein d, welches durch alle g_i teilbar und coprim zu f ist.

Hier kann ich d als das Produkt der Folge $g_0, ..., g_{k-1}$ wählen. Will ich den Gebrauch von Begriffen über Folgen vermeiden, so kann ich durch Induktion schließen. – An Stelle von (FACT2) beweise ich durch Induktion:

(a7)   Sind $g_0, ..., g_{k-1}$, f paarweise coprim und ist ζ in ω^k, so finde ich ein c so, daß c teilbar durch f ist und für alle $i < k$ gilt $c \equiv \zeta(i)$ (modulo d_i) .

Für $k = 1$ wähle ich c als $f \cdot x$ mit $f \cdot x \equiv \zeta(0)$ modulo g_0. Sei (a7) für k bewiesen und seien nun $g_0, ..., g_{k-1}$, g_k, f und σ in ω^{k+1} gegeben. Dann ist $g_0, ..., g_{k-1}$, $g_k \cdot f$ eine Folge paarweise coprimer Zahlen, so daß die Induktionsannahme ein v mit $v \equiv \sigma(i)$ (modulo g_i) für $i < k$ liefert und v durch $g_k \cdot f$ teilbar ist. Ferner gibt es ein d, das durch $g_0, ..., g_{k-1}$, f teilbar und zu g_k coprim ist. Zu diesem d finde ich ein e mit $d \cdot e \equiv \sigma(k)$ (modulo g_k) . Alsdann leistet $c = v + d \cdot e$ das Gewünschte.

An Beweisprinzipien habe ich in (a2) das Prinzip der kleinsten Zahl verwandt, das aus dem Induktionsprinzip durch klassische Kontraposition folgt. Ferner habe ich mehrfach durch Ordnungsinduktion geschlossen, wobei die Induktionsbehauptung (a3) sich auf eine nur beschränkt quantifizierte Formel bezog. Das Schubfachprinzip im Beweis von (a5) kann ebenfalls durch Induktion über die Aussage bewiesen werden, welche die dort gebrauchte Abbildung ψ beschreibt. In (a7) kann ich die Zahl c durch das Produkt von $g_0, ..., g_{k-1}$, f beschränken, im (FACT2) die Zahl c durch das Produkt p von $d_0, ..., d_{k-1}$ (denn erfüllt ein c mit $c \geq p$ die Behauptung, so erfüllt sie auch $c-p$). Ein solches c ist modulo p eindeutig bestimmt, denn erfüllt auch noch a mit $a > p$ die Behauptung (FACT2), so gilt $MOD(d_i, a-c) = 0$ für alle $i < k$, weshalb $a-c$ gleich 0 oder durch p teilbar sein muß.

2.   Die Kodierung endlicher Folgen durch die GÖDELsche β-Funktion

Bei der Besprechung der elementaren Funktionen im Kapitel 3 habe ich Abbildungen g^k angegeben, welche für jedes $k > 0$ Injektionen von ω^k in ω sind und, für verschiedene k, paarweise disjunkte Wertebereiche haben. Damit habe ich ein Verfahren zur Kodierung aller endlichen Zahlenfolgen in $\omega^\infty = U < \omega^k \mid k\epsilon\omega >$, die freilich nicht durch ein einziges Objekt der Funktionenwelt bewerkstelligt wird (weil nämlich die in der Mengenlehre erklärbare Vereinigung $U < g^k \mid k\epsilon\omega >$ keine Funktion fester Stellenzahl ist, wie allein ich sie hier betrachte). Bei der Konstruktion der g^k wurde explizit von der beschränkten Summation und Multiplikation und von der Exponentiation Gebrauch gemacht. Jetzt will ich ein anderes Kodierungsverfahren angeben, welches mit einer einzigen Funktion auskommt, die mit den schwächeren Hilfsmitteln (FACT1) und (FACT2) erklärt wird.

Ich definiere die vier simplen Funktionen

$$\beta_0 = \mathrm{MOD} \circ < s \circ \cdot \circ <\mathrm{p}_0^3,\ s \circ \mathrm{p}_2^3>,\ \mathrm{p}_1^3> \ ,$$

$$\beta = \beta_0 \circ <\mathrm{CRO}_0 \circ \mathrm{p}_0^2,\ \mathrm{CRO}_1 \circ \mathrm{p}_0^2,\ \mathrm{p}_1^2> \ ,$$

$$\mathrm{L} = \beta \circ <\mathrm{p}_0^1,\ \mathrm{c}_0^1> \ ,$$

$$\mathrm{K} = \beta \circ <\mathrm{p}_0^2,\ s \circ \mathrm{p}_1^2> \ ,$$

i.e.

$$\beta_0(\mathrm{d,c,i}) = \mathrm{MOD}(\mathrm{d}\cdot(\mathrm{i}+1)+1,\ \mathrm{c}) \quad , \quad \beta(\mathrm{b,i}) = \beta_0(\mathrm{CRO}_0(\mathrm{b}),\ \mathrm{CRO}_1(\mathrm{b}),\ \mathrm{i}) \ ,$$

$$\mathrm{L(b)} = \beta(\mathrm{b},0) \quad\quad\quad , \quad\quad \mathrm{K(b,i)} = \beta(\mathrm{b},\ \mathrm{i}+1) \ .$$

β_0 heißt die 3-stellige GÖDELsche Funktion und β die 2-stellige GÖDEL-sche Funktion. Man bemerke, daß $\mathrm{MOD}(\mathrm{x,y}) < \mathrm{y}$ für $\mathrm{y} > 0$, weshalb $\beta_0(\mathrm{d,c,i}) < \mathrm{c}$ für $\mathrm{c} > 0$. Aus $\mathrm{CRO}_1(\mathrm{b}) \leq \mathrm{b}$ folgt

$$\text{wenn } 0 < \mathrm{b} \ \text{ so } \ \beta(\mathrm{b,i}) < \mathrm{b} \ .$$

Nun werde ich zeigen

(0)   für jedes k, k > 0, und für jedes ξ in ω^{k} gibt es eine Zahl b so, daß für jedes i < k gilt $\beta(\mathrm{b,i}) = \xi(\mathrm{i})$.

Denn sind k und ξ in ω^{k} gegeben, so wähle ich die Zahl d in (FACT1). Nach (FACT2) finde ich eine Zahl c so, daß für alle i < k

$$\beta_0(\mathrm{d,c,i}) = \xi(\mathrm{i}) \ \text{ und } \ \beta_0(\mathrm{d,c,i}) < \mathrm{c} \ .$$

Setze ich b = CAU(d,c) , so folgt $\beta(\mathrm{b,i}) = \xi(\mathrm{i})$. Anwendung von (0) auf $<\mathrm{k},\xi>$ ergibt

(1)   für jedes k, k > 0, und für jedes ξ in ω^{k} gibt es eine Zahl b so, daß L(b) = k und für jedes i < k gilt K(b,i) = $\xi(\mathrm{i})$,

i.e. L(b) ist die Länge von ξ und K(b,i) ist das i-te Glied von ξ .

Mit Hilfe von β definiere ich Kodierungsabbildungen Γ von ω^∞ in ω, indem ich, für α in ω^{k}, als Wert $\Gamma(\alpha)$ *eine* Zahl b mit der Eigenschaft (1) wähle. Wie immer auch diese Wahl getroffen sein mag, so wird Γ dann injectiv sein, jedoch bestimmen k und α den Wert b *keineswegs* eindeutig: während (1) gilt, sind doch die K(b,i) für i $\geq$ L(b) unbestimmt.

Zum Beispiel kann ich die Zahl d als die Fakultät (k−1)! oder, meist kleiner, als das kleinste gemeinsame Vielfache von 2,..., k−1 wählen; im Fall k = 4 etwa liefert das d = 6. Die Zahl c in (FACT2) ist eindeutig modulo dem Produkt der Zahlen d_{i} bestimmt, und die Beweise von (a6) und (a7) beschreiben Algorithmen um c zu berechnen. Für die Folge

$$\alpha = <1,2,3>$$

finde ich 25728 als die Lösung der 4 Kongruenzen $3 \equiv \mathrm{c}$ (mod 7), $1 \equiv \mathrm{c}$ (mod 13), $2 \equiv \mathrm{c}$ (mod 19), $3 \equiv \mathrm{c}$ (mod 25). Mithin erhalte ich a = CAU(d,c)

$= \mathrm{CAU}(6,\,25728) = 331\,132\,251$ als *einen* der möglichen Werte $\Gamma(\alpha)$ einer so bestimmten Kodierungsabbildung Γ .

Ich definiere die *spezielle* Kodierungsabbildung Γ_0, indem ich $\Gamma_0(\alpha)$ als die *kleinste* Zahl b mit der Eigenschaft (1) wähle. Dieses b zu finden, verlangt allerdings eine schrittweise Suche, die hier bei $20\,914\,282$ abbricht. In diesem Falle ist also der Wert $\Gamma_0(\alpha)$ um eine Zehnerpotenz kleiner als der mit dem Chinesischen Restsatz bestimmte Wert $\Gamma(\alpha)$. Die Elemente b aus $\mathrm{im}(\Gamma_0)$ lassen sich durch

(2a)   für alle a: wenn $L(a) = L(b)$ und, für alle $i < L(b)$, auch
$K(b,i) = K(a,i)$, dann $b \leq a$

oder

(2b)   für alle a: wenn $a < b$ so ($L(b) \neq L(a)$ *oder* es gibt ein i mit $i < L(b)$
und $K(b,i) \neq K(a,i)$)

charakterisieren. Glücklicher Weise werde ich im Folgenden nicht Γ_0 selbst sondern nur $\mathrm{im}(\Gamma_0)$ benötigen, und deshalb werde ich nun (2a) oder (2b) als *Definition einer Menge* U ansehen.

3.   Klassen R mit primitiv rekursiv abgeschlossenem F(R)

Unter Gebrauch der soeben erklärten Funktionen L und K sowie der Menge U beweise ich nun das

THEOREM 1   Sei R eine Relationenklasse mit

(RG0)   F(R) enthält die Funktionen p_i^k, c_0^1, s, $+$, $\cdot$, MOD,
CRO_0, CRO_1 ,
(RG1)   R enthält E^2 und $-E^2$,
(RG2)   R ist positiv–Boolesch abgeschlossen ,
(RG3)   R ist unter Superpositionen mit Funktionen aus F(R)
abgeschlossen ,
(RG4)   R ist abgeschlossen unter $\forall_<$ und $\exists_<$.

Dann ist F(R) primitiv rekursiv abgeschlossen .

F(R) enthält die primitiv rekursiven Anfangsfunktionen s, c_0^1, p_i^k, und es folgt aus (RF0), daß F(R) unter Superpositionen abgeschlossen ist. Es bleibt zu zeigen, daß F(R) unter primitiven Rekursionen abgeschlossen ist: sind g^k, r^{k+2} in F(R), so ist das auch die Funktion f^{k+1} mit

$$f^{k+1}(\delta,0) = g^k(\delta) \quad , \quad f^{k+1}(\delta,n{+}1) = r^{k+2}(\delta,\,n,\,f^{k+1}(\delta,n)) \ .$$

Zunächst enthält $\mathbf{F(R)}$ die Funktionen β_0, β, L und K, die durch Superpositionen aus in (RG0) genannten Funktionen entstehen. Sei H^{k+2} die Menge aller $<\delta,n,b>$ mit

(3) (0.b) $b \epsilon U$,

    (1.b) $L(b) = n+1$,

    (2.b) $K(b,0) = g^k(\delta)$,

    (3.b)   für alle $i < n$: $K(b,i+1) = r^{k+2}(\delta, i, K(b,i))$;

die innere Behauptung in (3.b) werde ich als (b.i) abkürzen. Ich bemerke zuerst

(4)   liegen $<\delta,n,b>$ und $<\delta,n,c>$ in H^{k+2}, so gilt $b = c$.

Da b,c nach (0.b), (0.c) in U liegen, folgt aus (2a), daß $b = c$ dann gilt, wenn $L(b) = L(c)$ – was aus (1.b), (1.c) folgt – und wenn $K(b,i) = K(c,i)$ für alle $i < L(b)$. Das aber folgt für $i = 0$ aus (2.b), (2.c), und (3.b), (3.c) erlauben es dann, von $K(b,i) = K(c,i)$ auf $K(b,i+1) = r^{k+2}(\delta,i,K(b,i)) = r^{k+2}(\delta,i,K(c,i)) = K(c,i+1)$ für $i < n+1$ zu schließen. – Nun beweise ich durch Induktion über i

(5)   für alle n,m,b,c : wenn $i \leq n$ und $i \leq m$ und $<\delta,n,b> \epsilon H^{k+2}$ und
    $<\delta,m,c> \epsilon H^{k+2}$, so $K(b,i) = K(c,i)$.

Für $i = 0$ folgt das aus $K(b,0) = K(c,0) = g^k(\delta)$ nach (2.b) und (2.c). Sei (5) für i bewiesen und seien $<\delta,n,b>$ und $<\delta,m,c>$ in H^{k+2} mit $i+1 \leq n$ und $i+1 \leq m$. Schliesslich folgt dann aus $K(b,i) = K(c,i)$ auch $K(b,i+1) = r^{k+2}(\delta,i,K(b,i)) = r^{k+2}(\delta,i,K(c,i)) = K(c,i+1)$ nach (b.i) und (c.i) – Alsdann beweise ich durch Induktion über n

(6)   zu jedem $<\delta,n>$ gibt es ein b mit $<\delta,n,b> \epsilon H^{k+2}$.

Für $n = 0$ liefert (1) ein minimales b mit $L(b) = 1$ und $K(b,1) = g^k(\delta)$; angesichts seiner Minimalität liegt b in U, da $L(b) = 1$ und da $K(b,1)$ vorgegeben ist. Sei nun zu $<\delta,n>$ ein b mit (6) gefunden; alsdann liefert (1) ein b_0 minimal für die Eigenschaften

    (6.1) $L(b_0) = n+2$,

    (6.2)   für alle $i \leq n$: $K(b_0,i) = K(b,i)$,

    (6.3) $K(b_0,n+1) = r^{k+2}(\delta, n, K(b,n))$.

Angesichts seiner Minimalität liegt b_0 in U, da $L(b_0) = n+2$ und da die ersten $n+1$ Werte $K(b,i)$ durch (6.2), (6.3) vorgegeben sind. Die Bedingung $(1.b_0)$ for $<\delta,n+1,b_0> \epsilon H^{k+2}$ ist offenbar erfüllt. Die Bedingung $(2.b_0)$ folgt aus (2.b) und aus $K(b_0,0) = K(b,0)$ nach (6.2). Die Bedingungen $(b_0.i)$, i.e. $K(b_0,i+1) = r^{k+2}(\delta,i,K(b_0,i))$ für $i \leq n$, gelten für $i < n$ weil dann $K(b_0,i+1) = K(b,i+1) = r^{k+2}(\delta,i,K(b,i)) = r^{k+2}(\delta,i,K(b_0,i))$ nach (b.i) und (6.2). Die Bedingung $(b_0.n)$ gilt weil $K(b_0,n+1) = r^{k+2}(\delta,n,K(b,n)) = r^{k+2}(\delta,n,K(b_0,n))$ nach (6.3), (6.2). Das beschließt den Induktionsbeweis von (6).

Es folgt aus (4) und (6), daß H^{k+2} Graph einer Funktion h^{k+1} mit dem Definitionsbereich ω^{k+1} ist. Nun setze ich

$$(7) \qquad f^{k+1} = K \circ <h^{k+1}, p_k^{k+1}> \qquad \text{i.e. } f^{k+1}(\delta,n) = K(h^{k+1}(\delta,n),n) .$$

Somit folgt $f^{k+1}(\delta,0) = K(h^{k+1}(\delta,0),0) = g^k(\delta)$ aus $(2.\,h^{k+1}(\delta,0))$. Und (5), angewandt auf $m = n{+}1$ und $i = n$, ergibt mir dann $K(h^{k+1}(\delta,n{+}1),n) = K(h^{k+1}(\delta,n),n)$, weshalb auch

$$\begin{aligned}
f^{k+1}(\delta, n{+}1) &= K(h^{k+1}(\delta,n{+}1), n{+}1) && \text{nach (7)} \\
&= r^{k+2}(\delta,n, K(h^{k+1}(\delta,n{+}1),n)) && \text{nach der Bedingung } (h^{k+1}(\delta,n{+}1),n) \\
&= r^{k+2}(\delta,n, K(h^{k+1}(\delta,n),n)) && \text{Anwendung von (5)} \\
&= r^{k+2}(\delta,n, f^{k+1}(\delta,n)) && \text{nach (7) .}
\end{aligned}$$

Folglich ist f^{k+1} in der Tat die aus g^k und r^{k+2} durch primitive Rekursion erklärte Funktion. Meine Anstrengungen jedoch habe ich deshalb unternommen, um die Funktion f^{k+1} in einer Gestalt zu erhalten, aus der ich schließen kann, daß sie zu $F(R)$ gehört. Zu diesem Zwecke betrachte ich nochmals die Relation H^{k+2}. Ihre Definition (3) beschreibt sie als Durchschnitt der vier Relationen

$$U[p_{k+1}^{k+2}]$$

$$E^2[s \circ p_k^{k+2}, L \circ p_{k+1}^{k+2}]$$

$$E^2[K \circ <p_{k+1}^{k+2}, c_0^1 \circ p_k^{k+2}>, g^k \circ <p_0^{k+2},...,p_{k-1}^{k+2}>]$$

$$\forall_<^k \, (E^2[K \circ <p_{k+1}^{k+2}, s \circ p_k^{k+2}>,$$
$$r^{k+2} \circ <p_0^{k+2},..., p_{k-1}^{k+2}, p_k^{k+2}, K \circ <p_{k+1}^{k+2}, p_k^{k+2}>>])) .$$

Die letzten drei davon liegen in R als Folge von (RG1), (RG3), (RG4). Die erste wird dann in R liegen, wenn U dort liegt. Das aber ist der Fall, weil zunächst die Menge S^3 aller $<a,b,c>$, zu denen i mit $i < c$ und $K(b,i) \neq K(a,i)$ existiert, als

$$\exists_< \, (((-E^2)[K \circ <p_1^3,p_2^3>, K \circ <p_0^3,p_2^3>])$$

in R liegt; aus ihr aber entsteht nun U als $\forall_<^1 \, (((-E^2)[L \circ p_1^2, L \circ p_0^2]) \cup S^3[p_0^2, p_1^2, L \circ p_1^2])$. $-$ Deshalb liegt nach (RG2) der Durchschnitt H^{k+2} in R, gehört h^{k+1} zu $F(R)$ und ist schließlich f^{k+1} in $F(R)$ gemäß seiner Definition (7). Das beendet den Beweis des Theorems.

Die Konstruktion von f^{k+1} aus H^{k+2} ist nichts Anderes als eine Übersetzung des *mengentheoretischen* Existenzbeweises für rekursiv definierte Funktionen von DEDEKIND [88]. In jeder Situation erklärt man, zu gegebenen g^k, r^{k+2} und einer fixierten Folge δ von Parametern, einen m-*Keim* als eine (partielle) Funktion k_m, definiert für alle i mit $i \leq m$, welche den Rekursionsgleichungen, formuliert mit i statt n, für alle $i < m$ genügt. Induktion über i lehrt, daß je zwei Keime k_n, k_m mit $i < n$, $i < m$ bei i denselben Wert haben (und das entspricht (5)). Induktion über n lehrt, daß zu jedem n *ein*, folglich *genau* ein n–Keim existiert (und das entspricht (6)). Dies bewiesen, definiert man f^{k+1} explizit durch $f^{k+1}(\delta,n) = k_n(n)$.

Es war eine Beobachtung von J. VON NEUMANN, daß dieser mengentheoretische Beweis arithmetisiert werden kann, indem man sich einer Abbildung Γ bedient, welche endliche Folgen kodiert. Denn ein Keim k_n ist nichts anderes als die n-gliedrige Folge seiner Werte, beginnend mit $g^k(\delta)$ und nach den Rekursionsgleichungen fortschreitend. Unter Verwendung der Kodierungsabbildung Γ_0 habe ich diesen mengentheoretischen in einen arithmetischen Beweis übersetzt. Der direkte Gebrauch von (2) im Beweis von (6) kann durch Anwendungen von Γ_0 ersetzt werden: ich definiere das b für $<\delta,0,b>\epsilon\ H^{k+2}$ explizit als $\Gamma_0(<1,g^k(\delta)>)$, und aus dem b mit $<\delta,n,b>\epsilon H^{k+2}$ definiere ich das b' für $<\delta,n+1,b'>\epsilon H^{k+2}$ als

$$\Gamma_0(<n+2,K(b,i)\,|\,i\leq n>\,,\ r^{k+2}(\delta,n,K(b,n))\ )\ .$$

Es ist dann evident, daß die arithmetisierten Keime $<\delta,n,b>$ ihre Glieder b in $\mathrm{im}(\Gamma_0)$ haben.

Für eine beliebige Abbildung Γ mag es sehr wohl geschehen, daß $\mathrm{im}(\Gamma)$ *nicht* in **R** ist; in diesem Falle schlägt daher der Nachweis fehl, daß H^{k+2} (mit $U = \mathrm{im}(\Gamma)$ definiert) zu **R** gehört. Das Bewiesene bleibt jedoch immer noch richtig, wenn man die Werte a für solche allgemeineren Γ auswählt. Dazu verändere ich die Definition von H^{k+2}, indem ich die Bedingung (0.b) in (3) streiche; *dieses* H^{k+2} wird dann immer noch in **R** liegen. Damit entfällt die Möglichkeit, (4) zu beweisen, während die Beweise von (5) und (6) in Kraft bleiben. Somit ist H^{k+2} immer noch eine *volle* Relation in **R** (im Sinne von 1.(CC7)), und ich benötige nun die zusätzliche Voraussetzung

(RG5)   Ist R^{k+1} aus **R** voll, so liegt νR^{k+1} in **R** .

Damit ist νH^{k+2} Graph einer Funktion h^{k+1}, die in **F(R)** liegt. Der Rest des Beweises verläuft dann wie zuvor. Da jetzt über $\mathrm{im}(\Gamma)$ nichts mehr gesagt wird, kann in (RG2) die Forderung an $-E^2$ entfallen.

Formuliert mit Hilfe der Kodierungsabbildung Γ, liefert der Beweis von (6) einen (rekursiven) Algorithmus zur Bestimmung von b aus n – *vorausgesetzt* ich weiß die Werte von Γ zu berechnen. In diesem Falle *habe* ich die Funktion f^k, denn ich berechne $f^k(\delta,n)$, indem ich b für n bestimme und $f^k(\delta,n) = K(b,n)$ setze.

Inspektion des geführten Beweises lehrt, daß er von *zwei* verschiedenen *Beweismethoden* Gebrauch macht. Die eine von ihnen besteht in der üblichen mathematischen Technik, die verwendet wird, um *Fakten* über H^{k+2} zu verifizieren – so in den Induktionsbeweisen für (4), (5), (6). Die andere Methode betrifft die *formale Gestalt* von H^{k+2} beim Nachweis, daß diese Relation zu **R** gehört; sie verweist auf die Beschreibung von H^{k+2} und drückt sie aus mit Hilfe der Konstruktionen, die in (R0)-(RG4) genannt werden. Der Gebrauch von (FACT1) und (FACT2) geschieht innerhalb der Methoden erster Art; in einer Aussage wie (RG5) jedoch wird das Wechselspiel beider Methoden deutlich: (RG5) beschreibt eine zulässige Konstruktion für Methoden zweiter Art, die Verifikation aber, daß R^{k+1} voll sei, bleibt der methodisch unkontrollierten mathematischen Argumentation überlassen. Und es ist gerade diese Verifikation, in Gestalt des Beweises von (6), für welche die Eigenschaft (2) und damit (FACT1) und (FACT2) benötigt wurden.

Kapitel 21.   Die Struktur der rekursiv aufzählbaren Relationen

Zu einer Relation R^{k+1} mit $k > 0$ definiere ich die *Projektion* $\exists R^{k+1}$ als die k-stellige Relation aller α, zu denen es ein b mit $<\alpha,b> \epsilon R^{k+1}$ gibt; genauer nenne ich sie die Projektion *längs der* (k+1)– *ten Achse.* Projektionen längs anderer Achsen werden analog. erklärt. Ist G eine simpel abgeschlossene Funktionenklasse, so nenne ich die Projektionen der Relationen aus $R(G)$ *aufzählbar* bezüglich G. Dieser Name erklärt sich durch die folgende Beobachtung:

Eine nicht leere Teilmenge M von ω ist aufzählbar bezüglich G genau dann, wenn es eine Funktion f^1 in G gibt, welche ω auf M abbildet .

Eine nicht leere Relation R^k, $k > 1$, ist aufzählbar bezüglich G genau dann, wenn es eine Funktion f^1 in G gibt, welche ω auf das Bild von R^k unter CAU^k abbildet.

Sei zunächst f^1 in **G**. Dann gehört $G(f^1)$ zu $R(G)$, folglich auch $R^2 = G(f^1)[p_1^2, p_0^2]$, und $\exists R^2$ besteht aus allen a, zu denen es ein b mit $<a,b> \epsilon$ $G(f^1)[p_1^2,p_0^2]$ gibt, also $<b,a> \epsilon G(f^1)$, $f^1(b) = a$; mithin gilt $\exists R^2 = \text{im}(f^1)$. Sei umgekehrt M nicht leer und Projektion von R^2 aus $R(G)$. Ich fixiere ein Element t in M und definiere f^1 durch Fallunterscheidung als

$$f^1(z) = t \qquad \text{falls nicht} \quad <CRO_0(z), CRO_1(z)> \epsilon R^2$$
$$f^1(z) = CRO_0(z) \qquad \text{falls} \qquad <CRO_0(z), CRO_1(z)> \epsilon R^2 \quad .$$

Dann liegt f^1 in G nach 2.(FS2) und (FS15), (FS0). Nach Definition von f^1 liegen auch im zweiten Fall die Werte $f^1(z)$ in $\exists R^2 = M$. Andererseits finde ich zu jedem a in M ein b mit $<a,b> \epsilon R^2$; mithin gilt für $z = CAU(a,b)$ auch $CRO_0(z) = a$, $CRO_1(z) = b$, weshalb $f^1(z) = a$.

Sei nun R^k Teilmenge von ω^k mit $k > 1$. Ist f^1 gegeben, so ist $\alpha \epsilon R^k$ äquivalent zur Existenz eines b mit $CAU^k(\alpha) = f^1(b)$. Dies ist eine Relation R^{k+1} mit $\chi = o <CAU^k o <p_0^{k+1}, ..., p_{k-1}^{k+1}>, p_k^{k+1}>$ als charakteristischer Funktion, die deshalb in $R(G)$ liegt. Ist umgekehrt eine nicht leere Menge $\exists R^{k+1}$ gegeben, so fixiere ich ein Element ϑ dieser Relation und definiere f^1 durch

$$f^1(z) = CAU^k(\vartheta) \qquad \text{falls nicht} \quad UAC^{k+1}(z) \epsilon R^{k+1}$$
$$f^1(z) = CRO_0(z) \qquad \text{falls} \qquad UAC^{k+1}(z) \epsilon R^{k+1} \quad .$$

Liegt R^{k+1} in $R(G)$, so gehört f^1 zu **G**, und $\text{im}(f^1)$ ist im Bild von $\exists R^{k+1}$ unter CAU^k enthalten, weil $UAC^{k+1}(z) = <UAC^k(CRO_0(z)), CRO_1(z)>$ und $CAU^k(UAC^k(CRO_0(z))) = CRO_0(z)$. Zu jedem Element c dieses Bildes finde ich aber α, b so, daß $<\alpha,b> \epsilon R^{k+1}$ und $c = CAU^k(\alpha)$; mithin gilt für $z = CAU^{k+1}(\alpha,b)$ auch $<\alpha,b> = UAC^{k+1}(z) = <UAC^k(CRO_0(z)), CRO_1(z)>$ und $c = CAU^k(UAC^k(CRO_0(z))) = CRO_0(z) = f^1(z)$.

Ein erstes Ziel dieses Kapitels ist nun der Nachweis, daß die bezüglich G aufzählbaren Relationen für alle simpel abgeschlossenen Teilklassen der primitiv rekursiven Funktionen dieselben sind; sie heißen die *rekursiv aufzählbaren* Relationen. Noch weiter gehende Strukturaussagen werden sich auf die Beschreibung rekursiv aufzählbarer Relationen als Projektionen von Relationen aus Klassen R(G) beziehen. Schließlich wird es für die eine besonders einfache Relationenklasse, **RAB**, auch gelingen, die rekursiv aufzählbaren Relationen als Projektionen der Relationen aus **RAB** darzustellen. Alle diese strukturellen Beschreibungen aufzählbarer Relationen werden sich dann im anschließenden Kapitel 22 als Werkzeuge zu einer strukturellen Charakterisierung (allgemein) rekursiver Funktionen und Relationen erweisen. Ich beginne mit Relationenklassen, welche jene besonders einfache Klasse **RAB** umfassen.

1 .   Beschränkte arithmetische Relationen

Eine Relationenklasse **R** heiße AB–*abgeschlossen* falls

(RAB0)   **R** enthält die Graphen der Operationen $+$ und $\cdot$,

(RAB1)   **R** ist trivial abgeschlossen ,

(RAB2)   **R** ist Boolesch abgeschlossen ,

(RAB3)   **R** ist abgeschlossen unter der beschränkten Quantifizierung $\forall_{\leq}$.

Wegen (RAB2) lehrt 1.(C3), daß **R** unter beschränkten Quantifizierungen $\exists_{\leq}$ abgeschlossen ist, und wie in 1.(CC5) bemerkt, ist **R** deshalb unter den intern beschränkten Quantifizierungen $\forall^i_{\leq}$, $\exists^i_{\leq}$ abgeschlossen.

Die Elemente der *kleinsten* AB–abgeschlossenen Klasse **RAB** heißen die *beschränkten arithmetischen Relationen*. Für eine Relationenklasse S nennt SMULLYAN [61] *constructively definable from* S die kleinste unter (RAB1)-(RAB3) abgeschlossene Klasse, welche S umfasst.

Ich erinnere daran, daß **FSF** die Klasse der simplen Funktionen und **FGF** die kleinste G_{-1}-abgeschlossene Funktionenklasse ist. Damit finde ich:

> Ist **F** simpel oder G_{-1}-abgeschlossen, so ist R(**F**) AB-abgeschlossen. Im Besonderen gelten die Inklusionen **RAB** $\subseteq$ R(**FSF**) und **RAB** $\subseteq$ R(**FGF**).

Für simpel abgeschlossene **F** folgt das aus ihrer Definition zusammen mit 2.(FS9-10); für G_{-1}-abgeschlossene **F** folgt es aus 5.(FB1) und 5.(FB6).

Sind eine Funktion $f = f^1$ mit G(f) in **R** und eine Relation $R = R^2$ in **R** vorgelegt, und belege ich etwa die erste Stelle von R mit f^1, so erhalte ich die Relation S aller $<x,y>$ mit

  es gibt ein z mit $<x,z> \epsilon G(f)$ und $<z,y> \epsilon R$.

Solange z hier nicht durch x oder durch y beschränkt werden kann, kann ich nichts darüber sagen, ob auch S zu R gehört. In bestimmten Fällen jedoch lassen sich solche Schranken finden; die folgenden Relationen und Funktionen gehören stets zu R oder zu $F(R)$:

(AB0)   Die 1–stellige Relation $\{0\}$.

Denn $G(+)[p_0^1, p_0^1, p_0^1]$ ist die Menge aller x mit $x+x = x$, und 0 ist das einzige solche x .

(AB1)   Die 1–stellige Relation $\{1\}$.

Denn 1 ist das einzige x mit $x \cdot x = x$ *und* $x \epsilon -\{0\}$, und zusammen mit $\{0\}$ liegt $-\{0\}$ in R .

(AB2)   Die Nachfolgerfunktion s.

Denn es folgt aus (AB1), daß zusammen mit $G(+)$ die Menge R^3 aller $<x,z,y>$ mit

  $x+y = z$ und $y \epsilon \{1\}$

in R liegt. Hier aber ist y durch z beschränkt, und $G(s)$ ist $\exists^1_\leq R^3$.

(AB3)   Die Relationen $<$, $\leq$, E^2.

Denn $\leq$ ist $\exists^1_\leq R^3$ mit R^3 als der Menge aller $<x,z,y>$ mit $<x,y,z> \epsilon$ $G(+)$. Und $<$ ist das Komplement der Relation $\geq$ aller $<x,y>$ mit $y \leq x$. Und E^2 ist der Durchschnitt von $\leq$ und $\geq$.

Damit ist R auch unter beschränkten Quantifizierungen $\forall_<$ und $\exists_<$ abgeschlossen: für $\forall_<$ folgt das aus

$$\forall_< R^{k+1} = \exists^k_\leq (G(s)[p_{k+1}^{k+2}, p_k^{k+2}] \cap (\forall_\leq R^{k+1})[p_0^{k+2}, ..., p_{k-1}^{k+2}, p_{k+1}^{k+2}])$$

nach 1.(C7), und für $\exists_<$ dann aus $\exists_< R^{k+1} = -E^2[p_k^{k+1}, c_0^{k+1}] \cap -\forall_< -R^{k+1}$ nach 1.(C4).

(AB4)   Für jedes n die 1–stellige Relation $\{n\}$.

Denn weiß ich das für n, so finde ich $\{n+1\} = \exists^0_\leq R^2$ mit R^2 als der Menge aller $<x,y>$ mit $y \epsilon \{n\}$ und $s(y) = x$, i.e. $R^2 = \{n\}[p_1^2] \cap G(s)[p_1^2, p_0^2]$.

(AB5)   Jede endliche Teilmenge von ω^k.

Denn für α aus ω^k ist $\{\alpha\}$ Durchschnitt der k Mengen $\{\alpha(i)\}[p_i^k]$, $i < k$, die nach (AB4) in R liegen. Nach (RAB2) liegt daher auch jede endliche Menge in R . (Man vergleiche auch 1.(C2) und das Folgende.)

(AB6)   Die konstanten Funktionen c_n^k und die Projektionen p_i^k .

Denn $G(c_n^k) = \{n\}[p_k^{k+1}]$ und $G(p_i^k) = E^2[p_i^{k+1}, p_k^{k+1}]$.

(AB7)   Die Relation DIV.

Sie ist $\exists^1_{\leq} R^3$ mit R^3 als der Menge aller $<x,z,y>$ mit $x \cdot y = z$, i.e. $<x,y,z> \in G(\cdot)$.

(AB8)   Die Funktionen QU and MOD.

Dazu schreibe ich $y = q \cdot x + z$ als

$$y = u + z \text{ und } u = q \cdot x \ .$$

Die Menge R^5 dieser $<x,y,z,q,u>$ ist in $\mathbf{R}$, und es gilt dann $u \leq y$. Folglich liegt in $\mathbf{R}$ auch die Menge $R^4 = \exists^1_{\leq} R^5$ aller $<x,y,z,q>$ mit $y = q \cdot x + z$. Da $\{0\}$ zu $\mathbf{R}$ gehört, liegt dort auch die Menge S^4 aller $<x,y,z,q>$ mit

$$y = q \cdot x + z \text{ und } (z < x \text{ oder } x = 0 \text{ und } z = 0 \text{ und } q = y) \ .$$

Folglich liegt in $\mathbf{R}$ auch die Menge $S^3 = \exists^1_{\leq} S^4$ aller $<x,y,z>$, welche dieser Bedingung mit einem $q \leq y$ genügen, und das *ist* der Graph von MOD. Und die Menge aller $<x,y,q>$, welche der Bedingung mit $z \leq x$ genügen, ist der Graph von QU.

(AB9)   Die Funktionen CAU, CRO_0, CRO_1 .

Dazu schreibe ich $CAU(x,y) = z$ als

$$z = QU(2,(x+y)(x+y+1)) + x$$

und forme das um in

$$z = t + x \text{ und } (\ (t = (x+y) \cdot QU(2,x+y+1) \text{ und } DIV(2,x+y+1)) \text{ oder}$$
$$(t = (x+y+1) \cdot QU(2,x+y) \text{ und } DIV(2,x+y)) \ ) \ .$$

Mit Ausnahme der zwei Paare $<x,y> = <0,0>$, $<x,y> = <0,1>$ gilt hier $x+y+1 \leq z$ und $2 \leq z$. Somit läßt sich $CAU(x,y) = z$ weiter auflösen in

$(z = 0 \text{ und } x = 0 \text{ und } y = 0) \text{ oder } (z = 1 \text{ und } x = 0 \text{ und } y = 1)$
$\text{oder } (z = t + y \text{ und } u = 2 \text{ und}$
$(\ (t = v \cdot r \text{ und } v = x + y \text{ und } r = QU(u,w) \text{ und } w = v + 1 \text{ und } DIV(u,w) \ )$
$\ \text{oder } (t = s \cdot w \text{ und } v = x + y \text{ und } w = v + 1 \text{ und } s = QU(u,v) \text{ und } DIV(u,v) \ ) \ ) \ .$

Nach (AB3) liegt in $\mathbf{R}$ die Menge aller u mit $u = 2$. Somit liegt hier eine zu $\mathbf{R}$ gehörende Relation R^9 von Tupeln $<x,y,z,u,v,w,r,s,t>$ vor, in denen u,v,w,r,s,t durch z beschränkt werden. Mithin ist $\exists^2_{\leq} \exists^2_{\leq} \exists^2_{\leq} \exists^2_{\leq} \exists^2_{\leq} \exists^2_{\leq} R^9$ gleich $G(CAU)$. Aus der Menge R^3 aller $<z,x,y>$ mit $CAU(x,y) = z$ erhalte ich $G(CRO_0)$ als $\exists^0_{\leq} R^3$; aus der Menge S^3 aller solcher $<z,y,x>$ erhalte ich CRO_1 als $\exists^0_{\leq} S^3$.

(AB10)   GÖDELs 3–stellige Funktion $\beta_0(b,c,i) = MOD(b \cdot (i+1) + 1, c)$.

Zunächst hat $MOD(x,y) = z$ auch $z \leq y$ zur Folge. Und $z = MOD(b \cdot (i+1) + 1, c)$ lässt sich in

$$z = MOD(u,c) \text{ und } u = v + 1 \text{ und } v = b \cdot w \text{ und } w = i + 1$$

auflösen, und dabei sind u, v und w durch' c beschränkt. Alle diese Tupel $<b,c,i,z,u,v,w>$ bilden eine Menge R^7, aus der ich $G(\beta_0)$ als $\exists^1_< \exists^1_< \exists^1_< R^7$ erhalte.

(AB11)   GÖDELs 2-stellige Funktion $\beta(a,i) = \beta_0(CRO_0(a), CRO_1(a), i)$.

Denn R enthält die Relation R^5 aller $<a,i,z,b,c>$ mit $\beta_0(b,c,i) = z$ und $a = CAU(b,c)$. Mithin finde ich $G(\beta)$ als $\exists^0_< \exists^0_< R^5$.

Ich werde fortan auch sagen, daß eine Funktion *zu* einer AB-abgeschlossenen Klasse R *gehöre*, wenn ihr Graph in R liegt. Für AB-abgeschlossene Klassen R gilt weiter

(AB12) R ist abgeschlossen unter Konstanthalten von Argumenten und abgeschlossen unter Superpositionen mit den Funktionen c_n^1 .

Liegt R^{k+1} in R so ist die Menge U_n^{k+1} aller $<\alpha,n>$ aus R^{k+1} gleich $R^{k+1} \cap G(c_n^k)$ und also nach (RAB2) in R. Für die Superpositionen mit den c_n^1 folge ich einer Idee von U.MAYER und bemerke, daß die Superposition $R^{k+1}[p_0^{k+1},..., p_{k-1}^{k+1}, c_n^1 \circ p_k^{k+1}]$ gleich $U_n^k[p_0^{k+1},..., p_{k-1}^{k+1}]$ ist, wobei U_n^k die Menge aller α mit $<\alpha,n> \epsilon R^{k+1}$ ist. Es bleibt also zu zeigen, daß U_n^k in R liegt. Sei $U = U_n^{k+1}$ wie oben erklärt. Für $i<k$ besteht $\exists^i_< U$ aus allen α so, daß $<\alpha,n> \epsilon R^{k+1}$ und $\alpha(i) \geq n$. Die Vereinigung V der k Mengen $\exists^i_< U$ bleibt in R, und U_n^k ist die Vereinigung von V und der Menge W aller α so, daß $<\alpha,n> \epsilon R^{k+1}$ und $\alpha(i)<n$ für jedes $i<k$. Als endliche Menge liegt W in R nach (AB5), weshalb zusammen mit V und W auch U_n^k zu R gehört .

Die Klasse der *Polynomfunktionen* POF sei die kleinste Klasse, welche $+$, $\cdot$, die p_i^k und die c_n^k enthält und abgeschlossen unter Superpositionen ist. Es folgt aus dem allgemeinen Assoziativgesetz der Superposition, daß **POF** auch die kleinste Klasse ist, welche die p_i^k und die c_n^k enthält und abgeschlossen ist unter Superpositionen von $+$ und $\cdot$ mit Funktionen dieser Klasse.

(AB13) R enthält die Graphen der Polynomfunktionen .

Für die Anfangsfunktionen folgt das aus (AB6). Ich betrachte nun den Fall $\cdot \circ <f^k, g^k> = f^k \cdot g^k$. Zusammen mit $G(f^k)$, $G(g^k)$, $G(\cdot)$ liegt in R auch die Menge R^{k+3} aller $<\alpha,a,b,c>$ mit

$$<\alpha,b> \epsilon G(f^k) \text{ und } <\alpha,c> \epsilon G(g^k) \text{ und } <b,c,a> \epsilon G(\cdot) ,$$

mithin auch die Menge V^{k+1} aller $<\alpha,a>$ so, daß es $b \leq a$, $c \leq a$ gibt mit $<\alpha,a,b,c> \epsilon R^{k+3}$. Aber $<\alpha,0,b,c> \epsilon R^{k+3}$ genau dann, wenn $b = 0$ oder $c = 0$, i.e. genau dann, wenn $<\alpha,0> \epsilon G(f^k)$ oder $<\alpha,0> \epsilon G(g^k)$. Folglich

$$G(f^k \cdot g^k) = V^{k+1} \cup G(f^k)_0^{k+1} \cup G(g^k)_0^{k+1}$$

wobei die neuen Relationen wie im Beweis von (AB12) erklärt sind und wieder zu R gehören.

Ich wende mich nun der Frage zu, mit welchen Funktionen die Relationen aus $\mathbf{R}$ belegt werden können, ohne damit $\mathbf{R}$ zu verlassen. Neben den Funktionen p_i^k gehören nach (AB12) dazu die Funktionen c_n^1. Allgemeiner läßt sich leicht Folgendes sagen.

Sei $\mathbf{CRO}$ die kleinste Klasse 1-stelliger Funktionen, welche die Identität p_0^1 und alle $\mathbf{CRO}_i^k$ enthält und unter Superpositionen abgeschlossen ist. Eine Funktion g^k heiße *im Argument* i (i $<$ k) *fallend*, wenn $g^k(\alpha) \le \alpha(i)$ für alle α gilt. Die Funktionen u aus $\mathbf{CRO}$ sind fallend in ihrem einzigen Argument; die Funktion β ist im Argument 0 fallend, weil MOD im Argument 1 fällt und aus $\beta(a,i) = \beta_0(\mathbf{CRO}_0(a), \mathbf{CRO}_1(a), i)$ folgt $\beta(a,i) \le \mathbf{CRO}_1(a) \le a$.

(AB14)   Gehören $u = u^1$ und g zu $\mathbf{R}$, und ist g^k in einem Argument i fallend, so gehört auch $u \circ g^k$ zu $\mathbf{R}$.

Denn die Menge R aller $< \alpha, z, y >$ mit $u(y) = z$ und $g^k(\alpha) = y$ ist in $\mathbf{R}$ nach (RAB1), (RAB2), und wegen $y \le \alpha(i)$ entsteht aus ihr der Graph von $u \circ g^k$ als $\exists^i_{\le} R^3$.

(AB15)   Gehören g^k und R^n zu $\mathbf{R}$, und ist g^k in einem Argument i fallend, so gehört auch die Belegung

$$T^{n+k-1} = R^n[p_0^{n+k-1}, \dots, p_{j-1}^{n+k-1}, g^k(p_j^{n+k-1}, \dots, p_{j+k-1}^{n+k-1}), p_{j+k}^{n+k-1}, \dots, p_{n+k-2}^{n+k-1}]$$

von R^n mit g^k an der Stelle j zu $\mathbf{R}$.

Denn die Menge S^{n+k} aller

$$< x_0, \dots, x_{j-1}, y_0, \dots, y_{k-1}, x_{j+1}, \dots, x_{n-1}, x_j >$$

mit $< x_0, \dots, x_{n-1} > \in R^n$ und $g^k(y_0, \dots, y_{k-1}) = x_j$ liegt in $\mathbf{R}$ nach (RAB1), (RAB2), und dann ist $\exists^{j+i}_{\le} S^{n+k}$ die Menge T^{n+k-1} aller $< x_0, \dots, x_{j-1}, y_0, \dots, y_{k-1}, x_{j+1}, \dots, x_{n-1} >$ mit

$$< x_0, \dots, x_{i-1}, g^k(y_0, \dots, y_{k-1}), x_{i+1}, \dots, x_{k-1} > \text{ in } R^n.$$

(AB16)   Die Funktionen aus $\mathbf{CRO}$ gehören zu $\mathbf{R}$, und $\mathbf{R}$ ist abgeschlossen unter Belegungen mit Funktionen aus $\mathbf{CRO}$.

Ein sehr viel weiter gehendes Resultat ist unlängst von U. MAYER erhalten worden: die Klasse $\mathbf{RAB}$ ist abgeschlossen unter Belegungen mit Polynomfunktionen. Der nicht triviale Beweis würde den Rahmen dieses Buches sprengen.

Nunmehr variiere ich die eingangs hergeleitete Aufzählbarkeitseigenschaft von Projektionen:

(AB17)   Es sei $\mathbf{R}$ AB-abgeschlossen. Ist $M = \exists R^2$ nicht leer mit R^2 aus $\mathbf{R}$, so gibt es eine Funktion f^1 in $\mathbf{F(R)}$ mit $M = im(f^1)$. Ist $M^k = \exists R^{k+1}$ nicht leer mit R^{k+1} aus $\mathbf{R}$ und k > 1, so gibt es eine Funktion f^1 in $\mathbf{F(R)}$, welche ω auf das Bild von M^k unter $\mathbf{CAU}^k$ abbildet.

Im ersten Fall hatte ich ein Element t in M fixiert und f^1 durch Fallunterscheidung als

$$f^1(z) = c_t \qquad \text{falls nicht} \quad z \text{ in } R^2[CRO_0, CRO_1]$$
$$f^1(z) = CRO_0(z) \qquad \text{falls} \qquad z \text{ in } R^2[CRO_0, CRO_1]$$

definiert. Die Funktionen c_t und CRO_0 liegen in $F(R)$, und $R^2[CRO_0, CRO_1]$ liegt in R nach (AB16). Somit liegt f^1 in $F(R)$ nach 20.(RF2). Im zweiten Falle hatte ich ein Element ϑ der Relation $\exists R^{k+1}$ fixiert und dann, mit $<CRO_i^{k+1}(z) \mid i < k+1> = UAC^{k+1}(z)$, die Funktion f^1 durch

$$f^1(z) = CAU^k(\vartheta) \qquad \text{falls nicht} \quad z \text{ in } R^{k+1}[CRO_0^{k+1},..., CRO_k^{k+1}]$$
$$f^1(z) = CRO_0(z) \qquad \text{falls} \qquad z \text{ in } R^{k+1}[CRO_0^{k+1},..., CRO_k^{k+1}]$$

definiert. Da $CRO_i^{k+1} = CRO_i^k \circ CRO_0$ und $CRO_k^{k+1} = CRO_1$, liegt $R^{k+1}[CRO_0^{k+1},...,$ $CRO_k^{k+1}]$ nach (AB13) in R. Daß auch die Funktion CAU^k mit $CAU^k(\alpha,a) = CAU(CAU^{k-1}(\alpha),a)$ zu $F(R)$ gehört, folgt durch Induktion über k in offenbarer Verallgemeinerung der Argumentation aus (AB9).

Ich hatte eingangs bemerkt, daß für ein simpel abgeschlossenes F die Klasse $R(F)$ AB-abgeschlossen ist. Die folgende Beobachtung beschreibt die inverse Situation:

(AB18)   Ist R AB-abgeschlossen und abgeschlossen unter Superpositionen mit Funktionen aus $F(R)$, so ist $F(R)$ simpel abgeschlossen.

Die Funktionen c_1^1, p_i^k, $+$, $\cdot$, $\chi_<$, $\chi_=$ liegen in $F(R)$ nach (AB6),(AB2), (RAB0),(AB3). Zusammen mit $\chi_<$ und c_0^1 liegt $\chi_< \circ <c_0^1, p_0^1>$ in $F(R)$, und das ist die Funktion SG. Damit ist (FF0) nachgewiesen, und (FF1) folgt aus 20.(RF0). Da R unter Superposition mit der zu $F(R)$ gehörenden Funktion c_1^1 abgeschlossen ist, liefert 20.(RF3) nun $R(F(R)) \subseteq R$. Ein R^{k+1} aus $R(F(R))$ liegt daher in R, und da R Boolesch abgeschlossen war, liegt der Graph $G(\mu_< R^{k+1}) = \nu R^{k+1} = R^{k+1} \cap (\forall_< - R^{k+1} \cup E^2[p_k^{k+1}, c_0^{k+1}])$ nach 1.(C11) in R, weshalb dann $\mu_< R^{k+1}$ in $R(F)$ liegt.

Schließlich werde ich noch die folgende Tatsache benötigen:

(AB19)   Es sei R AB-abgeschlossen, und zwar die kleinste AB-abgeschlossene Klasse, welche die Graphen einer Funktionenmenge A enthält. Dann gehören die charakteristischen Funktionen der Relationen aus R zur kleinsten elementar abgeschlossenen Klasse F, welche A umfasst. Im Besonderen sind die charakteristischen Funktionen der Relationen aus **RAB** elementar.

Die charakteristische Funktion von $S = R^k[p_{\pi(0)}^k,..., p_{\pi(k-1)}^k]$ ist $\chi_R \circ <p_{\pi(0)}^k,..., p_{\pi(k-1)}^k>$ und liegt deshalb zusammen mit χ_R in F. Ferner gilt $\chi_{R \cap S} = \cdot \circ <\chi_R, \chi_S>$ und $\chi_{-R} = CSG \circ \chi_R$. Für $S = \forall_< R$ schließlich gilt $\chi_S(\alpha,a) = \Pi <\chi_R(\alpha,b) \mid b \leq a>$, also $\chi_S = \Pi \chi_R$.

2 . Projektionen

Zu einer Relation R^{k+1} mit $k > 0$ habe ich die *Projektion* $\exists R^{k+1}$ als die k-stellige Relation aller α definiert, zu denen es ein b mit $< \alpha,b > \epsilon R^{k+1}$ gibt; genauer nenne ich sie die Projektion *längs der* (k+1)-*ten Achse*. Projektionen längs anderer Achsen werden analog erklärt.

Ich beschränke mich in diesem Abschnitt auf Relationenklassen **R** mit den Eigenschaften

(ER0)   **R** ist trivial und unter Superpositionen mit $CR0_0$, $CR0_1$ abgeschlossen .

(ER1)   **R** ist positiv−Boolesch abgeschlossen .

Ich definiere **E(R)** als die Klasse aller Projektionen von Relationen aus **R** .

(RE0)   Es gilt $\mathbf{R} \subseteq \mathbf{E(R)}$, und **E(R)** ist trivial abgeschlossen .

Jedes R^k aus **R** kann als Projektion einer Relation R^{k+1} angesehen werden, die durch Hinzunahme eines leeren Arguments entsteht. Da **R** unter Permutationen seiner Argumente abgeschlossen ist, enthält **E(R)** auch die Projektionen der Relationen von **R** längs aller früheren Achsen. Das erledigt die erste Behauptung. Sei nun R^{k+1} in **R** und sei, für eine Abbildung π von k in m, $S^m = (\exists R^{k+1})[p^m_{\pi(0)}, \ldots, p^m_{\pi(k-1)}]$. Dann besteht S aus den $\alpha \epsilon \omega^m$ mit $\alpha\pi \epsilon \exists R^{k+1}$, i.e. aus denjenigen, zu welchen es ein a gibt mit $< \alpha\pi,a > \epsilon R^{k+1}$. Ich setze π zu einer Abbildung σ von k+1 in m+1 fort, indem ich k nach m sende; damit bilde ich die in **R** gelegene Relation $T^{m+1} = R^{k+1}[p^{m+1}_{\sigma(0)}, \ldots, p^{m+1}_{\sigma(k)}]$. Sie besteht aus den β in ω^{m+1} mit $\beta\sigma \epsilon R^{k+1}$. Aber jedes β in ω^{m+1} kann als $< \alpha,a >$ mit $\alpha \epsilon \omega^m$ geschrieben werden; mithin besteht T^{m+1} aus allen $< \alpha,a >$ in ω^{m+1} mit $< \alpha,a > \cdot \sigma = < \alpha\pi,a >$ in R^{k+1}. Folglich ist S^m gleich $\exists T^{m+1}$.

(RE1)   **E(R)** ist positiv−Boolesch abgeschlossen .

Sind R, S Projektionen von V, W längs derselben Achse, so ist $R \cup S$ Projektion von $V \cup W$ längs dieser Achse. Ebenfalls ist $R \cap S$ Projektion einer Relation aus **R**, denn $\alpha \epsilon R \cap S$ gilt genau dann, wenn es ein a gibt mit $< \alpha,CR0_0(a) > \epsilon V$ *und* $< \alpha,CR0_1(a) > \epsilon W$. Die so zum Durchschnitt zu bringenden Relationen liegen nach (ER0) aber in **R** .

(RE2)   **E(R)** ist unter Projektionen abgeschlossen .

Sei V^k Projektion von S^{k+1}, und sei S^{k+1} Projektion von R^{k+2} aus **R**. Es liegt α in V^k genau dann, wenn es a und b gibt mit $< \alpha,a,b > \epsilon R^{k+2}$, und das ist gleichbedeutend mit der Existenz einer Zahl c mit $< \alpha,CR0_0(c), CR0_1(c) > \epsilon R^{k+2}$.

(RE3)   Ist $\mathbf{R}$ unter $\exists_<$ abgeschlossen, so ist das auch $\mathbf{E}(\mathbf{R})$.

Sei $R^{k+1} = \exists S^{k+2}$ für S^{k+2} aus $\mathbf{R}$; ich setze $T^{k+2} = S^{k+2}[p_0^{k+2},..., p_{k-1}^{k+2}, p_{k+1}^{k+2}, p_k^{k+2}]$. Es liegt $<\alpha,a>$ in $\exists_< R^{k+1}$ genau dann, wenn es ein i gibt mit $i < a$ und $<\alpha,i> \epsilon R^{k+1}$, i.e. genau dann, wenn

> es gibt ein i und es gibt ein y mit $i < a$ und $<\alpha,i,y> \epsilon S^{k+2}$

oder

> es gibt ein y und es gibt ein i mit $i < a$ und $<\alpha,y,i> \epsilon T^{k+2}$.

Somit ist $\exists_< R^{k+1}$ Projektion von $\exists_< T^{k+2}$, und diese Relation lag in $\mathbf{R}$.

(RE4)   Es enthalte $\mathbf{R}$ die Graphen von $+$, $\cdot$ sowie den der GÖDELschen Funktion β_0 . Ist $\mathbf{R}$ abgeschlossen unter $\forall_<$ und unter $\exists_<$, so ist $\mathbf{E}(\mathbf{R})$ abgeschlossen unter $\forall_<$.

Es sei $R^{k+1} = \exists S^{k+2}$ für S^{k+2} aus $\mathbf{R}$. Es liegt $<\alpha,a>$ in $\forall_< R^{k+1}$ genau dann, wenn $a \neq 0$ und aus $i < a$ folgt $<\alpha,i> \epsilon R^{k+1}$, i.e. genau dann, wenn

(x) $a \neq 0$ und für alle i: wenn $i < a$, so gibt es ein y mit $<\alpha,i,y> \epsilon S^{k+2}$.

Das besagt, daß es eine Folge $<y_i \,|\, i < a>$ gibt mit $<\alpha,i,y_i> \epsilon S^{k+2}$ für alle i. Es folgt aus den Eigenschaften der GÖDELschen Funktion β_0, daß ich Zahlen b und c so finden kann, daß $\beta_0(b,c,i) = y_i$ für alle $i < k$ gilt, und umgekehrt bestimmt jedes Paar b,c solche Werte y_i. Mithin liegt $<\alpha,a>$ in $\forall_< R^{k+1}$ genau dann, wenn

> $a \neq 0$ und es gibt b, c: für alle i :
> wenn $i < a$, so gibt es ein y mit $\beta_0(b,c,i) = y$ und $<\alpha,i,y> \epsilon S^{k+2}$.

Aber aus $i < a$ folgt $1 \leq a$, und aus $\beta_0(b,c,i) = \mathrm{MOD}(b \cdot (i+1)+1, c) = y$ folgt dann $y < b \cdot (i+1)+1 \leq b \cdot a+1 \leq b \cdot a+a$. Somit liegt $<\alpha,a>$ in $\forall_< R^{k+1}$ genau dann, wenn

> $a \neq 0$ und es gibt b,c : für alle i :
> wenn $i < a$, so gibt es $y < b \cdot a+b$ mit $\beta_0(b,c,i) = y$ und $<\alpha,i,y> \epsilon S^{k+2}$,

i.e. genau dann, wenn

(y) $a \neq 0$ und es gibt b, c, z_0, z_1: $z_0 = b \cdot a$ und $z_1 = z_0+a$ und für alle i:
wenn $i < a$, so gibt es $y < z_1$ mit $\beta_0(b,c,i) = y$ und $<\alpha,i,y> \epsilon S^{k+2}$.

Verwende ich nun die über $\mathbf{R}$ gemachten Voraussetzungen, so finde ich dort die folgenden Mengen :

> die Menge V^{k+4} aller $<\alpha,b,c,z_1,i>$ mit es gibt ein $y < z_1$
> mit $\beta_0(b,c,i) = y$ und $<\alpha,i,y> \epsilon S^{k+2}$
> die Menge W^{k+4} aller $<\alpha,a,b,c,z_1>$ mit $a \neq 0$ und für alle $i < a$:
> $<\alpha,a,b,c,z_1,i> \epsilon V^{k+4}$
> die Menge U^{k+5} aller $<\alpha,a,b,c,z_0,z_1>$ mit $z_0 = b \cdot a$ und $z_1 = z_0+a$
> und $<\alpha,a,b,c,z_1> \epsilon W^{k+4}$.

Wende ich nun (RE2) an, so finde ich auch $\exists\exists\exists\exists U^{k+5}$ in $E(R)$, und wegen (y) ist das $\forall_< R^{k+1}$. – Ich erwähne noch, daß im Spezialfall $R = R(F)$ mit elementar abgeschlossenem F der Gebrauch von β_0 vermieden werden kann. Denn schreibe ich y(i) für y_i , so wird mit

$$d = \Pi < PRIMO(i)^{y(i)+1} \,|\, i < a>$$

dann (x) äquivalent zu

(z) $a \neq 0$ und es gibt ein d mit für alle i :
$$\text{wenn } i < a, \text{ so } < \alpha, i, EXP(i,d) \dot{-} 1 > \epsilon R^{k+2} \ .$$

Hier definiert der Ausdruck in der Existenzaussage eine Relation, welche deshalb zu $R(F)$ gehört, weil $R(F)$ unter beschränkten Quantifizierungen abgeschlossen ist. Folglich liegt die durch (z) definierte Relation noch in $ER(F)$.

Ich komme nun zu dem am Beginn des Kapitels 20 angekündigten, hinreichenden Kriterium dafür, daß eine Klasse R unter Superpositionen mit Funktionen aus $F(R)$ abgeschlossen ist :

(RE5)   Es sei R trivial und positiv–Boolesch abgeschlossen und abgeschlossen unter Projektionen. Dann ist R unter Superpositionen mit Funktionen aus $F(R)$ abgeschlossen.

Sei R^k aus R und sei $S^m = R^k[g_i^m \,|\, i < k]$ eine Superposition mit Funktionen g_i^m, deren Graphen $G(g_i^m)$ in R liegen. Da Funktionen eindeutige Werte haben, liegt ein α aus ω^m genau dann in S^m, wenn

$$\text{es gibt ein } \beta \text{ in } \omega^k \text{ mit } < \alpha,\beta_0 > \epsilon G(g_0^m),..., < \alpha,\beta_{k-1}> \epsilon G(g_{k-1}^m)$$
$$\text{und } \ \beta \epsilon R^k \ .$$

Hinzufügung passender leerer Argumente liefert die Relationen $G(g_i^m)' = G(g_i^m)[p_0^{m+k},...,p_{m-1}^{m+k},p_{m+i}^{m+k}]$ und $R^{m+k} = R^k[p_m^{m+k},..., p_{m+k-1}^{m+k}]$, die alle die Stellenzahl m+k haben und nach (ER0) alle R liegen; mithin kann ich das Obige auch als

$$\text{es gibt ein } \beta \text{ in } \omega^k \text{ mit } < \alpha,\beta > \epsilon G(g_0^m)',..., < \alpha,\beta > \epsilon G(g_{k-1}^m)'$$
$$\text{und } < \alpha,\beta > \epsilon R^{m+k}$$

schreiben. Somit gehört $< \alpha,\beta >$ zu einer Relation, die nach (ER1) in R liegt; k–malige Bildung von Projektionen liefert daher auch S^m in R .

Ich wende mich nun den Klassen $E(R)$ für AB–abgeschlossene R zu. Für solche R gelten (ER0), (ER1) wie aus (RAB1), (RAB2) und (AB16) folgt. Ferner ist R unter allen beschränkten Quantifizierungen abgeschlossen. Da wegen (AB10) auch die Voraussetzungen von (RE4) erfüllt sind, ist wegen (RE3), (RE4) nun $E(R)$ unter Quantifizierungen mit $\exists_<$ und $\forall_<$ abgeschlossen, wegen

$$\forall_{\leqq} R^{k+1} = (\forall_{<} R^{k+1} \cup E^2[p_k^{k+1}, c_0^{k+1}]) \cap R^{k+1} \text{ und}$$
$$\exists_{\leqq} R^{k+1} = \exists_{<} R^{k+1} \cup R^{k+1}$$

nach 1.(C5) folglich auch unter Quantifizierungen mit $\forall_{\leqq}$ und $\exists_{\leqq}$. Da $\mathbf{E(R)}$ schließlich die Voraussetzungen von (RE5) erfüllt, ergibt das zunächst

(AB20)   Ist $\mathbf{R}$ AB-abgeschlossen, so ist $\mathbf{E(R)}$ positiv-Boolesch abgeschlossen, abgeschlossen unter Projektionen, abgeschlossen unter beschränkten Quantifizierungen und abgeschlossen unter Superpositionen mit Funktionen aus $\mathbf{F(E(R))}$.

(AB21)   Ist $\mathbf{R}$ AB-abgeschlossen, so ist $\mathbf{F(E(R))}$ primitiv rekursiv abgeschlossen; im Besonderen gilt für die Klasse $\mathbf{FPF}$ der primitiv rekursiven Funktionen $\mathbf{FPF} \subseteq \mathbf{F(E(R))}$.

Dazu brauche ich nur die Voraussetzungen (RG0-4) des Theorems 20.1 nachzuweisen. Da aus (RE0) folgt $\mathbf{F(R)} \subseteq \mathbf{F(E(R))}$, gilt (RG0) wegen (AB6),(AB2),(RAB0),(AB8),(AB9). Es gilt (RG1) wegen (RG0) und (AB3), (RAB2). Schließlich folgen (RG2)-(RG4) aus dem in (AB20) Bemerkten.

Die Relationen aus $\mathbf{E(RAB)}$ nennt man auch die *arithmetisch definierbaren*, und (AB21) ist das rekursionstheoretische Werkzeug zum Beweis der sogenannten Unvollständigkeitssätze bei der Behandlung der Arithmetik in der Mathematischen Logik.

3 . P-abgeschlossene Klassen und ihr Kern

In diesem Abschnitt sei $\mathbf{S}$ eine Relationenklasse mit den Eigenschaften

(PP0) E^2, $-E^2$ und die Graphen von c_0^1, c_1^1 sind in $\mathbf{S}$,

(PP1) $\mathbf{S}$ ist trivial abgeschlossen ,

(PP2) $\mathbf{S}$ ist positiv-Boolesch abgeschlossen ,

(PP3)   Liegt R^{k+1} in $\mathbf{S}$, so auch $\forall_{<} R^{k+1}$,

(PP4)   Liegt R^{k+1} in $\mathbf{S}$, so auch die Projektion $\exists R^{k+1}$;

ich nenne $\mathbf{S}$ dann auch *P-abgeschlossen*. Aus (AB20) und (AB3) folgt sogleich

Ist $\mathbf{R}$ AB-abgeschlossen, so ist $\mathbf{E(R)}$ P-abgeschlossen .

Ferner folgt aus 20.(RF1-2) und (RE5)

Ist **S** P–abgeschlossen, so ist es abgeschlossen unter Superpositionen mit Funktionen aus **F(S)**, und **F(S)** enthält die p_i^k und ist abgeschlossen unter Superpositionen .

Für eine P–abgeschlossene Klasse **S** sei **Q(S)** die Teilklasse aller derjenigen R in **S**, für die auch ihr Komplement –R in **S** liegt; ich nenne sie auch den POST*schen Kern* von **S**.

(PQ0)   **Q(S)** ist Boolesch abgeschlossen, und E^2 liegt in **Q(S)** .

(PQ1)   Wenn f^k in **F(S)**, so liegt $G(f^k)$ in **Q(S)** .

Nach Voraussetzung liegt $G(f^k)$ in **S**; es bleibt zu zeigen, daß auch $-G(f^k)$ in **S** liegt. Sei $g^{k+1} = f^k \circ <p_0^{k+1},..., p_{k-1}^{k+1}>$, so daß $g^{k+1}(\alpha,a) = f^k(\alpha)$. Dann sind die $<\alpha,a>$ in $G(f^k)$ genau diejenigen, für die $g^{k+1}(\alpha,a) = p_k^{k+1}(\alpha,a)$ gilt. Somit ist $-G(f^k)$ die Superposition $(-E^2)[g^{k+1}, p_k^{k+1}]$.

(PQ2)   **F(S) = F(Q(S))** .

Aus **Q(S)** $\subseteq$ **S** folgt **F(Q(S))** $\subseteq$ **F(S)**. Aus (PQ1) folgt **F(S)** $\subseteq$ **F(Q(S))**.

(PQ3)   **Q(S)** ist abgeschlossen unter Superpositionen mit Funktionen aus **F(S)** .

Sei R^k in **Q(S)** und sei $S^m = R^k[g_i^m \mid i < k]$ eine Superposition mit Funktionen g_i^m, deren Graphen $G(g_i^m)$ in **S** sind. Es folgt aus (RE5), daß S^m in **S** liegt; es bleibt zu zeigen, daß auch $-S^m$ in **S** liegt. Da die Funktionen g_i^m für jedes α definiert sind und eindeutige Werte haben, lassen sich die in $-S^m$ gelegenen α von ω^m, i.e. die mit $<g_0^m(\alpha),..., g_{k-1}^m(\alpha)> \epsilon - R^k$, durch die Bedingung

$$\text{es gibt ein } \beta \text{ in } \omega^k \text{ mit } <\alpha,\beta_0> \epsilon G(g_0^m),..., <\alpha,\beta_{k-1}> \epsilon G(g_{k-1}^m)$$
$$\text{und } \beta\epsilon - R^k$$

kennzeichnen. Hinzunahme geeigneter leerer Argumente führt zu Relationen

$$G(g_i^m)' = G(g_i^m)[p_0^{m+k},..., p_{m-1}^{m+k}, p_{m+i}^{m+k}] \text{ und}$$
$$R^{m+k} = (-R^k)[p_m^{m+k},..., p_{m+k-1}^{m+k}] ,$$

alle von der Stellenzahl m+k und alle in **S**, mit denen das Obige als

$$\text{es gibt ein } \beta \text{ in } \omega^k \text{ mit } <\alpha,\beta> \epsilon G(g_0^m)',..., <\alpha,\beta> \epsilon G(g_{k-1}^m)'$$
$$\text{und } <\alpha,\beta> \epsilon R^{m+k}$$

geschrieben werden kann. Somit liegt $<\alpha,\beta>$ in einer Relation, die nach (PP2) zu **S** gehört. Nach k Projektionen liegt daher S^m in **S** .

Die folgende Beobachtung wird wichtig sein:

(PQ4) $Q(S) = R(F(S)) = R(F(Q(S)))$.

Nach (PQ3), (PP0) ist $Q(S)$ unter Superpositionen mit c_0^1, c_1^1 abgeschlossen. Wegen (PQ0) kann ich mit 20.(RF4) auf $Q(S) = R(F(Q(S)))$ schliessen. Aus (PQ2) folgt $R(F(S)) = R(F(Q(S)))$.

Im Folgenden werde ich die Begriffe verwenden, die für allgemeine Minimierungen in 1.(CC7) erklärt wurden. Aus $R^{k+1} \epsilon Q(S)$ folgt, daß νR^{k+1} in S liegt. Denn (PP2), (PP4) erlauben mir, dies aus der Darstellung 1.(C11)

$$\nu R^{k+1} = R^{k+1} \cap (\forall_{<} - R^{k+1} \cup E^2[p_k^{k+1}, c_0^{k+1}])$$

zu schließen. In (PQ8) werde ich zeigen, daß νR^{k+1} dann sogar in $Q(S)$ liegt. Zunächst folgt bereits aus (PQ2)

(PQ5)   Liegt R^{k+1} in $Q(S)$ und ist R^{k+1} voll, so liegt μR^{k+1} in $F(Q(S))$.

(PQ6)   Liegt R^{k+1} in $Q(S)$, so liegt $\mu_{<} R^{k+1}$ in $F(Q(S))$, und ist S abgeschlossen unter Superpositionen mit s, so liegt auch $\mu_{<} R^{k+1}$ in $F(Q(S))$.

Denn nach 1.(C13) ist der Graph von $\mu_{<} R^{k+1}$ von der Gestalt νS^{k+2} für die volle Relation S^{k+2}

$$S^{k+2} = R^{k+1}[p_0^{k+2},..., p_{k-1}^{k+2}, p_{k+1}^{k+2}] \cup E^2[p_k^{k+2}, p_{k+1}^{k+2}] \; ;$$

das ergibt $\mu_{<} R^{k+1} = \mu S^{k+2}$, und da S^{k+2} nach (PP1), (PQ0) zu $Q(S)$ gehört. Da νS^{k+2} in S liegt, gehört die Funktion μS^{k+2} mit diesem Graphen zu $F(S) = F(Q(S))$. Die zweite Behauptung folgt ebenso unter Gebrauch von 1.(C14).

(PQ7) $Q(S)$ ist abgeschlossen unter beschränkten Quantifizierungen .

Liegt R^{k+1} in $Q(S)$, so lehrt (PQ6), daß $G(\mu_{<} R^{k+1})$ in $Q(S)$ liegt, folglich auch $-G(\mu_{<} R^{k+1})$. Aus 1.(C9)

$$\exists_{<} R^{k+1} = (-G(\mu_{<} R^{k+1}))[p_0^{k+1},..., p_k^{k+1}, p_k^{k+1}]$$

folgt daher mit (PQ3), daß $\exists_{<} R^{k+1}$ in $Q(S)$ liegt. Ferner liegt dann $-R^{k+1}$ in $Q(S)$, also auch $-\exists_{<} - R^{k+1}$, und nach 1.(C4) deshalb auch $\forall_{<} R^{k+1}$. Nach 1.(C5), $\exists_{\leq} R^{k+1} = \exists_{<} R^{k+1} \cup R^{k+1}$, liegt schließlich $\exists_{\leq} R^{k+1}$, nach 1.(C3) auch $\forall_{\leq} R^{k+1}$ in $Q(S)$.

(PQ8)   Liegt R^{k+1} in $Q(S)$, so liegt νR^{k+1} in $Q(S)$.

Das folgt aus der oben verwendeten Darstellung 1.(C11) mit (PQ7) und (PQ3). − Nun folgere ich noch

(PQ9)   Es enthalte S die Graphen von s, + , · , MOD, CRO_0, CRO_1. Dann ist $F(Q(S))$ primitiv rekursiv abgeschlossen.

Zum Beweis verifiziere ich die Voraussetzungen des Theorems 20.1 für $Q(S)$. Wegen (PQ2) folgt (RG0) aus den gemachten Voraussetzungen. (RG1) und (RG2) folgen aus (PQ0). (RG3) folgt aus (PQ3) und (RG4) folgt aus (PQ7).

Da für ein AB-abgeschlossenes R die Klasse $S = E(R)$ P-abgeschlossen ist, ist (A16) ein Spezialfall von (PQ9). – Schließlich finde ich

(PQ10)   Ist R AB-abgeschlossen, so ist das auch $Q(E(R))$, und dann gilt $R \subseteq Q(E(R))$.

Aus (RAB2) und $R \subseteq E(R)$ folgt $R \subseteq Q(E(R))$. (RAB0) überträgt sich von R auf Oberklassen, (RAB1) folgt aus (PQ3), (RAB2) aus (PQ0), (RAB3) folgt aus (PQ7).

4 . Rekursiv aufzählbare Relationen

Ich schreibe fortan $ER(G)$ an Stelle von $E(R(G))$.

Es sei G eine simpel oder G_{-1}-abgeschlossene Funktionenklasse. Es gilt $G \subseteq F(ER(G))$, da aus $f \in G$ folgt $G(f) \in R(G)$ und $R(G) \subseteq ER(G)$ gilt. Da $R(G)$ AB-abgeschlossen ist, ist $ER(G)$ P-abgeschlossen, und $F(ER(G)) = F(Q(ER(G)))$ ist nach (PQ9) primitiv rekursiv abgeschlossen.

Für eine simpel abgeschlossene Klasse G habe ich schon in der Einleitung dieses Kapitels die Relationen aus $ER(G)$ *aufzählbar* bezüglich G genannt. Ich erinnere daran, daß **FGF**, **FSF**, **FEF**, **FPF** die kleinsten Funktionenklassen bezeichnen, welche G_{-1}-, simpel, elementar respektive primitiv rekursiv abgeschlossen sind.

THEOREM 1   (a) $ER(FGF) = ER(FSF) = ER(FEF) = ER(FPF)$

        (aa) $E(RAB) = ER(FPF)$

Bereits bei der Einführung von **RAB** habe ich bemerkt, daß $RAB \subseteq R(FSF)$ und $RAB \subseteq R(FGF)$ gelten. Weiter gelten $R(FSF) \subseteq R(FEF) \subseteq R(FPF)$ und $R(FGF) \subseteq R(FEF)$, weil die betreffenden Funktionenklassen ineinander enthalten sind. Diese Inklusionen aber bleiben beim Übergang zu Projektionen erhalten. Es bleibt zu zeigen, daß $ER(FPF) \subseteq E(RAB)$ gilt. Da $F(E(RAB))$ primitiv rekursiv abgeschlossen ist, finde ich

       $FPF \subseteq F(E(RAB))$

weshalb

$$R(FPF) \subseteq R(F(E(RAB))) \; ,$$

und da $E(RAB)$ P-abgeschlossen ist, ergibt (PQ4)

$$R(F(E(RAB))) = Q(E(RAB)) \; .$$

Folglich

$$R(FPF) \subseteq Q(E(RAB))$$

und so

$$ER(FPF) \subseteq E(R(FPF)) \subseteq E(Q(E(RAB))) \subseteq E(RAB) \; ,$$

da für jedes S gilt $Q(E(S)) \subseteq E(S)$, weshalb $E(Q(E(S))) \subseteq E(E(S)) = E(S)$ falls $E(S)$ unter Projektionen abgeschlossen ist.

Die mit diesem Theorem gekennzeichnete Relationenklasse **RER** heißt die der *rekursiv aufzählbaren* Relationen. Ihre Charakterisierung als **E(RAB)** enthält die Beschreibung eines Erzeugungsprozesses.

Eine etwas andere Erzeugung von **RER** geschieht mit Hilfe der Klasse **DIO** aller *Diophantischen Relationen,* definiert als die Relationen $E^2[f^k,$ $g^k]$ mit f^k und g^k als Polynomialfunktionen, wie sie für (AB13) erklärt wurden. Allerdings ist dann die Klasse $E(DIO)$ der Projektionen von Relationen aus **DIO** nicht schon selbst unter Projektionen abgeschlossen, weshalb man mit $E_0(DIO) = DIO$ und $E_{n+1}(DIO) = E(E_n(DIO))$ die Vereinigung $E^*(DIO)$ aller $E_n(DIO)$ als eine unter Projektionen abgeschlossene Klasse bilden wird.. Dann gilt $E^*(DIO) \subseteq RER$, und es ist nicht schwer zu sehen, daß $E^*(DIO)$ positiv Boolesch abgeschlossen ist. Der Nachweis, daß $E^*(DIO)$ auch unter beschränkten Quantifikationen abgeschlossen ist, ist weit aufwendiger; ist er gesichert, so erhält man als Theorem von MATYASEVIC dann $E^*(DIO) = RER$. Beweise dafür finden sich z.B. bei BELL-MACHOVER [77], MANIN [77] und BOERGER [85] .

Kapitel 22 .   Rekursive Funktionen und rekursive Relationen

Ich schreibe fortan $\mathbf{QE(S)}$ an Stelle von $\mathbf{Q(E(S))}$ und $\mathbf{QER(G)}$ and Stelle von $\mathbf{QE(R(G))}$.

Die Klasse $\mathbf{Q(RER)}$ heißt die Klasse $\mathbf{RFR}$ der *rekursiven Relationen*, die Klasse $\mathbf{F(Q(RER))}$ heißt die Klasse $\mathbf{FRF}$ der *rekursiven Funktionen*.

THEOREM 1   (a) $\mathbf{F(RFR) = FRF}$ und $\mathbf{R(FRF) = RFR}$.

(b) $\mathbf{FRF}$ ist primitiv rekursiv abgeschlossen, und es gilt
$$\mathbf{FPF \subseteq FRF} .$$

(c) $\mathbf{RFR = QE(RAB) = QER(FSF) = QER(FEF)}$
$$= \mathbf{QER(FPF)} .$$

(d) $\mathbf{FRF = F(QE(RAB)) = F(QER(FSF)) = F(QER(FEF))}$
$$= \mathbf{F(QER(FPF))} .$$

(e) $\mathbf{RER = E(RFR)}$.

Die Behauptungen (c) folgen unmittelbar aus dem vorangehenden Theorem im letzten Kapitel, und aus ihnen folgenden die von (d). In (a) ist $\mathbf{F(RFR) = FRF}$ die Definition von $\mathbf{FRF}$. Unter Gebrauch von (d) folgt $\mathbf{R(FRF) = R(F(QE(RAB))) = QE(RAB)}$ aus (PQ4). $\mathbf{QE(RAB)}$ ist AB-abgeschlossen nach (PQ10). Folglich ist $\mathbf{F(E(RAB))}$ primitiv rekursiv abgeschlossen. Aber $\mathbf{F(E(RAB)) = F(QE(RAB))}$ nach (PQ2). Folglich ist $\mathbf{FRF}$ primitiv rekursiv abgeschlossen, und es gilt $\mathbf{FPF \subseteq FRF}$. Zum Beweis von (e) verwende ich $\mathbf{E(RFR) = E(QE(RAB)) \subseteq E(E(RAB)) \subseteq E(RAB)}$, womit aus $\mathbf{FPF \subseteq FRF}$ folgt $\mathbf{E(RAB) = ER(FPF) \subseteq ER(FRF) = E(RFR)}$.

Jede Kennzeichnung der Klasse $\mathbf{RER}$ der rekursiv aufzählbaren Relationen gibt Anlaß zu einer Kennzeichnung von $\mathbf{FRF = F(RER)}$. Jede Kennzeichnung von $\mathbf{FRF}$ gibt Anlaß zu einer Kennzeichnung der rekursiv aufzählbaren Relationen als $\mathbf{ER(FRF)}$.

Da trivialer Weise $\mathbf{Q(RER) \subseteq RER}$, sind rekursive Relationen auch rekursiv aufzählbar. Beispiele von rekursiv aufzählbaren, jedoch *nicht* rekursiven Relationen werde ich erst im Kapitel 25 konstruieren.

1. Rekursiv abgeschlossene Klassen

Ich verwende die folgenden Definitionen für Klassen G von Funktionen und S von Relationen :

G ist *generisch*   wenn $G \subseteq F(R(G))$ und $R(G)$ AB-abgeschlossen ,

G ist *reflexiv*   wenn $F(R(G) \subseteq G$,

S ist *Kern-abgeschlossen*   wenn $QE(S) \subseteq S$,

G ist *Kern-abgeschlossen*   wenn G reflexiv und $R(G)$ Kern-abgeschlossen ,

S ist *rekursiv abgeschlossen* wenn S AB-abgeschlossen und Kern-abgeschlossen ,

G ist *rekursiv abgeschlossen* wenn $G = F(R(G))$ und $R(G)$ rekursiv abgeschlossen .

Im Besonderen ist ein rekursiv abgeschlossenes G dann generisch, reflexiv und Kern-abgeschlossen, und ist G generisch und Kern-abgeschlossen so auch rekursiv abgeschlossen. Ist G simpel abgeschlossen, so ist $R(G)$ AB-abgeschlossen; mithin folgt aus 2.(FS1), daß simpel abgeschlossene Klassen G generisch sind. Für jede P-abgeschlossene Klasse S ist $F(Q(S))$ reflexiv, da $R(F(Q(S))) = Q(S)$ nach(PQ4), also $F(R(F(Q(S)))) = F(Q(S))$.

Für AB-abgeschlossenes S war $E(S)$ P-abgeschlossen. Somit folgt aus (PQ4) unmittelbar :

(0) Ist S AB-abgeschlossen, so $QE(S) = R(F(QE(S)))$ und
$$F(QE(S)) = F(R(F(QE(S)))) .$$

(1) Ist $R(G)$ AB-abgeschlossen, so $QER(G) = R(F(QER(G)))$ und
$$F(QER(G)) = F(R(F(QER(G)))) .$$

Ich ordne nun

jeder Klasse S von Relationen die Klasse $QE(S)$ von Relationen

jeder Klasse G von Funktionen die Klasse $F(QER(G))$ von Funktionen

zu. Da alle hier auftretenden Operatoren die Inklusion erhalten, gelten

(2)   Wenn $S \subseteq T$ so $QE(S) \subseteq QE(T)$,
wenn $G \subseteq H$ so $F(QER(G)) \subseteq F(QER(H))$.

Ferner

(3)   Wenn S AB-abgeschlossen, so $S \subseteq QE(S)$,
wenn G generisch, so $G \subseteq F(QER(G))$.

Hier gilt die erste Behauptung, weil S unter Komplementen abgeschlossen ist. Ist G generisch, so ist ER(G) P-abgeschlossen, weshalb $G \subseteq F(R(G)) \subseteq F(ER(G)) = F(QER(G))$ nach (PQ2).

LEMMA 1   (a) Ist T Kern-abgeschlossen, so hat $S \subseteq T$ auch $QE(S) \subseteq T$
zur Folge.

Ist S AB-abgeschlossen, so ist QE(S) Kern-abgeschlossen und ist die kleinste Kern-abgeschlossene Klasse, welche S umfaßt.

(aa) Ist H Kern-abgeschlossen, so hat $G \subseteq H$ auch
$F(QER(G)) \subseteq H$ zur Folge.

Ist G generisch, so ist F(QER(G)) Kern-abgeschlossen und ist die kleinste Kern-abgeschlossene Klasse welche G umfaßt.

Aus $S \subseteq T$ folgt $QE(S) \subseteq QE(T) \subseteq T$. Ist S AB-abgeschlossen, so E(S) P-abgeschlossen, also speziell abgeschlossen unter Projektionen. Mithin gilt $E(QE(S)) \subseteq E(S)$, und daraus folgt $QE(QE(S)) \subseteq QE(S)$. Das beweist (a).

Sei H Kern-abgeschlossen und $G \subseteq H$. Dann gilt $QER(G) \subseteq QER(H)) \subseteq R(H)$, weil R(H) Kern-abgeschlossen ist. Folglich $F(QER(G)) \subseteq F(R(H)) \subseteq$ H wegen der Reflexivität von H. Sei nun G generisch. Da R(G) AB-abgeschlossen, folgt aus (1), daß F(QER(G)) reflexiv ist, und aus (3) folgt, daß G in dieser Klasse enthalten ist. Da R(G) AB-abgeschlossen, ist QER(G) nach (a) Kern-abgeschlossen; mithin folgt aus (1), daß R(F(QER(G))) Kern-abgeschlossen ist. Ebenfalls nach (1) ist F(QER(G)) dann reflexiv und somit Kern-abgeschlossen.

LEMMA 2   Ist S AB-abgeschlossen, so ist QE(S) rekursiv abgeschlossen .

Denn QE(S) ist AB-abgeschlossen nach (PQ10) und Kern-abgeschlossen nach Lemma 1 .

LEMMA 3   Ist G generisch, so ist F(QER(G)) rekursiv abgeschlossen .

Denn R(G) ist AB-abgeschlossen, weshalb QER(G) rekursiv abgeschlossen nach Lemma 2 ist. Aus (1) folgt $F(QER(G)) = F(R(F(QER(G))))$.

THEOREM 2   Ist S AB-abgeschlossen, so ist $QE(S)$ die kleinste rekursiv abgeschlossene Klasse, welche S unfaßt.

Ist G generisch, so ist $F(QER(G))$ die kleinste rekursiv abgeschlossene Klasse, welche G umfaßt.

Dies folgt unmittelbar aus den drei Lemmata.

COROLLAR 1   Ist S rekursiv abgeschlossen, so $S = QE(S)$.

Ist G rekursiv abgeschlossen, so $G = F(QER(G))$.

LEMMA 4   Ist S rekursiv abgeschlossen, so $S = R(F(S))$, und dann ist $F(S)$ rekursiv abgeschlossen.

Aus $S = QE(S)$ folgt $F(S) = F(QE(S))$, also $R(F(S)) = R(F(QE(S))) = QE(S)$ $= S$ nach (0). Aber auch $F(QE(S)) = F(R(F(QE(S))))$ nach (0), und ersetze ich hier $F(QE(S))$ durch $F(S)$, so finde ich $F(S) = F(R(F(S)))$. Folglich ist für $G = F(S)$ die Klasse $R(G) = S$ rekursiv abgeschlossen, und es gilt $G = F(S) = F(R(G))$. – Ist G rekursiv abgeschlossen, so ist das $R(G)$ per definitionem, und das ergibt

COROLLAR 2   S ist rekursiv abgeschlossen genau dann, wenn $S = R(G)$ für ein rekursiv abgeschlossenes G .

G ist rekursiv abgeschlossen genau dann, wenn $G = F(S)$ für ein rekursiv abgeschlossenes S .

Ist $F(S)$ rekursiv abgeschlossen so braucht S das nicht zu sein. Denn sei G rekursiv abgeschlossen und sei S die Menge der Graphen von Funktionen aus G; dann gilt $F(S) = G$, aber S ist echte Teilmenge $R(G)$. Ist $R(G)$ rekursiv abgeschlossen, so braucht G das nicht zu sein. Denn sei S rekursiv abgeschlossen und sei G die Menge aller 0–1–wertigen Funktionen aus $F(S)$; dann gilt $R(G) = S$, aber G ist echte Teilmenge von $F(S)$.

Ist G rekursiv abgeschlossen, so $R(G) = QER(G)$, weil $R(G)$ rekursiv abgeschlossen ist weshalb das Theorem 2 angewendet werden kann. $R(G)$ heißt die Klasse der *relativ zu G rekursiven* Funktionen.

COROLLAR 3   **RFR** ist die kleinste rekursiv abgeschlossene Klasse von Relationen und **FRF** ist die kleinste rekursiv abgeschlossene Klasse von Funktionen .

Jede rekursiv abgeschlossene Klasse G ist primitiv rekursiv abgeschlossen .

Da ein rekursiv abgeschlossenes S auch AB–abgeschlossen ist, gilt $\mathbf{RAB} \subseteq \mathbf{S}$ und also $\mathbf{QE(RAB)} \subseteq \mathbf{S}$. Für ein rekursiv abgeschlossenes G ergibt das $\mathbf{QE(RAB)} \subseteq \mathbf{R(G)}$, weshalb $\mathbf{F(QE(RAB))} \subseteq \mathbf{F(R(G))} = \mathbf{G}$. Ferner folgt aus der AB–Abgeschlossenheit von $\mathbf{R(G)} = \mathbf{QER(G)}$ mit (AB18), daß die Menge $\mathbf{F(E(R(G)))}$ primitiv rekursiv abgeschlossen ist. Nach (PQ2) ist das die Klasse $\mathbf{F(QER(G))} = \mathbf{G}$.

2 . Abgeschlossenheit unter Minimierungen

Ich erinnere daran, daß eine Klasse G unter *totaler Minimierung abgeschlossen* hieß, wenn galt

liegt R^{k+1} in $\mathbf{R(G)}$ und ist R^{k+1} voll, so liegt μR^{k+1} in G .

Ich will G *μ–rekursiv abgeschlossen* nennen, wenn es primitiv rekursiv und unter totaler Minimierung abgeschlossen ist.

Es ist leicht zu sehen, daß rekursiv abgeschlossene Klassen auch μ–rekursiv abgeschlossen sind. Denn wie gerade bemerkt, sind sie primitiv rekursiv abgeschlossen. Und wegen $\mathbf{R(G)} = \mathbf{QER(G)}$ gilt für ein volles R^{k+1} aus $\mathbf{R(G)}$ nach 21.(PQ5), daß μR^{k+1} in $\mathbf{F(QER(G))} = \mathbf{G}$ liegt.

THEOREM 3   Eine Klasse G ist rekursiv abgeschlossen genau dann, wenn $\mathbf{R(G)}$ AB–abgeschlossen ist und G die Projektionen p_i^k enthält und unter Superpositionen und totaler Minimierung abgeschlossen ist.

Die Bedingungen sind notwendig für die rekursive Abgeschlossenheit. Seien sie nun für G erfüllt; ich werde zunächst $\mathbf{G} = \mathbf{F(R(G))}$ zeigen. Es gilt stets $G(f^k) = E^2[f^k \circ <p_0^{k+1},\ldots, p_{k-1}^{k+1}>, p_k^{k+1}>]$, und ist f^k in G, so sind das auch die hier in E^2 eingesetzten Funktionen. Aber E^2 liegt in der AB–abgeschlossenen Klasse $\mathbf{R(G)}$, und zusammen mit G ist auch $\mathbf{R(G)}$ unter Superpositionen mit Funktionen aus G abgeschlossen. Folglich liegt $G(f^k)$ in $\mathbf{R(G)}$ falls f^k in G war, i.e. $\mathbf{G} \subseteq \mathbf{F(R(G))}$. Andererseits liegt für ein f^k aus $\mathbf{F(R(G))}$ die volle Relation $G(f^k)$ in $\mathbf{R(G)}$; mithin liegt $f^k = \mu G(f^k)$ in G, und das beweist $\mathbf{F(R(G))} \subseteq \mathbf{G}$.

Es bleibt der Nachweis, daß $\mathbf{S} = \mathbf{R(G)}$ Kern–abgeschlossen ist, i.e. daß $\mathbf{QE(S)} \subseteq \mathbf{S}$. Sei dafür R^k in $\mathbf{QE(S)}$. Dann gibt es A^{k+1}, B^{k+1} in S mit $R^k = \exists A^{k+1}$, $-R^k = \exists B^{k+1}$. Da S (positiv) Boolesch abgeschlossen ist, liegt auch $C^{k+1} = A^{k+1} \cup B^{k+1}$ in S . Jedes α aus ω^k ist entweder in R^k oder in $-R^k$; in jedem Falle gibt es also ein a mit $<\alpha,a> \epsilon C^{k+1}$. Folglich ist C^{k+1} voll, also μC^{k+1} in G . Da $\mathbf{S} = \mathbf{R(G)}$ unter Superpositionen abgeschlossen ist, liegt $D^k = A^{k+1}[p_0^k, ..., p_{k-1}^k, \mu C^{k+1}]$ in **S**. Das aber ist die Menge aller α mit $<\alpha, \mu C^{k+1}(\alpha)> \epsilon A^{k+1}$. Nun werde ich den Beweis damit beenden, daß ich $D^k = R^k$ nachweise. Meine letzte Beschreibung von D^k liefert $D^k \subseteq \exists A^{k+1} = R^k$. Andererseits folgt aus $\alpha \epsilon R^k$ aber *nicht* α in $-R^k$. Mithin muß $<\alpha, \mu C^{k+1}(\alpha)>$ zu A^{k+1} gehören, folglich α zu D^k .

COROLLAR 4   Eine Klasse **G** ist rekursiv abgeschlossen genau dann, wenn sie unter totaler Minimierung abgeschlossen ist und eine der folgenden Eigenschaften hat :

primitiv rekursiv abgeschlossen , oder
elementar abgeschlossen , oder
simpel abgeschlossen , oder
G_{-1}-abgeschlossen .

Denn in allen diesen Fällen ist **R(G)** AB-abgeschlossen. – Im Besonderen sind also die rekursiv abgeschlossenen Klassen genau die μ-rekursiv abgeschlossenen.

Das Interessante an den Charakterisierungen durch simple oder elementare Abgeschlossenheit ist, daß die Abgeschlossenheit unter primitiver Rekursion durch diejenige unter totaler Minimierung bereits dann erzwungen wird, wenn nur verhältnismäßig schwache weitere Voraussetzungen gemacht werden. Allerdings liegt etwa bei simpel abgeschlossenen Klassen immer noch die Abgeschlossenheit unter beschränkter Minimierung vor. Die schon im Beweis von (PQ6) verwendete Darstellung 1.(C13) des Graphen $G(\mu_< R^{k+1})$ als νS^{k+2} für die volle Relation S^{k+2}

$$S^{k+2} = R^{k+1}[p_0^{k+2}, ..., p_{k-1}^{k+2}, p_{k+1}^{k+2}] \cup E^2[p_k^{k+2}, p_{k+1}^{k+2}]$$

erlaubt aber hier eine Reduktion auf die totale Minimierung, und ich finde das

COROLLAR 5   Eine Klasse **G** ist genau dann rekursiv abgeschlossen, wenn sie unter Superpositionen und totaler Minimierung abgeschlossen ist und die Funktionen einer der beiden folgenden Listen enthält :

$c_i^1, p_i^k, +, \cdot, SG, \chi_<, \chi_=$ oder

$p_i^k, +, \cdot, CSG, \chi_=$.

Die erste Liste besteht aus den simplen Anfangsfunktionen. Um **G** als simpel abgeschlossen zu erkennen, brauche ich also nur 2.(FSF2) nachzuweisen, also die Zugehörigkeit von $\mu_< R^{k+1}$ zu **G** für R^{k+1} aus **R(G)**. Aber **R(G)** ist unter Vereinigungen abgeschlossen, da $\chi_{R \cup S} = SG \circ + \circ <\chi_R, \chi_S>$

gilt. Somit liegt zunächst die Relation S^{k+2} meiner Darstellung in $R(G)$, folglich ihre totale Minimierung μS^{k+2} in G. Da E^2 in $R(G)$ liegt, liegt der Graph $G(f^{k+1}) = E^2[f^{k+1} \circ <p_0^{k+2},..., p_k^{k+2}>, p_{k+1}^{k+2}]$ jeder Funktion f^{k+1} aus G in $R(G)$, mithin auch der Graph νS^{k+2} von μS^{k+2}. Somit gehört der Graph $G(\mu_< R^{k+1})$ zu $R(G)$, folglich $\mu_< R^{k+1} = \mu G(\mu_< R^{k+1})$ zu G.

Für die zweite Liste bemerke man zunächst $SG = CSG \circ CSG$. Alsdann bleibt der Nachweis von 2.(FSF2) unverändert in Kraft. Ferner ist $R(G)$ wegen $\chi_{-R} = CSG \circ \chi_R$ nun Boolesch abgeschlossen. Die Darstellung 1.(C8),

$$\exists_< R^{k+1} = (-E^2)[\mu_< R^{k+1}, p_k^{k+1}] \ ,$$

lehrt, daß $R(G)$ unter $\exists_<$ abgeschlossen ist. Die Relation $<$ ist aber gleich $\exists_< E^2$, weil $<a,b> \epsilon \exists_< E^2$ genau dann, wenn es ein c mit $c < b$ und $a = c$ gibt. Folglich liegt auch $\chi_<$ in G. Es bleibt die Funktion c_1^1, und wegen $c_1^1 = CSG \circ c_0^1$ wird sie zu G gehören wenn c_0^1 das tut. Wie schon im vorangehenden Beweis bemerkt, enthält $R(G)$ die Graphen der Funktionen aus G, so daß die Relation $R^2 = G(SG) \cup G(CSG)$ in $R(G)$ liegt. Diese Relation ist voll, so daß μR^2 in G liegt. Aber μR^2 ist c_0^1, weil $<0,0> \epsilon G(CS)$ sowie $<n,0> \epsilon G(CSG)$ für $n > 0$.

Eine Klasse S heiße *unter totaler Minimierung abgeschlossen*, wenn gilt

liegt R^{k+1} in S und ist R^{k+1} voll, so liegt νR^{k+1} in S.

COROLLAR 6   Eine Klasse S ist genau dann rekursiv abgeschlossen, wenn
                   sie E^2 und die Graphen von $+$ und $\cdot$ enthält sowie auf folgende Arten abgeschlossen ist :

                   trivial ,
                   Boolesch ,
                   unter Superpositionen mit Funktionen aus $F(S)$
                   unter totaler Minimierung .

Den Nachweis, daß S Kern-abgeschlossen ist, also $QE(S) \subseteq S$ gilt, kann ich mit der folgenden Abänderung aus dem Beweis des Theorems 3 übernehmen, in dem S für $R(G)$ geschrieben werde. Für die volle Relation C^{k+1} liegt jetzt νC^{k+1} in S, die Funktion μC^{k+1} also in $F(S)$. Da jetzt aber S unter Superpositionen mit solchen Funktionen abgeschlossen ist, liegt $D^k = A^{k+1}[p_0^k,..., p_{k-1}^k, \mu C^{k+1}]$ wieder in S.

Es bleibt zu zeigen, daß S AB-abgeschlossen ist, und davon fehlt mir nur (RAB3), i.e. die Abgeschlossenheit unter $\forall_<$. Wieder sehe ich aus 1.(C13) wegen der Abgeschlossenheit unter totaler Minimierung, daß für R^{k+1} aus S der Graph $G(\mu_< R^{k+1})$ in S liegt, und da S unter Komplementen abgeschlossen ist, liegt auch $-G(\mu_< R^{k+1})$ in S. Die Darstellung 1.(C9)

$$\exists_< R^{k+1} = (-G(\mu_< R^{k+1}))[p_0^{k+1}, ..., p_k^{k+1}, p_k^{k+1}]$$

lehrt deshalb, daß $\exists_< R^{k+1}$ in S liegt. Daher liegen dann auch $\exists_\leq R^{k+1} = \exists_< R^{k+1} \cup R^{k+1}$ und $\forall_\leq R^{k+1} = -\exists_\leq -R^{k+1}$ in S.

Rekursiv abgeschlossene Klassen können auch durch die im Corollar 6 aufgezählten Eigenschaften *definiert* werden. In diesem Falle kann die primitiv rekursive Abgeschlossenheit von $F(S)$ auch ohne die Maschinerie der AB-abgeschlossenen Klassen direkt bewiesen werden. Dazu wird wieder das Theorem 20.1 verwendet, so daß ich seine Voraussetzungen (RG0)-(RG4) verifizieren muß. Von ihnen folgen (RG1)-(RG3) direkt aus den Annahmen über S, und (RG4) habe ich im letzten Beweis nachgewiesen. Es bleibt, die Gegenwart der Funktionen aus (RG0) zu sichern, von denen $+$ und $\cdot$ nach Voraussetzung anwesend sind.

Da S trivial abgeschlossen ist, folgt die Anwesenheit von p_i^k wieder aus $G(p_i^k) = E^2[p_i^{k+1}, p_k^{k+1}]$. Da E^2 in S liegt, ist auch $\omega^2 = E^2 \cup -E^2$ dort, und da ω^2 voll ist, liegt $\nu\omega^2$ in S; aber $\nu\omega^2 = G(c_0^1)$. Auch $-\nu\omega^2$ ist noch in S und ist ebenfalls voll; folglich ist $\nu(-\nu\omega^2)$ in S; aber $\nu(-\nu\omega^2) = G(c_1^1)$. Da $F(S)$ nach (RF0) unter Superpositionen abgeschlossen ist, liegt dann $s = +\circ <p_1^1, c_1^1>$ in $F(S)$. Es bleibt zu zeigen, daß auch MOD, CRO_0, CRO_1 in $F(RFR)$ liegen, und das werde ich tun, indem ich die Argumente aus (FS12), (FS15) verwende, sobald ich mir die von ihnen benötigten Hilfsmittel gesichert haben werde.

Wie im obigen Nachweis für die Abgeschlossenheit unter beschränkten Quantifizierungen folgt aus 1.(C13), daß für R^{k+1} aus S auch $\mu_< R^{k+1}$ in $F(S)$ liegt. Damit finde ich $\div$ in $F(S)$, indem ich wie in 2.(FS6) schließe. Auch die Definition durch Fallunterscheidung nach 2.(FS2) bleibt in Kraft, und $c_0^2 = c_0^1 \circ <p_0^2, p_1^2>$ ist in $F(S)$, mithin $A = \omega^2 \cap E^2[c_0^2, p_1^2]$ in S. Damit kann ich das Argument aus 2.(FS12) verwenden und QU und MOD in $F(S)$ finden. Endlich finde ich CRO_0, CRO_1 in $F(S)$, indem ich wie in 2.(FS15) schließe. (An dieser Stelle habe ich bereits gezeigt, daß $F(S)$ alle Eigenschaften einer simpel abgeschlossen Klasse hat, mit Ausnahme der Anwesenheit von SG. Aber SG läßt sich durch Fallunterscheidung aus c_0^1, c_1^1 gewinnen, weil $\{0\} = E^2[p_0^1, c_0^1]$ und $\omega = E^2[p_0^1, p_0^1]$ in S liegen.)

Alle Kennzeichnungen aus dem Theorem 3 und seinen Corollarien können als *Definitionen* rekursiv abgeschlossener Klassen von Funktionen und Relationen gelesen werden. Es besteht jedoch ein *methodischer* Unterschied zwischen solchen Definitionen und den zuvor hier gewählten.

Die Definition von **RFR** als **QE(RAB)** (und analoge Definitionen in Fällen wie **QE(R(FSF))**) beschreibt einen Prozeß zur Erzeugung der Relationen von **RFR**. Um das genauer einzusehen, beginne ich mit einer Erzeugung von **RAB**. Für jede (endliche) Menge **M** von Relationen definiere ich

$\Theta(n,M)$ als die Menge aller Relationen S^m mit

es gibt π und R^k, π Abbildung von k in m, R^k in M, und $m \leq n+3$
und $S^m = R^k[p^m_{\pi(o)}, \cdots, p^m_{\pi(k-1)}]$, oder

es gibt P^m, R^m in M und $S^m = P^m \cup R^m$, oder

es gibt P^m, R^m in M und $S^m = P^m \cap R^m$, oder

es gibt R^m in M und $S^m = -R^m$, oder

es gibt R^{m+1} in M und $S^m = \forall_{\leq} R^{m+1}$.

Alsdann setze ich

A(0) enthalte die zwei Graphen $G(+)$ und $G(\cdot)$

$A(n+1) = \Theta(n, A(n))$

In A(0) liegen nur 3-stellige Relationen. Wenn ich weiß, daß A(n) nur Relationen der Stellenzahlen m mit $m \leq n+3$ enthält, so folgt aus $R^m = R^m[p^m_0, \cdots, p^m_{m-1}]$ dann $A(n) \subseteq \Theta(n, A(n)) = A(n+1)$. Somit ist RAB die Vereinigung der Mengen A(n) . Inspektion der Beweise von (AB8) und (AB9) lehrt etwa, daß die Graphen von QU und MOD spätestens in A(13) und die von CRO_0, CRO_1 spätestens in A(27) auftreten .

Die Funktionen $+$ und $\cdot$ liefern mir Algorithmen, mit denen ich entscheiden kann, ob ein Tripel $<x,y,z>$ zu $G(+)$ oder zu $G(\cdot)$ gehört oder nicht (etwa als Programme zur Berechnung der charakteristischen Funktionen). Habe ich, für jede Relation R aus M, einen Algorithmus, der entscheidet, ob ein Tupel α zu R gehört oder nicht, so kann ich entsprechende Algorithmen für die Relationen in $\Theta(n,M)$ angeben. In diesem Sinne ist die Bildung von $\Theta(n,M)$ aus M eine *konstruktive* Operation.

Andererseits jedoch habe ich, für eine gegebene Menge M so entscheidbarer Relationen, *keinen* Algorithmus, der entscheiden würde, ob, für ein R^{k+1} aus M, ein α aus ω^k zu $\exists R^{k+1}$ gehört: Ich weiß nicht für *wie viele* a ich zu prüfen habe, ob $<\alpha,a>$ in R^{k+1} liegt. In diesem Sinne ist die Bildung der Menge

ΨM aller Relationen $\exists R$ mit R in M

eine *inkonstruktive* Operation. Ebenso muß ich die Operation, welche zwei (endlichen) Mengen M, N die Menge

$\Omega(M, N)$ aller Relationen in M , deren Komplement in N liegt

zuordnet, als inkonstruktiv ansehen, denn im Allgemeinen werde ich von zwei Programmen für charakterische Funktionen von N , N' nicht feststellen können, ob N' das Komplement von N ist. Man bemerke noch, daß stets $\Omega(K, \Omega(M, N)) \subseteq N$.

Ich erzeuge QE(RAB) als die Vereingung der Folge Q(n) mit

$D(0)$ ist leer

$L(0) = A(0)$

$L(n+1) = A(n+1) - A(n)$

$D(n+1) = D(n) \cup \Psi L(n)$

$Q(n) = A(n) \cup \Omega(\Psi L(n), D(n))$.

Ist R aus **QE(RAB)** nicht schon in **RAB**, so $R = \exists S$ und $-R = \exists T$ mit S, T aus **RAB**. Mithin $S \epsilon A(n)$ und $T \epsilon A(m)$, wobei ich n, m minimal wählen und noch $m \leq n$ annehmen kann. Somit liegt S in $L(n)$ und R in $\Psi L(n)$. Weiter ist $-R$ in $\Psi L(m)$ und also in $D(m)$. Aus $m \leq n$ folgt aber $D(m) \subseteq D(n)$. Mithin liegt R in $\Omega(\Psi L(n), D(n))$ und also in **Q(n)**. Das lehrt, das **QE(RAB)** in der Vereinigung der **Q(n)** enthalten ist.

Ist umgekehrt R in **Q(n)** und nicht schon in **A(n)**, so liegt es in der Menge $\Omega(\Psi L(n), D(n))$. Somit liegt R in $\Psi L(n)$ und mithin in **E(RAB)**. Aber auch $-R$ ist in $D(n)$ und so in $\Psi L(m)$ für ein m mit $m < n$. Mithin ist $-R$ in **E(RAB)**, und damit liegt R in **QE(RAB)** .

Der inkonstruktive Schritt in dieser Konstruktion ist die Bildung von $\Omega(\Psi L(n), D(n))$, bei der ich die inkonstruktiv erhaltenen Relationen aus $\Psi L(n)$ mit den inkonstruktiv erhaltenen Relationen aus $D(n)$ zu vergleichen habe. Man beachte jedoch, daß ich *keine* inkonstruktiv erhaltenen Relationen verwende, um neue inkonstruktiv erhaltene Relationen zu bilden: eine *geschachtelte,* wiederholte Bildung inkonstruktiver Relationen findet *nicht* statt.

Auf dieselbe Art führt nun die im Corollar 5 enthaltene Definition von **RFR** zu einem Prozeß, der diese Klasse mit Hilfe der Operation erzeugt, welche jeder Menge **M** die Menge

ν**M** aller Relationen νR , für die R in **M** liegt und voll ist ,

zuordnet. Dies ist wiederum eine inkonstruktive Operation, denn ich habe keinen Algorithmus, mit dem ich entscheiden könnte, ob eine Relation voll ist. Jetzt aber muß während der Erzeugung von **RFR** diese inkonstruktive Operation immer wieder auf bereits mit ihrer Hilfe gewonnene Relationen angewendet werden: es treten also Verschachtelungen beliebiger endlicher Tiefe auf.

Kapitel 23.   Partiell rekursive Funktionen

Ich beginne mit trivialen Folgerungen aus den Beobachtungen (0), (1) des vorigen Kapitels:

(0)   wenn S AB–abgeschlossen, so $F(E(S)) = F(R(F(E(S))))$,

(1)   wenn $R(G)$ AB–abgeschlossen, so $F(ER(G)) = F(R(F(ER(G))))$.

Weiter benötige ich das

LEMMA 1   Ist S AB–abgeschlossen, so gilt $ER(F(E(S))) \subseteq E(S)$.

              Ist G generisch, so gilt $ER(F(ER(G))) = ER(G)$.

Denn sei R^k in $ER(F(E(S)))$. Dann gilt $R^k = \exists S^{k+1}$ mit S^{k+1} aus der Menge $R(F(E(S)))$, so daß die charakteristische Funktion h^{k+1} von S^{k+1} in $F(E(S))$ liegt, ihr Graph H^{k+2} also $E(S)$, weshalb $H^{k+2} = \exists K^{k+3}$ mit K aus S gilt. Somit gilt $\alpha \epsilon R^k$ genau dann, wenn

> es existiert a mit $<\alpha,a> \epsilon S^{k+1}$
> es existiert a mit $<\alpha,a,1> \epsilon H^{k+2}$
> es existieren a, b mit $<\alpha,a,1,b> \epsilon K^{k+3}$.

Es liegt $L^{k+1} = K^{k+3}[p_0^{k+1},\dots,\ p_{k-1}^k, CRO_0 \circ p_k^{k+1},\ c_1^{k+1},\ CRO_1 \circ p_k^{k+1}]$ zusammen mit K^{k+3} in S, und ferner gilt $<\alpha,c> \epsilon L^{k+1}$ genau dann, wenn das Tupel $<\alpha,\ CRO_0(c),\ 1,\ CRO_1(c)>$ in K^{k+3} liegt. Mithin ist $\alpha \epsilon R^k$ äquivalent zu

> es existiert c mit $<\alpha,c> \epsilon L^{k+1}$,

und damit gehört R^k zu $E(S)$. – Ist G generisch, so folgt aus der Inklusion $G \subseteq F(QER(G)) = F(ER(G))$ auch $ER(G) \subseteq ER(F(ER(G)))$.

Von nun an betrachte ich Klassen G partieller Funktionen, und für eine solche Klasse G bezeichne ich als G_t die Teilklasse der totalen Funktionen in G. Während viele der für totale Funktionen erklärten Begriffe unverändert für partielle Funktionen übernommen werden können, bestehen an einigen Stellen Unterschiede, von denen die folgenden zu beachten sind:

> Die Superposition einer Relation wurde nur mit totalen Funktionen definiert; wollte ich sie auf den Fall partieller Funktionen ausdehnen, so würde ich auf partielle Relationen geführt, für welche jedoch die früher bewiesenen Beziehungen nicht erhalten blieben.

Die Definition der Relationenklasse $R(G)$ zu einer Funktionenklasse G wird nicht davon berührt, ob G auch partielle Funktionen enthält: charakteristische Funktionen von Relationen sind total, so daß $R(G) = R(G_t)$ gilt.

Unverändert bleibt die Definition simpel abgeschlossener Klassen G in Gegenwart partieller Funktionen; zur simplen Abgeschlossenheit von G_t tritt lediglich hinzu, daß G nun auch unter Superposition partieller Funktionen abgeschlossen sei. Es trifft dann weiterhin zu, daß $R(G)$ AB-abgeschlossen ist, jedoch bleiben die Aussagen 2.(FS0-2) nur mehr unter der Voraussetzung in Kraft, daß die in ihnen auftretenden Funktionen total sind. Ebenfalls kann ich die Definition elementar abgeschlossener Klassen übernehmen, wobei nun die beschränkten Summationen und Multiplikationen partielle Funktionen sein können. Es trifft weiterhin zu, daß elementar abgeschlossene Klassen simpel abgeschlossen sind, und der zugehörige Beweis von 3.(FE1) verwendet nur totale Funktionen.

Bereits im Kapitel 4 hatte ich bemerkt, daß die Definition primitiv rekursiv abgeschlossener Klassen auch in Gegenwart partieller Funktionen unverändert bleibt, wenn ich die Rekursionsschemata (SPR) so lese, daß ihre linken Seiten genau dann definiert seien, wenn es die rechten sind; damit trifft weiterhin zu, daß primitiv rekursiv abgeschlossene Klassen auch elementar und mithin simpel abgeschlossen sind. Primitiv rekursiv abgeschlossene Klassen partieller Funktionen habe ich bereits im Kapitel 9 verwandt, als ich definierte, daß eine Klasse partieller Funktionen *partiell μ-rekursiv* abgeschlossen heisse, wenn sie die primitiv rekursiven Anfangsfunktionen enthält und abgeschlossen ist unter Superposition, primitiver Rekursion und partieller Minimierung; die Funktionen der kleinsten μ-rekursiv abgeschlossenen Klasse nannte ich die partiell μ-rekursiven.

Für eine Klasse S von Relationen sei $F_p(S)$ die Klasse aller partiellen Funktionen, deren Graphen in S liegen. Der deutlichen Unterscheidung halber werde ich die Teilklasse $F(S)$ von $F_p(S)$ fortan auch als $F_t(S)$ notieren.

Eine Klasse G partieller Funktionen heiße *partiell rekursiv abgeschlossen,* wenn $G = F_p(ER(G))$ gilt und $R(G) = R(G_t)$ AB-abgeschlossen ist.

THEOREM 1   Ist G partiell rekursiv abgeschlossen, so ist G_t rekursiv abgeschlossen .

Ist G_t generisch, so ist $F_p(ER(G))$ die kleinste partiell rekursiv abgeschlossene Klasse, welche G umfaßt.

Aus $G = F_p(ER(G))$ folgt, daß auch die totalen Funktionen beider Mengen übereinstimmen, weshalb $G_t = F_t(ER(G)) = F(ER(G_t)) = F(QER(G_t))$. Da $R(G_t)$ AB–abgeschlossen ist, ist $QER(G_t)$ nach dem Theorem 22.2 rekursiv abgeschlossen, mithin G_t nach dem Corollar 22.2 rekursiv abgeschlossen.

Ist G_t generisch, so folgt wegen $R(F_p(ER(G))) = R(F(ER(G)))$ aus dem Lemma 1 auch $F_p(ER(G)) = F_p(ER(F(ER(G)))) = F_p(ER(F_p(ER(G))))$. Weiter sind die totalen Funktionen in $F_p(ER(G))$ die aus $F(ER(G)) = F(QER(G))$, und das ist die kleinste G_t umfassende rekursiv abgeschlossene Klasse. Wegen $R(F_p(ER(G))) = R(F(ER(G)))$ ist $R(F_p(ER(G)))$ AB-abgeschlossen. Mithin ist $F_p(ER(G))$ partiell rekursiv abgeschlossen. Ist schließlich H partiell rekursiv abgeschlossen, so folgt aus $G \subseteq H$ dann auch $ER(G) \subseteq ER(H)$ und $F_p(ER(G)) \subseteq F_p(ER(H)) = H$.

Ist G eine rekursiv abgeschlossene Klasse totaler Funktionen, so folgt für die Klasse $R(G) = QER(G)$ der relativ G rekursiven Relationen aus $G = F(R(G))$, daß die Funktionen aus G genau diejenigen sind, deren Graphen relativ G rekursiv sind; die Relationen aus $ER(G)$ nenne ich auch *relativ G rekursiv aufzählbar*. Für eine partiell rekursiv abgeschlossene Klasse G folgt aus $G = F_p(ER(G)) = F_p(ER(G_t))$ dann das

COROLLAR 1   Die totalen Funktionen aus G sind genau die mit relativ G_t rekursivem Graphen, und die Funktionen aus G sind genau die mit relativ G_t rekursiv aufzählbarem Graphen.

Speziell nenne ich $F_p(ER(FRF))$ die Klasse **PRF** der *partiell rekursiven Funktionen*, so daß nach dem Theorem 21.1 wieder

$$PRF = F_p(ER(FGF)) = F_p(ER(FSF)) = F_p(ER(FEF)) = F_p(ER(FPF))$$
$$= F_p(E(RAB))$$

gilt und die partiell rekursiven Funktionen genau die partiellen Funktionen mit rekursiv aufzählbarem Graphen sind. Da $FRF = F(QER(FRF))$ nach Theorem 22.2 aus der rekursiven Abgeschlossenheit von **FRF** folgt, also auch $FRF = F(ER(FRF))$, sind wegen $PRF = F_p(ER(FRF))$ die totalen Funktionen aus **PRF** genau die aus **FRF** :

COROLLAR 2   Die totalen partiell rekursiven Funktionen sind genau die rekursiven.

Im Übrigen kann der Graph einer partiell rekursiven Funktion beliebig gut und beliebig schlecht sein. So ist zum Beispiel jede der Klassen **RAB**, **RFR** und **E(RFR)** abgeschlossen unter den Konstruktionen 1.(CC1–3). Ist also

R^k aus dieser Klasse, so ist das nach 1.(CC1) auch die Menge aller $<\alpha,a>$ mit $\alpha\epsilon R^k$, nach 1.(CC3) auch die Menge R^{k+1} aller $<\alpha,27>$ mit $\alpha\epsilon R^k$. Sie aber ist der Graph der auf R^k definierten Funktion f^k mit dem konstanten Wert 27. Andererseits entsteht aus R^{k+1} wieder R^k durch Kontraktion des konstanten letzten Arguments nach 1.(CC2), so daß zusammen mit R^{k+1} auch R^k in der betreffenden Klasse liegt. Wähle ich daher R^k als rekursiv aufzählbar und *nicht* rekursiv, so hat auch $G(f^k)$ diese Eigenschaft. Im Kapitel 25 werde ich zeigen, daß es solche R^k in der Tat gibt.

Daß rekursiv abgeschlossene Klassen G totaler Funktionen unter Superposition abgeschlossen sind, folgte spätestens aus dem Corollar 22.3. Direkter noch läßt sich aus der AB–Abgeschlossenheit von $R(G)$ das Erfülltsein der Voraussetzungen von 21.(RE5) für $ER(G)$ erschließen, so daß $ER(G)$ unter Superpositionen mit Funktionen aus $F(ER(G))$ abgeschlossen ist; deshalb ist nach 20.(RF0) dann $F(ER(G)) = G$ unter Superpositionen abgeschlossen. Der Beweis von 20.(RF0) allerdings macht wesentlichen Gebrauch von der Superposition totaler Funktionen in eine Relation; deshalb läßt sich für partielle Funktionen *nicht* so argumentieren. Daß auch partiell rekursiv abgeschlossene Klassen partieller Funktionen unter Superposition abgeschlossen sind, wird vielmehr erst aus dem sogleich zu besprechenden Theorem 2 folgen.

Ich wende mich nun den Beziehungen zwischen partiell rekursiven und partiell μ–rekursiven Funktionen zu. Für eine Klasse G bezeichne ich als $M_p(G)$ die kleinste partiell μ–rekursiv abgeschlossene Klasse, welche G umfaßt. Mein Ziel ist das

THEOREM 2   Ist G_t generisch, so gilt $F_p(ER(G_t)) = M_p(G_t)$.

Ich zeige zunächst das

LEMMA 2   Es sei G_t generisch, und sei f^k eine nicht leere partielle Funktion aus $F_p(ER(G_t))$. Dann finde ich eine Relation S^{k+1} in $R(F(ER(G_t)))$ und eine totale Funktion u^1 in $F(ER(G_t))$ so, daß $f^k = u^1 \circ \mu S^{k+1}$ gilt und daß sowohl u^1 als auch μS^{k+1} in $M_p(G_t)$ liegen.

Denn zu $G(f^k)$ in $ER(G_t)$ finde ich nach (AB17) eine totale Funktion g in $F(R(G_t))$, welche ω auf das Bild von $G(f^k)$ unter CAU^{k+1} abbildet. Wegen $CAU^{k+1}(\alpha,a) = CAU(CAU^k(\alpha),a)$ ist für jedes b in ω dann $CRO_0(g(b))$ Bild unter CAU^k eines Argumentes von f^k, und ist $CRO_1(g(b))$ dessen Wert unter f^k . Ist

S^{k+1} die Relation aller $<\alpha,b>$ mit $CAU^k(\alpha) = CRO_0(g(b))$,

so gilt für $<\alpha,a> \epsilon G(f^k)$ mit $b = \mu S^{k+1}(\alpha)$ dann $f^k(\alpha) = a = CRO_1(g(b))$, weshalb $f^k = CRO_1 \circ g \circ \mu S^{k+1}$. Zusammen mit g liegt auch die totale Funktion $u^1 = CRO_1 \circ g$ in der $F(R(G_t))$ umfassenden Klasse $F(ER(G_t))$; da G_t generisch, ist das die kleinste rekursiv abgeschlossene Klasse, nach dem Corollar 22.4 also auch die kleinste μ-rekursiv abgeschlossene Klasse, welche G_t umfaßt. Folglich ist $F(ER(G_t))$ in $M_p(G_t)$ enthalten, weshalb auch g und u^1 in $M_p(G_t)$ liegen. Die Relation S^{k+1} entsteht als Superposition der Identität mit Funktionen aus $F(ER(G_t))$, hat also eine charakteristische Funktion χ, die zu $F(ER(G_t))$ und deshalb zu $M_p(G_t)$ gehört. Wie schon im Kapitel 9 bemerkt, ist μS^{k+1} die partielle Minimierung der totalen Funktion χ und liegt deshalb ebenfalls in $M_p(G_t)$.

Damit gilt für generisches G_t stets $F_p(ER(G_t)) \subseteq M_p(G_t)$, denn für nicht leere Funktionen folgt das aus dem Bewiesenen, und die leere partielle Funktion kann ich als die partielle Minimierung μc_1^{k+1} darstellen.

Die umgekehrte Inklusion, $M_p(G_t) \subseteq F_p(ER(G_t))$, ergibt sich aus dem folgenden *lokalen Darstellungstheorem*, das die Darstellung $f = \mu G(f)$ totaler Funktionen f auf den partiellen Fall ausdehnt. Ich stelle die Bemerkung voran, daß ich mich bei der Bildung von Minimierungen μR^{k+1} mit R^{k+1} aus einer AB-abgeschlossenen Klasse S auf solche R^{k+1} beschränken kann, die in dem Sinne *einwertig* sind, daß es zu jedem α *höchstens* ein p mit $<\alpha,p> \epsilon R^{k+1}$ gibt. Denn zusammen mit R^{k+1} liegt in S auch die Relation $S^{k+1} = R^{k+1} \cap ((\forall_< - R^{k+1}) \cup E^2[p_k^{k+1}, c_0^{k+1}])$, und sie ist einwertig und erfüllt $\mu R^{k+1} = \mu S^{k+1}$. Für solche einwertigen Relationen R^{k+1} ist also $\mu R^{k+1}(\alpha) = b$ das *einzige* b mit $<\alpha,b> \epsilon R^{k+1}$.

THEOREM 3   Es sei S AB-abgeschlossen und **A** eine Menge totaler Funktionen, deren Graphen in S liegen. Dann finde ich zu jedem f^k aus $M_p(A)$ ein R^{k+1} in S und eine (totale) Funktion u in CRO mit $f^k = u \circ \mu R^{k+1}$.

Denn steht dieses Theorem zur Verfügung und ist G_t generisch, so sind wegen $G_t \subseteq F(R(G_t))$ seine Voraussetzungen für $A = G_t$ und $S = R(G_t)$ erfüllt. Für f^k aus $M_p(G_t)$ folgt aus der Darstellung $f^k = u \circ \mu R^{k+1}$, in der ich R^{k+1} einwertig wähle, daß $<\alpha,a>$ genau dann in $G(f^k)$ liegt, wenn es ein b so gibt, daß $<\alpha,a,b>$ in der durch $a = u(b)$ *und* $<\alpha,b> \epsilon R^{k+1}$ definierten Relation S^{k+2} liegt. Wegen $u \epsilon CRO$ ist S^{k+1} Durchschnitt einer Relation aus **RAB** mit einer solchen aus der AB-abgeschlossenen Klasse S, also selbst in $S = R(G_t)$. Mithin liegt $G(f^k)$ in $ER(G_t)$.

Ist S AB-abgeschlossen, so nenne ich für den Augenblick eine partielle Funktion *für* S *μ-darstellbar*, wenn es ein R^{k+1} in S und eine Funktion u in **CRO** mit $f^k = u \circ \mu R^{k+1}$ gibt. Unter den Voraussetzungen des Theorems sind die Funktionen aus **A** μ-darstellbar, denn da sie total sind, gilt $f = \mu G(f)$ mit $G(f)$ in **S**, so daß ich u als die Identität wählen kann. Deshalb ist das Theorem 3 Konsequenz des folgenden

LEMMA 3   Die Menge der für **S** μ-darstellbaren Funktionen ist abgeschlossen unter

    (a) Superpositionen ,
    (b) primitiver Rekursion ,
    (c) partieller Minimierung .

Zum Beweis von (a) seien $f^m = h^k \circ \, <g_i^m \,|\, i<k>$ mit $h^k = u \circ \mu R^{k+1}$ und $g_i^m = u_i \circ \mu R_i^{m+1}$ gegeben. Dann folgt aus

(1) $\alpha \epsilon \mathrm{def}(f^m)$ mit $a = f^m(\alpha)$

auch $\alpha \epsilon \mathrm{def}(g_i^m)$ und $g_i^m(\alpha) = u_i(a_i)$ mit $<\alpha, a_i> \epsilon R_i^{m+1}$, mit $a = u(b)$ also

(2) $<<u_i(a_i) \,|\, i<k>, b> \epsilon R^{k+1}$ und $<\alpha, a_0> \epsilon R_0^{m+1}$ und ...
$$\text{und } <\alpha, a_{k-1}> \epsilon R_{k-1}^{m+1} \,.$$

Ist S^{k+1} die Relation, welche durch Belegung von R^{k+1} mit $u_0 \circ p_0^{k+1}, ... ,$ $u_{k-1} \circ p_{k-1}^{k+1}, p_k^{k+1}$ entsteht, so folgt mit $p = \mathrm{CAU}^{k+1}(a_0, ... , a_{k-1}, b)$ aus (2) dann $<\alpha, p> \epsilon V^{m+1}$ für die Relation V^{m+1} mit der Definition

$$<<\mathrm{CRO}_i^{k+1}(p) \,|\, i<k>, \mathrm{CRO}_k^{k+1}(p)> \epsilon S^{k+1} \text{ und } <\alpha, \mathrm{CRO}_0^{k+1}(p)> \epsilon R_0^{m+1}$$
$$\text{und } ... \text{ und } <\alpha, \mathrm{CRO}_{k-1}^{k+1}(p)> \epsilon R_{k-1}^{m+1} \,.$$

Umgekehrt folgt aus $<\alpha, p> \epsilon V^{m+1}$ mit $<a_0, ... , a_{k-1}, b> = \mathrm{UAC}^{k+1}(p)$ zunächst (2); setze ich nun die Relationen R_i^{m+1} als einwertig voraus, so folgt aus (2) auch $u_i(a_i) = g_i^m(\alpha)$, setze ich auch R^{k+1} als einwertig voraus, so folgt mit $a = u(b) = u(\mathrm{CRO}_k^{k+1}(p))$ auch (1). Daher ist V^{m+1} dann einwertig, es gilt $p = \mu V^{m+1}(\alpha)$, und das ergibt die Darstellung

$$f^m = (u \circ \mathrm{CRO}_0^{k+1}) \circ \mu V^{m+1} \,.$$

Zusammen mit u liegt hier auch $u \circ \mathrm{CRO}_k^{k+1}$ in **CRO**. V^{m+1} liegt in **S**, denn da die u_i in **CRO** liegen, liegt nach (AB16) zusammen mit R^{k+1} auch S^{k+1} zu **S**. Folglich liegt auch V^{m+1} in **S**, denn diese Relation ist Durchschnitt von Relationen, die aus S^{k+1} und den R_i^{m+1} wieder durch Belegung mit Funktionen aus **CRO** entstehen.

Zum Beweis von (b) sei f^{k+1} mit dem Schema (SPR) aus g^k und r^{k+2} definiert. Dann besagt

(3) $<\alpha, n> \epsilon \mathrm{def}(f^{k+1})$ mit $a = f^{k+1}(\alpha, n)$,

daß α in $\mathrm{def}(g^k)$ liegt und daß es eine Folge ψ der Länge n+1 gibt, für die gilt $\psi(0) = g^k(\alpha)$, $\psi(n) = a$ sowie auch $< \alpha,n, \psi(m) > \epsilon\ \mathrm{def}(r^{k+2})$, $\psi(m+1) = r^{k+2}(\alpha,n,\psi(m))$ für $m < n$; natürlich ist ψ durch α, n, a eindeutig bestimmt. Für b mit $\beta(b,m) = \psi(m)$ für $m \leq n$ folgt daher

(4) $\alpha\epsilon\mathrm{def}(g^k)$ und $\beta(b,0) = g^k(\alpha)$ und $\beta(b,n) = a$ und für alle $m < n$:

$$< \alpha,\ n,\ \beta(b,m) > \epsilon\mathrm{def}(r^{k+2})\ \text{und}\ \beta(b,\ m+1) = r^{k+2}(\alpha,\ n,\ \beta(b,m))\ ,$$

und umgekehrt folgt aus dem Bestehen von (4) für $< \alpha,n,a,b >$ auch (3), wie immer auch die Werte $\beta(b,q)$ für $q > n$ aussehen mögen. Sei nun $g^k = u_0 \circ \mu R^{k+1}$ und $r^{k+2} = u_1 \circ \mu S^{k+3}$ mit einwertigen R^{k+1} und S^{k+3}. Dann ist der Einwertigkeit von R^{k+1} wegen $\alpha\epsilon\mathrm{def}(g^k)$, $\beta(b,0) = g^k(\alpha)$ äquivalent zu $< \alpha,v > \epsilon R^{k+1}$, $\beta(b,0) = u_0(v)$ mit eindeutig bestimmtem v, und der Eindeutigkeit von S^{k+3} wegen

$$< \alpha,\ n,\ \beta(b,m) > \epsilon\mathrm{def}(r^{k+2})\ \text{und}\ \beta(b,\ m+1) = r^{k+2}(\alpha,\ n,\ \beta(b,m))$$

gleichbedeutend mit der Existenz eines eindeutig bestimmten $\chi(m)$ mit

$$< \alpha,\ n,\ \beta(b,m),\ \chi(m) > \epsilon S^{k+3}\ \text{und}\ \beta(b,\ m+1) = u_1(\chi(m))+1\ .$$

Für c mit $\beta(c,m) = \chi(m)$ für $m < n$ folgt aus (4) daher $V^{k+5}(\alpha,n,a,b,c,v)$ für die Relation V^{k+5} mit der Definition

$$< \alpha,v > \epsilon R^{k+1}\ \text{und}\ \beta(b,0) = u_0(v)\ \text{und}\ \beta(b,n) = a\ \text{und für alle}\ m < n :$$

$$< \alpha,\ n,\ \beta(b,m),\ \beta(c,m) > \epsilon S^{k+3}\ \text{und}\ \beta(b,\ m+1) = u_1(\beta(c,\ m))\ .$$

Umgekehrt folgt aus $< \alpha,n,a,b,c,v > \epsilon V^{k+5}$ auch (4), wie immer auch die Werte $\beta(c,q)$ für $q \geq n$ aussehen mögen, so daß auch diese Aussage zu (3) äquivalent ist. Endlich ist mit $p = CAU^4(a,b,c,v)$ noch $< \alpha,n,a,b,c,v > \epsilon V^{k+5}$ äquivalent zu $< \alpha,n,p > \epsilon V^{k+2}$ für die Relation V^{k+2} mit der Definition

$$V^{k+2}(\alpha,n,p)\ \text{genau dann, wenn}$$
$$V^{k+5}(\alpha,\ n,\ CRO_0^4(p),\ CRO_1^4(p),\ CRO_2^4(p),\ CRO_3^4(p))\ .$$

Mithin ist auch $< \alpha,n,p > \epsilon V^{k+2}$ zu (3) äquivalent, und durch α,n sind dann $CRO_0^4(p) = a$, $CRO_3^4(p) = v$ sowie die ersten n+1 Werte des Vektors $\beta(CRO_1^4(p),-)$ und die ersten n Werte von $\beta_0(CRO_2^4(p),-)$ eindeutig bestimmt. Das gilt *im Besonderen* für $p = \mu V^{k+2}(\alpha,n)$, und das ergibt die Darstellung

$$f^{k+1} = CRO_0^4 \circ \mu V^{k+2}\ .$$

Damit V^{k+2} zu **S** gehört, wird es wegen (AB16) genügen, die Relation V^{k+5} als in **S** zu erkennen. Dazu löse ich ihre Definition auf in

$$< \alpha,v > \epsilon R^{k+1}\ \text{und}\ \beta(b,0) = z\ \text{und}\ z = u_0(v)\ \text{und}\ \beta(b,n) = a\ \text{und}$$

$$\text{für alle}\ m < n :\ < \alpha,\ n,\ \beta(b,m),\ \beta(c,m) > \epsilon S^{k+3}\ \text{und}$$

$$\text{es existiert x mit}\ x \leq n :\ \beta(b,x) = y\ \text{und}\ y = u_1(\beta(c,m))\ \text{und}\ x = m+1\ .$$

Diese Relation V^{k+7} liegt in S, denn nach (AB15) liegt zunächst die Belegung von S^{k+3} mit den Werten von β in S, und da $u_1 \circ \beta$ nach (AB14) zu S gehört, drücken die übrigen Gleichungen nur die Zugehörigkeit zu Graphen von Funktionen aus, die ebenfalls zu S gehören. Enthält V^{k+8} aber $<\alpha,n,a,b,c,v,y,z>$, so gilt $z \leq b$, $y \leq b$. Daher ist V^{k+5} gleich der Relation $\exists^{k+2}_{\leq} \exists^{k+2}_{\leq} V^{k+7}$.

Zum Beweis von (c) bemerke ich, daß für $g^{k-1} = \mu f^k$

(5) $\alpha \epsilon \mathrm{def}(g^{k-1})$ mit $a = g^{k-1}(\alpha)$

äquivalent zu

$<\alpha,a> \epsilon \mathrm{def}(f^k)$ und $f^k(\alpha,a) = 0$ und
$\qquad$ (für alle $d < a$: $<\alpha,d> \epsilon \mathrm{def}(f^k)$ und $f^k(\alpha,d) \neq 0$)

ist. Gilt nun $f^k = u \circ \mu R^{k+1}$ mit einwertigem R^{k+1}, so ist das äquivalent dazu, daß es ein v und zu jedem $d < a$ ein $\psi(d)$ gibt mit

(6) $<\alpha,a,v> \epsilon R^{k+1}$ und $u(v) = 0$ und für alle $d < a$: $<\alpha,d,\psi(d)> \epsilon R^{k+1}$
$\qquad$ und $u(\psi(d)) \neq 0$.

Für b mit $\beta(b,m) = \psi(m)$ für $m < a$ und $p = \mathrm{CAU}^3(a,b,v)$ folgt daraus nun $<\alpha,p> \epsilon V^k$ für die Relation V^k mit der Definition

$<\alpha,\ \mathrm{CRO}_0^3(p),\ \mathrm{CRO}_2^3(p)> \epsilon R^{k+1}$ und $u(\mathrm{CRO}_2^3(p)) = 0$ und

für alle $d < \mathrm{CRO}_0^3(p)$: $<\alpha,\ d,\ \beta(\mathrm{CRO}_1^3(p),\ d)> \epsilon R^{k+1}$ und
$\qquad\qquad\qquad\qquad\qquad u(\beta(\mathrm{CRO}_1^3(p),\ d)) \neq 0$.

Umgekehrt folgt aus $<\alpha,p> \epsilon V^k$ mit $a = \mathrm{CRO}_0^3(p)$, $v = \mathrm{CRO}_2^3(p)$ und $\psi(d) = \beta(\mathrm{CRO}_1^3(p),d)$ wieder (6), wie immer auch die Werte $\beta(\mathrm{CRO}_1^3(p),q)$ für $q \geq c$ aussehen mögen. Mithin ist $<\alpha,p> \epsilon V^k$ zu (3) äquivalent, wobei durch α,n dann $a = \mathrm{CRO}_0^3(p)$, $v = \mathrm{CRO}_2^3(p)$ sowie die ersten n Werte von $\beta(\mathrm{CRO}_1^3(p),-)$ eindeutig bestimmt sind. Das gilt *im Besonderen* für $p = \mu V^k(\alpha)$, und das ergibt mit $g^{k-1}(\alpha) = a = \mathrm{CRO}_0^3 \circ \mu V^k(\alpha)$ die Darstellung

$$g^{k-1} = \mathrm{CRO}_0^3 \circ \mu V^k \ .$$

Um V^k als in S zu erkennen, löse ich die Definition wieder auf in

$<\alpha,\ \mathrm{CRO}_0^3(p),\ \mathrm{CRO}_2^3(p)> \epsilon R^{k+1}$ und $u(\mathrm{CRO}_2^3(p)) = y$ und $y = 0$ und

$a = \mathrm{CRO}_0^3(p)$ und $b = \mathrm{CRO}_1^3$ und für alle $d < a$:
$\qquad\qquad <\alpha,\ d,\ \beta(b,d)> \epsilon R^{k+1}$ und $u(\beta(b,d)) = z$ und $z \neq 0$.

Hier stehen Belegungen von R^{k+1}, die nach (AB15) wieder zu S gehören, weiter Graphen von Funktionen, die nach (AB16) und (AB14) zu S gehören, sowie mit $z \neq 0$ die Zugehörigkeit zum ebenfalls zu S gehörenden Komplement von $\{0\}$. Folglich liegt die Relation V^{k+4} aller dieser Vektoren $<\alpha,p,a,b,y,z>$ auch in S, und wegen $a \leq p$, $b \leq p$, $y \leq p$, $z \leq b$ ist V^k gleich $\exists^{k-1}_{\leq} \exists^{k-1}_{\leq} \exists^{k-1}_{\leq} \exists^{k+1}_{\leq} V^{k+4}$. – Das beendet den Beweis des Lemmas und damit die Beweise der Theoreme 3 und 2.

COROLLAR 3   Ist **G** partiell rekursiv abgeschlossen, so sind die relativ G_t rekursiv aufzählbaren Relationen aus **ER(G)** genau die Definitionsbereiche der Funktionen aus **G**.

Denn ist S^k Projektion von $R = R^{k+1}$, so liegt α in S^k genau dann, wenn es ein a gibt mit $CSG \circ \chi_R(\alpha, a) = 0$; die Funktion $f^k = \mu(csg \circ \chi_R)$ hat also S^k zum Definitionsbereich. Liegt R^{k+1} in **R(G)**, so χ_R in G_t, folglich f^k in $M_p(G_t) = F_p(ER(G_t))$. Ist andererseits S^k Definitionsbereich einer Funktion f^k mit $G(f^k)$ in $ER(G_t)$, so ist R^k als Projektion von $G(f^k)$ immer noch in $ER(G_t)$.

Speziell für die primitiv rekursiv abgeschlossene, somit generische Klasse **FRF** gilt $PRF = F_p(ER(FRF)) = M_p(FRF)$. Aus der Definition des Operators M_p folgt aber, daß mit **AP** als der Menge der primitiv rekursiven Anfangsfunktionen gilt $M_p(FRF) = M_p(AP)$. Damit finde ich das

COROLLAR 4   (a) $PRF = M_p(AP)$: die partiell rekursiven Funktionen sind genau die partiell μ-rekursiven.

(b) Die μ-rekursiven Funktionen sind genau die totalen partiell μ-rekursiven Funktionen.

(c) Die rekursiv aufzählbaren Relationen sind genau die Definitionsbereiche der partiell rekursiven Funktionen.

Da die Graphen der Funktionen aus **AP** in **RAB** liegen, liefert das Theorem 3 als *spezielles lokales Darstellungstheorem:*

COROLLAR 5   Zu jeder partiell rekursiven Funktion f^k finde ich ein R^{k+1} in **RAB** und eine (totale) Funktion u in **CRO** mit $f^k = u \circ \mu R^{k+1}$.

Zusammen mit dem im folgenden Kapitel nachzuweisenden Vorliegen einer Universalfunktion für **PRF** *in* **PRF** wird dieses Corollar in späteren Kapiteln eine wesentliche Rolle spielen.

Kapitel 24 .   Eine Universalfunktion für **PRF**

Eine Universalfunktion im Sinne des Kapitels 7 *für* die Klasse **PRF** der partiell rekursiven Funktionen läßt sich leicht finden, indem ich ihre Kennzeichnung durch das Corollar **23**.4 verwende und die Konstruktion der partiellen Minimierung in die Betrachtungen des Kapitels 7 einbeziehe. Die dort getroffenen Definitionen setze ich fortan voraus. Unter Voraussetzung eines bijektiven Systems AU, RO_0, RO_1 von Paarungsfunktionen hatte ich als Corollar **7**.1 gezeigt :

> Sei **F** die kleinste primitiv rekursiv abgeschlossene Menge, welche eine vorgelegte Funktionenmenge **A** umfaßt. Die Teilmenge $\mathbf{F}^2$ der 2-stelligen Funktionen von **F** ist die kleinste Menge **G** 2-stelliger Funktionen, welche neben der Menge $\mathbf{A}^2$ aller $h \circ UA^k \circ AU$ mit $h \in A$ die Anfangsfunktionen p_0^2, p_1^2, $s \circ p_0^2$, c_0^2, AU, $RO_0 \circ p_0^2$, $RO_1 \circ p_0^2$, enthält und abgeschlossen ist unter Superposition sowie unter
>
> (d) wenn p_0, p_1 in **G**, so liegt in **G** auch die Funktion f mit
>
> $$f(x,0) = p_0(x,x)$$
>
> $$f(x,n+1) = p_1(AU(x,n),\ f(x,n)) \ .$$

Dazu wurde bewiesen, daß die Menge $\mathbf{H}^{\#}$ aller $f^2 \circ UA^2 \circ AU^k$ mit f^2 in **G** und $k > 0$ primitiv rekursiv abgeschlossen ist. Wie man sich mühelos überzeugt, bleibt dieser Nachweis auch beim Auftreten partieller Funktionen in Kraft, so daß meine Behauptung auch für Klassen partieller Funktionen zutrifft.

Eine Klasse **F** partieller Funktionen, welche ein System von Paarungsfunktionen enthält und abgeschlossen ist unter Superpositionen, ist genau dann unter partieller Minimierung abgeschlossen, wenn sie unter partieller Minimierung 2-stelliger Funktionen g^2 abgeschlossen ist. Denn für eine Funktion f^{k+1} und für α aus ω^k ist mit $a = AU^k(\alpha)$, $\alpha = UA^k(a)$ der Wert $f^{k+1}(\alpha,m)$ zugleich mit $g^2(a,m) = f^{k+1}(UA^k(a),\ m)$ definiert oder nicht definiert, so daß $\mu f^{k+1}(\alpha) = \mu g^2(AU^k(\alpha))$ gilt.

Freilich ist die (partielle oder totale) Minimierung $g^1 = \mu g^2$ einer 2-stelligen Funktion g^2 nur mehr 1-stellig, so daß ich für eine Abgeschlossenheitsforderung an $\mathbf{F}^2$ etwa $(\mu g^2) \circ AU$ betrachten muß. Enthält also **G** zu g^2 auch $(\mu g^2) \circ AU$, so liegt in $\mathbf{H}^{\#}$ auch $(\mu g^2) \circ AU \circ UA^2 \circ AU^k = (\mu g^2) \circ AU^k$, und mithin ist dann $\mathbf{H}^{\#}$ unter partiellen Minimierungen abgeschlossen. Ich erhalte deshalb das

LEMMA 1   Sei **F** die kleinste partiell rekursiv abgeschlossene Menge, welche eine vorgelegte Funktionenmenge **A** umfaßt. Die Teilmenge F^2 der 2-stelligen Funktionen von F ist die kleinste Menge G 2-stelliger Funktionen, welche neben der Menge A^2 aller $h \circ UA^k \circ AU$ mit $h \epsilon A$ die Anfangsfunktionen p_0^2, p_1^2, $s \circ p_0^2$, c_0^2, AU, $RO_0 \circ p_0^2$, $RO_1 \circ p_0^2$, enthält und abgeschlossen ist unter Superposition sowie unter

(d) wenn p_0, p_1 in G, so liegt in G auch die Funktion f mit

$$f(x,0) = p_0(x,x)$$

$$f(x,n+1) = p_1(AU(x,n),\ f(x,n)) .$$

(dd) wenn g in G, so liegt auch $(\mu g^2) \circ AU$ in G .

Damit erweitere ich die im Kapitel 7 erklärte 3-stellige Universalfunktion U_2 für FPF^2 zu einer solchen für PRF^2, indem ich deren Parameter $2n+7$ und $2n+8$ in $3n+7$ und $3n+8$ verändere und noch

$$U_2(3n+9,\ x,\ y) = (\mu(U_2(n,-,-)))\,(CAU(x,y))$$

mit in die Definition aufnehme. Hier steht rechts die 1-stellige Minimierung der 2-stelligen Funktion $U_2(n,-,-)$, angewandt auf das Argument $CAU(x,y)$. Wegen der im Kapitel 9 bemerkten Vertauschbarkeit von Minimierung und Spezialisierung kann ich dies auch als Minimierung einer 1-stelligen Funktion schreiben:

$$U_2(3n+9,\ x,\ y) = \mu(U_2(n,\ CAU(x,y),\ -))\ ,$$

und kürze ich noch CRO_0, CRO_1 durch g_0, g_1 ab, so hat U_2 die Definition:

$$
\begin{aligned}
U_2(0,\ x,\ y)\quad &=\quad s(y) \\
U_2(1,\ x,\ y)\quad &=\quad 0 \\
U_2(2,\ x,\ y)\quad &=\quad x \\
U_2(3,\ x,\ y)\quad &=\quad y \\
U_2(4,\ x,\ y)\quad &=\quad CAU(x,y) \\
U_2(5,\ x,\ y)\quad &=\quad g_0(x) \\
U_2(6,\ x,\ y)\quad &=\quad g_1(x) \\
U_2(3n+7,\ x,\ y)\quad &=\quad U_2(g_0(n),\ U_2(g_0(g_1(n)),x,y),\ U_2(g_1(g_1(n)),x,y)) \\
U_2(3n+8,\ x,\ 0)\quad &=\quad U_2(g_0(n),x,x) \\
U_2(3n+8,\ x,\ y+1)\quad &=\quad U_2(g_1(n),\ CAU(x,y),\ U_2(3n+8,x,y)) \\
U_2(3n+9,\ x,\ y)\quad &=\quad \mu(U_2(n,\ CAU(x,y),\ -))\ .
\end{aligned}
$$

Im Übrigen kann ich auf dieselbe Art auch die Universalfunktionen U_1 für FPF^1 aus dem Kapitel 7 und dem Supplement 6 zu solchen für PRF^1 ausbauen.

Habe ich damit Universalfunktionen für **PRF** gefunden, so werde ich nun das weit tiefer liegende

THEOREM 1   Die Universalfunktion U_2 für **PRF** liegt in **PRF**.

Die Universalfunktion U_2 für **FPF** aus dem Kapitel 7 liegt in **FRF** .

beweisen. Allgemeiner werde ich im anschließenden Appendix zeigen, daß **PRF** und **FRF** unter den verschachtelten 2-fachen Rekursionen abgeschlossen sind, wie ich sie zur Definition von U_2 verwendet habe.

Um meine Untersuchung allgemein zu halten, führe ich neben U_2 eine 2-stellige Funktion f durch

$$f(v,z) = U_2(v, CRO_0(z), CRO_1(z))$$

ein, aus der ich U_2 als $f \circ <p_0^3, CAU \circ <p_1^3, p_2^3>>$ zurückerhalte. Kann ich zeigen, daß f in **PRF** liegt, so wird dort auch U_2 sein.

Übersetze ich die Definition von U_2, so erhalte ich die Rekursionsgleichungen

$$f(v,z) = s(g_1(z)) \qquad \text{wenn } v = 0$$

$$f(v,z) = 0 \qquad \text{wenn } v = 1$$

$$f(v,z) = g_0(z) \qquad \text{wenn } v = 2$$

$$f(v,z) = g_1(z) \qquad \text{wenn } v = 3$$

$$f(v,z) = z \qquad \text{wenn } v = 4$$

$$f(v,z) = g_0(g_0(z)) \qquad \text{wenn } v = 5$$

$$f(v,z) = g_1(g_0(z)) \qquad \text{wenn } v = 6$$

$$f(v,z) = f(g_0(n), CAU(f(g_0(g_1(n)), z), f(g_1(g_1(n)), z))) \qquad \text{wenn } v = 3n{+}7$$

$$f(v,z) = f(g_0(n), CAU(g_0(z), g_0(z))) \qquad \text{wenn } v = 3n{+}8, g_1(z) = 0$$

$$f(v,z) = f(g_1(n), CAU(CAU(g_0(z), g_1(z){-}1), f(v, CAU(g_0(z), g_1(z){-}1))))$$
$$\text{wenn } v = 3n{+}8, g_1(z) > 0$$

$$f(v,z) = \mu(f(n, CAU(z, -))) \qquad \text{wenn } v = 3n{+}9 .$$

Die vier letzten Fälle schreibe ich als

$$f(v,z) = f(j_0(v), k_0(f(j_1(v),z), f(j_2(v),z))) \qquad \text{wenn } v = 3n{+}7$$

$$f(v,z) = f(j_3(v), p(z)) \qquad \text{wenn } v = 3n{+}8, g_1(z) = 0$$

$$f(v,z) = f(j_4(v), k_1(z, f(v, j_5(z)))) \qquad \text{wenn } v = 3n{+}8, g_1(z) > 0$$

$$f(v,z) = \mu(f(j_6(v), t(z, -))) \qquad \text{wenn } v = 3n{+}9$$

mit den Abkürzungen

$$j_0(v) = g_0 \circ QU(3, v{-}7) \qquad , \qquad j_1(v) = g_0 \circ g_1 \circ QU(3, v{-}7)$$

$$j_2(v) = g_1 \circ g_1 \circ QU(3, v{-}7) \quad , \qquad j_3(v) = g_0 \circ QU(3, v{-}8)$$

$$j_4(v) = g_1 \circ QU(3, v{-}8) \qquad , \qquad j_5(z) = CAU(g_0(z),\, g_1(z){-}1)$$

$$j_6(v) = QU(3, v{-}9) \qquad ,$$

$$k_0 = CAU \ , \quad p = CAU \circ {<}g_0, g_0{>} \ , \quad k_1(z,w) = CAU(j_5(z),\, w) \ , \quad t = CAU \quad .$$

Hier ist wichtig zu bemerken, daß die j_i strikte Regressionsfunktionen
sind, i.e. stets $j_i(x) < x$ gilt. Weiter weise ich darauf hin, daß derartige Definitionsgleichungen für eine partielle Funktion f besagen sollen, daß die
linke Seite dann und nur dann definiert sei, wenn (sämtliche) Funktionen
der rechten Seite an den angegebenen Stellen definiert sind. Dies ist auch
der Grund dafür, daß ich die einzelnen Fälle in der Definition von f nicht
in *einem* Ausdruck unter Gebrauch von Signums- oder charakteristischen
Funktionen zusammenfasse, wie ich das bei Definitionen totaler Funktionen durch Fallunterscheidung gelegentlich getan habe. Denn dann müßten
in *jedem* Falle die Funktionen der rechten Seiten auch *aller übrigen* Fälle
definiert sein, und ich könnte auf diese Art zu einer Funktion kommen,
deren Definitionsbereich in demjenigen der gewünschten echt enthalten
wäre. Rekursive Definitionen partieller Funktionen sind also sensitiv für
die Schreibweise der Terme ihrer rechten Seiten.

Auch hier liegt nun wieder eine 2-fache Rekursion längs der lexikogra-
phischen Ordnung der Argumentenpaare vor, die zur Berechnung von f an
einer Stelle $<v,z>$ Rekurs auf die Werte von f an einer endlichen Menge
lexikographischer Vorgänger von $<v,z>$ nimmt. Sie ist in zweierlei Hinsicht komplizierter als die simple 2-fache Rekursion, die ich im Supplement 4 besprochen habe, indem erstens Funktionswerte bei solchen Vorgängern *verschachtelt* und zweitens *partielle* Funktionen auftreten. Na-
mentlich der zweite Umstand ist es, der es als wenig aussichtsreich erscheinen läßt, die PETERsche Lateralkonstruktion des Supplements 4 auf diese
neue Situation zu übertragen. Statt dessen werde ich nun direkt zeigen,
daß der Graph von f in **E(RFR)** liegt, i.e. rekursiv aufzählbar ist. Dazu
werde ich die DEDEKINDschen Konstruktion einer rekursiv definierten
Funktion aus ihren Keimen *arithmetisieren,* die ich schon am Schluß des
Kapitels 20 erwähnt hatte.

DEDEKIND [88] hatte sich die Aufgabe gestellt, die rekursive Konstruktion von Funktionen auf die Bildungsprinzipien der Mengenlehre zurückzuführen (die er schon vorher zur Beschreibung algebraischer Konstruktionen entwickelt hatte; allerdings nannte DEDEKIND *System* was man später
mit dem von CANTOR erfundenen Namen *Menge* bezeichnet hat) und damit quasi einen mengentheoretischen Existenzbeweis für rekursiv definierte

Funktionen f zu geben; DEDEKINDs Reduktion liefert den Graphen G(f) von f, also die Menge aller Tripel $<v,z, f(v,z)>$. Um das am vorliegenden Beispiel zu illustrieren, bemerke man vorweg, daß die Rekursionsbedingungen durch ihre Fallunterscheidungen jedes Paar $<v,z>$ eindeutig klassifizieren. Ich nenne nun *Keim* eine Relation K^3, wenn aus $<v,w,b> \epsilon K^3$ folgt, daß auch für jedes $<u,w>$, das gemäß der auf $<v,w>$ zutreffenden Klassifizierung auf der rechten Seite der Rekursionsbedingung als Argument von f auftritt, ein Tripel $<u,w,c>$ in K^3 liegt und sich dann b nach dieser Rekursionsbedingung bestimmt – zum Beispiel

(r)   für alle v,z,b: wenn $v = 3n+7$ und $<v,z,b> \epsilon K^3$, so gibt es c,d mit $<j_1(v),z,c>$ und $<j_2(v),z,d>$ in K^3 und $<j_0(v), k_0(c,d),b> \epsilon K^3$.

Alsdann zeigt man durch lexikographische Induktion

(D1)   für jedes $<v,z>$ und alle Keime K^3, L^3: wenn $<v,z,b> \epsilon K^3$ und $<v,z,b'> \epsilon L^3$, so $b = b'$,

(D2)   für jedes $<v,w>$ aus def(f): es gibt einen Keim K^3 so, daß b existiert mit $<v,w,b> \epsilon K^3$.

Dann ist die Vereinigung aller Keime der Graph von f. Freilich liefert diese Mengenargumentation nicht, was ich hier haben möchte, nämlich G(f) als rekursiv aufzählbar. Hindernisse dazu sind nämlich (1) schon bei der Definition der Keime die unbeschränkten Quantifizierungen in den Abgeschlossenheitsbedingungen wie etwa der oben (r) genannten; und (2) Bildungen wie die der Vereinigung *aller* Keime, die sich nicht umgehen lassen, um von endlichen Keimen, wie man sie für den Induktionsanfang von (D2) verwenden wird, zu dem unbeschränkt großen Keim G(f) zu gelangen.

Die Mengenargumentation bleibt korrekt, wenn ich in die Definition eines Keims noch mit aufnehme, daß er eine *endliche* Menge sein soll: jeder Funktionswert $f(v,z)$ läßt sich schon in einem endlichen Keim berechnen. Zu einer rekursiv aufzählbar auszudrückenden Übersetzung der Mengenargumentation gelange ich nun, indem ich Keime durch Zahlen a parametrisiere und die Mengen ihrer Zahlentripel durch eine Primzahlpotenzbildung kodiere, bei der alle Tripelglieder durch den Parameter a beschränkt sind – damit nämlich werden die oberwähnten Quantifizierungen beschränkte sein, die den Bereich E(RFR) der rekursiv aufzählbaren Relationen nicht verlassen.

Da ich Funktionswerte $f(v,z)$ von zwei Argumenten zu kodieren habe, werde ich auch die Primzahlen, als deren Exponenten ich $f(v,z)$ darstellen will, von v und von z abhängig machen, und das geschieht am simpelsten, indem ich sie in der Form PRINO(CAU(v,z)) schreibe. Die Zahl a, welche meinen Keim kodiert, kommt nun in der Weise in's Spiel, daß es der Exponent EXP(CAU(v,z),a) von PRINO(CAU(v,z)) in a sein soll, welcher $f(v,z)$ beschreibt. Diese Beschreibung schließlich werde ich nicht *so* vornehmen, daß $f(v,z)$ diesem Exponenten *gleich* sei, sondern durch die Festlegung

$$f(v,z)+1 = EXP(CAU(v,z),a) \; ,$$

damit sich auch der Funktionswert 0 erkennen läßt – schließlich muß ja EXP(CAU(v,z), a) für fast alle v,z gleich 0 sein. Somit soll die elementare Funktion

$$F(a,v,z) = EXP(CAU(v,z),a)$$

die zu beschreibende Funktion f *arithmetisieren*, indem innerhalb des durch a kodierten Keims gilt

$$(1) \qquad f(v,z)+1 = F(a,v,z) \; .$$

Ich bemerke noch, daß aus $F(a,v,z) \neq 0$ notwendig $PRINO(CAU(v,z)) \leq a$, also auch $CAU(v,z) \leq a$ und $v \leq a$, $z \leq a$ folgt.

Unter Gebrauch von F definiere ich zunächst eine 3–stellige Relation A^3, welche die Rekursionsvorschriften für f gemäß (1) übersetzt, dabei aber noch zusätzliche Hilfsfunktionen verwendet. Es sei A^3 die Menge aller $<a,v,z>$ so, daß $F(a,v,z)=0$ *oder*, mit den oben verwendeten Abkürzungen

$$(a0) \quad \text{wenn } v \leq 6, \text{ so}$$

$$
\begin{array}{ll}
F(a,v,z) = 1 + s \circ g_1(z) & \text{falls } v = 0 \\
F(a,v,z) = 1 & \text{falls } v = 1 \\
F(a,v,z) = 1 + g_0(z) & \text{falls } v = 2 \\
F(a,v,z) = 1 + g_1(z) & \text{falls } v = 3 \\
F(a,v,z) = 1 + z & \text{falls } v = 4 \\
F(a,v,z) = 1 + g_0(g_0(z)) & \text{falls } v = 5 \\
F(a,v,z) = 1 + g_1(g_0(z)) & \text{falls } v = 6
\end{array}
$$

$(a1)$ wenn $v = 3n+7$, so

$$F(a,v,z) = H(a,v,z) \times F(a, j_0(v), k_0(F(a, j_1(v),z) \dot{-} 1, F(a, j_2(v),z) \dot{-} 1))$$

$$\text{mit } H(a,v,z) = SG(F(a, j_1(v),z) \times F(a, j_2(v),z))$$

$(a2)$ wenn $v = 3n+8$, $g_1(z) = 0$, so $F(a,v,z) = F(a, j_3(v), p(z))$

$(a3)$ wenn $v = 3n+8$, $g_1(z) > 0$, so

$$F(a,v,z) = SG(F(a,v, j_5(z)) \times F(a, j_4(v), k_1(z, F(a,v, j_5(z)) \dot{-} 1)))$$

$(a4)$ wenn $v = 3n+9$, so ist $\mu M(a,v,z)$ definiert und

$$F(a,v,z) = 1 + \mu M(a,v,z) \quad \text{mit}$$

$$M(a,v,z,x) = \Sigma < 1 \dot{-} F(a, j_6(v), t(z,y)) \mid y \leq x > + (F(a, j_6(v), t(z,x)) \dot{-} 1) \; .$$

Dann liegt A^3 in **E(RFR)**. Denn die 5 Bedingungen (ai) beziehen sich auf eine vollständige Klassifikation aller für v möglichen Fälle; in jedem von ihnen definiert das betreffende (ai) eine Tripelmenge E_i, und da A^3 dann die Vereinigung dieser 5 Mengen ist, wird es nun genügen, die E_i als in

E(RFR) nachzuweisen. Für $i < 4$ ist das klar, denn dann drückt (ai) eine Gleichung zwischen totalen Funktionen aus, die hier sogar elementar sind, so daß E_i durch Belegung der Gleichheitsrelation mit diesen Funktionen entsteht. Für $i = 4$ ist M elementar, μM also rekursiv, weshalb der Graph $G(1 + \mu M)$ ebenso wie der Graph $G(F)$ zu E(RFR) gehört. Für $v = 3n + 9$ hat $<a,v,z>$ aber die in (a4) genannte Eigenschaft genau dann, wenn

$$\text{es existiert x mit } <a,v,z,x> \epsilon\, G(F) \cap G(1 + \mu M) \text{ .}$$

Die Menge E_4 dieser $<a,v,z>$ ist deshalb Projektion einer Menge aus E(RFR), also noch selbst in E(RFR) .

Nun erkläre ich die Menge A, deren Elemente den Funktionskeimen entsprechen sollen, sowie die Menge D^3, die sich als der Graph von f erweisen soll: es sei

A die Menge aller a so, daß für alle v,z aus $v \lesssim a$, $z \lesssim a$ folgt $<a,v,z> \epsilon A^3$,

B^3 die Menge aller $<a,v,z>$ mit $a \epsilon A$ und $<a,v,z> \epsilon A^3$,

C^3 die Menge aller $<a,v,z>$ mit $<a,v,z> \epsilon B^3$ und $F(a,v,z) \neq 0$,

C^4 die Menge aller $<a,v,z, F(a,v,z) \dot{-} 1>$ mit $<a,v,z> \epsilon C^3$,

D^3 die Menge aller $<v,z,q>$ so, daß ein a existiert mit $<a,v,z,q> \epsilon C^4$.

A liegt in E(RFR), denn es entsteht durch intern beschränkte Generalisierung als $\forall^0_{\lesssim} \forall^0_{\lesssim} A^3$ aus A^3. Damit liegen dann B^3, C^3, C^4 in E(RFR), also auch D^3 als Projektion von C^4 längs der 1-ten Achse. Führe ich die Redeweise

$$a \text{ \textit{enthält} } <v,z>, \text{ wenn a in A und } F(a,v,z) \neq 0$$

ein, so ist D^3 die Menge aller $<v,z, F(a,v,z)-1>$ mit einem $<v,z>$ enthaltenden a. Kann ich nun zeigen

(2)   wenn a das Paar $<v,z>$ enthält, so $<v,z> \epsilon \mathrm{def}(f)$ und $f(v,z) = F(a,v,z)-1$,

so folgt aus $<v,z,q> \epsilon D^3$, daß $<v,z,q>$ im Graphen $G(f)$ von f liegt; kann ich weiter zeigen

(3)   wenn $<v,z> \epsilon \mathrm{def}(f)$, so gibt es ein a, welches $<v,z>$ enthält ,

so folgt aus $<v,z,q> \epsilon G(f)$ auch $<v,z,q> \epsilon D^3$. Aus (2) und (3) wird daher $G(f) = D^3$ folgen, so daß $G(f)$ in E(RFR) und damit f in PRF liegt.

Ich möchte noch den Grund für die eigentümliche Definition der Menge A bemerken. Aus $<a,v,z> \epsilon A^3$ und $F(a,v,z) \neq 0$ folgt bereits $F(a,u,w) \neq 0$ für die in (a1)-(a4) rechts stehenden Vorgängerpaare $<u,w>$ von $<v,z>$; um einen Induktionsbeweis der Behauptung (2) zu führen, werde ich aber solche a betrachten müssen, für die dann auch $<a,u,w> \epsilon A^3$ gilt. Die Menge der Zahlen a mit dieser Abgeschlossenheitseigenschaft in Beziehung auf A^3 wäre in **RFR** zu definieren, solange nur Vorgängerpaare aus den rechten Seiten von (a1)-(a3) zu erfassen wären, bei denen u und w als Werte rekursiver (hier sogar elementarer) Funktionen von v, z auftreten; das Auftreten von M in (a4) jedoch nötigt zur Betrachtung von weiteren Vorgängerpaaren, welche auf solche Art nicht zu erfassen sind. Die für A nun getroffene Definition hat den gewünschten Effekt, A in E(RFR) zu liefern; da es aber untunlich wäre zu verlangen, daß für alle $v \leq a$, $z \leq a$ auch $F(a,v,z) \neq 0$ gelte, bin ich genötigt, in A^3 auch alle Tripel $<a,v,z>$ mit $F(a,v,z) = 0$ einzubeziehen.

Ich beginne mit dem Beweis der Behauptung (2), die für Paare $<v,z>$ mit $v \leq 6$ unmittelbar aus den Definitionen von A^3 und f folgt. Ich schließe durch Induktion über die lexikographische Ordnung und betrachte zuerst den einfachen Fall $v = 3n+8$, $g_1(z) = 0$, i.e. (a2). Da $<a,v,z> \in A^3$ und $F(a,v,z) \neq 0$, muß nach (a2) auch $F(a, j_3(v), p(z)) \neq 0$ gelten. Daraus folgt $j_3(v) \leq a$ und $p(z) \leq a$, so daß wegen $a \in A$ dann a auch $<j_3(v), p(z)>$ enthält. Wegen $j_3(v) < v$ liegt dieses Paar aber lexikographisch vor $<v,z>$, so daß die Induktionsannahme zu $<j_3(v), p(z)> \in \text{def}(f)$ und $f(j_3(v), p(z)) = F(j_3(v), p(z)) - 1$ führt. Nach Definition von f liegt dann auch $<v,z>$ in def(f), und aus $f(v,z) = f(j_3(v), p(z))$ folgt wegen (a2) schließlich $f(v,z) = F(a,v,z) - 1$.

Im Fall $v = 3n+7$ folgt aus $F(a,v,z) \neq 0$ nach (a1) zunächst $H(a,v,z) = 1$, also $F(a, j_1(v), z) \neq 0$ und $F(a, j_2(v), z) \neq 0$. Daraus folgt $j_1(v) \leq a$, $j_2(v) \leq a$, $z \leq a$, so daß wegen $a \in A$ nun a auch $<j_1(v),z>$ und $<j_2(v),z>$ enthält. Wegen $j_i(v) < v$ liegen diese Paare lexikographisch vor $<v,z>$; deshalb führt die Induktionsannahme zu $<j_1(v),z> \in \text{def}(f)$, $<j_2(v),z> \in \text{def}(f)$ und zu $f(j_1(v),z) = F(a, j_1(v),z) - 1$, $f(j_2(v),z) = F(a, j_2(v),z) - 1$. Aus $F(a,v,z) \neq 0$ folgt aber, daß auch der zweite Faktor des Produktes in (a1) von 0 verschieden ist, den ich nun als $F(a, j_0(v), k_0(f(j_1(v),z), f(j_2(v),z)))$ schreiben kann. Daher liegen von $<j_0(v), k_0(f(j_1(v),z), f(j_2(v),z))>$ auch beide Glieder unterhalb von a, so daß auch dieses Paar in a enthalten ist. Wegen $j_0(v) < v$ liegt es lexikographisch vor $<v,z>$, so daß es nach Induktionsannahme zu def(f) gehört und

$$f(j_0(v), k_0(f(j_1(v),z), f(j_2(v),z))) = F(a, j_0(v), k_0(f(j_1(v),z), f(j_2(v),z))) - 1$$

gilt. Hier steht links die rechte Seite der Rekursionsgleichung für $f(v,z)$, weshalb nun auch $<v,z>$ in def(f) liegt und $f(v,z)$ gleich diesem Ausdruck, nach (a1) also gleich $F(a,v,z) - 1$ ist.

Im Fall $v = 3n+8$, $g_1(z) > 0$ folgt aus $F(a,v,z) \neq 0$ nach (a3) zunächst $SG(F(a,v, j_5(z))) = 1$, also $F(a,v, j_5(z)) \neq 0$. Daraus folgt $v \leq a$, $j_5(z) \leq a$, so daß wegen $a \in A$ nun a auch $<v, j_5(z)>$ enthält. Wegen $j_5(z) < z$ liegt dieses Paar lexikographisch vor $<v,z>$, nach Induktionsannahme daher in def(f) mit $f(v, j_5(z)) = F(a,v, j_5(z)) - 1$. Aus $F(a,v,z) \neq 0$ folgt aber, daß auch der zweite Faktor des Produktes in (a3) von 0 verschieden ist, den ich jetzt als $F(a, j_4(v), k_1(z, f(v, j_5(z))))$ schreiben kann. Daher liegen auch beide Glieder von $<j_4(v), k_1(z, f(v, j_5(z)))>$ unterhalb von a, so daß auch dieses Paar in a enthalten ist. Wegen $j_4(v) < v$ liegt es lexikographisch vor dem Paar $<v,z>$, so daß es nach Induktionsannahme zu def(f) gehört und

$$f(j_4(v), k_1(z, f(v, j_5(z)))) = F(a, j_4(v), k_1(z, f(v, j_5(z)))) - 1$$

gilt. Hier steht links die rechte Seite der Rekursionsgleichung für f(v,z), weshalb nun auch $<v,z>$ in def(f) liegt und f(v,z) gleich diesem Ausdruck, nach (a3) also gleich $F(a,v,z) - 1$ ist.

Im Fall $v = 3n+9$ betrachte ich die elementare Funktion M. Was ihren ersten Summanden angeht, so hat er den Wert 0 genau dann, wenn für alle $y \leq x$ gilt $F(a, j_6(v), t(z,y)) > 0$; ihr zweiter Summand hat den Wert 0 genau dann, wenn $F(a, j_6(v), t(z,x)) \leq 1$. Mithin ist $\mu M(a,v,z)$ genau dann definiert und gleich x, wenn x die kleinste Zahl so ist, daß

$$F(a, j_6(v), t(z,y)) > 1 \quad \text{für alle } y < x \quad \text{und } F(a, j_6(v), t(z,x)) = 1$$

gilt. Ist das Paar $<v,z>$ in a enthalten, so folgt aus $<a,v,z> \epsilon A^3$, daß $\mu M(a,v,z)$ in der Tat definiert und gleich einem x ist. Da $F(a, j_6(v), t(z,y)) \neq 0$ für alle $y \leq x$ gilt, sind alle diese $<j_6(v), t(z,y)>$ in a enthalten, und wegen $j_6(v) < v$ liefert die Induktionsannahme diese Paare als in def(f) und $f(j_6(v), t(z,y)) = F(a, j_6(v), t(z,y)) - 1$. Diese Werte von f sind für $y < x$ stets von 0 verschieden, für $y = x$ aber gleich 0; mithin ist $\mu(f(j_6(v), t(z,-)))$ definiert und gleich x. Gemäß den Rekursionsgleichungen von f ist dann auch f(z,v) definiert und gleich x, also $<z,v>$ in def(f), so daß aus $f(z,v) = \mu M(a,v,z)$ auch $f(z,v) = F(a,v,z) - 1$ folgt. Das beendet den Beweis der Behauptung (2).

Dem Beweis der Behauptung (3) stelle ich zwei Beobachtungen über die Elemente von A voran:

(4)   Wenn a,b aus A beide $<v,z>$ enthalten, so gilt $F(a,v,z) = F(b,v,z)$.

Das folgt durch lexikographische Induktion aus der Definition von A^3: im Fall $v \leq 6$ sogleich aus (a0), und in den übrigen Fällen daraus, daß der Wert $F(a,v,z)$ durch Werte von $F(a,-,-)$ bei lexikographisch kleineren, wegen $a\epsilon A$ immer noch in a enthaltenen Argumenten eindeutig bestimmt ist.

(5)   Wenn a,b aus A, so liegt auch das kleinste gemeinsame Vielfache c von a,b in A, und c enthält alle Paare, die in a *oder* in b enthalten sind .

Der Exponent $F(c,v,z)$ von $\text{PRIN0}(\text{CAU}(v,z))$ in c ist das Maximum der Exponenten $F(a,v,z)$, $F(b,v,z)$. Nach (4) stimmen diese überein, oder es ist einer von ihnen 0; deshalb ist $F(c,v,z)$ (mindestens) einem von ihnen gleich. Aus $v \leq c$, $z \leq c$ folgt im Falle $F(c,v,z) = 0$ stets $<c,v,z> \epsilon A^3$; im

Falle $F(c,v,z)\neq 0$ folgt nach dem soeben Bemerkten etwa $F(c,v,z)=F(a,v,z)$. Dann aber folgt aus der Gültigkeit der einschlägigen Bedingung (ai) für $F(a,v,z)$ auch diejenige für $F(c,v,z)$, denn die weiteren in diesen Bedingungen auftretenden $F(a,u,w)$ sind dann auch von 0 verschieden und somit gleich den entsprechenden $F(c,u,w)$. Mithin gilt $<c,v,z>\,\epsilon A^3$ für alle $v\leq c$, $z\leq c$, weshalb c zu A gehört.

Nun beweise ich die Behauptung (3) durch lexikographische Induktion. Für $v\leq 6$ definiere ich a explizit als die Potenz von $\mathrm{PRINO}(\mathrm{CAU}(v,z))$ mit dem in (a0) vorgeschriebenen Exponenten; da $<v,z>$ dann das einzige Paar mit $F(a,v,z)\neq 0$ ist, liegt a in A. Sei nun $<v,z>$ in def(f) mit $v>6$; da in den Rekursionsgleichungen für f die linken Seiten *nur* dann definiert sein sollen, wenn es auch die rechten sind, gehören auch die dort auftretenden Vorgängerpaare von $<v,z>$ zu def(f), und da sie lexikographisch vor $<v,z>$ liegen, trifft die Behauptung auf sie zu. Im Falle $v=3n+8$, $g_1(z)=0$ genügt mir dann bereits das $<j_3(v),p(z)>$ enthaltende a.

Im Fall $v=3n+7$ finde ich zunächst Elemente b_0,b_1,b_2 von A, welche $<j_0(v),k_0(f(j_1(v),z),f(j_2(v),z))>$, $<j_1(v),z>$ und $<j_2(v),z>$ enthalten, nach (5) also ein b in A, das alle drei dieser Paare enthält. Enthält b bereits $<v,z>$, so kann ich a als b wählen; anderenfalls folgere ich aus (3)

$$f(j_0(v),\,k_0(f(j_1(v),z),f(j_2(v),z)))+1 = F(b,j_0(v),\,k_0(f(j_1(v),z),f(j_2(v),z)))$$
$$= F(b,j_0(v),\,k_0(F(b,j_1(v),z)\dot-1,F(b,j_2(v),z)\dot-1))$$

und definiere a als das Produkt von b mit $\mathrm{PRINO}(\mathrm{CAU}(v,z))$, versehen mit diesem positiven Exponenten. Ihn aber kann ich dann auch als

$$F(a,\,j_0(v),\,k_0(F(a,j_1(v),z)\dot-1,F(a,j_2(v),z)\dot-1))$$

schreiben, so daß (a1) gilt und $<a,v,z>$ in A^3 liegt. Alle übrigen $<u,w>$ mit $F(a,u,w)\neq 0$ waren aber bereits in b enthalten, so daß auch $<a,u,w>$ zu A^3 gehört und deshalb a in A liegt. Im Fall $v=3n+8$, $g_1(z)>0$ verfahre ich ganz entsprechend.

Im Fall $v=3n+9$ folgt aus $f(v,z)=\mu(f(j_6(v),t(z,-)))=x$, daß alle Werte $f(j_6(v),t(z,y))$ mit $y\leq x$ in def(f) liegen; ich finde also zunächst zu jedem von ihnen ein b_y und dann mit (5) auch ein b, das alle diese Paare enthält. Enthält b bereits $<v,z>$, so kann ich a als b wählen; anderenfalls folgere ich aus (3), daß $f(j_6(v),t(z,y))+1 = F(b,j_6(v),t(z,y))$ für alle $y\leq x$ gilt, und nach Wahl von x sind diese Zahlen für $y<x$ größer als 1, für $y=x$ gleich 1. Deshalb ist dann auch $\mu M(b,v,z)$ definiert und gleich x; ich definiere deshalb a als das Produkt von b mit $\mathrm{PRINO}(\mathrm{CAU}(v,z))$ zum Exponenten $1+x$. Wieder gilt für die schon in b enthalten gewesenen Paare $F(b,j_6(v),t(z,y)) = F(a,j_6(v),t(z,y))$, weshalb auch $\mu M(a,v,z)$ definiert und gleich x ist. Folglich gilt (a4) und $<a,v,z>$ liegt in A^3; wieder wie oben liegt zusammen mit b schließlich auch a in A. Das beendet den Beweis der Behauptung (3), mithin auch den Nachweis, daß f und U_2 zu **PRF** gehören.

Totale Funktionen

Die Universalfunktion aus dem Kapitel 7 für FPF^2 war eine totale Funktion, die durch dieselbe Rekursion wie U_2 hier definiert wurde, jedoch ohne den letzten Fall 3n+9, in dem hier der μ-Operator auftritt; dem entspricht dann eine doppelt verschachtelte Rekursion für f, in der f als totale Funktion ohne den letzten Fall v = 3n+9 erklärt wird. Der geführte Beweis liefert f dann immer noch in $E(RFR)$, weshalb f als totale Funktion in FRF liegt. Außerdem ist der Beweis allgemein genug, um weitere totale Funktionen, die durch solche doppelten Rekursionen definiert wurden, als zu FRF gehörend zu erkennen – etwa die Universalfunktionen U_1 für FPF^1 aus dem Kapitel 7 oder aus dem Supplement 6.

Diese Abgeschlossenheit unter doppelt verschachtelten Rekursionen liegt aber ebenso für *jede* rekursiv abgeschlossene Klasse F totaler Funktionen vor, weil dann $F = F(QER(F)) = F(ER(F))$ gilt. Ausgedrückt für μ-rekursiv abgeschlossene Klassen, hatte ich das bereits im Kapitel 9 angekündigt, und in der Tat läßt sich für μ-rekursiv abgeschlossene Klassen totaler Funktionen der Beweis allein unter Verwendung des μ-Operators und ohne Gebrauch der Entwicklungen der Kapitel 20 bis 23 führen, also ohne Verwendung von Graphen und von rekursiv aufzählbaren Relationen. Denn dann wird die oben erklärte Menge A^3 aus Tripelmengen E_i gebildet, welche durch Belegung der Gleichheitsrelation mit Funktionen aus F entstehen; sie gehören deshalb zu $R(F)$, wo folglich auch A^3 liegt. Da A durch intern beschränkte Generalisierung aus A^3 entsteht, liegt auch A in $R(F)$; ferner liegt dann C^3 in $R(F)$. Die Behauptungen (2) und (3) kann ich aber auch ohne weitere Kenntnisse über D^3 beweisen, erhalte also als (3) jetzt

für jedes $<v,z>$ gibt es ein a mit $a\epsilon A$ und $F(a,v,z) \neq 0$.

Das besagt, daß es zu jedem $<v,z>$ ein a mit $<a,v,z>\epsilon C^3$ gibt, und wegen $C^3\epsilon R(F)$ liefert totale Minimierung dann eine Funktion d in F mit $<d(v,z),v,z>\epsilon C^3$, woraus wegen (2)

$$f(v,z) = F(d(v,z),v,z) \doteq 1$$

folgt und f wieder in F liegt. – Man macht sich leicht klar, daß dieses Verfahren im Besonderen dem Nachweis im Kapitel 6 zu Grunde liegt, mit dem ich die PETERsche Funktion als μ-rekursiv erkannte.

Appendix: Geschachtelte mehrfache Rekursion

Es ist nach dem soeben geführten Beweise klar, daß in ihm die speziellen Eigenschaften der f definierenden Funktionen überhaupt keine Rolle gespielt haben. Er läßt sich deshalb sogleich zu einem allgemeinen Theorem über geschachtelte mehrfache Rekursionen ausbauen. Es zu formulieren, erfordert allerdings einen gewissen begrifflichen Aufwand.

Eine Folge $<<v_p,z_p> \mid p<q>$, $q \leq \omega$, von Zahlenpaaren heiße *lexikographisch absteigend*, wenn $<v_{p+1},z_{p+1}>$ stets lexikographisch kleiner als $<v_p,z_p>$ ist; außerdem heiße sie dann *Folge für* $<v_0,z_0>$. Lexikographische Induktion lehrt sogleich, daß jede lexikographisch absteigende Folge für $<v,z>$ endlich ist. Eine lexikographisch absteigende Folge heiße *maximal*, wenn sie sich nicht mehr verlängern läßt, also mit $<0,0>$ endet.

Es sei fortan **F** eine partiell rekursiv abgeschlossene Funktionenklasse. Eine 2–stellige totale Funktion j heiße l–regressiv, wenn $j(v,z)<v$ gilt, und r–regressiv, wenn $j(v,z)<z$ gilt; im Folgenden bezeichne j_l stets eine l– und j_r eine r–regressive Funktion aus **F**.

Es seien R_i, $i=0,...,$ n, paarweise disjunkte 2–stellige Relationen aus R(**F**), deren Vereinigung ω^2 ist. Es gebe eine Zahl k mit $k<n$ so, daß die R_j mit $j<k$ eine lexikographische *Basis* von ω^2 bilden: für jedes $<v,z>$ enthält *jede* maximale lexikographisch absteigende Folge für $<v,z>$ ein Paar aus einem R_j.

Eine partielle Funktion $f=f^2$ heiße *in Beziehung auf* die R_i *2-rekursiv* definiert, wenn für alle j und i mit $j<k$ und $k \leq i<n$ das Folgende vorliegt:

(dj)   Es ist eine 2–stellige Funktion g_j aus **F** gegeben, derart, daß aus $<v,z> \epsilon R_j$ folgt $f(v,z)=g_j(v,z)$.

(di)   Es ist eine Funktion g_i einer Stellenzahl $m=m_i$ aus **F** sowie eine Folge von 2–stelligen Funktionen h_p, $p<m_i$ aus **F** gegeben derart, daß aus $<v,z> \epsilon R_i$ folgt

$$f(v,z) = g_i(h_0(v,z),..., h_{m-1}(v,z)) ,$$

und für jedes p ist $h_p = h_p(v,z)$ mit Funktionen p, q aus **F** ein Term einer der vier folgenden Typen:

(0_1) $f(j_l(v,z), p(v,z))$,

(0_2) $f(v, j_r(v,z))$,

(0_3) $\mu(f(j_l(v,z), q(v,z,-)))$,

(1) $f(j_l(v,z), p(k_0,..., k_{s-1}))$ mit k_w vom Typ (0_{1-3}) .

Die damit beschriebene Situation ist in dreierlei Hinsicht allgemeiner als diejenige des im vorigen Kapitel behandelten Spezialfalls: die Funktion g_i war dort stets die 1-stellige Identität, in (1) waren die k_t nur von den Typen $(0_{1\text{-}2})$, und die Funktionen p und q waren total. Um den geführten Beweis auf die neue Situation zu erweitern, werde ich die folgende Schlußweise benötigen:

(S)   Es seien h, g, r partielle Funktionen. Es sei die partielle Funktion $h(x,y, \dots) = g(r(x,y, \dots), \dots)$ für die Argumente x,y,... definiert. Dann ist auch r(x,y, ...) für diese Argumente definiert.

Für partielle Funktionen h als Abbildungsvorschriften (und ebenso für ihre Mengenbeschreibung durch den Graphen G(h)) ist ein solcher Schluß aber unzutreffend, wie das Beispiel $h(x,y,..) = p_1^2(r(x,y,\dots), f(x,y,\dots))$ lehrt, in welchem r für die Argumente x,y,... keineswegs definiert zu sein braucht.

Ich werde deshalb in diesem Appendix *partielle Funktionen* als *Funktionen zusammen mit einer Definitionsvorschrift* auffassen, so daß verschiedene Definitionen auch zu partiellen Funktionen mit verschiedenen Definitionsbereichen Anlaß geben können. Dies erfaßt im Besonderen die am Anfang des vorigen Kapitels bemerkte *Sensitivität* rekursiver Definitionen bezüglich der Schreibweise (i.e. der Definitionsvorschrift) ihrer rechten Seiten. Ein Formalismus der *so erklärten* partiellen Funktionen läßt sich durch die Einführung *rekursiver Terme* gewinnen; ich will an dieser Stelle auf seine Einführung verzichten und ihn erst im zweiten Teil dieses Appendix' besprechen. Festzuhalten ist jedoch, daß für den nun gegebenen feineren Begriff von partieller Funktion der Schluß (S) korrekt ist.

Ist nun f mit den obgenannten Daten 2-rekursiv definiert, so repetiere ich den Beweis des vorigen Kapitels. Zunächst erkläre ich die Menge A^3 analog wie zuvor. An die Stelle von (a0) treten für j mit $j < k$ Bedingungen

(aj)   wenn $<v,z> \epsilon R_j$, so $F(a,v,z) = 1 + g_j(v,z)$,

so daß bei festem j wieder die Menge aller dieser $<a,v,z>$ als die Projektion von $G(F) \cap G(1+g_j)$ entsteht und in $\mathbf{ER}(F)$ liegt. Für i mit $k \leq i < n$ lauten die Bedingungen

(ai)   wenn $<v,z> \epsilon R_i$, so

(0) $F(a,v,z) = H(a,v,z) \times (1 + g_i(h_0{}^*(a,v,z) \div 1, \dots, h_{m-1}{}^*(a,v,z) \div 1))$ mit

    (00_1) $h_t{}^*(a,v,z) = F(a, j_1(v,z), p(v,z))$ falls $h_t = f(j_1(v,z), p(v,z))$,

    (00_2) $h_t{}^*(a,v,z) = F(a, v, j_r(v,z))$ falls $h_t = f(v, j_r(v,z))$,

    (00_3) $h_t{}^*(a,v,z) = 1 + \mu M(a,v,z)$ falls $h_t = \mu(f(j_1(v,z), q(v,z,-)))$

    mit $M(a,v,z,x)$
      $= <1 \div F(a, j_1(v,z), q(v,z,y)) \mid y \leq x> + (F(a, j_1(v,z), q(v,z,x)) \div 1)$,

(01) $h_t{}^*(a,v,z) = F(a, j_1(v,z), p(k_0{}^*(a,v,z) \dot{-} 1, ..., k_{s-1}{}^*(a,v,z) \dot{-} 1))$

$$\text{falls } h_t = f(j_1(v,z), p(k_0, ..., k_{s-1})) ,$$

sowie

(1) $H(a,v,z) = \Pi < SG(s^*(a,v,z)) \mid s^* \epsilon S^* >$

mit S^* als der Menge aller $h_t{}^*$ aus $(0_{1\text{-}2}),(1)$ *und* aller $k_w{}^*$ vom
Typ $(0_{1\text{-}2})$ in den $h_t{}^*$ aus (1) .

Wieder ist bei festem i die Menge dieser $<a,v,z>$ Projektion des Durch-
schnitts zweier Graphen und liegt deshalb in $\mathbf{ER(F)}$. Damit liegt A^3 in
$\mathbf{ER(F)}$, und wie zuvor erhalte ich dann die Menge D^3 in $\mathbf{ER(F)}$.

Zum Beweis der Behauptung (2) sei nun $<v,z>$ in a enthalten und
$<v,z> \epsilon R_i$. Jetzt folgt aus der Definition von A^3, daß für $<a,v,z> \epsilon A^3$
auch die rechte Seite von (ai) definiert ist – also sowohl g_i wie auch die in
den $h_t{}^* = h_t{}^*(a,v,z)$ auftretenden Funktionen. Im Besonderen ist in den
$h_t{}^*, k_w{}^*$ von Typ (0_3) jede Funktion $\mu M(a,z,v)$ definiert und gleich einem
x. Nach Definition von M sind dann alle $<j_1(v,z), q(v,z,y)>$ für $y \leq x$ in
a enthalten, nach Induktionsannahme also in def(f), und es gilt weiterhin
$f(j_1(v,z), q(v,z,y)) = F(a, j_1(v,z), q(v,z,y)) - 1$. Wieder nach Definition von
M sind diese Zahlen für $y < x$ positiv, für $y = x$ gleich 0, so daß nun auch
der Wert $\mu(f(j_1(v,z), q(v,z,-)))$ definiert und gleich x ist. Für die h_t, k_w
vom Typ (0_3) gilt daher $h_t = h_t{}^* - 1, k_w = k_w{}^* - 1$. Für die übrigen $h_t{}^*, k_w{}^*$
folgt aus $H(a,v,z) \neq 0$, daß a auch alle zu ihnen gehörenden Paare enthält,
sie nach Induktionsanname also in def(f) liegen. Für die Werte h_t, k_w vom
Typ $(0_{1\text{-}2})$ gilt daher $h_t = h_t{}^* - 1, k_w = k_w{}^* - 1$; für die h_t vom Typ (1)
habe ich zunächst nur

$$f(j_1(v,z), p(k_0{}^* \dot{-} 1, ..., k_{s-1}{}^* \dot{-} 1)) = F(a, j_1(v,z), p(k_0{}^* \dot{-} 1, ..., k_{s-1}{}^* \dot{-} 1)) - 1$$

und kann dann nach dem soeben Bewiesenen die $k_w{}^* \dot{-} 1$ auf der linken
Seite durch die k_w ersetzen, so daß $h_t = h_t{}^* - 1$ nun für jeden Typ gilt.
Damit wird die rechte Seite von (ai) zu $1 + g_i(h_0(v,z), ...) = 1 + f(v,z)$, und
damit ist Behauptung (2) bewiesen.

Die Beweise der Beobachtungen (4) und (5) kann ich unverändert
übernehmen. Zum Beweis von (3) betrachte ich $<v,z>$ aus def(f), nehme
wieder $<v,z> \epsilon R_i$ an, und folgere nun, daß auch alle Terme auf der rechten Seite der Rekursionsgleichung für f(v,z) definiert sind. Im Besonderen
liegen für jedes h_t, k_w vom Typ (0_3), mit $h_t(v,z) = x$ oder $k_w(v,z) = x$, alle
$f(j_1(v,z), q(v,z,y))$ mit $y \leq x$ in def(f), so daß die Paare $<j_1(v,z), q(v,z,y)>$
alle in einem b_t oder b_w aus A enthalten sind; daraus folgt wieder, daß
auch $\mu M(b_t,v,z), \mu M(b_w,v,z)$ definiert und gleich x ist, also $h_t{}^*(b_t,v,z) - 1$

$= h_t(v,z)$, $k_w{}^*(b_w,v,z) - 1 = k_w(v,z)$ gilt. Für die h_t, k_w vom Typ (0_{1-2}),(1) liefert die Induktionsannahme ebenfalls sogleich Zahlen b_t, b_w in A, welche die zugehörigen Paare enthalten, so daß nach (3) im Fall der Typen (0_{1-2}) auch $h_t{}^*(b_t,v,z) - 1 = h_t(v,z)$, $k_w{}^*(b_w,v,z) - 1 = k_w(v,z)$, im Fall des Typs (1)

$$F(b_t, j_1(v,z), p(k_0(v,z), \dots \ )) - 1 = h_t(v,z)$$

gilt. Diese Beziehungen bleiben für das kleinste gemeinsame Vielfache b der b_t, b_w bestehen, so daß nun auch für den Typ (1) folgt

$$\begin{aligned}
h_t{}^*(b,v,z) - 1 &= F(b, j_1(v,z), p(k_0{}^*(b,v,z) \dotminus 1, \dots \ )) - 1 \\
&= F(b, j_1(v,z), p(k_0(v,z), \dots \ )) - 1 = h_t(v,z) \ .
\end{aligned}$$

Ist nun $<v,z>$ bereits in b enthalten, so kann ich a gleich b wählen; anderenfalls folgt aus dem schon Bewiesenen

$$1 + g(h_0(v,z), \dots \ ) = 1 + g(h_0{}^*(b,v,z) \dotminus 1, \dots \ ) \ .$$

Dann definiere ich a als das Produkt von b mit $PRINO(CAU(v,z))$ mit diesem positiven Exponenten. Der aber ist auch $1 + g(h_0{}^*(a,v,z) \dotminus 1, \dots \ )$, so daß (ai) gilt und $<a,v,z>$ in A^3 liegt, und wieder folgt aus $b \epsilon A$ dann $a \epsilon A$, was den Beweis beendet.

Das Schema (di) in der Erklärung der 2–rekursiv definierten Funktionen läßt sich offenbar verallgemeinern. Denn so, wie ich im Typ (1) als Glieder k_w von p Terme der Typen (0_{1-3}) zugelassen habe, kann ich Terme vom Typ $(n+1)$ einführen, welche dieselbe Form wie diejenigen vom Typ (1) haben, als Glieder k_w von p aber Terme vorhergehender Typen enthalten. Lasse ich nun auf der rechten Seite von (di) Terme h_p mit Typen höchstens (m) zu, so nenne ich die dadurch bestimmte Funktion f dann *(m+1)-rekursiv* definiert, und Funktionen, welche für irgend ein m (m+1)-rekursiv definiert sind, sollen auch durch *geschachtelte 2-fache Rekursion* definiert heißen. Die soeben geführten Beweise bleiben in Kraft, wenn ich beim Nachweis der Behauptungen (2) und (3) Induktionsschlüsse einfüge, welche an den Stellen, wo ich zuvor von den Typen (0_{1-3}) auf den Typ (1) geschlossen habe, jetzt von Typen (n') mit n' < n auf den Typ (n) schließen. Damit erhalte ich das

THEOREM 2   Eine partiell rekursiv abgeschlossene Klasse **F** ist unter geschachtelter 2-facher Rekursion abgeschlossen. Eine rekursiv abgeschlossene Klasse **F** totaler Funktionen ist unter geschachtelter 2-facher Rekursion mit totalen Funktionen abgeschlossen.

Terme

Dem aufmerksamen Leser wird es nicht entgangen sein, daß ich in (di) bei
der Erklärung der vier Typen von Termen $h_p(v,z)$ zunächst von Funktionswerten, also *Zahlen,* und zugleich von *Schreib–* oder *Darstellungswei-
sen* dieser Zahlen gesprochen habe. Es ist vielleicht nicht unangebracht zu
erläutern, auf welche Art zwischen solchen verschiedenen Gesichtspunkten
pünktlich unterschieden werden kann.

Terme sind sprachliche Objekte, welche zum Sprechen über Zahlen und
Funktionen dienen. Zu diesem Sprechen benötige ich nur ein sehr enges
Fragment meiner Sprache, das man, mathematisch geschult, selbst in
mathematischer Manier präzisieren kann, da es dafür allein auf die formale
Struktur (und nicht auf die physische Realisierung) des Sprachfragmentes
ankommt. Terme werden erklärt, indem Objekte von drei verschiedenen
Sorten in Beziehung gesetzt werden: Variablen, Funktionssymbole und das
μ–Symbol. Als *Variablen* fixiere ich die Elemente einer (x–beliebigen)
Menge und notiere sie in einer vorgegebenen Aufzählung als $x_0, x_1, \ldots$.
Von ihnen verschieden seien die Elemente einer zweiten Menge, die *Funktionssymbole,* deren jedem eine positive ganze Zahl als seine *Stellenzahl*
zugeordnet sei. Unter ihnen sollen sich jedenfalls Symbole f der Stellenzahl
2 und F der Stellenzahl 3 zum Sprechen über die Funktionen f und F
finden (wie das vor sich gehen soll, wird noch zu erklären sein), weiter
Symbole zum Sprechen über diverse weitere Funktionen aus F, zu denen
mindestens die verschiedenen, in den Bedingungen (di) und (ai) auftretenden Funktionen gehören sollen. Das μ–Symbol schließlich notiere ich, ohne
Verwechselungen befürchten zu müssen, durch das Symbol μ selbst. Damit
definiere ich die Terme rekursiv:

(t) jede Variable x_i ist ein Term,

(tt) ist r k–stelliges Funktionssymbol, und sind $t_0, \ldots, t_{k-1}$ bereits
Terme, so sei auch $r(t_0, \ldots, t_{k-1})$ ein Term.

(ttt) ist t Term, so sei μt ein Term .

Dabei ist es ganz unwichtig, auf welche Weise man sich diese Bildungen
als ausgeführt vorstellt: ob durch das Hinschreiben von Zeichenfolgen oder
durch eine Modellierung in einer mathematischen Theorie; *wichtig* ist
allein, daß die so konstruierten Terme den Bedingungen der *eindeutigen
Lesbarkeit* genügen:

(1) jeder Term ist von genau einer der drei Arten (t)–(ttt) ,

(11) zwei Terme $r(t_0, \ldots, t_{k-1})$ und $q(s_0, \ldots, s_{m-1})$ sind genau dann
gleich, wenn $r = q$, k = m und $t_i = s_i$ für jedes i < k gilt; zwei
Terme μt und μs sind genau dann gleich, wenn $t = s$ gilt.

Daher ist jeder Term t, welcher nicht schon eine Variable ist, eindeutig in der Gestalt $r(t_0,\ldots, t_{k-1})$ oder μt zu schreiben, wobei die t_i, t dann Terme geringerer Kompliziertheit (unter Umständen Variablen) sind, welche die *unmittelbaren Subterme* von t heißen. Damit läßt sich auch erklären, welche Variablen *in t auftretend* heißen sollen: in jeder Variablen x_i tritt nur sie selbst als Variable auf; in $r(t_0,\ldots, t_{k-1})$ treten alle die Variablen auf, welche in mindestens einem der t_i auftreten; in μt treten diejenigen Variablen auf, welche von der letzten in t auftretenden verschieden sind.

Ist damit das Fragment der *Sprache* beschrieben, so läßt sich nun auch das *Sprechen* mit diesem Stück Sprache selbst präzisieren, nämlich das *Auswerten* eines Terms unter einer Belegung der in ihm auftretenden Variablen mit Zahlen. Vorab sei jedem (in den zu betrachtenden Termen vorkommenden) Funktionssymbol eine (numerische, wirkliche) partielle Funktion zugeordnet, von der ich sage, daß sie durch dieses Symbol *bezeichnet* werde. Sei Φ eine Abbildung, welche allen (in den zu betrachtenden Termen auftretenden) Variablen x_i Zahlen $\Phi(x_i)$ als ihre Werte zuordnet. Sei t ein Term von der Gestalt $r(t_0,\ldots, t_{k-1})$, so daß auch die in den t_i auftretenden Variablen von Φ erfaßt werden. Ist der Wert $\Phi(t_i)$ eines jeden der t_i unter der *Belegung* Φ definiert, und ist r die von dem Funktionssymbol r bezeichnete Funktion, so sei der Wert $\Phi(t)$ von t definiert und die Zahl $r(\Phi(t_0),\ldots, \Phi(t_{k-1}))$. Sei nun t von der Gestalt μs und sei x_i die letzte in s auftretende Variable (die also in t nicht mehr auftritt). Gibt es eine Abbildung Ψ, welche sich von Φ nur an der Stelle x_i unterscheidet und für die $\Psi(s)$ definiert und gleich 0 ist, und ist für jede Zahl k mit $k < \Psi(x_i)$ und für jede der Belegungen Ψ_k, die sich von Φ nur an der Stelle x_i unterscheiden und dort den Wert $\Psi_k(x_i) = k$ haben, auch $\Psi_k(s)$ definiert und von 0 verschieden, so sei $\Phi(t)$ definiert und gleich $\Psi(x_i)$. – Aus diesen Definitionen schließt man durch Induktion über den Aufbau der Terme sogleich: sind Φ und Θ zwei Belegungen, welche auf den in t auftretenden Variablen übereinstimmen, so sind $\Phi(t)$ und $\Theta(t)$ beide zugleich definiert oder nicht definiert und, falls definiert, einander gleich.

Verwende ich die Schreibweise, einen Term t als $t[x_0,\ldots, x_{t-1}]$ zu notieren, wenn die in ihm auftretenden Variablen in der Liste $x_0,\ldots, x_{t-1}$ vorkommen, und ist $a_0,\ldots, a_{t-1}$ die Liste der diesen x_i unter einer Belegung Φ zugeordneten Zahlen, so bietet sich für den Wert $\Phi(t)$ von t unter Φ, falls definiert, auch die suggestive Schreibweise $t[a_0,\ldots, a_{t-1}]$ an; nach dem soeben Bemerkten hängt er nur von den a_i ab, die zu in t auftretenden x_i gehören. Ist also t ein Term und ist k so groß, daß die Variablen von t unter den x_i mit $i < k$ vorkommen, so definiert t eine partielle Funktion $t^\S$ von ω^k nach ω durch $t^\S(a_0,\ldots, a_{k-1}) = t[a_0,\ldots, a_{t-1}] = \Phi(t_i)$ für die Belegung Φ mit $\Phi(x_i) = a_i$. Im Besonderen definiert jede Variable x_i so die Funktionen p_i^k, und ist r Funktionssymbol für die k-stellige Funktion r, so gelten

$$r(t_0, ..., t_{k-1})^\S = r \circ < t_0{}^\S, ..., t_{k-1}{}^\S >$$

$$r(x_0, ..., x_{k-1})^\S = r$$

$$(\mu t)^\S = \mu t^\S \quad \text{falls } x_{k-1} \text{ die letzte in } t \text{ vorkommende Variable ist .}$$

Jede durch einen Term t definierte Funktion $t^\S$ entsteht daher durch Superposition und partielle Minimierung aus den p_i^k und den Ausgangsfunktionen r, mit denen meine Konstruktion begann. Schließlich will ich für Terme $t[x_0, ..., x_{t-1}]$ und $s_0, ..., s_{k-1}$ noch als $t[s_0, ..., s_{t-1}]$ den Term notieren, der aus $t[x_0, ..., x_{t-1}]$ entsteht, indem jedes x_i durch s_i ersetzt wird; bei passender Fixierung der Stellenzahlen liefert Induktion über den Aufbau von t dann

$$t[s_0, ..., s_{t-1}]^\S = t^\S \circ < s_0{}^\S, ..., s_{t-1}{}^\S > .$$

Nachdem diese allgemeinen Definitionen getroffen, erkläre ich bestimmte Terme als *Vorgängerformen*: f-Vorgängerformen der Typen $(0_{1\text{-}3})$ seien alle Terme

$$f(j_1(x_1, x_2), p(x_1, x_2)) \qquad f(x_1, j_r(x_1, x_2)) \qquad \mu f(j_1(x_1, x_2), q(x_1, x_2, x_3))$$

mit (von f verschiedenen) 2-stelligen Funktionssymbolen j_1, j_r, p und 3-stelligen Funktionssymbolen q; f-Vorgängerformen vom Typ n+1 seien alle

$$f(j_1(x_1, x_2), p(k_0, ..., k_{s-1}))$$

mit s-stelligen Funktionssymbolen p und f-Vorgängerformen $k_0, ..., k_{s-1}$, welche höchstens vom Typ n sind und unter denen mindestens eine vom Typ n vorkommt. In einer f-Vorgängerform h treten also nur die Variablen x_1, x_2 auf: $h = h[x_1, x_2]$. Zur Formulierung der Bedingung (di) setze ich nun einfach einen Term $g_i(h_0, .., h_{m-1})$ als gegeben voraus, in dem die h_i f-Vorgängerformen sind, und lese

(di1) $\qquad f(x_1, x_2) = g_i(h_0[x_1, x_2], .., h_{m-1}[x_1, x_2])$

als das Verlangen nach Gleichheit der induzierten (partiellen) Funktionen. Schließlich ordne ich jeder f-Vorgängerform $h[x_1, x_2]$ eine entsprechende F-Vorgängerform $h^*[x_0, x_1, x_2]$ zu: für die Typen $(0_{1\text{-}2})$ seien das

$$F(x_0, j_1(x_1, x_2), p(x_1, x_2)) \qquad F(x_0, x_1, j_r(x_1, x_2)) ,$$

für den Typ (0_3) sei

$$\mu F(x_0, j_1(x_1, x_2), q(x_1, x_2, x_3))^*[x_0, x_1, x_2] = 1 + \mu M(x_0, x_1, x_2)$$

mit

$$M(x_0, x_1, x_2, x_4) = \Sigma < 1 \dot- F(x_0, j_1(x_1, x_2), q(x_1, x_2, x_4)) \mid x_4 \le x_3 >$$
$$+ (F(x_0, j_1(x_1, x_2), q(x_1, x_2, x_3)) \dot- 1) ,$$

wobei ich nun auch das Vorliegen von Termen für die verwendeten arithmetischen Funktionen voraussetze, und für die höheren Typen sei

$$f(j_1(x_1,x_2),\, p(k_0,\ldots,\, k_{s-1}))^*[x_0,x_1,x_2]$$
$$= F(x_0,\, j_1(x_1,x_2),\, p(k_0^*[x_0,x_1,x_2] \div 1,\ldots,\, k_{s-1}^*[x_0,x_1,x_2] \div 1))\ .$$

Damit besagt (ai) dann, daß aus $<v,z> \epsilon R_j$ mit·dem dort erklärten H folge

$$F(a,v,z) = H(a,v,z) \times (1 + g_i^{\S}(h_0^*[a,v,z] \div 1,\ldots,\, h_{m-1}^*[a,v,z] \div 1))\ .$$

Der Vorteil dieser Schreibweisen erweist sich bei den Induktionsbeweisen über Typen, die in den Beweisen der Behauptungen (2) und (3) enthalten sind.

Kapitel 25. Unentscheidbarkeiten

In diesem Kapitel will ich das Vorliegen einer Universalfunktion U in **PRF** verwenden, um gewisse negative oder *Unentscheidbarkeitsaussagen* herzuleiten, welche sich einer gewissen Popularität erfreuen. Während die ersten dieser Herleitungen allein die Universalität von U benutzen, werde ich vom Theorem 4 an auch noch die SMN-*Eigenschaft* von U verwenden, die ich aus systematischen Gründen erst im folgenden Kapitel beweisen werde.

Eine Relation R^n heiße (rekursiv) *entscheidbar*, wenn es einen Algorithmus in Gestalt eines PLA-Programms gibt, der eine totale 0-1-Funktion f^n berechnet, welche von einem vorgelegten Zahlenvektor α durch die Werte $f^n(\alpha) = 1$ oder $f^n(\alpha) = 0$ *entscheidet*, ob α zu R^n gehört oder nicht. Ist R^n nicht (rekursiv) entscheidbar, so heiße es (rekursiv) *unentscheidbar.*

Natürlich ist f^n dann nichts anderes als die charakteristische Funktion von R^n. Da PLA-Programme genau die partiell rekursiven Funktionen berechnen, und da f^n total sein soll, besagt die Entscheidbarkeit von R^n, daß R^n eine rekursive charakteristische Funktion hat. Die entscheidbaren sind deshalb genau die rekursiven Relationen, als die ich sie somit auch ebensogut hätte *definieren* können.

Feststellungen, daß gewisse Probleme (rekursiv) entscheidbar oder unentscheidbar seien, laufen darauf hinaus, ihnen *in natürlicher* Weise Relationen zu assoziieren, welche sich als rekursiv entscheidbar respektive unentscheidbar erweisen.

Solche Assoziierung geschieht hier auf dem Wege über Universalfunktionen: Mengen von Funktionen werden Mengen ihrer Indizes zugeordnet. Und die im vorangehenden Kapitel erklärte Universalfunktion arithmetisiert die *Erzeugung* von **PRF** aus Anfangsfunktionen. Deshalb gibt die Zuordnung von Indizes zu Funktionen deren begrifflichen *Aufbau* wieder, und insofern *ist* sie eine natürliche.

Die Paarungsfunktionen CAU, CRO_0, CRO_1 vermitteln eine Bijektion Φ_n der Menge $\mathbf{PRF}^1$ der 1-stelligen auf die Menge $\mathbf{PRF}^n$ der n-stelligen Funktionen aus **PRF** durch $\Phi_n(f) = f \circ CAU^n$, und die zu Φ_n inverse Abbildung Ψ_n wirkt durch $\Psi_n(g) = g \circ UAC^n$. Ich betrachte eine Universalfunktion U stets zusammen mit ihren unter diesen Paarungsfunktionen assoziierten Gliedern, i.e. $U_n(e,-) = U_1(e,CAU^n(-))$ und $U_1(e,-) = U_n(e,UAC^n(-))$.

Ist **M** eine Teilmenge von Funktionen von $\mathbf{PRF}^n$, so heiße eine Teilmenge M von ω *korrekte Indexmenge* von **M** , wenn ihre Elemente Indizes der Funktionen aus **M** sind und wenn zu jeder Funktion aus **M** mindestens ein Index in M auftritt. Aus diesen Definitionen folgt sogleich:

Gibt es eine entscheidbare korrekte Indexmenge von M, dann (und nur dann) gibt es einen Algorithmus in Gestalt einer 1-stelligen rekursiven Funktion f derart, daß

aus $f(p) = 1$ folgt, daß p Index einer Funktion aus M ist , und zu jeder Funktion aus M ein Index p mit $f(p) = 1$ existiert.

Die Menge *aller* Indizes der Funktionen aus M heißt die *vollständige* Indexmenge von M. Aus diesen Definitionen folgt sogleich, daß eine korrekte oder vollständige Indexmenge von M auch eine solche der Bildmengen $\Psi_n(M)$ und $\Phi_m(\Psi_n(M))$ von M in PRF^1 und PRF^m ist.

THEOREM 1   In Beziehung auf die Universalfunktion des Kapitel 24 gibt es (sogar primitiv) rekursive korrekte Indexmengen:

IP für die Menge der n-stelligen primitiv rekursiven Funktionen,

IE für die Menge der n-stelligen elementaren Funktionen .

Hier ist U durch die Funktion U_2 gegeben, und da die Transformationen Φ und Ψ auch Bijektionen zwischen den Mengen primitiv rekursiver, respektive elementarer, Funktionen verschiedener Stellenzahlen vermitteln, kann ich mich auf den Fall $n = 2$ beschränken. Dann entstehen alle primitiv rekursiven 2-stelligen Funktionen, indem ich bei der Erzeugung der Funktionen $U_2(p,-,-)$ die Fälle $p = 3n+9$ auslasse. Für die charakteristische Funktion χ der so entstehenden Indexmenge IP gilt also

$\chi(p) = 1$ falls $p \leq 6$

$\chi(p) = 1$ falls $MOD(3,p) = 7$ und $\chi(CRO_0(QU(3, p-7))) = 1$ und
  $\chi(CRO_0(CRO_1(QU(3, p-7)))) = 1$ und $\chi(CRO_1(CRO_1(QU(3, p-7)))) = 1$

$\chi(p) = 1$ falls $MOD(3,p) = 8$ und $\chi(CRO_0(QU(3, p-8))) = 1$ und
$\chi(CRO_1(QU(3, p-8))) = 1$

$\chi(p) = 0$ sonst .

Das aber beschreibt eine Definition durch Wertverlaufsrekursion, so daß χ primitiv rekursiv ist. Die zugehörige korrekte Indexmenge ist mithin (sogar primitiv) rekursiv entscheidbar.

Im Fall der elementaren Funktionen definiere ich die charakteristische Funktion χ der Menge IE wie soeben, verwende aber im Fall $MOD(3,p) = 8$ die weiter einschränkenden Bedingungen

$MOD(3, CRO_0(QU(3, p-8))) = 7$ und $CRO_1(QU(3,CRO_0(QU(3, p-8)) -7)) = 8$
und $MOD(3, CRO_1(QU(3, p-8))) = 7$
und $CRO_0(QU(3,CRO_1(QU(3, p-8)) -7)) = 23$
und $CRO_1(CRO_1(QU(3,CRO_1(QU(3, p-8)) -7))) = 3$

und $\mathrm{MOD}(3, \mathrm{CRO}_0(\mathrm{CRO}_1(\mathrm{QU}(3,\mathrm{CRO}_1(\mathrm{QU}(3,\ p{-}8))-7)))) = 7$
und $\mathrm{CRO}_1(\mathrm{QU}(3, \mathrm{CRO}_0(\mathrm{CRO}_1(\mathrm{QU}(3,\mathrm{CRO}_1(\mathrm{QU}(3,\ p{-}8))-7)))) -7)) = 990533$
und $\mathrm{CRO}_0(\mathrm{QU}(3,\mathrm{CRO}_0(\mathrm{QU}(3,\ p{-}8))-7))$
$$= \mathrm{CRO}_1(\mathrm{QU}(3, \mathrm{CRO}_0(\mathrm{CRO}_1(\mathrm{QU}(3,\mathrm{CRO}_1(\mathrm{QU}(3,\ p{-}8))-7)))) -7))$$
und $\chi(\mathrm{CRO}_0(\mathrm{QU}(3,\mathrm{CRO}_0(\mathrm{QU}(3,\ p{-}8))-7))) = 1$.

Denn zunächst kann ich mich wegen der Vorhandenseins von Paarungs-funktionen bei der Erzeugung der 2–stelligen elementaren Funktionen auch mit den beschränkten Summationen und Multiplikationen 2–stelliger Funktionen begnügen. Deshalb beschränke ich mich auf diejenigen $p = 3n{+}8$, für die mit einer bereits konstruierten Funktion f gilt

$$U_2(\mathrm{CRO}_0(n), x, x) = f(x,0)$$
$$U_2(\mathrm{CRO}_1(n), \mathrm{CAU}(x,y), U_2(3n{+}8,x,y)) = f(x, y{+}1) + U_2(3n{+}8,x,y) .$$

Ist nun e_f ein zu IE gehörender Index von f, so erhalte ich für die Funktionen

$<v,w> \rightarrow f(v,0)$	den Index $\rho(e_f) = 7 + 3 \cdot \mathrm{CAU}(e_f, 8)$
$<v,w> \rightarrow \mathrm{CRO}_1(v){+}1$	den Index $1402 = 7 + 3 \cdot \mathrm{CAU}(0, \mathrm{CAU}(2,5))$
$<v,w> \rightarrow f(\mathrm{CRO}_0(v), \mathrm{CRO}_1(v){+}1)$	den Index $\tau(e_f) = 7{+}3 \cdot \mathrm{CAU}(e_f, 990533)$
$<v,w> \rightarrow v{+}w$	den Index 23
$<v,w> \rightarrow f(\mathrm{CRO}_0(v), \mathrm{CRO}_1(v){+}1) + w$	den Index $\sigma(e_f) =$
	$7 + 3 \cdot \mathrm{CAU}(23, \mathrm{CAU}(\tau(e_f), 3))$

weil $\mathrm{CAU}(2,1) = 8$ und $\mathrm{CAU}(5, 1402) = 990533$, $x{+}0 = U_2(x,y)$, $x{+}(y{+}1) = U_2(0, \mathrm{CAU}(x,y), x{+}y) = (x{+}y){+}1$, $23 = 8{+}3 \cdot \mathrm{CAU}(2,0)$.

Die Technik, Relationen als *unentscheidbar* zu erkennen, beruht auf meist einfachen Diagonalkonstruktionen. Schon im Kapitel 7 hatte ich bemerkt, daß eine Klasse totaler Funktionen eine Universalfunktion U_1 für sich selbst nicht enthalten kann und daß im allgemeinen Falle die Funktion $D(x) = 1{+}U_1(x,x)$ nicht für ihren Index definiert sein kann. In **PRF** *habe* ich eine Universalfunktion U_1, und die Funktion D ist nicht nur nicht total, sondern kann auch nicht zu einer totalen rekursiven Funktion fortgesetzt werden: eine solche Fortsetzung H hätte einen Index h, bei dem sie, da total, auch definiert wäre, so daß $H(h) = U_1(h,h)$ und damit auch $D(h)$ definiert wäre, aber $H(h)$ von $D(h)$ verschieden sein müßte. Natürlich *kann* D trivial zu einer totalen Funktion fortgesetzt werden, und so finde ich:

> Es gibt partiell rekursive Funktionen, die sich nicht zu einer totalen rekursiven Funktion fortsetzen lassen. Es gibt totale, nicht rekursive Funktionen.

Ist f eine totale Funktion aus $\mathbf{PRF}^1$, so kann ich dieselbe Argumentation auch auf die (partielle) Funktion $D(x) = 1{+}U_1(f(x), x)$ anwenden: ließe sich der Index i von D in der Gestalt f(e) schreiben, *und* wäre D, und also auch $U_1(f(e), -)$, bei e definiert, so entstünde der Widerspruch

$$1 + U_1(f(e), e) = D(e) = U_1(f(e), -)(e) = U_1(f(e), e) \ .$$

Die Wertemenge einer totalen Funktion f aus $\mathbf{PRF}^1$ umfaßt also entweder nicht sämtliche Indizes totaler Funktionen (ist D total, so i nicht in im(f)) *oder* sie enthält auch mindestens einen Index einer nicht totalen Funktion (falls i in im(f) liegt). Die Wertemengen totaler Funktionen aus $\mathbf{PRF}$ sind aber genau die rekursiv aufzählbaren, und ich erhalte somit den Fall $n = 1$ der Behauptung (a) im

THEOREM 2   (a) Die vollständige Indexmenge der Menge $\mathbf{FRF}^n$ der (totalen) rekursiven Funktionen ist nicht rekursiv aufzählbar, geschweige denn rekursiv.

Im Besonderen also ist das Problem, ob eine Zahl Index einer totalen Funktion aus $\mathbf{PRF}$ sei, rekursiv unentscheidbar.

(b) Es gibt *keine* rekursiv aufzählbare korrekte Indexmenge für die Menge $\mathbf{FRF}^1$ der (totalen) 1–stelligen rekursiven Funktionen .

Natürlich folgt (a) aus (b). Zu dessen Beweis nehme ich an, es wäre M eine Indexmenge der genannten Art, so daß es eine (totale) rekursive Surjektion f von ω auf M gäbe. Alsdann wäre $U_2(f(-), -)$ Universalfunktion für $\mathbf{FRF}^1$. Außerdem wäre diese Funktion total und, zusammen mit U_2, auch partiell rekursiv. Mithin läge sie selbst in $\mathbf{FRF}$.

Im Folgenden werde ich die aus dem Corollar **23.3** fließende Beobachtung heranziehen, daß es zu jeder rekursiv aufzählbaren Menge $R = R^k$ eine partiell rekursive Funktion f^k mit dem Definitionsbereich R gibt. Komposition mit SG liefert aus f^k eine partiell rekursive Funktion f_1^k mit demselben Definitionsbereich, welche nur den Wert 1 kennt. Deshalb kann ich auch zu jeder partiell rekursiven Funktion $h = h^k$ eine partiell rekursive Funktion h_R definieren, welche auf dem Durchschnitt von R mit dem Definitionsbereich von h definiert ist und auf ihm mit h übereinstimmt: $h_R = \cdot \circ \langle f_1^k, h \rangle$.

In Beziehung auf eine vorgelegte Universalfunktion U definiere ich nun die vier Mengen

HA aller $\langle x, y \rangle$ so, daß $U_1(x, -)$ bei y definiert ist ,

HU aller $\langle x, y \rangle$ so, daß $U_1(x, -)$ bei y nicht definiert ist ,

KA aller x mit $\langle x, x \rangle$ in HA (Kontraktion identischer Argumente) ,

KU aller x mit $\langle x, x \rangle$ in HU (Kontraktion identischer Argumente).

Dann ist HU Komplement von HA in ω^2 und KU Komplement von KA in ω. Keine dieser Mengen kann rekursiv sein. Denn wäre das etwa HA, so wäre es auch auch HU,   und damit wären auch die durch Kontraktion entstehenden Mengen KA und KU rekursiv. Nach der gemachten Beobachtung gäbe es dann eine partiell rekursive Funktion f dem Definitionsbereich KU, und wäre e ihr Index, so folgte der Widerspruch

$f = U(e,-)$ ist bei e definiert genau dann, wenn $e \epsilon KA$,
  f ist bei e definiert genau dann, wenn $e \epsilon KU$,

dessen erste Aussage aus der Definition von KA, dessen zweite aus derjenigen von f folgt. Hingegen sind HA und KA noch rekursiv aufzählbar, ihre Komplemente HU und KU folglich *nicht* rekursiv aufzählbar. Denn HA besteht aus allen $<x,y>$ so, daß es ein z gibt, mit dem $<x,y,z>$ im Graphen $G(U_1)$ liegt. Da U_1 zu **PRF** gehört, ist $G(U_1)$ und mithin auch HA rekursiv aufzählbar. Folglich ist das auch DA, denn **E(RFR)** ist unter der Bildung von Kontraktionen abgeschlossen.

Im *Besonderen* sind also HA und KA meine ersten *Beispiele* von rekursiv aufzählbaren, aber *nicht* rekursiven Mengen.

Daß $U_1(x,-)$ bei y definiert sei, besagt für ein (jedes) Programm, welches U_1 berechnet, daß die Berechnung von $U_1(x,-)$ bei y terminiere. Damit folgt aus dem Bewiesenen das

THEOREM 3   Es gibt *keine* totale rekursive Funktion $f = f^2$ mit

$f(x,y) = 1$ falls eine Berechnung von $U_1(x,-)$ bei y terminiert ,
$f(x,y) = 0$ falls eine Berechnung von $U_1(x,-)$ bei y nicht terminiert .

Es gibt eine totale rekursive Funktion h^2, deren Werte genau die Zahlen z sind, für welche eine Berechnung von $U_1(CRO_0(z),-)$ bei $CRO_1(z)$ terminiert.

Es gibt *keine* totale rekursive Funktion h^2, deren Werte genau die Zahlen z sind, für welche eine Berechnung von $U_1(CRO_0(z),-)$ bei $CRO_1(z)$ *nicht* terminiert.

Dies drückt man auch aus in der Redeweise

Das *Halteproblem* für Programme, welche partiell rekursive Funktionen berechnen, ist rekursiv unentscheidbar.

Und ebenso ist das *spezielle* Halteproblem rekursiv unentscheidbar, das nach der Entscheidung darüber fragt, ob die Berechnung $U_1(e,-)$ bei e terminiert.

Ich bemerke noch, daß ich zusammen mit den nicht rekursiven, aber rekursiv aufzählbaren Teilmengen KA und HA von ω und ω^2 auch nicht rekursive, rekursiv aufzählbare Teilmengen in jedem ω^k finde. Denn zusammen mit KA ist *per definitionem* auch jede der Bildmengen $UAC^k(KA)$

rekursiv aufzählbar. Die charakteristische Funktion χ von $UAC^k(KA)$ ist gleich $\chi_{KA} \circ CAU^k$, und da $\chi_{KA} = \chi_{KA} \circ CAU^k \circ UAC^k = \chi \circ <CRO_0^k, ..., CRO_{k-1}^k>$ würde zusammen mit χ auch χ_{KA}, zusammen mit $UAC^k(KA)$ also KA rekursiv sein.

Das Auftreten rekursiver Relationen R^2 mit nicht rekursiver Projektion gibt noch zu folgenden Bemerkungen Anlaß. Man betrachte die Annahmen

    (p) die Erkenntnis, *dass* es zu gegebenem x ein y mit $R^2(x,y)$ gibt, lasse sich stets durch einen Beweis sichern,

    (q) die Erkenntnis, daß es zu gegebenem x *kein* y mit $R^2(x,y)$ gibt, lasse sich ebenfalls durch einen Beweis sichern.

Da Beweise jedenfalls in endliche vielen Schritten geführt werden, kann man sie auch als *allgemeine Berechnungen* ansehen. Träfen also (p) und (q) für jedes x zu, so könnte man die charakteristische Funktion von $\exists R^2$ durch solche *allgemeine Berechnungen* bestimmen, so daß sie immer noch *allgemein berechenbar* wäre. Das würde besagen, daß ein solcher Begriff von allgemeiner Berechenbarkeit umfassender wäre als derjenige der Rekursivität.

Andererseits kann man jedoch auch die Annahmen (p) und (q) in Frage stellen, zumal nicht präzisiert ist, was genau unter einem Beweis zu verstehen sei. In der Mathematischen Logik werden Präzisierungen des Beweisbarkeitsbegriffes untersucht; im Besonderen der Begriff der Beweisbarkeit in quantorenlogischen Kalkülen 1-ter Stufe. Für *diesen* Beweisbarkeitsbegriff ist es eine Form des *Unvollständigkeitssatzes* von GÖDEL, daß es, in Beziehung auf die Beweisbarkeit aus sehr einfachen arithmetischen Axiomen, Relationen R^2 gibt, für welche (q) *nicht* zutrifft.

Bereits im Theorem 2 (a) habe ich bemerkt, daß die vollständige Indexmenge von FRF^k nicht entscheidbar ist. Da ich weiß, daß es echt partiell rekursive Funktionen gibt, ist das ein Spezialfall des folgenden *Theorems von RICE*, das besagt, daß vollständige Indexmengen, welche rekursiv sein sollen, trivial sein müssen. Im Beweis verwende ich die SMN-Eigenschaft der Universalfunktion, die ich im folgenden Kapitel formulieren und als Theorem 26.2 beweisen werde.

THEOREM 4   Die vollständige Indexmenge M einer Menge **M** k-stelliger Funktionen ist (dann und) nur dann entscheidbar, wenn **M** leer oder ganz PRF^k ist.

Sei nämlich **M** nicht leer und von PRF^k verschieden. Ich bemerke zunächst, daß das Komplement $-M$ von M die vollständige Indexmenge des Komplements von **M** in PRF^k ist. Da M und $-M$ simultan entscheidbar oder unentscheidbar sind, darf ich annehmen, daß M bereits so gewählt sei, daß die leere Funktion, die ich t_0^k nennen will, nicht in M liegt. Wäre nun M rekursiv, so erhielte ich wie folgt einen Widerspruch.

Sei N eine rekursiv aufzählbare Menge von ω, welche nicht rekursiv ist. Ist N Projektion längs der 1–ten Achse einer rekursiven Relation R^2, so ist $N \times \omega^k$ Projektion längs der 1–ten Achse von $R^{k+2} = R^2 \times \omega^k$. Aus der charakteristischen Funktion von R^2 entsteht aber diejenige von R^{k+2} durch Hinzufügung von k leeren Argumenten, so daß zusammen mit R^2 auch R^{k+2} rekursiv ist. Folglich ist $N \times \omega^k$ ebenfalls rekursiv aufzählbar.

Sei f^k aus M und sei h^{k+1} die partiell rekursive Funktion mit dem Definitionsbereich $N \times \omega^k$, die dort gleich $f^k \circ < p_1^{k+1}, \dots, p_k^{k+1} >$ ist, i.e. $h^{k+1}(x, \xi) = f^k(\xi)$ für x aus N. Sei nun e der Index von h^{k+1} unter U_{k+1}, i.e. $h^{k+1} = U_{k+1}(e, -, -)$. Die SMN-Eigenschaft liefert eine primitiv rekursive Funktion $s = s_1^1$ so, daß für alle x aus ω gilt

$$h^{k+1}(x, -) = U_{k+1}(e, x, -) = U_k(s(e, x), -) \ .$$

Hier steht die leere Funktion t_0^k, falls x nicht in N liegt, und sonst die Funktion f^k. Das ergibt

$$U_k(s(e, x), -) \neq t_0^k \quad \text{genau dann, wenn} \quad x \epsilon N$$

$$U_k(s(e, x), -) \neq t_0^k \quad \text{genau dann, wenn} \quad U_k(s(e, x), -) = f^k \ .$$

Da f^k in M und t_0^k nicht in M liegt, folgt daraus

$$x \epsilon N \quad \text{genau dann, wenn} \quad U_k(s(e, x), -) \text{ in } M \ ,$$

und da M vollständige Indexmenge von M ist, liefert das

$$x \epsilon N \quad \text{genau dann, wenn} \quad s(e, x) \epsilon M \ .$$

Somit folgt für die charakteristischen Funktionen von N und M nunmehr $\chi_N = \chi_M \circ s(e, -)$. Zusammen mit s ist aber auch $s(e, -)$ rekursiv, so daß zusammen mit M auch N rekursiv sein müßte.

Ich wende mich nun dem *Äquivalenzproblem* zu, in dem danach gefragt wird, ob zwei Indizes dieselbe Funktion darstellen. Handelt es sich zum Beispiel um primitiv rekursive Funktionen und um deren Indizes e und d für die Universalfunktion U_2 des Kapitels 24, und gilt nicht etwa schon $e \leq 6$, so kann ich e, wie schon im Beweis des Theorems 1, in der Gestalt $3n+q$ mit $q = 7$ oder $q = 8$ darstellen, und dann aus $CRO_0(n)$, $CRO_1(n)$ einfachere Funktionen bestimmen, aus denen $U_2(e, -, -)$ zusammengesetzt ist. Damit gelange ich in endlich vielen Schritten zu einer Darstellung, welche $U_2(e, -, -)$ durch eindeutig bestimmte Superpositionen und Rekursionen aus den 7 Anfangsfunktionen bestimmt und damit auch ein Programm zur Berechnung dieser Funktion liefert. Ebenso erhalte ich Darstellung und Berechnungsprogramm von $U_2(d, -, -)$, so daß es nur noch darauf ankommt, von zwei solchen expliziten Darstellungen, respektive Programmen, zu prüfen, ob sie dieselbe Funktion liefern oder nicht.

Mag das nun für jedes einzelne Paar e, d auf diese oder jene Art gelingen, so ist, was mich interessiert, doch das Vorliegen einer allgemeinen Methode, die, auf solche vorgelegten Darstellungen oder Programme angewandt, in *uniformer* Weise *zum Ziele führt. Ich suche, mit besseren Worten, nach einem Algorithmus,* welcher für *alle* Paare einer bestimmten Indexmenge diese Entscheidung uniform trifft. Nun folgt aus dem vorangehenden Theorem aber, daß bereits für jede einzelne Funktion f – etwa für c_0^1 – die vollständige Indexmenge von {f} *nicht* rekursiv ist, und das liefert die erste Behauptung des

THEOREM 5   (a)   Es ist rekursiv unentscheidbar, ob eine Zahl Index von c_0^1 ist .

(b)   Das Äquivalenzproblem für Indizes partiell rekursiver Funktionen ist rekursiv unentscheidbar .

(c)   Es gibt eine rekursiv aufzählbare Menge BE von Indizes elementarer (also gewiß totaler) 1-stelliger Funktionen derart, daß die Teilmenge BU aller a in BE, für die $U_1(a,-) = c_0^1$ gilt, nicht rekursiv ist.

Hier ist (b) eine unmittelbare Folge von (a), weil dann auch die Menge aller $<e,d>$ mit $U_k(e,-) = U_k(d,-)$ rekursiv unentscheidbar ist.

Angesichts von (a) stellt sich nun die Frage, ob man zu besseren Ergebnissen gelangt, wenn man nicht mehr *alle* Indizes zur Konkurrenz stellt, sondern nach Algorithmen fragt, welche nur noch für *bestimmte* Indizes (einfacherer Funktionen) testen, ob sie solche von c_0^1 sind. Die Behauptung (c) lehrt, daß auch eine solche Beschränkung nicht zum Ziel zu führen braucht, selbst wenn man nur noch Indizes elementarer Funktionen in Betracht zieht:

Es gibt einen Algorithmus für eine rekursive (sogar simple) Funktion f_A, deren Werte p Indizes von elementaren Funktionen sind, und dazu gibt es *keinen* Algorithmus für eine rekursive Entscheidungsfunktion f_U, welche auf jene p angewandt genau dann $f_U(p) = 1$ liefert, wenn p ein Index von c_0^1 ist.

Zum Beweis von (c) verwende ich das Corollar 23.5 und stelle meine Universalfunktion U_1 als $u \circ \mu R^3$ mit einer Relation R^3 aus **RAB** dar. Da u total war, haben U_1 und μR^3 denselben Definitionsbereich, nämlich $\exists R^3$:

$U_1(x,-)$ ist bei y definiert genau dann, wenn es ein z gibt mit $<x,y,z> \epsilon R^3$.

Zusammen mit R^3 liegt nun in **RAB** auch die Menge S aller $<x,z>$ mit $<x,x,z> \epsilon R^3$, und es gilt

$U_1(x,-)$ ist bei x definiert genau dann, wenn es ein z gibt mit $<x,z> \epsilon S$.

Nach (AB19) ist die charakteristische Funktion χ_S von S elementar, folglich auch für jedes x die Funktion $h_x = \chi_S(x,-)$. Aus dieser Definition folgt

(x) $U_1(x,-)$ ist bei x definiert genau dann, wenn es ein z gibt mit $h_x(z) = 1$,

(y) $U_1(x,-)$ ist bei x nicht definiert genau dann, wenn $h_x = c_0^1$,

(z) $x \epsilon KU$ genau dann, wenn $h_x = c_0^1$.

Allerdings ist x in der Regel kein Index von h_x. Um auch Indizes der h_x zu erhalten, wähle ich einen Index e von χ_S unter U_2, i.e. $\chi_S = U_2(e,-,-)$. Die SMN-Eigenschaft liefert eine primitiv rekursive Funktion $s = s_1^1$ mit

$$h_x = U_2(e,x,-) = U_1(s(e,x),-) \ .$$

Sei nun BE das Bild von ω unter $s(e,-)$ und BU das Bild von KU. Dann folgt aus (z)

für alle a: $a \epsilon BU$ genau dann, wenn $a \epsilon BE$ und $U_1(a,-) = c_0^1$.

Aus der Definition von BU folgt aber auch

$x \epsilon KU$ genau dann, wenn es existiert a: $a \epsilon BU$ und $<e,x,a> \epsilon G(s)$.

Die Relation G(s) ist rekursiv; wäre also BU rekursiv aufzählbar, so müßte das auch KU noch sein. Folglich ist BU *nicht* rekursiv aufzählbar, geschweige denn rekursiv. Das beendet den Beweis von (c).

Es ist jedoch angebracht, noch einmal über die Bedeutung der Behauptung (c) zu reflektieren. Denn ich weiß *nichts* darüber, ob die Menge BU aus Elementen der im Theorem 1 konstruierten Indexmenge IE der elementaren Funktionen besteht. *Nur* die Indizes aus IE sind es jedoch, welche ich als *natürliche*, die *Struktur* der elementaren Funktionen kodierende Indizes ansehen werde. Und ich habe keineswegs eine nicht rekursive Teilmenge von IE gefunden, die aus Indizes von c_0^1 bestünde. Vielmehr macht der geführte Beweis deutlich, daß zur Konstruktion von BU wesentlich auf das Vorliegen partieller Funktionen zurückgegriffen wird, das die Menge BU erst bestimmt.

Zu sagen, das Äquivalenzproblem für Indizes elementarer Funktionen sei rekursiv unentscheidbar, ist daher nur solange zutreffend, wie ich auch Indizes außerhalb von IE betrachte, wie sie durch die Allgemeinheit von U_1 in's Spiel kommen. Beschränke ich mich hingegen auf natürliche, in IE gelegene Indizes (oder auf Indizes erklärt in Beziehung auf die (totale rekursive) Universalfunktion aus dem Kapitel 7), so ist mir über die Unentscheidbarkeit oder Entscheidbarkeit der dort gelegenen Indizes etwa von c_0^1 *nichts* bekannt. Oder für Programme ausgedrückt: es ist unentscheidbar, ob beliebige PLA-Programme elementarer Funktionen die Funktion c_0^1 berechnen; die entsprechende Frage für PLR-Programme jedoch ist eine ganz andere.

Kapitel 26. Uniformisierung

1. Uniformisierungen und universelle Folgen

Am Ende das Kapitels 23 hatte ich als Corollar **23.5** das lokale Darstellungstheorem für **PRF** bewiesen: zu jedem f^k aus **PRF** gibt es ein R^{k+1} in **RAB** und eine totale Funktion u in **CRO** mit $f^k = u \circ \mu R^{k+1}$. Inzwischen weiß ich, daß **PRF** eine Universalfunktion besitzt, deren Glieder U_k zu **PRF** gehören. Wende ich das lokale Darstellungstheorem auf U_k an, so gewinne ich aus dem lokalen ein *globales Darstellungstheorem*, nämlich das *Uniformisierungstheorem* von KLEENE:

THEOREM 1   Zu jedem $k > 0$ gibt es eine Relation S^{k+2} in **RAB** mit den folgenden Eigenschaften:

Es gibt eine Funktion u_k in **CRO** derart, daß es zu jedem f^k aus **PRF** eine Zahl e so gibt, daß gilt

$$\text{(K)} \qquad f^k = u_k \circ (\mu S^{k+2})(e,-) = u_k \circ \mu(S^{k+2}(e,-)) \ .$$

Denn ist die (k+1)-stellige Universalfunktion U_k als $u_k \circ \mu S^{k+2}$ lokal dargestellt, so gilt für jedes f^k dann $f^k = U_k(e,-) = u_k \circ (\mu S^{k+2})(e,-)$. Es gilt aber $(\mu S^{k+2})(e,-) = \mu(S^{k+2}(e,-))$ wegen der Vertauschbarkeit von partieller Minimierung und Spezialisierung, und das ergibt die Behauptung. – KLEENEs [36] ursprüngliche Formulierung des Theorems lieferte u_k und S^{k+2} nur als elementar, dafür jedoch für alle k dieselbe Funktion u_k; im Kapitel **30.4** werde ich darauf zurückkommen. SMULLYAN [61] hat gezeigt, dass S^{k+1} in der Klasse **RUD** der *rudimentären* Relationen gefunden werden kann, welche weit kleiner als **RAB** ist; man vergleiche die Darstellung bei TOURLAKIS [84].

Bereits im vorigen Kapitel habe ich bemerkt, daß die Diagonalkonstruktion die Existenz von totalen, aber nicht rekursiven Funktionen liefert. Mit Hilfe des Theorems 1 lassen sich die Merkwürdigkeiten solcher Funktionen noch deutlicher machen. Dazu betrachte ich den Fall $k = 1$, also $f(x) = u_1 \circ \mu S^3(e,x,-)$ für 1-stellige Funktionen f. Beschränke ich mich auf totale Funktionen, so gibt es zu jedem Paar e, x ein y mit $S^3(e,x,y)$, und betrachte ich an Stelle von $\mu S^3(e,x,-)$ nun die Funktion

$$\varepsilon S^3(e,x) \ = \ \begin{cases} \mu S^3(e,x,-) & \text{sofern es ein y mit } S^3(e,x,y) \text{ gibt} \\ 0 & \text{sonst} \end{cases} \ ,$$

so gilt für totale rekursive Funktionen f immer noch $f(x) = u_1 \circ \varepsilon S^3(e,x)$. Wäre die totale Funktion $h(x) = \varepsilon S^3(x,x)$ rekursiv, so wäre das auch die

Funktion $1+u_1 \circ h(x)$, und ich könnte ein e mit $1+u_1 \circ h(x) = u_1 \circ \varepsilon S^3(e,x)$ finden, weshalb auch $1+u_1 \circ h(e) = u_1 \circ \varepsilon S^3(e,e) = u_1 \circ h(e)$. Mithin ist h eine nicht rekursive Funktion derart, daß mit der Relation $R^2(x,y) = S^3(x,x,y)$ gilt

$$h(x) = \begin{cases} \mu R^2(x,-) & \text{sofern es ein y mit } R^2(x,y) \text{ gibt} \\[2ex] 0 & \text{sonst} \end{cases}$$

Der erste Fall tritt genau dann ein, wenn x in der Projektion $\exists R^2$ liegt. Somit ist $\exists R^2$ rekursiv aufzählbar, jedoch nicht rekursiv, denn sonst läge eine rekursive Fallunterscheidung vor, durch die h rekursiv würde. In Gestalt von R^2 liegt mithin sogar eine Relation aus **RAB** vor, die eine nicht rekursive Projektion hat; das Komplement von $\exists R^2$, i.e. die Menge aller x zu denen es kein y mit $R^2(x,y)$ gibt, ist nicht rekursiv aufzählbar.

Die Darstellung (K) des Theorems 1 liefert somit eine uniforme Parametrisierung sämtlicher Funktionen aus **PRF**. Allgemein heiße ein Paar, bestehend aus einer Folge $<u_k \mid k > 0>$ 1-stelliger Funktionen u_k aus **FRF** und einer Folge $<S^{k+2} \mid k > 0>$ von Relationen S^{k+2} aus **RFR**, *Uniformisierung* von **PRF**, wenn es zu jeder Funktion f^k aus **PRF** eine Zahl e so gibt, daß (K) gilt. Die Zahl e aus (K) heißt dann ein *Index* von f^k.

Eine Folge $<U_k \mid k > 0>$ von Funktionen U_k aus $\mathbf{PRF}^{k+1}$ heiße *prä-universell*, wenn jedes U_k universell für $\mathbf{PRF}^k$ ist: zu jedem f^k gibt es ein e mit $f^k = U_k(e,-)$. Der Beweis des Theorems lehrt, daß jede prä-universelle Folge eine Uniformisierung bestimmt. Umgekehrt bestimmt eine Uniformisierung eine prä-universelle Folge, denn da S^{k+1} in **RFR** liegt, liegt die Funktion $u_k \circ (\mu S^{k+2})(e,-)$ stets in **PRF**. Diese Beobachtungen faßt zusammen das

COROLLAR 1   Es besteht eine umkehrbare Korrespondenz zwischen prä-universellen Folgen und Uniformisierungen.

Der Definitionsbereich der Funktion μS^{k+2} ist die Projektion $\exists S^{k+2}$. Die Funktionen $u_k \circ (\mu S^{k+2})(e,-)$ und $(\mu S^{k+2})(e,-)$ haben denselben Definitionsbereich $(\exists S^{k+2})(e,-)$. Im Übrigen hat $(\mu S^{k+2})(e,-) = \mu(S^{k+2}(e,-))$ zur Folge, dass auch $(\exists S^{k+2})(e,-)$ gleich $\exists(S^{k+2}(e,-))$ ist, dem Definitionsbereich von $\mu(S^{k+2}(e,-))$, was sich auch direkt nachprüfen lässt.

Nach dem Corollar 23.3 ist jede rekursiv aufzählbare Relation der Definitionsbereich einer Funktion aus **PRF**, also auch der Definitionsbereich einer Funktion $u \circ \mu(S^{k+2}(e,-))$. Mithin gilt das

COROLLAR 2   Zu jeder Relation R^k aus **E(RFR)** gibt es eine Zahl e so, daß $R^k = (\exists S^{k+2})(e,-)$.

In Gestalt von $\exists S^{k+2}$ liegt somit eine rekursiv aufzählbare Relation UR^{k+1} vor, welche *universell* für die k–stelligen rekursiv aufzählbaren Relationen ist. Wieder nenne ich die Zahlen e mit $R^k = UR^{k+1}(e, -)$ die *Indizes* von R^k und nenne die Relationenfolge $<UR^{k+1} | k>0>$ eine *Uniformisierung* von $E(RFR)$.

Für die aus einer Uniformisierung von **PRF** entstehende Uniformisierung von $E(RFR)$ stimmen die Indizes einer Relation überein mit den Indizes der Funktionen, deren Definitionsbereich sie ist.

Die Glieder der prä–universellen Folge $<U_k | k>0>$, welche durch die Universalfunktion des Kapitels 24 geliefert wird, sind durch das System CAU, CRO_0, CRO_1 von Paarungsfunktionen gemäß

$$(C_0) \qquad U_k(a,-) = U_1(a,-) \circ CAU^k \ , \quad U_1(a,-) = U_k(a, CRO_0^k(-),..., CRO_{k-1}^k(-))$$

untereinander verbunden, und es gilt mit $k = 2$

(C_k) es gibt eine rekursive *Superpositionsfunktion* G_k, welche für alle f^k, g_0^k, ... , g_{k-1}^k mit Indizes m, n_0, ... , n_{k-1} als $G(m, n_0,..., n_{k-1})$ einen Index von $f^k \circ <g_0^k, ... , g_{k-1}^k>$ liefert;

in der Tat ist G_2 das Polynom $7 + 3 \cdot CAU(m, CAU(n_0, n_1))$. Eine prä–universelle Folge, welche (C_0) und für mindestens ein $k>0$ auch (C_k) erfüllt, nenne ich eine C–*universelle* Folge.

LEMMA 1   Eine C–universelle Folge hat für jedes $k>0$ die
    Eigenschaft (C_k) .

Ich zeige zunächst, daß eine C–universelle Folge die Eigenschaft (C_1) hat. Dazu fixiere ich Indizes a_i von $h_i = CRO_i^k \circ p_0^k$, $i<k$, sowie einen Index b für Funktion c_0^k mit dem Wert 0 (für $k = 2$ sind das 5, 6 und 1). Die Indizes p, q zweier 1–stelliger Funktionen f, g stimmen nach (C_0) überein mit denen der k–stelligen Funktionen $f \circ CAU^k$, $g \circ CAU^k$, und die Indizes von $f \circ g$ sind die von $f \circ g \circ CAU^k$. Da $CAU^k \circ UAC^k$ die Identität ist, erhalte ich

$$(f \circ g) \circ CAU^k(-) = (f \circ CAU^k) \circ UAC^k \circ g \circ CAU^k(-)$$
$$= (f \circ CAU^k) \circ <CRO_0^k(g \circ CAU^k(-)), ... , CRO_{k-1}^k(g \circ CAU^k(-))> .$$

Da $CRO_i^k(g \circ CAU^k(-)) = h_i \circ <g \circ CAU^k(-), c_0^k, ... , c_0^k>$ nach Definition der h_i, ergibt das

$$(f \circ g) \circ CAU^k(-) = (f \circ CAU^k) \circ <h_i \circ <g \circ CAU^k(-), c_0^k, ... , c_0^k> | i<k>> .$$

Daher hat $f \circ g$ einen Index $G_k(p, G_k(a_0,q,b,...,b), ... , G_k(a_{k-1},q,b,...,b))$, im Falle $k = 2$ also $G_2(p, G_2(5,q,1), G_2(6,q,1))$. – Ich bemerke noch, daß zusammen mit G_k also auch G_1 ein Polynom respektive simpel, elementar oder primitiv rekursiv ist.

Den noch ausstehenden Nachweis, daß aus (C_1) auch jede Aussage (C_k) folgt, werde ich im Anschluß an das folgende Theorem erbringen, für das nur (C_1) benötigt wird.

Für α aus ω^m ist $U_{m+n}(p,\alpha,-)$ eine Funktion aus **PRF**. Das folgende Theorem besagt, daß sich der Index dieser Funktion rekursiv aus p und α berechnen läßt:

THEOREM 2   Es sei $<U_k \mid k>0>$ eine C–universelle Folge. Dann gibt es zu jedem Paar m,n positiver Zahlen eine (m+1)-stellige totale rekursive Funktion S_n^m so, daß für jedes p und jedes α aus ω^m gilt

$$U_{m+n}(p,\alpha,-) = U_n(S_n^m(p,\alpha), -) \ .$$

Sind die Superpositionsfunktionen Polynome [primitiv rekursiv], so ist S_n^m elementar [primitiv rekursiv].

Ich transformiere zunächst den linken Ausdruck gemäss $U_{m+n}(p,\alpha,-) = U_1(p, CAU^{m+n}(\alpha,-))$ und ebenso den rechten gemäss $U_n(S_n^m(p,\alpha), -) = U_1(S_n^m(p,\alpha), CAU^n(-))$, so daß S_n^m mit der Eigenschaft

$$U_1(p, CAU^{m+n}(\alpha, -)) = U_1(S_n^m(p,\alpha), CAU^n(-))$$

zu bestimmen ist. Die Funktion

$$C_{m,n} = CAU^{m+n} \circ <CRO_0^m \circ p_0^2, \ ... \ , CRO_{m-1}^m \circ p_0^2, CRO_0^n \circ p_1^2, \ ... \ , CRO_{n-1}^n \circ p_1^2>$$

genügt der Bedingung

$$C_{m,n}(CAU^m(\alpha), CAU^n(\beta)) = CAU^{m+n}(\alpha,\beta) \ ;$$

folglich brauche ich S_n^m mit

$$U_1(p, C_{m,n}(CAU^m(\alpha), CAU^n(-))) = U_1(S_n^m(p,\alpha), CAU^n(-)) \ .$$

Dies wird gesichert sein, wenn ich eine 2–stellige rekursive Funktion $J_{m,n}$ mit

$$U_1(p, C_{m,n}(CAU^m(\alpha), CAU^n(-))) = U_1(J_{m,n}(p, CAU^m(\alpha)), CAU^n(-))$$

finde, denn dann kann ich S_n^m durch $S_n^m(p,\alpha) = J_{m,n}(p, CAU^m(\alpha))$ definieren. Da die Funktion $C_{m,n}$ zu **PRF** gehört, hat sie einen Index a, mit dem $C_{m,n}(x,y) = U_2(a,x,y) = U_1(a, CAU(x,y))$ gilt. Daher brauche ich nur noch eine 1–stellige rekursive Funktion h mit

(h) $U_1(h(x), y) = CAU(x,y)$

zu finden, denn dann wird

$$\begin{aligned}
U_1(p, C_{m,n}(CAU^m(\alpha), CAU^n(-))) &= U_1(p, U_1(a, CAU(CAU^m(\alpha), CAU^n(-)))) \\
&= U_1(p, U_1(a, U_1(h(CAU^m(\alpha)), CAU^n(-)))) \\
&= U_1(G_1(p, G_1(a, h(CAU^m(\alpha)))), CAU^n(-))
\end{aligned}$$

unter Verwendung der Superpositionsfunktion G_1 zu U_1, weshalb ich $J_{m,n}$ durch $J_{m,n}(x,y) = G_1(x, G_1(a, h(y)))$ mit der Konstanten a definieren kann. Die Funktion h schließlich will ich durch Rekursionsgleichungen so definieren, daß (h) gilt. Dazu brauche ich zunächst $U_1(h(0), y) = CAU(0,y)$, so daß ich für $h(0)$ den Index der Funktion $CAU \circ <c_0^1, p_0^1>$ wähle. Ist $h(x)$ bereits mit (h) definiert, so kann ich in

$$U_1(h(x+1), y) = CAU(x+1, y)$$

die rechte Seite als $g(CAU(x,y))$ schreiben, wenn ich die Funktion g durch $g(x) = CAU(CRO_0(x)+1, CRO_1(x))$ definiere. Auch diese Funktion hat einen Index b, und mit ihm erhalte ich

$$CAU(x+1, y) = g(CAU(x,y)) = g(U_1(h(x), y) =$$
$$U_1(b, U_1(h(x), y)) = U_1(G_1(b, h(x)), y) \ .$$

Definiere ich also $h(x+1) = G_1(b, h(x))$ mit der Konstanten b, so leistet h das Gewünschte.

Es ist klar, daß zusammen mit G_1 auch h primitiv rekursiv ist; ist G_1 ein Polynom, so ist h also nach dem Corollar 5.1 elementar. Zusammen mit G_1 und h sind auch $J_{m,n}$ und S_n^m elementar respektive primitiv rekursiv.

Im Übrigen bleibt das Theorem in Kraft, wenn über $<U_n \mid n > 0>$ neben (C_0), (C_1) nur mehr vorausgesetzt wird, daß die U_n Universalfunktionen *für* eine *beliebige* simpel abgeschlossene Funktionenklasse **F** (an Stelle von **PRF**) sind. Denn die einzigen Voraussetzungen, welche ich über die von den U_n erfaßten Funktionen gemacht habe, waren die, daß sie durch die Paarungsfunktionen – und damit durch $C_{m,n}$ – transformiert werden können und daß unter ihnen die Funktionen $C_{m,n}$, $CAU \circ <c_0^1, p_0^1>$ und g vorkommen, nämlich Indizes haben.

Im Besonderen hatte ich im Kapitel 7 für die Klasse **FPF** der primitiv rekursiven Funktionen eine Universalfunktion U_2 angegeben und aus ihr die für **FPF** universelle Folge mit (C_0) und (C_2) konstruiert, wobei G_2 das Polynom $7 + 2 \cdot CAU(m, CAU(n_0, n_1))$ war. Auch für sie, die ich der Unterscheidung halber als $<UP_n \mid n\epsilon\omega>$ notieren will, gilt mithin die Aussage des Theorems 2.

Eine prä-universelle Folge $<U_n \mid n\epsilon\omega>$ heiße *universelle Folge,* wenn sie die im Theorem 2 für C–universelle Folgen bewiesene Eigenschaft hat:

(SMN)   Zu jedem m gibt es eine Funktion s_n^m in $\mathbf{FRF}^{m+1}$ mit
$$U_{m+n}(p,\alpha, -) = U_n(s_n^m(p,\alpha), -) \ .$$

C–universelle Folgen sind mithin universelle. Von nun an sei $<U_n \mid n\epsilon\omega>$ eine vorgegebene universelle Folge. Ich bemerke zunächst:

(1)   Eine Folge $V = <V_n \mid n\epsilon\omega>$ ist genau dann Universalfolge, wenn es zu jedem n Funktionen f_n und g_n in $\mathbf{FRF}^1$ so gibt, daß $U_n(-,-) = V_n(f_n(-), -)$ und $V_n(-,-) = U_n(g_n(-), -)$.

Denn ist V Universalfolge, und ist a der U-Index von $V_n(-,-)$, so gilt $V_n(e,-) = U_{n+1}(a,e,-) = U_n(s_n^1(a,e),-)$, weshalb ich $g_n = s_n^1(a, -)$ setzen kann. Da auch U Universalfolge ist, erhalte ich ebenso f_n. – Sind andererseits f und g gegeben, so ist zusammen mit U_n und g_n auch V_n partiell rekursiv. Ist weiter e U-Index von h^n, so $f_n(e)$ V-Index von h^n. Sei nun a U-Index der (m+n+1)-stelligen Funktion V_{m+n}. Dann gilt

$$V_{m+n}(e,\alpha,-) = V_n(t_n^m(e,\alpha),-) \quad \text{mit} \quad t_n^m = f_n \circ s_n^{m+1}(a,-) \; ,$$

weil

$$V_{m+n}(e,\alpha,-) = U_{m+n+1}(a,e,\alpha,-) = U_n(s_n^{m+1}(a,e,\alpha),-)$$
$$= V_n(f_n(s_n^{m+1}(a,e,\alpha)),-) \; .$$

Nun will ich den noch ausstehenden zweiten Teil des Lemmas 1 nachholen:

(2)   Für je zwei positive m,n gibt es eine rekursive Funktion SP_m^n, welche den Index der Superposition von $U_n(a,-)$ mit den $U_m(b_0,-)$, ... , $U_m(b_{n-1}, -)$ liefert:

$$U_{m+n+1}(e, a, b_0, ... , b_{n-1}, -) = U_m(s_m^{n+1}(e, a, b_0, ... , b_{n-1}), -) \; .$$

Die (n+m+1)-stellige Funktion

$$f^{n+m+1}(a, b_0,..., b_{n-1}, \mu) = U_n(a, U_m(b_0, \mu),..., U_m(b_{n-1}, \mu))$$

läßt sich als

$$f^{n+m+1} = U_n \circ \langle P_0^{n+m+1}, U_m \circ \langle P_1^{n+m+1}, P_{n+1}^{n+m+1}, ... , P_{n+m}^{n+m+1}\rangle, ... ,$$
$$U_m \circ \langle P_{n+1}^{n+m+1}, P_{n+1}^{n+m+1},..., P_{n+m}^{n+m+1}\rangle\rangle$$

darstellen. Somit liegt sie in **PRF** und hat deshalb einen Index e. Mithin kann ich $SP_m^n = s_m^{n+1}(e, -)$ setzen. Im Besonderen sind die SP_k^k Superpositionsfunktionen G_k, welche die Eigenschaft (C_k) haben.

Als weiteres Beispiel einer Anwendung der SMN-Eigenschaft erhalte ich eine rekursive Funktion, welche aus dem Index einer Funktion f^n einen solchen der Funktion $f^{n+m}(\alpha,\beta) = f^n(\alpha)$ liefert: sind d_i Indizes der Funktionen p_i^{n+m}, so leistet das $SP_{n+m}^n(-, d_0, ... , d_{n-1})$.

Jede n-stellige Funktion f aus **PRF** definiert eine Funktion Θ_f, welche jedem n-Tupel von Funktionen aus $\mathbf{PRF}^m$ durch

$$\Theta_f(g_0, ... , g_{n-1}) = f \circ \langle g_0, ... , g_{n-1}\rangle$$

eine Funktion aus $\mathbf{PRF}^m$ zuordnet. Ist e Index von f, so ordnet die n-stellige Funktion $SP_m^n(e, -)$ jeder Folge von Indizes der Argumente $g_0, ... , g_{n-1}$ einen Index von $\Theta_f(g_0, ... , g_{n-1})$ zu; sie liefert also eine arithmetische Uniformisierung der Funktionenfunktion Θ_f.

Im Allgemeinen wird meine Funktion f in einer Darstellung durch einfachere Funktionen vorgelegt sein. Da die partiell rekursiven genau die partiell μ-rekursiven Funktionen sind, stehen mir für solche Darstellungen zum Beispiel neben der Superposition noch die Konstruktionen der primitiven Rekursion und der partiellen Minimierung zur Verfügung (und ich weiß, daß diese Konstruktionen bereits ganz **PRF** aus gewissen Anfangsfunktionen erzeugen). Jede einzelne Darstellung einer bestimmten Funktion f unter diesen Konstruktionen, angewandt auf vorgegebene Funktionen p_0, ..., p_{q-1}, läßt sich durch einen sprachlichen Ausdruck als ein *Schema* darstellen, wie ich das für simple Funktionen bereits am Schluß des Kapitels 2 und für primitiv rekursive Funktionen im Kapitel 4 erwähnt habe: an die Stelle der simplen Anfangsfunktionen treten dann Symbole $P_0, ..., P_{q-1}$ für die vorgegebenen Funktionen, und ist F^{k+1} ein Schema der Stellenzahl k+1, so soll μF^{k+1} ein Schema der Stellenzahl k sein. Allgemein will ich $\Sigma(P_0, ..., P_{q-1})$ für ein solches Schema F über den Anfangssymbolen $P_0, ..., P_{q-1}$ schreiben.

Eine allein von $\Sigma(P_0, ..., P_{q-1})$ abhängige Funktion SS^q heiße *Uniformisierung* von $\Sigma(P_0, ..., P_{q-1})$, wenn für jede Wahl von Funktionen $p_0, ...,$ p_{q-1} aus **PRF**, und für jede Wahl $c_0, ..., c_{q-1}$ von Indizes dieser Funktionen, die Zahl $SS^q(c_0, ..., c_{q-1})$ Index der damit durch $\Sigma(P_0, ..., P_{q-1})$ dargestellten Funktion ist.

THEOREM 3   Zu jedem Schema $\Sigma(P_0, ..., P_{q-1})$ gibt es eine Uniformisierung in **FRF**^{q} .

Da ich die Konstruktion durch Superposition bereits durch die Funktionen SP^n_m erfaßt habe, wird es genügen, wenn ich Indextransformationen für die Konstruktionen durch primitive Rekursion und durch partielle Minimierung durch entsprechende Funktionen SR^k und SM^k beschreibe; aus ihnen läßt sich dann für jedes Schema $\Sigma(P_0, ..., P_{q-1})$ eine Funktion SS superponieren.

Dazu nehme ich zunächst an, daß U die spezielle Universalfolge aus dem Kapitel 24 ist, deren Eigenschaften ich nun wesentlich verwenden werde. Sei zunächst f^2 aus g^1 und r^3 nach

$$f^2(a, 0) = g^1(a) \quad , \quad f^2(a, n+1) = r^3(a, n, f^2(a, n))$$

erklärt. Der Definition von U_2 entnehme ich, daß p^2_0 den Index 2 hat, weshalb $SP^1_2(-,2)$ aus einem Index von g^1 einen solchen von $g^2(a, -) = g^1(a)$ liefert.

Weiter benötige ich eine Funktion r^2 mit $r^3(a,n,p) = r^2(CAU(a,n \dot- 1), p)$, die ich als

$$r^2(a,p) = r^3(CRO_0(a), CRO_1(a)+1, p) = r^3 \circ < CRO_0 \circ p^2_0, h^2, p^2_1 > (a,p)$$

erhalte, wobei

$$h^2(a,p) = 1+ CRO_1 \circ p^2_0(a,p) = U_2(0, -) \circ < p^2_0, CRO_1 \circ p^2_0 > (a,p) \ .$$

Da $CRO_0 \circ p_0^2$, $CRO_1 \circ p_0^2$ die Indizes 2, 5, 6, haben, hat h^2 den Index 7 + $3 \cdot CAU(0, CAU(2,6)) = 2230$, und die Funktion $SP_2^3(-, 5, 2230, 3)$ liefert aus einem Index von r^3 einen solchen von r^2.

Aus Indizes a, b von g^2 und r^2 erhalte ich einen Index von f^2 als 8 + $3 \cdot CAU(a,b)$. Mithin liefert die Funktion

$$SR^2(x,y) = 8 + 3 \cdot CAU(SP_2^1(x,2),\ SP_2^3(y,5,2230,3))$$

aus Indizes x, y von g^1, r^3 einen solchen von f^2 . – Der allgemeine Fall

$$f^{k+1}(\alpha, 0) = g^k(\alpha)\quad ,\quad f^{k+1}(\alpha, n{+}1) = r^{k+1}(\alpha, n, f^{k+1}(\alpha, n))$$

läßt sich, wie schon in Lemma 7.4 bemerkt, auf denjenigen der durch

$$g^1 = g^k \circ {<}CRO_0^k, ... , CRO_{k-1}^k{>}\quad ,$$
$$r^3 = r^{k+2} \circ {<}CRO_0^k \circ p_0^3, ... , CRO_{k-1}^k \circ p_0^3, p_1^3, p_2^3{>}$$

definierten Funktion f^2 über $f^{k+1} = f^2 \circ {<}CAU^k \circ {<}p_0^{k+1}, ... , p_{k-1}^{k+1}{>}, p_k^{k+1}{>}$ zurückführen. Da ich wie soeben Funktionen ν_0, ν_1, ν_2 finde, welche Indizes von g^1 aus solchen von g^k, von r^3 aus solchen von r^{k+2}, und von f^{k+1} aus solchen von f^2 liefern, erhalte ich mit der Funktion

$$SR^k(x,y) = \nu_2(SR^2(\nu_0(x), \nu_1(x)))$$

aus Indizes von g^k, r^{k+2} solche von f^{k+1} .

In derselben Manier verfahre ich mit der partiellen Minimierung. Ist zunächst $f^1 = \mu f^2$ gegeben, so hat f^1 dieselben Indizes wie die Funktion $g^2(x,y) = f^1(CAU(x,y))$, und mit $g^3(x,y,-) = f^2(CAU(x,y),-)$ wird

$$f^1(CAU(x,y)) = \mu f^2(CAU(x,y), -)$$

äquivalent zu

$$g^2(x,y) = \mu f^2(CAU(x,y), -) \ .$$

Aus einem Index n von f^2 bestimmt sich aber 9 + $3 \cdot n$ als einer von g^2 und damit von f^1. Deshalb ist $SM^1(n) = 9 + 3 \cdot n$ bereits die gesuchte Funktion für die Minimierung 2–stelliger Funktionen. – Ist nun $f^k = \mu f^{k+1}$ gegeben, so wird mit

$$h^1 = f^k \circ {<}CRO_0^k, ..., CRO_{k-1}^k{>}\ ,\quad h^2 = f^{k+1} \circ {<}CRO_0^k \circ p_0^2, ... , CRO_{k-1}^k \circ p_0^2, p_1^2{>}$$

dann $f^k(\alpha) = \mu f^{k+1}(\alpha, -)$ äquivalent zu $h^1(CAU^k(\alpha)) = \mu h^2(CAU^k(\alpha), -)$. Hier haben f^k und h^1 dieselben Indizes; fixiere ich noch Indizes $c_0, ..., c_{k-1}$ von $CRO_0^k \circ p_0^2, ... , CRO_{k-1}^k \circ p_0^2$, so erhalte ich als

$$SM^k(x) = SM^1(SP_2^{k+1}(x, c_0, ..., c_{k-1}, 3))$$

die Funktion, welche aus einem Index von f^{k+1} einen solchen von f^k liefert.

Damit ist das Theorem für den Fall meiner speziellen Universalfolge U bewiesen. Ist nun V eine weitere Universalfolge, so wird aus dem noch zu beweisenden Theorem 5 folgen, daß es eine Folge $<h_n \mid n\epsilon\omega>$ von rekursiven Bijektionen mit $U_n(a,-) = V(h_n(a), -)$ gibt. Ist dann SS^q für ein Schema $\Sigma(P_0,..., P_{q-1})$ zu der Universalfolge U gebildet, so erhalte eine dasselbe leistende Funktion zur Universalfolge V, indem ich die einzugebenden V–Indizes erst durch die h_n^{-1} in U–Indizes überführe, alsdann SS^q anwende und das Ergebnis wieder durch das passende h_n in einen V–Index transformiere.

Zahlreiche weitere Konstruktionen an Funktionen aus **PRF** lassen sich ebenfalls uniformisieren, nämlich durch rekursive Funktionen für die betreffenden Indizes darstellen:

LEMMA 2   Es gibt eine Funktion idt in **FRF**^{1} so, daß

(1a) $im(U_1(idt(a)), -) = def(U_1(a, -))$, i.e. $idt(a)$ ist Index einer Funktion, deren Bild den Index a hat,

(1b) $U_1(idt(a), -)$ ist die Identität auf $def(U_1(a, -))$.

Es gibt eine Funktion inv in **FRF**^{1} so, daß

(2a) $def(U_1(inv(a), -)) = im(U_1(a, -))$, i.e. $inv(a)$ ist Index von $im(U_1(a, -))$

(2b) $U_1(inv(a), -)$ ist Inverse von $U_1(a, -)$, i.e.
$U_1(a, U_1(inv(a), z)) = z$ für z in $im(U_1(a, -))$.

Die Funktion $g^2(a,x) = x + 0 \cdot U_1(a,x)$ liegt in **PRF**, und $g^2(a, -)$ ist auf $def(U_1(a,-))$ erklärt und dort die Identität. Ist b der Index von g^2 unter U_2, so folgen mit $idt = s_1^1(b, -)$ die Behauptungen (1a), (1b), weil $g^2(a, -)$ $= U_2(b,a, -) = U_1(idt(a), -)$.

Es ist $U_1(a,x) = u \circ \mu S^3(a,x, -)$ nach dem Uniformisierungstheorem, wobei u eine fixierte, von a unabhängige Funktion in **FRF**^{1} ist. Sei A^4 die Menge aller $<a,x,y,z>$ mit

$S^3(a,x,y)$ und $u(y) = z$ und für alle $y' < y$: *nicht* $S^3(a,x,y')$.

Somit gilt $z = u \circ \mu S^3(a,x, -)$ genau dann, wenn es ein y mit $A^4(a,x,y,z)$ gibt. Definiere ich B^3 als die Menge aller $<a,v,z>$ mit

$A^4(a, CRO_0(v), CRO_1(v), z)$,

so gilt $z = U_1(a,x)$ genau dann, wenn es ein v gibt mit $B^3(a,v,z)$ und $x = CRO_0(v)$. Die $CRO_0(v)$ mit $B^3(a,v,z)$ sind daher genau die Urbilder von z unter $U_1(a, -)$, so daß die Funktion

$$g^2(a,z) = CRO_0 \circ \mu B^3(a,-, z)$$

genau für die z aus $im(U_1(a, -))$ definiert ist und jedem von ihnen ein Urbild zuordnet. Somit ist $g^2(a, -)$ eine Inverse von $U_1(a, -)$.

Zusammen mit S^3 ist auch A^4 rekursiv, da nur eine beschränkte Quantifizierung vorliegt. Folglich ist B^3 rekursiv, und damit liegen dann g^2 und $g^2(a, -)$ in **PRF**. Nun fixiere ich einen Index b von g^2, der nicht von a (sondern allein von S^3, u und CRO_0) abhängt. Mit $inv = s_1^1(b, -)$ folgt somit $g^2(a, -) = U_2(b,a, -) = U_1(inv(a), -)$.

Dieses Lemma stellt im Übrigen eine Beziehung zwischen den Indizes rekursiv aufzählbarer Mengen her. Denn einerseits ist der Index einer Funktion f^k per definitionem gleich dem Index der rekursiv aufzählbaren Menge $def(f^k)$. Andererseits entsteht aber $im(f^k)$ durch sukzessive Projektionen aus dem Graphen $G(f^k)$, ist also gleichfalls rekursiv aufzählbar, und jede rekursiv aufzählbare Teilmenge von ω ist so zu erhalten. Deshalb lassen sich den rekursiv aufzählbaren Mengen sogar auf *zwei* Arten Indizes zuordnen, die durch idt und inv ineinder überführt werden.

2. Fixpunktsatz und Rekursionstheorem

Der ROGERS*sche Fixpunktsatz* besagt:

THEOREM 4   Zu jeder totalen rekursiven Funktion $f = f^1$ gibt es ein e mit $U_n(e, -) = U_n(f(e), -)$.

Sei a ein Index mit $U_{n+1}(a,x, -) = U_n(U_1(x,x), -)$, so daß auch

$$U_n(s_n^1(a,x), -) = U_n(U_1(x,x), -) .$$

Sei b Index von $f \circ s_n^1(a,-)$. Für $e = s_n^1(a,b)$ gilt dann

$$U_1(b,b) = f(s_n^1(a,b)) = f(e)$$

weshalb

$$U_n(e, -) = U_n(s_n^1(a,b), -) = U_n(U_1(b,b), -) = U_n(f(e), -) .$$

Das beendet den Beweis. Die Konstruktion von e aus f ist offenbar uniform in f, und lasse ich e von Index c von f abhängen, so ist diese Abhängigkeit sogar rekursiv:

COROLLAR 3   Es gibt eine Funktion q in $\mathbf{FRF}^1$ so, daß für jede Funktion f aus $\mathbf{FRF}^1$ und für jeden Index c von f gilt $U_n(q(c), -) = U_n(f(q(c)), -)$.

Denn ist d ein Index von $s_n^1(a, -)$, so ist der Index b von $f \circ s_n^1(a, -)$ gleich $G(c,d)$ mit der rekursiven Superpositionsfunktion aus (2), und aus $q = s_n^1(a,G(-, d))$ folgt $q(c) = s_n^1(a, G(c,d)) = s_n^1(a,b) = e$.

Der Fixpunktssatz steht in enger Beziehung zu KLEENE*s (2tem) Rekursionstheorem:*

THEOREM 5   Zu jedem h aus $\mathbf{PRF}^{n+1}$ gibt es ein e mit $U_n(e, -) = h(e, -)$.

Für einen ersten Beweis sei a ein Index a von h, und sei e Fixpunkt von $s_n^1(a, -)$. Dann gilt

$$U_n(e, -) = U_n(s_n^1(a,e), -) = U_{n+1}(a,e, -) = h(e, -) .$$

Für einen zweiten, den Fixpunktsatz nicht verwendenden Beweis sei a ein Index mit $U_{n+1}(a,x,y) = h(s_n^1(x,x), y)$ und sei $e = s_n^1(a,a)$. Dann gilt

$$U_n(e, -) = U_n(s_n^1(a,a), -) = U_{n+1}(a, a, -) = U_n(s_n^1(a,a), -) = h(e, -) .$$

Im Übrigen folgt umgekehrt aus dem Rekursionstheorem auch der Fixpunktsatz, indem ich es auf die Funktion $h(x, -) = U_n(f(x), -)$ anwende.

Während im Beweis des Fixpunktsatzes die Funktion U_1 selbst als Argument von U_n auftritt – respektive $U_n(f(x), -)$ selbst einen Index haben muß, benötigt der zweite Beweis des Rekursionstheorems allein die SMN-Eigenschaft der universellen Folge *für* **PRF**. Wie im Anschluß an den Beweis des Theorems 2 bemerkt, hat die im Kapitel 7 für **FPF** konstruierte universelle Folge $<UP_n \mid n\epsilon\omega>$ die SMN-Eigenschaft. Mithin liefert dieselbe Überlegung als *Primitives Rekursionstheorem* das

COROLLAR 4   Zu jedem primitiv rekursiven h aus $\mathbf{FPF}^{n+1}$ gibt es ein e mit $UP_n(e, -) = h(e, -)$.

Rekursionstheorem und Fixpunktsatz sind sehr effiziente Werkzeuge, um Funktionen als partiell rekursiv zu erkennen. Als Beispiel betrachte ich die PETERsche Funktion mit den Definitionsgleichungen

$$P(0, n) = n+1 \quad , \quad P(m, 0) = P(m\dot-1, 1) \text{ für } m > 0 ,$$
$$P(m, n) = P(m\dot-1, P(m, n\dot-1)) \text{ für } m > 0, n > 0 ,$$

die ich mit Hilfe der (primitiv rekursiven) Entscheidungsfunktion IFE auch als

$$P(y,z) = IFE(y, z+1, IFE(z, P(y\dot-1,1), P(y\dot-1, P(y, z\dot-1)))) $$

schreiben kann. Im Kapitel 6 habe ich (mit einigem Aufwand) gezeigt, daß P μ-rekursiv ist. Mit Hilfe des Rekursionstheorems verfahre ich nun wie folgt:

Angenommen, P *wäre* rekursiv. Dann gäbe es einen Index x mit $P(y,z) = U_2(x,y,z)$, und damit hätte die rechte Seite meiner Rekursionsgleichung die Gestalt

$$Q(x,y,z) = \text{IFE}(y, z+1, \text{IFE}(z, U_2(x,y\dot-1,1), U_2(x, y\dot-1, U_2(x,y, z\dot-1)))) .$$

Das aber *ist* eine partiell rekursive Funktion, und nun liefert das Rekursionstheorem einen Index e mit $U_2(e,y,z) = Q(e,y,z)$. Folglich gilt

$$U_2(e,y,z) = \text{IFE}(y, z+1, \text{IFE}(z, U_2(x,y\dot-1,1), U_2(x, y\dot-1, U_2(x,y, z\dot-1)))) ,$$

so daß $U_2(e,-,-)$ eine partiell rekursive Lösung der Rekursionsgleichung für P ist. Induktion lehrt aber, daß P durch die Rekursionsgleichung eindeutig bestimmt (und außerdem total) ist. Folglich gilt dann $U_2(e,-,-) = P$, und P ist rekursiv.

Natürlich habe ich hier den Aufwand des Nachweises aus dem Kapitel 6 (nämlich die explizite Arithmetisierung der Berechnung von P) nur durch den anderen Aufwand ersetzt, der zum Nachweis des Vorliegens der Universalfunktion U_2 nötig war. Jedoch ist die Argumentation dieses Beispiels charakteristisch für den Einsatz des Rekursionstheorems, da sie offenbar auf jede andere Form von Rekursionsvorschriften ebenso angewendet werden kann (und zwar sogar dann, wenn ich in Q statt $\dot-$ an einer Stelle oder an an mehreren Stellen $+$ schreibe: nur wird $U_2(e,-,-)$ dann wirklich partiell sein). Im Besonderen sehe ich nochmals:

A.   **PRF** ist unter primitiver Rekursion abgeschlossen.

Ist f^{k+1} durch $f^{k+1}(\alpha,0) = g^k(\alpha)$ und $f^{k+1}(\alpha,n+1) = r^{k+2}(\alpha,n, f^{k+1}(\alpha,n))$ erklärt, so erhalte ich einen e Index von f^{k+1} aus $U_{k+1}(e,\alpha,n) = Q^{k+2}(e,\alpha,n)$ für

$$Q^{k+2}(x,\alpha,n) = \text{IFE}(n, g^k(\alpha), r^{k+1}(\alpha, n\dot-1, U_{k+1}(x,\alpha, n\dot-1))) .$$

B.   **PRF** ist unter partieller Minimierung abgeschlossen.

Für jedes f^{k+1} erhalte ich nämlich $\mu f^{k+1} = g_0^{k+1}(-, 0)$ für die Funktion g_0^{k+1}

$$g_0^{k+1}(\alpha,z) = 0 \qquad \text{falls } f^{k+1}(\alpha,z) \text{ definiert ist und } f^{k+1}(\alpha,z) = 0 ,$$
$$g_0^{k+1}(\alpha,z) = g^{k+1}(\alpha, z+1)+1 \quad \text{falls } f^{k+1}(\alpha,z), g_0^{k+1}(\alpha,z+1) \text{ definiert sind}$$
$$\text{und } f^{k+1}(\alpha,z)\neq 0 .$$

Denn aus $(\mu f^{k+1})(\alpha) = n$ folgt $g_0^{k+1}(\alpha,n) = 0$, und da dann $f^{k+1}(\alpha,m)$ für alle $m < n$ definiert und von 0 verschieden ist, ist auch $g_0^{k+1}(\alpha,m)$ für alle diese m definiert und es gilt $g_0^{k+1}(\alpha,m) = g_0^{k+1}(\alpha,m+1)+1$; somit $g_0^{k+1}(\alpha,0) = n$. Ist andererseits $g_0^{k+1}(\alpha,0) = n$ definiert, so kann für $n = 0$ nur der erste Fall vorliegen, weshalb auch $(\mu f^{k+1})(\alpha) = 0$. Für $n > 0$ kann nur der zweite Fall vorliegen, weshalb auch $g_0^{k+1}(\alpha,1) = n-1$ definiert ist. Wiederholung dieses Arguments lehrt, daß für alle $m \leq n$ auch $g_0^{k+1}(\alpha,m) = n-m$ definiert ist, sowie daß für $m < n$ auch $f^{k+1}(\alpha,m)$ definiert und von 0 verschieden ist. Da im Besonderen $g_0^{k+1}(\alpha,n) = 0$ definiert ist, kann dort nur der erste Fall vorliegen, und damit ist $(\mu f^{k+1})(\alpha) = n$ definiert. Durch

$$Q_0^{k+2}(x,\alpha,z) = \text{IFE}(\text{SG}(f^{k+1}(\alpha,z)), 0, U_{k+1}(x, \alpha, z+1)+1)$$

und $U_{k+1}(e,-,-) = Q_0^{k+2}(e,-,-)$ erhalte ich als $U_{k+1}(e,-,-)$ in der Tat eine partiell rekursive Funktion g_0^{k+1} mit diesen Eigenschaften.

Es ist vielleicht nicht unangebracht zu bemerken, daß die bisweilen in der Lehrbuchliteratur gemachte Behauptung, eine dasselbe leistende Funktion g_1^{k+1} lasse sich vermöge der Gleichungen

$$g_1^{k+1}(\alpha,z) = z \qquad \text{falls } f^{k+1}(\alpha,z) \text{ definiert ist und } f^{k+1}(\alpha,z) = 0 ,$$
$$g_1^{k+1}(\alpha,z) = g_1^{k+1}(\alpha, z+1) \quad \text{falls } f^{k+1}(\alpha,z), g_1^{k+1}(\alpha,z+1) \text{ definiert sind und}$$
$$f^{k+1}(\alpha,z) \neq 0$$

erklären, auf lehrreiche Art irrig ist. Denn für eine, entsprechend mit einem Fixpunkt von $Q_1^{k+2}(x,\alpha,z) = \text{IFE}(\text{SG}(f^{k+1}(\alpha,z)), z, U_{k+1}(x, \alpha, z+1))$ erklärte, Funktion g_1^{k+1} wird nämlich $g_1^{k+1}(-,0)$ in der Regel nur eine *Fortsetzung* von μf^{k+1}, wie das für $k = 1$ das Beispiel der konstanten Funktion $f^2(a,z) = 1 = g_1^2(a,z)$ lehrt, in dem μf^{k+1} nirgends und $g_1^2(-,0)$ überall definiert ist. Man erhält somit nur, daß μf^{k+1} eine partiell rekursive Fortsetzung g_1^{k+1} hat, ohne zu wissen, ob sie auch mit μf^{k+1} übereinstimmt. Verwendet man allerdings an Stelle des Fixpunktsatzes (oder des 2ten KLEENEschen Rekursionstheorems) die Werkzeuge des im Kapitel 28 zu besprechenden Gleichungskalküls (oder das mit ihnen zu beweisende 1-te KLEENEsche Rekursionstheorem), so läßt sich zeigen, daß die *kleinste* Lösung des g_1^{k+1} definierenden Gleichungssystems in der Tat partiell rekursiv ist; man vergleiche dazu die Diskussionen der Beispiele im Kapitel 29 .

Aus diesen Beobachtungen folgt als weitere Kennzeichnung von **PRF** das

COROLLAR 5   **PRF** ist die kleinste Klasse **H** partieller Funktionen, welche die primitiv rekursiven Anfangsfunktionen sowie CS, SG und IFE enthält ,

abgeschlossen ist unter Superpositionen ,

eine für **H** prä-universelle Folge $<U_k \mid k > 0>$ enthält: zu jedem f^k aus $\mathbf{H}^k$ gibt es ein e mit $f^k = U_k(e, -)$,

zu jedem h aus $\mathbf{H}^{n+1}$ auch eine Funktion $U_n(e, -)$ mit $U_n(e,-) = h(e,-)$ enthält .

3. Isomorphiesätze

Für das Folgende brauche ich die Möglichkeit, partiell rekursive Funktionen durch *Fallunterscheidung* zu definieren:

(3)   Es seien $R = R^k$ und $S = S^k$ zwei disjunkte rekursiv aufzählbare Teilmengen von ω^k und $f = f^k$, $g = g^k$ partiell rekursive Funktionen.

Dann gibt es eine partiell rekursive Funktion $h = h^k$, welche auf $(R \cap \mathrm{def}(f)) \cup (S \cap \mathrm{def}(g))$ definiert ist und auf $R \cap \mathrm{def}(f)$ mit f, auf $S \cap \mathrm{def}(g)$ mit g überstimmt.

Denn im Kapitel 25 habe ich bemerkt, daß es partiell rekursive Funktionen h_R und h_S gibt, welche auf $R \cap \mathrm{def}(f)$ und $S \cap \mathrm{def}(g)$ definiert sind und dort mit f respektive g übereinstimmen. Da nun R und S disjunkt sind, ist $G(h_R) \cup G(h_S)$ Graph einer Funktion h, und zusammen mit $G(h_R)$, $G(h_S)$ ist auch $G(h)$ rekursiv aufzählbar.

LEMMA 3   Zu jedem n und zu jeder Funktion f aus $\mathbf{FRF}^1$ gibt es eine *injektive* Funktion g in $\mathbf{FRF}^1$ mit $U_n(f(-), -) = U_n(g(-), -)$.

Mit der Funktion s_n^1 aus $U_{n+1}(x,y,-) = U_n(s_n^1(x,y), -)$ definiere ich eine Funktion $h = h^{n+2}$ durch

$$h(z,x,\eta) = 0 \qquad \text{falls es existiert } v < x \text{ mit } s_n^1(z,x) = s_n^1(z,v) ,$$
$$h(z,x,\eta) = 1 \qquad \text{falls für alle } v < x \text{ gilt } s_n^1(z,x) \neq s_n^1(z,v) \text{ und}$$
$$\text{es existiert } w \text{ mit } x < w \leq \min(\eta) \text{ und } s_n^1(z,x) = s_n^1(z,w) ,$$
$$h(z,x,\eta) = U_n(f(x), \eta) \quad \text{sonst} .$$

Für die beiden ersten Fälle liegen sogar rekursive Definitionsbereiche vor, so daß h eine durch Fallunterscheidung erklärte partiell rekursive Funktion ist. Aus dieser Definition von h folgt sogleich: Wenn

(a) u minimal für $u < x$ und $s_n^1(z,x) = s_n^1(z,u)$,   so

(b) für alle η : $h(z,x,\eta) = 0$ (weil $u < x$) und

(c) für alle η mit $\min(\eta) \geq x$: $h(z,u,\eta) = 1$

da aus $v < u$ folgt $s_n^1(z,x) = s_n^1(z,v)$ wegen der Minimalität von u, so daß aus $v < u$ auch folgt $s_n^1(z,u) \neq s_n^1(z,v)$, und weil mit $w = x$ gilt $s_n^1(z,u) = s_n^1(z,w)$. – Sei e nach dem Theorem 5 mit $U_n(e,-,-) = h(e,-,-)$ bestimmt, so daß

$$h(e,x,-) = U_n(s_n^1(e,x), -) .$$

Nun definiere ich g als $g = s_n^1(e,-)$. Wäre g nicht injektiv, so fände ich u und x, welche mit $z = e$ die Voraussetzung (a) erfüllten. Mit (b) und (c) folgte daher für η mit $x \leq \min(\eta)$ der Widerspruch

$$0 = h(e,x,\eta) = U_n(s_n^1(e,x), \eta) = U_n(s_n^1(e,u), \eta) = h(e,u,\eta) = 1 .$$

Somit *ist* g injektiv. Dann aber können in der Definition von $h(e,-,-)$ weder der erste noch der zweite Fall je eintreten. Mithin gilt $h(e,x,-) = U_n(f(e),-)$, weshalb

$$U_n(f(x), -) = h(e,x,-) = U_n(e,x,-) = U_n(s_n^1(e,x),-) = U_n(g(x),-) .$$

Eine Funktion p in $\mathbf{FRF}^2$ nenne ich n–*Polsterung* von U, wenn $U_n(v,-) = U_n(p(v,w), -)$ für alle v und w gilt *und* wenn es zu jedem v unendlich viele verschiedene $p(v,w)$ gibt

LEMMA 4   Zu jeder Universalfolge gibt es zu jedem n eine n–Polsterung.

Zu jeder Universalfolge U finde ich p in $\mathbf{FRF}^2$ mit $U_1(v,-) = U_1(p(v,w),-)$ für alle v und w. Denn mit i_0 als dem Index der Identität und mit der Superpositionsfunktion G aus (2) brauche ich nur $p(v,0) = v$ und $p(v,w+1)$ $= G(i_0, p(v,w))$ zu setzen. Für die Universalfolge U aus dem Kapitel 24 folgt aus ihrer Definition aber $d < G(c,d)$, so daß in diesem Fall eine 1-Polsterung vorliegt. Weiter gilt bei diesem speziellen U aber für jedes n auch $U_n(v,-) = U_1(v,-) \circ CAU^n$, so daß mit $U_1(v,-) \circ CAU^n = U_1(p(v,w),-) \circ CAU^n$ $= U_n(p(v,w),-)$ dann p auch n–Polsterung ist.

Ist nun V eine weitere Universalfolge, und sind s_n^1 und t_n^1 die zu U und V nach (SMN) gehörenden Funktionen, so finde ich mit einem Index a von V_n für U, also $V_n(x,-) = U_{n+1}(a,x,-)$, und einem Index b von U_n für V, also $U_n(x,-) = V_{n+1}(b,x,-)$, die Funktionen $f_0 = s_n^1(a,-)$ und $g_0 = t_n^1(b,-)$ mit

$$V_n(x,-) = U_n(f_0(x),-) \quad , \quad U_n(x,-) = V_n(g_0(x),-) \ .$$

Anwendung des Lemmas 3 lehrt, daß ich hier g_0 durch eine injektive Funktion g aus $\mathbf{FRF}^1$ ersetzen kann. Mit p als der schon vorhandenen n-Polsterung von U definiere ich nun q durch $q(v,w) = g(p(f_0(v),w))$. Dann gilt jedenfalls

$$V_n(v,-) = U_n(f_0(v),-) = U_n(p(f_0(v),w),-) = V_n(g(p(f_0(v),w)),-)$$
$$= V_n(q(v,w),-) \ .$$

Zu $f_0(v)$ sind aber unendlich viele $p(f_0(v),w)$ voneinander verschieden, der Injektivität von g wegen also auch unendlich viele $q(v,w)$.

LEMMA 5   Sind U, V Universalfolgen, so gibt es eine strikt wachsende Funktion f (i.e. $0 < f(i) < f(i+1)$ für alle i) in $\mathbf{FRF}^1$ mit $U_n(x,-) = V_n(f(x),-)$.

Sei t_n^1 die zu V nach (SMN) gehörende Funktion; mit einem Index b von U_n für V sei $g = t_n^1(b,-)$, so daß $U_n(x,-) = V_{n+1}(b,x,-) = V_n(g(x),-)$; nach allfälliger Veränderung von g(0) darf ich noch $g(0){\neq}0$ annnehmen. Sei q n–Polsterung von V. Die rekursive Relation R^3 aller $<v,w,z>$ mit

$$q(g(v+1),z) > w$$

ist voll, da es unendlich viele verschiedene $q(g(v+1),z)$ gibt. Folglich liegt μR^3 in $\mathbf{FRF}^2$, und also liegt dort auch die Funktion h^2 mit

$$h^2(v,w) = q(g(v+1), (\mu R^3)(v,w)) \ .$$

Daraus folgt $h^2(v,w) > w$. Setze ich $z = (\mu R^3)(v,w)$, so gilt

$$U_n(v+1,-) = V_n(g(v+1),-) = V_n(q(g(v+1),z),-) = V_n(h(v,w),-) \ ,$$

weil q Polsterung war. Die Funktion f mit $f(0) = g(0)$, $f(v+1) = h(v, f(v))$ leistet daher das Gewünschte.

Für h aus $\mathbf{FRF}^1$ ist der Graph $G(h)$ rekursiv. Daher liegt die Funktion $h^{-1} = \mu\, G(h)\,[p_1^2,\, p_0^2]$ in $\mathbf{PRF}$ und ist eine auf $\mathrm{im}(h)$ definierte Inverse von $h : h(h^{-1}(y)) = y$ für y aus $\mathrm{im}(h)$. Ist h aus $\mathbf{FRF}^1$ eine Bijektion von ω auf sich, so liegt mithin h^{-1} in $\mathbf{FRF}$. — Das folgende Theorem ist ROGERS' *Isomorphiesatz*:

THEOREM 6   Zu je zwei Universalfolgen U, V gibt es, zu jedem n, eine rekursive Bijektion h von ω auf sich mit

$$U_n(x, -) = V_n(h(x), -) \ .$$

Seien f und g nach Lemma 5 mit $U_n(x,-) = V_n(f(x), -)$ und $V_n(x,-) = U_n(g(x),-)$ und $0 < f(i) < f(i+1)$, $0 < g(i) < g(i+1)$ bestimmt, so daß auch stets $i < f(i)$ und $i < g(i)$ gilt. Ich werde h nach dem KÖNIGschen Beweisverfahren für den Satz von CANTOR–BERNSTEIN konstruieren.

Ich erinnere daran, daß $I\mathrm{d}(-,k)$ die k–te Iterierte eine Funktion d bezeichnet. Ist u eine Zahl mit

(x) $I(g \circ f)(u,k) = x$,

so ist sie, da f und g injektiv sind, eindeutig bestimmt. Für $k = 0$ habe ich $u = x$, für $k > 0$ gilt $u < x$. Weiter folgt dann aus $I(g \circ f)(v, k+j) = x$ auch $I(g \circ f)(I(g \circ f)(v, j), k) = x$, der Eindeutigkeit wegen also $I(g \circ f)(v, j) = u$, so daß $v < u$ für $j > 0$. Mithin gibt es zu jedem x ein maximales k mit (x), das ich für den Augenblick als k_x schreibe, und zu diesem k ein eindeutiges u, das ich für den Augenblich als u_x schreibe.

Ich bemerke nun, daß aus $u_x \in \mathrm{im}(g)$ folgt $x \in \mathrm{im}(g)$. Im Fall $x = u_x$ ist das trivial, und im Fall $x \neq u_x$ gilt $x = g(f(v))$ für $v = I(g\ f)(v, k_x - 1)$. Deshalb erhalte ich eine auf ganz ω erklärte Funktion h, wenn ich setze

$$h(x) = \begin{cases} f(x) & \text{falls } u_x \text{ nicht in } \mathrm{im}(g) \\[2mm] g^{-1}(x) & \text{falls } u_x \text{ in } \mathrm{im}(g) \end{cases} \ .$$

h ist injektiv. Denn der Injektivität von f und g wegen folgt aus $h(x) = h(y)$ jedenfall dann $x = y$, wenn beide Werte unter h auf dieselbe Art definiert wurden. Gilt aber etwa $h(x) = f(x)$ und $h(y) = g^{-1}(y)$, so folgt aus $f(x) = g^{-1}(y)$ auch $(g \circ f)(x) = y$, mithin $u_x = u_y$, während doch u_x in $\mathrm{im}(g)$ und u_y nicht dort liegen soll.

h ist surjektiv. Ist nämlich z gegeben, und ist $h(g(z))$ auf die zweite Art definiert, so folgt aus $h(g(z)) = g^{-1}(g(z)) = z$ schon $u \in \mathrm{im}(h)$. Ist $h(g(z))$ auf die erste Art definiert, so liegt für $y = g(z)$ dann u_y nicht in $\mathrm{im}(g)$. Da

$g(z) = I(g \circ f)(u_y, k_y)$ aber in $im(g)$ liegt, muß $k_y > 0$ gelten. Setze ich nun $x = I(g \circ f)(u_y, k_y - 1)$, so folgt $y = (g \circ f)(x)$ und damit $u_x = u_y$. Mithin liegt auch u_x nicht in $im(g)$, weshalb $h(x) = f(x)$. Aus $y = (g \circ f)(x)$ folgt aber auch $z = g^{-1}(y) = f(x)$, und somit $h(x) = z$.

h ist rekursiv. Sei nämlich R^2 die Menge

aller $<x,k>$ mit: es existiert $u \leq x$ und $I(g \circ f)(u,k) = x$.

Da f und g in **FRF** liegen, ist R^2 rekursiv, folglich auch $-R^2$. Wie oben bemerkt, gibt es k_x maximal für $<x,k> \epsilon R^2$, und da deshalb auch $-R^2$ voll ist, erhalte ich $k_x = r(x)$ mit der Funktion $r = (\mu R^2) \doteq 1$ aus **FRF**. Damit wird nun auch die Menge

aller $<x,u>$ mit $I(g \circ f)(u, r(x)) = x$

rekursiv, die nichts anderes ist als Graph der Funktion q, welche x in u_x sendet. Aus der Rekursivität von $G(q)$ folgt daher diejenige der totalen Funktion q. Schließlich habe ich h mit der in **FRF** gelegenen Funktion f und der in **PRF** gelegenen Funktion g^{-1} und durch Fallunterscheidung in Beziehung auf die Menge S aller x mit $q(x) \epsilon im(g)$ definiert. Da $x < g(x)$, besteht $im(g)$ aus allen z mit

es existiert x mit $x < z$ und $<x,z> \epsilon G(g)$.

Deshalb entsteht $im(g)$ durch beschränkte Quantifizierung aus der rekursiven Menge $G(g)$ und ist somit selbst rekursiv. Zusammen mit q wird daher auch S rekursiv. Nach (3) liegt somit h in **PRF**, als totale Funktion also in **FRF**. Das beendet den Beweis des Theorems 6.

Das folgende Theorem von BLUM (nach ROGERS [67]) verschärft das Theorem 6:

THEOREM 7   Zu zwei Universalfolgen U, V gibt es eine rekursive Bijektion h von ω auf sich mit

$$h(U_1(x,y)) = V_1(h(x), h(y)) .$$

Im Folgenden seien p und q zwei Polsterungen für U und für V. Ich formuliere die folgende Hilfsbehauptung:

Es gibt eine Funktion g in $\textbf{PRF}^1$ derart, daß für jedes a die Funktion $t_a = U_1(g(a),-)$ eine rekursive Bijektion von ω auf sich ist, und für jedes k gilt eine der beiden Identitäten

(x0) $U_1(t_a(k), -) = U_1(a,-) \circ V_1(k,-) \circ U_1(inv(a), -)$,   oder

(x1) $V_1(k,-) = U_1(inv(a), -) \circ U_1(t_a(k),-) \circ U_1(a,-)$.

Wird diese Hilfsbehauptung bewiesen sein, so wende ich auf die Funktion g das Theorem 4 an und verschaffe mir einen Index e so, daß $U(e,-) = U(g(e),-)$. Damit erhalte ich nun $U(e,-)$ selbst als die Bijektion t_e. Es ist stets $U_1(a,-) \circ U_1(inv(a),-)$ die Identität auf $im(U_1(a,-))$; liegt für k der Fall (x1) vor, so folgt daraus mit $a = e$ nun

$$(x) \qquad U(e,-) \circ V(k,-) = U(t_e(k),-) \circ U(e,-) \ .$$

Jetzt aber ist $U_1(e,-)$ Bijektion, so daß $U_1(inv(a),-)$ *die eindeutige* Inverse von $U_1(a,-)$ ist und auch $U_1(inv(a),-) \circ U_1(a,-)$ die Identität ist. Liegt für k der Fall (x0) vor, so folgt deshalb mit $a = e$ auch aus (x0) wieder (x). Setze ich $h = U(e,-) = t_e$, so entsteht aus (x) die Behauptung des Theorems:

$$h(V(k,-)) = U(h(k),h(-)) \ .$$

Es bleibt der Beweis der Hilfsbehauptung, und in ihm möchte ich die Bijektion t_a durch eine Rekursion erklären, welche in sukzessiven Schritten den Graphen von t_a erzeugt. Diese Schritte numeriere durch Zahlen z und unterscheide dabei zwischen geraden und ungeraden z; der Fall $z = 0$ ist in der Definition für gerade z enthalten. Dieser Erzeugung von t_a liegt die folgende Vorstellung zu Grunde.

Sei z gerade:

Sei k minimal für $k \neq k'$ für alle in vorangehenden Schritten erzeugten Paare $<k', m'>$. Da die Funktion $d = U_1(a,-) \circ V_1(k,-) \circ U_1(inv(a),-)$ in **PRF** liegt, hat sie einen Index v unter U_1. Sei weiter w minimal für $d = U_1(p(v,w),-)$ und $p(v,w) \neq m'$ für alle schon erfaßten $<k', m'>$. Dann sei $<k, p(v,w)>$ im Graphen von t_a. Ich bemerke, daß nach dieser Wahl von $m = p(v,w) = t_a(k)$ dann (x0) gilt.

Sei z ungerade:

Sei m minimal für $m \neq m'$ für alle schon erfaßten $<k', m'>$. Da die Funktion $d = U_1(inv(a),-) \circ U_1(m,-) \circ U_1(a,-)$ in **PRF** liegt, hat sie einen Index v unter V_1. Sei w minimal für $d = V_1(q(v,w),-)$ und $q(v,w) \neq k'$ für alle schon erfaßten $<k', m'>$. Dann sei $<(q(v,w)),m>$ im Graphen von t_a. Ich bemerke, daß nach dieser Wahl von $k = q(v,w) = t_a^{-1}(m)$, $m = t_a(k)$ dann (x1) gilt.

Da in den geraden Schritten alle Zahlen als Argumente, in den ungeraden alle Zahlen als Werte von t_a erfaßt werden, wird t_a eine Abbildung von ω auf sich, und da stets neue Werte, respektive Argumente, gewählt wurden, ist t_a bijektiv. Schließlich erfüllt t_a für jedes k eine der Aussagen (x0), (x1).

Es ist nicht schwer, diese Erzeugung des Graphen von t_a durch eine rekursive Funktion f zu beschreiben, welche $G(t_a)$ aufzählt. Damit wird $G(t_a)$ rekursiv aufzählbar, und da t_a total ist, ist deshalb t_a auch rekursiv.

Ich möchte jedoch mehr: ich suche eine rekursive Funktion g, welche als g(a) einen Index von t_a liefert. Natürlich muß f Zahlen als Werte haben, so daß ich die den Graphen $G(t_a)$ ausmachenden Paare wieder kodieren werde.

Um in den Rekursionsbedingungen die Wahl der Indizes v zu präzisieren, wähle ich eine fixe rekursive Bijektion h_1 aus dem Theorem 6. Im Fall eines geraden z wird mit ihr $V_1(k, -) = U_1(h_1^{-1}(k), -)$, so daß ich mit der Superpositionsfunktion SP_1^1 dann $v = SP_1^1(a, SP_1^1(h_1^{-1}(k), inv(a)))$ setzen kann. Ebenso setze ich $v = SP_1^1(h_1^{-1}(inv(a)), SP_1^1(h_1^{-1}(m), h_1^{-1}(a)))$ für ungerades z .

Nun definiere ich eine 2-stellige Funktion f durch Wertverlaufsrekursion:

z gerade: $f(a,z) = CAU(k,m)$ mit

$$k = \min\{y \mid y \neq CRO_0(f(a,z')) \text{ und } z' < z\} \, ,$$
$$m = p(v(a,k), w) \text{ und } v(a,k) = G_0(a, G_0(h_1^{-1}(k), inv(a)))$$
$$\text{und } w = \min\{w' \mid p(v(a,k), w') \neq CRO_1(f(a,z')) \text{ und } z' < z\};$$

z ungerade: $f(a,z) = CAU(k,m)$ mit

$$m = \min\{y \mid y \neq CRO_1(f(a,z')) \text{ und } z' < z\} \, ,$$
$$k = q(v(a,m), w) \text{ und } v(a,m) = G_0(h_1^{-1}(inv(a)), G_1(h_0^{-1}(m), h_1^{-1}(a)))$$
$$\text{und } w = \min\{w' \mid q(v(a,m), w') \neq CRO_0(f(a,z')) \text{ und } z' < z\}.$$

Die auftretenden Minimierungen lassen sich etwa bei geradem z als

$$k = \mu\gamma(a,z,-) \quad \text{ mit } \quad \gamma(a,z,y) = \Sigma < \chi_=(y, CRO_0(f(a,z'))) \mid z' < z >$$
$$w = \mu\delta(a,v,z,-) \quad \text{ mit } \quad \delta(a,v,z,y) = \Sigma < \chi_=(p(v,y), CRO_1(f(a,z'))) \mid z' < z >$$

schreiben, und mit der Historie Hf von f kann ich $f(a, z')$ noch in der Gestalt $EXP(z', Hf(a,z)) \doteq 1$ ausdrücken. Setze ich

$$K(s,z) \quad = \mu\,\Gamma(s,z,-) \qquad \text{ mit}$$
$$\Gamma(s,z,y) \quad = \Sigma < \chi_=(y, CRO_0(EXP(z', s) \doteq 1)) \mid z' < z >$$
$$L(s,v,z) = \mu\,\Delta(s,v,z,-) \qquad \text{ mit}$$
$$\Delta(s,v,z,y) = \Sigma < \chi_=(p(v,y), CRO_1(EXP(z', s) \doteq 1)) \mid z' < z > \, ,$$

so sind K und L totale rekursive Funktionen (K trivialer Weise, und L weil $p(v, -)$ unendlich viele Werte hat). Setze ich

$$R(a,s,z) = CAU(\, K(s, z), \; p(\, v(a, K(s, z)), \; L(s, v(a, K(s, z)), z)) \,) \, ,$$

so finde ich bei geradem z für f die Rekursionsvorschrift

$$f(a,z) = R(a, Hf(a,z), z) \, .$$

Für ungerades z verfahre ich analog. Mithin ist f eine totale rekursive Funktion. Ich fixiere einen Index e_f von f.

Speziell liegt jede Funktion $f(a,-)$ in $\mathbf{FRF}^1$, so daß $H(a) = im(f(a, -))$ rekursiv aufzählbar ist.

Nach Definition von $f(a, -)$ besteht $H(a)$ aus den Bildern unter CAU des Graphen $G(t_a)$ meiner Bijektion t_a. Damit ist auch $G(t_a)$ rekursiv aufzählbar, die totale Funktion t_a also rekursiv.

Der Definitionsbereich von t_a besteht aus den x, zu denen es y mit $CAU(x,y) \epsilon H(a)$ gibt; er ist also Bild von $H(a)$ unter CRO_0. Deshalb ist $def(t_a)$ die Bildmenge der Funktion $CRO_0 \circ f(a, -)$. Ein Index vom $f(a, -)$ ist $s_2^1(e_f, a)$; mit c_0 als einem Index von CRO_0 hat $CRO_0 \circ f(a, -)$ einen Index $SP^1(s_2^1(e_f, a), c_0)$. Nach Lemma 2 ist $inv(SP^1(s_2^1(e_f, a), c_0))$ ein Index von $im(CRO_0 \circ f(a, -)) = def(t_a)$, also auch von t_a.

Mithin ist $g = inv(SP^1(s_2^1(e_f, -), c_0))$ die gesuchte Funktion in $\mathbf{FRF}^1$. Das beendet den Beweis der Hilfsbehauptung.

Kapitel 27. Die Arithmetisierung von Programmen

Indem ich Universalfunktionen aufstellte, habe ich Funktionen vermöge ihrer Indizes kodiert, und für gewisse Konstruktionen neuer Funktionen aus gegebenen – zum Beispiel im Theorem 26.3 – habe ich auch die arithmetischen Funktionen angegeben, welche die Indizes der neuen Funktionen aus denen der alten bestimmen. Sich für das Vorhandensein solcher arithmetischen Funktionen zu interessieren, ergibt sich hier aus der Natur der Sache.

Weniger naheliegende Arithmetisierungen von Konstruktionsverfahren habe ich an drei ganz anderen Stellen diese Buches verwenden müssen. Nämlich einmal im Kapitel 6 bei der Analyse der Berechnungsschritte der PETERschen Funktion, als ich die Funktion Q erfassen mußte, die auf Argumentfolgen indefiniter Länge wirkte und ebensolche Folgen produzierte: um sie zu beschreiben, mußte ich Zahlenfolgen durch Zahlen kodieren, welche die Folgenglieder als Exponenten ihrer Primfaktorzerlegung hatten, und die Veränderung der Zahlenfolgen mußte ich durch Hilfsfunktionen beschreiben, welche die entsprechende Veränderung der Primfaktorexponenten ausdrückten. Dieselbe Primzahlkodierung habe ich im Kapitel 24 verwenden müssen, um bei der Konstruktion einer Universalfunktion f(x,y) deren frühere Funktionswerte f(v,z) in den kodierten Keimen von f verfügbar zu machen. Und in einer ähnlichen Situation, jedoch mit einer ganz anderen Kodierung durch die GÖDELsche β–Funktion, habe ich Funktionskeime durch Zahlen kodiert, um das Theorem 20.1 zu beweisen.

Allgemein wird man als *Arithmetisierung* jede Darstellung höherer mathematischer Objekte – Folgen und Funktionen – durch Zahlen bezeichnen, welche die (etwa in der Sprache der Mengenlehre zu formulierenden) Konstruktionen mit jenen Objekten in solche arithmetische Funktionen übersetzt, die dann sinngemäß die darstellenden Zahlen, oder *Codes*, jener Objekte transformieren. Jede Arithmetisierung muß daher mit einer Zuordnung von Codes beginnen, und da es als erster KURT GÖDEL war, der sowohl die Primzahlkodierung wie auch diejenige durch die β–Funktion für verschiedene Aufgaben verwendete, werden solche Codes auch oft die GÖDEL-*Nummern* der kodierten Objekte genannt. Da dieser Name jedoch eine Einzigkeit der Kodierungen suggeriert, von der bereits die genannten Beispiele zeigen, daß sie gar nicht vorliegt, soll hier auf seinen Gebrauch verzichtet werden.

Im Teil II dieses Buches hatte ich unter anderen die Programmiersprache PLA betrachtet, und es hatte sich ergeben, daß die partiell rekursiven Funktionen (als partiell μ–rekursive) genau die durch PLA-Programme berechneten sind. In diesem Kapitel will ich zeigen, daß sich die zentralen Ergebnisse der beiden vorangehenden Kapitel 25 und 26 für durch PLA-

Programme berechnete Funktionen auch direkt gewinnen lassen, nämlich ohne den (Um-) Weg über die Kapitel 20 bis 24.

Dazu wird es nötig sein, sowohl die sprachliche·Beschreibung der PLA-Programme – ihre *Syntax* – zu arithmetisieren, als auch die Beziehung zwischen sprachlichen Programmen und mathematischen Objekten, nämlich Funktionen, welche durch sie berechnet werden – also die *Semantik* der PLA-Programme.

Am Beginn des Kapitels 10 habe ich die Sprache PLA erklärt, und zwar zunächst ihre Statements und dann die P-Folgen solcher Statements. Statements waren explizit angegebene Ausdrücke, zu deren Niederschrift ich bestimmte Zeichen eines erweiterten Alphabets verwendete: die unbeschränkt vielen Zeichen x_0, x_1, ... , die Zeichen *0, 1, +, $\div$, :=, $\neq$* , sowie die Buchstaben d, e, h, i, l, o, w. P-Folgen waren Folgen von Statements, die, jeweils auf eine neue Zeile geschrieben, durch die ASCII-Zeichen CR/LF getrennt wurden; sie mußten gewissen einfachen Bedingungen genügen. So, wie jeder Mensch nach jenen Angaben erkennen kann, ob eine vorgelegte Zeichenfolge Statement ist oder nicht, so kann das auch ein Leseprogramm, ein *Parser*, welches nur die richtige Reihenfolge der verwendeten ASCII-Zeichen überprüft. Auch die an P-Folgen gestellten Bedingungen lassen sich durch ein solches Programm überprüfen, so daß sich auch ein Parser finden läßt, welcher P-Folgen und damit PLA-Programme erkennt. Realisiert man einen solchen Parser in einer der üblichen Programmiersprachen, so wird man dabei Datentypen für Zeichen und für Zeichenfolgen verwenden.

Zeichen freilich lassen sich auch durch Zahlen repräsentieren, wie sie in Gestalt etwa ihrer ASCII Nummern vorliegen. Zeichenfolgen entsprechen dann Zahlenfolgen, und Zahlenfolgen lassen sich kodieren. Eine

1. Arithmetische Kodierung

ordnet jeder Zahlenfolge α aus ω^k, $k > 0$, eine fortan als $[\alpha]$ notierte Zahl so zu, daß Injektionen der Mengen ω^k in ω mit paarweise disjunkten Wertebereichen vorliegen und dabei die Vereinigung SEQ aller dieser Wertebereiche mindestens noch eine elementare Teilmenge von ω ist; für eine Zahl a aus SEQ werde ich die eindeutig bestimmte Folge α mit $[\alpha] = a$ auch als $[\![a]\!]$ notieren. Ferner kann ich diese Zuordnung so vornehmen, daß ich für jedes i in ω eine elementare Funktion $[\![-,i]\!]$ von ω in sich derart finde, daß für α in ω^k gilt

für alle i < k: $[\![[\alpha],i]\!] = \alpha(i)$ und   für alle j : $[\![[\alpha],j]\!] < [\alpha]$.

Es ist also $[\alpha]$ ein *Code* von α, und $[\![-,i]\!]$ liefert aus dem Code von α das i-te Glied von α. Im Kapitel 3 habe ich solche Kodierungen durch die *Primzahlkodierung* als

$$[\alpha] = \Pi < \text{PRINO}(i)^{1+\alpha(i)} \mid i < k > \quad , \quad [\![y,i]\!] = \text{EXP}(i,y) \dotminus 1$$

realisiert; die leere Folge $<>$ erhält dabei den Code 1. Da es unendlich viele Zahlen in ω gibt, kann ich auf diese Art auch Folgen aus unendlich vielen, mit den Elementen von ω numerierten Symbolen kodieren. Für jede Zahl a schreibe ich noch $|a|$ für die Nummer LEN(a) der ersten Primzahl, von der an keine weiteren Primzahlen mehr in a aufgehen; aus $i < |a|$ folgt daher $i \le a$.

Zeichen aus Alphabeten – ASCII oder EBCDIC – gibt es jedoch nur endlich viele, so daß ihre Nummern unterhalb einer festen *Basiszahl* g liegen. Setze ich noch voraus, daß $g > 1$ gilt und meine Nummern erst mit 1 beginnen, also sämtlich positiv sind, so kann ich eine solche Nummernfolge auch als eine *Zifferndarstellung* zur Basis g ansehen, die wegen der Positivität ihrer Glieder eindeutig ist. Damit gelange ich wie folgt zu einer g-adischen *Ziffernkodierung* .

Sei zu jeder Zahl $a > 0$ die *Länge* $|a|$ von a das kleinste p mit $a < g^p$. Ist R^2 die Menge aller a,p mit $a < g^p$, so wird die Funktion $|-|$ gleich $\mu^0_{\le} R^2$, ist also zusammen R^2 auch elementar; weiter gilt $a \ge |a| > 0$. Damit läßt sich a als

$$\Sigma < [\![a,i]\!] \cdot g^{|a|-(i+1)} \mid i < |a| >$$

mit eindeutig bestimmten $[\![a,i]\!] < g$ schreiben. Daraus folgt für $0 < j \le |a|$

$$\Sigma < [\![a,i]\!] \cdot g^{|a|-(i+1)} \mid i < j > \ = \ \text{QU}(g^{|a|-j}, a)$$

und für $0 \le i < |a|$

$$\Sigma < [\![a,i]\!] \cdot g^{|a|-(i+1)} \mid j \le i < |a| > \ = \ \text{MOD}(g^{|a|-j}, a)$$

und somit

$$[\![a,i]\!] \ = \ \text{MOD}(\text{QU}(g^{|a|-(i+1)}, a), g) \ = \ \text{QU}(\text{MOD}(g^{|a|-i}, a), g^{|a|-(i+1)}) \ .$$

Mithin sind auch die Funktionen $[\![-,i]\!]$ elementar, und es ist klar, daß die i-te Ziffer $[\![a,i]\!]$ von a kleiner als a ist. Meine Menge SEQ besteht folglich aus den Zahlen a so, daß für alle $i < |a|$ gilt $[\![a,i]\!] > 0$; auch sie ist elementar.

Fortan will ich nun auch für Folgen α ihre Länge $\text{def}(\alpha)$ als $|\alpha|$ schreiben. Für Zahlen q mit $q < |\alpha|$ definiere ich $\alpha \uparrow q = < \alpha(i) \mid i < q >$ und $\alpha \downarrow q = < \alpha(i) \mid q \le i < |\alpha| >$. Die entsprechenden arithmetischen Funktionen sind bei der Primzahlkodierung

$$a \uparrow q = \Pi < \text{PRINO}(i)^{\text{EXP}(i,a)} \mid i < q > \quad ,$$

$$a \downarrow q = \Pi < \text{PRINO}(i)^{\text{EXP}(q+i,a)} \mid i < |a| > \quad ,$$

(i.e. $a{\uparrow}q = \Pi < f(a,i) \mid i < q >$ für $f(a,i) = PRINO(i)^{EXP(i,a)}$), und bei der Ziffernkodierung

$$a{\uparrow}q = QU(g^{\mid a \mid - q}, a) \quad , \quad a{\downarrow}q = MOD(g^{\mid a \mid - q}, a) \ ,$$

so daß für jede Folge α und jedes $q < \mid \alpha \mid$ dann

$$[\alpha{\uparrow}q] = [\alpha]{\uparrow}q$$

und im Fall $\alpha(q){\neq}0$ auch $[\alpha]{\downarrow}q$ der Code der durch Entfernung der ersten
q Glieder aus α entstehenden Folge ist. Für die Ziffernkodierung sind $\uparrow$
und $\downarrow$ offensichtlich elementar; im Falle der Primzahlkodierung entsteht $\uparrow$
als beschränkte Multiplikation aus der elementaren Funktion $f(a,i)$. Die
Funktion $\downarrow$ entsteht hier als $g(q,a,\mid a \mid)$ aus der primitiv rekursiven Funktion

$$g(q,a,r) = \Pi < PRINO(i)^{EXP(q+i,a)} \mid i < r > \ ,$$

ist also jedenfalls primitiv rekursiv. Da aber $g(q,a,\mid a \mid) \leq g(q,a,a)$ und da
$g(q,a,a)$ wieder beschränkte Multiplikation ist, ist $\downarrow$ elementar beschränkt
und mithin selbst elementar. – Ebenfalls elementar ist dann auch die
Funktion CAT mit den Definitionen

$$CAT(a,b) = a \cdot \Pi < PRINO(\mid a \mid + i)^{EXP(i,b)} \mid i < \mid b \mid > $$
oder
$$CAT(a,b) = b + a \cdot g^{\mid b \mid} \ ,$$

die als $CAT([\alpha],[\beta])$ den Code der Verkettung $< \alpha, \beta >$ von α mit β liefert.

Schließlich benötige ich noch drei weitere Hilfsfunktionen, bei deren
Definitionen ich nicht mehr zwischen den beiden Kodierungen zu unter-
scheiden brauche. Sei $R = R^3$ die (elementare) Relation aller a, i, s mit
$[\![a,i]\!] = s$. Die Funktion

$$SA(a,s) = \Sigma < \chi_R(a,i,s) \mid i < \mid a \mid > $$

hat als Wert die Anzahl aller $i < \mid a \mid$, für die $[\![a,i]\!] = s$ gilt. Für $0 < p \leq$
$SA(a,s)$ kennzeichnet die Relation R^4 aller a,s,p,i mit

$$\Sigma < \chi_R(a,j,s) \mid j < i > \ < \ p \ \leq \ \Sigma < \chi_R(a,j,s) \mid j \leq i >$$

eindeutig dasjenige i, für das $[\![a,i]\!]$ zum p-ten Male gleich s ist. Aus $i <$
$\mid a \mid$ folgt aber $i \leq a$. Deshalb erhalte ich die Funktion

$$SB = \mu^0 \leq R^4 \ ,$$

deren Wert $SB(a,s,p)$ für $0 < p \leq SA(a,s)$ jenes i ist und a+1 sonst. Für $r <$
$A(a,s)$ finde ich somit die Funktion $SC(a,s,r)$ mit

$$SC(a,s,r) \ = \ (a{\uparrow}SB(a,s,r+1)){\downarrow}(1+SB(a,s,r)) \ \text{ für } r > 0 \ ,$$
$$SC(a,s,0) \ = \ a{\downarrow}SB(a,s,1) \ ,$$

welche den Code $[<[\![a,j]\!] \mid SB(a,s,r)<j<SB(a,s,r{+}1)>]$, respektive den Code $[<[\![a,j]\!] \mid j<SB(a,s,1)>]$, der Teilfolge zwischen dem r–ten und dem (r+1)–ten Auftreten von s in $[\alpha]$ aussondert.

Während ich die Funktionen $\uparrow$ und $\downarrow$ zunächst für Folgen und erst danach für Zahlen erklärt hatte, habe ich SA, SC und SB sogleich für Zahlen eingeführt. Im Folgenden mag es zunächst der Anschaulichkeit dienen, auch die entsprechenden Funktionen für Zahlenfolgen μ zur Verfügung zu haben, die ich wieder ebenso notiere, an Stelle des Arguments a dann aber ein Argument μ schreibe.

2. Arithmetisierung der Syntax von PLA

Nachdem mir die soeben eingeführten elementaren Funktionen zur Verfügung stehen, kann ich daran gehen, die *Syntax*, nämlich die sprachliche Konstruktion, von PLA in der Arithmetik zu imitieren. Dazu genügen bereits Folgen mit den Zahlen 1, 2, 3, 4 , so daß ich syntaktische Ausdrücke auch als Ziffern zur Basis 5 auffassen kann.

Die Variablen x_i stelle ich durch Folgen von i Stück aufeinanderfolgenden Zahlen 1 dar. Ich definiere also eine Funktion SD für Zeichenfolgen μ durch

$$SD(\mu) = 1 \text{ genau dann, wenn } SA(\mu,1) = |\mu| \; ,$$

und sage dann, daß μ die Variable mit der Nummer $SE(\mu) = SA(\mu){+}1$ repräsentiert.

Die Statements von PLA stelle ich durch Folgen der Zahlen 1, 2, 3 dar, wobei 3 für " $:=$ " steht und weitere Abkürzungen vorgenommen werden, welche die eindeutige Lesbarkeit nicht stören; so schreibe ich, mit jeweils i Stück Zahlen 1, $<1,...,1,2>$ für "$x_i{+}1$" und $<2,1,...,1>$ für "$x_i{-}1$". Zur alsbaldigen Anwendung erkläre ich in diesem Zusammenhang sogleich die Funktionen

SF   so, daß $SF(\mu){\neq}0$ genau dann, wenn μ ein PLA-Statement repräsen-
            tiert, und dann $1 \leq SF(\mu) \leq 6$ je nach dessen Typ ,

SG_0 so, daß, falls $SF(\mu){\neq}0$ und falls das von μ repräsentierte Statement
            eine Variable enthält, dann $SG_0(\mu) = i$ die Num-
            mer der ersten solchen Variable ist ,

SG_1 so, daß, falls $SF(\mu){\neq}0$ und falls das von μ repräsentierte Statement
            zwei Variablen enthält, dann $SG_1(\mu) = i$ die Num-
            mer der zweiten solchen Variable ist .

Dazu stelle ich in der folgenden Tabelle die 6 Typen von dargestellten

PRA-Statements und die Kennzeichnung der sie darstellenden μ durch die Funktion SF mitsamt der Werte von SG_0, SG_1 zusammen:

$"x_i := 0"$

$\qquad$ $SF(\mu) = 1$ genau dann, wenn $SA(\mu,3) = 1$, $\mu(|\mu|-1) = 3$,

$\qquad$ $SD(\mu\uparrow(|\mu|-2)) = 1$, $SE(\mu\uparrow(|\mu|-2)) = i$, und dann $SG_0(\mu) = i$

$"x_i := x_j"$

$\qquad$ $SF(\mu) = 2$ genau dann, wenn $SA(\mu,3) = 1$, $SD(\mu\uparrow SB(\mu,3,1)) = 1$,

$\qquad$ $SD(\mu\downarrow 1+SB(\mu,3,1)) = 1$, $SE(\mu\uparrow SB(\mu,3,1)) = i$, $SE(\mu\downarrow 1+SB(\mu,3,1)) =$

$\qquad$ $-j$, und dann $SG_0(\mu) = i$, $SG_1(\mu) = j$

$"x_i := x_i+1"$

$\qquad$ $SF(\mu) = 3$ genau dann, wenn $SA(\mu,3) = 1$, $\mu(|\mu|-1) = 2$,

$\qquad$ $SD(\mu\uparrow SB(\mu,3,1)) = 1$, $\mu\uparrow SB(\mu,3,1) = \mu\uparrow(|\mu|-1)\downarrow 1+SB(\mu,3,1)$,

$\qquad$ $SE(\mu\uparrow SB(\mu,3,1)) = i$, und dann $SG_0(\mu) = i$

$"x_i := x_i-1"$

$\qquad$ $SF(\mu) = 4$ genau dann, wenn $SA(\mu,3) = 1$, $\mu(SB(\mu,3,1)+1) = 2$,

$\qquad$ $SD(\mu\uparrow SB(\mu,3,1)) = 1$, und $\mu\uparrow SB(\mu,3,1) = \mu\downarrow(SB(\mu,3,1)+1)$,

$\qquad$ $SE(\mu\uparrow SB(\mu,3,1)) = i$, und dann $SG_0(\mu) = i$

$"while\ x_i :\neq 0\ do"$

$\qquad$ $SF(\mu) = 5$ genau dann, wenn $SD(\mu) = 1$, $SE(\mu) = i$, und dann

$\qquad$ $SG_0(\mu) = i$

$"od"$

$\qquad$ $SF(\mu) = 6$ genau dann, wenn $|\mu| = 1$, $\mu(0) = 2$.

In allen anderen als den angegebenen Fällen mögen SF, SG_0 und SG_1 stets den Wert 0 haben.

Die Zahlenfunktionen, welche bei fixierter Kodierung diesen Folgenfunktionen entsprechen, sind immer noch elementar. Von nun an werde ich mich der Einfachheit halber auf die Betrachtung solcher Zahlenfunktionen beschränken.

Als zweiten Schritt zur Arithmetisierung der Syntax von PLA möchte ich die P−Folgen von Statements darstellen. Dazu werde ich eine Funktion SJ erklären, welche bei Eingabe einer (kodierten) Zahlenfolge e durch die Werte 0 oder 1 von SJ(e) angibt, ob a eine P−Folge darstellt oder nicht. An Stelle der (allein aus drucktechnischen Gründen) üblicherweise verwendeten *zwei* Zahlen für CR/LF will ich zur Trennung von Statements nur *eine* Zahl gebrauchen, etwa 4 . Damit erkläre ich Zahlen e, welche (bloße) Folgen von Statements repräsentieren, als solche, für die gilt

$\qquad$ $[\![e,0]\!] = [\![e, |e|-1]\!] = 4$,

$\qquad\qquad$ und für alle r mit $0 < r < SA(e,4)$ gilt $SF(SC(e,4,r)) \neq 0$.

Für ein e, welche eine Folge A von Statements repräsentiert, ist also k = $SA(e,4)-1$ die Länge von A, und für $i < k$ wird das Statement A(i) durch

SC(e,4, i+1) repräsentiert. Wieder läßt sich diese Definition zur Erklärung einer elementaren Funktion SH verwenden, welche genau dann $SH(e) = 1$ liefert, wenn e eine Statementfolge repräsentiert, und sonst den Wert 0 hat.

Um eine Funktion SJ zu erklären, welche entsprechend die Repräsentanten von P-Folgen A erkennt, verfahre ich wie folgt. Ich verschaffe mir zunächst zwei Hilfsfunktionen sk und sl, welche das erste i finden, für das A(i) Ophead ist (sofern vorhanden), und das letzte j, für das A(j) Optail ist. Im Fall $sk(A) = 0$, $sl(A) = k-1$ bleibt dann nur zu prüfen, ob die um A(0), A(k-1) verkürzte Folge eine P-Folge ist. Gilt $sk(A) > 0$, so ist zu prüfen, ob die um A(0) verkürzte Folge P-Folge sei, und gilt $sl(A) < k-1$, so prüfe ich, ob die um A(k-1) verkürzte Folge eine P-Folge ist.

Die entsprechenden arithmetischen Zahlenfunktionen SK und SL erhalte ich aus den Relationen

$R_h(e,i)$ genau dann, wenn
$$SH(e) = 1 \;, \; (1 < i \leq SA(e,4)-1 \text{ und } SF(SC(e,4,\ i)) = 5 \;) \text{ oder } i = 0 \;,$$
$R_t(e,i)$ genau dann, wenn
$$SH(e) = 1 \;, \; (1 < i \leq SA(e,4)-1 \text{ und } SF(SC(e,4,\ SA(e,4)-i)) = 6 \;) \text{ oder } i = 0$$

als $\mu^0 {\leq} R_h$ und als $\mu^0 {\leq} R_t$. Alsdann erkläre ich SJ durch eine Wertverlaufsrekursion mit Fallunterscheidungen:

$$
\begin{array}{ll}
SJ(e) = 0 & \text{falls } SH(e) = 0 \;, \\
SJ(e) = SJ(e{\uparrow}(1+SB(e,4,\ SA(e,4)-1)){\downarrow}\ SB(e,4,2)) & \text{falls } SK(e) = 1 \;, \\
& \qquad SL(e) = SA(e,4)-1 \;, \\
SJ(e) = SJ(e{\downarrow}\ SB(e,4,2)) & \text{falls } SK(e) > 1 \;, \\
SJ(e) = SJ(e{\uparrow}1+SB(e,4,\ SA(e,4)-1)) & \text{falls } SK(e) = 1 \;, \\
& \qquad SL(e) < SA(e,4)-1 \;, \\
SJ(e) = 0 & \text{sonst } .
\end{array}
$$

Damit ist SJ rekursiv (und sogar elementar, da beschränkt und aus elementaren Funktionen definiert). Es gilt $SJ(e) = 1$ genau dann, wenn e eine P-Folge repräsentiert.

Zu jeder P-Folge A gehört eine Funktion, welche jeder Stelle i von A mit einem Ophead [Optail] die Stelle i* des nach 10.(G1) eindeutig bestimmten *korrespondierenden* Optails [Opheads] zuordnet. Setze ich diese Funktion für alle anderen Argumente durch die Identität fort, so kann ich ihre Arithmetisierung SM als

$$
\begin{array}{ll}
SM(e,i) = i & \text{falls } SJ(e) = 0 \;, \\
SM(e,i) = SM(e{\uparrow}(1+SB(e,4,\ SA(e,4)-1)){\downarrow}SB(e,4,2),\ i-1) & \text{falls } SK(e) = 1 \;, \\
& \qquad SL(e) = SA(e,4)-1 \;, \\
SM(e,i) = SM(e{\downarrow}\ SB(e,4,2),\ i-1) & \text{falls } SK(e) > 1 \;, \\
SM(e,i) = SM(e{\uparrow}1+SB(e,4,\ SA(e,4)-1),\ i) & \text{falls } SK(e) = 1 \;, \\
& \qquad SL(e) < SA(e,4)-1 \;, \\
SM(e,i) = i & \text{sonst } .
\end{array}
$$

durch Wertverlaufsrekursion definieren; mithin ist auch SM rekursiv (und sogar elementar).

Mit Hilfe der Nummernfunktion SE kann ich ebenfalls durch Wertverlaufsrekursion die Funktion SN erklären, welche jedem eine P–Folge repräsentierenden e das Maximum der Werte von SG_0, SG_1 für die Statements von e zuordnet (und jedem anderen e etwa den Wert 0).

Die Funktionen SJ, SM und SN mußten durch Wertverlaufsrekursionen erklärt werden, weil die Definition der P–Folgen A durch Rekursion über ihre Länge geschah. Zwar sind diese Funktionen sogar elementar, lassen sich also durch PLA–Programme beschreiben, doch ist deren Aufstellung mühsam, weil dann die Wertverlaufsrekursionen zunächst durch eine eigene Kodierung auf gewöhnliche Rekursionen zurückgeführt werden müssen. Zum Zwecke der Programmierung jener Funktionen wäre daher eine andere Definition von P–Folgen A wünschenswert. Sie läßt sich erhalten, indem man P–Folgen nicht mehr als solche von Statements, sondern als solche von *indizierten Statements* erklärt, nämlich von Paaren $<\sigma,s>$, wobei s ein PLA–Statement und σ eine Zahlenfolge ist.

Zu diesem Zwecke erklärt man zunächst P–*Keime* als Folgen B indizierter Statements wie folgt:

> Eine Folge mit dem einzigen Glied $<\sigma,s>$ ist P–Keim, wenn $\sigma = <1>$ und s Zuweisung ist;

> Sei B P–Keim mit dem letzten Glied $<\tau,v>$, $\tau = <t_0,...,\ t_{m-1}>$. Die Verlängerung von B durch ein Glied $<\sigma,w>$ sei P–Keim, wenn gilt:

>> w ist Zuweisung und $\sigma = <t_0+1,\ t_1,...,\ t_{m-1}>$,
>> w ist Ophead und $\sigma = <t_0+1,\ t_1,\ ...^),\ t_{m-1}, t_0+1>$,
>> v ist nicht Ophead, w ist Optail und $\sigma = <t_0+1,\ t_1,...,\ t_{m-2}>$.

Eine P–Folge ist dann ein P–Keim, in dessen letztem Glied $<\sigma,s>$ der Index σ eingliedrig ist. Damit gelangt man zu einer direkten primitiv rekursiven Definition von P–Folgen.

3. Arithmetisierung von PLA-Berechnungen

Sei $<A,k,n,m>$ ein PLA–Programm, das eine Funktion g^k berechnet. Gemäß den Definitionen im Kapitel 10 war die *Berechnung* Δ eines Eingabevektors α aus ω^k eine Folge von Zustandsvektoren $\Delta(i) = <c_i, \gamma_i, \delta_i>$, $|\gamma_i| = k$, $|\delta_i| = m-k$, derart, daß

> $c_0 = 0$, $\gamma_0 = \alpha$, $\delta_0 = \vartheta$ (ein Nullvektor) ,
> $\Delta(i+1)$ entsteht aus $\Delta(i)$ gemäß den Übergangsregeln 10.(T1-3) .

Die Berechnung terminierte bei einem $\Delta(p)$, falls c_p gleich der Länge $|A|$ von A wurde; in diesem Falle bildeten die ersten n Glieder von $< \gamma_p, \delta_p >$ den Ausgabevektor $g^k(\alpha)$.

Die Übergangsregeln (T1-3) sind für alle PLA-Programme dieselben, und die Beschreibung von Berechnungen mit Hilfe der Übergangsfunktion S von P im Kapitel 10 geschah uniform für alle PLA-Programme. Daß diese Uniformität sich formalisieren läßt, besagt das

THEOREM 1   Für alle k,n gibt es eine partiell rekursive Funktion $UP_{k,n}$ von ω^{k+1} nach ω^n, welche Universalfunktion ist: für jedes PLA-Programm $<A,k,n,m>$ gilt: ist e Code von A, so ist $UP_{k,n}(e,-)$ die durch A berechnete Funktion.

Umgekehrt gibt es für alle k,n ein PLA-Programm $U_{k,n} = <A_u,k+1,n,m_u>$, welches Universalprogramm ist: für jedes PLA-Programm $P = <A,k,n,m>$ gilt: ist e Code von A und ist α aus ω^k, so terminiert die Berechnung von α durch P genau dann, wenn die Berechnung von $<e,\alpha>$ durch $U_{k,n}$ terminiert, und dann liefern beide Berechnungen dasselbe Resultat.

Die zwei Aussagen des Theorems sind äquivalent, weil eine Universalfunktion durch ein PLA-Programm beschrieben werden kann, das dann Universalprogramm ist, und weil umgekehrt ein Universalprogramm auch eine Universalfunktion beschreibt.

Ich wende mich zuerst der Suche nach einer Universalfunktion zu. Da die Länge der Zustandsvektoren eines Programms $<A,k,n,m>$ von der Zahl m abhängt (sie ist m+1), nötigt mich der Wunsch nach einer von m unabhängigen Behandlung dieser Vektoren von vornherein, sie zu kodieren. Da nun aber beliebig große Glieder in ihnen auftreten, kann ich nicht mehr eine Ziffernkodierung verwenden, sondern muß (zum Beispiel) die Primzahlkodierung benutzen. (Während also die Ziffernkodierung für die Syntax von PLA ausreicht, verlangt die Arithmetisierung der Semantik die allgemeinere Kodierung.)

Weiter ist klar, daß in einer Berechnung durch $<A,k,n,m>$ nur diejenigen Variablen verwendet werden, die in den Statements von A auftreten. Wird A durch e arithmetisiert, so liefert mir SN(e) eine obere Schranke für deren Nummern, so daß ich an Stelle von m-gliedrigen sogleich SN(e)-gliedrige Zustandvektoren verwenden kann.

Ich bemerke zunächst

Bei festem k ist die Funktion CA^k mit $CA^k(\alpha) = [<0,\alpha>]$ elementar ,

denn einmal ist die Funktion $h^k(\alpha) = 2 \cdot \Pi < \alpha(i) \mid i < k >$ sogar simpel, weiter für jedes i die Funktion $g_i(x) = \text{PRINO}(1+i)^{1+x}$ elementar, so daß auch $CA^k = h^k \circ \langle g_0 \circ p_0^k, \ldots \rangle$ elementar ist.

Bei festem k ist die Funktion CB^{k+1} mit $CB^{k+1}(\alpha,q) = [\,\langle 0,\alpha,\vartheta\rangle\,]$ primitiv rekursiv, wobei ϑ ein Vektor aus q Nullen ist.

Denn $CB^{k+1}(\alpha,0) = CA^k(\alpha)$ und $CB^{k+1}(\alpha,q+1) = CB^{k+1}(\alpha,q) \cdot \text{PRINO}(k+q+1)$, und zusammen mit $\text{PRINO}(x)$ ist auch $\text{PRINO}(k+x+1)$ elementar.

Ferner benötige ich drei 2-stellige Funktionen CC_0, CC_+, CC_- und eine 3-stellige Funktion $CC_=$, die in einem kodierten Zustandsvektor die Veränderungen bewirken, welche Zuweisungen vorschreiben:

$$CC_0([\,\langle c,\eta\rangle\,],i) = [\,\langle c,\eta'\rangle\,] \quad \text{mit } \eta'(i) = 0 \;,\; \eta'(q) = \eta(q) \text{ für } q{\neq}i \;,$$

$$CC_+([\,\langle c,\eta\rangle\,],i) = [\,\langle c,\eta'\rangle\,] \quad \text{mit } \eta'(i) = \eta(i)+1 \;,\; \eta'(q) = \eta(q) \text{ für } q{\neq}i \;,$$

$$CC_-([\,\langle c,\eta\rangle\,],i) = [\,\langle c,\eta'\rangle\,] \quad \text{mit } \eta'(i) = \eta(i)\dot{-}1 \;,\; \eta'(q) = \eta(q) \text{ für } q{\neq}i \;,$$

$$CC_=([\,\langle c,\eta\rangle\,],i,j) = [\,\langle c,\eta'\rangle\,] \quad \text{mit } \eta'(i) = \eta(j) \;,\; \eta'(q) = \eta(q) \text{ für } q{\neq}i \;.$$

Ich erhalte sie als elementar durch

$$CC_0(a,i) = \text{PRINO}(i+1) \cdot \text{QU}(\text{PRINO}(i+1),\, a) \;,$$

$$CC_+(a,i) = \text{PRINO}(i+1) \cdot a \;,$$

$$CC_-(a,i) = \text{PRINO}(i+1)^{\text{EXP}(i+1,a)\dot{-}1} \cdot \text{QU}(\text{PRINO}(i+1),\, a) \;,$$

$$CC_=(a,i,j) = \text{PRINO}(i+1)^{\text{EXP}(j+1,a)} \cdot \text{QU}(\text{PRINO}(i+1),\, a) \;.$$

Die Funktion $UPS_{k,n}$ der arithmetisierten Berechnungen soll nun leisten, daß für jedes Programm $P = \langle A,k,n,m\rangle$ mit dem Code e von A und für jede Berechnung Δ von α

$$UPS_{k,n}(e,\alpha,t) = [\,\langle c,\eta\rangle\,] \quad \text{für} \quad \Delta(t) = \langle c,\eta\rangle$$

gilt. Ich definiere sie durch primitive Rekursion mit Fallunterscheidungen, indem ich setze

$$UPS_{k,n}(e,\alpha,0) = CB^{k+1}(\alpha,\, SN(e)\dot{-}k)$$

und $UPS_{k,n}(e,\alpha,\, t+1)$ als $UPS_{k,n}(e,\alpha,t)$ erkläre, falls $[\![\,UPS_{k,n}(e,\alpha,t)\,,0\,]\!] \geq SA(e,4)$ gilt, sonst aber als

$$2 \cdot CC_0(UPS_{k,n}(e,\alpha,t),\, SG_0(SC(e,4,\, [\![\,UPS_{k,n}(e,\alpha,t),\, 0\,]\!])))$$

$$\text{falls } SF(SC(e,4,\, [\![\,UPS_{k,n}(e,\alpha,t),\, 0\,]\!])) = 1 \;,$$

$$2 \cdot CC_=(UPS_{k,n}(e,\alpha,t),\, SG_0(SC(e,4,\, [\![\,UPS_{k,n}(e,\alpha,t),\, 0\,]\!])) \;,$$
$$SG_1(SC(e,4,\, [\![\,UPS_{k,n}(e,\alpha,t),\, 0\,]\!])))$$

$$\text{falls } SF(SC(e,4,\, [\![\,UPS_{k,n}(e,\alpha,t),\, 0\,]\!])) = 2 \;,$$

$$2 \cdot CC_{+}(UPS_{k,n}(e,\alpha,t), SG_0(SC(e,4, \llbracket UPS_{k,n}(e,\alpha,t), 0 \rrbracket)))$$
$$\text{falls } SF(SC(e,4, \llbracket UPS_{k,n}(e,\alpha,t), 0 \rrbracket)) = 3 \ ,$$

$$2 \cdot CC_{-}(UPS_{k,n}(e,\alpha,t), SG_0(SC(e,4, \llbracket UPS_{k,n}(e,\alpha,t), 0 \rrbracket)))$$
$$\text{falls } SF(SC(e,4, \llbracket UPS_{k,n}(e,\alpha,t), 0 \rrbracket)) = 4 \ ,$$

$$2 \cdot UPS_{k,n}(e,\alpha,t)$$
$$\text{falls } SF(SC(e,4, \llbracket UPS_{k,n}(e,\alpha,t), 0 \rrbracket)) = 5 \ ,$$
$$\text{und } \llbracket UPS_{k,n}(e,\alpha,t), 1+SG_0(SC(e,4, \llbracket UPS_{k,n}(e,\alpha,t), 0 \rrbracket)) \rrbracket > 1$$

$$2^{1 + SM(e, \ SG_0(SC(e,4, \llbracket UPS_{k,n}(e,\alpha,t), 0 \rrbracket)))} \cdot QU(2, UPS_{k,n}(e,\alpha,t))$$
$$\text{falls } SF(SC(e,4, \llbracket UPS_{k,n}(e,\alpha,t), 0 \rrbracket)) = 5 \ ,$$
$$\text{und } \llbracket UPS_{k,n}(e,\alpha,t), 1+SG_0(SC(e,4, \llbracket UPS_{k,n}(e,\alpha,t), 0 \rrbracket)) \rrbracket = 1$$

$$2^{1 + SM(e, \ SG_0(SC(e,4, \llbracket UPS_{k,n}(e,\alpha,t), 0 \rrbracket)))} \cdot QU(2, UPS_{k,n}(e,\alpha,t))$$
$$\text{falls } SF(SC(e,4, \llbracket UPS_{k,n}(e,\alpha,t), 0 \rrbracket)) = 6 \ ,$$
$$\text{und } \llbracket UPS_{k,n}(e,\alpha,t), 1+SM(SG_0(SC(e,4, \llbracket UPS_{k,n}(e,\alpha,t), 0 \rrbracket))) \rrbracket > 1 \ ,$$

$$2 \cdot UPS_{k,n}(e,\alpha,t)$$
$$\text{falls } SF(SC(e,4, \llbracket UPS_{k,n}(e,\alpha,t), 0 \rrbracket)) = 5 \ ,$$
$$\text{und } \llbracket UPS_{k,n}(e,\alpha,t), 1+SM(SG_0(SC(e,4, \llbracket UPS_{k,n}(e,\alpha,t), 0 \rrbracket))) \rrbracket = 0 \ .$$

Terminiert die durch $UPS_{k,n}$ kodierte Berechnung, so gibt es ein erstes t_0, für das $\llbracket UPS_{k,n}(e,\alpha,t), 0 \rrbracket$ den Wert $SA(e,4)$ annimmt; mithin gilt dann $t_0 = \mu(SA(e,4) \dot{-} \llbracket UPS_{k,n}(e,\alpha,-), 0 \rrbracket)$. Wert der Berechnung sind dann die ersten n Glieder von λ in $UPS_{k,n}(e,\alpha,t_0) = [<SA(e,4), \lambda>]$. Deshalb erhalte ich $UP_{k,n}$, indem ich setze

$$UP_{k,n}(e,\alpha) = < \llbracket UPS_{k,n}(e,\alpha, \mu(SA(e,4) \dot{-} \llbracket UPS_{k,n}(e,\alpha,-), 0 \rrbracket)), 1 \rrbracket, \ldots,$$
$$\llbracket UPS_{k,n}(e,\alpha, \mu(SA(e,4) \dot{-} \llbracket UPS_{k,n}(e,\alpha,-), 0 \rrbracket)), n \rrbracket > \ .$$

Damit ist eine partiell rekursive Universalfunktion $UP_{k,n}$ gefunden.

Da $UP_{k,n}$ partiell rekursiv ist, gibt es ein PLA–Programm, das diese Funktion berechnet, und damit ist auch ein Universalprogramm gefunden. Tatsächlich läßt sich die Rekursionsvorschrift für $UPS_{k,n}$ leicht als ein Programm schreiben; wird in ihm die Variable x_0 mit e und eine Variable x_h mit dem Wert von $\llbracket UPS_{k,n}(e,\alpha,t), 0 \rrbracket$ belegt, so braucht man es nur in eine Schleife mit dem Head

$$\text{while } SA(x_0,4) \dot{-} x_h \neq 0 \text{ do}$$

zu tun, um ein Programm zu erhalten, das die Funktion $UP_{k,n}$ berechnet. Freilich sollte da an Stelle von $SA(x_0,4)$ ein *Term $SA(x_0,4)$* stehen, mit dem man PLA erweitern kann, weil die Funktion SA ja rekursiv ist, und auch $\dot{-}$ wird dann bereits als ein Termsymbol verwendet. Natürlich wird man auch für die anderen in der Rekursionsvorschrift auftretenden Funktionen solche Termerweiterungen mit Funktionssymbolen SC, SF, SG_0, SG_1, SM, SN, CB, CC_0, $CC_=$, CC_+, CC_-, QU verwenden, sowie für die Multiplikation, die Exponentiation und die Funktionen $[\![-,-]\!]$; alles das ist unproblematisch, weil auch diese Funktionen rekursiv sind. Ebenfalls wird man auch die Konstanten *2*, *3*, *4*, *5*, *6* einführen.

Natürlich sind solche Programme nur Übersetzungen dessen, was zuvor mit rekursiven Funktionen ausgedacht wurde. Die Kodierung der Syntax ist einfach deshalb notwendig, weil PLA–Programme nur Zahlen lesen können. Was den Gebrauch der Kodierungsmechanik für die Zustandsvektoren $\langle c,\eta\rangle$ der simulierten Programme $\langle A,k,n,m\rangle$ anlangt, so habe ich schon am Anfang des Beweises des Theorems 1 bemerkt, daß auf sie deshalb nicht verzichtet werden kann, weil die Anzahl m+1 der Glieder von $\langle c,\eta\rangle$ beliebig groß werden kann. Formuliere ich jedoch eine schwächere Behauptung als die des Theorems 1, in dem ich nur mehr verlange

> Für alle k,n,m gibt es eine Universalfunktion $UP_{k,n,m}$ ...

und

> Für alle k,n,m gibt es ein Universalprogramm $U_{k,n,m}$ ...

so bestehen durch die Fixierung von m solche Schwierigkeiten nicht mehr.

COROLLAR 1   Es sei PLA für jede Zahl h mit h $\leq$ m durch eine Konstante *h* und weiter durch Termsymbole SA, SC, SF, SG_0, SG_1, SM für die korrespondierenden Funktionen erweitert. Dann läßt sich ein Universalprogramm $U_{k,n,m} = \langle B,k,n,m+6\rangle$ für PLA–Programme $P = \langle A,k,n,m\rangle$ angeben. Die Variablen von $U_{k,n,m}$ werden bei der Simulation eines solchen P wie folgt belegt:

x_0	mit dem Code e von A ,
$x_1, \ldots, x_m$	mit den Gliedern von η der P–Zustandsvektoren $\langle c,\eta\rangle$
x_{m+1}	mit c+1 für das c aus $\langle c,\eta\rangle$.

Die offenbare Schwierigkeit bei der Konstruktion von $U_{k,n,m}$ besteht darin, die Variablennummern von P zu denen von $U_{k,n,m}$ in Beziehung zu setzen. Ist x_{m+1} mit der um 1 vergrößerten Nummer c eines P–Statements A(c) belegt, das eine erste Variable x_i enthält, so gilt $SG_0(SC(e,4,c+1)) = i$, und durch das $U_{k,n,m}$-Statement

$$x_{m+4} := SG_0(SC(x_0,4,x_{m+1}))$$

kann ich auch eine neue Variable x_{m+4} mit diesem i belegen. Zwar kann ich nun in $U_{k,n,m}$ keine Zuweisung formulieren, welche etwa für A(c) gleich "$x_i := 0$" lauten würde

$$x_{x_{m+4}} := 0 \quad,$$

jedoch kann x_{m+4}, zusammen mit i, nur die m Stück vielen Werte 1,...,m haben. Die Zahl m aber ist fixiert, und unter Gebrauch der Konstanten 1, ... , m kann ich durch m Fallunterscheidungen

```
ife x_{m+4} = 0 do x_1 := 0
else ife x_{m+4} = 1 do x_2 := 0
     else ife x_{m+4} = 2 do x_3 := 0
          .........
```

die gewünschte Belegung von x_i erzwingen.

Als Beispiel gebe ich das Universalprogramm $U_{k,2,3}$ an :

```
# Universalprogramm für PLA-Programme P=<A,k,n,m> mit n=2 , m=3
# x_0 trägt den Code e des Programms P
# x_1, ..., x_m tragen n die Glieder der P-Zustandsvektoren .
# x_{m+1} trägt s+1 für das jeweils betrachtete Statement A(s)
# x_{m+2} trägt die Differenz SA(e,4)-s , wobei  SA(e,4) die Länge von
# |A| ist
x_{m+1} := 1
x_{m+2} := SA(x_0,4)+1
while x_{m+2}≠0 do
    x_{m+3} := SF(SC(x_0,4, x_{m+1})            # Typ von A(s)
    ife x_{m+3}=1 then do                       # "x_i := 0"
      x_{m+4} := SG_0(SC(x_0,4,x_{m+1}))        # i
      x_{m+1} := x_{m+1}+1                       # erhöhe s um 1
      x_{m+2} := x_{m+2}-1                       # Differenz
      ife x_{m+4}=0 then do x_1 := 0            # i=0
      else
        ife x_{m+4}=1 then do x_2 := 0          # i=1
        else                                     # bleibt nur i=2
          x_3 := 0
        fi
      fi
    else
      ife x_{m+3}=2 then do                     # "x_i := x_j"
        x_{m+4} := SG_0(SC(x_0,4,x_{m+1}))      # i
        x_{m+5} := SG_1(SC(x_0,4,x_{m+1}))      # j
        x_{m+1} := x_{m+1}+1
        x_{m+2} := x_{m+2}-1
        ife x_{m+4}=0 then do                   #i=0
          ife x_{m+5}=1 then do x_1 := x_2      # j=0 trivial, also j=1
          else
```

```
      if x_{m+5}=2 then do x_1 := x_3                    # bleibt nur j=2
      od
   fi
 else
    ife x_{m+4}=1 then do                                # i=1
      ife x_{m+5}=0 then do x_2 := x_1                   # j=0
      else                                               # j=1 trivial, also j=2
         if x_{m+5}=2 then  x_2 := x_3
         od
      fi
    else                                                 # bleibt nur i=2
      ife x_{m+5}=0 then do x_3 := x_1                   # j=0
      else
         if x_{m+5}=1 then x_3 := x_2                    # j=1
         od
      fi                                                 # da j=2 trivial
    fi
  fi
else
   ife x_{m+3}=3 then do                                 # "x_i := x_i+1"
     x_{m+4} := SG_0(SC(x_0,4,x_{m+1}))                  # i
     x_{m+1} := x_{m+1}+1
     x_{m+2} := x_{m+2}-1
     ife x_{m+4}=0 then do x_1 := x_1+1                  # i=0
     else
        ife x_{m+4}=1 then do x_2 := x_2+1               # i=1
        else                                             # bleibt nur i=2
           x_3 := x_3+1
        fi
     fi
   else
     ife x_{m+3}=4 then do                               # "x_i := x_i-1"
       x_{m+4} := SG_0(SC(x_0,4,x_{m+1}))                # i
       x_{m+1} := x_{m+1}+1
       x_{m+2} := x_{m+2}-1
       ife x_{m+4}=0 then do x_1 := x_1-1                # i=0
       else
          ife x_{m+4}=1 then do x_2 := x_2-1             # i=1
          else                                           # bleibt nur i=2
             x_3 := x_3-1
          fi
       fi
     else                           # A(s) ist "while x_i :≠ 0 do" oder "od"
       x_{m+5} := SM(x_0,x_{m+1})               # s*+1 aus A(s*)
       ife x_{m+3}=5 then do                    # "while x_i :≠ 0 do"
```

```
        x_{m+4} := SG_0(SC(x_0,4,x_{m+1}))              # i
    else
        x_{m+4} := SG_0(SC(x_0,4,x_{m+5}))              # "od"
    fi                                                  # i in A(s*)
    ife x_{m+4}=0 then do                               # i=0
      ife x_1=0 then do
        x_{m+1} := x_{m+5}+1
        x_{m+2} := x_{m+2}-1
      else
        x_{m+1} := x_{m+1}+1
        x_{m+2} := x_{m+2}-1
      fi
    else
      ife x_{m+4}=1 then do                             # i=1
        ife x_2=0 then do
          x_{m+1} := x_{m+5}+1
          x_{m+2} := x_{m+2}-1
        else
          x_{m+1} := x_{m+1}+1
          x_{m+2} := x_{m+2}-1
        fi
      else                                              # bleibt nur i=2
        ife x_3=0 then do
          x_{m+1} := x_{m+5}+1
          x_{m+2} := x_{m+2}-1
        else
          x_{m+1} := x_{m+1}+1
          x_{m+2} := x_{m+2}-1
        fi
      fi
    fi
   fi
  fi
 fi
od
x_0 := x_1                                              # Rückbenennung der Ausgabevariablen
x_1 := x_2                                              # dies würde für n=1 entfallen
```

$U_{k,n+1,m}$ hat nur eine Zeile mehr als $U_{k,n,m}$; hingegen hat $U_{k,n,m+1}$ bereits bei der hier verwendeten abgekürzten Schreibweise $15+16\cdot(m+1)$ Zeilen mehr als $U_{k,n,m}$.

4. Universalität und Uniformisierung

Während $UP_{k,n,m}$ nur universell für diejenigen k-stelligen partiell rekursiven Funktionen ist, welche sich mit höchstens m Parametern berechnen lassen, ist $UP_{k,n}$ in der Tat Universalfunktion für alle k-stelligen partiell rekursiven Funktionen f^k, wenn ich als deren Indizes e die Codes der sie berechnenden PLA-Programme verwende.

Allerdings hat auch $UP_{k,n}$ noch zwei Schönheitsfehler, denn

(a) werden nicht *alle* Zahlen e als Codes von P-Folgen A auftreten (jedoch sind die Funktionen $UP_{k,n}(e,-)$ mit Nicht-Codes e immer noch partiell rekursiv), und

(b) finden sich unter den Codes e diejenigen sämtlicher P-Folgen A, und es ist aus ihnen nicht zu erkennen, ob A zu einem Programm $<A,k,n,m>$ gehört.

Der erste Fehler läßt sich leicht korrigieren, denn die Menge *aller* Codes e hat SJ zur charakteristischen Funktion. Mithin ist sie rekursiv, also erst recht rekursiv aufzählbar, so daß es eine rekursive Funktion ψ gibt, welche ω surjektiv auf die Menge aller Codes abbildet. Die Funktion $UP_{k,n}(\psi(x),\xi)$ ist dann eine Universalfunktion, welche den Fehler (a) vermeidet. Der Mangel (b) läßt sich beheben, indem ich nicht mehr bloß die P-Folgen A durch Zahlen e kodiere, sondern Programme $<A,k,n,m>$ durch die Codes der Folgen $<e,n,k>$ mit $n \leq SN(e)$, $m \leq SN(e)$.

In jedem Falle erhalte ich mit $UP_k=UP_{k,1}$ als $<UP_k \mid k>0>$ eine präuniverselle Folge im Sinne des Kapitels 26. Ich werde nun zeigen, daß sie sogar universell ist, nämlich das

COROLLAR 2 $<UP_k \mid k>0>$ hat die SMN-Eigenschaft.

Dazu betrachte ich ein Programm P = $<A,m+n,1,h>$, welches eine zahlenwertige Funktion f^{m+n} berechnet; bei Eingabe eines Arguments $<\alpha,\gamma>$ von f^{m+n}, $|a| = m$, $|\gamma| = n$, belegt P dann $x_0,..., x_{m-1}$ mit α und $x_m, ..., x_{m+n-1}$ mit γ. Bei fixiertem α erhalte ich ein Programm P(α) = $<B,n,1,h>$ zur Berechnung von $f^{m+n}(\alpha,-)$, indem ich A die n Zeilen

$$x_0 := x_m$$

$$.....$$

$$x_{n-1} := x_{m+n-1}$$

sowie für jedes i < m die $\alpha(i)+1$ Zeilen

$$x_i := 0$$
$$x_i := x_i + 1$$
$$\dots\dots$$
$$x_i := x_i + 1$$

voranstelle. Der syntaktische Code [D] des Blocks D der ersten n Zeilen ist eine nur von n und m abhängige Konstante. Der syntaktische Code $[C_i]$ jedes der folgenden Zeilenblöcke C_i ist eine Funktion φ von i und $\alpha(i)$, und er ist elementar, da *per definitionem*

$$\psi(i) = \mathrm{Code}(x_i := 0) \quad = \Sigma < 5^q \mid 0 < q \le i> + 3 \cdot 5^{i+1}$$
$$\chi(i) = \mathrm{Code}(x_i := x_i + 1) = \Sigma < 5^q \mid 0 < q \le i> + 3 \cdot 5^{i+1} +$$
$$\Sigma < 5^q \mid 0 < q \le i> \cdot 5^{i+1} + 2 \cdot 5^{2i+2} \; ,$$

so daß mit

$$\varphi(i,0) = \mathrm{CAT}(4, \mathrm{CAT}(\psi(i),4)) \quad , \quad \varphi(i,n+1) = \mathrm{CAT}(\varphi(i,n), \mathrm{CAT}(\chi(i),4))$$

dann C_i den Code $\varphi(i,\alpha(i))$ erhält. Da B durch Verkettung von D, C_0, ..., C_{n-1} mit A entsteht, erhalte ich den Code von B als

$$[B] = [D] + \Sigma < \varphi(i,\alpha(i)) \mid i < n> + [A] \; .$$

Mit der primitiv rekursiven Funktion $s_n^m(p,\alpha) = [D] + \Sigma < \varphi(i,\alpha(i)) \mid i < n> + p$ ist daher die SMN-Eigenschaft nachgewiesen.

Aus der Universalität der Folge $< UP_k \mid k > 0>$ folgt nun mit den Isomorphiesätzen von ROGERS und BLUM aus dem vorangehenden Kapitel, daß sie den früher konstruierten universellen Folgen isomorph ist.

Ich beschränke mit fortan auf zahlenwertige Funktionen und erinnere an die primitiv rekursive Funktion $UPS_k = UPS_{k,1}$, welche im Beweis des Theorems 1 konstruiert wurde. Zusammen mit ihr ist auch die Relation SP^{k+2} mit

$$SP^{k+2}(e, \alpha, t) \quad \text{genau dann, wenn} \quad SA(e,4) \doteq [\![UPS_k(e, \alpha, t), 0]\!] = 0$$

primitiv rekursiv, also entscheidbar. Da sie, falls e Code eines Programms ist, genau dann besteht, wenn dieses Programm die Berechnung der Eingabe α nach höchstens t Schritten terminiert, ist somit das *Halteproblem bei beschränkter Schrittzahl* (sogar primitiv) *rekursiv entscheidbar.*

Da ich andererseits weiß, daß das Halteproblem schlechthin unentscheidbar ist, ist die rekursiv aufzählbare Relation $\exists\, SP^{k+2}$ unentscheidbar, nämlich nicht rekursiv.

Zu Beginn des vorigen Kapitels hatte ich bemerkt, daß mit Hilfe des lokalen Darstellungstheorems aus dem Kapitel 23 bereits eine prä–universelle Folge stets eine Uniformisierung von PRF liefert. Im vorliegenden Falle läßt sich eine – freilich etwas schwächere – Uniformisierung von **PRF** aber auch ohne den Rückgriff auf jenes Theorem gewinnen. Setze ich zunächst $v_k(e,\alpha,t) = [\![UPS_k(e,\alpha,t), 1]\!]$, so erhalte ich daher:

Zu jedem f^k aus **PRF** gibt es eine Zahl e so, daß

$$f^k(\alpha) = v_k(e, \alpha, \mu(SP^{k+2}(e, \alpha, -)))\ ,$$

was natürlich nichts anderes besagt, als daß e der Code eines Programmes ist, welches bei Eingabe von α den Wert $f^k(\alpha)$ produziert. Für ein Uniformisierungstheorem sollte an der Stelle von v_k aber eine 1-stellige Funktion stehen, und das erfordert es, eine durch UPS_k beschriebene Berechnung Δ von α durch eine Zahlen d zu kodieren. Dazu bediene ich mich der Primzahlkodierung und erkläre die Relation $SQ^{k+2}(e, \alpha, d)$, welche zwischen Programmcodes e, Eingaben α und Codes d terminierender Berechnungen Δ von α besteht, durch

$$\text{für alle } t < LEN(d)\colon\ [\![d, t]\!] = UPS_k(e, \alpha, t)\ \text{ und}$$
$$[\![\ [\![d,\ LEN(d) \dotdiv 1]\!],\ 0]\!] = SA(e, 4)\ .$$

Auch diese Relation ist zusammen mit UPS_k wieder primitiv rekursiv. Definiere ich die elementare Funktion u durch $u(d) = [\![\ [\![d,\ LEN(d) \dotdiv 1]\!],\ 1]\!]$, so erhalte ich die Uniformierungsaussage

Zu jedem f^k aus **PRF** gibt es eine Zahl e so, daß

$$f^k(\alpha) = u \circ \mu(SQ^{k+2}(e, \alpha, -))\ .$$

Auf diese Weise stehen allein durch die Arithmetisierung der Programme in diesem Kapitel bereits sämtliche Werkzeuge zur Verfügung, um die Theoreme und Corollarien der Kapitel 25 und 26 zu beweisen (mit Ausnahme derjenigen Aussagen, welche sich direkt auf die Universalfunktionen des Kapitels 24 beziehen).

Kapitel 28.   Der Gleichungskalkül von Herbrand–Gödel–Kleene

Im ersten Teil dieses Buches habe ich (partiell) rekursive Funktionen als
μ-rekursive eingeführt. Selbst dann, wenn der Prozeß der Bildung von
Minimierungen, nach einiger Übung in seinem Gebrauch, weniger künstlich anmuten mag, als er auf den ersten Blick erscheinen mochte, so liegt
doch eine unmotivierte Willkür darin, gerade *ihn* als denjenigen auszuwäh-
len, welcher mir den Bereich eben der *allgemein rekursiven* Funktionen
eröffnet. Im zweiten Teil habe ich diese Mißlichkeit korrigiert: allgemein
und partiell rekursive Funktionen konnten als *programmierbare* definiert
werden, und die dazu verwendeten Programme erscheinen sogleich als natürliche Präzisierungen von Berechnungsschemata. Allgemein und partielle
rekursive Funktionen sind demnach gerade diejenigen, welche durch so
präzisierte Berechnungschemata – nein, nicht *berechnet,* wohl aber: *programmiert* werden. Freilich ist, was im Jahre 1993 als natürlich erscheint,
nur deshalb so, weil Maschinen, welche solche Programme ausführen,
mittlerweile einem jeden vertraut sind und nun wohl auch jeder Mathema-
tikstudent einmal ein Programm geschrieben haben wird.

In diesem Kapitel will ich eine andere Art der Präzisierung von Berechnungsschemata darstellen, welche ebenfalls zur Charakterisierung der allgemein und partiell rekursiven Funktionen dienen kann. Sie ist viel älter, ist
unabhängig von der Erfahrung des Programmierens von Maschinen, und
sie liefert eine weitere Kennzeichnung der allgemein und partiell rekursiven
Funktionen, welche die Intuition von durch *Berechnungschemata* be-
schreibbaren Funktionen wohl am treffendsten wiedergibt. Ihr Ausgangspunkt sind Gleichungen, im Besonderen Rekursionsgleichungen wie sie
zunächst für primitiv rekursive, dann aber auch, wie das Beispiel der
PETERschen und der Universalfunktionen lehrt, für allgemeinere Funktionen vorliegen – Gleichungen nämlich, aus denen sich jeder konkrete, numerische Spezialfall eines Funktionswertes in endlich vielen Schritten er-
rechnen läßt. Die Art und Weise solchen Errechnens läßt sich nämlich auf
wenige, simple Schritte von Gleichungsumformungen oder *Reduktionen*
zurückführen und der Berechnungsprozeß sich damit in einem *Gleichungs-*
oder *Reduktionskalkül* formalisieren.

Um das an einem Beispiel zu illustrieren, will ich aus den Rekursionsgleichungen der Multiplikation, nämlich $x \cdot y' \equiv x + x \cdot y$ und $x \cdot 0 \equiv 0$, und
den als schon hergeleitet vorausgesetzten Gleichungen $2+0 \equiv 2$, $2+2 \equiv 4$,
$2+4 \equiv 6$, die Gleichung $2 \cdot 3 \equiv 6$ deduzieren :

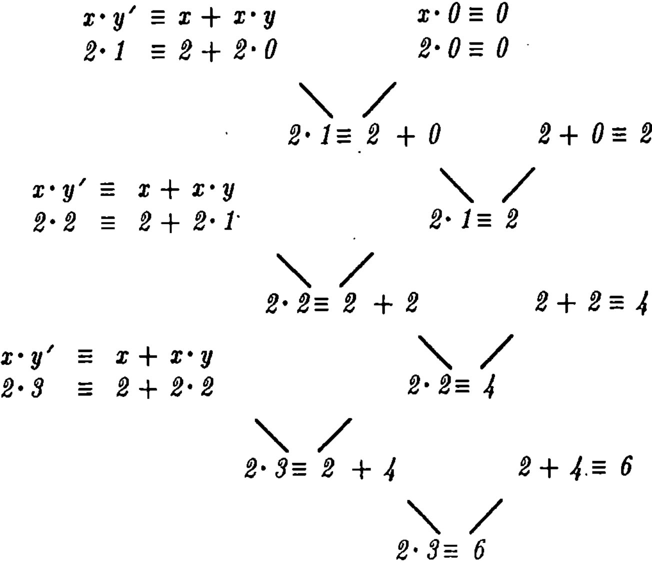

Die angewendeten Reduktionen bestehen also im *Spezialisieren* der Variablen (hier in den Rekursionsgleichungen der Multiplikation) durch Konstanten (für x stets *2*, für y der Reihe nach *0*, *1* und *3*) und im *Reduzieren* der
rechten Seiten von (hier linksstehenden) Prämissen mit Hilfe von (hier
rechtsstehenden) Reduktionsgleichungen; dabei wird ein komplizierter
Term (etwa *2* + *2·1*) auf einen einfacheren reduziert, indem einer seiner
Subterme (hier 2·1) gemäß der Reduktionsgleichung (hier *2·1* ≡ *2*) ersetzt wird. – Im Übrigen lehrt schon dieses Beispiel, daß die Umformungen der in den Gleichungen auftretenden Terme sozusagen *einseitig*, nämlich von links nach rechts, geschehen, weshalb der historisch bedingte
Name eines Gleichungskalküls der Sache nach durch den eines *Reduktions-
kalküls* ersetzt werden könnte.

In diesem Kapitel werde ich zunächst den Gleichungskalkül mit seinen
Ausdrücken und Deduktionsregeln präzisieren. Alsdann werde ich erklären,
was es heißt, daß ein Gleichungssystem, zusammen mit einem Funktionssymbol, eine Funktion *darstellt* respektive *definiert,* und in einer Reihe von
Schritten werde ich dann als erstes Theorem beweisen, daß eine jede partiell μ-rekursive Funktion in diesem Sinne definierbar ist.

1. Der Gleichungskalkül

Ich treffe zunächst einige sprachliche Konventionen. *Symbole* seien 0 und s sowie die Zeichen

$$x_0, \; x_1, \; x_2, \; \dots \; ,$$

genannt *Variable*, weiter eine Reihe von Zeichen f^k, g^m, ... als *Funktionssymbole* mit zugeordneten Stellenzahlen k, m, ... ; schließlich noch die drei Markierungszeichen *(* und *)* und , (das Komma). Endliche Folgen dieser Zeichen nenne ich *Ausdrücke*. Man beachte, daß s *nicht* als Funktionssymbol gelten soll. Ist A ein Ausdruck, in dem höchstens die Variablen $x_{\mu(0)}, \dots , x_{\mu(k-1)}$ auftreten, $\mu(i) < \mu(i+1)$ für $i < k-1$, und sind $B_0, \dots , B_{k-1}$ Ausdrücke, so sei

$$A[B_0, \dots, B_{k-1}]$$

der Ausdruck, welcher aus A dadurch entsteht, daß in A die Variablen $x_{\mu(i)}$ *simultan* an allen Stellen ihres Auftretens durch den Ausdruck B_i ersetzt werden.

Terme erkläre ich wie folgt:

0 und alle Variablen seien Terme ,

ist t ein Term, so sei der Ausdruck $s(t)$ ein Term ,

ist f^k Funktionssymbol und ist $t_0, \dots , t_{k-1}$ eine Folge von Termen, so sei der Ausdruck $f^k(t_0, \dots , t_{k-1})$ ein Term .

Für 0 schreibe ich auch c_0, und für den Term $s(c_i)$ schreibe ich c_{i+1} ; die Terme c_0, c_1, c_2, ... nenne ich *Konstanten* oder *Ziffern*. Ein Term, der keine Variablen enthält, heiße *konstant*. Ein Term der Gestalt $f^k(t_0, \dots, t_{k-1})$ heiße *atomar*, wenn die Terme t_i keine Funktionssymbole enthalten.

Eine *Gleichung* sei ein geordnetes Paar von Termen v, w , geschrieben in der Gestalt $v \Rightarrow w$. Eine Gleichung der Gestalt $f^k(c_{\alpha(0)}, \dots, c_{\alpha(k-1)}) \Rightarrow c_n$ nenne ich eine *Zuweisungsgleichung*.

Ist G eine Menge von Gleichungen, so nenne ich *0-Herleitung* aus G einen endlichen Baum, der an seinen nicht maximalen Knoten höchstens zweifach nach oben verzweigt ist und dessen Knoten e gemäß den folgenden *Regeln* (K0)–(K2$_0$) mit Gleichungen belegt sind:

(K0)   e ist maximal. Dann liegt auf e eine Gleichung aus G .

(K1)   e hat genau einen oberen Nachbarn e' , i.e. $\begin{array}{l} e': \quad v \Rightarrow w \\ e: \quad v' \Rightarrow w' \end{array}$.

Es entsteht $v' \Rightarrow w'$ aus $v \Rightarrow w$, indem eine fixierte, in $v \Rightarrow w$ auftretende Variable an allen Stellen ihres Auftretens durch eine fixierte Konstante ersetzt wird.

$(K2_0)$ e hat genau zwei obere Nachbarn e', e" , ,i.e.

$$e': \; v \Rightarrow t \qquad e" : u \Rightarrow c$$

$$e : v \Rightarrow w$$

Es sind v und t konstante Terme, und $u \Rightarrow c$ ist eine Zuweisungsgleichung, deren Term u in t auftritt. Es entsteht w aus t, indem u an allen Stellen seines Auftretens in t durch c ersetzt wird.

Neben 0-Herleitungen betrachte ich auch *1-Herleitungen* mit einer Regel $(K2_1)$, die sich von $(K2_0)$ allein dadurch unterscheidet, dass die Worte "an allen Stellen" ersetzt werden durch "an einer Stelle". Die folgenden Definitionen und Sätze gelten, sofern nicht ausdrücklich Anderes bemerkt, sowohl für 0- als auch für 1-Herleitungen, sodass ich auch von *Herleitungen* schlechthin und von *einer* Regel (K2) sprechen werde.

Von den Knoten e in (K1), (K2) sage ich dann, es läge bei ihnen eine *Anwendung der Regel* (K1) respektive (K2) vor; die Gleichung bei e nenne ich die *Konklusion* der Regelanwendung und die Gleichungen bei e' und e" deren *Prämissen;* speziell bei (K2) nenne ich die Gleichung bei e' die *Haupt-* und die bei e" die *Nebenprämisse.* Ein *Ast* einer Herleitung ist ein lineares Teilstück, welches von einem der maximalen Knoten zum eindeutig bestimmten minimalen Knoten des Herleitungsbaumes führt. Die Länge eines Astes ist die um 1 verringerte Anzahl der auf ihm liegenden Knoten; die *Länge* einer Herleitung definiere ich als das Maximum der Längen ihrer Äste. Eine Herleitung der Länge 0 aus G besteht aus einer einzigen Gleichung von G. *Herleitung einer Gleichung* heißt eine Herleitung Γ, auf deren minimalem Knoten diese Gleichung liegt, und diese nenne ich dann auch die Endgleichung von Γ.

Jede 0-Herleitung lässt sich in eine 1-Herleitung derselben Gleichung überführen. Denn statt einer $(K2_0)$-Anwendung, bei der u etwa an n Stellen seines Auftretens durch c aus der Nebenprämisse bei e" ersetzt wird, kann ich n aufeinanderfolgende $(K2_1)$-Anwendungen ausführen, deren Nebenprämissen dieselben sind und die auf Knoten e_i, $i < n$ $e_0 = e"$, liegen, oberhalb derer aller Kopien der bei e" endenden Teilherleitung liegen. Ein Beispiel einer 1-Herleitung, welche sich nicht durch eine 0-Herleitung ersetzen lässt, werde ich im Abschnitt 3 erwähnen.

Anwendungen von (K1) benötigen Prämissen, die mindestens eine Variable enthalten; Anwendungen von (K2) haben konstante Prämissen und Konklusionen. Deshalb kann in einer Herleitung einer Anwendung von (K2) keine solche von (K1) mehr folgen: auf jedem Ast eines Herleitungsbaumes stehen die (K1)-Anwendungen oberhalb der (K2)-Anwendungen.

Die folgenden Beobachtungen und Definitionen werden in späteren Beweisen eine zentrale Rolle spielen.

Gegeben sei eine Herleitung Γ aus G einer Gleichung $v \Rrightarrow w$; durch Induktion über die Länge von Γ definiere ich die *Originalgleichung* von Γ und, gegebenenfalls, die *Hauptgleichung* von Γ :

> Besteht Γ nur aus der (dann zu G gehörenden) Gleichung $v \Rrightarrow w$, so sei diese die Originalgleichung von Γ, und sind v, w konstante Terme, so sei sie auch die Hauptgleichung von Γ .

> Endet Γ mit einer Regelanwendung, so sei Γ' die Teilherleitung (a_1) der Prämisse im Fall (K1) oder (a_2) der Hauptprämisse im Fall (K2). Die Originalgleichung von Γ sei diejenige von Γ'. Die Hauptgleichung von Γ sei definiert falls (b_1) Γ' eine Hauptgleichung hat, und dann sei sie ihr gleich, oder (b_2) Γ' keine Hauptgleichung hat, aber v, w konstante Terme sind, und dann sei sie $v \Rrightarrow w$.

Die Originalgleichung von Γ liegt stets in G. Die Hauptgleichung besteht aus konstanten Termen und unterscheidet sich von der Originalgleichung allenfalls durch Konstanten, welche Variablen ersetzen; im Besonderen treten also ihre Funktionssymbole bereits in der Originalgleichung auf. Die linke Seite der Hauptgleichung unterscheidet sich nicht von der linken Seite der Endgleichung von Γ . Enthält Γ eine (K2)-Anwendung, so ist die Hauptgleichung die Hauptprämisse der obersten (K2)-Anwendung auf dem Pfad von der Endgleichung zur Originalgleichung. Den Pfad von der Endgleichung zur Hauptgleichung nenne ich den *Hauptpfad* von Γ ; er besteht nur aus konstanten Gleichungen.

Die Regeln $(K2_0)$, $(K2_1)$ lassen sich zu Regeln $(K2_{01})$, $(K2_{11})$ verstärken, indem ich von dem Term u nur verlange, daß er konstant sei und mit einem Funktionssymbol beginne. Die durch den Gebrauch dieser Regeln entstehenden Kalküle will ich die *weiteren* nennen und die beiden bisher (und fortan) Kalküle *schlechthin* genannten dann als die *engeren* von ihnen unterscheiden.

2. Abhängigkeit von Funktionssymbolen

In diesem rein technischen Abschnitt klassifiziere ich die Funktionssymbole, von denen die Herleitung einer mit f^k beginnenden Gleichung aus G *abhängen* kann; dabei werde ich mich explizit allein auf die Gleichungsmenge G selbst beziehen, nicht aber auf mögliche Herleitungen aus G . Dies wird es mir erlauben, die *G–unabhängigen* Funktionssymbole zu erklären, die für keine der Herleitungen aus G gebraucht werden.

Sei Γ Herleitung aus G von $v \Rightarrow w$, und v beginne mit einem Funktionssymbol f^k. Dann beginnt auch die Originalgleichung von Γ mit f^k. Ist q linke Seite der Nebenprämisse einer (K2)-Anwendung auf dem Hauptpfad, so treten die Funktionssymbole von q auf der rechten Seite der Hauptgleichung, also auch auf der rechten Seite der Originalgleichung auf; im Besonderen gilt dies für das Funktionssymbol g^n, mit dem q beginnt. Nun definiere ich, in Beziehung auf die vorgelegte Gleichungsmenge G :

Ein Funktionssymbol f^k heißt 0-abhängig von sich selbst.

Ein Funktionssymbol g^n heißt 1-abhängig von einem Funktionssymbol f^k , wenn es eine Gleichung in G gibt, deren linker Term mit f^k beginnt und in deren linkem oder rechtem Term g^n vorkommt.

Ein Funktionssymbol k^m heißt (i+1)-abhängig von einem Funktionssymbol f^k , wenn es ein von f^k 1-abhängiges Funktionssymbol gibt, von dem k^m i-abhängig ist.

Ein Funktionssymbol k^m heißt abhängig von einem Funktionssymbol f^k, wenn es ein i so gibt, daß k^m i-abhängig von f^k ist.

Damit kann ich zeigen:

(D0) Sämtliche Funktionssymbole, die in einer Herleitung Γ aus G auftreten, sind abhängig von dem Funktionssymbol, mit dem die durch Γ hergeleitete Gleichung beginnt.

Denn weiß ich, daß alle Funktionssymbole, welche in den Teilherleitungen (von kürzerer Länge) der Nebenprämissen von (K2)-Anwendungen auf dem Hauptpfad auftreten, abhängig sind von dem Funktionssymbol, mit dem die jeweilige Nebenprämisse (i.e. ihr linker Term) beginnt, so folgt (D0) durch Induktion über die Länge von Γ.

Aus der Definition der (i+1)-Abhängigkeit gewinne ich die folgende Kennzeichnung:

(D1) Ein Funktionssymbol k^m ist (i+1)-abhängig von einem Funktionssymbol f^k genau dann, wenn es ein von f^k i-abhängiges Funktionssymbol gibt, von dem k^m 1-abhängig ist.

Das ist für i = 0,1 trivial, sei es für j < i bewiesen und sei i $\geq$ 2 . Nach Definition gibt es ein von f^k 1-abhängiges Funktionssymbol g^n , von dem k^m i-abhängig ist. Nach Induktionsannahme gibt es ein von g^n (i-1)-abhängiges Funktionssymbol e^p , von dem k^m 1-abhängig ist. Ebenfalls nach Induktionsannahme ist aber e^p dann von f^k i-abhängig.

Ein Funktionssymbol h^m heiße G-*unabhängig*, wenn jede h^m enthaltende Gleichung in G einen mit h^m beginnenden linken Term hat. In diesem Falle kann h^m nur von sich selbst 1-abhängig sein, so daß (D1) lehrt, daß h^m auch nur von sich selbst abhängig sein kann. Allgemeiner heiße eine

Menge U von Funktionssymbolen G-unabhängig, wenn jedes von ihnen nur in solchen Gleichungen von G auftritt, deren linker Term mit einem Symbol aus U beginnt; speziell ist h^m G-unabhängig, wenn das die aus h^m als einzigem Element bestehende Menge ist. Dann kann ein Funktionssymbol aus U nur von einem solchen wieder aus U 1-abhängig sein, so daß (D1) lehrt, daß auch jedes von ihnen nur von einem solchen aus U wieder abhängig sein kann. Somit folgt aus (D0) nun

(D2)   Sei Γ Herleitung aus G einer Gleichung, die mit einem Funktionssymbol f^k beginnt. Sei U eine G-unabhängige Menge von f^k verschiedener Funktionssymbole. Dann tritt kein Funktionssymbol aus U in Γ auf.

Daraus folgt im Besonderen

(D3)   Sei U eine G-unabhängige Menge von f^k verschiedener Funktionssymbole. Ist eine mit f^k beginnende Gleichung aus G herleitbar, so ist sie bereits aus der Teilmenge von G herleitbar, die durch Entfernung aller Symbole aus U enthaltenden Gleichungen entsteht.

3. Definierbarkeit von Funktionen

Die Funktionssymbole einer Gleichungsmenge G zerfallen in zwei Arten: diejenigen, welche in Termen auf den linken Seiten von Gleichungen auftreten, und die übrigen. Die der ersten Art nenne ich die *wesentlichen,* die der zweiten Art die G-*freien* Funktionssymbole von G.

Ist G eine Gleichungsmenge und f^k ein Funktionssymbol, so nenne ich das Paar $<G, f^k>$ ein *Gleichungssystem*; zusammen mit G heißt das System $<G, f^k>$ endlich oder nicht endlich. Beim Studium von Gleichungssystemen $<G, f^k>$ werde ich von vornherein voraussetzen, daß G keine von f^k unabhängigen Funktionssymbole enthalte.

Ein Gleichungssystem $<G, f^k>$ heißt *konsistent,* wenn es zu jedem α in ω^k höchstens ein a so gibt, daß die Gleichung $f^k(c_{\alpha(0)}, \ldots, c_{\alpha(k-1)}) \rightarrow c_a$ aus G herleitbar ist.

Ein Gleichungssystem $<G, f^k>$ *stellt eine partielle Funktion* f^k *dar,* wenn es zu jedem Paar $<\alpha, a>$ mit $\alpha \epsilon \mathrm{def}(f^k)$, $f^k(\alpha) = a$ eine Herleitung aus G von $f^k(c_{\alpha(0)}, \ldots, c_{\alpha(k-1)}) \rightarrow c_a$ gibt.

Ein Gleichungssystem $<G, f^k>$ *definiert eine partielle Funktion,* wenn es konsistent ist, und dann heißt die maximale von $<G, f^k>$ dargestellte Funktion f^k *die von* $<G, f^k>$ *definierte*; sie ist charakterisiert durch

(A) $f^k(\alpha) = n$ genau dann, wenn $f^k(c_{\alpha(0)}, ..., c_{\alpha(k-1)}) \Rightarrow c_n$ aus G herleitbar ist.

Liegt umgekehrt für ein Gleichungssystem $<G, f^k>$ eine Funktion f^k vor,
welche der Äquivalenz (A) genügt, so ist es konsistent und definiert f^k .

Jede Herleitung aus G einer mit f^k beginnenden Zuweisungsgleichung
hat eine Originalgleichung in G, deren linke Seite ein mit f^k beginnender
atomarer Term ist. Treten solche Gleichungen in G nicht auf, so erkläre
ich die leere Funktion als die von $<G, f^k>$ definierte.

Für die meisten der wesentlichen Ergebnisse dieses Kapitels wird es
genügen, endliche Gleichungssysteme zu betrachten. Unendliche Gleichungssysteme werden im Abschnitt 5 eine Rolle spielen.

Von den Gleichungsmengen G, aus denen ich in engeren Kalkülen Zu-
weisungsgleichungen herleiten möchte, kann ich voraussetzen, daß sie keine Gleichungen $v \Rightarrow w$ enthalten, in denen v nicht atomar ist. Denn solche
Gleichungen können nicht als Originalgleichungen einer Herleitung Γ einer
Zuweisungsgleichung auftreten, und da auch die Nebenprämissen von
(K2)-Anwendungen Zuweisungsgleichungen sind, können sie auch in deren
Teilherleitungen nicht auftreten. Ich werde gelegentlich ausdrücklich
voraussetzen, daß Gleichungsmengen G und Gleichungssysteme $<G, f^k>$
in dem Sinne *atomar* sind, daß G nur Gleichungen $v \Rightarrow w$ mit atomarem v
enthält.

Daß (und in welchem Sinne) es *unentscheidbar* ist, ob ein vorgelegtes
Gleichungssystem konsistent ist, werde ich im Beispiel C des Abschnittes 6
erläutern.

Ein Gleichungssystem $<G, f^k>$, in dem G nur von f^k abhängige Funktionssymbole enthalte, heiße *wesentlich konsistent,* wenn für jedes wesentliche Funktionssymbol h^m von G auch das Gleichungssystem $<G, h^m>$
konsistent ist.

Ein Beispiel eines konsistenten, aber nicht wesentlich konsistenten Gleichungssystems $<G, f^k>$ liefern die vier Gleichungen

$$f^1(x_0) \Rightarrow g^2(h^1(x_0), h^1(x_0)) \quad , \quad h^1(c_0) \Rightarrow c_1 \ ,$$
$$h^1(c_0) \Rightarrow c_2 \quad , \quad g^2(c_1, c_2) \Rightarrow c_3 \ .$$

Im Kalkül mit 0-Herleitungen definiert es die leere Funktion; im Kalkul
mit 1-Herleitungen die nur bei 0 und durch $f(0) = 3$ bestimmte Funktion.
Damit liegt auch ein Beispiel einer 1-Herleitung vor, welche sich nicht
durch eine 0-Herleitung ersetzen lässt.

Die vorangehenden Definitionen bleiben sinnvoll für die weiteren Kalküle, und die wesentlichen Ergebnisse dieses Kapitels bleiben für sie richtig; ich werde gelegentlich auf die dann nötige Ergänzungen hinweisen.
Natürlich ist jede Herleitung eines der engeren Kalküle auch eine solche
des entsprechenden weiteren.

Umgekehrt ist jede Herleitung einer Zuweisungsgleichung aus einer atomaren Gleichungsmenge G in weiteren Kalkülen bereits Herleitung in den engeren Kalkülen, da für nicht-atomare Nebenprämissen keine Originalgleichungen zur Verfügung stehen. Bei nicht atomarem G verhalten sich die engeren und weiteren Kalküle jedoch verschieden – zum Beispiel definiert das Gleichungssystem $<G, f^1>$, in dem G lediglich die zwei Gleichungen $f^1(x_0) \Rightarrow f^1(g^1(x_0))$, $f^1(g^1(x_0)) \Rightarrow x_0$ enthält, im den weiteren Kalkülen die identische Funktion, in den engeren jedoch die leere .

Deduktionen im Gleichungskalkül sind eindeutig bestimmte Objekte. Jedoch bleibt es auch bei vorgelegtem $<G, f^m>$ in der Regel unbestimmt, *welche* spezielle Deduktion ausgeführt werden soll, um zu einem Eingabewert ν aus ω^m eine Zuweisungsgleichung $f^k(c_{\nu(0)}, ..., c_{\nu(k-1)}) \Rightarrow c_n$ zu berechnen, die dann n als den Funktionswert erkennen ließe: eine Uniformität der Deduktionen im Gleichungskalkül wird nicht behauptet, und es lassen sich leicht Beispiele durchaus verschiedener Deduktionen G finden, welche dieselbe Zuweisungsgleichung berechnen. Diese *Unbestimmtheit* unterscheidet die Herleitungen des Gleichungskalküls von den Berechnungen einer Funktion durch Programme, wie sie im zweiten Teil dieses Buches untersucht wurden, und indem man sich des lateinischen Wortes bedient, sagt man wohl auch, die Berechnung einer Funktion durch den Gleichungskalkül sei *nicht deterministisch*. Hingegen sind bereits im *Begriff* des Programms Informationen über eine Uniformität enthalten, welche den Gegebenheiten des Gleichungskalküls ermangeln.

4. Partiell μ-rekursive Funktionen sind gleichungsdefinierbar

In den folgenden drei Beobachtungen (D4)–(D6) zeige ich von einfachen Gleichungssystemen, daß sie bekannte Funktionen definieren.

(D4) Die Nachfolgerfunktion s wird durch das Gleichungssystem $<G, f^1>$ definiert, in dem G aus der einen Gleichung $f^1(x) \Rightarrow s(x)$ besteht.

Ich erhalte mit (K1) für jedes n die Herleitbarkeit von $f^1(c_n) \Rightarrow c_{n+1}$, so daß die Nachfolgerfunktion jedenfalls dargestellt wird. Andererseits kann (K2) nicht in einer Herleitung von $f^1(c_n) \Rightarrow c_i$ verwendet werden, weil c_{n+1} keinen Subterm enthält, der mit einem Funktionssymbol begönne (es ist s kein Funktionssymbol!) Eine solche Gleichung muß daher bereits vermöge (K1) mit einer Herleitung der Länge 1 entstehen, und dann gilt i = n+1 trivialer Weise. Damit ist für s die Äquivalenz (A) nachgewiesen, aus der im Besonderen die Konsistenz von $<G, f^1>$ folgt. – Man bemerke noch, daß ein jedes Gleichungssystem, welches $f^1(x) \Rightarrow s(x)$ enthält, die Nachfolgerfunktion immer noch darstellt.

(D5)   Die Funktion c_0^1 wird durch das Gleichungssystem $<G, f^1>$ definiert, in dem G aus der einen Gleichung $f^1(x) \Rightarrow c_0$ besteht.

In der Tat stellt $<G, f^1>$ diese Funktion dar, und da $c_0^1(n) = 0$ ohnehin stets gilt, gilt es auch für jede hergeleitete Gleichung $f^1(c_i) \Rightarrow c_0$.

(D6)   Die Funktion p_i^k wird durch das Gleichungssystem $<G, f^k>$ definiert, in dem G aus der einen Gleichung $f^k(x_0,..., x_{k-1}) \Rightarrow x_i$ besteht.

Die Darstellbarkeit ist klar. Den zweiten Teil der Äquivalenz (A) zeige ich durch Induktion über die Länge m einer Herleitung einer Gleichung E der Gestalt $f^k(c_{\alpha(0)},..., c_{\alpha(k-1)}) \Rightarrow c_n$. Da in der Gleichung von G auf der rechten Seite keine Funktionssymbole auftreten, können auch hergeleitete Gleichungen rechts keine Funktionssymbole enthalten. Daher stehen keine Hauptprämissen für (K2)-Anwendungen zur Verfügung, so daß Herleitungen nur vermöge (K1) erfolgen können. Bei einer Herleitung von E der Länge 1 muß $k = 1$ gelten, und dann ist die Behauptung trivial. Da eine Herleitung einer Gleichung $v \Rightarrow w$, in der v Variablen enthält, nur aus sukzessiven Anwendungen von (K1) bestehen kann, lehrt Induktion über ihre Länge, daß $v \Rightarrow w$ dann die Gestalt $f^k(t_{\alpha(0)},..., t_{\alpha(k-1)}) \Rightarrow t_n$ hat, wobei (a) $t_{\alpha(j)} = c_{\alpha(j)}$ oder $t_{\alpha(j)} = x_j$ und (b) $t_n = c_{\alpha(i)}$ falls $t_{\alpha(i)} = c_{\alpha(i)}$ und $t_n = x_i$ falls $t_{\alpha(i)} = x_i$. Damit folgt endlich, daß eine Herleitung von E mit einer Anwendung von (K1) auf eine solche Gleichung $v \Rightarrow w$ endet und also $n = \alpha(i)$ gilt.

Die Gleichungssysteme in (D4)–(D6) enthalten jeweils nur ein Funktionssymbol. Da sie konsistent sind, sind sie somit auch wesentlich konsistent.

In den folgenden Beobachtungen (D7), (D8), (D9) betrachte ich die Konstruktionen der Superposition, Rekursion und Minimierung, welche aus gegebenen Funktionen neue erzeugen. Ich werde zeigen, wie ich von definierenden Gleichungssystemen für die gegebenen Funktionen zu definierenden Gleichungssystemen für die neuen Funktionen gelange. In jedem Falle liegt die Hauptarbeit im Nachweis des zweiten Teiles der Äquivalenz (A), bei dem die Konsistenz des neuen Gleichungssystems auf diejenige der gegebenen Gleichungssysteme zurückgeführt wird.

(D7)   *Superposition*: Es seien $<G_g, g^k>$, $<G_1^m, g_0^m>$, ... , $<G_k^m, g_k^m>$ Gleichungssysteme, welche partielle Funktionen g^k, g_1^m,..., g_k^m definieren. Die Mengen der Funktionssymbole in je zweien dieser Gleichungssysteme seien disjunkt.

Es sei f^m die partielle Funktion $g^k \circ <g_1^m,..., g_k^m>$. Es sei f^m ein neues Funktionssymbol. Es sei G die Gleichungsmenge, die aus der Vereinigung G' der gegebenen Gleichungssysteme zuzüglich der Gleichung

$$F: \quad f^m(x_0,\ldots,x_{m-1}) \Rightarrow g^k(g_1^m(x_0,\ldots,x_{m-1}),\ldots,g_k^m(x_0,\ldots,x_{m-1}))$$

besteht. Dann wird f^m durch $<G, f^m>$ definiert. Sind die gegebenen Gleichungssysteme atomar oder wesentlich konsistent, so ist das auch $<G, f^m>$.

Sei f^m bei α definiert und $f^m(\alpha) = n$, so daß auch die g_i^m bei α definiert sind und mit $g_i^m(\alpha) = \nu(i)$ dann g^k bei $\nu = <\nu(i)\,|\,i < k>$ definiert ist und $g^k(\nu) = n$ gilt. Durch m Anwendungen von (K1) erhalte ich aus F eine Herleitung von

$$f^m(c_{\alpha(0)},\ldots,c_{\alpha(m-1)}) \Rightarrow$$
$$g^k(g_1^m(c_{\alpha(0)},\ldots,c_{\alpha(m-1)}),\ldots,g_k^m(c_{\alpha(0)},\ldots,c_{\alpha(m-1)})) .$$

Nach Voraussetzung sind die Gleichungen $g_i^m(c_{\alpha(0)},\ldots,c_{\alpha(m-1)}) \Rightarrow c_{\nu(i)}$ aus meiner Gleichungsmenge herleitbar, so daß m Anwendungen von (K2) nun eine Herleitung von

$$f^m(c_{\alpha(0)},\ldots,c_{\alpha(m-1)}) \Rightarrow g^k(c_{\nu(0)},\ldots,c_{\nu(m-1)})$$

ergeben. Ebenfalls nach Voraussetzung ist auch $g^k(c_{\nu(0)},\ldots,c_{\nu(m-1)}) \Rightarrow c_n$ herleitbar, und nochmalige Anwendung von (K2) ergibt dann eine Herleitung von

$$f^m(c_{\alpha(0)},\ldots,c_{\alpha(m-1)}) \Rightarrow c_n .$$

Sei nun umgekehrt eine Herleitung dieser Gleichung aus G vorgelegt. Ich bemerke zunächst, daß das Funktionssymbol f^m G–unabhängig ist. Da es in der Vereinigungsmenge G' nicht, und in F nur mit Variablen auftritt, muß die Hauptgleichung $v \Rightarrow w$ aus F, als der einzigen Gleichung von G in der f^m vorkommt, durch sukzessive (K1)-Anwendungen entstehen, also von der Gestalt

(1) $f^m(c_{\alpha(0)},\ldots,c_{\alpha(m-1)}) \Rightarrow$
$$g^k(g_1^m(c_{\alpha(0)},\ldots,c_{\alpha(m-1)}),\ldots,g_k^m(c_{\alpha(0)},\ldots,c_{\alpha(m-1)}))$$

sein. Betrachte ich die Nebenprämissen der (K2)-Anwendungen auf dem Hauptpfad, so können sie angesichts der rechten Seite von (1) höchstens von einer der Arten

(11) $g_i^m(c_{\alpha(0)},\ldots,c_{\alpha(m-1)}) \Rightarrow c_{\beta(i)}$

(12) $g^k(c_{\nu(0)},\ldots,c_{\nu(k-1)}) \Rightarrow c_n$

sein. [Im Falle der weiteren Kalküle wäre auch noch eine Nebenprämisse $g^k(t_0,\ldots,t_{k-1}) \Rightarrow c_n$ zugelassen, in der dann mindestens eines der t_i ein konstanter Term ist, der mit einem g_i^m beginnt, und diejenigen t_i, welche nicht von dieser Art sind, Konstanten $c_{\nu(i)}$ sind. Die Herleitung einer solchen Nebenprämisse müßte aber eine Hauptgleichung $p \Rightarrow q$ verwenden, in der p mit g^k beginnt und mindestens ein g_i^m enthält, und sie müßte durch sukzessive (K1)-Anwendungen aus einer Gleichung von G entstehen, deren linke Seite ebenfalls diese Funktionssymbole enthielte. Wegen der

Disjunktheitsvoraussetzung über Funktionssymbole enthält G aber solche Gleichungen nicht, und deshalb können derartige Nebenprämissen nicht auftreten.]

Es folgt nun weiter aus der Gestalt von (1), daß eine Nebenprämisse (12) erst dann auftreten kann, wenn zuvor die $g_i^m(c_{\alpha(0)},\ldots,c_{\alpha(m-1)})$ mit Hilfe von Nebenprämissen (11) entfernt wurden. Da f^m G–unabhängig ist, können Herleitungen von Nebenprämissen der Gestalt (11) und (22) nur die Gleichungen aus der Vereinigungsmenge G' verwenden, nach den gemachten Disjunktheitsvoraussetzungen also nur die Gleichungen aus G_i^m respektive aus G_g verwenden. Diese Gleichungen definieren aber g_i^m und g^k , und somit folgt aus der Herleitbarkeit jener Nebenprämissen zunächst $g_i^m(\alpha) = \beta(i)$ und, mit $\beta = <\beta(i) \mid 0 < i \leq k>$, dann $g^k(\beta) = n$. Nach Definition der Superposition ist daher f^m bei α definiert, und es gilt $f^m(\alpha) = g^k(g_1^m(\alpha),\ldots,g_k^m(\alpha)) = n$.

Aus dem soeben über Herleitungen von (11) und (12) Bemerkten folgt, daß auch die Gleichungssysteme $<G, g_i^m>$ und $<G, g^k>$ konsistent sind. Ist k^m ein weiteres wesentliches Funktionssymbol, also aus G_g oder aus einem G_i^m, so kann auch eine Herleitung einer Gleichung $k^m(c_{\alpha(0)},\ldots,c_{\alpha(m-1)}) \Rightarrow c_{\beta(i)}$ nur Gleichungen aus G_g oder dem G_i^m verwenden, so daß aus der Konsistenz von $<G_g, k^m>$ oder von $<G_i^m, k^m>$ auch diejenige von $<G, k^m>$ folgt.

(D8) *Primitive Rekursion*: Es seien $<G_g, g^k>$ und $<G_r, r^{k+2}>$ Gleichungssysteme, welche partielle Funktionen g^k und r^{k+2} definieren. Die Mengen der Funktionssymbole in G_g und G_r seien disjunkt.

Es sei f^{k+1} aus g^k und r^{k+2} durch primitive Rekursion definiert. Es sei f^{k+1} ein neues Funktionssymbol. Es sei G die Gleichungsmenge, die aus der Vereinigung von G_g und G_f zuzüglich der zwei Gleichungen

$$F_0: \quad f^{k+1}(x_0,\ldots,x_{k-1}, 0) \Rightarrow g^k(x_0,\ldots,x_{k-1})$$

$$F_1: \quad f^{k+1}(x_0,\ldots,x_{k-1}, s(x_k)) \Rightarrow$$
$$r^{k+2}(x_0,\ldots,x_k, f^{k+1}(x_0,\ldots,x_{k-1}, x_k))$$

besteht. Dann wird f^{k+1} durch $<G, f^{k+1}>$ definiert. Sind die gegebenen Gleichungssysteme atomar oder wesentlich konsistent, so ist das auch $<G, f^{k+1}>$.

Ist nämlich f^{k+1} bei $<\alpha,0>$ definiert und gleich a, so ist auch g^k bei α definiert und gleich a. Da g^k durch G_g dargestellt wird, ist dann auch $g^k(c_{\alpha(0)},\ldots,c_{\alpha(k-1)}) \Rightarrow a$ aus G_g und G herleitbar, weiter

$$f^{k+1}(c_{\alpha(0)},\ldots,c_{\alpha(k-1)}, 0) \Rightarrow g^k(c_{\alpha(0)},\ldots,c_{\alpha(k-1)})$$

mit (K1) aus F_0 , und mit (K2) leite ich dann auch

(2) $f^{k+1}(c_{\alpha(0)},\ldots, c_{\alpha(k-1)}, \theta) \Rightarrow a$

her. Nun zeige ich durch Induktion über n:

wenn aus $<\alpha,n> \epsilon \mathrm{def}(f^{k+1})$ und $f^{k+1}(\alpha,n) = a$ die Herleitbarkeit von

(31) $f^{k+1}(c_{\alpha(0)},\ldots, c_{\alpha(k-1)}, c_n) \Rightarrow c_a$

folgt, dann folgt aus $<\alpha, n+1> \epsilon \mathrm{def}(f^{k+1})$ und $f^{k+1}(\alpha, n+1) = b$ die Herleitbarkeit von

(32) $f^{k+1}(c_{\alpha(0)},\ldots, c_{\alpha(k-1)}, c_{n+1}) \Rightarrow c_b$.

Denn ist f^{k+1} bei $<a, n+1>$ definiert, so auch bei $<\alpha,n>$. Aus $f^{k+1}(\alpha,n)$ = a folgt dann, daß r^{k+2} bei $<\alpha,n,a>$ definiert und gleich $f^{k+1}(\alpha,n+1) = a$ ist. Daher ist neben (31) auch

$$r^{k+2}(c_{\alpha(0)},\ldots, c_{\alpha(k-1)}, c_n, c_a) \Rightarrow c_b$$

herleitbar, und mit (K2) erhalte ich daher eine Herleitung von (32). Die Funktion f^{k+1} ist also jedenfalls darstellbar.

Sei nun umgekehrt (2) mit der Hauptgleichung $v \Rightarrow w$ herleitbar. Wieder ist das Funktionssymbol f^{k+1} G−unabhängig, und da es in den Gleichungen aus G_g und G_r nicht auftritt, muß $v \Rightarrow w$ durch Anwendungen von (K1) auf eine der Gleichungen F_0, F_1 entstehen. Da aus der linken Seite von F_1 unter (K1) niemals der Term $f^{k+1}(c_{\alpha(0)},\ldots, c_{\alpha(k-1)}, \theta)$ entstehen kann, kommt nur F_0 in Frage, so daß $v \Rightarrow w$ die Gestalt

$$f^{k+1}(c_{\alpha(0)},\ldots, c_{\alpha(k-1)}, \theta) \Rightarrow g^k(c_{\alpha(0)},\ldots, c_{\alpha(k-1)})$$

hat. Die einzige Nebenprämisse, die aus dieser Hauptprämisse mit (K2) auf (2) zu schließen erlaubt, ist aber $g^k(c_{\alpha(0)},\ldots, c_{\alpha(k-1)}) \Rightarrow c_a$, so daß auch diese Gleichung eine Herleitung aus G besitzt. Da f^{k+1} G−unabhängig ist, muß nach den gemachten Disjunktheitsvoraussetzungen diese Herleitung bereits aus G_g geschehen, weshalb aus der Definierbarkeit von g^k durch G_g nun folgt, daß g^k bei α definiert und gleich a ist. Daher ist auch f^{k+1} bei $<\alpha,0>$ definiert und gleich a. Nun zeige ich durch Induktion über n:

wenn aus der Herleitbarkeit von (31) folgt $<\alpha,n> \epsilon \mathrm{def}(f^{k+1})$ und $f^{k+1}(\alpha,n) = a$,

dann folgt aus der Herleitbarkeit von (32) auch $<\alpha, n+1> \epsilon \mathrm{def}(f^{k+1})$ und $f^{k+1}(\alpha, n+1) = b$.

Denn in einer Herleitung von (32) muß die Hauptgleichung mit (K1) aus F_1 entstehen, also die Gestalt

(4) $f^{k+1}(c_{\alpha(0)},\ldots, c_{\alpha(k-1)}, c_{n+1}) \Rightarrow$
    $r^{k+2}(c_{\alpha(0)},\ldots, c_{\alpha(k-1)}, c_n, f^{k+1}(c_{\alpha(0)},\ldots, c_{\alpha(k-1)}, c_n))$

haben. Die Nebenprämissen auf dem Hauptpfad können daher höchstens von einer der Arten

(41) $f^{k+1}(c_{\alpha(0)}, ..., c_{\alpha(k-1)}, c_n) \Rightarrow c_a$

(42) $r^{k+2}(c_{\alpha(0)}, ..., c_{\alpha(k-1)}, c_n, c_a) \Rightarrow c_b$

sein. [Im Falle der weiteren Kalküle wäre auch eine Nebenprämisse

$$r^{k+2}(c_{\alpha(0)}, ..., c_{\alpha(k-1)}, c_n, f^{k+1}(c_{\alpha(0)}, ..., c_{\alpha(k-1)}, c_n)) \Rightarrow c_b$$

zugelassen, doch fände sich in G keine Originalgleichung, um sie herzuleiten.]

Folglich muß zunächst eine Nebenprämisse (41) und darunter eine Nebenprämisse (42) mit Teilherleitungen auftreten. Wieder können solche Teilherleitungen von (42) nur Gleichungen aus G_r verwenden; aus der Definierbarkeit von r^{k+2} folgt deshalb, daß $<\alpha,n,a>$ in $\mathrm{def}(r^{k+2})$ liegt und $r^{k+2}(\alpha,n,a) = b$ gilt. Nach Induktionsannahme liefert die Herleitbarkeit von (41) aber $<\alpha,n> \epsilon \mathrm{def}(f^{k+1})$ und $f^{k+1}(\alpha,n) = a$, also $r^{k+2}(\alpha,n,f^{k+1}(\alpha,n)) = b$. Nach Definition von f^{k+1} besagt das $<\alpha,n+1> \epsilon \mathrm{def}(f^{k+1})$ und $f^{k+1}(\alpha,n+1) = b$.

Die Behauptung über wesentliche Konsistenz sieht man wie im Falle von (D7).

(D9)   *Partielle Minimierung*: Es sei g^{k+1} durch $<G_g, g^{k+1}>$ definiert. Es seien h^{k+2}, f^k neue Funktionssymbole. Es sei G die Gleichungsmenge, die aus G_g und den drei weiteren Gleichungen

$H_0:$ $h^{k+2}(0, x_0, ..., x_{k-1}, x_k) \Rightarrow x_k$

$H_1:$ $h^{k+2}(s(z), x_0, ..., x_{k-1}, x_k) \Rightarrow$
$\qquad\qquad h^{k+2}(g^{k+1}(x_0, ..., x_{k-1}, s(x_k)), x_0, ..., x_{k-1}, s(x_k))$

$F\ :$ $f^k(x_0, ..., x_{k-1}) \Rightarrow h^{k+2}(g^{k+1}(x_0, ..., x_{k-1}, 0), x_0, ..., x_{k-1}, 0)$

besteht. Dann wird die partielle Minimierung μg^{k+1} von g^{k+1} durch $<G, f^k>$ definiert. Ist $<G_g, g^{k+1}>$ atomar oder wesentlich konsistent, so ist das auch $<G, f^k>$.

Sei Γ eine Herleitung aus G der Gleichung

$F_{b(0)}:$ $f^k(c_{\alpha(0)}, ..., c_{\alpha(k-1)}) \Rightarrow c_{b(0)}$.

Mit den Abkürzungen

$G_{d(n)}:$ $g^{k+1}(c_{\alpha(0)}, ..., c_{\alpha(k-1)}, c_n) \Rightarrow c_{d(n)}$

$E_{b(n),d(n)}:$ $h^{k+2}(c_{d(n)}, c_{\alpha(0)}, ..., c_{\alpha(k-1)}, c_n) \Rightarrow c_{b(n)}$,

und indem ich d_i statt d(i) und b_i statt b(i) schreibe, werde ich zeigen:

(5)   Es gibt Zahlen d_0 und b_0 so, daß Γ eine Teilherleitung von $G_{d(0)}$ und eine Teilherleitung Γ_0 von $E_{b(0),d(0)}$ enthält,

(6_n) Enthält Γ_0 eine Teilherleitung Γ_n von $E_{b(n),d(n)}$,

so gilt entweder $d_n = 0$, und dann gilt $b_n = n$,

oder es gibt Zahlen d_{n+1}, b_{n+1} so, daß Γ_n eine Teilherleitung von $G_{d(n+1)}$ und eine Teilherleitung Γ_{n+1} von $E_{b(n+1),d(n+1)}$ enthält, und dann gilt $b_n = b_{n+1}$.

Denn Γ hat eine Hauptgleichung, deren linker Term mit f^k beginnt. Es ist aber F die einzige Gleichung von G, aus der mit (K1) eine solche Hauptgleichung entstehen kann; die Hauptgleichung hat also die Gestalt

$$f^k\big(c_{\alpha(0)}, \dots, c_{\alpha(k-1)}\big) \Rightarrow h^{k+2}\big(g^{k+1}(c_{\alpha(0)}, \dots, c_{\alpha(k-1)}, 0), c_{\alpha(0)}, \dots, c_{\alpha(k-1)}, 0\big) .$$

Sie muß mit der Nebenprämisse $G_{d(0)}$ zu

$$f^k\big(c_{\alpha(0)}, \dots, c_{\alpha(k-1)}\big) \Rightarrow h^{k+2}\big(c_{d(0)}, c_{\alpha(0)}, \dots, c_{\alpha(k-1)}, 0\big)$$

und von da mit der Nebenprämisse $E_{b(0),d(0)}$ zur Endgleichung von Γ gelangen. Das beweist (5).

Sei nun Γ_n eine Teilherleitung von Γ der Gleichung $E_{b(n),d(n)}$. Im Falle $d_n = 0$, also $c_{d(n)} = 0$, kann Γ_n nur die Originalgleichung H_0 verwenden, aus der $E_{b(n),d(n)}$ mit (K1) genau dann entsteht, wenn $b_n = n$, $c_{b(n)} = c_n$ gilt.

Im Falle $d_n \neq 0$ kann Γ_n nur die Originalgleichung H_1 verwenden, und dann hat die Hauptgleichung von Γ_n die Gestalt

$$h^{k+2}\big(c_{d(n)}, c_{\alpha(0)}, \dots, c_{\alpha(k-1)}, c_n\big) \Rightarrow h^{k+2}\big(g^{k+1}(c_{\alpha(0)}, \dots, c_{\alpha(k-1)}, c_{n+1}), c_{\alpha(0)}, \dots, c_{\alpha(k-1)}, c_{n+1}\big) .$$

Sie muß mit der Nebenprämisse $G_{d(n+1)}$ zu

$$H_n: \quad h^{k+2}\big(c_{d(n)}, c_{\alpha(0)}, \dots, c_{\alpha(k-1)}, c_n\big) \Rightarrow h^{k+2}\big(c_{d(n+1)}, c_{\alpha(0)}, \dots, c_{\alpha(k-1)}, c_{n+1}\big)$$

und von da mit der Nebenprämisse $E_{b(n+1),d(n+1)}$ zu $E_{b(n),d(n)}$ gelangen. Da hier die gesamte rechte Seite von H_n durch die rechte Seite $c_{b(n+1)}$ der Nebenprämisse ersetzt wird, muß diese Konstante auch die rechte Seite der Konklusion sein, und das ergibt $c_{b(n)} = c_{b(n+1)}$, mithin $b_n = b_{n+1}$. Das beweist (6_n).

Die linken Seiten von $G_{d(n)}$ und $E_{b(n),d(n)}$ enthalten an letzter Stelle c_n ; für $n \neq m$ ist also etwa $E_{b(n),d(n)}$ von $E_{b(m),d(m)}$ verschieden. Da Γ endlich ist, können neben $E_{b(0),d(0)}$ nur endlich viele weitere $E_{b(n),d(n)}$ in Γ auftreten, so daß es ein größtes n mit auftretendem $E_{b(n),d(n)}$ gibt, das ich p nennen will. Nach (6_n) enthält Γ dann Teilherleitungen genau für die $E_{b(n),d(n)}$ mit $n \leq p$, sowie auch Teilherleitungen für die $G_{b(n)}$ mit $n \leq p$.

Der Gestalt der Gleichungen von G entnehme ich, daß die Menge der beiden Funktionssymbole h^{k+2}, f^k G-unabhängig ist. Deshalb folgt aus

(D3), daß die Teilherleitungen der Gleichungen $G_{b(n)}$ bereits aus G_f geschehen. Mithin ist dann g^{k+1} bei $<\alpha,n>$ definiert, und es gilt $g^{k+1}(\alpha,n)$ $= d_n$. (Die Zahlen d_n sind also eindeutig bestimmt.)

Da Γ keine Teilherleitung einer Gleichung $E_{b(p+1),d(p+1)}$ enthält, muß in (6_p) der erste Fall eintreten. Mithin gilt $d_p = 0$ und $b_p = p$. Da aus $n < p$ folgt $b_n = b_{n+1}$, gilt deshalb auch $b_0 = p$.

Liegt also die Herleitung Γ von $F_{b(0)}$ vor, so gilt für $p = b_0'$:

> Für alle $<\alpha,n>$ mit $0 \le n \le p$ ist g^{k+1} definiert.
> Es gilt $g^{k+1}(\alpha,p) = 0$, und für $0 \le n < p$ gilt $g^{k+1}(\alpha,n) \neq 0$.

Mithin ist die partielle Minimierung μg^{k+1} bei α definiert, und $b(0) = p$ ist ihr Wert. Damit habe ich gezeigt, daß $<G, f^k>$ die partielle Minimierung μg^{k+1} dann definiert, wenn es diese Funktion auch darstellt. Diese Darstellbarkeit aber kann ich unmittelbar der vorangehenden Analyse entnehmen, die mich lehrt, aus den herleitbaren Gleichungen $G_{d(n)}$ mit $n \le p$ und $d_p = 0$ sukzessive die Gleichungen $E_{p,d(p)}$,..., $E_{p,d(0)}$ und dann $H_{b(0)}$ mit $b(0) = p$ herzuleiten.

Ist k^m ein wesentliches Funktionssymbol von G, das schon zu G_g gehört, so folgt aus der Konsistenz von $<G_g, k^m>$ auch die von $<G, k^m>$, weil die neuen Gleichungen von G wieder mit neuen Funktionssymbolen beginnen. Auch h^{k+2} ist wesentliches Funktionssymbol von G, und jede zugehörige Zuweisungsgleichung läßt sich als $E_{b(0),d(0)}$ schreiben (wobei d_0 jetzt willkürlich gegeben ist). Der Beweis von (6_n) lehrt nun zunächst, daß im Fall $d_0 = 0$ notwendig $b_0 = n$ gilt. Er lehrt weiter, daß ich im Fall $d_0 \neq 0$ in einer Herleitung Γ_0 dieser Gleichung immer noch die Zahl p bestimmen kann, für die $b_0 = b_p = p$ gilt, und daß nun gilt

> Für alle $<\alpha,n>$ mit $0 < n \le p$ ist g^{k+1} definiert.
> Es gilt $g^{k+1}(\alpha,p) = 0$, und für $0 < n < p$ gilt $g^{k+1}(\alpha,n) \neq 0$.

Mithin ist die Zahl p immer noch eindeutig, und unabhängig von Γ_0, durch $f^k(a,1)$ bestimmt, und damit ist auch $<G, h^{k+2}>$ konsistent.

Das beendet den Beweis von (D9). Er bleibt für die weiteren Kalküle in Kraft, denn für die dort erlaubten Nebenprämissen

$$h^{k+2}(g^{k+1}(c_{\alpha(0)},..., c_{\alpha(k-1)}, 0), c_{\alpha(0)},..., c_{\alpha(k-1)}, 0)$$
$$h^{k+2}(g^{k+1}(c_{\alpha(0)},..., c_{\alpha(k-1)}, c_{n+1}), c_{\alpha(0)},..., c_{\alpha(k-1)}, c_{n+1})$$

fänden sich keine Originalgleichungen.

Enthalten die in (D7), (D8) vorgelegten Gleichungsmengen nur endlich viele Funktionssymbole und sind für sie die Disjunktheitsforderungen verletzt, so lassen sie sich durch eine eindeutige Konstruktion erzwingen: haben etwa G_g, G_0^m,..., G_{i-1}^m schon keine Funktionssymbole gemeinsam, so kann ich in G_i^m Funktionssymbole, welche schon zuvor vorkamen, in die jeweils ersten noch unverbrauchten umbenennen. Ebenso kann ich die in (D7), (D8) und (D9) als neu postulierten Funktionssymbole jeweils als die ersten noch unverbrauchten wählen. Es ist klar, daß dann auch die neuen Gleichungsmengen nur endlich viele Funktionssymbole enthalten.

Deshalb beschreiben (D7), (D8), (D9) Konstruktionen, welche zusammen mit (D4), (D5), (D6) jeder Definition einer partiell μ-rekursiven Funktion, nämlich jedem μ-rekursiven Schema, eindeutig ein Gleichungssystem zuordnen. Ich habe damit bewiesen das

THEOREM 1   Es gibt einen Algorithmus, welcher jedem partiell μ-rekursiven Schema F^m ein endliches, atomares und wesentlich konsistentes Gleichungssystem $<G,\ f^m>$ zuordnet, das die von F^m dargestellte Funktion definiert. Im Besonderen läßt sich jede partiell μ-rekursive Funktion durch ein endliches, atomares und wesentlich konsistentes Gleichungssystem definieren.

Da sich die auftretenden Herleitungen bereits als 0-Herleitungen wählen lassen, gilt dieses Theorem für jeden der betrachteten Kalküle.

Die Frage, ob umgekehrt die durch Gleichungssysteme definierten Funktionen auch partiell rekursiv sind, werde ich durch das Theorem 30.1 mit Ja beantworten; sein Beweis geschieht durch die Methode der Arithmetisierung. Genauer werde ich dort zeigen, daß sowohl die in den engeren als auch die in weiteren Kalkülen durch Gleichungssysteme erklärten Funktionen partiell μ-rekursiv sind. Deshalb definieren die engeren und die weiteren Kalkül dieselben Funktionen.

5. Durch Gleichungssysteme erzeugte Funktionale

Die G-freien Funktionssymbole einer Gleichungsmenge G waren erklärt als diejenigen, welche nicht innerhalb von Termen der linken Seiten von G auftreten. Eine Gleichung aus G, welche G-freie Funktionssymbole enthält, nenne ich ebenfalls G-*frei*.

Keine Herleitung einer Zuweisungsgleichung aus G kann Gebrauch von G-freien Gleichungen von G machen. Unter der Regel (K1) gehen nämlich G-freie in G-freie Gleichungen über, und unter Anwendungen der Regel (K2) können im rechten Term der linken Prämisse Subterme u nur dann reduziert werden, wenn sie keine G-freien Funktionssymbole enthalten.

Eine Funktion, welche durch ein Gleichungssystem $<G,\ f^k>$ dargestellt oder definiert wird, wird also auch noch durch dasjenige Gleichungs-

system dargestellt oder definiert, welches entsteht, indem ich aus G alle
G–freien Gleichungen entferne. Aus diesem Grunde habe ich bisher nicht
zu beachten brauchen, ob G–freie Gleichungen in G auftreten oder nicht.
Man sieht sogleich, daß die unter dem Algorithmus des Theorems 1 konstruierten Gleichungsmengen G keine G–freien Gleichungen enthalten.

Gleichungssysteme $<G, f^k>$ *mit* G–freien Funktionssymbolen erlauben es jedoch, einen neuartigen Gesichtspunkt zu entwickeln. Sie stellen
nämlich Berechnungsschemata dar, welche zu *gegebenen* partiellen Funktionen ψ die durch $<G, f^k>$ *aus diesen Funktionen* berechnete Funktion
liefern, indem die G–freien Funktionssymbole mit den gegebenen Funktionen *belegt* werden. In der Tat lehren die Beweise von (D7), (D8), (D9),
daß von den dort vorausgesetzten Gleichungsmengen G_g (sowie G_0^m, ... ,
G_{k-1}^m im Fall von (D7) sowie G_r im Fall von (D8)) überhaupt nichts verwendet wurde. Deshalb kann etwa im Falle von (D9) das Gleichungssystem $<\{H_0, H_1, F\}, f^k>$ mit dem nun freien Funktionssymbol g^{k+1} auch
als ein Berechnungsschema angesehen werden, welches zu einer *gegebenen*,
g^{k+1} *belegenden* Funktion g^{k+1} deren Minimierung bestimmt. Allerdings
wird mich diese Betrachtungsweise nötigen, nun auch *nicht* endliche
Gleichungssysteme zu behandeln. Bevor ich mich den Einzelheiten zuwende, erinnere ich daran, daß ich mich von vornherein auf solche Gleichungssysteme beschränken kann, bei denen jedes Funktionssymbol in G
von f^k abhängt.

Sei G eine endliche Gleichungsmenge G mit den G–freien Funktionssymbolen $g_0^{m\,(0)}$,..., $g_n^{m\,(n)}$ und (mindestens) einem weiteren Funktionssymbol f^m; sei $\psi = <\psi_0^{m\,(0)}$,..., $\psi_n^{m\,(n)}>$ eine vorgegebene Folge von Funktionen. Die Funktionssymbole $g_i^{m\,(i)}$ will ich in dem Sinne mit den Funktionen $\psi_i^{m\,(i)}$ *belegen,* daß ich zu G sämtliche Zuweisungsgleichungen

$$g_i^m(c_{\alpha\,(0)},\cdots,\; c_{\alpha\,(m\,(i)-1)}) \Rightarrow c_n$$

für alle $i \leq n$ und für alle α, n mit $\psi_i^{m\,(i)}(\alpha) = n$

hinzufüge. Es sei $G(\psi)$ die so entstehende, G umfassende Gleichungsmenge. Es heiße $<G, f^m>$ *konsistent für* ψ, wenn $<G(\psi), f^m>$ konsistent
ist. Es heiße $<G, f^m>$ *extensiv konsistent,* wenn es für jede Funktionenfolge ψ konsistent ist.

Ein erstes Beispiel eines konsistenten, aber nicht extensiv konsistenten
Gleichungssystems erhalte ich wie folgt. Sei zunächst $<G_0, f^1>$ ein Gleichungssystem ohne G_0–freie Funktionssymbole, das eine partielle Funktion f so definiert, daß für drei Zahlen a, b, c mit b≠c gilt f(a) = b und
f(b) = c. Mit einem neuen Funktionssymbol g^1 entstehe aus G_0 das Glei-
chungsystem $<G, f^1>$, indem die Gleichung $f^1(x) \Rightarrow f^1(g^1(x))$ hinzuge-
nommen wird.

Da g^1 G–frei ist, definiert auch $<G, f^1>$ noch f . Sei nun ψ_0 die
Funktion f, und sei ψ die eingliedrige Folge $<\psi_0>$. Da G_0 in G enthalten
ist, ist nach wie vor $f^1(c_a) \Rightarrow c_b$ herleitbar. Andererseits liegt $g^1(c_a) \Rightarrow c_b$

jetzt in $G(\psi_1)$, und auch $f^1(c_b) \Rightarrow c_c$ ist nach wie vor herleitbar. Damit kann ich aus meiner neuen Gleichung dann $f^1(c_a) \Rightarrow c_c$ herleiten:

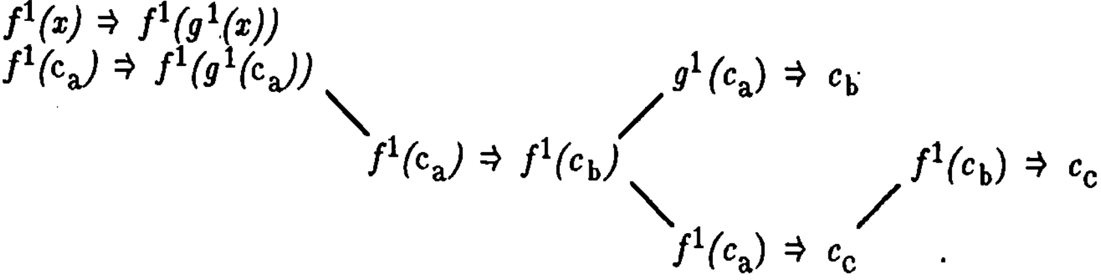

Sei weiterhin $<G, f^m>$ ein endliches Gleichungssystem mit den G–freien Funktionssymbolen $g_0^{m\,(0)}, \ldots, g_n^{m\,(n)}$. Alsdann definiere ich das *von* $<G, f^m>$ *induzierte* EQ–*Funktional* $\|G,f^m\|$, indem ich jeder Funktionenfolge $\psi = <\psi_0^{m\,(0)}, \ldots, \psi_n^{m\,(n)}>$ zuordne

die durch $<G(\psi), f^m>$ definierte Funktion h^m als den Wert
$\|G,f^m\|(\psi,-)$,

und jedem α aus dem $\mathrm{def}(h^m)$ die Zahl $h^m(\alpha)$ als den Wert
$\|G,f^m\|(\psi,\alpha)$.

Ist $<G, f^m>$ nicht konsistent für ψ, so ist $\|G,f^m\|(\psi,-)$ die leere Funktion.

Beispiele extensiv konsistenter Gleichungssysteme kann ich mir wie folgt aus partiell μ–rekursiven V–Schemata F^m (im Sinne des Kapitels 10) verschaffen.

Ich ordne zunächst den Variablen $V_0^{m\,(0)}, \ldots, V_n^{m\,(n)}, \ldots$ der V–Schemata eine Folge von Funktionssymbolen $g_0^{m\,(0)}, \ldots, g_n^{m\,(n)}, \ldots$ zu, welche ich *Parametersymbole* nenne.

Alsdann definiere ich durch Rekursion über den Aufbau von F^m die Gleichungsmengen $E(F^m)$ und die Funktionssymbole $g(F^m)$:

(c0) $E(V_i^{m\,(i)})$ enthalte allein $f^{m\,(i)}(x_0, \ldots, x_k) \Rightarrow g_i^{m\,(i)}(x_0, \ldots, x_k)$
mit einem neuen $f^{m\,(i)}$;
alsdann sei $g(V_i^{m\,(i)}) = f^{m\,(i)}$.

(c1) $E(P_i^m)$ enthalte allein $f^k(x_0, \ldots, x_{k-1}) \Rightarrow x_i$ mit einem neuen
$f^k = g(P_i^m)$

(c2) $E(C_0^1(G_0^m))$ sei die Vergrößerung von $E(G_0^m)$ durch $h^1(x_0) \Rightarrow c_0$
und $f^m(x_0, \ldots, x_k) \Rightarrow h^1(g^m(x_0, \ldots, x_k))$ mit einem neuen h^1, wobei
$g^m = g(G_0^m)$;
alsdann sei $g(C_0^1(G_0^m)) = f^m$.

(c3) $E(S^1(G_0^m))$ sei die Vergrößerung von $E(G_0^m)$ durch
$f^m(x_0, \ldots, x_k) \Rightarrow s(g^m(x_0, \ldots, x_k))$ mit einem neuen f^m, wobei

$$g^m = g(G_0^m) \; ;$$
alsdann sei $g(S^1(G_0^m)) = f^m$.

(c4) $E(S_m^k(F^k/G_0^m,\dots,G_{k-1}^m))$ sei die Vereinigung von $E(F^k)$,
$E(G_0^m)$, $\dots$, $E(G_{k-1}^m)$ mit der Gleichung F aus (D7), wobei $g^k = g(F^k)$, $g_i^m = g(G_i^m)$;
alsdann sei $g(S_m^k(F^k/G_0^m,\dots,G_{k-1}^m)) = f^m$.

(c5) $E(RR^{k+1}(G^k, R^{k+2}))$ sei die Vereinigung von $E(G^k)$, $E(R^{k+1})$ mit den Gleichungen F_0, F_1 aus (D8), wobei $g^k = g(G^k)$, $r^{k+2} = g(R^{k+2})$;
alsdann sei $g(RR^{k+1}(G^k, R^{k+2})) = f^{k+1}$.

(c6) $E(\mu F^{k+1})$ sei die Vereinigung von $E(F^{k+1})$ mit den Gleichungen H_0, H_1, F aus (D9), wobei $g^{k+1} = g(F^{k+1})$;
alsdann sei $g(\mu F^{k+1}) = f^k$.

Induktion lehrt sogleich: sind $V_0^{m(o)},\dots, V_n^{m(n)}$ die in F^m auftretenden Variablen, so sind $g_0^{m(o)},\dots, g_n^{m(n)}$ die $E(F^m)$-freien Funktionssymbole. In Verallgemeinerung des Theorems 1 finde ich nun das

COROLLAR 1   Sei F^m μ-rekursives V-Schema mit den Variablen $V_0^{m(o)}$, $\dots$, $V_n^{m(n)}$. Sei $\psi = \,<\psi_0^{m(o)},\dots, \psi_n^{m(n)}>$ eine Folge von Funktionen.

Dann wird die durch das partiell μ-rekursive Funktional $\|F^m\|$ bestimmte Funktion $\|F^m\|(\psi,-)$ durch das Gleichungssystem $<E(F^m)(\psi), g(F^m)>$ definiert.

Das Gleichungssystem $<E(F^m), g(F^m)>$ ist extensiv konsistent.

Das partiell μ-rekursive Funktional $\|F^m\|$ ist gleich dem EQ-Funktional $\|E(F^m), g(F^m)\|$.

Der Beweis der ersten Behauptung geschieht durch Induktion über den Aufbau des Schemas F^m. Sie ist trivial, falls F^m ein Zeichen $V_i^{m(i)}$ ist, und sie folgt aus (D6) falls F^m ein Zeichen P_i^m ist. Ist F^m gleich einer Zeichenfolge $C_0^1(G_0^m)$, so wird durch $h^1(x_0) \Rightarrow c_0$ die Funktion c_0^1 definiert, nach (D7) also durch $E(F^m)$ die Superposition c_0^m von c_0^1 mit $\|G_0^m\|(\psi,-)$. Ebenso wird für F^m gleich $S^1(G_0^m)$ durch $G(F^m)$ die Superposition der Nachfolgerfunktion s mit $\|G_0^m\|(\psi,-)$ definiert. In den Fällen (c4), (c5), (c6) folgen die Behauptungen unmittelbar aus (D7), (D8), (D9). – Die weiteren Behauptungen folgen unmittelbar aus der ersten.

Wähle ich in (c5) für G^k, R^{k+2} speziell Variablen, so folgt im Besonderen, daß das mit den Gleichungen aus (D8) gebildete Gleichungssystem $<\{H_0, H_1\}, f^{k+1}>$ extensiv konsistent ist. Ebenso folgt, daß auch die

Gleichungssysteme $<\{F\},\ f^{\mathrm{m}}>$ mit F aus (D7) und $<\{H_0,\ H_1,\ F\},\ f^{\mathrm{k}}>$ mit H_0, H_1, F aus (D9) extensiv konsistent sind.

6. Beispiele, insbesondere vom Nutzen partieller Funktionen

Das Theorem 1 und sein Corollar lehren, wie für eine explizit gegebene μ-rekursive Funktion ein definierendes Gleichungssystem zu finden ist. Das

Beispiel A

der PETERschen Funktion P war im Kapitel 6 allerdings nur mit Aufwand als μ-rekursiv erkannt worden; der Nachweis, daß P durch das System $<\mathrm{F},\ f^2>$ mit den drei Gleichungen

$$F_0:\ f^2(0,x) \Rightarrow s(x)\ ,\qquad F_1:\ f^2(s(x),\ 0) \Rightarrow f^2(x,\ c_1)\ ,$$
$$F_2:\ f^2(s(x),\ s(y)) \Rightarrow f^2(x,\ f^2(s(x),\ y))$$

definiert wird, ist hingegen leicht. Denn der Induktionsbeweis, welcher lehrt, daß P eine auf ω^2 definierte Funktion ist, läßt sich direkt in einen Beweis dafür übersetzen, daß $<\mathrm{F},\ f^2>$ konsistent ist und eine auf ganz ω^2 erklärte Funktion definiert. Ich zeige nämlich durch lexikographische Induktion

(7)   für alle m und n : es gibt genau ein a so, daß $f^2(c_{\mathrm{m}},\ c_{\mathrm{n}}) \Rightarrow c_{\mathrm{a}}$ herleitbar ist .

Für m = 0 kommt als Originalgleichung einer Herleitung nur F_0 in Frage, und F_0 liefert für genau ein a eine Herleitung. Ist, als äußere Induktionsannahme, die Behauptung für alle m, n gezeigt, so kommt für m+1 und n = 0 als Originalgleichung nur F_1 in Frage, so daß die Hauptgleichung die Gestalt $f^2(c_{\mathrm{m+1}},\ 0) \Rightarrow f^2(c_{\mathrm{m}},\ c_1)$ hat, und die dann benötigte Nebenprämisse $f^2(c_{\mathrm{m}},\ c_1) \Rightarrow c_{\mathrm{a}}$ ist nach Induktionsannahme für genau ein a herleitbar. Ist, als innere Induktionsannahme, die Behauptung für m+1 und alle n gezeigt, so kommt für n+1 als Originalgleichung nur F_2 in Frage, so daß die Hauptgleichung die Gestalt $f^2(c_{\mathrm{m+1}},\ c_{\mathrm{n+1}}) \Rightarrow f^2(c_{\mathrm{m}},\ f^2(c_{\mathrm{m+1}},\ c_{\mathrm{n}}))$. Eine als erste benötigte Nebenprämisse $f^2(c_{\mathrm{m+1}},\ c_{\mathrm{n}}) \Rightarrow c_{\mathrm{b}}$ ist nach der inneren Induktionsannahme mit genau einem b herleitbar, und die damit als zweite benötigte Nebenprämisse $f^2(c_{\mathrm{m}},\ c_{\mathrm{b}}) \Rightarrow c_{\mathrm{a}}$ ist nach der äußeren Induktionsannahme mit genau einem a herleitbar.

Auf dieselbe Art kann ich definierende Gleichungssysteme für Funktionen finden, welche durch kompliziertere Gleichungen und mit gegebenen rekursiven Funktionen definiert werden, etwa indem F_3 ersetzt wird durch

$$f^2(s(x),\ s(y)) \Rightarrow f^2(x,\ f^2(s(x),\ e(x,s(y))))\ ,$$

wobei ich für e die Definitionsgleichungen der Funktion EXP verwende, für die dann EXP(x, y+1) $\leq$ y gilt. Auch hier wird die Konsistenz des Gleichungssystems durch den Nachweis von (7) aus dem semantischen Induktionsbeweis übertragen, der lehrt, daß es eine eindeutige, überall definierte Funktion bestimmt. Allgemein erhalte ich auf dieselbe Weise, daß das Schema der geschachtelten 2-fachen Rekursion, im Sinne des Supplements 5, ein Gleichungssystem $<G, f^2>$ so bestimmt, das zu jeder Folge $\psi = <g^1, r_0, r_1,..., l_0, l_1,..., j_0, j_1,...>$ von Anfangsfunktionen dann $<G(\psi), f^2>$ die zugehörige Funktion f^2 definiert. Auch für $n > 2$ kann ich im entsprechenden Sinne Schemata der geschachtelten n-fachen Rekursion erklären, die immer noch zu Funktionen mit solchen definierenden Gleichungssystemen liefern.

Die nächsten beiden Beispiele beziehen sich auf die partielle Minimierung einer Funktion g^{k+1}. Ein Gleichungssystem, welches, zusammen mit definierenden Gleichungen für g^{k+1}, die partielle Minimierung μg^{k+1} definiert, habe ich bereits in (D9) besprochen.

Beispiel B1

Die Entscheidungsfunktion IFE, mit IFE(0,y,z) = y und IFE(x,y,z) = z für $x \neq 0$, ist primitiv rekursiv und läßt sich durch die Menge der zwei Gleichungen

$$T_{00}: \qquad t^3(0,\ x_1,\ x_1) \Rightarrow x_1$$

$$T_{01}: \qquad t^3(s(x_0),\ x_1,\ x_2) \Rightarrow x_2$$

definieren. Im Kapitel 26 habe ich, bei den Anwendungen des 2ten KLEENEschen Rekursionstheorems, eine Darstellung $\mu g^{k+1} = h^{k+1}(-, 0)$ verwendet, bei der h^{k+1} die Funktion mit

$h^{k+1}(\alpha,z) = 0$ falls $g^{k+1}(\alpha,z)$ definiert ist und $g^{k+1}(\alpha,z) = 0$,
$h^{k+1}(\alpha,z) = h^{k+1}(\alpha, z+1)+1$ falls $g^{k+1}(\alpha,z)$, $h^{k+1}(\alpha,z+1)$ definiert sind
                                           und $g^{k+1}(\alpha,z) \neq 0$,
ist, die ich als

$$h^{k+1}(\alpha,z) = \text{IFE}(\text{SG}(g^{k+1}(\alpha,z)), 0, h^{k+1}(\alpha, z+1)+1)$$

schreiben kann. Dies legt den Versuch nahe, zusammen mit T_{00}, T_{01} die weiteren Gleichungen

$$H^\dagger: \qquad h^{k+1}(x_0,...,\ x_k) \Rightarrow$$
$$t^3(g^{k+1}(x_0,...,\ x_k),\ 0,\ s(h^{k+1}(x_0,...,\ x_{k-1},\ s(x_k)))))$$

$$F^\dagger: \qquad f^k(x_0,...,\ x_{k-1}) \Rightarrow h^{k+1}(x_0,...,\ x_{k-1},\ 0)$$

zur Definition von h^{k+1} und μg^{k+1} zu gebrauchen. In den (bisher stets verwendeten) engeren Kalkülen mißlingt dieser Versuch, denn eine Herleitung Γ von $f^k(c_{\alpha(0)},...,\ c_{\alpha(k-1)}) \Rightarrow c_p$ muß eine Teilherleitung Γ_0 von $E_{b(0)}$ mit b(0) = p für

$$E_{b(n)}: \quad h^{k+1}(c_{\alpha(0)}, \ldots, c_{\alpha(k-1)}, c_n) \Rightarrow c_{b(n)}$$

enthalten. Eine Herleitung Γ_n von $E_{b(n)}$ kann aber nur die Hauptgleichung

$$h^{k+1}(c_{\alpha(0)}, \ldots, c_{\alpha(k-1)}, c_n) \Rightarrow$$
$$t^3(g^{k+1}(c_{\alpha(0)}, \ldots, c_{\alpha(k-1)}, c_n), 0, s(h^{k+1}(c_{\alpha(0)}, \ldots, c_{\alpha(k-1)}, s(c_n))))$$

verwenden. Aber auch dann, wenn mir bereits eine Herleitung der Gleichung $g^{k+1}(c_{\alpha(0)}, \ldots, c_{\alpha(k-1)}, c_n) \Rightarrow 0$ vorliegt, so führt diese zwar zu

$$h^{k+1}(c_{\alpha(0)}, \ldots, c_{\alpha(k-1)}, c_n) \Rightarrow$$
$$t^3(0, 0, s(h^{k+1}(c_{\alpha(0)}, \ldots, c_{\alpha(k-1)}, s(c_n)))),$$

verlangt dann aber immer noch die Berechnung einer Nebenprämisse $E_{b(n+1)}$, selbst wenn damit nur von

$$h^{k+1}(c_{\alpha(0)}, \ldots, c_{\alpha(k-1)}, c_n) \Rightarrow t^3(0, 0, s(c_{b(n)}))$$

mit T_{00} auf $h^{k+1}(c_{\alpha(0)}, \ldots, c_{\alpha(k-1)}, c_n) \Rightarrow 0$ geschlossen werden soll. Eine Herleitung Γ_n von $E_{b(n)}$ müßte also Teilherleitungen Γ_m sämtlicher $E_{b(m)}$ mit $m > n$ enthalten, was bei endlichem Γ unmöglich ist. In den weiteren Kalkülen hingegen wäre es erlaubt, sogleich eine Nebenprämisse

$$t^3(0, 0, s(h^{k+1}(c_{\alpha(0)}, \ldots, c_{\alpha(k-1)}, s(c_n)))) \Rightarrow 0$$

ohne eine Teilherleitung von $E_{b(n+1)}$ zu verwenden, so daß ein unendlicher Regreß nicht auftritt. Allerdings brauchte ich für diese Nebenprämisse eine bessere Hauptgleichung als T_{00}, nämlich

$$T_{001}: \quad t^3(0, x_0, g^{k+1}(x_0, \ldots, x_k), 0) \Rightarrow x_0.$$

Der für (D9) geführte Beweis läßt sich dann leicht zu einem solchen abändern, der lehrt, daß (zusammen mit G_g) die Gleichungen T_{001}, T_{01}, $H^\dagger$, $F^\dagger$ im weiteren Kalkül die partielle Minimierung definieren.

Die unterschiedliche Behandlung, welche Termen wie

$$t^3(g^{k+1}(c_{\alpha(0)}, \ldots, c_{\alpha(k-1)}, c_n), 0, s(h^{k+1}(c_{\alpha(0)}, \ldots, c_{\alpha(k-1)}, s(c_n))))$$

im engeren und im weiteren Kalkül zu Teil wird, entspricht derjenigen, die in einer Programmiersprache dem Booleschen Ausdruck

$$\text{if } g^{k+1}(c_{\alpha(0)}, \ldots, c_{\alpha(k-1)}, c_n) = 0 \text{ then } t := 0$$
$$\text{else } t := s(h^{k+1}(c_{\alpha(0)}, \ldots, c_{\alpha(k-1)}, s(c_n)))$$

erfährt, wenn er bei der Compilierung entweder *vollständig* oder *short-circuited* ausgewertet wird.

Beispiel B2

Es läßt sich IFE auch durch eine zweite Gleichungsmenge, nämlich

$$T_{10}: \quad k_0(0, x_1) \Rightarrow x_1$$

$$T_{11} \; : \qquad k_1(s(x_0), \; x_1) \Rightarrow x_1$$

$$T_{12} \; : \qquad t^3(x_0, \; x_1, \; x_2) \Rightarrow k_0(x_0, \; x_1)$$

$$T_{13} \; : \qquad t^3(x_0, \; x_1, \; x_2) \Rightarrow k_1(x_0, \; x_2)$$

definieren. Interpretiere ich die Funktionssymbole k_0 und k_1 durch Hilfsfunktionen k_0 und k_1, so wird k_0 durch meine Gleichungen nur für das erste Argument 0 und k_1 nur für ein von 0 verschiedenes erstes Argument festgelegt.

Zwar nützt mir diese Definition von IFE selbst nichts, wohl aber kann ich die ihr zu Grunde liegende Idee verwenden und, in Gegenwart von T_{10}, T_{11} an Stelle von T_{00}, T_{01}, $H^\dagger$ durch die zwei Gleichungen

$$H_0{}^\dagger : \qquad h^{k+1}(x_0, \ldots, \; x_k) \Rightarrow k_0(g^{k+1}(x_0, \ldots, \; x_k), \; 0)$$

$$H_1{}^\dagger : \qquad h^{k+1}(x_0, \ldots, \; x_k) \Rightarrow$$
$$k_1(g^{k+1}(x_0, \ldots, \; x_k), \; s(h^{k+1}(x_0, \ldots, \; x_{k-1}, \; s(x_k))))$$

ersetzen. Für die durch T_{10}, T_{11} nicht festgelegten Argumente *mögen* die Hilfsfunktionen k_0 und k_1 zwar auch definiert sein: jedoch werden solche Zusatzinformationen nicht nur *nicht benutzt*, sondern für die Herleitbarkeit im Gleichungskalkül werde ich sogar verwenden, daß *keine* Informationen vorliegen, welche über *das* hinausgehen, *was* in den Gleichungen ausgedrückt wird. Damit zeige ich :

Die Gleichungen T_{10}, T_{11}, $H_0{}^\dagger$, $H_1{}^\dagger$, $F^\dagger$ (zusammen mit denen von G_g) definieren auch im engeren Kalkül die Minimierung μg^{k+1} . Eine Herleitung Γ_n von $E_{b(n)}$ nämlich kann jetzt sowohl $H_1{}^\dagger$ als auch $H_0{}^\dagger$ als Originalgleichung verwenden. Im ersten Falle lautet die Hauptgleichung

$$h^{k+1}(c_{\alpha(0)}, \ldots, \; c_{\alpha(k-1)}, \; c_n) \Rightarrow$$
$$k_1(g^{k+1}(c_{\alpha(0)}, \ldots, \; c_{\alpha(k-1)}, \; c_n), \; s(h^{k+1}(c_{\alpha(0)}, \ldots, \; c_{\alpha(k-1)}, \; s(c_n)))) \; ,$$

so daß Γ_n sowohl eine Teilherleitung Γ_{n+1} von $E_{b(n+1)}$ als auch eine solche von

$$G_{d(n)} \; : \qquad g^{k+1}(c_{\alpha(0)}, \ldots, \; c_{\alpha(k-1)}, \; c_n) \Rightarrow c_{d(n)}$$

enthält, mit deren Ergebnissen dann

$$g^{k+1}(c_{\alpha(0)}, \ldots, \; c_{\alpha(k-1)}, \; c_n) \Rightarrow k_1(c_{d(n)}, \; s(c_{b(n+1)}))$$

entsteht. Die einzige mögliche Originalgleichung für die Nebenprämisse, T_{11}, verlangt hier, daß $c_{d(n)}$ von der Gestalt $s(c_k)$ ist, also $\mathrm{d}_n \neq 0$ gilt, und dann liefert sie $c_{b(n)} = s(c_{b(n+1)})$, also $\mathrm{b}_n = 1 + \mathrm{b}_{n+1}$ (wobei ich wieder d_n für d(n) und b_n für b(n+1) geschrieben habe) .

Da Γ endlich ist, muß es in Γ_n aber eine Teilherleitung Γ_p eines E_p (mit p > n) geben, welche mit der Originalgleichung $H_0{}^\dagger$ die Hauptgleichung

$$h^{k+1}(c_{\alpha(0)}, \ldots, \; c_{\alpha(k-1)}, \; c_p) \Rightarrow k_0(g^{k+1}(c_{\alpha(0)}, \ldots, \; c_{\alpha(k-1)}, \; c_p), \; 0)$$

verwendet. Von ihr muß eine (K2)-Anwendung mit der Nebenprämisse $G_{d(p)}$ zu

$$h^{k+1}(c_{\alpha(0)}, \ldots, c_{\alpha(k-1)}, c_p) \Rightarrow k_0(c_{d(p)}, 0)$$

führen, und die einzige mögliche Originalgleichung für diese Nebenprämisse, T_{10}, verlangt jetzt $c_{d(p)} = 0$; sie ergibt dann $c_{b(p)} = 0$, $b_p = 0$. Aus $b_n = 1 + b_{n+1}$ für alle $n < p$ folgt daher $b_{p-i} = i$ für $i \leq p$, mithin $b_0 = p$.

Beispiel C

Ebenfalls im Kapitel 26 erwähnte ich die Funktionen h^{k+1}, welche der Bedingung

$$h^{k+1}(\alpha, z) = \text{IFE}(\text{SG}(g^{k+1}(\alpha, z)), z, g^{k+1}(\alpha, z+1))$$

genügen, und bemerkte, daß dann $h^{k+1}(-,0)$ jedenfalls eine Fortsetzung von μg^{k+1} ist. Dies legt es nahe, an Stelle von $H^\dagger$ die Gleichung

$$H^\ddagger: \quad h^{k+1}(x_0, \ldots, x_k) \Rightarrow t^3(g^{k+1}(x_0, \ldots, x_k), x_k, h^{k+1}(x_0, \ldots, x_{k-1}, s(x_k)))$$

zu verwenden, und wieder sieht man leicht, daß im weiteren Kalkül auch die Gleichungen T_{001}, T_{01}, $H^\ddagger$, $F^\dagger$ die partielle Minimierung definieren. Löse ich $H^\ddagger$ auf in

$$H_0{}^\ddagger: \quad h^{k+1}(x_0, \ldots, x_k) \Rightarrow k_0(g^{k+1}(x_0, \ldots, x_k), x_k)$$

$$H_1{}^\ddagger: \quad h^{k+1}(x_0, \ldots, x_k) \Rightarrow k_1(g^{k+1}(x_0, \ldots, x_k), h^{k+1}(x_0, \ldots, x_{k-1}, s(x_k))) ,$$

so definieren T_{10}, T_{11}, $H_0{}^\ddagger$, $H_1{}^\ddagger$, $F^\dagger$ (zusammen mit G_g) auch im engeren Kalkül die Minimierung μg^{k+1} .

Denn benutzt eine Herleitung Γ_n von $E_{b(n)}$ die Originalgleichung $H_1{}^\ddagger$, so ergibt das über Teilherleitungen von $E_{b(n+1)}$ und von $G_{d(n)}$ wieder $d_n \neq 0$ und $c_{b(n)} = c_{b(n+1)}$, $b_n = b_{n+1}$. Und eine Teilherleitung von E_p mit der Originalgleichung $H_0{}^\ddagger$ verlangt eine Teilherleitung von $G_{d(p)}$ mit $d_p = 0$ und liefert $c_{b(p)} = c_p$, $b_p = p$, weshalb auch $b_0 = p$ gilt.

Beispiel D

In diesem Beispiel will ich über inkonsistente Gleichungssysteme sprechen. Dazu verwende ich ein Ergebnis aus dem Kapitel 25 : es gibt eine nicht leere Zahlenmenge N, welche rekursiv aufzählbar, nicht aber rekursiv ist (zum Beispiel die dort als KA notierte Menge). Da jede rekursiv aufzählbare Menge Projektion einer rekursiven ist, gibt es dann eine rekursive Relation R^2 so, daß $n \epsilon N$ genau dann gilt, wenn es ein m mit $<n, m> \epsilon R^2$ gibt. Sei g die charakteristische Funktion von R^2; da dann g rekursiv ist, finde ich ein Gleichungssystem $<G_g, g^2>$, welches g definiert.

Vergrößere ich G_g durch die Gleichungen

$$f^1(x_0) \Rightarrow g^2(x_0, \ x_1)$$

$$f^1(x_0) \Rightarrow c_0$$

zu einer Gleichungmenge G_f, so ist $<G_f, \ f^1>$ inkonsistent, weil für n aus M ein m existiert so, daß $g^2(c_n, \ c_m) \Rightarrow c_1$ aus G_g herleitbar ist. Es gibt aber keine rekursive Funktion h mit $h(n) = 1$ genau dann, wenn ein solches m existiert. Ob also die Inkonsistenz von $<G_f, \ f^1>$ für ein c_n auftritt, das ist rekursiv unentscheidbar.

Nun erkläre ich, einer Idee von L. GORDEEV folgend, für jede natürliche Zahl n ein Gleichungssystem $<G_n, \ f^1>$, indem ich G_g jeweils durch die Gleichungen

$$k_0(0, \ x_1) \Rightarrow x_1$$

$$k_1(c_1, \ x_1) \Rightarrow x_1$$

$$f^1(x_0) \Rightarrow k_0(g^2(c_n, \ x_0), \ c_0)$$

$$f^1(x_0) \Rightarrow k_1(g^2(c_n, \ x_0), \ c_1)$$

$$f^1(x_0) \Rightarrow c_0$$

vergrößere. Es ist $<G_n, \ f^1>$ genau dann inkonsistent, wenn n in M liegt. Es gibt aber keine rekursive Funktion h_0 mit $h_0(n) = 1$ genau dann, wenn $<G_n, \ f^1>$ inkonsistent ist.

Wie ich im Kapitel 30 ausführen werde, lassen sich Gleichungssysteme durch Zahlen kodieren: es gibt injektive Funktionen, *Codierungen* genannt, welche jedem Gleichungssystem $<G, \ f^k>$ eine Zahl als ihren *Code* so zuordnen, daß die Menge NG dieser Zahlen rekursiv ist (es gibt sogar Codierungen, für welche NG elementar ist). Weiter entnimmt man der Definition dieser Codierungen leicht, daß der Code meiner speziellen, oben explizit angegebenen Gleichungssysteme $<G_n, \ f^1>$ rekursiv von n abhängt: es gibt eine rekursive Funktion φ so, daß $\varphi(n)$ der Code von $<G_n, \ f^1>$ ist. Überdies ist dann auch die Bildmenge NH von φ rekursiv (elementar).

Dann gilt zunächst: Es gibt keine rekursive Funktion h_1 mit $h_1(c) = 1$ genau dann, wenn $c \epsilon NH$ und c Code eines inkonsistenten Gleichungssystems ist. Denn sonst wäre $h_0 = h_1 \circ \varphi$ eine Funktion mit der obgenannten Eigenschaft.

Es gilt aber auch: Es gibt keine rekursive Funktion h_1 mit $h_1(c) = 1$ genau dann, wenn $c \epsilon NG$ und c Code eines inkonsistenten Gleichungssystems ist. Denn sonst wäre mit der charakteristischen Funktion χ von NH dann $h_1 = h \circ \chi$ eine Funktion h_1 mit der obgenannten Eigenschaft.

Kapitel 29. Lösungen von Gleichungssystemen

Wird f^m durch ein (konsistentes) Gleichungssystem $<G,f^m>$ definiert, so dienen die Gleichungen von G zur Bestimmung der Werte von f^m; ihre linken Seiten müssen dann mindestens einen mit f^m beginnenden atomaren Term enthalten. Die Beispiele der μ-rekursiven Funktionen lehren, daß dabei auch auf den rechten Seiten das Symbol f^m auftreten wird und daß die berechneten Funktionswerte von anderen, schon zuvor berechneten Werten abhängen werden. Der Gleichungskalkül liefert nun ein Verfahren zur Erzeugung der durch $<G,f^m>$ definierten Funktion f^m, die sich insofern als eine *syntaktische Lösung* des Gleichungssystems ansehen läßt. Enthält G auch noch G-freie Funktionssymbole, die mit den Funktionen einer Folge ψ belegt werden, so liefert der Gleichungskalkül die syntaktische Lösung des Systems $<G(\psi),f^m>$ überdies in Abhängigkeit von den Funktionen aus ψ: es wird f^m zum Wert $\| G,f^m \| (\psi,-)$ des von dem EQ-Funktional $\| G,f^m \|$ bestimmten Operators, der Funktionenfolgen ψ auf Funktionen $\| G,f^m \| (\psi,-)$ abbildet.

In den folgenden Abschnitten will ich zunächst die syntaktische Lösung eines Gleichungssystems $<G,f^m>$ als *Limes* einer Folge von *Teillösungen* darstellen, die sie in einem Verfahren der *sukzessiven Approximation* bestimmen. Dazu werde ich mich der im vorigen Kapitel eingeführten Funktionale und Operatoren als Hilfsmittel bedienen.

1. Die Operatoren $A_{G,f,\varphi}$ und ihre Fixpunkte

Sei fortan $<G, f^m>$ mit den G-freien Funktionssymbolen g^m, $g_1^{m\,(1)}$, ... , $g_n^{m\,(n)}$ gegeben; das Funktionssymbol g^m ist ausgezeichnet. Sei ferner $\varphi = <\psi_1^{m\,(1)},..., \psi_n^{m\,(n)}>$ eine fixierte Folge von Funktionen.

Für jede Funktion g^m bezeichne $g^m \circ \varphi$ die Folge, welche aus φ durch das Voranstellen von g^m entsteht.

Zu $<G, f^m>$ und φ bezeichne ich als $A_{G,f,\varphi}$, oder kurz A, den Operator, welcher jeder Funktion g^m die durch $<G(g^m \circ \varphi),\ f^m>$ definierte Funktion zuordnet:

$$A(g^m) = \| G,f^m \| (g^m \circ \varphi,-) \,.$$

Ich nenne g^m *konsistent für* $A_{G,f,\varphi}$, wenn $<G(g^m \circ \varphi),\ f^m>$ konsistent ist. Ich stelle nun einige Eigenschaften A zusammen, welche A auf dem Bereich der konsistenten Funktionen hat.

(K0)   *Monotonie:* Ist h^m Fortsetzung von g^m und ist h^m konsistent, so
ist $A(h^m)$ Fortsetzung von $A(g^m)$.

Es wird $A(g^m)$ durch $<G(g^m \circ \varphi), f^m>$ definiert, weshalb aus $A(g^m)(\alpha)$
$= a$ folgt, daß aus $G(g^m \circ \varphi)$ die Gleichung $f^m(c_{\alpha(0)},\dots, c_{\alpha(m(i)-1)}) \Rightarrow c_a$
herleitbar ist. Da h^m Fortsetzung von g^m ist, ist $G(g^m \circ \varphi)$ in $G(h^m \circ \varphi)$
enthalten. Mithin ist jene Gleichung auch aus $G(h^m \circ \varphi)$ herleitbar. Aber
$A(h^m)$ wird durch $<G(h^m \circ \varphi), f^m>$ definiert, und daraus folgt $A(h^m)(\alpha)$
$= a$.

Eine Folge $<g_i^m \mid i\epsilon\omega>$ von Funktionen heiße *wachsend*, wenn, für jedes i, die Funktion g_{i+1}^m konsistent und Fortsetzung von g_i^m ist. Liegt β in
der Vereinigung V der Definitionsbereiche der g_i^m, so haben dann irgend
zwei für β definierte g_i^m dort denselben Wert a, und ich definiere auf V
den *Limes* f der Folge $<g_i^m \mid i\epsilon\omega>$ als die Funktion mit $f^m(\beta) = a$.

(K1)   *Finitarität:* Der Limes f^m einer wachsenden Folge $<g_i^m \mid i\epsilon\omega>$ ist
konsistent, und ist $A(f^m)$ für α definiert, so gibt es ein i derart,
daß $A(g_i^m)$ für α definiert ist und $A(f^m)(\alpha) = A(g_i^m)(\alpha)$ gilt .

Ich zeige zunächst indirekt, daß $G(f^m \circ \varphi)$ konsistent sein muß. Denn sei Γ
Herleitung aus $G(f^m \circ \varphi)$ der Gleichung $f^m(c_{\alpha(0)},\dots, c_{\alpha(m(i)-1)}) \Rightarrow c_a$. Da
Γ endlich ist, treten dabei nur endlich viele Zuweisungsgleichungen

$$g^m(c_{\beta(j,0)},\dots, c_{\beta(j,m-1)}) \Rightarrow c_{b(j)} \quad \text{für} \quad f(\beta_j) = b_j \ , \quad j < r$$

auf. Zu jedem dieser j finde ich ein i_j mit $f^m(\beta_j) = g_{i(j)}^m(\beta_j)$, so daß mit
dem Maximum i dieser i_j auch $f^m(\beta_j) = g_i^m(\beta_j)$ für alle $j < r$ gilt. Folglich
liegen diese Zuweisungsgleichungen auch in $G(g_i^m \circ \varphi)$, so daß Γ auch Herleitung aus $G(g_i^m \circ \varphi)$ ist. Wäre Δ Herleitung von $f^m(c_{\alpha(0)},\dots, c_{\alpha(m(i)-1)})$
$\Rightarrow c_b$ aus $G(f^m \circ \varphi)$, so fände ich ebenso ein k derart, daß Δ auch Herleitung aus $G(g_k^m \circ \varphi)$ ist. Für n als die größere der beiden Zahlen i und k
wäre dann $G(g_n^m \circ \varphi)$ inkonsistent.

Somit wird $A(f^m)$ durch $<G(f^m \circ \varphi), f^m>$ definiert, und aus $A(f^m)(\alpha) = a$
folgt, daß die Gleichung $f^m(c_{\alpha(0)},\dots, c_{\alpha(m(i)-1)}) \Rightarrow c_a$ aus $G(f^m \circ \varphi)$ herleitbar ist. Wie soeben bemerkt, ist sie dann auch für ein passendes i aus n
$G(g_i^m \circ \varphi)$ herleitbar, und da g_i^m konsistent war, ergibt das $A(g_i^m)(\alpha) = a$.

Für jede Funktion g^m erkläre ich *die von g^m erzeugte* Folge $<g_i^m \mid i\epsilon\omega>$
durch $g_0^m = g^m$, $g_{i+1}^m = A(g_i^m)$. Ich nenne g^m für $A_{G,f,\varphi}$ *generisch*, wenn diese Folge eine wachsende Folge ist. Hier genügt es zu wissen, daß die g_i^m
mit $i > 0$ konsistent sind und g^m von $A(g^m)$ fortgesetzt wird, denn dann
liefert Induktion mit (K0) auch, daß g_i^m von g_{i+1}^m fortgesetzt wird. Ist g^m
generisch, so ist das auch jedes Glied der von g^m erzeugten Folge.

Eine Funktion h^m mit $A(h^m) = h^m$ nenne ich einen *Fixpunkt* des Operators
A .

LEMMA 1   Ist g^m generisch, so ist der Limes f^m der von g^m erzeugten Folge ein Fixpunkt von A, und jeder Fixpunkt h^m von A, welcher g^m fortsetzt, setzt auch f^m fort.

Gibt es einen Fixpunkt h^m, so ist die leere Funktion o^m generisch.

Nach (K1) ist f^m konsistent. Da f^m ein jedes g_i^m fortsetzt, lehrt (K0), daß $A(f^m)$ jedes $A(g_i^m) = g_{i+1}^m$ fortsetzt, also auch jedes g_i^m. Aus der Definition des Limes f^m folgt daher, daß $A(f^m)$ auch noch f^m fortsetzt. Andererseits setzt f^m aber auch $A(f^m)$ fort, denn zu jedem α, für das $A(f^m)$ definiert ist, lehrt mich (K1), ein i mit $A(f^m)(\alpha) = A(g_i^m)(\alpha) = g_{i+1}^m(\alpha) = f(\alpha)$ zu finden. Mithin ist f^m Fixpunkt. Sei nun h^m ein Fixpunkt, der g_0^m fortsetzt; weiß ich bereits, daß h^m auch g_i^m fortsezt, so setzt $h^m = A(h^m)$ auch $g_{i+1}^m = A(g_i^m)$ fort. Aus der Definition des Limes f^m folgt daher, daß h^m auch f^m fortsetzt. Jeder Fixpunkt h^m setzt o^m fort, und ist $<o_i^m \mid i\epsilon\omega>$ die von o^m erzeugte Folge, so lehrt Induktion mit (K0), daß $h^m = A(h^m)$ dann $g_{i+1}^m = A(g_i^m)$ fortsetzt. Folglich ist $G(o_i^m \circ \varphi)$ stets in $G(h^m \circ \varphi)$ enthalten und deshalb konsistent. Schließlich ist es trivial, daß o_i^m auch o^m fortsetzt.

Für generisches g^m nenne ich den Limes der von g^m erzeugten Folge auch den *Fixpunkt über* g^m . Aus dem Lemma folgt im Besonderen: gibt es überhaupt einen Fixpunkt, so gibt es auch den Fixpunkt über o^m, und er ist der kleinste aller Fixpunkte.

Generische Funktionen und Fixpunkte von $A_{G,f,\varphi}$ nenne ich auch generisch oder Fixpunkte von $<G, f^m>$ *relativ* zu φ. Das einen Fixpunkt f^m definierende Gleichungssystem $<G(f^m \circ \varphi), f^m>$ besteht aus den Gleichungen von G, den durch φ gelieferten Zuweisungsgleichungen, *und aus allen* Zuweisungsgleichungen

$$g^m(c_{\alpha(0)}, \ldots, c_{\alpha(m-1)}) \Rightarrow c_a \quad \text{für } \alpha \text{ in def}(f^m) \text{ und } f^m(\alpha) = a \; .$$

Insofern geht für einen Fixpunkt f^m die Abhängigkeit der Werte von f^m von *anderen* Werten von f^m über das hinaus, was bereits in den Gleichungen G (als Rekursionsgleichungen) durch das rechtsseitige Auftreten von f^m als Selbstreferenz von f^m ausgedrückt wird: es wird hier auch das Funktionssymbol g^m mit der Funktion h^m selbst belegt. Man beachte jedoch, daß *nicht* etwa Gleichungen $f^m(c_{\alpha(0)}, \ldots, c_{\alpha(m-1)}) \Rightarrow c_a$ für $h^m(\alpha) = a$ hinzugefügt werden, sondern die mit dem Funktionssymbol g^m beginnenden Zuweisungsgleichungen. Sie geben erst dadurch zu herleitbaren Zuweisungsgleichungen mit dem Symbol f^m Anlaß, daß g^m enthaltende Terme verarbeitet werden, welche rechts in den Gleichungen von G auftreten und Reduktionen ausdrücken.

Im speziellen Fall eines extensiv konsistenten Systems $<G, f^m>$ würden sich die vorangehenden Definitionen und Ergebnisse dadurch vereinfachen, daß alle Funktionen g^m konsistent wären, und generisch würden genau diejenigen g^m, welche von $A(g^m)$ fortgesetzt werden. Im Besonderen wäre o^m stets generisch. Die folgenden Beispiele lehren jedoch, daß es gerade auch nicht extensiv konsistente Gleichungssysteme sind, für welche die eingeführten Begriffe eine Rolle spielen.

2. Beispiele

Sei f^1 durch primitive Rekursion als $f^1(0) = a$, $f^1(n+1) = r^2(n, f^1(n))$ erklärte. Sei F die Menge der beiden Gleichungen

$$f^1(c_0) \Rightarrow c_a \qquad , \qquad f^1(s(x_0)) \Rightarrow r^2(x_0, f^1(x_0)) \; .$$

Schreibe ich für die 1-gliedrige Folge $\varphi = \; <r^2>$ statt $F(\varphi)$ auch $F(r^2)$, so wird f^1 durch das (extensiv konsistente) Gleichungssystem $<F(r^2), f^1>$ definiert. Mit einem neuen Funktionssymbol g^1 sei G die Menge der beiden Gleichungen

$$f^1(c_0) \Rightarrow c_a \qquad , \qquad f^1(s(x_0)) \Rightarrow r^2(x_0, g^1(x_0)) \; .$$

Sei weiter o^1 die leere Funktion, und sei $<o_i^1 \mid i\epsilon\omega>$ die von o^1 erzeugte Folge. Induktion lehrt sofort, daß o_i^1 die Restriktion von f^1 auf die Menge aller j mit $j < i$ ist; f^1 ist der Limes dieser Folge. Ferner sind die nicht leeren Funktionen o_i^m mit $i > 0$ konsistent, und ihre Folge ist wachsend. Folglich ist f^1 der minimale Fixpunkt, relativ zu r^2, des Gleichungssystems $<G, f^1>$. Die Restriktionen g^1 von f^1 sind immer noch konsistent, brauchen aber nicht generisch zu sein : ist etwa g^1 die Restriktion auf alle n mit $n \geq 7$, so wird g^1 nicht durch $A(g^1)$ fortgesetzt. Sie sind jedoch pseudo-*generisch* in dem Sinne, daß die von ihnen erzeugte Folge immer noch den Limes f^1 hat.

Das Gleichungssystem $<G, f^1>$ ist nicht extensiv konsistent. Denn sei etwa $r^2(x,y) = y+1$, so daß $f^1(y) = a+y$, und sei $g^1 = g_0^1$ eine nur für 1 definierte Funktion mit $g_0^1(1) = a+2$. Für $A = A_{G,f,\varphi}$ hat dann $A(g_0^1) = g_1^1$ die Werte

$$g_1^1(0) = a \quad , \quad g_1^1(1) = a+2 \quad , \quad g_1^1(2) = a+3 \; .$$

Folglich ist $<G(g_1^1 \circ \varphi), f^m>$ inkonsistent, denn aus $G(g_1^1 \circ \varphi)$ kann ich auch $f^1(c_1) \Rightarrow c_{a+1}$ herleiten.

Als zweites betrachte ich das *Beispiel A* aus dem vorigen Kapitel, in dem ich von der PETERschen Funktion P zeigte, daß sie mit der Menge F der drei Gleichungen

$$f^2(0,x) \Rightarrow s(x) \; , \qquad\qquad f^2(s(x), 0) \Rightarrow f^2(x, c_1) \; ,$$
$$f^2(s(x), s(y)) \Rightarrow f^2(x, f^2(s(x), y))$$

durch $<F, f^2>$ definiert wird. Mit einem neuen Funktionssymbol g^2 sei G die Menge der drei Gleichungen

$$f^2(0,x) \Rightarrow s(x) \ , \qquad\qquad f^2(s(x), 0) \Rightarrow g^2(x, c_1) \ ,$$
$$f^2(s(x), s(y)) \Rightarrow g^2(x, g^2(s(x), y)) \ .$$

Sei o^2 die leere Funktion, und sei $<g_i \mid i\epsilon\omega>$ die von $g_0 = o^2$ erzeugte Folge. Wie folgt beweise ich durch Induktion, daß p der Limes dieser Folge ist. Ich definiere eine Hilfsfunktion φ durch

$$\varphi(0,i) = 1 \ , \qquad\qquad \varphi(n+1,0) = \varphi(n,1)+1 \ ,$$
$$\varphi(n+1, m+1) = 1 + \max\{\varphi(n, p(n+1,m)), \ \varphi(n+1,m)\} \ .$$

Dann ist g_1 für alle Paare $<0,i>$ definiert, und es gilt $p(0,i) = g_{\varphi(0,i)}(0,i)$. Weiß ich bereits, daß ich für alle $<n,i>$ gilt $p(n,i) = g_{\varphi(n,i)}(n, i)$ finde, so folgt zunächst $p(n+1, 0) = g_{\varphi(n,1)+1}(n, 1) = \ g_{\varphi(n+1,0)}(n+1, 0)$. Weiß ich ferner, daß $p(n+1, m) = g_{\varphi(n+1,m)}(n+1, m)$ gilt, so folgt mit $a = p(n+1, m)$ auch $p(n+1, m+1) = g_{\varphi(n,a)}(n, g_{\varphi(n+1,m)}(n+1, m))$. Ist b das Maximum von $\varphi(n, a)$ und $\varphi(n+1, m)$, so folgt aus $p(n+1, m+1) = g_b(n, g_b(n+1, m))$ auch $p(n+1, m+1) = g_{1+b}(n+1, m+1)$.

Folglich ist p der minimale Fixpunkt des Gleichungssystems $<G, f^2>$. Die Definitionsbereiche der Funktionen g_i wachsen sehr langsam, nämlich um

$<1,0>$	für g_2	$<1,1>$	für g_3
$<1,2>$, $<2,0>$	für g_4	$<1,3>$	für g_5
$<1,4>$, $<2,1>$	für g_6	$<1,5>$, $<3,0>$	für g_7
$<1,6>$, $<2,2>$	für g_8 .		

Die Paare $<3,1>$, $<3,2>$, $<3,3>$ werden erst von g_{15}, g_{31}, g_{63} erfaßt.

Als drittes betrachte ich das *Beispiel C* aus dem vorigen Kapitel, in dem ich die Minimierung f^1 einer Funktion g^2 mit Hilfsfunktionen h^2 beschrieb, für die $h^2(-,0)$ Fortsetzung von f^1 ist. Aus diesem Grunde brauche ich nur die h^2 zu kennen, von denen Keime durch die Gleichungen

$$T_{10}: \qquad k_0(0, x_1) \Rightarrow x_1$$
$$T_{11}: \qquad k_1(s(x_0), x_1) \Rightarrow x_1$$
$$H_0{}^\ddagger: \qquad h^2(x_0, x_1) \Rightarrow k_0(g^2(x_0, x_1), x_1)$$
$$H_1{}^\ddagger: \qquad h^2(x_0, x_1) \Rightarrow k_1(g^2(x_0, x_1), h^2(x_0, s(x_1)))$$

definiert wurden. Mit einem neuen Funktionssymbol e^2 betrachte ich deshalb die Gleichungsmenge G, bestehend aus T_{10}, T_{11}, $H_0{}^\ddagger$ und

$$H_1{}^\S: \qquad h^2(x_0, x_1) \Rightarrow k_1(g^2(x_0, x_1), x_1, e^2(x_0, s(x_1))) \ ,$$

in der g^2 mit der zu minimierenden Funktion g^2 belegt werden soll und e^2 mit einer generischen Anfangsfunktion. Eine konkrete Funktion g^2 gebe ich vor durch

$$g^2(0,i) = 1 \quad \text{für } i \neq 3 \quad , \quad g^2(0,3) = 0 \quad ,$$
$$g^2(1,i) = 0 \quad \text{falls i gerade} \quad , \quad g^2(1,i) = 1 \quad \text{sonst}$$

und $g^2(k,i) = 1$ für $k > 1$. Sei nun $<e_i \,|\, i\epsilon\omega>$ die von der leeren Funktion $o^2 = e_0$ erzeugte Folge. Dann gilt :

$$e_1(0,3) = 3 \quad , \quad e_1(1,i) = i \quad \text{für gerade i} ,$$

und für andere Paare ist e_1 nicht definiert. Der Definitionsbereich von e_2 wächst um

$$e_2(0,2) = 3 \quad , \quad e_2(1,i) = i+1 \quad \text{für ungerade i} ,$$

und die Definitionsbereiche von e_3, e_4 wachsen jeweils um

$$e_3(0,1) = 3 \quad , \quad e_4(0,0) = 3 \quad ;$$

alle folgenden e_i stimmen mit e_4 überein. Die Folge der e_i ist daher von e_4 an konstant, so daß auch ihr Limes h^2 gleich e_4 wird. Im Besonderen gilt $f^1(0) = h^2(0,0) = e_4(0,0) = 3$, $f^2(1) = h^2(1,0) = e_1(1,0) = 0$, so daß die Minimierung f^1 von g^2 genau an den Stellen 0 und 1 definiert ist (und die erwarteten Werte liefert).

Von der leeren Funktion erzeugt, ist h^2, i.e. e_4, der minimale Fixpunkt relativ zu g^2 des Systems $<G, h^2>$. Von h^2 verschiedene Fixpunkte q^2 relativ zu g^2 erhält man wie folgt. Sei a eine Zahl und φ eine 1-stellige Funktion; sei $q_{a,\varphi} = q^2$ erklärt durch

$$q^2(0,i) = 3 \quad \text{für } i \leq 3 \qquad q^2(0,i) = a \quad \text{für } i > 3$$
$$q^2(1,i) = i \quad \text{für gerade i} \qquad q^2(1,i) = i+1 \quad \text{für ungerade i} ,$$
$$q^2(k,i) = \varphi(k) \quad \text{für } k > 1 \quad .$$

Dann ist q^2 Fixpunkt. Die Restriktionen von q^2 sind pseudo-generisch und, falls sie e_4 fortsetzen, sogar Fixpunkte. Als totale Funktion ist $q^2 = q_{a,\varphi}$ ein *maximaler* Fixpunkt, und alle *totalen* Fixpunkte sind Funktionen $q_{a,\varphi}$ mit beliebigen a, φ . Es gibt also durchaus *verschiedene* maximale Fixpunkte. Es gibt aber auch maximale Fixpunkte, welche *nicht* totale Funktionen sind: zum Beispiel die Funktion p, welche sich von $q_{a,\varphi}$ nur dadurch unterscheidet, daß $p(0,27)$ nicht definiert ist, $p(0,i) = a$ für $4 \leq i \leq 26$ und $p(0,i) = a+1$ für $27 < i$ gilt.

In jedem dieser drei Beispiele habe ich die mir bekannte Lösung eines Gleichungssystems $<F, f^m>$ als den minimalen Fixpunkt eines Gleichungssystems $<G, f^k>$ dargestellt; dazu habe ich in jedem Falle die explizit berechnete Gestalt der Näherungsfolgen verwendet, die von den jeweiligen leeren Funktionen erzeugt werden. Das Ergebnis trifft jedoch ganz allgemein zu (ist also von der speziellen Gestalt der Gleichungsyste-me unabhängig), wie aus dem Corollar des nächstens Theorems folgen wird.

3. Fixpunkte sind gleichungsdefiniert

Ausgehend von einem Gleichungssystem $<G, f^m>$ mit dem G–freien Funktionssymbol g^m will ich zeigen, daß sich die Fixpunkte von $A_{G,f,\varphi}$ durch Gleichungssysteme $<F, f^m>$ definieren lassen. Dies ist nicht trivial: zwar wird ein Fixpunkt f^m, per definitionem, durch das Gleichungssystem $<G(f^m \circ \varphi), f^m>$ definiert. Doch dann wird das Funktionssymbol g^m mit f^m selbst belegt, so daß ich ohne Weiteres nicht schließen kann, daß f^m von den Funktionen aus φ partiell rekursiv abhängt, i.e. dann partiell rekursiv ist, wenn jene das sind. Für den Fixpunkt über einer generischen Anfangsfunktion g^m läßt sich eine solche Abhängigkeit von φ und von g^m jedoch beweisen.

Sei also weiterhin $<G, f^m>$ mit den G–freien Funktionssymbolen g^m, $g_1^{m\,(1)}$, ..., $g_n^{m\,(n)}$ gegeben. Ich definiere $G_{(g,f)}$ als die Gleichungsmenge, welche aus G entsteht, indem ich dort überall g^m durch f^m ersetze.

Sei $\varphi = <\psi_1^{m\,(1)}, ..., \psi_n^{m\,(n)}>$ eine Folge von Funktionen, und sei g^m eine für $A_{G,f,\varphi}$ generische Funktion. Da $G_{(g,f)}$ nur noch $g_1^{m\,(1)}$, ..., $g_n^{m\,(n)}$ enthält, ist $G_{(g,f)}(\varphi)$ definiert. Es sei $G_{(g,f)}(\varphi, g^m)$ die aus $G_{(g,f)}(\varphi)$ durch Hinfügung aller Gleichungen

$$(g/f) \qquad f^m(c_{\alpha(0)}, ..., c_{\alpha(m-1)}) \Rightarrow c_a \quad \text{für } \alpha \text{ in def}(g^m) \text{ und } g^m(\alpha) = a$$

entstehende Gleichungsmenge. Ist g^m die leere Funktion, so stimmen $G_{(g,f)}(\varphi, g^m)$ und $G_{(g,f)}(\varphi)$ überein.

Es entsteht $G_{(g,f)}$ aus G durch einen syntaktischen Ersetzungsprozeß, welcher analog ist der Belegung des Funktionssymbols g^m mit der Funktion f^m im Falle eines durch $<G(f^m \circ \varphi), f^m>$ definierten Fixpunktes. Daß diese Analogie keine bloß formale ist, lehrt das folgende *1–te* KLEENE*sche Rekursionstheorem*:

THEOREM 1   (i)   Ist g^m generisch für $<G, f^m>$ relativ zu φ, so ist $<G_{(g,f)}(\varphi, g^m), f^m>$ konsistent, und der Fixpunkt f^m von $A_{G,f,\varphi}$ über g^m ist die von diesem Gleichungssystem definierte Funktion .

                 (ii)   Dieser Fixpunkt f^m hängt partiell rekursiv ab von φ und g^m : er liegt in $M_p(\psi_1^{m\,(1)}, ..., \psi_n^{m\,(n)}, g^m)$ (und bei leerem g^m in $M_p(\psi_1^{m\,(1)}, ..., \psi_n^{m\,(n)})$) .

Die zweite Behauptung folgt unmittelbar aus der ersten. Derem Beweis wende ich mich nun zu. Dabei verwende ich die von $g^m = g_0$ erzeugte Folge $<g_i \mid n \epsilon \omega>$. Da die g_i einander fortsetzen, wird die Konsistenz von $<G_{(g,f)}(\varphi, g^m), f^m>$ bewiesen sein, wenn ich zeige

(8)   Zu jeder Herleitung Γ einer Gleichung

(d) $f^m\bigl(c_{\alpha(0)}, \ldots, c_{\alpha(m-1)}\bigr) \Rightarrow c_a$

aus $G_{(g,f)}(\varphi, g^m)$ finde ich ein i so, daß $g_i(\alpha) = a$ gilt .

Das beweise ich durch Induktion über die Länge von Γ. Die Gleichungen u $\Rightarrow v$ an maximalen Knoten von Γ sind entweder von Typ (g/f), oder sie rühren von den Funktionen aus φ her, oder sie liegen in $G_{(g,f)}$. Im letzten Fall entstehen sie aus Gleichungen $u \Rightarrow v^*$ von G durch Ersetzung von g^m durch f^m ; da g^m G-frei ist, bleibt der linke Term u dabei unverändert.

Hat Γ die Länge 1, i.e. ist (d) selbst maximal, so kann diese Gleichung, da sie mit f^m beginnt, nicht von φ herrühren. Ist sie vom Typ (g/f) so gilt $g_0(\alpha) = a$. Liegt sie in $G_{(g,f)}$, so kann, da es sich um eine Zuweisungsgleichung handelt, ihre rechte Seite c_a als v^* auch nur aus sich selbst als v entstanden sein, weshalb (d) bereits in G liegt und Γ auch Herleitung aus jedem $G(g_{i-1} \circ \varphi)$ ist. Sei nun (8) für alle Herleitungen bewiesen, welche kürzer als Γ sind.

Beginnend an seinen maximalen Knoten, transformiere ich Γ wie folgt in einen mit Formeln belegten Baum $\Gamma^\S$. An den maximalen Knoten bleiben die Gleichungen vom Typ (g/f) und die von Funktionen aus φ herrührenden Gleichungen unverändert; die in $G_{(g,f)}$ liegenden $u \Rightarrow v$ werden durch ihre Urbilder $u \Rightarrow v^*$ in G ersetzt. Sei nun e ein nicht maximaler Knoten und sei die Transformation für alle Knoten f oberhalb von e bereits in der Art vorgenommen, daß $u \Rightarrow v$ bei f in eine Gleichung $u^* \Rightarrow v^*$ transformiert wurde und u^*, v^* sich von u, v allein dadurch unterscheiden, daß f^m an gewissen Stellen von u, v durch g^m ersetzt wurde. Hat e genau einen oberen Nachbarn e', so liegt in Γ eine (K1)-Anwendung

$$e': \quad v \Rightarrow w \qquad\qquad\qquad\qquad v^* \Rightarrow w^*$$
$$e : \quad v' \Rightarrow w' \qquad \text{vor, die in} \qquad v'^* \Rightarrow w'^{*\,'}$$

überführt werden soll, und ich definiere $v'^* \Rightarrow w'^*$, indem ich dieselbe Ersetzung einer Variablen durch eine Konstante in $v^* \Rightarrow w^*$ vornehme, welche von $v \Rightarrow w$ nach $v' \Rightarrow w'$ führte. Damit liegt dann auch in $\Gamma^\S$ eine (K1)-Anwendung vor. Hat e zwei obere Nachbarn e', e'', so liegt in Γ eine (K2)-Anwendung

$$e': v \Rightarrow t \qquad e'' : u \Rightarrow c \qquad\qquad\qquad v^* \Rightarrow t^* \qquad\qquad u^* \Rightarrow c$$
$$\qquad\qquad\qquad\qquad \text{vor, die in}$$
$$e : v \Rightarrow w \qquad\qquad\qquad\qquad\qquad\qquad v^* \Rightarrow w^*$$

überführt werden soll. Es tritt u an einer bestimmten Stelle von t auf und wird dort durch c ersetzt. Tritt u^* an derselben Stelle von t^* auf, so entstehe w^* durch Ersetzung von u^* an derselben Stelle durch c; in diesem Falle liegt auch in $\Gamma^\S$ eine (K2)-Anwendung vor. Tritt u^* an jener Stelle von t^* nicht auf, so nenne ich e *kritisch* und erkläre w^* wie folgt.

In Γ trägt e'' die Zuweisungsgleichung $u \Rightarrow c$, für die u mit einem Funktionssymbol h beginnt. Da u an der Stelle der Ersetzung zwar in t, nicht aber in t^* auftritt, muß das Funktionssymbol h beim Übergang von t zu t^* am Knoten e' verändert worden sein. Nach Voraussetzung ist die einzige mögliche Veränderung bei e' aber die Ersetzung von f^m durch g^m, so daß h gleich f^m sein muß. Mithin ist $u \Rightarrow c$ von der Gestalt

$$(f) \quad f^m\big(c_{\beta(0)},\dots, c_{\beta(m-1)}\big) \Rightarrow c_b \quad .$$

Da diese Gleichung mit f^m beginnt, müssen auch beide ihre Hauptgleichung $u_h \Rightarrow v_h$ und ihre Originalgleichung $u \Rightarrow v$ mit f^m beginnen. Deshalb kann f^m in u und in u_h nicht durch g^m ersetzt worden sein, so daß e'' auch in $\Gamma^\S$ diese Gleichung trägt. An der Ersetzungsstelle von t^* steht die veränderte Gleichung

$$(g) \quad g^m\big(c_{\beta(0)},\dots, c_{\beta(m-1)}\big) \Rightarrow c_b \quad ,$$

und nun definiere ich w^*, indem ich $g^m\big(c_{\beta(0)},\dots, c_{\beta(m-1)}\big)$ an dieser Stelle durch c_b ersetze. Das beendet die Diskussion des kritischen Falles und beendet damit die Definition von Γ^*. Man beachte noch, daß es hier wesentlich ist, die Regel (K2) des engeren Gleichungskalküls zu verwenden; im weiteren Kalkül würde dieser Beweis fehlschlagen.

Der minimale Knoten e_M von Γ trägt die mit f^m beginnende Zuweisungsgleichung (d). Die soeben für (f) angestellte Überlegung lehrt, daß e_M auch in $\Gamma^\S$ die Gleichung (d) trägt.

Seien nun e_k für $k < r$ die minimalen kritischen Knoten von $\Gamma^\S$ mit den Gleichungen $v_k^* \Rightarrow w_k^*$, und seien

$$(f_k) \quad f^m\big(c_{\beta(k,0)},\dots, c_{\beta(k,m-1)}\big) \Rightarrow c_{b(k)} \quad , k < r ,$$

die auf ihren rechten oberen Nachbarn e_k'' liegenden Gleichungen. Da sie bereits in Γ dort lagen, enthält Γ Teilherleitungen Γ_k der Gleichungen (f_k) aus $G_{(g,f)}(\varphi,g^m)$. Diese Γ_k sind aber kürzer als Γ, weshalb die Induktionsannahme mir Zahlen i_k liefert so, daß $g_{i(k)}(\beta_k) = b_k$ für $k < r$ gilt. Da die $g_{n(i)}$ einander fortsetzen, erhalte ich für das Maximum i der i_k, $k < r$,

$$g_i(\beta_k) = b_k \quad \text{für } k < r .$$

Nunmehr bilde ich Γ^* aus $\Gamma^\S$, indem ich alle Knoten oberhalb der e_k'' entferne und die e_k'' mit den Gleichungen

$$(g_k) \quad g^m\big(c_{\beta(k,0)},\dots, c_{\beta(k,m-1)}\big) \Rightarrow c_{b(k)} \quad , k < r ,$$

belege. Diese Gleichungen gehören aber zu den von der Funktionenfolge $g_i \circ \varphi$ in $G(g_i \circ \varphi)$ gelieferten. Ferner liegen nach Definition der w_k^* bei den e_k nun (K2)–Anwendungen vor. Deshalb ist Γ^* eine Herleitung, und zwar eine solche aus $G(g_i \circ \varphi)$. Nach Definition von g_{i+1} besagt das $g_{i+1}(\alpha) = a$, und das beweist die Behauptung (8).

Sei nun $f^m = f$ der Limes von $<g_i \mid n\epsilon\omega>$ mit $g_0 = g^m$, und sei h die durch $<G_{(g,f)}(\varphi,g^m), f^m>$ definierte Funktion. Gilt $h(\alpha) = a$, so finde ich eine Herleitung Γ aus $G_{(g,f)}(\varphi,g^m)$ der Gleichung (d). Aus (8) folgt deshalb

(9)   Ist h bei α definiert, so auch g_i für ein passendes i, und es gilt
$$h(\alpha) = g_i(\alpha) = f(\alpha) .$$

Die Behauptung (ii) wird daher bewiesen sein, wenn mir auch noch die Umkehrung

(10)   Ist·f bei α definiert, so auch h, und es gilt $f(\alpha) = h(\alpha)$

zur Verfügung steht. Dazu beweise ich durch Induktion über n

Ist g_i bei α definiert, so auch h, und es gilt $g_n(\alpha) = h(\alpha)$.

Das folgt für $n = 0$ aus dem Vorliegen der Gleichungen (g/f); sei es für n bewiesen, und sei g_{n+1} bei a mit dem Wert a definiert, so daß eine Herleitung Γ von (d) aus $G(g_n \circ \varphi)$ vorliegt. Das Funktionssymbol g^m kann an maximalen Knoten von Γ auftreten

in Zuweisungsgleichungen $g^m(c_{\beta(k,0)},\ldots, c_{\beta(k,m-1)}) \Rightarrow c_{b(k)}$ für
$$g_i(\beta_k) = b_k , \quad \text{sowie}$$

auf den rechten Seiten von Gleichungen aus G .

Verändere ich Γ zu $\Gamma^{\S}$, indem ich g^m überall durch f^m ersetze, so bleiben alle Regelanwendungen erhalten, und meine Zuweisungsgleichungen gehen über in $f^m(c_{\beta(k,0)},\ldots, c_{\beta(k,m-1)}) \Rightarrow c_{b(k)}$. Nach Induktionsannahme folgt aus $g_i(\beta_k) = b_k$ aber $h(\beta_k) = b_k$, so daß ich Herleitungen Γ_k der transformierten Zuweisungsgleichungen aus $G_{(g,f)}(\varphi,g^m)$ finde. Füge ich die Γ_k noch in $\Gamma^{\S}$ ein, so erhalte ich eine Herleitung von (d) aus $G_{(g,f)}(\varphi,g^m)$. Mithin gilt $h(\alpha) = a$. Das beschließt den Beweis von (10) und damit denjenigen des Theorems.

4. Sukzessive Approximation von Lösungen

Sei $<F, f^m>$ ein Gleichungssystem mit den F−freien Funktionssymbolen $g_1^{m(1)},\ldots, g_n^{m(n)}$; sei g^m ·ein neues Funktionssymbol. Ich erkläre $G = F_{(f,g)}$ als die Gleichungsmenge, welche aus F entsteht, indem ich in allen Termen auf den *rechten* Seiten der Gleichungen von F das Symbol f^m durch g^m ersetze. Sei $\varphi = <\psi_1^{m(1)},\ldots, \psi_n^{m(n)}>$ eine fixierte Funktionenfolge.

COROLLAR 1   Es werde f^m durch $<F(\varphi), f^m>$ definiert. Dann ist für
$<F_{(f,g)}, f^m>$ die leere Funktion generisch relativ zu φ,
und f^m ist der minimale Fixpunkt von $<F_{(f,g)}, f^m>$ relativ zu φ .

Ich schreibe G für $F_{(f,g)}$. Sei $<g_i \mid i\epsilon\omega>$ die von der leeren Funktion g_0 $= o^m$ unter dem Operator $A_{G,f}$ erzeugte Folge. Ich zeige zunächst, daß jedes g_i durch f^m fortgesetzt wird. Das ist trivial für g_0. Ist es für g_i bewiesen, so wird g_{i+1} durch $<G(g_i), f^m>$ definiert. Sei nun $g_{i+1}(\alpha) = a$ und sei Γ Herleitung aus $G(g_i)$ der Gleichung $f^m(c_{\alpha(0)},\cdots, c_{\alpha(m-1)}) \Rightarrow c_a$. Sei $\Gamma^\dagger$ der mit Gleichungen belegte Baum, der entsteht, indem ich in den Gleichungen von Γ das Symbol g^m *überall* durch f^m ersetze.

Dann gehen Anwendungen der Regeln (K1) und (K2) in Γ in Anwendungen derselben Regeln in $\Gamma^\dagger$ über, da die Veränderung von g^m zu f^m in Prämissen und Konklusionen simultan erfolgt. An den maximalen Knoten von Γ stehen entweder Gleichungen aus G oder Zuweisungsgleichungen

$$(g) \quad g^m(c_{\beta(r,0)},\cdots, c_{\beta(r,m-1)}) \Rightarrow c_{b(r)} \quad \text{mit } g_i(\beta_r) = b_r \ , r < s \ .$$

Die Gleichungen aus $G = F_{(f,g)}$ gehen in die Gleichungen aus F über, aus denen sie bei der Bildung von $F_{(f,g)}$ entstanden. Nach Induktionsannahme ist f^m Fortsetzung von g_i; folglich gehen die s Gleichungen (g) über in Gleichungen

$$(f) \quad f^m(c_{\beta(r,0)},\cdots, c_{\beta(r,m-1)}) \Rightarrow c_{b(r)} \quad \text{mit } f^m(\beta_r) = b_r \ , r < s \ .$$

Da f^m durch $<F, f^m>$ definiert wird, finde ich für die s Gleichungen (f) Herleitungen Γ_r aus F . Füge ich sie oberhalb der maximalen Knoten von $\Gamma^\dagger$ ein, so geht dann $\Gamma^\dagger$ über in eine Herleitung $\Gamma^\ddagger$ aus F der Gleichung $f^m(c_{\alpha(0)},\cdots, c_{\alpha(m-1)}) \Rightarrow c_a$.

Da somit die g_i durch f^m fortgesetzt werden, sind sie konsistent. Da g_1 trivialer Weise Fortsetzung von $g_0 = o^m$ ist, ist o^m generisch. Gemäß dem Theorem 2 ist der Fixpunkt h^m über o^m die von dem Gleichungssystem $<G_{(g,f)}(\varphi, o^m), f^m>$ definierte Funktion. Für die leere Funktion o^m gilt aber $G_{(g,f)}(\varphi, o^m) = G_{(g,f)}(\varphi)$, und aus $G = F_{(f,g)}$ folgt $G_{(g,f)} = F$. Damit ist h^m die durch das Gleichungssystem $<F(\varphi), f^m>$ definierte Funktion f^m .

Dieses Corollar lehrt, daß die Methode der sukzessiven Approximation, wie sie durch die Beispiele im Abschnitt 2 illustriert wurde, in jedem Falle angewendet werden kann.

5. Semantische Lösungen von Gleichungsmengen

Der syntaktischen, sich auf den Kalkül beziehenden Erklärung der *Lösung* eines Gleichungssystems läßt sich eine *semantische* gegenüberstellen. Im Falle totaler Funktionen besagt sie, daß eine Funktionenfolge χ eine Gleichungsmenge G *semantisch löse*, wenn die Gleichungen $v \Rightarrow w$ von G in Gleichheiten $\|v\| = \|w\|$ zwischen Zahlen übergehen, sobald man die

Funktionssymbole von G mit den Funktionen aus χ und dann, für jede Belegung ihrer Variablen, die *numerischen Auswertungen* $\|v\|$ und $\|w\|$ der Terme v und w berechnet. Im Falle partieller Funktionen wird man verlangen, daß aus der Auswertbarkeit des rechten Terms diejenige des linken folge und dann wieder $\|v\| = \|w\|$ gelte. (Aus der Auswertbarkeit des linken Terms diejenige des rechten zu postulieren, wäre untunlich, denn die Beispiele des Abschnitts 6 lehren die Vorteile von Gleichungssystemen, in denen zwei Gleichungen $v \Rightarrow w$ und $v \Rightarrow w'$ auftreten, bei denen für gewisse Argumente nur w, für andere nur w' einen Wert hat.) Solche *numerischen Auswertungen* möchte ich nun in einer Weise erklären, welche es möglich macht, auch etwas über sie zu beweisen.

Es sei $h_0^{m(0)}, \ldots, h_n^{m(n)}$ eine Folge von Funktionssymbolen. Weiter sei $x_{a(0)}, \ldots, x_{a(p-1)}$ eine Folge von Variablen. Ich betrachte Terme t, welche allein Funktionssymbole und Variablen aus diesen Folgen enthalten.

Zu jeder Folge $\chi = \,<h_0^{m(0)}, \ldots, h_n^{m(n)}>$ partieller Funktionen und zu jeder Folge α aus ω^p erkläre ich die *Auswertung* $\|t\|_{\chi,\alpha}$ *von* t *für* χ *und* α durch Induktion über den Aufbau von t:

Es sei $\|(x_{a(i)}\|_{\chi,\alpha} = \alpha(i)$ und $\|c_n\|_{\chi,\alpha} = n$.

Ist $\|t\|_{\chi,\alpha}$ definiert, so sei $\|s(t)\|_{\chi,\alpha} = \|t\|_{\chi,\alpha} + 1$,

anderenfalls sei $\|s(t)\|_{\chi,\alpha}$ undefiniert .

Ist, für jedes $i < m(k)$, die Auswertung $\|t_i\|_{\chi,\alpha}$ definiert ,
und ist die Funktion $h_k^{m(k)}$ für $<\|t_i\|_{\chi,\alpha} \,|\, i < m(k)>$ definiert ,

so sei $\|h_k^{m(k)}(t_0, \ldots, t_{m(k)-1})\|_{\chi,\alpha} = h_k^{m(k)}(<\|t_i\|_{\chi,\alpha} \,|\, i < m(k)>)$,

anderenfalls sei $\|h_k^{m(k)}(t_0, \ldots, t_{m(k)-1})\|_{\chi,\alpha}$ undefiniert .

Aus dieser Definition folgt sogleich, daß $\|t\|_{\chi,\alpha} = \|t\|_{\eta,\beta}$ gilt, wenn $\chi(k) = g_k^{m(k)} = \eta(k)$, für die k mit in t vorkommendem $h_k^{m(k)}$, und $\alpha(i) = \beta(i)$ für die i mit in t vorkommendem $x_{a(i)}$. Die Auswertung von t hängt daher nur von tatsächlich in t auftretenden Funktionssymbolen und Variablen ab.

Im Besonderen ist für einen konstanten Term t dann $\|t\|_{\chi,\alpha}$ von α unabhängig, und ich schreibe $\|t\|_{\chi}$ an Stelle von $\|t\|_{\chi,\alpha}$.

Damit kann ich nun die Erklärung der semantischen Lösungen wie folgt präzisieren:

Sei G eine Gleichungsmenge, und seien $h_0^{m(0)}, \ldots, h_n^{m(n)}$ die sämtlichen Funktionssymbole von G; sei $\chi = \,<h_0^{m(0)}, \ldots, h_n^{m(n)}>$ eine Folge partieller Funktionen. Dann heiße χ eine *semantische Lösung der Gleichungsmenge* G, wenn für jede Gleichung $v \Rightarrow w$ aus G gilt :

Wenn $v \rightarrow w$ höchstens die Variablen $x_{a(0)}, \ldots, x_{a(p-1)}$ enthält, dann gilt für jedes $\alpha \epsilon \omega^p$:

Ist $\|w\|_{\chi,\alpha}$ definiert, so auch $\|v\|_{\chi,\alpha}$, und es gilt $\|v\|_{\chi,\alpha} = \|w\|_{\chi,\alpha}$.

Bevor ich mich den Eigenschaften semantischer Lösungen zuwende, stelle ich einige Beobachtungen über Auswertungen zusammen. Zunächst ist es klar, daß für einen *konstanten* Term t aus dem Definiertsein von $\|t\|_\chi$ auch für jeden Subterm v von t das Definiertsein von $\|v\|_\chi$ folgt. Ich bemerke weiter

(S1)   Es sei t ein Term und sei t_α der konstante Term, der aus t bei Ersetzung der Variablen $x_{a(i)}$ durch die Konstanten $c_{\alpha(i)}$ entsteht. Es ist $\|t\|_{\chi,\alpha}$ genau dann definiert, wenn $\|t_\alpha\|_\chi$ definiert ist, und dann sind beide Auswertungen gleich.

Das folgt sogleich durch Induktion über den Aufbau von t .

(S2)   Es sei t konstanter Term mit einem Subterm u, und $\|u\|_\chi = m$ sei definiert. Es entstehe w aus t, indem u an einer Stelle seines Vorkommens durch c_m ersetzt wird. Dann ist $\|t\|_\chi$ genau dann definiert, wenn $\|w\|_\chi$ definiert ist, und dann gilt $\|t\|_\chi = \|w\|_\chi$.

Im Falle $u = t$ ist die Behauptung klar. Ich schließe durch Induktion über den Aufbau von t, und dabei ist der Induktionsanfang schon erledigt. Sei nun $t = h_k^{m(k)}(t_0, \ldots, t_{m(k)-1})$ oder $t = s(t_0)$; ich beschränke mich auf den ersten Fall und nehme an, daß die zu ersetzende Stelle des Vorkommens von u sich in t_0 befindet. Alsdann wird $w = h_k^{m(k)}(w_0, t_1 \ldots, t_{m(k)-1})$, wobei w_0 aus t_0 entsteht, indem u an der Stelle seines Vorkommens durch c_m ersetzt wird. Nun ist

(x) $\|t\|_\chi$ genau dann definiert, wenn $\|t_0\|_\chi$, $\|t_1\|_\chi$, $\ldots$, $\|t_{m(k)-1}\|_\chi$ definiert sind, und dann gilt

$$\|t\|_\chi = h_k^{m(k)}(\|t_0\|_\chi, \|t_1\|_\chi, \ldots, \|t_{m(k)-1}\|_\chi)$$

und

(y) $\|w\|_\chi$ genau dann definiert, wenn $\|w_0\|_\chi$, $\|t_1\|_\chi$, $\ldots$ $\|t_{m(k)-1}\|_\chi$ definiert sind, und dann gilt

$$\|w\|_\chi = h_k^{m(k)}(\|w_0\|_\chi, \|t_1\|_\chi, \ldots, \|t_{m(k)-1}\|_\chi) \; .$$

Nach Induktionsannahme ist $\|t_0\|_\chi$ genau dann definiert, wenn $\|w_0\|_\chi$ definiert ist, und dann gilt $\|t_0\|_\chi = \|w_0\|_\chi$. Deshalb folgt aus (x) und (y) die Behauptung.

(S3)   Es sei χ eine semantische Lösung der Gleichungsmenge G. Ist $t \rightarrow w$ eine aus G herleitbare Gleichung und ist $\|w\|_{\chi,\alpha}$ definiert, so ist $\|t\|_{\chi,\alpha}$ definiert, und es gilt $\|t\|_{\chi,\alpha} = \|w\|_{\chi,\alpha}$.

Ich schließe durch Induktion über die Herleitung von $t \Rightarrow w$. Die Behauptung bleibt erhalten unter Anwendungen von (K1), weil (S1) gilt. Sie bleibt erhalten unter Anwendungen von (K2), weil (S2) gilt und für eine Nebenprämisse $u \Rightarrow c_m$ aus $\|u\|_\chi = \|c_m\|_\chi$ folgt $\|u\|_\chi = m$.

LEMMA 2   Es sei $\chi = \,<h_0^{m(0)},..., h_n^{m(n)}>$ eine semantische Lösung der Gleichungsmenge G.

Ist $h_k^{m(k)}(c_{\alpha(0)},..., c_{\alpha(k-1)}) \Rightarrow c_n$ eine aus G herleitbare Zuweisungsgleichung, so ist $h_k^{m(k)}$ bei α definiert, und es gilt $h_k^{m(k)}(\alpha) = n$.

Es ist $h_k^{m(k)}$ Fortsetzung jeder Funktion $f^{m(k)}$, welche von $<G, h_k^{m(k)}>$ dargestellt wird.

Es ist $\|c_n\|_\chi$ definiert mit dem Wert n. Deshalb muss auch die Auswertung $\|h_k^{m(k)}(c_{\alpha(0)},..., c_{\alpha(k-1)})\|_\chi$ mit dem Wert n definiert sein, und dazu muß $h_k^{m(k)}$ bei α definiert sein und den Wert n haben. Das beweist die erste Behauptung. Wird $f^{m(k)}$ von $<G, h_k^{m(k)}>$ dargestellt, so folgt aus $f^{m(k)}(\alpha) = n$ die Herleitbarkeit von $h_k^{m(k)}(c_{\alpha(0)},..., c_{\alpha(k-1)}) \Rightarrow c_n$, mithin $h_k^{m(k)}(\alpha) = n$ nach der ersten Behauptung.

Habe ich soeben Folgerungen aus der Annahme gezogen, daß eine Funktion semantische Lösung sei, so verlangt der umgekehrte Schluß darauf, daß eine Funktion semantische Lösung ist, weitergehende Hilfsmittel. Denn dann kann ich nicht mehr voraussetzen, daß die Terme einer Gleichung $v \Rightarrow w$ (übereinstimmende) Auswertungen haben, sondern ich muß die Auswertbarkeit von v und w beweisen.

6. Bedingungen für die Auswertbarkeit von Termen

Ich erinnere zunächst daran, daß ich von den Gleichungsmengen G voraussetzen darf, daß sie in dem Sinne *atomar* sind, daß sie nur Gleichungen $v \Rightarrow w$ mit atomarem v enthalten. Bei atomarem G betrachte ich nun die Voraussetzungen

(L0)   für jedes k < n wird die Funktion $h_k^{m(k)}$ durch $<G, h_k^{m(k)}>$ dargestellt ,

(L1)   für jedes k < n wird die Funktion $h_k^{m(k)}$ durch $<G, h_k^{m(k)}>$ definiert .

Ein Term heiße G-konstant, wenn er konstant ist und nur Funktionssymbole aus G enthält.

(S4)   Unter der Voraussetzung (L0) gilt für jeden G–konstanten Term
t : Ist $\|t\|_\chi$ definiert und gleich n, so kann ich eine Herleitung
von $v \Rightarrow t$ aus G zu einer solchen von $v \Rightarrow c_n$ verlängern .

Das beweise ich durch Induktion über die Komplexität von t, behandle
zuvor jedoch zwei Spezialfälle. Ist t selbst eine Konstante, so ist die Behauptung klar. Alsdann betrachte ich den Fall eines atomaren Terms $t =$
$h_i^{m(i)}(c_{\alpha(0)}, ..., c_{\alpha(m(i)-1)})$. Es ist $\|t\|_\chi$ dann definiert, wenn $h_i^{m(i)}$ bei
$\alpha = \langle \alpha(j) \mid j < m_i \rangle$ definiert ist, und dann gilt für $r_i^{m(i)}(\alpha) = n$ auch $\|t\|_\chi$
$= n$. Aus $r_i^{m(i)}(\alpha) = n$ und der Darstellbarkeit von $r_i^{m(i)}$ folgt, daß die
Gleichung $r_i^{m(i)}(c_{\alpha(0)}, ..., c_{\alpha(m(i)-1)}) \Rightarrow c_n$ eine Herleitung aus G besitzt.
Sie aber ist die Gleichung $t \Rightarrow c_n$, und nun kann ich die Herleitung von
$v \Rightarrow t$ mit (K2) zu einer solchen von $v \Rightarrow c_n$ verlängern.

Ist nun t weder eine Konstante noch atomar, so kann ich einen Term w
mit $\|t\|_\chi = \|w\|_\chi$ finden, welcher kleinere Komplexität als t hat, und kann
meine Herleitung von $v \Rightarrow t$ zu einer solchen von $v \Rightarrow w$ verlängern. Denn t
enthält dann einen echten Subterm u, welcher atomar ist. Es folgt aus
(S2), daß auch für u die Auswertung $\|u\|_\chi = m$ definiert ist; mithin ist die
Gleichung $u \Rightarrow c_m$ herleitbar. Ersetze ich u an einer Stelle seines Vorkommens in t durch c_m, so gilt für den entstehenden Term w nach (S2) dann
$\|t'\|_\chi = \|w\|_\chi$. Aus $v \Rightarrow t$ und $u \Rightarrow c_m$ liefert (K2) aber eine Herleitung von
$v \Rightarrow w$.

(S5)   Unter der Voraussetzung (L1) gilt für jeden G–konstanten Term
t : Ist aus G eine Gleichung $t \Rightarrow c_n$ herleitbar, so ist $\|t\|_\chi$ defi-
niert, und es gilt n $= \|t\|_\chi$.

Sei Γ Herleitung von $t \Rightarrow c_n$ und sei $t \Rightarrow w$ ihre Hauptgleichung. Da G atomar ist, hat t dann die Gestalt $h_i^{m(i)}(c_{\alpha(0)}, ..., c_{\alpha(m(i)-1)})$. Da $h_i^{m(i)}$
durch $\langle G, h_i^{m(i)} \rangle$ definiert wird, ist $h_i^{m(i)}$ dann für α definiert, und es
gilt $h_i^{m(i)}(\alpha) = n$. Dann aber ist auch $\|h_i^{m(i)}(c_{\alpha(0)}, ..., c_{\alpha(m(i)-1)})\|_\chi$ de-
finiert und hat den Wert n .

So schön diese Bemerkung ist, so lehrt sie doch allenfalls für atomare
Terme, wie ihre Auswertung bestimmt werden könnte. Um beliebige Terme auswerten zu können, bedarf es offenbar zusätzlicher Hilfsmittel.

Für meine Gleichungsmenge G sei EQ(G) die Menge aller Gleichungen
$t \Rightarrow t$ für Terme t, welche G–konstant sind; die *Equalisierung* von G sei
die Gleichungsmenge G ∪ EQ(G) . Ich beeile mich, zu bemerken

LEMMA 3   Jede Herleitung Γ aus G ∪ EQ(G) einer Zuweisungsgleichung
$f^k(c_{\alpha(0)}, ..., c_{\alpha(k-1)}) \Rightarrow c_n$ läßt sich in eine Herleitung aus
G transformieren.

Ist $\langle G, f^k \rangle$ konsistent, so ist das auch $\langle G \cup EQ(G), f^k \rangle$,
und beide Axiomensysteme definieren dieselbe Funktion.

Die zweite Behauptung folgt aus der ersten. Die erste beweise ich durch Induktion über die Länge von Γ. Liegt die Originalgleichung von Γ in EQ(G), so hat die Hauptgleichung von Γ die Gestalt $f^k\big(c_{\alpha(0)}, \ldots, c_{\alpha(k-1)}\big) \Rightarrow f^k\big(c_{\alpha(0)}, \ldots, c_{\alpha(k-1)}\big)$. Sie muß als Hauptprämisse einer (K2)-Anwendung auftreten, und deren einzige mögliche Nebenprämisse lautet dann $f^k\big(c_{\alpha(0)}, \ldots, c_{\alpha(k-1)}\big) \Rightarrow c_n$. Deren Teilherleitung Γ' hat eine kürzere Länge als Γ und liefert mir deshalb nach Induktionsannahme bereits eine Herleitung aus G .

Liegt die Originalgleichung von Γ nicht in EQ(G), so können Gleichungen aus EQ(G) in Γ nur oberhalb der Nebenprämissen von (K2)-Anwendungen auf dem Hauptpfad auftreten. Jede von ihnen ist Zuweisungsgleichung und hat eine Teilherleitung Γ', die sich wieder nach Induktionsannahme in eine Herleitung aus G überführen läßt.

Der Nutzen der Equalisierung bei atomarem G wird nun deutlich im

LEMMA 4   Unter der Voraussetzung (L0) gilt für jeden G–konstanten Term t: Ist $\|t\|_\chi$ definiert und gleich n, so ist $t \Rightarrow c_n$ aus G $\cup$ EQ(G) herleitbar.

Unter der Voraussetzung (L1) gilt für jeden G–konstanten Term t: Ist aus G $\cup$ EQ(G) eine Gleichung $t \Rightarrow c_n$ herleitbar, so ist $\|t\|_\chi$ definiert, und es gilt n = $\|t\|_\chi$.

Unter der Voraussetzung (L1) gilt: Ist aus G $\cup$ EQ(G) eine Gleichung $v \Rightarrow t$ herleitbar, und ist $\|t\|_{\chi,\alpha}$ definiert, so ist auch $\|v\|_{\chi,\alpha}$ definiert , und es gilt $\|v\|_{\chi,\alpha} = \|t\|_{\chi,\alpha}$.

Die erste Behauptung folgt unmittelbar aus (S4). Zum Beweis der zweiten Behauptung sei Γ Herleitung von $t \Rightarrow c_n$ aus G $\cup$ EQ(G). Liegt die Originalgleichung in G, so kann ich wie in (S5) schließen. Im anderen Falle hat die Hauptgleichung die Gestalt $t \Rightarrow t$. Ihr folgen auf dem Hauptpfad (K2)-Anwendungen mit Hauptprämissen $t \Rightarrow t_i$, Nebenprämissen $u_i \Rightarrow c_{u(i)}$, und mit den Konklusionen $t \Rightarrow t_{i+1}$, i < k , mit $t_0 = t$, $t_k = c_n$, bei denen t_{i+1} aus t_i entsteht, indem u_i an einer Stelle eines Vorkommens durch $c_{u(i)}$ ersetzt wird. Die Nebenprämissen haben aber kürzere Herleitungen, so daß nach Induktionsannahme $\|u_i\|_\chi$ für i < k definiert ist. Trivialer Weise ist $\|t_k\|_\chi$ mit $\|t_k\|_\chi = n$ definiert, und es folgt aus (S2), daß zusammen mit $\|t_{i+1}\|_\chi$ auch $\|t_i\|_\chi$ definiert ist und $\|t_i\|_\chi = \|t_{i+1}\|_\chi$ gilt. Folglich ist auch $\|t_0\|_\chi$, also $\|t\|_\chi$ definiert, und es gilt immer noch $\|t\|_\chi = n$.

Unter den Voraussetzungen der dritten Behauptung ist mit (K1) auch $v_\alpha \Rightarrow t_\alpha$ herleitbar, und nach (S1) ist $\|t_\alpha\|_\chi$ definiert mit $\|t_\alpha\|_\chi = \|t\|_{\chi,\alpha} = n$. Nach (S4) läßt sich die Herleitung von $v_\alpha \Rightarrow t_\alpha$ zu einer solchen von $v_\alpha \Rightarrow c_n$ verlängern. Nach der dritten Behauptung ist daher $\|v_\alpha\|_\chi$ definiert, und es gilt $\|v_\alpha\|_\chi = n$. Wieder nach (S1) ist dann auch $\|t\|_{\chi,\alpha}$ definiert, und es gilt $\|t\|_{\chi,\alpha} = \|v_\alpha\|_\chi = n = \|t\|_{\chi,\alpha}$.

Da im Besonderen die Gleichungen von G selbst aus $G \cup EQ(G)$ herleitbar sind, hat damit die Equalisierung ihre Schuldigkeit getan und darf wieder vergessen werden .

7. Syntaktische Lösungen sind semantische Lösungen

LEMMA 5   Es sei G eine atomare Gleichungsmenge mit der Folge $h_0^{m(0)}, \ldots , h_n^{m(n)}$ von Funktionssymbolen. Es sei $\chi = \langle h_0^{m(0)}, \ldots , h_n^{m(n)}\rangle$ eine Funktionenfolge, und für jedes $k < n$ werde $h_k^{m(k)}$ durch $\langle G, h_k^{m(k)}\rangle$ definiert .

Dann ist χ semantische Lösung von G .

Jede weitere semantische Lösung $\kappa = \langle k_0^{m(0)}, \ldots, k_n^{m(n)}\rangle$ von G besteht aus Fortsetzungen der Funktionen aus χ .

Die erste Behauptung folgt aus dem Lemma 4, die zweite folgt aus dem Lemma 2 .

Das Lemma 5 besagt, daß die Folge syntaktischer Lösungen der Systeme $\langle G, r_k^{m(k)}\rangle$ eine semantische Lösung von G ist. Diesen Sachverhalt will ich nun in die früher studierte Situation übertragen, in der ein Funktionssymbol f^m von G ausgezeichnet ist.

Sei wieder G eine atomare Gleichungsmenge; bei den in G auftretenden Funktionssymbolen unterscheide ich jetzt die G–freien Funktionssymbole $g_0^{m(0)}, g_1^{m(1)}, \ldots, g_n^{m(n)}$ sowie die wesentlichen Funktionssymbole $r_0^{k(0)}, r_1^{k(1)}, \ldots, r_j^{k(j)}$; ich setze $f^m = r_0^{k(0)}$.

Sei $\psi = \langle g_i^{m(i)} \mid i < n\rangle$ eine Folge partieller Funktionen zur Belegung der G–freien Funktionssymbole $g_i^{m(i)}$. Dann gibt es für die (immer noch atomare) Gleichungsmenge $G(\psi)$ keine Konsistenzprobleme bezüglich der $g_i^{m(i)}$: es wird jede Funktion $g_i^{m(i)}$ durch $\langle G(\psi), g^{m(i)}\rangle$ definiert. Denn erstens sind die den Wertverlauf von $g_i^{m(i)}$ wiedergebenden Zuweisungsgleichungen bereits in $G(\psi)$ enthalten, und da $g^{m(i)}$ G–frei ist, sind zweitens auch keine anderen Gleichungen in $G(\psi)$ vorhanden, welche als Originalgleichungen anderer Herleitungen von Zuweisungsgleichen mit $g^{m(i)}$ dienen könnten.

Sei $\psi = \langle g_i^{m(i)} \mid i < n\rangle$ eine Folge zur Belegung der G–freien Funktionssymbole. Es heiße $\langle G, f^m\rangle$ *wesentlich konsistent* relativ zu ψ, wenn das Gleichungssystem $<G(\psi), f^m>$ wesentlich konsistent ist, i.e. die Gleichungssysteme $<G(\psi), r_i^{k(i)}>$ konsistent sind. In diesem Falle gibt es keine Auswahlprobleme bezüglich der Funktionen zur Belegung der wesentlichen Funktionssymbole $r_i^{k(i)}$, denn die Folge $\rho = <r_i^{k(i)} | i < j>$ der von den $<G(\psi), r_i^{k(i)}>$ definierten Funktionen ist eindeutig bestimmt. Mit $f^m = r_0^{k(o)}$ und $\sigma = <r_i^{k(i)} | 1 < i < j>$ schreibe ich ρ als $<f^m, \sigma>$. Ist χ die Verkettung $<\rho, \psi> = <f^m, \sigma, \psi>$, so sind für $G(\psi)$ und χ die Voraussetzungen des Lemmas 5 erfüllt .

Sei nun ausserdem $m = k_0 = m_0$, so daß $f^m = r_0^{k(o)}$ und $g_0^{m(o)}$ dieselbe Stellenzahl haben; ich setze $g^m = g_0^{m(o)}$, $g^m = g_0^{m(o)}$. Sei ferner φ die Folge $<g_i^{m(i)} | 0 < i < n>$, so daß $\psi = <g^m, \varphi>$.

Eine Funktion f^m ist Fixpunkt relativ zu φ von $<G, f^m>$ genau dann, wenn f^m durch $G(f^m \circ \varphi)$ definiert wird. In diesem Falle wird also g^m gleich f^m . Zusammenfassend erhalte ich das

THEOREM 2   Sei G wesentlich konsistent relativ zu ψ. Wird f^m durch $G(\psi)$ definiert, so ist $<f^m, \sigma, \psi>$ die kleinste semantische Lösung von $G(\psi)$.

Sei f^m Fixpunkt relativ zu φ von $<G, f^m>$, und sei G wesentlich konsistent relativ zu $f^m \circ \varphi$. Dann erhalte ich $<f^m, \sigma, f^m, \varphi>$ als die kleinste semantische Lösung von $G(f^m \circ \varphi)$.

Zur Illustration betrachte ich ein weiteres Mal das vor dem Theorem 2 diskutierte Beispiel C. Mit der Menge F der Gleichungen T_{10}, T_{11}, $H_0^\ddagger$, $H_1^\ddagger$ und G als der Menge der Gleichungen T_{10}, T_{11}, $H_0^\ddagger$, $H_1^\S$ und einer vorgelegten Funktion g^2 hatte ich dort eine Lösung h^2 von $<F(g^2), h^2>$ gefunden, welche minimaler Fixpunkt von $<G, h^2>$ relativ zu g^2 war; weiter hatte ich noch zahlreiche weitere Fixpunkte q^2 von $<G, h^2>$ relativ zu g^2 angegeben.

In F treten neben h^2 noch k_0 und k_1 als wesentliche Funktionssymbole auf, und $<F, k_0>$ und $<F, k_1>$ definieren die Funktionen k_0, k_1 mit $k_0(0,b) = b$ und $k_1(a,b) = b$ für $a \neq 0$. Da die rechten Seiten der k_0 und k_1 bestimmenden Zuweisungsgleichungen die G-freien Funktionssymbole e^2 und g^2 nicht enthalten, definieren auch alle Gleichungssysteme $<F(g^2), h^2>$ und $<G(\psi), h^2>$ diese Funktionen : sie sind wesentlich konsistent relativ zu jedem g^2 und relativ zu jedem $\psi = <g^2, e^2>$. Es ist mithin $<h^2, k_0, k_1, g^2>$ die kleinste semantische Lösung von $F(g^2)$, ebenfalls ist $<h^2, k_0, k_1, h^2, g^2>$ kleinste semantische Lösung von $G(h^2, g^2)$, und für jedes q^2 ist auch $<q^2, k_0, k_1, q^2, g^2>$ kleinste semantische Lösung von $G(q^2, g^2)$.

Kapitel 30.   Die Arithmetisierung des Gleichungskalküls

Das erste Ziel dieses Kapitels ist es, die Berechenbarkeit einer Funktion durch den Gleichungskalkül als gleichwertig zu ihrer partiellen ($\mu-$) Rekursivität zu erkennen. Es bleibt mir dazu, in Umkehrung des Theorems 28.1 zu zeigen:

THEOREM 1   Eine von einem endlichen Gleichungssystem $<G,\ f^k>$ definierte Funktion f^k ist partiell rekursiv.

Die Idee, welche dem Beweis unterliegt, ist einfach. Nach Voraussetzung wird f^k durch $<G,\ f^k>$ definiert, so daß nach der Äquivalenz 28.3.(A) die Funktion f^k für ν genau dann definiert ist, wenn es ein Γ so gibt, daß

(1) Γ ist Herleitung aus G, und es gibt ein n so, daß Γ mit

$$f^k(c_{\nu(0)},\ldots,\ c_{\nu(k-1)}) \Rightarrow c_n \text{ endet}.$$

Ich werde nun, bei zunächst fixiertem G, k und f^k, eine primitiv rekursive, und sogar elementare Relation DED^{k+1} sowie eine primitiv rekursive, ebenfalls sogar elementare Funktion $\text{VAL}=\text{VAL}^1$ so angeben, daß (1) genau dann gilt, wenn

(2)   es gibt eine Zahl d so, daß $\text{DED}^{k+1}(\nu,\mathrm{d})$,

und daß, beim Bestehen von $\text{DED}^{k+1}(\nu,\mathrm{d})$, der Wert $\text{VAL}(\mathrm{d})$ das eindeutig bestimmte n aus (1) ist.

Wird das geleistet sein, so wird zwar d in (2) nicht eindeutig bestimmt sein, wohl aber der Wert $\text{VAL}(\mathrm{d})$. Deshalb werden dann die Funktion $r^k = \mu\text{DED}^{k+1}$, also auch $\text{VAL}\circ r^k$, und die Funktion f^k denselben Definitionsbereich haben, und es wird $f^k(\nu)$ gleich $\text{VAL}\circ r^k(\nu)$ sein. Das aber besagt $f^k = \text{VAL}\circ r^k$ und beweist die Behauptung des Theorems.

Geleistet *sein* wird das freilich erst am Ende des Abschnittes 3. Denn natürlich fällt jene wunderbare Zahl d von (2) nicht aus der blauen Luft: sie hängt mit der Herleitung Γ aus (1) strukturell zusammen, und dieser Zusammenhang wird durch die Relation DED^{k+1} ausgedrückt. Zur Herstellung dieses Zusammenhanges werde ich Syntax und Semantik des Gleichungskalküls in dem Sinne *arithmetisieren,* wie ich das in der Einleitung des Kapitels 27 ausgeführt habe. Die Syntax des Gleichungskalküls ist allerdings ein wenig komplizierter als diejenige der Programme, weil ich es bereits in Gestalt der *Bäume* von Deduktionen mit sprachlichen Objekten zu tun habe, welche im Unterschied zu linearen Zeichenfolgen *zweidimensional* angeordnete Informationen enthalten.

1. Die Arithmetisierung von Bäumen

Bäume, deren Knoten etwa mit Zahlen belegt sind, lassen sich *horizontal* kodieren. So kann ich den Baum

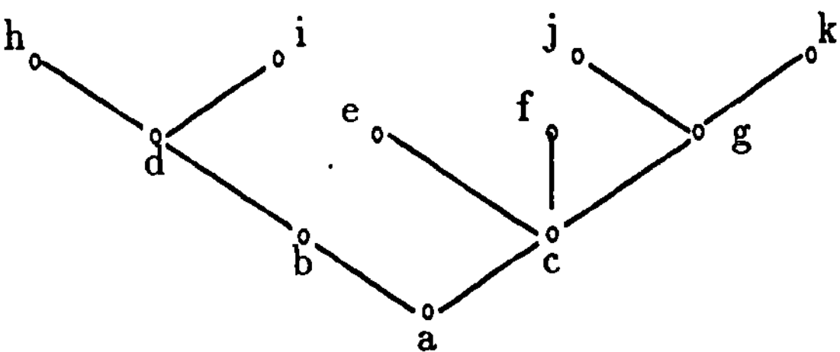

durch die geschachtelte (Folgen-)Folge

$$< a, < b, < d, < h, i > > > , < c, < e, f, < g, < j, k > > > > > >$$

beschreiben. Für diese *horizontale Darstellung* bietet sich eine arithmetische Kodierung in natürlicher Weise an, welche auf der Primfaktorzerlegung beruht und hier als Code die Zahl

$$(x_0) \qquad 3^a \cdot 5^{3^b \cdot 5^{3^d \cdot 5^{3^h} \cdot 7^{3^i}}} \cdot 7^{3^c \cdot 5^{3^e} \cdot 7^{3^f} \cdot 11^{3^g \cdot 5^{3^j} \cdot 7^{3^k}}}$$

liefert. Ist $A(x)$ die Menge der Zahlen, welche als Belegungen von Knoten in Frage kommen, so läßt sich die Menge $B(x)$ aller so entstehenden Codes x belegter Bäume kennzeichnen durch

$$EXP(0,x) = 0 \text{ und } A(EXP(1,x)) \text{ und}$$
$$\text{für alle } y : \text{wenn } 1 < y < LEN(x) \text{ so } B(EXP(y,x)) \, .$$

Betrachte ich dies als die Definition der charakteristischen Funktion von $B(x)$, so werden hier die y durch die Werte der elementaren Funktion LEN beschränkt; mithin wird B elementar sein wenn A das ist.

In meinen Anwendungen werde ich verschiedene Arten von belegten Bäumen zu unterscheiden haben, deren Knoten mit Zahlen jeweils einer *Sorte* p zu belegen sind. *Sorten* p von Zahlen x will durch die Bedingung $EXP(0,x) = p$ klassifizieren. Ist $A_p(x)$ eine Menge von Zahlen der Sorte p , so definiere ich die Menge der Codes $B_{p+1}(x)$ von Bäumen der Sorte $p+1$ mit Belegungen in $A_p(x)$ durch

$$EXP(0,x) = p \text{ und } A_p(EXP(1,x)) \text{ und}$$
$$\text{für alle } y : \text{wenn } 1 < y < LEN(x) \text{ so } B_p(EXP(y,x)) \, .$$

Wieder wird $B_{p+1}(x)$ zusammen mit $A_p(x)$ elementar sein. Stammen in meinem obgenannten Beispiel die Zahlen $a,...,\,k$ aus $B_1(x)$, so wird sein

B_2-Code die Zahl (x_1), welche aus (x_0) entsteht, indem jeder Potenz zur Basis 3 noch der Faktor 2^2 vorangestellt wird.

Die *trivialen*, nur aus einem Knoten bestehenden Bäume entsprechen der Menge $BT_p(x)$ aller x mit $B_p(x)$ und $LEN(x) = 2$. Entspricht x einem nicht trivialen Baum oder – wie ich fortan kurz sagen will – *ist* x ein solcher, so sind die *unmittelbaren Subbäume* y von x durch

$$B_p(x) \text{ und } B_p(y) \text{ und es existiert ein i mit } 1 < i < LEN(x) \text{ und } y = EXP(i,x)$$

zu kennzeichnen, die allgemeinen Subbäume y von x durch die Relation $BSUBB(x,y)$ mit

$$B_p(x) \text{ und } B_p(y) \text{ und } x = y \text{ oder es existiert ein i mit } 1 < i < LEN(x)$$
$$\text{und } BSUBB(EXP(i,x), y) \; .$$

Man bemerke, daß aus $BSUBB(x,y)$ folgt $y \leq x$.

Daß ein Baum z aus einem Baum x entstehe, indem ein Subbaum y von x an einer, respektive an allen Stellen seines Auftretens durch einen Baum v ersetzt wird, läßt sich durch Relationen $SUBSTE(x,z,y,v)$ und $SUBSTA(x,z,y,v)$ mit

$$B_p(x) \text{ und } B_p(y) \text{ und } B_p(z) \text{ und } B_p(v)$$
$$\text{und } y = x \text{ und } z = v$$
$$\text{oder } LEN(x) = LEN(z) \text{ und es existiert i mit } 1 < i < LEN(x)$$
$$\text{und } SUBSTE(EXP(i,x), EXP(i,z), y, v)$$
$$\text{und für alle j mit } 1 < j < LEN(x) :$$
$$\text{wenn } j \neq i \text{ so } EXP(j,x) = EXP(j,z)$$

respektive

$$\text{und für alle i mit } 1 < i < LEN(x)$$
$$SUBSTA(EXP(i,x), EXP(i,z), y, v)$$

ausdrücken. Da stets $EXP(i,x) < x$, werden die charakteristischen Funktionen dieser Relationen durch (primitiv rekursive) Wertverlaufsrekursionen erklärt, weshalb sie elementar sind. Man bemerke, daß aus $SUBSTE(x,z,y,v)$ oder $SUBSTA(x,z,y,v)$ folgt $y \leq x$ und $v \leq z$. Das ist klar für den Induktionsanfang mit $y = x$, $z = v$, und aus der Induktionsannahme $y \leq EXP(i,x)$, $v \leq EXP(i,z)$ folgt erst Recht $y \leq x$, $v \leq z$.

2. Die Arithmetisierung von Termen

Nach diesen Allgemeinplätzen arithmetisiere ich zunächst die Terme, wie sie im Kapitel 28 eingeführt wurden. Einen Term kann ich als einen Baum schreiben, dessen maximale Knoten mit der Konstanten *0* oder mit Variablen belegt sind, und dessen weitere Knoten mit *s* oder mit Funktionssymbolen passender Stellenzahl belegt sind – zum Beispiel den Term

$$f^2(s(h^2(x_2,\ x_0)),\ g^3(x_0,\ x_1,\ h^2(x_3,\ 0)))$$

als

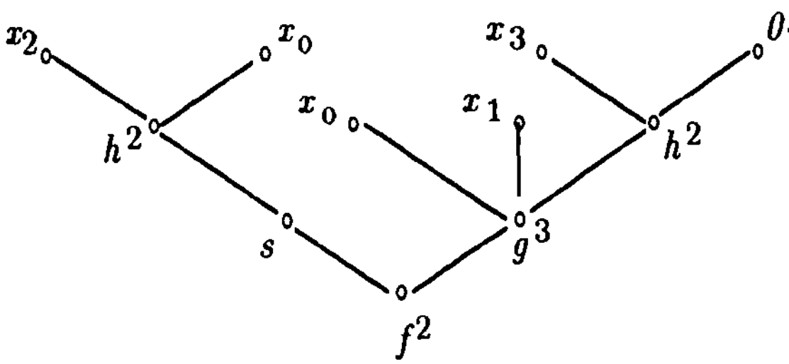

Zunächst muß ich hier meine Symbole kodieren, und sie beschreibe ich durch Zahlen der Sorte 1 :

das Symbol 0 habe den Code 2 ,
die Variablen x_i haben den Code $2 \cdot 3^{i+1}$,
das Symbol s habe den Code $2 \cdot 5$,
die k−stelligen Funktionssymbole f_i^k haben den Code $2 \cdot 7^{k+1} \cdot 11^{i+1}$.

Offenbar ist die Menge SYMB(x) dieser Codes elementar. Damit erkläre ich die Relation TERM(x) zur Charakterisierung der (Codes von) Terme(n) durch

$B_2(x)$ und LEN(x) = 2 und es existiert ein i mit EXP(1,x) = $2 \cdot 3^i$

oder LEN(x) = 3 und EXP(1,x) = $2 \cdot 5$ und TERM(EXP(2,x))

oder LEN(x) > 2 und es existiert i mit EXP(1,x) = $2 \cdot 7^{\text{LEN}(x)-1} \cdot 11^{i+1}$
und für alle j : wenn 1 < j < LEN(x) so TERM(EXP(j,x)) .

Da auch hier die Zahlen i und j durch elementare Funktionen von x beschränkt sind, wird hier die charakterische Funktion von TERM(x) wieder durch eine Wertverlaufsrekursion definiert ; es ist somit TERM(x) eine elementare Relation.

Die Subbäume und unmittelbaren Subbäume von Termen sind dann deren Subterme und unmittelbare Subterme. Die (als Bäume) trivialen Terme sind

$$2^2 \cdot 3^2 \quad \text{als } 0 \quad \text{und} \quad 2^2 \cdot 3^{2 \cdot 3^{i+1}} \quad \text{als } x_i \ ,$$

und für alle anderen Terme x gilt LEN(x) > 2 . Das *regierende* Funktionssymbol eines von 0 verschiedenen Terms x ist EXP(1,x), und seine unmittelbaren Subterme sind EXP(j,x) mit 1 < j < LEN(x). Diese Zahlen sind kleiner als x, und Induktion lehrt dann, daß *alle Subterme* von x und alle *in* x *auftretenden Funktionssymbole* Codes y mit y < x haben.

Funktionen, welche die Codes zusammengesetzter Terme aus denen ihrer Subterme berechnen, lassen sich mühelos angeben. Die Funktion CDS mit

$$\text{CDS}(0) = 2^2 \cdot 3^2 \ , \quad \text{CDS}(n+1) = 2^2 \cdot 3^{10} \cdot 5^{\text{CDS}(n)}$$

liefert als CDS(n) den Code von c_n . Weiter finde ich den Code eines atomaren Terms $f_i^k(c_{\alpha(0)}, \ldots, c_{\alpha(n-1)})$ als

$$2^2 \cdot 3^{2 \cdot 7^{k+1} \cdot 11^{i+1}} \cdot \Pi < \text{PRINO}(j+2)^{\text{CDS}(\alpha(j))} | j < n > \ .$$

Freilich ist CDS nur mehr primitiv rekursiv, nicht aber elementar.

Die Relationen SUBSTE und SUBSTA kann ich unverändert übernehmen. Die Konstanten c_n kennzeichne ich durch die Relation CONST(x) mit

$$\text{TERM(x) und } x = 2^2 \cdot 3^2 \text{ oder (LEN(x)} = 3 \text{ und EXP(1,x)} = 2$$
$$\text{und CONST(EXP(2,x))) ,}$$

die konstanten Terme durch die Relation TERMCON(x) mit

$$\text{TERM(x) und } x = 2^2 \cdot 3^2 \text{ oder (LEN(x)} \geq 3 \text{ und für alle i : wenn}$$
$$1 < i < \text{LEN(x) so .TERMCON(EXP(i,x))) ,}$$

und die atomaren Terme $f^k(c_{\alpha(0)}, \ldots, c_{\alpha(k-1)})$ schließlich durch die Relation TERMATO(x) mit

$$\text{TERMCON(x) und es existiert i mit EXP(1,x)} = 2 \cdot 7^{\text{LEN(x)}-1} \cdot 11^i$$
$$\text{und für alle j : wenn } 1 < j < \text{LEN(x) so CONST(EXP(j,x)) .}$$

Die Funktion VAL_0, welche jedem c_n die Zahl n+1 und alle übrigen Termen den Wert 0 zuordnet, erkläre ich durch

$\text{VAL}_0(x) = 1$	falls $x = 2^2 \cdot 3^2$
$\text{VAL}_0(x) = 1 + \text{VAL}_0(\text{EXP(2,x)})$	falls CONST(x) und LEN(x) = 3
$\text{VAL}_0(x) = 0$	sonst .

Wieder sind die Relationen CONST, TERMCON und TERMATO elementar. Induktion lehrt aber, daß $\text{VAL}_0(x) \leq x$ für alle x gilt, weshalb auch die aus elementaren Funktionen rekursiv definierte Funktion VAL_0 elementar ist.

Das beendet die Arithmetisierung des Umgangs mit Termen.

3. Die Arithmetisierung von Deduktionen

Gleichungen definiere ich als Zahlen $2^3 \cdot 5^a \cdot 7^b$ mit Termen a und b; ich kennzeichne sie durch die Relation GLEI(x) mit

$$\text{es gibt y, z mit } x = 2^3 \, 5^y \, 7^z \text{ und TERM(y) und TERM(z) .}$$

Offenbar ist GLEI elementar. Die Funktionen LS(x) = EXP(2,x) und RT(x) = EXP(3,x) liefern mir aus einer Gleichung x ihren linken und ihren rechten Term.

Gleichungsmengen G werde ich zunächst durch Relationen $\text{DATA}_G(x)$ beschreiben, die nur auf Gleichungen zutreffen; endliche Gleichungsmengen liefern dann stets elementare Relationen $\text{DATA}_G(x)$.

Zu vorgelegter Gleichungsmenge $DATA_G(x)$ kodiere ich die Herleitungen aus $DATA_G(x)$ als B_4-Bäume x, auf deren Knoten Gleichungen liegen. Die Gleichung auf dem minimalen Knoten von x ist dann $EXP(1,x)$. Besteht der Baum x nicht nur aus einem Knoten, so ist er höchstens 2-fach verzweigt, und seine unmittelbaren Subbäume sind $EXP(2,x)$ im Falle $LEN(x) = 3$, und $EXP(2,x)$, $EXP(3,x)$ im Falle $LEN(x) = 4$; die über $EXP(1,x)$ liegenden Gleichungen sind also $EXP(1,EXP(2,x))$ und $EXP(1,EXP(3,x))$. Die 0-Herleitungen x aus Zahlen g mit $DATA_G(g)$ werden gekennzeichnet durch die Relation $DEDA(x)$ mit

$B_4(x)$ und $GLEI(EXP(1,x))$ und

$LEN(x) = 2$ und $DATA_G(EXP(1,x))$

oder $LEN(x) = 3$ und $DEDA(EXP(2,x))$ und es existiert v mit $CONST(v)$
und es existiert i mit
$SUBSTA(LS(EXP(1, EXP(2,x))), LS(EXP(1,x)), 2^2 \cdot 3^{i+1}, v)$
und $SUBSTA(RT(EXP(1, EXP(2,x))), RT(EXP(1,x)), 2^2 \cdot 3^{i+1}, v)$

oder $LEN(x) = 4$ und $DEDA(EXP(2,x))$ und $DEDA(EXP(3,x))$
und $TERMCON(LS(EXP(1, EXP(2,x))))$
und $TERMCON(RS(EXP(1, EXP(2,x))))$
und $TERMATO(LS(EXP(1, EXP(3,x))))$
und $CONST(RS(EXP(1, EXP(3,x))))$
und $LS(EXP(1,x)) = LS(EXP(1, EXP(3,x)))$
und
$SUBSTA(RS(EXP(1, EXP(2,x))), RS(EXP(1,x)),$
$LS(EXP(1, EXP(3,x))), RS(EXP(1, EXP(3,x))))$.

Hier folgt aus $GLEI(EXP(1,x))$ im Besonderen $TERM(LS(EXP(1,x)))$ und $TERM(RT(EXP(1,x)))$. Ferner ist in der dritten Klausel die Zahl v durch $LS(EXP(1,x))$ und die Zahl i durch $2^2 \cdot 3^{i+1}$ beschränkt, also auch durch $LS(EXP(1, EXP(2,x)))$.

Die 1-Herleitungen haben dieselbe Kennzeichnung mit $SUBSTE$ an Stelle von $SUBSTA$. Für die erweiterten Kalküle ist, für $a = LS(EXP(1, EXP(3,x)))$, $TERMATO(a)$ zu ersetzen durch ($TERMCON(a)$ *und nicht* $CONST(a)$).

Auch hier liegt somit eine Wertverlaufsrekursion für die charakteristische Funktion von $DEDA(x)$ vor, in der neben elementaren Funktionen noch die charakteristische Funktion von $DATA_G(x)$ auftritt. Jede elementar abgeschlossene Funktionenklasse, welche die charakteristische Funktion von $DATA_G(x)$ enthält, wird daher auch $DEDA(x)$ enthalten. Im Besonderen ist die Relation $DEDA$ dann elementar oder primitiv rekursiv, wenn $DATA_G(x)$ elementar, respektive primitiv rekursiv ist.

Sei nun neben der Relation $DATA_G(x)$ auch ein Funktionssymbol f_i^k mit dem Code $2 \cdot 7^{k+1} \cdot 11^{i+1}$ vorgegeben. Die (k+1)-Tupel $<\nu, x>$, für die x Deduktion einer Gleichung $f^k(c_{\nu(0)}, \ldots, c_{\nu(k-1)}) \Rightarrow c_n$ ist, werden gekennzeichnet durch die Relation $DED^{k+1}(\nu, x)$ mit

$$\text{DEDA}(x) \text{ und CONST}(\text{RT}(\text{EXP}(1,x)))$$
$$\text{und EXP}(1, \text{LS}(\text{EXP}(1,x))) = 2 \cdot 7^{k+1} \cdot 11^{i+1}$$
$$\text{und für alle } j : \text{wenn } 1 < j < \text{LE}(\text{LS}(\text{EXP}(1,x)))$$
$$\text{so CONST}(\text{EXP}(j, \text{LS}(\text{EXP}(1,x))))$$
$$\text{und } \nu(j-2) = \text{VAL}_0(\text{EXP}(j, \text{LS}(\text{EXP}(1,x)))) .$$

In der Tat folgt aus $\text{TERM}(\text{LS}(\text{EXP}(1,x)))$ und

$$\text{EXP}(1, \text{LS}(\text{EXP}(1,x))) = 2 \cdot 7^{\text{LEN}(\text{LS}(\text{EXP}(1,x)))-1} \cdot 11^{i+1} = 2 \cdot 7^{k+1} \cdot 11^{i+1}$$

dann $\text{LEN}(\text{LS}(\text{EXP}(1,x))) = k+2$, aus $1 < j < k+2$ also $0 \leq j-1 < k$.

Die Relation DED^{k+1} hängt von $\text{DATA}_G(x)$ in derselben Weise wie DEDA ab. Setze ich noch

$$\text{VAL}(x) = \text{VAL}_0(\text{RT}(\text{EXP}(1,x))) ,$$

so ist mit diesen Definitionen von DED^{k+1} und VAL die Äquivalenz von (1) und (2) gesichert. Damit ist das Theorem 1 bewiesen.

Neben Funktionen, welche durch endliche Gleichungssysteme definiert werden, habe ich im Zusammenhang mit Funktionalen auch Funktionen betrachtet, welche durch Gleichungssysteme $< G(\psi), f^k >$ definiert werden. Dabei ist G eine endliche Gleichungsmenge mit G–freien Funktionssymbolen $g^{m(k)}$, $k < r$, und $G(\psi)$ entsteht aus G und einer endlichen Funktionenfolge $\psi = < \psi_k^{m(k)} \,|\, k < r >$, indem G durch alle Zuweisungsgleichungen

$$g^{m(k)}(c_{\alpha(0)}, \ldots, c_{\alpha(m(k)-1)}) \Rightarrow c_a \quad \text{für } \psi_k^{m(k)}(\alpha) = a$$

vergrößert wird. Ich notiere jetzt als $H(\psi_k^{m(k)})$ den Graphen von $\psi_k^{m(k)}$ (statt wie im früheren Kapitel als $G(\psi_k^{m(k)}))$; weiter sei $b_k = 2 \cdot 7^{m(k)+1} \cdot 11^{i(k)+1}$ der Code des Funktionssymbols $g^{m(k)}$. Dann ist x Code jener Zuweisungsgleichung genau dann, wenn $T_k(x)$ mit

$$\text{GLEI}(x) \text{ und CONST}(\text{EXP}(3,x)) \text{ und TERMATO}(\text{EXP}(2,x))$$
$$\text{und EXP}(1, \text{EXP}(2,x)) = b_k$$
$$\text{und } < < \text{VAL}_0(\text{EXP}(j, \text{EXP}(2,x))) \,|\, 1 < j < m_k+2 >, \text{VAL}_0(\text{EXP}(3,x)) >$$
$$\epsilon \; H(\psi_k^{m(k)}) .$$

Gehört $H(\psi_k^{m(k)})$ einer Klasse $R(F)$ an, für die F elementar abgeschlossen ist, so liegt auch $T_k(x)$ in $R(F)$. Mit $M_p(F)$ als der kleinsten μ–rekursiv abgeschlossenen Klasse, welche F umfaßt, finde ich das

COROLLAR 1   Es sei G eine endliche Gleichungsmenge mit den G–freien
Funktionssymbolen $g^{m(k)}$, $k < r$. Es sei F eine elementar
abgeschlossene Funktionenklasse, und $\psi = < \psi_k^{m(k)} \,|\, k < r >$
sei eine Folge von Funktionen aus F.

Dann liegt die Menge $\text{DATA}_{G,\psi}$ der Codes von Gleichungen aus $G(\psi)$ in $\mathbf{R}(\mathbf{F})$. Für ein Funktionssymbol f_i^k liegt in $\mathbf{R}(\mathbf{F})$ die durch $G(\psi)$ und f_i^k bestimmte Relation DED^{k+1}. Die durch $<G(\psi),\ f_i^k>$ definierte Funktion f^k liegt in $\mathbf{M}_p(\mathbf{F})$.

Da $\mathbf{F}$ elementar abgeschlossen ist, liegen nach 2.(FS1) auch die Graphen $H(\psi_k^{m(k)})$ in $\mathbf{R}(\mathbf{F})$. Folglich liegen die von den $\psi_k^{m(k)}$ bestimmten, endlich vielen Relationen $T_k(x)$ in $\mathbf{R}(\mathbf{F})$, und $\text{DATA}_{G,\psi}$ ist deren Vereinigung mit der elementaren Relation $\text{DATA}_G(x)$. Liegt $\text{DATA}_{G,\psi}$ in $\mathbf{R}(\mathbf{F})$, die charakteristische Funktion also in $\mathbf{F}$, so liegt dort auch die charakteristische Funktion von DED^{k+1}, weshalb DED^{k+1} in $\mathbf{R}(\mathbf{F})$ liegt. Da wieder $f^k = \text{VAL} \circ \mu \text{DED}^{k+1}$, liegt f^k in $\mathbf{M}_p(\mathbf{F})$.

COROLLAR 2   Sei $\mathbf{F}$ elementar abgeschlossen. Dann besteht $\mathbf{M}_p(\mathbf{F})$ aus den Funktionen $\| G, f^m \| (\psi,-)$, die für Folgen ψ aus $\mathbf{F}$ mit EQ-Funktionalen $\| G, f^m \|$ durch $<G(\psi),\ f^m>$ definiert werden.

Bereits im Kapitel 9 hatte ich bemerkt, daß es zu jeder Funktion f^m aus $\mathbf{M}_p(\mathbf{F})$ ein μ-rekursives V-Schema F^m und eine Funktionenfolge ψ in $\mathbf{F}$ so gibt, daß $f^m = \| F^m \| (\psi,-)$ gilt. Nach dem Corollar 28.1 ist das μ-rekursive Funktional $\| F^m \|$ gleich dem EQ-Funktional $\| E(F^m), g(F^m) \|$, mithin $\| F^m \| (\psi,-)$ gleich der durch $< E(F^m)(\psi), g(F^m)>$ definierten Funktion $\| E(F^m), g(F^m) \| (\psi,-)$. Andererseits lehrt das Corollar 1, daß die durch $<G(\psi), f^m>$ definierte Funktion in $\mathbf{M}_p(\mathbf{F})$ liegt.

Als Anwendung des Theorems 1 erhalte ich nun ein weiteres Mal, daß die PETERsche Funktion partiell μ-rekursiv ist, denn im Beispiel A des vorigen Kapitels hatte ich gezeigt, daß sie durch ein Gleichungssystem definiert wird. Ebenso wie für den Beweis ihrer Rekursivität, den ich im Kapitel 26 auf das 2te KLEENEsche Rekursionstheorem gründete, trifft es auch hier zu, daß der Aufwand des expliziten Nachweises aus dem Kapitel 6 jetzt durch einen anderen ersetzt wurde, der in der Arithmetisierung zum Beweis des Theorems 1 steckt. Im Unterschied zu den expliziten, und nicht ohne Kunstfertigkeit angestellten Überlegungen im Kapitel 6, erfordert der jetzige Nachweis über den Beweis des Theorems 1 kaum besonderes Ingenium: war die Idee der Arithmetisierung zum Beweis der Äquivalenz von (1) und (2) einmal gefaßt, so blieb ihre Ausführung eine Sache der nur noch Fleissarbeit verlangenden Routine.

Vor allem aber leistet das Theorem 1 solche Rekursivitätsnachweise auf *uniforme* Art. So liefert es zum Beispiel sogleich, daß die Schemata der geschachtelten n-fachen Rekursion, im Sinne des Supplements 5, zu Anfangsfunktionen aus $\mathbf{F}$ dann Funktionen aus $\mathbf{M}_p(\mathbf{F})$ definieren.

4. Uniformisierung und Universalfunktionen

Im Beweis des Theorems 1 habe ich das Deduzieren aus einem Gleichungssystem arithmetisiert. Das spezielle Gleichungssystem spielte aber überhaupt keine Rolle: der Beweis arithmetisiert das Deduzieren in *uniformer* Weise: nämlich *auf einen Schlag* für *alle* endlichen Gleichungssysteme.

Um das zu verdeutlichen, erkläre ich die Codes endlicher Gleichungssysteme $<G, f_i^k>$ durch die elementare Relation GLEISYS(y) mit

$$EXP(0,y) = 5 \text{ und es gibt } k, i \text{ mit } EXP(1,y) = 2 \cdot 7^{k+1} \cdot 11^{i+1}$$
$$\text{und für alle } j : \text{wenn } 1 < j < LEN(y) \text{ so } GLEI(EXP(j,y)) .$$

Das ausgezeichnete Funktionssymbol des Gleichungssystems y ist also $EXP(1,y)$, und seine Stellenzahl k ist $EXP(3, EXP(1,y)) \doteq 1$. Die in y auftretenden Terme sind die Zahlen $LS(EXP(j,y))$ und $RS(EXP(j,y))$ mit $1 < j < LEN(y)$. Diese Zahlen sind kleiner als y, weshalb auch alle in y auftretenden Terme und Funktionssymbole Codes haben, welche kleiner als y sind.

Mit Hilfe von GLEISYS(y) definiere ich die elementare Relation DATA(y,z) durch
$$GLEISYS(y) \text{ und es gibt ein } j \text{ mit } 1 < j < LEN(y) \text{ und } z = EXP(j,y) .$$

Die Relation DEDA(x) hing über $DATA_G$ von der vorgegebenen Gleichungsmenge G ab. Diese Abhängigkeit mache ich nun explizit : ich definiere die Relation DEDA(y,x), indem ich in der Definition von DEDA(x) die Bedingung $DATA_G(EXP(1,x))$ durch $DATA(y, EXP(1,x))$ ersetze, sowie $DEDA(EXP(2,x))$ und $DEDA(EXP(3,x))$ durch $DEDA(y, EXP(2,x))$ und $DEDA(y, EXP(3,x))$.

Ich bemerke noch, daß aus DEDA(y,x) stets GLEISYS(y) folgt. Denn im Fall $LEN(x) = 2$ folgt das aus $DATA(y, EXP(1,x))$, und im Falle $LEN(x) > 2$ folgt es durch Induktion aus $DEDA(EXP(2,x))$.

Die Relation $DED^{k+1}(x)$ hing über $DATA_G$ und den fixierten Code von f_i^k von dem vorgegebenen Gleichungssystem $<G, f_i^k>$ ab. Diese Abhängigkeit mache ich nun explizit : ich definiere die Relation $DED^{k+2}(y, \nu, x)$, indem ich in der Definition von $DED^{k+1}(\nu, x)$ die Bedingung DEDA(x) durch DEDA(y,x) ersetze und

$$EXP(1, LS(EXP(1,x))) = 2 \cdot 7^{k+1} \cdot 11^{i+1} \quad \text{durch}$$
$$EXP(1, LS(EXP(1,x))) = EXP(1,y) \text{ und } k = EXP(3, EXP(1,y)) \doteq 1 .$$

Den Vorwurf der Pedanterie in Kauf nehmend, konstatiere ich im Detail:

(3a)   Wenn $DED^{k+2}(y, \nu, x)$, so ist y Code des Gleichungssystems $<G, f_i^k>$ mit $EXP(1,y)$ als dem Code von f_i^k und G als der Menge der Gleichungen mit den Codes $EXP(j,y)$, $1 < j < LEN(y)$, und x ist Code einer Herleitung aus G einer Gleichung $f^k(c_{\nu(0)}, \ldots, c_{\nu(k-1)}) \Rightarrow c_n$.

(3b) Wenn y Code des Gleichungssystems $<G, f_i^k>$ ist, mit $EXP(1,y)$ als dem Code von f_i^k und G als der Menge der Gleichungen mit den Codes $EXP(j,y)$, $1 < j < LEN(y)$, und wenn x Code einer Herleitung aus G einer Gleichung $f^k(c_{\nu(0)}, ..., c_{\nu(k-1)}) \Rightarrow c_n$ ist, dann gilt $DED^{k+2}(y, \nu, x)$.

Für $<G, f_i^k>$ leistet also $DED^{k+2}(y, \nu, x)$ dasselbe wie $DED^{k+1}(\nu, x)$, gebildet mit $DATA_G$ und f_i^k . Die Uniformität meiner Konstruktionen liefert nun das

THEOREM 2   Die Funktion U^{k+1} mit $U^{k+1}(e,\nu) = VAL \circ \mu DED^{k+2}(e,\nu)$ ist eine Universalfunktion für die k–stelligen partiell (μ–) rekursiven Funktionen :

Zu jedem f^k aus **PRF** gibt es eine Zahl e so, daß
$f^k = VAL \circ \mu DED^{k+2}(e,-)$.

Es folgt aus (3a) und (3b), daß μDED^{k+2}, und also auch U^{k+1}, für $<e, \nu>$ genau dann definiert ist, wenn

(4a)   e ist Code eines Gleichungssystems $<G, f^k>$, und

(4b)   Es gibt eine Herleitung aus $<G, f^k>$ einer Gleichung der Gestalt $f^k(c_{\nu(0)}, ..., c_{\nu(k-1)}) \Rightarrow c_n$.

Ferner gilt dann

(4c) $\mu DED^{k+2}(e, \nu)$ ist der kleinste Code d einer Herleitung mit (4b), und mit der von dieser hergeleiteten Gleichung gilt $U^{k+1}(e, \nu) = VAL(d) = n$.

Falls $<G, f^k>$ sogar konsistent sein sollte, so folgt aus $DED^{k+1}(e, \nu, c)$, $DED^{k+1}(e, \nu, d)$ auch $VAL(c) = VAL(d)$, weshalb

(4d)   Ist $<G, f^k>$ konsistent, so folgt aus $DED^{k+1}(e, \nu, c)$ auch $U^{k+1}(e, \nu) = VAL(c)$.

Ist nun f^k partiell rekursiv, so gibt es nach dem Theorem 28.1 ein Gleichungssystem $<G, f^k>$, welches f^k definiert, also konsistent ist. Ist e dessen Code, so sind die vier Aussagen

$f^k(\nu) = n$,
  es gibt eine Herleitung Γ aus $<G, f^k>$ von $f^k(c_{\nu(0)}, ..., c_{\nu(k-1)}) \Rightarrow c_n$,
  es gibt einen Code c (nämlich von Γ) mit $DED^{k+1}(e, \nu, c)$ und $VAL(c) = n$,
$U^{k+1}(e, \nu) = n$

äquivalent. Mithin parametrisiert U^{k+1} sämtliche k–stelligen partiell rekursiven Funktionen. Umgekehrt ist zusammen mit $\mu DED^{k+2}(e,-)$ und VAL auch U^{k+1} stets partiell rekursiv. Das beendet den Beweis des Theorems.

Im allgemeinen Fall läßt sich über die partiell rekursiven Funktionen $U^{k+1}(e,-)$ sagen, daß sie nur dann nicht die leere Funktion ist, wenn e Code eines Gleichungssystems $\langle G, f^k \rangle$ ist. Ich weiß jedoch nicht, ob dieses Gleichungssystem konsistent ist und (im Sinne des Kapitels 28) überhaupt eine Funktion definiert. Die Werte von $f^k = U^{k+1}(e,-)$ bestimmen sich dann nach (4b), (4c), so daß f^k durch das – unter Umständen inkonsistente – Gleichungssystem $\langle G, f^k \rangle$ immer noch dargestellt wird.

Da ich hier von den Relationen DED^{k+2} nur gezeigt habe, daß sie elementar sind, ist die Aussage des Theorems etwas schwächer als diejenige des Theorems 26.1; sie ist andererseits stärker, weil ich hier mit der einen Funktion VAL statt der dort für jedes k benötigten Funktionen u_k auskomme.

Gehe ich von DED^{k+1} zu der immer noch elementaren Relation TET^{k+1} mit

$$DED^{k+1}(e, \nu, y) \text{ und für alle } z < y : \textit{nicht } DED^{k+1}(e, \nu, z)$$

über, so erhalte ich eine weitere Universalfunktion V^{k+1} mit $V^{k+1}(e, \nu) = \text{VAL} \circ \mu TET^{k+2}(e, \nu)$ derart, daß die Behauptung von (4d) in jedem Falle gilt :

(4e)   aus $TET^{k+1}(e, \nu, c)$ folgt $V^{k+1}(e, \nu) = \text{VAL}(c)$.

Auf diesem Wege über den Gleichungskalkül ist das Uniformisierungstheorem (und das Vorhandensein von Universalfunktionen) zum ersten Mal von KLEENE [36], [43] bewiesen worden. Die hier als DED^{k+1} bezeichnete Relation wurde von KLEENE als S notiert, und die Relation TET^{k+1} dann durch T, den nächsten im Alphabet folgenden Buchstaben. Aus diesem Grunde wird die Bezeichnung durch T seither durchgängig in der Literatur verwendet und TET^{k+1} auch das KLEENE*sche* T-*Prädikat* genannt.

Wie stets bei Universalfunktionen, so stellt sich auch hier die Frage, ob die SMN-Eigenschaft gilt. Um sie zu beantworten, betrachte ich zunächst ein Gleichungssystem $\langle G_0, f^{m+n} \rangle$, eine Folge α in ω^m, und ein neues Funktionssymbol g^n, welches in G_0 nicht vorkommt. Es sei G die Gleichungsmenge, welche aus G_0 durch Hinzufügung von

(5) $g^n(x_0, \dots, x_{n-1}) \Rightarrow f^{m+n}(c_{\alpha(0)}, \dots, c_{\alpha(m-1)}, x_0, \dots, x_{n-1})$

entsteht. Für β aus ω^n betrachte ich die Gleichungen

(6) $f^{m+n}(c_{\alpha(0)}, \dots, c_{\alpha(m-1)}, c_{\beta(0)}, \dots, c_{\beta(n-1)}) \Rightarrow c_p$,

(7) $g^n(c_{\beta(0)}, \dots, c_{\beta(n-1)}) \Rightarrow c_p$.

Dann gilt

(S0)   Es gibt eine Abbildung Φ, welche jeder G_0-Herleitung Γ_0 von (6) eine G-Herleitung $\Gamma = \Phi(\Gamma_0)$ von (7) zuordnet, und jede G-Herleitung Γ von (7) tritt als Bild unter Φ auf.

Ich erhalte Φ, indem ich zunächst aus (5) durch n Anwendungen der Regel (K0) eine Herleitung von

$$(8) \qquad g^n(c_{\beta(0)}, \ldots, c_{\beta(n-1)}) \Rightarrow f^{m+n}(c_{\alpha(0)}, \ldots, c_{\alpha(m-1)}, c_{\beta(0)}, \ldots, c_{\beta(n-1)}) \ .$$

gewinne. Die Herleitung Γ_0 von (6) liefert mir diese Gleichung als Nebenprämisse zur Anwendung der Regel (K2) auf (8) und damit die Herleitung $\Gamma = \Phi(\Gamma_0)$ von (7).

Ist umgekehrt Γ eine G-Herleitung von (7), so muß (5) ihre Originalgleichung sein, denn das ist die einzige Gleichung von G, welche das Symbol g^n enthält. Folglich muß die Hauptgleichung von Γ die Gestalt (8) haben. Die Hauptgleichung ist Hauptprämisse einer Anwendung von (K2), und da die rechte Seite von (8) als einziges Funktionssymbol f^{m+n} enthält, muß die Nebenprämisse dann notwendig die Gestalt (6) haben. Deren Herleitung Γ_0 aus G enthält nach **28.**(D0) nur Funktionssymbole, welche von f^{m+n} G-abhängig sind. Als neu gewähltes Symbol ist g^n aber G-unabhängig, mithin *nicht* von f^{m+n} G-abhängig, so daß g^n nicht in Γ_0 vorkommt. Im Besonderen verwendet Γ_0 also nicht die Gleichung (5) und ist somit bereits Herleitung aus G_0.

Aus (S0) folgt nun

(S1)   Ist f^{m+n} eine Funktion, die durch $<G_0, f^{m+n}>$ dargestellt [definiert] wird, so wird die Funktion $f^{m+n}(\alpha,-)$ durch $<G, g^n>$ dargestellt [definiert] .

Denn zu jeder Folge β mit $<\alpha,\beta> \epsilon \mathrm{def}(f^{m+n})$ und $f^{m+n}(\alpha,\beta) = p$ habe ich eine G_0-Herleitung von (6), also auch die Herleitung $\Phi(\Gamma_0)$ von (7). Ferner wird die Zahl p in (7) eindeutig durch die Zahl p in (6) bestimmt, so daß zusammen mit $<G_0, f^{m+n}>$ auch $<G, g^n>$ konsistent ist.

Um nun die Abbildung Φ zu arithmetisieren, verschaffe ich mir zunächst den Code eines neuen Funktionssymbols g^n. Dazu erinnere ich daran, daß aus GLEISYS(y) folgt, daß alle Gleichungen des kodierten Gleichungssystems Codes haben , welche kleiner als y sind, weshalb auch alle Funktionssymbole, die in solchen Gleichungen auftreten, Codes haben, welche kleiner als y sind. Die elementare Funktion $\mathrm{MINTER}(y,n) = 2 \cdot 7^{n+1} \cdot 11^{y+1}$ liefert somit den Code eines Funktionssymbols g^n, das nicht in dem Gleichungssystem y auftreten kann.

Diesen Definitionen entnehme ich nun, daß mit y als dem Code von $<G_0, f^{m+n}>$ und mit dem durch $\mathrm{MINTER}(y,n)$ bestimmten g^n, die Gleichung (5) den Code

$$r_n^m(y, \alpha) \; = \; 2^3 \; \cdot \; 5^{2^2 \cdot 3^{\mathrm{MINTER}(y,n)}} \cdot \Pi <\mathrm{PRINO}(j+2)^{2 \cdot 3^{j+1}} \, | \, j<n> \cdot 7^Q$$

erhält, mit der Abkürzung

$$Q = 2^2 \cdot 3^{\mathrm{EXP}(1,y)} \cdot \Pi < \mathrm{PRINO}(j+2)^{\mathrm{CDS}(\alpha(j))} \,|\, j < m > \cdot$$
$$\cdot\ \Pi < \mathrm{PRINO}(j+2+m)^{2 \cdot 3^{j+1}} \,|\, j < n > \ .$$

Da hier CDS eingeht, ist r_n^m nur mehr primitiv rekursiv.

Ebenfalls primitiv rekursiv ist dann die Funktion ψ, welche dem Code y von $< G_0,\ f^{m+n} >$ den Code des Gleichungssystems $< G,\ g^n >$ zuordnet:

$$\psi_n^m(y,\ \alpha) = 2^5 \cdot 3^{\mathrm{MINTER}(y,n)}$$
$$\cdot\ \Pi < \mathrm{PRINO}(j+2)^{\mathrm{EXP}(j+2,y)} \,|\, 1 < j < \mathrm{LEN}(y) > \cdot \mathrm{PRINO}(\mathrm{LEN}(y))^{r_n^m(y,\ \alpha)} \ .$$

Durch Fallunterscheidung definiere ich aus ψ die primitiv rekursive Funktion s_n^m mit

$$s_n^m(y,\alpha) = 0 \qquad \text{falls \textit{nicht} (GLEISYS(y) und } m+n+1 = \mathrm{EXP}(3,\ \mathrm{EXP}(1,y)))$$
$$s_n^m(y,\alpha) = \psi_n^m(y,\ \alpha) \text{ sonst } .$$

Schließlich sei φ_n^m die $(m+2)$-stellige Funktion mit

$$\varphi_n^m(e,\alpha,c_0) = 0 \quad \text{falls \textit{nicht} (GLEISYS(e) und } m+n+1 = \mathrm{EXP}(3,\ \mathrm{EXP}(1,y)))$$
$$\text{und } c_0 \text{ Code einer } G_0\text{-Deduktion } \Gamma_0 \text{ von (6)) },$$

$$\varphi_n^m(e,\alpha,c_0) \qquad \text{gleich dem Code der G-Deduktion } \Phi(\Gamma_0) \text{ von (7) sonst } .$$

Auch φ_n^m ist elementar, doch wird das im Folgenden keine Rolle spielen. Wichtig jedoch ist, daß φ_n^m in seinem Argument c_0 monoton ist, denn die Deduktion $\Phi(\Gamma_0)$ verlängert Γ_0. Wegen (S0) bildet φ_n^m die Codes c_0 der Deduktionen von (6) surjektiv auf die Codes c der Deduktionen von (7) ab. Mithin bildet φ_n^m auch das *kleinste* solche c_0 auf das *kleinste* solche c ab.

Sei nun $f^{m+n} = U^{m+n}(e,-)$ gegeben. Aus (4a) folgt: Ist es *nicht* der Fall, daß e Code eines Gleichungssystems $< G_0,\ f^{m+n} >$ ist, so ist f^{m+n} leer, und für jedes α gilt $s_n^m(e,\alpha) = 0$. Da 0 gewiß nicht Code irgendeines Gleichungssystems ist, ist dann auch $U^n(s_n^m(e,\alpha),-)$ die leere Funktion.

Sei jetzt e Code von $< G_0,\ f^{m+n} >$. Ist U^{m+n} bei $< \alpha,\beta >$ definiert, so folgt aus (4c):

(8) $\quad U^{m+n}(\alpha,\ \beta) = \mathrm{VAL}(c_0)$ mit c_0 als dem minimalen Code einer G_0-Herleitung einer Gleichung (6) .

Nach Definition von φ_n^m ist dann $\varphi_n^m(c_0)$ Code einer G-Herleitung einer Gleichung (7). Nach Definition von ψ_n^m und s_n^m folgt aber aus (4b), daß $U^n(s_n^m(e,\alpha),-)$ bei β definiert ist, und nach (4c) gilt

(9) $\quad U^n(s_n^m(e,\ \alpha),\beta) = \mathrm{VAL}(c)$ mit c als dem minimalen Code einer G-Herleitung einer Gleichung (7) .

Nun habe ich bemerkt, daß das minimale c_0 aus (8) durch φ_n^m in das minimale c aus (9) abgebildet wird. Nach Konstruktion von Φ und φ_n^m gilt aber $\mathrm{VAL}(c_0) = \mathrm{VAL}(\varphi_n^m(c_0))$, weshalb $U^{m+n}(\alpha,\beta) = U^n(s_n^m(e,\alpha),\beta)$. Ist umgekehrt $U^n(s_n^m(e,\alpha),-)$ bei β definiert, so gilt (9), und wieder muß dieses minimale c als $\varphi_n^m(c_0)$ von einem minimalen c_0 mit (8) herkommen, so daß auch U^{m+n} bei $<\alpha,\beta>$ definiert ist.

COROLLAR 1   Die Folgen $<U^{k+1}\,|\,0<k>$ und $<V^{k+1}\,|\,0<k>$ haben die SMN-Eigenschaft, und die primitiv rekursiven SMN-Funktionen s_n^m bilden Codes konsistenter Gleichungssysteme in Codes konsistenter Gleichungssysteme ab.

Das habe ich für $<U^{k+1}\,|\,0<k>$ soeben bewiesen, und der Beweis für $<V^{k+1}\,|\,0<k>$ ist analog.

Aus dem Corollar folgt, daß $<U^{k+1}\,|\,0<k>$ und $<V^{k+1}\,|\,0<k>$ universelle Folgen sind. Deshalb sind sie nach den Isomorphiesätzen von ROGERS und BLUM aus dem Kapitel 26 den früher konstruierten universellen Folgen isomorph. Somit stehen wieder sämtliche Werkzeuge zur Verfügung, um die Theoreme und Corollarien der Kapitel 25 und 26 zu beweisen.

5. Appendix: Weiteres über Kodierungen

Bei der im Vorangehenden verwendeten Arithmetisierung meiner syntaktischen Objekte habe ich die Primzahlkodierung verwendet. Dies war völlig hinreichend, um primitiv rekursive Kennzeichnungen zu erhalten, die, mit Ausnahme der Funktion CDS, sogar elementar waren. Will man freilich die Werte der Codes bereits einfachster Objekte wirklich ausrechnen, so wird schnell deutlich, daß man zu sehr großen Zahlen gelangt.

Zum Beispiel gilt $CDS(0) = 36$, weshalb $CDS(1) = 4 \cdot 3^{10} \cdot 5^{36}$. Eine untere Schranke dieser Zahl a ist $3 \cdot 10^{30}$, also eine Zahl mit 31 Dezimalstellen. Um $CDS(2) = 4 \cdot 3^{10} \cdot 5^{a}$ abzuschätzen, verwende ich, daß $5^{13} > 10^9$ gilt. Ist b der Quotient mit $a = 13 \cdot b$, so folgt daraus $5^{a} = (5^{13})^{b} > (10^9)^{b}$. Da auch $b > 10^{29}$, hat also 5^{a}, und somit erst recht $CDS(2)$, mindestens 10^{29} Dezimalstellen. Die Druckseiten dieses Buches mit maximal 45 Zeilen zu 80 Zeichen fassen 3600 Zeichen. Bei einem größeren Format mit 5000 Zeichen pro Seite würden zum Ausdrucken von $CDS(2)$ immer noch wenigstens $2 \cdot 10^{25}$ Seiten benötigt werden. Nimmt man an, daß 1000 Seiten auf dünnem Papier nur 5 cm Regalplatz einnehmen, auf einen Meter Regallänge also $2 \cdot 10^4$ Seiten passen, so benötige ich immer noch 10^{21} m oder 10^{18} km Regallänge. Eine durchschnittliche Universitätsbibliothek hat weniger als 100 km Regalplatz, so daß mehr als 10^{16} solcher Bibliotheken benötigt würden . Die Landmasse der Erde nimmt etwas weniger als $6 \cdot 10^8$ km^2 ein; auf jedem Quadratkilometer müßten also mehr als eine Million Bibliotheken untergebracht werden ...

g-adische Kodierung

Mehr Ökonomie im Zahlenverbrauch erlaubt die Darstellung syntaktischer Objekte als Zeichenfolgen und deren g-adische Kodierung. Bereits in den Supplementen 1 und 3 sowie in den Kapiteln 24 und 28 habe ich von Termen gesprochen, die aus Variablen und Konstanten mit Hilfe von Funktionssymbolen gebildet werden:

> ist f^k Funktionssymbol und ist $t_0, \ldots, t_{k-1}$ eine Folge von Termen,
> so sei der Ausdruck $f^k(t_0, \ldots, t_{k-1})$ ein Term .

Wie diese Bildung von *Ausdrücken* genau gemeint sei, das habe ich offen gelassen, doch war die im Abschnitt 2 besprochene Primzahlkodierung *eine* solcher möglichen Präzisierungen. Eine andere mögliche Präzisierung besteht darin, Variablen, Anfangskonstanten und Funktionssymbole als bestimmte *Zeichen* vorzugeben, und dann die bei der Termbildung genann ten *Ausdrücke* einfach als *Folgen* von (hintereinandergesetzten) Zeichen zu verstehen. Dabei ist, wie J.ŁUKASIEWICZ bemerkt hat, der Gebrauch von Klammer– und Kommazeichen sogar entbehrlich: sind drei paarweise disjunkte Mengen von Variablenzeichen x_i, Konstantenzeichen c und mit Stellenzahlen indizierten Funktionszeichen f^k gegeben, und definiere ich die Menge aller Terme als die kleinste Menge T von Zeichenfolgen t, welche die 1–gliedrigen Folgen bestehend aus Variablen– oder Konstantenzeichen enthält und

für jedes Funktionssymbol f^k und jede Folge t_0, ... , t_{k-1} von k Zeichenfolgen aus T auch die durch Hintereinandersetzen (Verketten) gebildete Folge $f^k t_0 ... t_{k-1}$ enthält,

so besteht immer noch die Eigenschaft der *eindeutigen Lesbarkeit*:

jede Folge t aus T, die nicht Variable oder Konstante ist, bestimmt eindeutig ein k, ein Funktionssymbol f^k und k Stück Folgen t_0, ... , t_{k-1} mit $t = f^k t_0 ... t_{k-1}$.

Um meine Zeichenfolgen als g–adische Zifferndarstellungen zu lesen, sollte ich allerdings mit nur *endlich* vielen Zeichen auskommen, sodaß es nötig wird, auch die unbeschränkt vielen Variablen und Funktionssymbole aus einfacheren Zeichen zusammenzusetzen. Mit den Zeichen (Ziffern) *0, 1, 2* erkläre ich

die Variable x_i als die Folge *100...001* mit i+1 Ziffern *0* ,
das Funktionssymbol f^k_i als die Folge *200...002* mit n=CAU(k,i) Ziffern *0* ,

und verwende weiter die 1–gliedrigen Folgen der beiden Zeichen *3* und *4* für meine einzige Konstante und für das spezielle Operationssymbol s. Um die Verkettung zweier Folgen a und b nicht bloß durch Hintereinanderschreiben anzudeuten, notiere ich sie wie schon in 1.1 als $a+b$, und die Verkettung von k Folgen v_0, ... , v_{k-1} schreibe ich als $\Sigma < v_i \,|\, i < k >$. Damit erkläre ich die Menge der Terme als die kleinste Menge von Zeichenfolgen, welche *3* und alle Variablen enthält sowie, zu jedem f^k_i und zu jeder Folge $< t_i \,|\, i < k >$ von Termen, auch die Folge $f^k_i + \Sigma < t_i \,|\, i < k >$; schließlich soll für jeden Term t auch die Verkettung $s+t$ Term sein. Wie folgt zeige ich auch in diesem Falle die eindeutige Lesbarkeit.

Eine Zeichenfolge t, welche Term ist, heiße *gut*, wenn für alle Terme v und alle Zeichenfolgen m, n aus $t+m = v+n$ folgt $t = v$ (und also $m = n$); dabei darf m oder n auch leer sein. Ich bemerke zunächst

(g0)   Ist $< t_i \,|\, i < k >$ eine Folge guter und $< v_i \,|\, i < k >$ eine Folge beliebiger Terme, und sind m, n Zeichenfolgen, so folgt aus

$$\Sigma < t_i \,|\, i < k > + m = \Sigma < v_i \,|\, i < k > + n$$

auch $t_i = v_i$ für alle i < k (und also $m = n$).

Für $k = 1$ folgt das aus der Güte von t_0, und gilt es für k, so folgt aus $\Sigma < t_i \,|\, i < k+1 > + m = \Sigma < v_i \,|\, i < k+1 > + n$ auch $t_0 + \Sigma < t_{i+1} < k > + m = v_0 + \Sigma < v_{i+1} \,|\, i < k > + n$, sodaß die Güte von t_0 zu $t_0 = v_0$ und $\Sigma < t_{i+1} < k > + m = \Sigma < v_{i+1} \,|\, i < k > + n$ führt, die Induktionsannahme also zur Behauptung.

Nun zeige ich durch Induktion über den Aufbau der Terme, daß jeder von ihnen gut ist. Ist t in $t+m = v+n$ ein Variable *10...01*, so muß auch v mit allen diesen Zeichen von t beginnen. Alle von Variablen verschiedene Terme beginnen aber mit *3, 4 oder 2*, so daß der Term v selbst Variable sein muß. Mithin gilt $t = v$. Beginnt t mit s, so beginnt auch v mit s, und aus $t = s+t'$, $v = s+v'$ folgt dann $t'+m = v'+n$, weshalb die Induktionsannahme zu $t' = v'$ führt, also $t = v$. Beginnt t mit einem Funktionssymbol $f_i^k = 20...02$, also $t = f_i^k + \Sigma < t_i \,|\, i < k >$, so beginnt v mit demselben Funktionssymbol. Es kann dann v aber weder mit einem anderen (längeren und oder kürzeren) Funktionssymbol noch mit s beginnen oder gleich *3* sein. Da v Term ist, muß es mithin Terme $< v_i \,|\, i < k >$ (mit dem durch f_i^k bestimmten k) geben, mit denen $v = f_i^k + \Sigma < v_i \,|\, i < k >$ gilt. Aus $f_i^k + \Sigma < t_i \,|\, i < k > + m = f_i^k + \Sigma < v_i \,|\, i < k > + n$ folgt aber $\Sigma < t_i \,|\, i < k > + m = \Sigma < v_i \,|\, i < k > + n$, und da die t_i bereits gut sind, lehrt (g0) nun $t_i = v_i$ für alle $i < k$, womit $t = v$ und $m = n$.

Mithin sind alle Terme gut, und wie im letzten Beweis folgt nun auch die eindeutige Lesbarkeit.

Da ich meine Terme von vornherein als Folgen mit den Ziffern *0, ... , 4* gebildet habe, tragen sie für jede Basis $g \geq 5$ als g–adische Zifferndarstellungen ihre Codes mit sich. Da die Konstanten c_0, c_1, $,c_2$, $c_3...$ hier gleich *4, 34, 334, 3334,* ... werden, erhalte ich den Code $CDN(n)$ von c_n als $CDN(0) = 4$, $CDN(n+1) = CDN(n) + 3 \cdot g^{n+1}$, woraus durch Induktion $CDN(n) < g^{n+1}$ folgt. Mithin ist die Funktion CDN jetzt elementar.

Eine gewisse Schwierigkeit ergibt sich allerdings, wenn ich die Relation $TERM(x)$ der Codes von Termen als primitiv rekursiv (und damit elementar) erkennen will. Die Relationen $VAR(x)$ und $FNS(x)$ mit

$$\text{es existiert } n < x : x = 1 + g^{n+1}$$

und

$$\text{es existiert } n < x : x = 2 + 2 \cdot g^{n+1}$$

sind zwar elementar, und elementar ist auch die Stellenzahlfunktion STFNS, die für x mit $FNS(x)$ den Wert $CRO_0(n)$ mit n aus $x = 2 + 2 \cdot g^{n+1}$ liefert. Jedoch kann ich zusammengesetzte Terme x nicht durch

$$\text{es existiert } k < x \text{ und existiert } y < x \text{ mit } FNS(y) \text{ und } STFNS(y) = k$$
$$\text{und es existiert } z_0 < x \text{ und ... und es existiert } z_{k-1} < x \text{ und}$$
$$x = CAT(y, CAT(z_0, CAT(z_1, CAT ... CAT(z_{k-2}, z_{k-1})...)))$$

definieren, weil hier die Ausdrücke in den beiden letzten Zeilen von dem k aus der ersten Zeile abhängen.

Ein möglicher Ausweg besteht darin, neben den Codes von Termen auch noch die Codes von Zeichenreihen, welche Verkettungen von Termen (und, wie ich weiß, als solche eindeutig erkennbar) sind, mit zur Definition zu verwenden. Zusammen mit der Relation TERM(x) werde ich also auch die Relation TERMF(x) der (Codes von) Termfolgen erklären, und weiter auch die Funktion $\|-\|$, welche einer Folge x mit TERMF(x) die (wegen der eindeutigen Lesbarkeit vorhandene) Anzahl $\|x\|$ der Terme zuordnet, aus denen sie besteht. Durch eine simultane Wertverlaufsrekursion (in Verallgemeinerung des Schemas (SIME) aus 4.3) erkläre ich deshalb die (charakteristischen Funktionen der) Relationen TERM(x), TERMF(x) und die Funktion $\|-\|$:

$$\text{TERM}(x) \text{ falls } x = 4 \text{ oder } \text{VAR}(x) \text{ oder es existiert } z < x \text{ mit } \text{TERM}(z) \text{ und}$$
$$x = \text{CAT}(3,z)$$
$$\text{oder es existieren } k < x \text{ , } y < x \text{ , } z < x \text{ mit } \text{FNS}(y) \text{ und}$$
$$\text{STFNS}(y) = k \text{ und } \text{TERMF}(z) \text{ und } \|z\| = k \text{ und } x = \text{CAT}(y,z)$$

$$\text{TERMF}(x) \text{ falls } \text{TERM}(x) \text{ oder es existieren } y < x \text{ , } z < x \text{ mit } \text{TERM}(y) \text{ und}$$
$$\text{TERMF}(z) \text{ und } x = \text{CAT}(y,z)$$
$$\|x\| = 1 \text{ falls } \text{TERM}(x) \text{ ,}$$
$$\|x\| = k \text{ falls } k > 1 \text{ und es existieren } y < x \text{ , } z < x \text{ mit } \text{TERM}(y) \text{ und}$$
$$\text{TERMF}(z) \text{ und } \|z\| = k-1 \text{ und } x = \text{CAT}(y,z)$$
$$\|x\| = 0 \text{ sonst .}$$

Dann sind TERM, TERMF und die Funktion $\|-\|$ primitiv rekursiv. Folglich sind die beiden Relationen sogar elementar, und wegen $\|x\| < x$ ist auch $\|-\|$ elementar.

Die rekursiven Definitionen der Relationen CONST(x), TERMCON(x), TERMATO(x) übertragen sich für Terme *und* Termfolgen sogleich aus dem Abschnitt 2 .

Während bei der Primzahlkodierung die Funktion EXP mühelos die Subterme eines zusammengesetzten Terms lieferte, muß ich hier ein wenig umständlicher vorgehen und mich der im Kapitel 27 eingeführten Kodierungsfunktionen bedienen. Zunächst ist $[\![x,0]\!]$ das Anfangsglied von x und $x{\downarrow}0$ die durch dessen Entfernung aus x entstehende Zahl. Falls also TERM(x) und $[\![x,0]\!] = 3$, so ist $x{\downarrow}0$ der unmittelbare Subterm von x.

Die Funktion SB liefert mit als SB(x,2,p) die Stelle, an der die Zifferndarstellung von x zum p−ten Male gleich 2 ist. Falls TERM(x) und $[\![x,0]\!] = 2$, so muß x mit einem Funktionssymbol y beginnen, das also bei SB(x,2,2) endet, mithin $y = x{\uparrow}(\text{SB}(x,2,2)+1)$; ich definiere FNSTERM(x) = $x{\uparrow}(\text{SB}(x,2,2)+1)$. Ferner ist dann $x{\downarrow}\text{SB}(x,2,2)$ die durch Entfernung des Funktionssymbols aus x entstehende Termfolge z .

Wegen der eindeutigen Lesbarkeit beginnt eine Termfolge z mit einem eindeutig bestimmten ersten Term v . Dabei ist v minimal dafür, daß die elementare Relation $R^2(z,v)$ besteht, die besagt, daß ein w existiert mit

$w < z$ und $z = CAT(v,w)$. Mithin gilt $v = \mu_< R^2(z)$. Definiere ich nun allgemein $LTERM(z,0) = \mu_< R^2(z)$ falls $TERMF(z,0)$, und $LTERM(z) = 0$ sonst, sowie $LTERM(z, i+1) = LTERM(LTERM(z,i))$, so erhalte ich mit

$$SUBTERM(x,i) = LTERM(x{\downarrow}SB(x,2,2), i)$$

im Falle $TERM(x)$ den i-ten unmittelbaren Subterm von x für alle i mit $i < STFNS(FNSTERM(x))$. Alle diese Funktionen sind elementar, und mit ihnen stehen alle Ausdrucksmittel bereit, um Relationen zwischen Termen und Subtermen elementar zu formulieren.

Von nun an wähle ich die Basis $g \leq 8$ meiner Zifferndarstellungen. Gleichungen $GLEI(x)$ definiere ich als Zahlen $CAT(5, CAT(y,z))$ mit Termen y, z . Wieder liefern mir endliche Gleichungsmengen elementare Relationen $DATA_G(x)$.

Herleitungen waren Bäume, auf deren Knoten Gleichungen lagen, welche durch die Regeln (K1), (K2) miteinander verbunden waren. Mit Hilfe der Ziffern *6* und *7* erkläre ich die Relation $PROTODEDA(x)$ der *Protoherleitungen* durch

$$GLEI(x) \text{ oder es existieren } y,z < x \text{ mit } GLEI(y) \text{ und } PROTODEDA(z) \text{ und}$$
$$x = CAT(5, CAT(y,z))$$
$$\text{oder es existieren } y,z,v < x \text{ mit } GLEI(y), PROTODEDA(z),$$
$$PROTODEDA(v) \text{ und } x = CAT(6, CAT(y, CAT(z,v))) \ .$$

Da die eindeutige Lesbarkeit der Terme diejenige der Gleichungen zur Folge hat, und da auch *6* und *7* in den Zifferndarstellungen meiner bisherigen Objekte nicht auftraten, liegt auch für Protoherleitungen eindeutige Lesbarkeit vor. Im Besonderen folgt aus ($PROTODEDA(x)$ und nicht $GLEI(x)$) die Eindeutigkeit des y in der obigen Darstellung (das ich die von meiner Protoherleitung hergeleitete Gleichung nennen kann) wie auch die Eindeutigkeit der Protoherleitungen z und v. Unter den Protoherleitungen definiere ich schließlich die Teilrelation $DEDA(x)$ der Herleitungen, indem ich noch die Bedingungen aus den Regeln (K1) und (K2) hinzufüge, welche zwischen der von x hergeleiteten Gleichung y und den von den Protoherleitungen z und v hergeleiteten Gleichungen bestehen müssen. Auch $DEDA(x)$ ist dann eine elementare Relation.

Damit liegt eine weitere elementare Arithmetisierung des Syntax des Gleichungskalküls vor, die an die Stelle der in den vorangehenden Abschnitten verwendeten Primzahlkodierung treten kann.

Kodierung durch Paarungsfunktionen

Ich erinnere daran, daß für, jedes $n > 1$, CAU^n eine Bijektion von ω^n auf ω ist mit $CAU^2 = CAU$, $CAU^{n+1}(\alpha,a) = CAU(CAU^n(\alpha), a)$. Mit den Komponentenfunktionen CRO_i^n folgt daher aus $a = CAU^n(\alpha)$, daß $\alpha(i) = CRO_i^n(a)$ für $i < n$ und

$$CRO_{n-1}^n(a) = CRO_1(a) \quad , \quad CAU^{n-1}(\alpha(0),..., \alpha(n-2)) = CRO_0(a) \ ,$$

$$CRO_{n-2}^n(a) = CRO_1 \circ CRO_0(a) \quad , \quad CAU^{n-2}(\alpha(0),..., \alpha(n-3)) = CRO_0 \circ CRO_0(a) \ ,$$

$$CRO_{n-i}^n(a) = CRO_1 \circ (CRO_0(a) \circ ... \circ CRO_0(a)) \quad [i-1 \text{ Stück } CRO_0(a) \ ] \ ,$$
$$CAU^{n-2}(\alpha(0),..., \alpha(n-(i+1))) = CRO_0 \circ ... \circ CRO_0(a) \quad [i \text{ Stück } CRO_0(a) \ ]$$

für $0 < i \leq n$. Daraus folgt aber auch

$$CRO_n^{n+1}(a) = CRO_{n-1}^n(a) \quad , \quad CRO_{n+1-i}^{n+1} = CRO_{n-i}^n(a) \ .$$

Von den syntaktischen Objekten meiner Sprache realisiere ich nun zunächst die Variablen durch alle Zahlen $CAU(3i, 0)$, und allfällige Konstanten durch Zahlen $CAU(3i+1, 0)$, $i < n \leq \omega$. Als Funktionssymbole f_i^k sollen mir Paare von Zahlen $3i+2$, k dienen, $i < \omega$. Sind Terme $t_0,\ ...\ ,\ t_{k-1}$ bereits durch Zahlen $t_0,\ ...\ ,\ t_{k-1}$ realisiert, so soll der Term $f^k(t_0,..., t_{k-1})$ durch

(a) $\qquad x = CAU^{k+3}(t_0,\ ...\ ,\ t_{k-1}, k, 3i+2, 0)$

realisiert werden. Mithin bin ich versucht, die Relation $TERM(x)$ durch

(a0) $\qquad CRO_0(x) = 0$ und $MOD(3,x) < 2$
$\qquad\qquad$ [und im Fall $MOD(3,x) = 1$ unter Umständen noch $QU(3,x) < n$]

oder $CRO_0(x) = 0$ und $MOD(3,x) = 2$ und

(a1) $\qquad$ es existiert $k < x$: $k = CRO_1(CRO_0(CRO_0(x)))$
$\qquad\qquad$ und für alle $j < k$: $TERM(CRO_j^{k+3}(x))$

zu definieren. Jedoch steht hier in der letzten Zeile keine rekursive Relation: $CRO_j^{k+3}(x)$ ist zwar rekursiv in x, nicht aber rekursiv "als Funktion" von k. Und die Sache wird auch nicht besser, indem ich die k Formeln

$$TERM(CRO_1(CRO_0(... (CRO_0(x)))))$$

mit $j+3$ Stück CRO_0, $j < k$, aufschreibe: vielmehr wird dann erst recht deutlich, daß (a1) für jedes k eine eigene Bedingung liefert, also eine unendliche Fallunterscheidung vorliegt.

Einen Ausweg aus dieser Schwierigkeit hat L. GORDEEV bemerkt; um ihn zu begehen, muß vorausgesetzt werden, daß, wenn es ein k-stelliges

Funktionssymbol gibt, dann auch ein (k-1)-stelliges Funktionssymbol f_0^{k-1} vorhanden ist. Ich löse nämlich (a1) in zwei Unterfälle auf, von denen

(a10) $1 = CRO_1(CRO_0(CRO_0(x)))$ und $TERM(CRO_1(CRO_0(CRO_0(CRO_0(x)))))$

der Fall eines Terms $f^1(t_0)$ ist. Im Fall $f_i^k(t_0, ..., t_{k-1})$ mit $k > 1$ führe ich als Hilfsobjekt den Term $f_0^{k-1}(t_0, ..., t_{k-2})$ ein, der gemäß (a) durch die Zahl

(b) $z = CAU^{k+2}(t_0, ... , t_{k-2}, k-1, 2, 0)$

realisiert werden soll, welche kleiner ist als die $f_i^k(t_0, ..., t_{k-1})$ entsprechende Zahl x. In Beziehung auf dieses z formuliere ich nun

(a11) $1 < CRO_1(CRO_0(CRO_0(x)))$ und $TERM(CRO_1(CRO_0(CRO_0(CRO_0(x)))))$ und
es existiert $z < x$ mit $TERM(z)$ und
(a110) $CRO_1(z) = 0$, $CRO_1(CRO_0(z)) = 2$,
(a111) $CRO_1(CRO_0(CRO_0(x))) - 1 = CRO_1(CRO_0(CRO_0(z)))$,
(a112) $CRO_0(CRO_0(CRO_0(z))) = CRO_0(CRO_0(CRO_0(CRO_0(x))))$.

Durch (a0), (a10), (a12) wird die charakteristische Funktion einer Relation $TERM(x)$ primitiv rekursiv aus sogar simplen Funktionen definiert; mithin ist $TERM(x)$ elementar.

Um die Übereinstimmung mit der üblichen Definition zu sichern, muß ich nur noch beweisen, daß eine Zahl x mit (a) genau dann ein Term ist, wenn die Zahlen $t_j = CRO_j^{k+3}(x)$, $j \leq k-1$, Terme sind. Im Falle $k = 1$ folgt das aus (a10). Im Falle $k > 1$ schließe ich durch Induktion. Sei zunächst x Term mit (a), also $k = CRO_1(CRO_0(CRO_0(x)))$. Dann ist nach (a11)

$$CRO_1(CRO_0(CRO_0(CRO_0(x)))) = CRO_{k-1}^{k+3}(x) = t_{k-1}$$

ein Term. Ferner habe ich aus (a11) den Term z, und da $k = CRO_k^{k+3}(x) = CRO_1(CRO_0(CRO_0(x)))$ nach (a), folgt aus (a110), (a111)

$$CRO_k^{k+2}(z) = 2 , \quad CRO_{k-1}^{k+2}(z) = k-1 .$$

Das ergibt eine Darstellung

$$z = CAU^{k+2}(CRO_0^{k+2}(z), ... , CRO_{k-2}^{k+2}(z), k-1, 2, 0)$$

der Art (b) für z . Da $z < x$, lehrt die Induktionsannahme für den Term z, daß die $CRO_0^{k+2}(z), ... , CRO_{k-2}^{k+2}(z)$ Terme sind. Aus (a112) folgt aber

$$CRO_{k-2}^{k+2}(z) = CRO_1(CRO_0(CRO_0(CRO_0(z))))$$
$$= CRO_1(CRO_0(CRO_0(CRO_0(CRO_0(x))))) = CRO_{k-2}^{k+3}(x)$$

und ebenso

$$CRO_{k-i}^{k+2}(z) = CRO_{k-i}^{k+3}(x) \quad \text{für } 2 \leq i \leq k+2 ,$$

weshalb

$$CRO_j^{k+2}(z) = CRO_j^{k+3}(x) = t_j \quad \text{für } j \leq k-2 .$$

Mithin sind auch diese t_j Terme. Sei nun umgekehrt x mit (a) dargestellt und seien alle t_j mit $j < k$ Terme. Da die Funktion CAU in beiden Argumenten monoton ist und auch $CAU(a,b) \geq a$ gilt, folgt über

$$CAU(CAU^{k-1}(t_0, \ldots ,t_{k-2}),\, t_{k-1}) \geq CAU^{k-1}(t_0, \ldots ,t_{k-2})$$

auch

$$\begin{aligned}
x &= CAU^{k+3}(t_0, \ldots , t_{k-1},\, k,\, 3i+2,\, 0) \\
&> CAU^{k+3}(t_0, \ldots , t_{k-1},\, k-1,\, 2,\, 0) \\
&= CAU(CAU(CAU(CAU(CAU^{k-1}(t_0, \ldots ,t_{k-2}),\, t_{k-1}),\, k-1),\, 2),\, 0) \\
&\geq CAU(CAU(CAU(CAU^{k-1}(t_0, \ldots ,t_{k-2}),\, k-1),\, 2),\, 0) \\
&= z \; .
\end{aligned}$$

Daher läßt sich die Induktionsannahme auf z anwenden und liefert, daß z ein Term ist. Es erfüllen z und x aber auch (a110)–(a112), weshalb nach (a11) dann x ein Term ist.

Wähle ich die Konstante c_0 als $CAU(1,0) = 2$ und das Operationssymbol *s* als $CAU(2,0)$, so wird die Konstante c_1 gleich 2079, und c_2 hat 25 Dezimalstellen, c_3 hat 194 Dezimalstellen.

Auf Gleichungen und Deduktionen setze ich die Kodierung wie zuvor fort, indem ich nun Paarbildungen $CAU(x,1)$ und $CAU(x,2)$ verwende.

Vertikale Kodierung

Der im Abschnitt 1 dargestellten und seither verwendeten horizontalen Kodierung von belegten Bäumen läßt sich eine *vertikale* Kodierung zur Seite stellen, die es im Besonderen erlaubt, von den *Stellen* zu sprechen, an denen ein Teilbaum in einem Baum auftritt. Der Baum

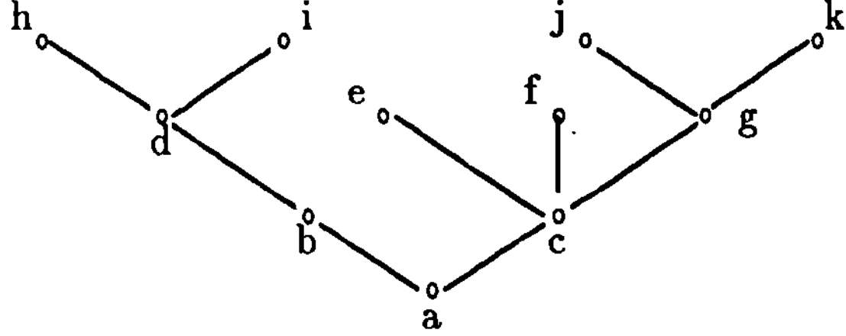

läßt sich nämlich auch als die (von links gezählte) Folge seiner *Äste* beschreiben, wobei ich unter einem *Ast* nicht die bloße Folge seiner Knoten verstehen will (also < a,b,d,h > für den ersten Ast), sondern noch *Verzweigungsindizes* einfüge, die dann sogleich die Ordnung der *Äste* liefern :

< a, 0, b, 0, d, 0, h >
< a, 0, b, 0, d, 1, i >

$$< a, 1, c, 0, e >$$
$$< a, 1, c, 1, f >$$
$$< a, 1, c, 2, g, 0, j >$$
$$< a, 1, c, 2, g, 1, k > \quad .$$

Die einem Baum so zugeordnete *Astfolge* A hat eine Länge d_A, und für jedes $i < d_A$ ist A(i) eine Folge $A(i) = <A(i,j) \mid j < d_{A,i}>$ der Länge $d_{A,i}$.

Jeder Knoten eines Baumes hat eine bestimmte Anzahl oberer Nachbarn. Ich betrachte von nun an ausschließlich solche Bäume, deren Knoten mit Objekten a,b,c, ... so belegt sind, daß ein mit a belegter Knoten stets *dieselbe*, nur von a abhängige Anzahl ST(a) hat, die auch die *Stellenzahl* von a nenne. Genau die maximalen Knoten eines Baumes werden also mit Objekten der Stellenzahl 0 belegt, und im obgenannten Beispiel sind das h, i, e, f, j, k, während ST(d) = 1 , ST(c) = 3 gilt und d, a, g die Stellenzahl 2 haben.

Sei M eine vorgegebene Menge solcher Objekte a,b, ... mit einer Funktion ST. Sei **A** die Klasse aller Funktionen A(x,y), deren Werte, falls definiert, für gerade y in M liegen und für ungerade y Zahlen sind. Weiter gebe es eine positive Zahl d_A sowie, für jedes $x < d_A$, positive Zahlen $g_{A,x}$ derart, daß A genau für die $<x,y>$ mit $x < d_A$ und $y < g_{A,x}$ definiert ist. Für $x < d_A$ bezeichne A(x) die Zahlenfolge $<A(x,y) \mid y < g_{A,x}>$.

In der Klasse **A** lassen sich die Astfolgen A wie folgt kennzeichnen :

(a0)   Wenn $d_A = 1$ und $g_{A,0} = 1$, so ST(A(0,0)) = 0

(a1)   Wenn $d_A > 1$, so A(x,0) = A(0,0) für alle $x < d_A$,

und zu jedem $p < ST(A(0,0))$ gibt es eine Astfolge B_p so, daß mit den Abkürzungen $a = A(0,0)$, $d_p = d_{B_p}$, $h_{p,r} = g_{B_p,r}$ für $r < d_p$ gilt

$$d_A = \Sigma < d_p \mid p < ST(a) >$$

und aus $x = \Sigma < d_i \mid i < p > + r$ mit $p < ST(a)$ und $r < d_p$ folgt

$$A(x,1) = p \text{ und } g_{A,x} = 2 + h_{p,r} \text{ und}$$

$$\text{für alle } y < h_{p,r} : A(x, 2+y) = B_p(r,y) \quad .$$

Denn ist A einem Baum zugeordnet, dessen kleinster Knoten e mit a belegt ist, und sind die B_i den Teilbäumen zugeordnet, die an den oberen Nachbarn e_p, $p < ST(a)$, von e enden, so besteht A aus den Folgen A(x) = $<a,p,B_p(r)>$.

Die Kennzeichnung der Astfolgen A durch (a0), (a1) liefert mir eine Definition durch Rekursion über d_A . Es läßt sich aber auch eine explizite Definition der Astfolgen angeben. Dazu bezeichne ich wieder, für $q < d_{A,x}$, als A(x)↑q die Folge $<A(x,y) \mid y < q>$.

LEMMA 1   Eine Funktion A aus **A** ist Astfolge genau dann, wenn

(t0)   für alle $x < d_A$: $g_{A,x}$ ist ungerade und $ST(A(x, g_{A,x}-1)) = 0$,

(t1)   für alle $x < d_A$: für alle $y < g_{A,x}$: wenn y gerade und $y > 0$, so $A(x,y-1) < ST(A(x,y-2))$,

(t2)   für alle $x,z < d_A$: wenn $x \neq z$ so existiert $y < g_{A,x}$, $y < g_{A,z}$ mit $A(x,y) \neq A(z,y)$,

(t3)   für alle $x,z < d_A$: für alle $q < g_{A,x}$: wenn $q < g_{A,z}$ und q gerade und $A(x)\uparrow q = A(z)\uparrow q$, so $A(x,q) = A(z,q)$,

(t4)   für alle $x,z < d_A$: für alle $q < g_{A,x}$: wenn $q < g_{A,z}$ und q gerade und $q > 0$ und $A(x)\uparrow(q-1) = A(z)\uparrow(q-1)$ und $A(x,q-1) < A(z,q-1)$, so $x < z$,

(t5)   für alle $x < d_A$: für alle $q < g_{A,x}$: wenn q gerade und $q > 0$, so für alle $n < ST(A(x,q-2))$:

(t50)   wenn $A(x,q-1) < n$, so existiert $z < d_A$ mit $x < z$ und $q < g_{A,z}$ und $A(z,q-1) = n$ und $A(x)\uparrow(q-1) = A(z)\uparrow(q-1)$,

(t51)   wenn $n < A(x,q-1)$, so existiert $z < d_A$ mit $z < x$ und $q < g_{A,z}$ und $A(z,q-1) = n$ und $A(x)\uparrow(q-1) = A(z)\uparrow(q-1)$.

Ich zeige zunächst, daß durch (a0), (a1) definierte Astfolgen A diese Eigenschaften haben. Das ist klar im Fall (a0); im Fall (a1) nehme ich an, daß für die B_p die Behauptung bewiesen sei. Dann folgen (t0), (t1) aus den Definitionen. Sind x,z aus (t2) als

(x) $x = \Sigma < d_i \mid i < p > +r$ mit $p < ST(a)$, $r < d_p$,

(z) $z = \Sigma < d_i \mid i < p' > +s$ mit $p' < ST(a)$, $s < d_p$,

dargestellt, so folgt für $p \neq p'$ bereits $A(x,1) \neq A(z,1)$, und im Falle $p = p'$ lehrt die Induktionsannahme über B_p die Existenz von y mit $B_p(r,y) \neq B_p(s,y)$, also $A(x,2+y) \neq A(z,2+y)$. Mithin gilt (t2).

Es gilt (t3) für $q = 0$, weil alle A(x) mit $A(x,0) = a$ beginnen. Im Fall $q > 0$ folgt aus $A(x)\uparrow q = A(z)\uparrow q$ zunächst $A(x,1) = A(z,1)$. Deshalb liefert (a1) mit $p = A(x,1)$ dann $A(x, 2+v) = B_p(r,v)$ und $A(z, 2+w) = B_p(s,w)$ für alle v und w mit $2+v < g_{A,x}$ und $2+w < g_{A,z}$ aus (x) und (z) mit $p = p'$. Das aber besagt $B_p(r)\uparrow(q-2) = B_p(s)\uparrow(q-2)$, weshalb nach Induktionsannahme $A(x,q) = B_p(r, q-2) = B_p(s, q-2) = A(z,q)$.

Es gilt (t4) für $q = 2$, da dann $A(x,1) = p$, $A(z,1) = p'$ mit p, p' aus (x) und (z), weshalb $p < p'$ zu $x < z$ führt. Für $q > 2$ folgt aus $p = A(x,1) = A(z,1) = p'$ mit r, s aus (x) und (z) dann $B_p(r)\uparrow(q-3) = B_p(s)\uparrow(q-3)$ und $B_p(r, q-3) < B_p(s, q-3)$, weshalb nach Induktionsannahme $r < s$ und also $x < z$.

Zum Nachweis von (t50) sei x mit (x) dargestellt, $A(x,1) = p$. Für $q = 2$ wird $ST(A(x,q-2)) = ST(A(x,0))$, und mit $p < n < ST(a)$ leistet $\Sigma < d_i \mid i < n >$ als z das Verlangte. Für $q > 2$ liefert mir die Induktionsannahme, angewandt auf B_p und $q-2$, zuerst $A(x, q-1) = B_p(r, q-3) < ST(B_p(r, q-4)) = ST(A(x, q-2))$. Sei nun $n < ST(A(x, q-2)) = ST(B_p(r, q-4))$ und $A(x, q-1) < n$. Wegen $B_p(r, q-3) < n$ liefert die Induktionsannahme die Existenz von s mit $r < s$ und $q-2 < d_p$ sowie $B_p(s, q-3) = n$ und $B_p(r)\uparrow(q-3) = B_p(s)\uparrow(q-3)$, weshalb mit dem dann durch (z) mit $p' = p$ dargestellten z auch $A(z, q-1) = h$ und $A(x)\uparrow(q-1) = A(z)\uparrow(q-1)$. Der Nachweis von (t51) geschieht analog.

Sei nun umgekehrt A eine Funktion mit den Eigenschaften des Lemmas; sei L das Maximum der Zahlen $g_{A,x}$ für $x < d_A$. Durch Induktion über L werde ich zeigen, daß A die Eigenschaften (a0), (a1) hat. Es ist $A(x)\uparrow 0$ stets die leere Folge; deshalb lehrt (t3), daß $A(x,0) = A(0,0)$ für alle x mit $x < d_A$ gilt. Falls $L = 1$, also $g_{A,x} = 1$ für $x < d_A$, so sind deshalb die Folgen $A(x)$ alle die gleichen. Mit (t2) folgt dann $d_A = 1$, so daß wegen (t0) der Fall (a0) vorliegt.

Im Falle $L > 1$ gibt es mindestens ein $x < d_A$ mit $g_{A,x} \geq 3$. Für jedes $z < d_A$ gilt aber $A(x,0) = A(z,0)$, und da es im Falle $z \neq x$ nach (t2) ein y mit $y < g_{A,z}$ und $A(x,y) \neq A(z,y)$ geben muß, folgt für alle $z < d_A$ nun $g_{A,z} \geq 3$. Ferner gilt wegen (t1) für jedes $x < d_A$ mit dem von x unabhängigen $a = A(x,0)$ auch $A(x,1) < ST(a)$. Zu jedem $p < ST(a)$ sei d_p die Anzahl aller x mit $A(x,1) = p$, so daß $d_A = \Sigma < d_p \mid p < ST(a) >$.

Da es mindestens ein x gibt, für das $A(x,1)$ definiert ist, folgt aus (t5), daß es zu jedem $p < ST(a)$ ein z mit $A(z,1) = p$ gibt; die Zahlen d_p sind also positiv. Somit besitzt jedes $x < d_A$ eine Darstellung (x) mit eindeutigem p und r. Ferner folgt aus (t4), daß $A(x,1) < A(z,1)$ auch $x < z$ nach sich zieht. Folglich liegen die d_0 Stück x mit $A(x,1) = 0$ vor allen anderen; die x, für welche $p = 0$ in der Darstellung (x) gilt, sind daher genau diejenigen mit $A(x,1) = p$. Induktion in $ST(a)$ lehrt dann, daß die x, für welche $p = k$ in der Darstellung (x) gilt, genau diejenigen mit $A(x,1) = k$ sind.

Für jedes $p < ST(a)$ definiere ich die Funktion B_p, indem ich zu p und $r < d_p$ die Zahl x aus (x) bestimme, und dann setze $B_p(r,y) = A(x, 2+y)$ für alle y mit $2+y < g_{A,x}$. Dann gilt $d_{B_p} = d_p$ und $h_{p,r} = g_{B_p,r} = g_{A,x} - 2$.

Da $d_p > 0$ und $h_{p,r} > 0$ wegen $g_{A,x} \geq 3$, ist B_p jedenfalls Funktion aus A. Nun zeige ich, daß sich die Eigenschaften (t0) bis (t5) von A auf B_p vererben. Für (t0), (t1) folgt das unmittelbar aus der Definition von B_p. Für (t2) seien $r,s < d_p$ mit $r \neq s$; dann gilt auch $x \neq z$ für die aus p,r und p,s bestimmten x, z, weshalb $A(x,y) \neq A(z,y)$ für ein y. Da $A(x,1) = A(z,1) = p$, muß aber $y \geq 2$ gelten, weshalb auch $y < h_{p,r}$ und $y < h_{p,s}$ und $B_p(r, y-2) \neq B_p(s, y-2)$. Für (t3) folgt aus $B_p(r)\uparrow q = B_r(s)\uparrow q$ mit den durch p,r und p, s bestimmten x, z auch $A(x)\uparrow(q+2) = A(z)\uparrow(q+2)$, da $A(x,1) = p = A(z,1)$, weshalb nun $B_p(r,q) = A(x, q+2) = A(z, q+2) = B_p(s,q)$. Für (t4) folgt ebenso aus $B_p(r)\!\uparrow\!(q-1) = B_r(s)\!\uparrow\!(q-1)$ und $B_p(r, q-1) < B_r(s, q-1)$ auch $A(x)\!\uparrow\!(q+1) = A(z)\!\uparrow\!(q+1)$ und $A(x, q+1) < A(z, q+1)$, weshalb $x < z$ und damit $r < s$. Für (t50) folgt aus $n < ST(B_p(r, q-2)) = ST(A(x,q))$ und $A(x, q+1) = B_p(r, q-1) < n$ die Existenz von z mit $A(z, q+1) = n$ und $A(x)\!\uparrow\!(q+1) = A(z)\!\uparrow\!(q+1)$. Im Besonderen gilt also $A(x,1) = A(z,1) = p$, sodaß auch in der Darstellung (z) von z dann $p' = p$ und $s < d_p$ gilt. Das ergibt $B_p(s, q-1) = n$ und $B_p(r)\!\uparrow\!(q-1) = B_p(s)\!\uparrow\!(q-1)$.

Damit ist jedes B_p eine Funktion mit den Eigenschaften des Lemmas, und da die Zahlen $h_{p,r}$ um 2 kleiner sind als die $g_{A,x}$, ist auch ihr Maximum L_p kleiner als L. Deshalb kann ich die Induktionsannahme anwenden, die mir jedes B_p als eine Astfolge liefert. Nach Konstruktion der B_p bestehen zwischen ihnen und A aber die in (a1) ausgedrückten Beziehungen. Folglich ist auch A eine Astfolge. Das beendet den Beweis des Lemmas.

Ist A Astfolge, so nenne ich, für jedes $x < d_A$ und jedes gerade $q < g_{A,x}$, die Folge $A(x)\!\uparrow\!q$ eine *Stelle* S der Länge q von A. Ist S gegeben, so sage ich von einem $z < d_A$, daß A(z) die Stelle S *enthält*, wenn $q < g_{A,z}$ und $A(x)\!\uparrow\!q = A(z)\!\uparrow\!q$, weshalb auch $A(x,q) = A(z,q)$ nach (t3).

Seien x, z so gegeben, daß beide eine Stelle S der Länge $q > 0$ enthalten; dann folgt aus $x < v < z$, daß auch v diese Stelle enthält. Denn x und z haben die Darstellungen (x) und (z) mit $p' = p = A(x,1)$, so daß nach dem Beweis des Lemmas auch v eine Darstellung

$$v = \Sigma\! <\! d_i \mid i < p\! > + w \quad \text{mit } w < d_p$$

hat, weshalb $r < w < s$ gilt. Nach Definition von B_p hat $A(x)\!\uparrow\!q = A(z)\!\uparrow\!q$ aber $B_p(r)\!\uparrow\!(q-2) = B_p(s)\!\uparrow\!(q-2)$ zur Folge, und da für B_p gilt $L_p < L$, kann ich durch Induktion über L schließen, daß w die Stelle $B_p(r)\!\uparrow\!(q-2)$ enthält, mithin v die Stelle S .

Die $x < d_A$, welche eine gegebene Stelle S enthalten, bilden also ein Intervall mit $c \leq x < c + d_C$. Nun betrachte ich die Funktion C mit

$$C(r,y) = A(c+r, q+y) \quad \text{für } r < d_C , \ y < g_{A,c+r} - q .$$

Die Eigenschaften (t0)–(t5) vererben sich unmittelbar von A auf C. Mithin ist C Astfolge und heißt *die Sub–Astfolge von A an der Stelle* S .

Ist D eine weitere Astfolge, so erkläre ich eine Funktion E mit $d_E = (d_A - d_C) + d_D$ und

$$
\begin{aligned}
E(x,y) &= A(x,y) && \text{für } x < c , \ g_{E,x} = g_{A,x} , \\
E(x,y) &= A(c,y) && \text{für } c \leq x < c + d_D , \ y < q , \\
E(x,y) &= D(x-c, \ y-q) && \text{für } c \leq x < c + d_D , \ q \leq y < q + g_{D,x-c} = g_{E,x} , \\
E(x,y) &= A((x-d_D) + d_C, \ y) && \text{für } c + d_D \leq x < d_E , \ g_{E,x} = d_{A,z} \ \text{mit} \\
& && \qquad\qquad z = (x - d_D) + d_C .
\end{aligned}
$$

Wieder vererben sich die Eigenschaften (t0)–(t5) unmittelbar von A und D auf E. Mithin ist E Astfolge und heißt *das Resultat der Ersetzung von C durch D an der Stelle S in A*.

Dies beendet die Diskussion der Astfolgen von Bäumen.

Einen Term, etwa $f^2(s(h^2(x_2, x_0)), g^3(x_0, x_1, h^2(x_3, 0)))$, beschreibe ich nun durch die Astfolge seines Baumes, i.e.

$$\langle f^2, 0, s, 0, h^2, 0, x_2 \rangle$$
$$\langle f^2, 0, s, 0, h^2, 1, x_0 \rangle$$
$$\langle f^2, 1, g^3, 0, x_0 \rangle$$
$$\langle f^2, 1, g^3, 1, x_1 \rangle$$
$$\langle f^2, 1, g^3, 2, h^2, 0, x_3 \rangle$$
$$\langle f^2, 1, g^3, 2, h^2, 1, 0 \rangle \ .$$

Eine Kodierung der Variablen, Konstanten und Funktionssymbole liefert mir dann auch die Elemente der Menge M, die an den geraden Stellen der Äste stehen, als Zahlen. Alsdann lassen sich Äste wieder g–adisch als Ziffernfolgen und die Astfolgen als Ziffernfolgen mit einem neuen Trennungszeichen kodieren. Sowohl die rekursive als auch die durch das Lemma gegebene Kennzeichnung der Astfolgen liefert dann die Menge TERM der Codes von Astfolgen als elementar. Ebenfalls elementar wird die Relation SUBTERM(A,C,S) für Subterme an der Stelle S von A, sowie die Relation ERSTERM(A,E,C,D,S) für Resultate E von A bei Ersetzung von C durch D an der Stelle S.

Verwendet man zwei weitere Trennungszeichen, so lassen sich ebenso die Deduktionsbäume durch ihre Astfolgen beschreiben.

Literatur

ACKERMANN, W. : Zum Hilbertschen Aufbau der reellen Zahlen.
Math.Ann. 99 (1928) 118-133

BELL, J., MACHOVER, M. : A Course in Mathematical Logic.
North-Holland 1977

BERECZKI, I. : Nem-elemi rekurziv függvény létezése.
C.R.Premier Congrès Math.Hongrois 1950 , 409-417

BÜRGER, E. : Berechenbarkeit, Komplexität, Logik. Vieweg 1985

BRAINERD, W.S., LANDWEBER, L.H. : Theory of Computation. Wiley 1974

CALUDE, C. : Theories of Computational Complexity.
North-Holland 1988

COHEN, D.E. : Computability and Logic. Ellis Horwood/Wiley 1987

CSILLAG, P. : Eine Bemerkung zur Auflösung der eingeschachtelten
Rekursion. Acta.Sci.Math.Szeged 11 (1947) 169-173

DAVIS, M. : Computability and Unsolvability. McGraw-Hill 1962

DEDEKIND, R. : Was sind und was sollen die Zahlen. Vieweg 1888

FITTING, M. : Computability Theory, Semantics, and Logic Programming.
Oxford UP 1987

GRZEGORCZYK, A. : Some Classes of Recursive Functions.
Rozprawy Matematyczne IV (1954)

Zarys Logiki Matematycznej. PWN Warszawa 1969
[An Outline of Mathematical Logic. Reidel 1974]

HEIDLER, K., HERMES, H., MAHN, F.K. : Rekursive Funktionen.
Bibiliographisches Institut 1977

HERMES. H. : Aufzählbarkeit, Entscheidbarkeit, Berechenbarkeit.
Springer 1961, 2.Aufl. 1971, 3.Aufl. 1978

HILBERT, D., BERNAYS, P. : Grundlagen der Mathematik I, II .
Springer 1934/39, 2.Aufl. 1970

KALMAR, L. : A Simple Example of an Undecidable Arithmetic Problem.
Mat.Fiz.Lapok 50 (1943) 1-23

Über ein Problem, betreffend die Definition des Begriffes der
allgemein-rekursiven Funktion.
Z. Math.Logik Grundlagenforschung 1 (1955) 93-96

MACHTY, M., YOUNG, P. : An Introduction to the General Theory of
Algorithms. North-Holland 1978

MALCEV, A.I. : Algorithmen und rekursive Funktionen. Vieweg 1974
[Algoritmy i rekursivnye funkcii. Moskau 1966]

MANIN, YU. I. : A Course in Mathematical Logic. Springer 1977

MEYER, A.R., RITCHIE, D.M. : Computational Complexity and Program
Structure. IBM Research Report RC 1817 , 1967

The Complexity of Loop Programs. Proc. 22nd Nation.Conf.
A.C.M. (1967) 465-470

MINSKY, M. : Computation: Finite and Infinite Machines.
Prentice-Hall 1967

MONK, J.D. : Mathematical Logic. Springer 1976

MÜLLER, H. : Klassifizierungen der primitiv-rekursiven Funktionen.
Dissertation Münster 1974, 51 pp

OUSPENSKI, B.A. : Lecons sur les fonctions calculables. Herman 1966
[Lekcii o vycislimykh funkciakh. Moskva 1960]

PETER, R. : Über den Zusammenhang der verschiedenen Begriffe der
rekursiven Funktion. Math.Ann. 110 (1934) 612-632

Konstruktion nichtrekursiver Funktionen.
Math.Ann. 111 (1935) 42-60

Über die mehrfache Rekursion.
Math.Ann. 113 (1936) 489-527

Contributions to Recursive Number Theory.
Acta Sci.Math. Szeged 9 (1940) 233-238

Die beschränkt-rekursiven Funktionen und die
Ackermannsche Majorisierungsmethode.
Pub.Math.Debrecen 4 (1956) 362-375

Rekursive Funktionen. Akademiai Kiado,Budapest 1951
[2.Aufl. Berlin 1957. Recursive Functions. 3rd ed.
Academic Press 1967]

RITCHIE, R.W. : Classes of Recursive Functions based on Ackermann's
Function. Pacific J.of Math. 15 (1965) 1027-1044

ROBINSON, R.M. : Primitive Recursive Functions.
Bull. AMS 53 (1947) 925-942

Recursion and Double Recursion.
Bull. AMS 54 (1948) 987-993

ROGERS, H. : Recursive Functions and Effective Computability.
McGraw-Hill 1967

ROSE, H.E. : Subrecursion. Functions and Hierarchies. Clarendon
        Press 1984

SCHWICHTENBERG, H. : Rekursionszahlen und die Grzegorczyk-
        Hierarchie. Archiv Math.Logik 12 (1969) 85-97

SHEPHERDSON, J.C., STURGIS, H.E. : Computability of Recursive Func-
        tions. J.Assoc.Comp.Machinery 10 (1963) 217-255

SKOLEM, TH. : Begründung der elementaren Arithmetik durch die rekur-
        rierende Denkweise ohne Anwendung scheinbarer Veränderli-
        chen mit unendlichem Ausdehnungsbereich. Skrifter Videns-
        kab. Kristiana I 6 (1923) [Selected Works in Logic, ed.
        J.E.Fenstad, Universitetsforlaget Oslo 1970]

SMULLYAN, R.S. : Theory of Formal Systems. Princeton University
        Press, 1961

SOMMERHALDER, R. , VAN WESTRHENEN, S.C. : The Theory of Computa-
        bility. Addison-Wesley 1988

TOURLAKIS, G.J. : Computability. Reston/Prentice Hall 1984

TSICHRITZIS, D. : The Equivalence Problem of Simple Programs.
        J.Assoc.Comp.Machinery 17 (1970) 729-738

WARKENTIN, J.C. : Small Classes of Recursive Functions and Relations.
        Dept.of Appl.Analysis and C.S.Research Report CSRR 2052,
        Univ.of Waterloo, 1971

YASUHARA, A. : Recursive Function Theory and Logic.
        Academic Press 1971

Index der Begriffe und Namen

(AB0–6) *295*
(AB7–10) *296*
(AB11–13) *297*
(AB14–17) *298*
(AB18–19) *299*
(AB20–21) *303*
AB–abgeschlossen *294*
abgeschlossen
  Boolesch *20*
  elementar *37*
  Kern–abgeschlossen *309*
  μ–rekursiv *105, 312*
  P– *303*
  partiell rekursiv *319*
  partiell μ–rekursiv *110*
  positiv–Boolesch *20*
  primitiv rekursiv *44*
  rekursiv *309*
  simpel *25*
  trivial *19*
  unter Komposition, *12*
  unter primitiv geschachtelter
    2–facher Rekursion *141*
  unter Superposition *14*
  unter Superpositionen mit
    Funktionen *19*
  unter totaler
    Minimierung *314*
Abhängigkeit von Funktions–
    symbolen *399*
absteigendes System von
    Paarungsfunktionen *146*
ACKERMANN, W. *76*
Akzeptanzproblem *260*
Anfangsfunktionen
  elementare, c_i^1 , p_i^k , + ,
    · , $\dot{-}$ *37*
  primitiv rekursive s , c_0^1 ,
    p_i^k *44*
  simple, c_i^1 , p_i^k , + , · , SG ,
    $\chi_<$, $\chi_=$ *25*
approximierende Funktionen–
    folge, wachsend *421*
  von g^m erzeugt *421*

Äquivalenzproblem *261, 352*
Äquivalenz (A) *401*
Arithmetisierung *80, 376*
arithmetisch beschränkt,
    RAB *294*
arithmetisch definierbare
    Funktionen *303*
Assoziativgesetz der Super–
    position *15*
Ast *397*
  Länge eines Astes *397*
Astfolge *460*
atomares Gleichungssystem *401*
aufzählbar
  bezüglich **G** *293*
  rekursiv *294*
  rekursiv aufzählbare
    Relationen, **RER** *307*
Ausdrücke *396*
Ausgabevariablen *159*
Auswertung
  $\|t\|_{\chi,\alpha}$ eines Terms *431*
  vollständig versus short–
    circuited *416*

Beispiel A *414, 423*
Beispiel B1 *415*
Beispiel B2 *416*
Beispiel C *418, 424*
Beispiel D *418*
Berechnung $B(F^{m+1}, (\psi,\alpha))$
    eines Funktionals *108*
Berechnung eines Vektors α
    durch ein Programm *161*
Berechnungsfunktion, 1–te,
    eines Programms *162*
Berechnungsfunktion, 2–te,
    eines Programms *163*
BERECZKI, I. *43*
beschränkt
  arithmetisch *294*
  elementar *40*
  Maximumsbildung *30*

beschränkt
  Minimierung $\mu_{\leq}R^{k+1}$
     $\mu_{<}R^{k+1}$ *18*
  Minimierung $\mu^*_{<}f^{k+1}$ *31*
  Multiplikation Πf^{k+1} *37*
  polynomial *30*
  Quantifikation $\exists_{\leq}R^{k+1}$,
     $\forall_{\leq}R^{k+1}$, $\exists_{<}R^{k+1}$, $\forall_{<}R^{k+1}$ *17*
  Rekursion *63*
  strikt *37*
  Subtraktion *26*
  Summation Σf^{k+1} *37*
Beschränktheitsproblem *260*
BLUMscher Isomorphiesatz *372*
Boolesch abgeschlossen *20*
  positiv-Boolesch
     abgeschlossen *20*

(C1) *19*
(C2)-(C6) *20*
(C7)-(C13) *21*
(C14) *22*
(CC1) *16*
(CC2)-(CC5) *17*
(CC6)-(CC7) *18*
CAUCHYs Paarungsfunktion
     CAU 28
  Komponentenfunktionen
     CRO_0, CRO_1 *28*
charakteristische Funktion
     χ_R *13*
Chinesischer Restsatz *284*
COHEN, D.E. *148*, *153*
coprim *284*
Cosignumsfunktion CSG 27
CSILLAG, P. *129*

(D0-1) *399*
(D2-3) *400*
(D4) *402*
(D5-7) *403*
(D8) *405*
(D9) *407*
dargestellt, Funktion von einem
     Gleichungssystem *400*
darstellbar, μ-darstellbar
     für S *323*

Darstellungstheorem
  globales *356*
  lokales *322*
  spezielles lokales *326*
DEDEKIND, R. *290*
definiert, Funktion von einem
     Gleichungssystem *400*
Definition durch Fall-
     unterscheidung *26*
Definitionsbereich def(f) *11*
Diophantische Relationen,
     DIO *307*
Dreieckszahlen *151*

(ER0-1) *300*
einfache Rekursion *44*
Eingabevariablen *159*
elementar
  abgeschlossen *37*
  beschränkte Funktion *40*
elementare
  Anfangsfunktionen c_1^1, p_i^k,
     $+$, $\cdot$, $\dot-$ *37*
  Funktionale *43*
  Funktionen *37*
  Relationen *37*
  Schemata *43*
  Skalierungsfunktionen *41*
Elsehead *188*
entscheidbar (rekursiv) *346*
Equalisierung von G *434*
extern beschränkte Minimierun-
     gen $\mu_{\leq n}R^{k+1}$ $\mu_{<n}R^{k+1}$ *18*
extern n-beschränkte Quantifi-
     kationen $\exists_{\leq n}R^{k+1}$, $\forall_{\leq n}R^{k+1}$,
     $\exists_{<n}R^{k+1}$, $\forall_{<n}R^{k+1}$ *17*

(FB0) *66*
(FB1-3) *67*
(FB4-5) *68*
(FB6) *70*
(FB7) *71*
(FB8-9) *72*
(FB10) *73*
(FE0) *37*
(FE1-2) *38*
(FE3-6) *39*

(FP1-6) *47*
(FP7-9) *48*
(FP10-12) *49*
(FP13) *50*
(FS0-1) *25*
(FS2-6) *26*
(FS7-12) *27*
(FS13-16) *28*
(FS17-18) *30*
(FS19) *31*
(FSF0-2) *25*
F abgeschlossen unter
    Komposition, *12*
    Superposition *14*
F von **A** PR-erzeugt *89*
$\mathbf{F}^k$ k-stellige Funktionen *87*
Fallunterscheidung, Definition
    durch *26*
Fixpunkt
    eines Operators A *421*
    über g^m *422*
    relativ zu φ *422*
Fixpunktsatz von ROGERS *365*
Folge
    $< e_0, ..., e_{k-1} >$ *12*
    $< e_i \,|\, i < k >$ *12*
    $\alpha = \, < \alpha(i) \,|\, i < k >$ *12*
    k-gliedrige, k-Tupel *12*
    Limes *421*
Folgenzahlen *40*
Forheads *187*
Funktion
    arithmetisch
        beschränkte, **RAB** *294*
      definierbare *303*
    charakteristische χ_R *13*
    Cosignumsfunktion CSG *27*
    dargestellt von einem
      Gleichungssystem *400*
    definiert von einem
      Gleichungssystem *400*
    durch Transformation mit π
      aus f^k entstehend *16*
    einfache, $\mathbf{VT}_1$ *252*
      Präsentation *255*
    elementar *37*
    elementar beschränkt *40*

Funktion
    elementare Skalierungsfunk-
      tionen *40*
    GÖDELsche, β, β_0 *285*
    in eine Menge *11*
    IQ-Funktionen *229*
    k-stellige, f^k *13*
    m-beschränkt *231*
    m-T-beschränkt *231*
    μ-rekursive *105*
    Paarungsfunktion, CAUCHYs,
      CAU *28*
      Komponentenfunktionen
      CRO_0 , CRO_1 *28*
    Paarungsfunktion von
      MINSKY *30*
    partielle *11*
    partiell rekursive, **PRF** *320*
    partiell μ-rekursive, **PRF** *110*
    Polynomfunktionen *297*
    primitiv rekursive *44*
    Quadratwurzelfunktion ESQ,
      ganzzahlige *28*
    Quotientenfunktion,
      QU(x,y) *27*
    rekursive, **FRF** *308*
    relativ zu **G** rekursive *311*
    Signumsfunktion SG *25*
    System von Paarungsfunktio-
      nen AU , RO_0 , RO_1 *29*
      bijektiv *30*
    Vorgängerfunktion CS *27*
    Wertebereich im(f) *11*
Funktional *36*
    elementar *43*
    μ-rekursiv *106*
    partiell μ-rekursiv *110*
    von $< G,\, f^m >$ induziertes
      EQ-Funktional $\| G, f^m \|$ *412*
Funktionenfolge, approxim.
    von g^m erzeugt *421*
    wachsend *421*
Funktionssymbole *116, 125, 396*
    abhängige *399*
    G-freie *400*
    G-unabhängige *399*
    wesentliche *400*
Funktionsterme *181*

g-adische Kodierung *377, 452*
G-freie Funktionssymbole *400*
G-unabhängige Funktionssymbole *399*
G_{-1}-abgeschlossen *66*
G_0-abgeschlossen *66*
generisch
    g^m für $A_{G,f,\varphi}$ generisch *421*
    Folge von Skalierungsfunktionen *228*
    Funktionenklasse *309*
Gleichung *396*
    Hauptgleichung *398*
    Originalgleichung *398*
    Zuweisungsgleichung *396*
Gleichungskalkül
    engerer *398*
    weiterer *398*
Gleichungsmenge, semantische Lösung *431*
Gleichungssystem *400*
    atomar *401*
    extensiv konsistent *411*
    inkonsistent *418*
    konsistent für ψ *411*
    von $<G, f^m>$ induziertes EQ-Funktional $\|G,f^m\|$ *412*
    syntaktische Lösung *420*
    wesentlich konsistent *101*
GÖDEL-Nummern *376*
GÖDELsche Funktion β, β_0 *285*
GORDEEV, L. *141, 419, 457*
GOTO *262*
    bedingtes *262*
    unbedingtes *262*
Graph G(f) *13*
GRZEGORCZYK, A. *75, 242*
GRZEGORCZYK-Klassen *242*
    Skalierungsfunktionen G_m *242*

Halteproblem *350*
    bei beschränkter Schrittzahl *392*
Hauptgleichung *398*
Hauptpfad *398*

Herleitung *397*
    0-Herleitung *396*
    1-Herleitung *397*
    Länge *397*
    Regeln (K0), (K1) *396*
    (K2), $(K2_0)$, $(K2_1)$ *397*
    $(K2_{01})$, $(K2_{11})$ *398*
Hinzufügung leerer (scheinbarer) Argumente *16*
Historie $\ddot{H}f^{k+1}$ *52*
horizontale Kodierung *439*

IQ-Funktionen *229*
Identifikation des i-ten Arguments mit dem j-ten Argument *17*
Identität, 2-stellige, E^2 *16*
Ifeheads *188*
Ifetail *188*
Ifheads *187*
Index *87, 357*
Indexmenge
    korrekte I. von **M** *346*
    vollständige I. von **M** *347*
Induktion, lexikographische *80*
initialer Zustandsvektor *159*
inkonsistent *418*
intern beschränkte Minimierungen $\mu^i_{\leq}R^{k+1}$ $\mu^i_{<}R^{k+1}$ *18*
intern beschränkte Quantifikationen $\exists^i_{\leq}R^{k+1}$, $\forall^i_{\leq}R^{k+1}$, $\exists^i_{<}R^{k+1}$, $\forall^i_{<}R^{k+1}$ *18*
Isomorphiesatz
    von BLUM *372*
    von ROGERS *371*
Iteration
    N-beschränkte *103*
    pure Iteration (SIP) *145*
    Reduktion A *99*
    Reduktion B *100*
    Schema (SIR) *96*
Iterierte *If* *96*

k-stellige Funktion f^k *13*
k-stellige Relation R^k *13*
k-Tupel *12*

Kern–abgeschlossen
   Funktionenklasse *309*
   Relationenklasse *309*
KLEENE, S.C. *356, 366, 426, 448*
KLEENEs
   1.Rekursionstheorem *426*
   2.Rekursionstheorem *366*
   T-Prädikat *449*
   Uniformisierungstheorem *356*
Kodierung
   horizontale *439*
   Primzahlkodierung *377*
   vertikale *459*
   Ziffernkodierung *377*
Kodierungsabbildung Γ, Γ_0 *288*
Komponentenfunktionen $p_i^k \circ g$ *15*
Komponentenfunktionen CRO_0, CRO_1 *28*
Komposition $\circ$ *11*
Konfinalitätsmethode *185*
kongruent modulo *285*
Konklusion *397*
konsistent
   extensiv *411*
   für ψ *411*
   g^m k. für $A_{G,f,\varphi}$ *420*
   wesentlich k. Gleichungs-
     system *401*
   wesentlich k. relativ zu ψ *436*
Konstanten *116, 125, 157, 396*
Konstanten c_n^k *14*
Konstanthalten des i-ten
   Arguments bei n *17*
Kontraktion des i-ten
   Arguments *17*
Kontraktion eines konstanten
   Arguments *17*
Kontraktion identischer
   Argumente *16*
korrekte Indexmenge *346*

Länge eines Astes *397*
Länge einer Herleitung *397*
Lateralkonstruktion *133*
Lesbarkeit, eindeutige *342, 453*
lexikographische Induktion *80*

lexikographische Ordnung *132*
Lösung
   semantische einer Gleichungs-
     menge *431*
   syntaktische eines
     Gleichungssystems *420*
Lokalitätsprinzip *160*

MATYASEVIC, Y *307*
Maximumsbildung, beschränkte *30*
MAYER, U *297, 298*
MERSENNEsche Zahlen *169*
Minimierung
   allgemeine νR^{k+1}, μR^{k+1} *18, 19*
   beschränkte $\mu_{\leq} R^{k+1}$. $\mu_{<} R^{k+1}$ *18*
   beschränkte für Funktionen $\mu^*_{<} f^{k+1}$ *31*
   extern beschränkte $\mu_{\leq n} R^{k+1}$, $\mu_{<n} R^{k+1}$ *18*
   intern beschränkte $\mu^i_{\leq} R^{k+1}$, $\mu^i_{<} R^{k+1}$ *18*
   partielle *110*
   unter totaler abgeschlossen *314*
   Vertauschbarkeit von M. und
     Spezialisierung *112*
MINSKY, M. *30*
MÜLLER, H. *50, 53, 169*
MÜLLERsches Theorem *179, 222*
Multiplikation, (strikt)
   beschränkte, Πf^{k+1} *37*
μ-darstellbar für **S** *323*
μ-rekursiv *79*
μ-rekursiv abgeschlossen *105, 312*
μ-rekursive Funktionen **FRF** *105*
μ-rekursive Schemata und
   Funktionale *106*

Nachfolgerfunktion s *16*
NEUMANN, J.VON *291*

Operatoren *36*
Opheads *157*
Optail *157*
Originalgleichung *398*

(P0) *76*
(P1-5) *77*
(PP0-4) *303*
(PQ0-3) *304*
(PQ4-9) *305*
(PQ10) *306*
P-abgeschlossen *303*
P-Berechnung *161*
   terminiert *161*
P-Folge *157*
   Länge $|A|$ *158*
   Stellen *158*
      innere *158*
      korrespondierende *158*
      Tripel zueinander korrespondierender *188*
P-Vektor *159*
PLA-Programm *159*
PLAG-Programm *262*
Paarungsfunktion
   von CAUCHY, CAU 28
   Komponentenfunktionen CRO_0 CRO_1 *28*
   von MINSKY *30*
   System von Paarungsfunktionen AU, RO_0, RO_1 *29*
      bijektiv *30*
      absteigendes *146*
partiell
   μ-rekursiv abgeschlossen *110*
   μ-rekursive Funktionen *110*
   μ-rekursive Funktionale *110*
   rekursive Funktionen, **PRF** *320*
partielle Minimierung *110*
Permutation von Argumenten *16*
PETER, R. *76, 129, 133, 138*
PETERsche Folge von Skalierungsfunktionen *76, 228, 229, 230, 235, 242*

PETERsche Funktion *76, 78, 84, 85, 86, 337, 366, 414, 423, 445*
n-Polsterung *370*
Polynomfunktionen, **POF** *297*
polynomial beschränkt *30*
POST, E.L. *304*
POSTscher Kern *304*
Prämissen *397*
   Hauptprämisse *397*
   Nebenprämissen *397*
prä-universelle Folge *357*
primitive Rekursion *44*
primitiv
   rekursiv abgeschlossen *44*
   rekursive Anfangsfunktionen s, c_0^1, p_i^k *44*
   rekursive Funktionen *44*
   rekursive Relationen *44*
   rekursive Schemata *45*
Primitives Rekursionstheorem *366*
Primzahlkodierung *377*
Projektion, $\exists R^{k+1}$, $E(R)$ *293*
Programm
   Berechnung von α durch ein P. *160*
   die durch ein P. programmierte Funktion *162*
   PLA-P. *159*
   PLAG-P. *262*
   1-te Berechnungsfunktion *162*
   2-te Berechnungsfunktion *163*
   Zeitfunktion T eines P. *162*
   T-Darstellung der durch ein P. programmierten Funktion f *162*
   pures P. *164*
   Komponentenfunktionen eines P., s_q^{m+1} *165*
Projektionen p_i^k *14*

Quadratwurzel, Funktion ESQ der ganzzahligen Q. *28*

Quantifikation
  beschränkte $\exists_{\leq} R^{k+1}$, $\forall_{\leq} R^{k+1}$,
    $\exists_{<} R^{k+1}$, $\forall_{<} R^{k+1}$ *17*
  extern n-beschränkte
    $\exists_{\leq n} R^{k+1}$, $\forall_{\leq n} R^{k+1}$,
    $\exists_{<n} R^{k+1}$, $\forall_{<n} R^{k+1}$ *17*
  intern beschränkte $\exists^i_{\leq} R^{k+1}$,
    $\forall^i_{\leq} R^{k+1}$, $\exists^i_{<} R^{k+1}$,
    $\forall^i_{<} R^{k+1}$ *18*
Quotientenfunktion QU(x,y) *27*

(RAB0-3) *294*
(RE0-2) *300*
(RE3-4) *301*
(RE5) *302*
(RF1-2) *282*
(RF3-5) *283*
(RG0)-(RG4) *288*
Reduktion A der Iteration *99*
Reduktion B der Iteration *100*
reflexive Funktionenklasse *309*
Regeln (K0)-(K1) *396*
    (K2), (K2$_0$), (K2$_1$) *397*
    (K2$_{01}$), (K2$_{11}$) *398*
  Hauptprämisse *397*
  Nebenprämisse *397*
  Prämissen *397*
Regressionsfunktionen *53*
Rekursion
  2-fache oder doppelte *132*
  beschränkte *63*
  geschachtelte *125*
  geschachtelte 2-fache *138*
  mit Substitution der Parameter *122*
  primitive *44*
  primitiv geschachtelte
    2-fache *141*
  simultane *53*
Rekursionsoperatorzeichen *45*
Rekursionsschemata
  (SPR), (SPR$_0$) *44*
  (SPR$_1$) *90*
Rekursionstheorem
  1. KLEENEsches *426*
  2. KLEENEsches *366*
  Primitives *366*

rekursiv
  abgeschlossen *309*
  entscheidbar *346*
  unentscheidbar *346*
  μ-rekursiv *79*
  partiell r. abgeschlossen *319*
  r. aufzählbare Relationen,
    RER *294, 307*
rekursive
  Funktionen, **FRF** *308*
  μ-rekursive Funktionen, **FRF**
    105
  partiell rekursive Funktionen,
    PRF *320*
  partiell μ-rekursive Funktionen, **PRF** *110*
  relativ zu **G** rekursive
    Funktion *311*
  Relationen, **RFR** *308*
Relation
  durch Transformation mit π
    aus R^k entstehende R. *16*
  elementare *37*
  k-stellige R^k *13*
  primitiv rekursive *44*
  rekursive, **RFR** *308*
  volle *19*
  R abgeschlossen unter Superpositionen mit Funktionen
    aus **F** *19*
Restfunktion, MOD(x,y) *27*
RICE, H.G. Theorem von *351*
RITCHIE, R.W. *250*
ROBINSON, R.M. *76, 148, 153*
ROGERS, H. *365, 371*
  Fixpunktsatz *365*
  Isomorphiesatz *371*
ROSE, H.E *148*

Schemata
  elementare *43*
  μ-rekursive *106*
  primitiv rekursive *45*
  simple *32*
  V-Schemata *34*
  dargestellte simple Funktion
    33
Schleifen *158*

Schleifengrad *206*
SCHWICHTENBERG, H. *50*
semantische Lösung einer
  [Gleichungsmenge *431*
Signumsfunktion SG   25
simpel
  abgeschlossen *25*
  Anfangsfunktionen c_i^1, p_i^k, +,
    · , SG , $\chi_<$, $\chi_=$ *25*
  dargestellte Funktion *33*
  Funktion *25*
  Schemata *32*
simultane Rekursion, (SIM),
    (SIME) *54, 55*
Skalierungsfunktionen
  elementare *41*
  generischen Folge von S. *228*
  von GREZEGORCZYK, G_m
    242
  PETERsche Folge von S.   *76,
    228, 229, 230, 235, 242*
  strikte generische Folge *235*
  uniforme generische Folge *229*
(SMN)–Eigenschaft *360*
SMULLYAN, R.M.   *294, 356*
Spezifikation oder Kontraktion
    eines konstanten Argu-
    ments *17*
Statement *157*
Stelle *463*
Subtraktion, beschränkte *26*
Summation , (strikt)
    beschränkte, $\sum f^{k+1}$ *37*
Superposition
  $f^k \circ \langle g_0^m,..., g_{k-1}^m \rangle$ *14*
  $R^k\ g_0^m,..., g_{k-1}^m]$ *16*
  Assoziativgesetz *15*
  R abgeschlossen unter S. mit
    Funktionen aus F *19*
Symbole *396*
syntaktische Lösung eines
    Gleichungssystems *420*
System von Paarungsfunk-
    tionen AU , $R0_0$, $R0_1$ *29*
  bijektiv *30*

T–Darstellung der durch ein
    Programm programmierten
    Funktion f *162*
T–Prädikat, KLEENEs *449*
Teilbarkeitsrelation DIV(x,y) *28*
Terme *116, 125, 181, 342, 396,*
  atomar *396*
  f –Terme *184*
  Funktionsterme *181*
  konstante *396*
  unmittelbaren Subterme *343*
terminaler Zustandsvektor *159*
Terminante Th von h *113*
Terminieren einer
    P–Berechnung *160*
Timesheads *186*
Timesschleifen *186*
  reguläre *197*
  vollständig reguläre *197*
TOURLAKIS, G.J. *356*
Transformation
  durch T. mit π aus f^k ent-
    stehende Funktion *16*
  durch T. mit π aus R^k ent-
    stehende Relation *16*
TSICHRITZIS *261*

Übergangsregeln *160*
Übergangsfunktion *160*
unentscheidbar (rekursiv) *346*
uniforme generische Folge von
    Skalierungsfunktionen *229*
Uniformisierung
  von **PRF** *357*
  von **E(RFR)** *358*
  von $\Sigma(P_0,..., P_{q-1})$ *362*
Uniformisierungstheorem von
    KLEENE *356*
Universalfunktion U
  für *88*
  in *87*
universelle Folge *88, 360*
prä–universelle Folge *357*

V–Schemata *34*
Variablen *116, 125, 157, 396*
  Ausgabevariablen *159*
  Eingabevariablen *159*

Variablen
  Programmvariablen *159*
Variablentransformation *16*
vektorielles Erzeugnis F* *15*
vektorwertig *14*
Verschiebungsfunktion ε *183*
Vertauschbarkeit von Mini-
  mierung und Speziali-
  sierung *112*
vertikale Kodierung *459*
vollständige Indexmenge *347*
Vorgängerfunktion CS *27*
Vorgängerterme (und ihre
  Typen) *137*
Vorgängerwerte vom Typ n *125*

WARKENTIN, J.C. *75*
Wertebereich im(f) *11*
Wertverlaufsrekursion (W)
  52, 53

wesentliche Funktionssymbole
  400
Whileheads *186*
Whileschleifen *186*
Whiletails *186*

Zahlen, als Menge *11*
Zeichenfolgen *452*
Zeitfunktion T eines Programms
  162
Ziffern *116, 396*
Ziffernkodierung *377, 452*
Zustandsvektor *159*
  initialer *159*
  terminaler *159*
Zuweisungen *157*
Zuweisungsgleichung *396*
Zyklus *253*

Index der Symbole

nach ihrem ersten Auftreten

$\mathrm{def}(f)$	*11*
$\mathrm{im}(f)$	
$\circ$	
$\langle e_0, \dots, e_{k-1} \rangle$	*12*
$\langle e_i \mid i < k \rangle$	
$\alpha = \langle \alpha(i) \mid i < k \rangle$	
$\langle \alpha, \beta \rangle$	
χ_R	*13*
$G(f)$	
c_n^k	*14*
p_i^k	
$f^k \circ \langle g_0^m, \dots, g_{k-1}^m \rangle$	
F^*	*15*
s	*16*
E^2	
$R^k[g_0^m, \dots, g_{k-1}^m]$	
$\exists_{\leq} R^{k+1}$	*17*
$\forall_{\leq} R^{k+1}$	
$\exists_{<} R^{k+1}$	*17*
$\forall_{<} R^{k+1}$	
$\exists_{\leq n} R^{k+1}$	
$\forall_{\leq n} R^{k+1}$	
$\exists_{< n} R^{k+1}$	
$\forall_{< n} R^{k+1}$	
$\exists^i_{\leq} R^{k+1}$	*18*
$\forall^i_{\leq} R^{k+1}$	
$\exists^i_{<} R^{k+1}$	
$\forall^i_{<} R^{k+1}$	
$\mu_{\leq} R^{k+1}$	
$\mu_{<} R^{k+1}$	
$\mu_{\leq n} R^{k+1}$	*18*
$\mu_{< n} R^{k+1}$	
$\mu^i_{\leq} R^{k+1}$	
$\mu^i_{<} R^{k+1}$	
νR^{k+1}	*19*
μR^{k+1}	

R(F)	*22*
F(R)	*22, 282*
SG	*25*
FSF	
$\dot{-}$	*26*
CS	*27*
CSG	*27*
min(x,y)	
max(x,y)	
$\lvert x-y \rvert$	
QU(x,y)	
MOD(x,y)	
DIV(x,y)	*28*
ESQ	
CAU	
CRO_0	
CRO_1	
CAU^k	
CRO^k_i	
AU	*29*
RO_0	
RO_1	
MAX f^{k+1}	*30*
$\mu^*_< f^{k+1}$	*31*
$\lvert F \rvert$	*33*
$\lVert F^m \rVert$	*36*
Σf^{k+1}	*37*
Πf^{k+1}	
FEF	
$\Sigma < f^{k+1}(\alpha,i) \mid i < n >$	
$\Pi < f^{k+1}(\alpha,i) \mid i < n >$	
x^y	*38*
y!	
PRINO	*39*
EXP	
LEN	
SEQ	*40*
(SPR)	*44*
(SPR_0)	
FPF	
FP_m	*46*
ALT	*47*
IFE	
$E(x/2)$	*49*
$B_2(x)^2 LOG(x)$	*50*
$H f^{k+}$	*52*
(W)	*53*

(SIM)	*54*
(SIME)	*55*
FPI_m	*55, 207*
$G_{-1}{}^-$	*66*
$G_0{}^-$	
FG_0	
FGF	
P_m	*76*
FRF	*79*
F^k	*87*
$H^{\#}$	*89*
(SPR_1)	*90*
If	*96*
(SIR)	
VI_m	*98, 206*
FRF	*105*
$\mu^* f^{k+1}$	
$\lVert F^{m+1} [\Xi] \rVert$	*108*
PRF	*110, 320*
$M_p(F)$	*110, 321*
(SIP)	*145*
$F^{\#}$	*147*
RAU	*149*
ECU	
RRO_0	
RRO_1	*149*
TRIA	*151*
PLA	*157*
$\lvert A \rvert$	*158*
PLA^s	*165*
PLA_1	*181*
VI_2	*196*
PLR^s	*203*
VLR_m	*206*
FLR_m	*207*
FPI_m	
$VLR^s{}_m$	*209*
VQ_m	*239*
FQ_m	*240*
FG_m	*242*
FW_m	*250*
VT_1	*252*
β_0	*285*
β	
L	
K	
Γ	*288*

Γ_0	228		SK	382
$\exists R^{k+1}$	293		SL	
RAB	294		SM	
POF	297		SN	383
CRO	298		$\|G,f^m\|$	412
E(R)	300		$E(F^m)$	412
Q(S)	304		$g(F^m)$	
RER	307		$A_{G,f,\varphi}$	420
DIO			$G_{(g,f)}$	426
RFR	308		$F_{(f,g)}$	429
FRF			$\|t\|_{\chi,\alpha}$	431
$F_p(S)$	319		$A_p(x)$	439
$F_t(S)$			$B_p(y)$	
(SMN)	360		$BT_p(x)$	440
idt	364		BSUBB	
inv			SUBSTE(x)	
$[\alpha]$	377		SUBSTA(x)	
$[\![a]\!]$			SYMB(x)	441
$[\![-,i]\!]$			TERM(x)	
$|a|$	378		CDS(n)	
$|\alpha|$			TERMCON(x)	442
$\alpha{\uparrow}q$			TERMATO(x)	
$\alpha{\downarrow}q$			$VAL_0(x)$	
CAT	379		GLEI(x)	443
SA			LS(x)	
SB	379		RT(x)	
SC			$DATA_G(x)$	
SD	380		DEDA(x)	
SF			$DED^{k+1}(\nu, x)$	444
SG_0			VAL(x)	
SG_1			VAR(x)	454
SH	382		FNS(x)	

Springer-Verlag und Umwelt

Als internationaler wissenschaftlicher Verlag sind wir uns unserer besonderen Verpflichtung der Umwelt gegenüber bewußt und beziehen umweltorientierte Grundsätze in Unternehmensentscheidungen mit ein.

Von unseren Geschäftspartnern (Druckereien, Papierfabriken, Verpackungsherstellern usw.) verlangen wir, daß sie sowohl beim Herstellungsprozeß selbst als auch beim Einsatz der zur Verwendung kommenden Materialien ökologische Gesichtspunkte berücksichtigen.

Das für dieses Buch verwendete Papier ist aus chlorfrei bzw. chlorarm hergestelltem Zellstoff gefertigt und im ph-Wert neutral.